Tortugas

del mundo

Franck Bonin
Bernard Devaux
y Alain Dupré

Prefacio por Roger Bour

Lynx

Originalmente publicado con el título *Toutes les tortues du monde*

Primera edición: septiembre de 2006

Traducción: Jacqueline Donoyan y Albert Bertolero
Revisión: Ramon Mascort, Albert Bertolero y Jacqueline Donoyan

Impreso en: MKT PRINT d.d., Eslovenia

ISBN: 84-96553-21-3
ISBN: 978-84-87334-21-7

Bonin, Franck
Tortugas del mundo / Franck Bonin, Bernard Devaux y Alain Dupré. – Bellaterra : Lynx Edicions, 2006.
416 p. : il. col, map. ; 21 cm. – (Monografías de la Naturaleza)

ISBN 84-96553-21-3
ISBN 978-84-87334-21-7

1. Tortugas – obras de divulgación.
I. Devaux, Bernard. II. Dupré, Alain. III. Título. IV. Serie.

PREFACIO

POR ROGER BOUR, DEL MUSEO NACIONAL DE HISTORIA NATURAL DE PARÍS

Hace exactamente diez años aparecía la primera edición de esta enciclopedia. Una década es poco tiempo, pero desde entonces se han hecho muchos progresos en cuanto al conocimiento sobre las tortugas, y muchos campos de la biología antes marginales están hoy en pleno auge. Al mismo tiempo, también han evolucionado la sistemática y la legislación, lo que algunos parecen lamentar. Por su parte, los tres autores de esta obra han aprovechado todos estos años para viajar por todo el mundo, siempre a lugares donde aún se pueden encontrar, con mayor o menor dificultad, tortugas que viven en libertad. Aparte de las observaciones originales que han podido realizar, de estos periplos los autores han traído muchas fotos que han enriquecido considerablemente la iconografía de la enciclopedia, que, además, presenta ilustraciones en su mayoría inéditas. Asimismo, los autores me han hecho el honor de volverme a pedir que escriba el preámbulo de esta nueva enciclopedia: de esta manera, yo también aprovecho para aportar algunas novedades en relación con mi prefacio anterior.

Dentro de la clase de los Reptiles, las tortugas forman el orden de los Quelonios, que aparecieron "súbitamente" en el periodo Triásico, a principios del Mesozoico, hace unos 230 millones de años. Y decimos "súbitamente" porque estas tortugas primitivas ya eran, por su anatomía, muy próximas a las representantes actuales del orden; es decir que no se conoce el "eslabón perdido" que las relaciona con los demás Reptiles. Su caparazón ya estaba completamente formado, y una teoría, reciente y seductora, sugiere que, al principio, éste no tenía una función protectora, sino más bien térmica ya que habría facilitado la acumulación de calorías y los intercambios térmicos del animal. Este caparazón se desarrolló secundariamente, especialización que resultó un éxito ya que, a pesar de esta sobrecarga, las tortugas han sobrevivido hasta nuestros días. Al igual que la mayor parte de las especies actuales, estas tortugas fósiles residían en medios acuáticos, pantanosos o lacustres. Las tortugas marinas y, sobre todo, las terrestres son, por así decirlo, excepciones en la evolución.

Actualmente algunos especialistas reconocen la existencia de 320 especies de tortugas, es decir, más o menos la misma cantidad tratada en esta enciclopedia. Prefiero decir "algunos especialistas" y precisar "actualmente" porque probablemente nunca habrá un acuerdo total sobre esta cifra, que evolucionará, por un lado, en función del método de identificación utilizado y de la noción misma de especie; y, por otro, debido a que aún quedan poblaciones por descubrir e identificar. En estos últimos años se ha desarrollado considerablemente una nueva aproximación basada en la biología molecular, que estudia el material genético. Los resultados son a veces espectaculares pero, especialmente en algunos grupos de tortugas, han sido decepcionantes, comparados con los datos obtenidos anteriormente mediante estudios más clásicos, de tipo anatómico, morfométrico, paleontológico, biogeográfico, etológico... Aún es muy pronto para apreciar el aporte a largo plazo de estos métodos y juzgar si el interés que se les concede actualmente se mantendrá o disminuirá, tal como sucedió con el estudio de los cromosomas y el de las proteínas, que pasaron a un segundo plano.

Hace diez años me lamentaba de que la mayoría de los trabajos recientes consagrados al conjunto de los Quelonios se limitaran solo a catálogos y a algunas monografías ilustradas, donde se citaban sobre todo los escritos de Peter Pritchard (*Living turtles of the world*, 1967 y *Encyclopedia of turtles*, 1979) y el trabajo tan útil de John Iverson, que proponía mapas de la distribución geográfica de todas las especies actuales (*Checklist with distribution maps of the turtles of the world*, 1987 y 1992). Desde entonces, el progreso ha sido notable y hoy sería imposible citar todas las publicaciones, aún si nos limitáramos a los trabajos más importantes sobre la biología de las tortugas editados en los últimos años. En el campo de la veterinaria, se han obtenido resultados considerables, se han dedicado obras enteras a la patología de los Quelonios, y algunos veterinarios muy competentes se han especializado en este estudio. También ha sido muy espectacular la aparición de una gran cantidad de revistas dedicadas a las tortugas, muy menudo obra de *amateurs* de alto nivel, apasionados que comparten sus observaciones ya sea en el campo o en cautividad. La cuestión de la cautividad es motivo de debates entre partidarios de ambos bandos, unos "a favor" y otros "en contra" –más bien, debería decir que "ha sido motivo", ya que desde hace unos años todos han moderado el tono. Sin embargo, aquí se tendría que abordar un punto crucial que concierne a la pasión que compartimos, el estatuto de la terrariofilia; y aquí me permito insistir, parafraseando el prefacio anterior, en mi propia posición.

Descubrir una tortuga en su medio mediante la vista o, para los acostumbrados, por el oído provoca siempre una intensa emoción, trátese de la primera o de la milésima vez. Estas observaciones nos enseñan a conocer mejor al animal y sus relaciones con su entorno, y eventualmente con sus semejantes. Para ser francos, en la actualidad esta oportunidad está reservada a algunos privilegiados, y ni siquiera los científicos tienen ya los medios para hacer estudios que requerirían meses en el campo. Así, tenemos más oportunidades de ver tortugas en cautividad, y también en cautividad podemos hacer observaciones inéditas, entre otras las concernientes al modo de reproducción. Hay que decirlo claramente: es cierto que muchas especies se extinguen cada día, básicamente a consecuencia de la desaparición de sus hábitats. Las tortugas son especialmente sensibles a las modificaciones de su entorno y se encuentran entre los primeros animales en desaparecer cuando su biotopo es alterado y modificado por las degradaciones realizadas por el hombre o por la instalación de especies competidoras. No estoy en contra del hecho de ocuparse de tortugas mantenidas en cautividad durante generaciones, o producto de huevos incubados artificialmente, tortugas que crecen en parques o jardines para la gran satisfacción de sus cuidadores. Pero, por supuesto, se deben cumplir una serie de condiciones: que no se recolecten más animales en la naturaleza; que se ofrezcan a las tortugas condiciones de vida decentes (espacio, refugio, higiene, alimentación, ritmo de actividad...); que no les considere animales de compañía; y que se controle la eventual reproducción, negándose sobre todo a crear híbridos y a abandonar la progenitura en la naturaleza, incluso mismo con la idea –a priori loable– de poblar, repoblar o "reforzar" una población salvaje.

La legislación también ha evolucionado en estos diez años. Aunque el objetivo de la Ley es meritorio, no siempre es bien entendido, debido a una mala información, a la profusión y a la complejidad de los textos (leyes europeas y nacionales, convenciones, decretos...), al problema actualmente sin resolver de la identificación individual de las tortugas cautivas y, debemos decirlo, al miedo a la autoridad, justificado por algunas acciones más bien torpes. Espero que las explicaciones aportadas por esta enciclopedia permitan aclarar las ideas de todos y estar en regla.

Además de la abundancia actual de publicaciones, esta necesidad de conocer mejor a las tortugas se ha concretado gracias a los congresos y simposios internacionales dedicados exclusivamente a estos reptiles, y a la creación de asociaciones de protección y estudio de las tortugas. Hace veinte años comenzaba el trabajo pionero de la SOPTOM, destinada a salvaguardar las tortugas de las Maures, luego las tortugas del Mediterráneo, y actualmente todas las tortugas del mundo. Después se crearon otros centros en Europa y los Estados Unidos, y posteriormente en muchos países, menos favorecidos económicamente, pero deseosos de proteger su patrimonio natural. A pesar de todos los progresos, el conocimiento que se tiene actualmente de los Quelonios sigue siendo menor comparado con el que se ha adquirido sobre los Mamíferos y las Aves, pero también sobre otros órdenes de Reptiles, como las serpientes o los cocodrilos. Este retraso es incomprensible si se considera que las tortugas han interesado desde muy antiguo al hombre, tanto en el plano filosófico y religioso como alimentario. También han sido, desde hace milenios, explotadas, cazadas, deportadas y exterminadas.

Esta enciclopedia presenta un panorama completo de las tortugas actuales. Un punto importante es que, aunque ha sido reescrita completamente, ha conservado el estilo familiar e ilustrado de sus autores, voluntariamente alejado del de un tratado científico, pero con datos fiables. Para cada especie, los párrafos principales permiten precisar los rasgos físicos y el comportamiento; los autores han incidido sobre algún punto en particular de la morfología o de la biología, sobre algún descubrimiento reciente o un dato poco conocido, según la necesidad. El problema crucial de la protección de las tortugas es tratado ampliamente y es recurrente en toda la obra: protección de las especies, pero también protección de los hábitats, que es indispensable para el éxito de la primera. Así, se presentan sistemáticamente las diversas amenazas que pesan sobre cada especie de tortuga, las leyes que la protegen o las acciones orientadas a su salvaguardia. Aunque se trata de una obra colectiva, creo que el aporte principal de cada uno de los tres autores podrá reconocerse con bastante facilidad: rigor en la información, sobre todo concerniente a la legislación actual, en el primero; textos agradables y anécdotas vivas, en el segundo; y magníficas fotografías, que a menudo requieren horas de espera, en el tercero.

Queridos quelionófilos, les invito a leer con detenimiento esta nueva enciclopedia, esperando que su lectura enriquezca sus conocimientos para el beneficio de todas las tortugas.

Sumario

BIOLOGÍA GENERAL

En la sistemática linneana, que clasifica a los animales en "phylum" –por ramas de especies que presentan semejanzas–, los reptiles se consideran vertebrados que reptan, que respiran por medio de pulmones y son ectotermos, es decir de temperatura variable. Se subdividen en cuatro Órdenes: los Escamosos (Saurios y Ofidios), los Crocodilianos, los Rincocéfalos (una sola especie) y los Quelonios (las tortugas).

A partir de la sistemática cladística, propuesta por Willi Hennig[1], se determinan las ramificaciones monofiléticas a partir de un único carácter discriminante. Este carácter propio representa todo uno linaje y la totalidad de sus descendientes. Los reptiles se incluyen actualmente en los Saurópsidos. Su carácter determinante es "una quilla ventral bajo las vértebras cervicales, la hipapófisis"[2]. Estos Saurópsidos se dividen en dos ramas, los Quelonios, por un lado, "amniotas caracterizados por su caparazón que protege el tronco, formado por dos piezas, el plastrón ventral y el espaldar dorsal"; y los Diápsidos, por otro, que presentan como rasgo propio "dos fosas temporales detrás de la órbita". Los Diápsidos se dividen en Lepidosaurios, que dan lugar a los Escamosos y a los Esfenodontios; y en Arcosaurios, que dan lugar a los Crocodilianos y a las Aves. De allí resulta que los cocodrilos son más cercanos a las aves que cualquier otro reptil antiguo. Y que las tortugas están totalmente aparte de los cocodrilos, de las serpientes y de los lagartos. Podemos notar, además, que, etimológicamente hablando, la tortuga no tiene nada de reptil, ya que no repta. Así en la actualidad, los Quelonios son Saurópsidos.

Los ancestros de los Saurópsidos son los Cotilosaurios, aparecidos hace unos 345 millones de años. Poseían un cuerpo rechoncho, una osamenta robusta, un cráneo compuesto por algunos huesos macizos, sin aberturas, y se desplazaban como las salamandras actuales, ondulando el cuerpo y la cola, y reptando sobre el abdomen. Es probable que sus cuerpos estuvieran cubiertos de escamas, o al menos comenzaran a estarlo, y, sin duda, los Cotilosaurios fueron los primeros en poner huevos con cascarón en el suelo, liberándose así del medio acuático. ¿Qué ocurrió para que apareciera el caparazón, y para que los Quelonios se diferenciaran? Se cree que el ancestro de la rama es un pequeño amniota de Sudáfrica, *Eunotosaurus africanus*, que vivió hace 260 millones de años. Según D. Watson, este animal comenzó a ensanchar y a engrosar sus costillas, lo que prefiguraba la formación del caparazón. Ahora bien, este *Eunotosaurus* todavía tiene dientes, y su cintura escapular aún es externa a las costillas. Según Michael Lee[3], el *Captorhinus* sería el "inventor más plausible del caparazón". Este pequeño lagarto de 600 mm presenta, en efecto, una particularidad decisiva: su cintura escapular está dentro de la caja torácica. Asimismo, sus vértebras se reducen, y son cinco. Este animal desaparece en el Triásico. Aparece entonces el *Bradysaurus*, animal de 3 m de largo, mucho más macizo. Su cresta vertebral está cubierta de nódulos óseos. Su cuello aún comprende cinco vértebras, pero solo presenta catorce vértebras dorsales, y el omoplato se ensancha en una cintura escapular que engloba tres de las vértebras. El

(1) En 1950 el sistemático alemán Willi Hennig (1913-1976) propuso un nuevo sistema de clasificación llamado "cladístico" (*clade* significa "rama").

(2) Lecointre G. y Le Guyader H., 2001, *Classification phylogénétique du vivant*, Editions Belin, París

(3) En 1884, Edward Cope denomina *Proganochelys quenstendti* al primer ancestro de todas las tortugas o "pretortugas". En 1993, Michael Lee propuso como animal anterior a los Quelonios al *Captorhinus*. Ver Lee M., Turtle long-lost relatives, *Natural History*, núm. 6.

El árbol cladístico muestra el parentesco entre los diferentes Saurópsidos.

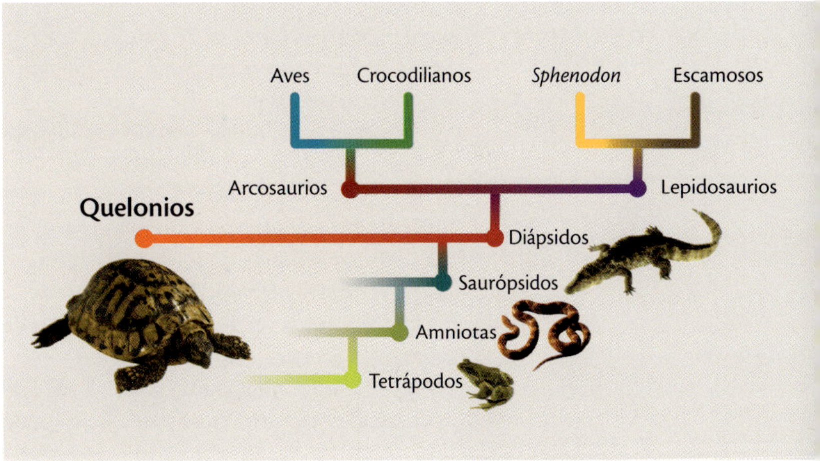

(4) Guillermo Rougier, Marcelo de la Fuente y Andrea Arcucci consideran que este ancestro podría ser *Palaeocheris talampayensis* (1998).

Anthodon, que aparece enseguida (hace 248 millones de años), solo mide 900 mm, pero su estructura ósea se desarrolla rápidamente. Está casi totalmente cubierto, en el dorso y en los flancos, de un mosaico de placas óseas que prefigura el futuro caparazón. La eficacia de este sistema de placas óseas quedará probada con certitud, ya que, 30 millones de años después, aparece el animal considerado el ancestro de todas las tortugas: *Proganochelys*.

Este Saurópsido de hasta 900 mm de largo lo tiene todo de la tortuga actual. Su cuello cuenta con ocho vértebras, y sus vértebras dorsales son diez. Sus omoplatos se han "deslizado" totalmente dentro de la caja torácica, a su vez convertida en caja ósea envolvente, que cubre al mismo tiempo el dorso, los flancos, y el vientre. La osificación se extiende incluso hasta la cola y a una parte del cuello. Estamos a principios del Triásico, hace 220 o 230 millones de años. Las tortugas de entonces todavía tienen pequeños dientes, como los Cotilosaurios, pero luego los perderán.

© B. Devaux

Reconstitución a tamaño natural (800 mm de largo) de *Proganochelys*, el ancestro de todas las tortugas. Gracias a sus espinas en el cuello, la cabeza y la cola, esta especie se protegía de los depredadores del Cretácico.

Dos grupos se forman entonces: aquel cuyo cuello se repliega horizontalmente y que dará lugar a los Pleurodiros actuales cuyo ancestro es *Proganochelys quenstedtii*, datado en 210 millones de años; y aquel cuyo cuello se pliega verticalmente, de abajo hacia arriba, y que dará lugar a las especies más numerosas de Criptodiros actuales, cuyo ancestro es *Proterochersis robusta*, también de 210 millones de años. Estudios recientes[4] sostienen que la fusión de la pelvis con el caparazón constituiría un rasgo primitivo de todas las tortugas, particularidad que luego perdieron los Criptodiros. La flexión vertical del cuello, característica de los Criptodiros, apareció después, hace 185 millones de años, en *Kayentachelys*; mientras que el ancestro de los Pleurodiros sería *Platychelys*, que vivió hace 156 millones de años. Las tortugas actuales más antiguas son las *Pelomedusidae*, aparecidas hace 120 millones de años.

En cuanto a las tortugas marinas, su filiación es más compleja. Se sabe que familias actualmente desaparecidas conquistaron el mundo acuático, y luego se extinguieron. Las tortugas marinas actuales habrían surgido de una pequeña rama de los Criptodiros, diferenciada hace 135 millones de años, al principio del Cretácico. Este grupo comprendía cinco familias, de las cuales solo dos existen aún: los *Chelonidae*, aparecidos hace 55 millones de años; y los *Dermochelyidae*, cinco millones de años más jóvenes y representados únicamente por *Dermochelys coriacea*. Entre las especies que conocemos actualmente, las más recientes son las *Emydidae* (que incluyen a la europea *Emys orbicularis*) y las más antiguas, las *Podocnemidinae*. Las tortugas terrestres nacieron hace unos 65 millones de años, a principios del Terciario. El antiguo grupo de las *Chelydridae* (80 millones de años) se parece a la lejana *Proganochelys* por su potente caparazón provisto de protuberancias y su cola fuertemente armada (se trata de las famosas tortugas mordedoras americanas *Chelydra serpentina* y *Macroclemmys temminckii*). En cuanto a las *Trionychidae* (85 millones de años), "tortugas de caparazón blando" o *Apalone* sp., suprimieron curiosamente su caja ósea, y se cubrieron de una piel fina y flexible que esconde algunos vestigios de nódulos óseos.

Los Quelonios se dividen en 330 especies (aproximadamente, a finales de 2004) y se caracterizan por una caja ósea que comprende tres partes: el espaldar, el plastrón y los dos puentes laterales, más o menos sólidos, o unidos por un ligamento membranoso al resto del caparazón. Ahora bien, como hemos visto, algunas especies se cubrieron de una piel fina y flexible como las *Apalone*, o de un manto de cuero como la tortuga laúd *Dermochelys coriacea*. Esta piel está sostenida por nódulos óseos más o menos desarrollados, vestigios del caparazón inicial. Su peso, muy variable, puede oscilar entre los 80 g (y 100 mm de largo) en

Homopus signatus, de Sudáfrica, y los 950 kg (y 2 m de largo) en *Dermochelys coriacea*. Su longevidad es más homogénea, ya que casi todas las especies pueden superar el medio siglo, y algunas alcanzan fácilmente los cien años. Algunos individuos, sobretodo de especies terrestres, superarían los 150 años.

Su reproducción es la misma que la de los Cotilosaurios de los que derivaron, ya que, aunque copulan en tierra y en el agua, todas ponen huevos en el suelo. Éste es incluso el único momento en que las tortugas marinas (y algunas tortugas de agua dulce), se aventuran en tierra firme. Son muy raras las especies que solo ponen un huevo, o máximo dos (*Chersina angulata*, *Homopus boulengeri* y *Malacochersus tornieri*, por ejemplo), y otras ponen hasta 150, como las tortugas marinas. Estos huevos miden entre 20 mm de largo, para algunas Apalone, y 90 mm, para las *Rhinoclemmys*. Pero las tortugas más grandes no ponen necesariamente los huevos más grandes. La incubación en el suelo dura un promedio de 60 a 100 días, a una temperatura situada entre 26 y 32 °C. Pero la duración más corta que se ha observado ha sido de 28 días (*Pelodiscus sinensis*); y la más larga, 664 días (*Chelodina expansa*).

Las tortugas son los Saurópsidos que ocupan los medios más extremos, ya que algunas viven en desiertos áridos, como *Centrochelys sulcata* en el África subsahariana; y otras frecuentan aguas septentrionales hasta Groenlandia, como *Dermochelys coriacea*. Su condición de ectotermos (de temperatura variable) no les impide soportar, gracias a sus adaptaciones morfológicas o conductuales, temperaturas muy bajas (actividad muscular, capa de grasa, inercia térmica, madriguera, hibernación) o muy altas (madriguera, disminución del ritmo metabólico, baños de fango, de arena o de orina). Su plasticidad adaptativa es sorprendente y les permite resistir a medios de vida muy diversos o muy limitantes. Los Quelonios ocupan gran parte del planeta, excepto las regiones más frías. Se encuentran en todos los continentes, menos en la Antártida. Una de las tortugas terrestres, *Dipsochelys elephantina*, la tortuga gigante de Aldabra, representa incluso la máxima biomasa de un vertebrado en el planeta, con más de 21 toneladas por km^2 (en Aldabra), lo que es superior a la biomasa que se encuentra en el Serengeti (17 toneladas por km^2, elefantes, búfalos, jirafas y leones incluidos).

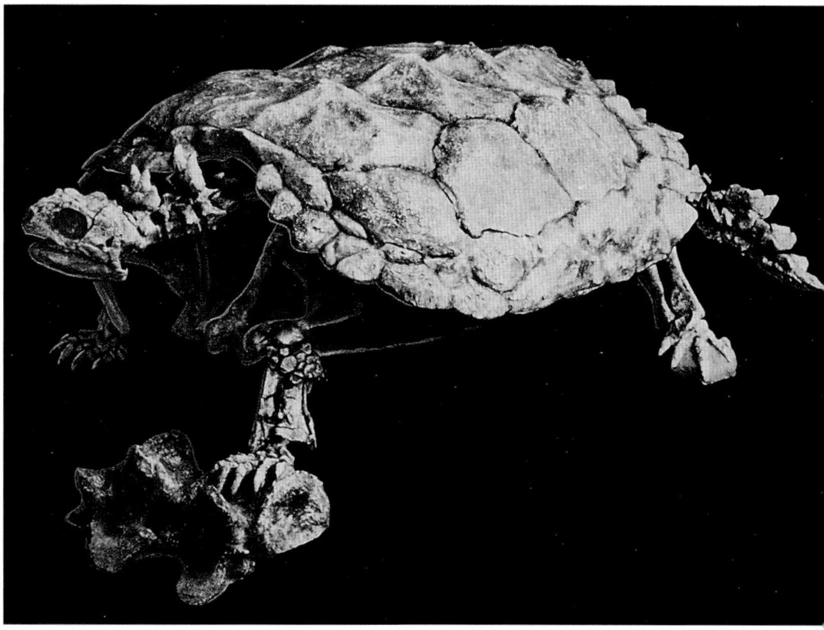

© D.R.

El esqueleto de *Proganochelys* presenta una importante osificación, quillas vertebrales y una cola dotada de espinas aceradas

Esqueleto

El caparazón, de origen dérmico, es originariamente el producto del desarrollo de la caja torácica. La tortuga es el único vertebrado cuyos omoplatos y cuya pelvis se sitúan dentro de la caja torácica, evolución que se puede apreciar en el *Captorhinus* que data de hace 260 millones de años. Este caparazón es a menudo muy rígido, pues constituye una caja protectora, aunque a veces móvil, que facilita el paso de los huevos o permite que el animal se oculte mejor dentro de su caja ósea. La evolución lo ha experimentado todo a partir del principio inicial de caja que encierra al animal. Algunas tortugas abandonaron la forma maciza para cubrirse de una piel flexible. Otras, en cambio, se encerraron totalmente en una caja que se cierra por detrás y por delante (*Terrapene*, *Cuora*). Aquí las articulaciones (charnelas) están constituidas de partes cartilaginosas y reemplazan algunas suturas óseas. Las charnelas afectan en general al plastrón (*Terrapene*, *Pyxis*) y un solo género presenta una charnela en el espaldar (*Kinixys*).

El cuello, siempre formado por ocho vértebras, puede ser bastante corto o muy largo, como en algunas tortugas australianas (*Chelodina*). Este cuello puede replegarse de abajo a arriba, verticalmente (Criptodiros), o de lado, horizontalmente (Pleurodiros). En algunas especies, el importante desarrollo de la base del cuello impide que el animal meta la cabeza y pueda esconderla, como en *Dermochelys coriacea* o *Caret-*

tochelys insculpta, tortugas marinas o de agua dulce que sin duda ya no necesitan disimular el cuello y la cabeza dentro de una caja ósea, que es además residual. En las tortugas terrestres, el caparazón es, en cambio, muy macizo y puede representar dos tercios del peso del animal, como en *Centrochelys sulcata* o *Chelonoidis nigra*. Algunas partes de este caparazón pueden llegar a medir 150 mm de espesor en las tortugas de gran tamaño, como *Chelonoidis nigra*, en algunos puntos de la caja ósea así como en la base de la gular.

La caja ósea, constituida de carbonato de calcio, está recubierta de una fina lámina de queratina, idéntica a nuestras uñas. Esta lámina sirve al mismo tiempo como protección física contra las agresiones (fuego, heridas, microorganismos, hongos) y como señal identificativa de la especie o como camuflaje. Los dibujos de estas escamas son a menudo homocrómicos con relación al sustrato. El color general de estas escamas corresponde a menudo al color general de la piel de la tortuga y de su entorno. Todas las formas y diseños se observan en el caparazón de las tortugas, según las selecciones dictadas por la evolución. La tortuga sulcada *Centrochelys sulcata* es de un amarillo anaranjado uniforme, idéntico al sustrato de arena en que vive. El galápago europeo *Emys orbicularis* está salpicado de puntitos amarillos que se parecen al resplandor del sol sobre las lagunas que frecuenta. Las rayas amarillas sobre fondo negro de *Geochelone elegans* de la India corresponden a las hojas secas de una planta local (*Phoenix* sp.). Incluso el nombre dado por Linneo a la *Testudo graeca* se refiere a la decoración cuadriculada del animal parecida a "un friso griego". La capa córnea puede estar afectada por micosis o heridas, o incluso puede faltar totalmente, sin que el animal se vea afectado, ya que, finalmente, es la caja ósea la que lo protege. En caso de heridas en el caparazón, si el animal sobrevive, las dos capas pueden reconstituirse. La pleura subyacente se endurece, se calcifica, toma una apariencia acartonada, luego la de una placa ósea, y vuelve a formar una parte calcárea tan resistente como la caja inicial. La queratina aparece también, y a veces se confunde con las reconstrucciones óseas, en una suerte de rompecabezas aberrante, que demuestra la vitalidad de este caparazón y su capacidad para reformarse. El reemplazo de una importante parte ósea toma, por lo general, de dos a tres años, según la especie.

Órganos

Los órganos de una tortuga se pueden comparar perfectamente con los nuestros, como vertebrados que somos. Ahora bien, las tortugas no poseen dientes ni orejas externas, y solo tienen un orificio excretor o cloaca. Pero su pico cortante reemplaza eficazmente los dientes, y además cuenta con oídos internos, disimulados por una placa escamosa detrás del ojo. La audición de las tortugas es bastante fina, especialmente en algunas especies de agua dulce como las *Emydidae*. La cloaca sirve a la vez como orificio de evacuación de desechos; como salida del pene, en los machos; y en las hembras, como clítoris y canal de penetración para la cópula. El pene tiene a menudo un tamaño importante, pudiendo alcanzar, en las especies pequeñas, hasta la mitad de la longitud del animal. Está dotado a menudo de una punta córnea que le permite anclarse al interior de la cloaca de la hembra. En los pliegues de la cavidad

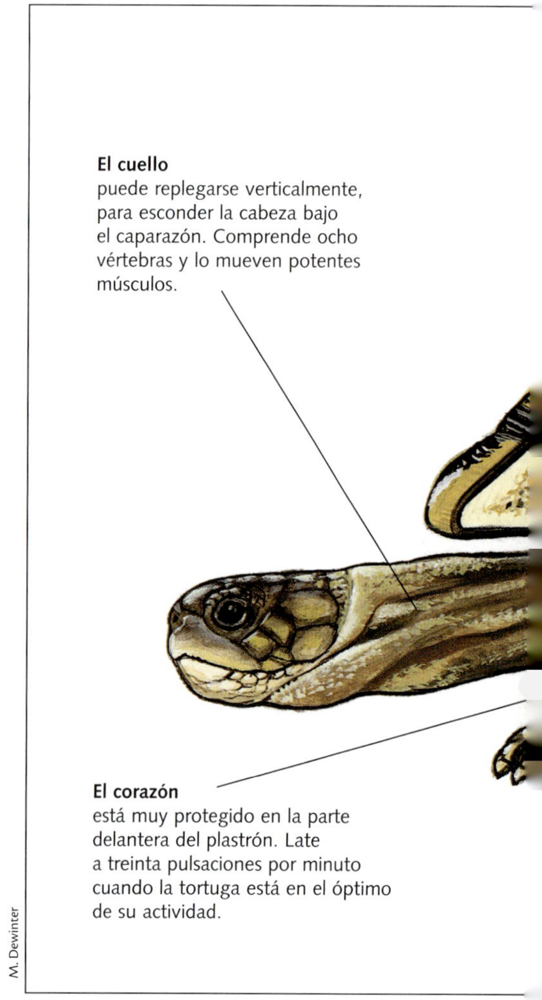

uterina, los espermatozoides pueden conservarse hasta un máximo de seis años (en *Testudo graeca*), lo que hace posible que la hembra ponga huevos bastante tiempo después de haber copulado.

El corazón tiene una forma diferente que el nuestro. Se extiende hacia lo ancho, es bastante aplanado, de punta redondeada, y solo cuenta con tres cavidades internas. Su forma particular ha inspirado a los paleontólogos, que bautizaron a un erizo de mar fósil con el nombre de "corazón de tortuga". Late a un promedio de treinta pulsaciones por minuto, cuando el metabolismo de la tortuga está en su óptimo, es decir, más lento que el del hombre. Sus pulmones son grandes y se sitúan en la parte superior de la cavidad dorsal. Son accionados por los músculos de las patas y las vísceras, pues ya no poseen los músculos de la caja torácica para poder moverlos. El hígado se encuentra debajo del corazón, en la parte baja de la cavidad general. Este órgano era muy preciado por los antiguos navegantes y recolectores, y su posición cerca al plastrón permitía a estos últimos cortar (con una azuela) una pequeña cavidad a fin de juzgar su grosor y su "sabor". Luego, se abría la tortuga para extraer el órgano preciado, o bien se le dejaba vivir con esta abertura bajo el plastrón, lo que provocaba en la mayor parte de los casos su muerte lenta... Los oviductos son grandes y producen permanentemente huevos, más o menos desarrollados según estén fecundados o no. En caso de que haya habido fecundación, la cavidad interna está ampliamente ocupada por estos oviductos maduros.

En las tortugas, **la vejiga** sirve también para ablandar el suelo al momento de hacer las puestas. Cuando la desecación es importante, el animal excreta un líquido blanco, parecido al yogur, que es en realidad ácido úrico casi puro. La tortuga es capaz de beber cantidades im-

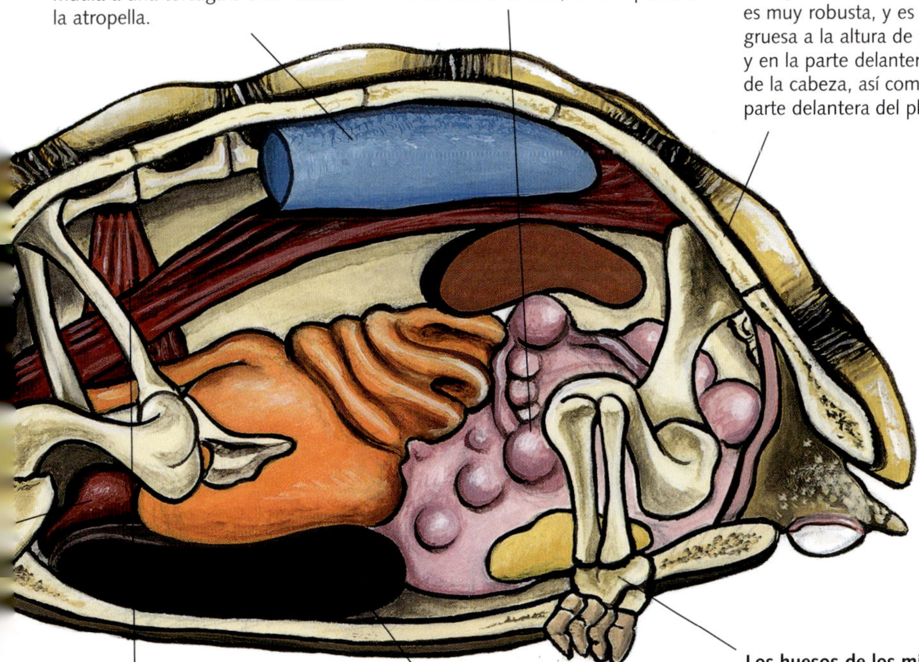

Este corte muestra los órganos internos de los Quelonios (en este caso una tortuga terrestre *Testudo hermanni* hembra), con dos pulmones en la parte alta, una cloaca por donde pasa el huevo en el momento de la puesta, un hígado de gran tamaño en la parte baja, y una potente musculatura para replegar la cabeza y las patas.

portantes de líquido, que almacena en su estómago. Se ha visto tortugas fuertemente deshidratadas beber hasta la quinta parte de su peso. Pero son capaces de no beber ni comer durante varias semanas, y vivir de sus reservas de agua y grasa.

En muchas tortugas, la comunicación entre individuos se hace por intercambios olfativos. La discriminación y la producción de olor tienen una función importante en el reconocimiento de la pareja para gran parte de las especies, sobre todo acuáticas. Todas las tortugas, menos los Testudínidos, tienen dos pares de glándulas situadas entre los bordes anterior y posterior del plastrón (glándulas de Rathke). En algunas especies, estas glándulas rezuman un líquido de fuerte olor almizclado (*Kinosternon*), que puede constituir un dispositivo para repeler a los depredadores o servir en las comunicaciones intraespecíficas en el seno del ciclo reproductivo. En dos especies de *Gopherus* (*G. agassizii* y *G. berlandieri*), una glándula en el mentón, más desarrollada en los machos que en las hembras, secreta proteínas que se producen durante el periodo de reproducción.

Sentidos

Además de las comunicaciones olfativas específicas, el olfato de las tortugas parece débil y su vista no es de una gran acuidad. Las tortugas acuáticas parecen ver a mayor distancia que las tortugas terrestres, al menos las *Emydidae*, las especies más recientes. Como todos los Saurópsidos, las tortugas distinguen más los movimientos que las formas. La acuidad visual es máxima en las longitudes de onda que van del anaranjado al rojo, lo que explica porqué las tortugas terrestres se sienten atraídas por alimentos como los tomates, las cerezas o la sandía. El oído parece bastante fino, siendo sobre todo las tortugas de agua dulce las que perciben el menor ruido a una distancia relativamente importante. El oído de la tortuga verde *Chelonia mydas* es receptivo a bajas frecuencias: percibe entre 60 y 1.000 Hz. En la tortuga laúd, la gama de audición es más corta, y solo se sitúa entre 300 y 500 Hz. Todo depende del medio en que vive el animal, y las tortugas perciben sobre todo frecuencias bajas y las vibraciones del suelo.

Al parecer, el plastrón de algunas tortugas podría ser sensible a las variaciones térmicas. Unas terminaciones nerviosas bajo el plastrón permitirían a las hembras percibir el calor del sustrato y guiarse así hacia el lugar adecuado para la puesta. Como en los Ofidios, también percibirían las vibraciones del suelo, lo que explica la rápida huída de una tortuga cuando alguien se acerca en silencio, y los comportamientos de pánico observados durante los sismos. Las tortugas tienen un sentido de la orientación desarrollado, sobre todo las tortugas marinas. Esta capacidad para orientarse en largas distancias podría deberse a las partículas de magnetita presentes en las células de algunas especies. Pero las tortugas marinas también se orientan gracias a las corrientes, a la salinidad del mar, al magnetismo terrestre, a la luna y al sol, e incluso al relieve de la playa para abordar el lugar de puesta. Algunas tortugas terrestres son igualmente capaces de encontrar un sitio alejado a varios kilómetros. Tortugas liberadas lejos de su lugar de origen vuelven a veces a su punto de partida. El fenómeno de *homing* plantea un problema cuando se liberan las tortugas, si los animales están cerca de su lugar de origen. Queda muy probablemente mucho por descubrir en el campo de los sentidos de las tortugas, ya que cada especie, que vive en un medio diferente, ha desarrollado una adaptación fina a su entorno y algunos sentidos más que otros.

En esta tortuga mediterránea, mutilada por una desbrozadora, se aprecian la calcificación y la osificación de la pleura bajo el espaldar. Esta nueva osificación garantiza un hermetismo y una solidez idénticos a los de la caja ósea. La calcificación toma dos años.

© B. Devaux

Dimorfismo sexual

En general, las tortugas macho son más grandes que las tortugas hembra en las especies de gran tamaño, mientras que en las especies de menor tamaño sucede lo contrario. Por ejemplo, en *Chelonoidis nigra*, la tortuga de las Galápagos, el macho es dos veces más robusto que la hembra, mientras que en *Testudo hermanni* las hembras son 1/6° a 1/8° más grandes que los machos. Los machos tienen generalmente una cola más fuerte, más ancha y más grande que la de las hembras. En estas últimas, el plastrón es plano, mientras que en muchas especies los machos poseen un plastrón cóncavo o ligeramente hundido. Esta concavidad es muy pronunciada en las especies terrestres de gran tamaño (*Chelonoidis nigra*, *Centrochelys sulcata*). En algunas tortugas de agua dulce, los machos presentan en las patas delanteras uñas muy largas, que les permiten agarrarse al dorso de la hembra (*Trachemys*). En algunas especies marinas y dulceacuícolas, el macho dispone de potentes uñas en las aletas delanteras a fin de sostenerse sobre el espaldar de las hembras, una uña en las *Cheloniidae* y dos en *Carettochelys insculpta*, la tortuga "de nariz de cerdo" australiana. Algunas tortugas emiten vocalizaciones en el momento de la reproducción, que son muy diferentes según se trata de un macho o de una hembra, lo que permite reconocerlos (*Testudo kleinmanni*, *Manouria emys*). En las tortugas de tierra, la placa supracaudal está a menudo curvada hacia el suelo en los machos, y más abierta en las hembras. Las coloraciones difieren a veces entre los sexos, sobre todo en el cuello y la cabeza, como en *Callagur borneoensis*. Pero el dimorfismo más constante es la posición de la cloaca: más cerca del abdomen en las hembras, y más alejado hacia el extremo de la cola en los machos.

El dimorfismo en el comportamiento es más fácilmente observable, pues en general los machos son activos y buscan aparearse, mientras que las hembras son pasivas. En todas las especies, el macho procede a un complejo cortejo, que comprende varias fases de acercamiento, contactos, mordisqueos, y diversos preliminares como cabeceos, resoplidos, etc.; mientras que la hembra a menudo no es receptiva, busca disimularse o se esconde dentro de su caparazón. La cópula y el ritual que lo precede se describen en general para cada especie en esta obra, ya que difieren bastante de una a otra. Para el macho se trata de introducir el pene en la cloaca de la hembra, para que su esperma fecunde los óvulos, permitiendo el desarrollo de los huevos en los oviductos. La cópula se desarrolla a veces en los lugares de puesta, los únicos lugares donde los machos están seguros de encontrar a las hembras, como sucede en la mayoría de las tortugas marinas.

Metabolismo

En su calidad de ectotermos, los Quelonios no tienen la ventaja que presentan las Aves y los Mamíferos, que son endotermos, de disponer de una "caldera interna" que los hace independientes del medio exterior. Para regular su temperatura dentro de límites no letales (aproximadamente entre 5 °C y 45 °C), las tortugas deben llevar a cabo adaptaciones fisiológicas o conductuales variadas. Su ectotermia les permite gastar 30 veces menos energía que los endotermos, y les permite adaptarse a medios extremos. Su metabolismo puede ser más lento y necesita menos aportes nutritivos. Ahora bien, en las tortugas existen varios sistemas de adaptación, que les permiten modificar su temperatura interna con respecto a la temperatura externa, que les aproxima a los endotermos. Podemos mencionar la protección y el aislamiento del caparazón, una gruesa capa de grasa, o una actividad muscular, y naturalmente la capacidad para esconderse, excavar, cubrirse de lodo, agua, arena u orina, para termorregularse. Una tortuga laúd fue encontrada en Groenlandia, en aguas 7 °C, con una temperatura interna de 20 °C. La tortuga mediterránea (*Testudo hermanni*) presenta en sus vísceras temperaturas mínimas de 1,7 °C y máximas de 37 °C. Parece ser que 45 °C es una temperatura letal para todas las tortugas. Algunos Quelonios de agua dulce, en el norte de Estados Unidos y en Canadá (*Trachemys*), producen en sus células un anticongelante natural, una glucosa, que les permite sobrevivir a temperaturas de -7 °C durante varias semanas. Una parte del cuerpo celular se congela, pero sin cristales importantes, y apenas vuelve el buen tiempo, las funciones de la tortuga retoman su curso normal.

El óptimo térmico de una tortuga terrestre es de unos 28 °C. A esta temperatura, el corazón late a 30 pulsaciones por minuto y se producen una veintena de movimientos respiratorios por minuto. Cuando la temperatura cae, el corazón disminuye su cadencia considerablemente y sólo puede latir una vez por minuto. La respiración pulmonar puede interrumpirse totalmente. En casi todas las especies acuáticas, la oxigenación puede hacerse a través de la piel y de las mucosas oral, faríngea o cloacal. En este caso, la tortuga permanece muchas horas en el fondo del agua, con la cloaca o la boca abiertas, sin remontar a la superficie. Los ectotermos poseen, así, un metabolismo más lento que los endotermos, y algunas tortugas pueden estar varias semanas, y a veces muchos meses, sin alimentarse. En general, las tortugas terrestres son herbívoras; las tortugas de agua dulce, carnívoras; y las tortugas marinas comen peces o invertebrados, coral o medusas. Pero existen numerosas excepciones, que señalamos en esta obra. La digestión de un ectotermo es tan lenta como su metabolismo, y se considera que el tránsito intestinal de una tortuga se hace en unos ocho días en promedio.

Sus necesidades de agua son reducidas, pues este Saurópsido está cubierto de escamas, lo que impide la sudoración, y su metabolismo es lento. Sus pérdidas de agua son igualmente limitadas, gracias a la posibilidad de expulsar desechos muy poco acuosos que tienen a veces la consistencia del yogur y contienen urea casi pura. A menudo, a las especies terrestres les basta con el agua que contienen sus alimentos. En las especies marinas, el exceso de sal es evacuado por las glándulas lacrimales, lo que explica las lágrimas de las hembras cuando llegan a poner sus huevos. Para escapar a temperaturas muy bajas o muy altas, la tortuga puede hibernar o estivar. Las tortugas de los países temperados hibernan durante varios meses cada invierno, y las de los países muy cálidos pueden estivar varias semanas cada verano. Este fenómeno corresponde en ambos casos a una adaptación fisiológica, y no a una obligación biológica. Cuando la temperatura supera los 35 °C, la tortuga busca un lugar fresco, excava una madriguera o se cubre de tierra o arena. La desecación provoca una ralentización del metabolismo, y el animal entra en estivación. Inmóvil en su fresco escondite, la tortuga suspende la alimentación y la actividad varias semanas, a veces muchos meses en algunas especies africanas que se entierran en el lodo (*Pelusios*, *Pelomedusa*). En cambio, si la temperatura baja de 15 °C, el metabolismo de la tortuga se ralentiza, deja de alimentarse y busca un lugar para esconderse. Cuando la temperatura cae por debajo de los 10 °C, entra en hibernación. Totalmente inmóvil en su madriguera o bajo un escondite de hojas, su actividad es nula y parece muerta. Ya no puede ni necesita comer ni beber, y la hibernación puede durar muchos meses. Sus gastos energéticos son nulos y su peso es casi el mismo al principio y al final de la hibernación.

Etología

Los comportamientos de los Quelonios han sido poco estudiados, pero algunas observaciones específicas se describen en esta Enciclopedia, según los estudios llevados a cabo sobre una u otra tortuga. Se sabe, por ejemplo, que *Manouria emys*, una gran tortuga asiática, fabrica un montículo con desechos vegetales para excavar un nido, y luego protege su puesta contra los depredadores, atacando a los intrusos. También emite unas vocalizaciones durante la cópula y se establece un intercambio sonoro entre la hembra y el macho. Una tortuga australiana pone sus huevos bajo el agua (*Chelodina rugosa*), pues hay un desfase temporal en el desarrollo embrionario, que solo comienza cuando el lugar de puesta ya está seco. Otra tortuga australiana (*Pseudemydura umbrina*) excava su nido con sus patas delanteras y no con miembros posteriores, como las demás especies. Algunas han llegado a confundirse con su entorno al punto de parecer desechos vegetales, como la matamata (*Chelus fimbriata*), y otras presentan en medio de la garganta un señuelo natural, pequeña excrescencia móvil y roja, que atrae a las presas que comen (*Macroclemmys temminckii*). Algunas tortugas de agua dulce aceptan vivir en aguas salobres y vienen a poner sus huevos como las tortugas marinas, llegando de mar adentro a las playas (*Trionyx triunguis*). Algunas excavan madrigueras profundas para encontrar frescura y humedad (*Gopherus*, *Centrochelys sulcata*, *Testudo horsfieldii*). Otras especies deforman sus cuerpos hasta que su caparazón se vuelve plano y flexible, para deslizarse en las cavidades rocosas donde se disimulan (*Malacochersus tornieri*).

No se observan reagrupamientos familiares entre los Quelonios, ni comportamientos verdaderamente territoriales o de dominancia, aunque algunas tortugas acuática viven en pequeños grupos estables. En la tortuga de Aldabra (*Dipsochelys elephantina*) y en la de las Galápagos (*Chelonoidis nigra*) se dan comportamientos gregarios. Las tortugas de Aldabra adoptan estrategias comunes y se entregan a comportamientos ritualizados y miméticos, lo que es único en los Quelonios terrestres. También se observan reagrupamientos espectaculares en las tortugas marinas, denominadas "arribadas", en el momento de ciertas puestas, sobre todo en el caso de *Lepidochelys olivacea* en Costa Rica y la India.

Amenazas y protección

Los Quelonios son unos de los animales más explotados y martirizados, y esto desde los tiempos más remotos y en casi todas las civilizaciones. Lentos, poco agresivos, fáciles de capturar, fuente a la vez de carne abundante, aceite, grasa, un recipiente óseo y escamas en algunos casos, se han matado y se siguen matando quelonios en gran parte del mundo, a menudo cruelmente, pues su poca expresividad hace creer "que no sufren". Las civilizaciones más antiguas los explotaban como soporte adivinatorio (China), pero también su consumo era extendido en la India, en todo el Pacífico, y en el Caribe, a la vez como alimento, remedio o afrodisíaco. Muchas especies, sobre todo en el océano Índico, han sido totalmente exterminadas por el hombre en estos últimos siglos (*Cylindraspis borbonica*, *C. peltastes*, *C. vosmaeri*, *Dipsochelys arnoldi*, *D. hololissa*, etc.). En la actualidad, las amenazas siguen siendo la explotación alimentaria y comercial, la urbanización, la desertificación y la recolección para la venta. La mundialización facilita los intercambios e intensifica la eficiencia del tráfico. En los países asiáticos se establecen gigantescos comercios de animales, en provecho sobre todo del mayor explotador de tortugas, China. Otra amenaza insidiosa proviene de la condición de animal de jardín atribuido a las tortugas en nuestro imaginario occidental. El desarrollo de los zoológicos, de las tiendas de animales, de la moda de los reptiles en cautividad, de los "nuevos animales de compañía", provoca una explotación exponencial de los reptiles y especialmente de las tortugas, consideradas inofensivas y "afables". Además de la importante presión que esta moda ejerce sobre las especies salvajes, falsea la imagen de las tortugas, que algunos consideran "animales de compañía", como si fueran conejos o conejillos de Indias. Esta condición intensifica el comercio, aumenta la demanda y provoca el crecimiento del tráfico. Así, muchas regiones pobres recolectan sus quelonios para sacar provecho, como sucede en Madagascar, la India o África. Se considera que dos tercios de las especies están actualmente amenazadas o en vías de desaparición, en especial las especies acuáticas del Sudeste asiático.

Desde hace solo cincuenta años se comienzan a aplicar programas de protección a las tortugas, bajo la presión de algunos naturalistas y herpetólogos de renombre que han puesto la conservación por delante del estudio en laboratorio y la exposición en terrarios. Hace veinte años que la concienciación se ha extendido a varios países desarrollados y al medio científico. La biología de la conservación se ha vuelto una ciencia por derecho propio. Se han creado asociaciones, abierto centros de protección y celebrado congresos para encontrar soluciones a la desaparición, más o menos rápida, de los Quelonios en las próximas décadas. Las acciones van desde la protección de los hábitats a la creación de centros de cría para la repoblación. La información sigue siendo fundamental y pretende introducir al público a la conservación de estos animales tan atractivos, pero cuyo lugar está en la naturaleza y no en los jardines. Ahora bien, subsisten problemas de fondo: la extensión del comercio, el deseo siempre creciente de algunos por apropiarse de la fauna para su propio placer, y la imagen de animal doméstico de la tortuga, desarrollada por algunos centro y clubes de coleccionistas, en detrimento de la biología y la ecología naturales de estas especies. Proteger a las tortugas significa proteger su entorno, combatir su comercio y cambiar su imagen en algunas mentes. Esta Enciclopedia asume una posición nueva y clara; no se trata de modo alguno de facilitar la cautividad de las tortugas, sino, al contrario, de describir las tortugas en su entorno. Las descripciones y las fotos de esta obra corresponden a animales salvajes, observados en su biotopo, y el capítulo sobre la conservación de cada especie pretende sensibilizar al lector sobre la protección de uno u otro animal en su hábitat original.

Nota a la edición española:
Solo algunas especies poseen nombres bien establecidos y de uso corriente en nuestro idioma. La mayoría de los nombres en español que figuran en esta obra han sido recientemente acuñados por los herpetólogos A. Bertolero y O. Arribas, y forman parte de un trabajo en preparación.

La clasificación de las especies en esta Enciclopedia incorpora las últimas novedades en este campo a la fecha de publicación y retoma la nomenclatura reciente de Roger Bour, del Museo de Historia Natural de París. La nomenclatura puede variar según los países, pero nos hemos remitido a los trabajos más exhaustivos de los herpetólogos más avanzados en el campo de la sistemática. Ahora bien, pueden existir divergencias entre especialistas y naturalistas. La lista de las especies descritas aquí se encuentra al final del libro.

Pleurodiros

El infraorden de los *Pleurodira* Cope, 1864 comprende dos familias, los *Chelidae* Gray, 1825 y los *Pelomedusidae* Cope, 1868, que representan a los Quelonios existentes más antiguos, aparecidos hace 120 millones de años. Se caracterizan por su cuello que se desplaza horizontalmente y se pliega lateralmente, entre el espaldar y el plastrón.

Chelidae Gray, 1825

Esta familia está un poco más desarrollada que los más primitivos de los Pleurodiros, los Pelomedusidae. *Los* Chelidae *se caracterizan por su cráneo más especializado, sus vértebras cervicales diferentes a las de los* Pelomedusidae, *y sobre todo por el cuello a menudo muy largo en algunas especies australianas. Viven actualmente en el hemisferio austral, en Sudamérica al este de los Andes, en Australia y Nueva Guinea.*

Acanthochelys macrocephala
(Rhodin, Mittermeier & McMorris, 1984)

Tortuga de agua dulce

Esp.: *Galápago cabezón del Pantanal*

Ingl.: *Pantanal swamp turtle*

Distribución. Esta especie ocupa un reducido territorio desde la cuenca superior del río Mamoré en el centro de Bolivia, hasta la cuenca superior del río Paraguay, en el sudeste del Mato Grosso, en la región de Pantanal, Brasil. Buskirk (1988) atestigua su presencia en Paraguay.

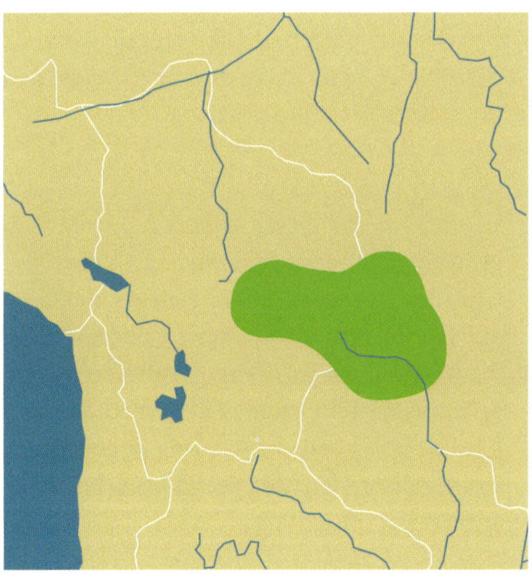

Características. Como lo indica su nombre científico, esta especie presenta una cabeza más grande que las demás tortugas del género, en especial las hembras de mayor edad. El animal es de tamaño mediano (295 mm en las hembras), con un caparazón ovalado deprimido entre la segunda y la cuarta vertebrales. Las marginales no son dentadas; las marginales que están encima de cada pata son más anchas, y las demás tienen a menudo bordes acanalados. El color general, marrón oscuro a casi negro, se ilumina de manchas marrones en algunos individuos. Los juveniles poseen un caparazón más claro, con líneas radiales marrón claro en cada escama. El plastrón y los puentes de los adultos son amarillo oscuro, aún más oscuros a lo largo de las suturas. Este rasgo está más marcado en los jóvenes. El lóbulo anterior es más ancho que el posterior, este último fuertemente escotado en la región cloacal. La cabeza es ancha, marrón a grisácea encima y crema a amarilla debajo, pero no hay una separación nítida entre estas coloraciones. La región del tímpano y la

© T. Vinke

Esta tortuga de tamaño mediano es oval, alargada y plana. Su cabeza es bastante grande y su cuello presenta abundantes tubérculos.

En esta especie se observan escamas anchas que forman una especie de casco. El hocico es redondeado y corto, y los ojos se sitúan muy adelante.

© T. Vinke

mandíbula inferior son amarillas, con manchas grises y anaranjadas. El iris es del color como del pan quemado, sin marca horizontal oscura. Presenta anchas escamas encima de la cabeza. El cuello es gris pardusco encima y amarillo debajo, con tubérculos cónicos romos por encima. Las patas son fuertes, grises encima y amarillas debajo, con manchas anaranjadas, y están cubiertas de escamas anchas. Presenta tubérculos cónicos en la parte posterior de los muslos. Las hembras son más grandes que los machos.

Hábitos. Este galápago, así como la especie próxima *A. radiolata*, frecuenta pantanos, zonas inundadas (Pantanal) y los cursos lentos de los arroyos. Su dieta estaría constituida sobre todo de caracoles, que tritura fácilmente con sus anchas mandíbulas.

Protección. Situada en la lista prioritaria de la UICN, esta especie es poco conocida y debe ser motivo de estudios sobre su estatus, distribución y conservación.

Acanthochelys pallidipectoris

(Freiberg, 1945)

Distribución. Solo se la encuentra en la región del Chaco, en Argentina, aunque es posible que también ocupe el sur de Paraguay y de Bolivia.

Características. Su nombre científico significa "pecho pálido" y se refiere a su plastrón mayormente crema a amarillento. Sin embargo, lo más notorio en este galápago son los grandes tubérculos que presentan sus muslos, tanto en los machos como en las hembras. Es una pequeña tortuga de 175 mm, de forma elíptica, bastante plana y deprimida dorsalmente entre la primera vertebral y la quinta. En los adultos, la cuarta vertebral es más larga que ancha, mientras que en los juveniles sucede lo contrario. Las marginales no son dentadas, sino en-

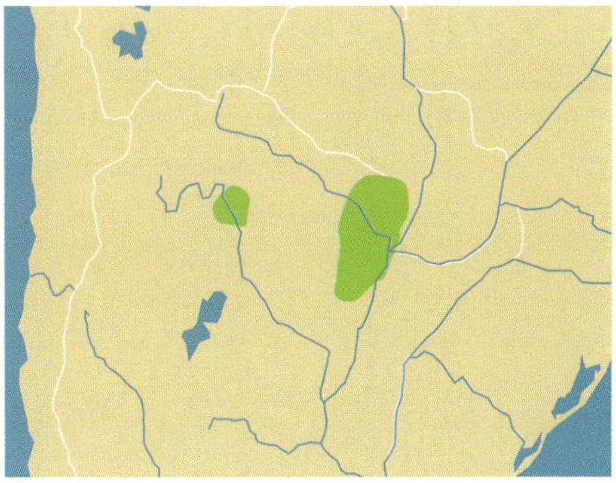

Tortuga de agua dulce

Esp.: *Galápago chaqueño*
Ingl.: *Chaco side-necked turtle*

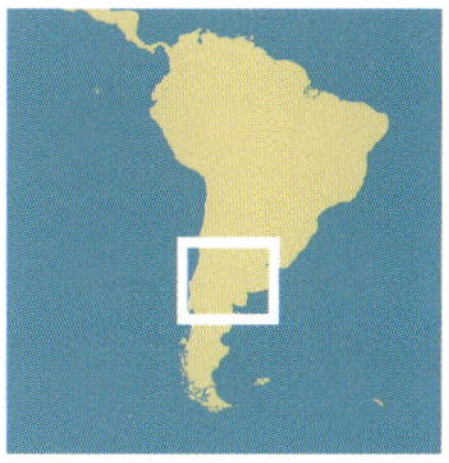

Aquí se observan el largo cuello replegado lateralmente así como los tubérculos cónicos muy extendidos. Dos barbillones adornan el mentón.

sanchadas, y las laterales son acanaladas. El color general del espaldar es amarillo oscuro, pardo claro, o gris e incluso oliváceo, con suturas más oscuras. Las marginales están marcadas por un borde amarillo, sobre todo hacia la parte posterior. El plastrón y los puentes son amarillos, con bandas oscuras sobre las suturas, que pueden ensancharse con la edad, dejando sólo un espacio amarillo restringido en el centro de cada escama ventral. El lóbulo anterior es más grande que el posterior y la muesca anal es grande. La cabeza es ancha, con una línea amarilla central y otra parda a ambos lados. Hacia el tímpano, el color es amarillo, y la cabeza está cubierta por encima de escamas anchas. El ojo presenta iris blanco, pero algunos lo describen como amarillo o verdoso. El cuello es amarillento debajo y gris pardusco encima, con grandes tubérculos cónicos que bajan por los lados. El mentón presenta dos barbillones muy pequeños. Las patas también son amarillas y están cubiertas de anchas escamas. Detrás de los muslos, se notan los grandes tubérculos cónicos, uno de los cuales destaca por su gran tamaño, especialmente en los machos. Los patas son muy palmeadas; las delanteras presentan cinco uñas y las traseras, cuatro. El dimorfismo sexual está poco marcado en esta especie.

Hábitos. A esta tortuga le gustan los arroyos de curso lento, los lagos, las lagunas y los brazos muertos de los ríos. Se le observa sobre todo cuando los lagos y las lagunas están desbordados por las lluvias, lo que hace que la tortuga se desplace a los bosques vecinos. Esta especie es probablemente más terrestre que las demás *Acanthochelys*. Se desconoce su modo de reproducción. Su régimen es más bien carnívoro y come insectos, gusanos y renacuajos. Los tubérculos de detrás de los muslos la protegerían de los predadores cuando se mete de cabeza en un escondite. Su parada nupcial es simple: el macho se acerca a la hembra, con el cuello estirado, y se coge con las cuatro patas al espaldar de su compañera; luego apoya su cabeza sobre la de la hembra para que acepte copular. Las cópulas se observan en septiembre, octubre y noviembre. Los huevos son ovoides y miden aproximadamente 23 x 26 mm.

Protección. Sus efectivos parecen limitados y es buscada para el comercio de animales. Por ello figura en el *Libro Rojo de las especies* de la IUCN. Está protegida en Argentina.

Acanthochelys radiolata (Mikan, 1820)

Distribución. Esta especie es endémica de Brasil, donde se encuentra solo en los estados de Bahía, Minas Gerais y Mato Grosso. Vive cerca de la costa, en las cuencas de los ríos que desembocan en el Atlántico, desde el río São Francisco, hasta los alrededores de la ciudad de São Paulo. Queda por confirmarse la posibilidad de que exista alguna población en las fuentes del río Xingu, en el Mato Grosso.

Características. Ésta es una pequeña tortuga acuática que mide un máximo de 200 mm y está adornada con estrías radiales sobre el espaldar (de allí el nombre *radiolata*), visibles sobre todo en los individuos jóvenes. Su espaldar es elíptico, bastante plano y deprimido dorsalmente entre la segunda y la cuarta vertebrales. Sus marginales son anchas, tanto en la parte anterior como en la posterior, y las escamas la-

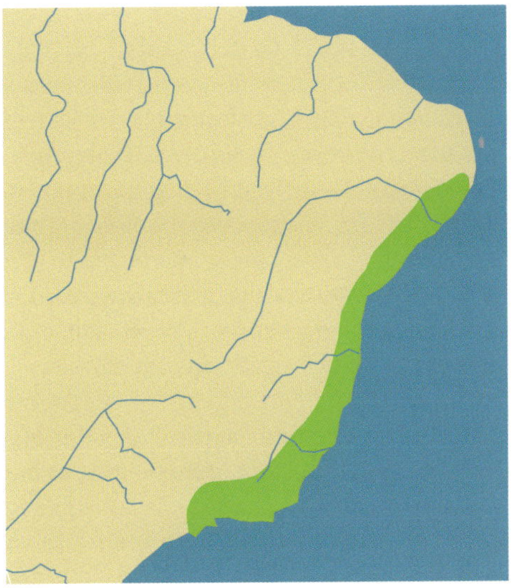

terales, más estrechas, se vuelven acanaladas en los individuos de mayor edad. Las marginales posteriores son ligeramente dentadas y ensanchadas. El espaldar presenta una ligera escotadura supracaudal. Todas las escamas vertebrales y costales presentan estrías radiales, desde el borde anterior hacia el exterior de cada una de ellas. El color general del animal es a menudo de un gris profundo, casi negro; a veces de un verde muy oscuro. El plastrón y los puentes son amarillos, pero cada escama presenta una mancha oscura o a veces líneas negras. Las suturas pueden estar bordeadas de oscuro. El lóbulo anterior del plastrón está a menudo levantado por delante y es de mayor tamaño que el lóbulo posterior. La muesca anal está bastante marcada.

Su cabeza es verdosa a gris pardusco encima, y amarilla en los lados y debajo. Las mandíbulas no son ni ganchudas ni dentadas, y son de color amarillo oscuro con manchas oscuras. Presenta numerosas escamas pequeñas e irregulares encima de la cabeza. La nariz es corta, redondeada y un tanto prominente. Los ojos presentan iris blanco. Dos barbillones marcan la parte baja del mentón. El cuello es verde o pardo oscuro encima y con una red de pequeños tubérculos, que se vuelven menos abundantes y más pequeños para desaparecer en la base del cuello. Los miembros están recubiertos de anchas escamas y los muslos lucen pequeños tubérculos puntiagudos dispersos. Las patas son oscuras encima, de verdes a parduscas, y amarillas debajo. Los recién nacidos miden unos 40 mm de largo y tienen el espaldar pardo con marginales con una marca amarilla. Su plastrón es amarillo y cada placa luce una marca negra. A causa de su cabeza tan grande, se les confunde a veces con jóvenes *Phrynops*, pero las escamas anchas sobre las patas permite diferenciarlos.

Hábitos. Esta tortuga discreta frecuenta cursos de agua lentos, brazos muertos de ríos y embalses de fondos fangosos en los que puede esconderse. Se le ha encontrado en una charca en un inselberg a 850 metros de altitud. Es muy asustadiza y se esconde al menor ruido. A veces se le ve tomando el sol o merodeando en busca de presas. Su régimen parece claramente carnívoro y le interesan las presas más variadas. Su reproducción no ha sido observada.

Protección. *A. radiolata* no es una especie buscada por los coleccionistas. Se ignora el estado de sus poblaciones endémicas. Al igual que las demás tortugas acuáticas, se ve afectada por la degradación de los cursos de agua, los incendios, la deforestación y la extensión de los pueblos y ciudades. El estatus de esta especie necesita ser estudiado.

Tortuga de agua dulce

Esp.: *Galápago radiado*
Ingl.: *Brazilian radiolated swamp turtle*

Esta especie tiene el cuello bastante corto y el iris blanco. Su coloración es verdosa a bronce encima, y crema a amarilla debajo.

© J. Maran

Acanthochelys spixii (Duméril & Bibron, 1835)

Distribución. Se extiende desde el río São Francisco hasta el sur de Brasil y de Uruguay, en los departamentos de Rochas y Tacuarembó, y hasta el Chaco y Formosa, en Argentina. Fue introducida por el hombre en el oeste de Argentina, en Mendoza y cerca de la frontera con Chile, al pie de la cordillera de los Andes.

Características. Su explícito nombre inglés se refiere a los tubérculos y espolones de su cuello y sus muslos, que hacen que parezca "una pelota de alfileres". Con 170 mm, parece ser la especie más pequeña del género. Su forma es elíptica y presenta una ligera depresión entre la primera y la quinta vertebrales. Sus marginales son anchas por delante y por detrás, y más angostas a los lados. En la parte posterior no son escotadas. Cada escama del espaldar tiene estrías concéntricas. La supracaudal está claramente levantada. El color general de la especie es gris muy oscuro a negro, y a veces se distinguen manchas amarillas en la base de las costales. El plastrón y los puentes son también gris oscuro o negros y algunos individuos presentan un poco de amarillo a lo largo de la sutura media. El lóbulo anterior está ligeramente levantado por delante y es más pequeño que el posterior, que presenta una escotadura anal. La cabeza es gris, con abundantes escamas que se alinean en tres o cuatro hileras más regulares encima de los tímpanos. La nariz es corta y poco prominente. Las mandíbulas no son ganchudas ni dentadas, y son de color amarillo claro a oscuro. Sus ojos están bastante separados, y el iris es blanco. El cuello está cubierto por encima de largos tubérculos puntiagudos que se vuelven más cortos y diseminados a los lados y por debajo. Presenta dos pequeños barbillones grises en el mentón. Las patas son muy palmeadas y robustas, y están cubiertas de escamas anchas y prominentes gris oscuro. Los muslos están provistos de varias filas de tubérculos puntiagudos. El dimorfismo sexual está muy poco marcado, pero los machos poseen un plastrón ligeramente cóncavo y una cola más robusta que la de las hembras.

Hábitos. Es una tortuga de zonas pantanosas, de lagunas rodeadas de dunas, y de charcas y lagos a menudo cubiertos de vegetación. Se desconoce su modo de reproducción. Incluso en los periodos de termorregulación, no sale del agua y se queda bastante rato en el borde, con el espaldar aflorando en la superficie. Su régimen alimentario comprende caracoles y renacuajos, pero a veces come vegetales. A menudo tiene abundantes parásitos cutáneos. No se han descrito las cópulas, pero las hembras ponen, a veces bastante lejos del agua, huevos rugosos y casi esféricos (siete en promedio) de aproximadamente 25 x 27 mm. El periodo de incubación podría durar alrededor de 150 días, pero varía según las latitudes. Los jóvenes no presentan depresión vertebral; por el contrario, se puede ver en algunos individuos una ligera quilla central. Presentan estrías radiales concéntricas en el espaldar, pero también en el plastrón.

Protección. Desgraciadamente, esta especie frecuenta regiones intensamente urbanizadas y su hábitat está amenazado por la deforestación y la urbanización, así como por la construcción de puertos depesca industriales, o de complejos deportivos en las zonas donde vive. La UICN se ha preocupado por el estatus de esta rara especie, que se cría actualmente para su conservación en la Estación de Investigaciones Ecológicas Taim-Rio Grande do Sul, en Brasil, y en el Parque Nacional Santa Teresa, en Uruguay. En Argentina y Brasil se han proyectado refugios y reservas, como las marismas de Lagoa dos Patos, que mejorarían la protección de la especie.

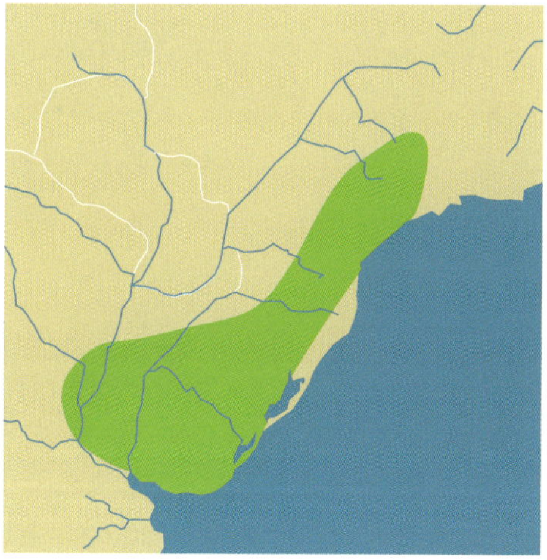

Tortuga de agua dulce

Esp.: *Galápago canaleta*
Ingl.: *Spiny-neck turtle, Black spiny-necked swamp turtle*
Fr.: *Platémyde de Spix*

En esta foto se distinguen los tubérculos puntiagudos en el cuello, pero las patas delanteras y traseras también poseen "espinas", sin duda para protegerse de los predadores.

Mesoclemmys dahli (Zangerl & Medem, 1958) (ant. *Batrachemys*)

Distribución. Es una tortuga endémica de Colombia que habita solo en el valle del río Sinú (en la región entre Montería y Sincelejo), en el departamento de Córdoba.

Características. El nombre inglés la describe en parte: tiene "una gran cabeza de batracio". Es rara y poco conocida. De tamaño mediano (210 mm), su espaldar es ovalado, ensanchado por detrás y de color pardo oliváceo oscuro. En algunos adultos se observa una ligera quilla vertebral. El plastrón es grande, con el lóbulo anterior más ancho que el posterior. Éste se termina por una gran muesca anal. Los puentes son anchos, crema a amarillos, ligeramente pigmentados de gris a lo largo de las suturas (como por debajo de las marginales y el plastrón mismo). La cabeza es grande, ancha y robusta; la nariz prominente. La mandíbula superior presenta una ligera muesca; y el mentón, dos barbillones claros. La cabeza es gris pardusco oscuro encima y crema a amarilla debajo. El ojo está barrado por una línea oscura que se prolonga a lo largo de la cabeza y se difumina hacia el cuello, oscuro encima y más claro debajo. Los machos son más pequeños que las hembras; su plastrón es estrecho y su cabeza más pequeña.

Hábitos. A este galápago parecen gustarle las charcas forestales poco profundas y los cursos de aguas tranquilas, más que los ríos y las lagunas de las que está ausente. Es capaz de recorrer largas distancias en tierra firme, para estivar en el bosque bajo la hojarasca. Caza en el fondo del agua caracoles, gusanos, invertebrados y pececillos, con el cuello extendido y la nariz dirigida hacia el fondo. Su

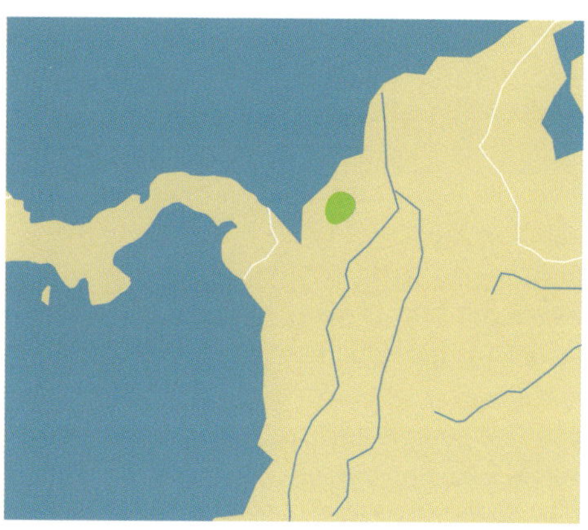

Tortuga de agua dulce

Esp.: *Cabezón carranchino*
Ingl.: *Dahl's toad-headed turtle*
Fr.: *Platémyde de Dahl*

régimen parece exclusivamente carnívoro y puede ser incluso carroñero. Las paradas nupciales han sido poco estudiadas, pero las cópulas se producen entre junio y julio. Las puestas se dan entre septiembre y octubre y contienen un máximo de seis huevos blancos y elipsoides, que miden un promedio de 26 x 32 mm.

Protección. Aparentemente los colombianos no consumen esta especie. Sin embargo, está amenazada por la deforestación y los incendios, destinados a crear nuevas zonas de pastura. La UICN recomienda estudiar mejor esta tortuga y protegerla. En el Instituto Roberto Franco, en Villavicencio, cerca de Bogotá, se ha intentado criarla en cautividad para su conservación, pero los resultados no han sido satisfactorios. La falta de estabilidad política de Colombia no favorece las investigaciones a largo plazo. Figura en la lista de las 24 tortugas más amenazadas del mundo,establecida en 2002 por el Turtle Conservation Fund.

Mesoclemmys heliostemma

(Mc Cord, Joseph-Ouni & Lamar, 2001) (ant. *Batrachemys*)

Tortuga de agua dulce

Esp.: *Cabezón diademado*

Esta especie ha sido descrita recientemente y los anglosajones la califican de tortuga "con cabeza de sapo". A principios de los años 1990, William W. Lamar observa varias tortugas muy diferentes de las *Phrynops* que habitan la región, cerca de Iquitos (Perú) en el oeste de la cuenca amazónica. En la misma época, Roger Bour descubre un joven espécimen, olvidado en las colecciones del Museo Británico. Su nombre científico está inspirado del griego *hêlios* (sol) y *stemma* (corona), y se refiere a las bandas luminosas que marcan su cabeza y su cuello.

Distribución. Esta especie se encuentra en Ecuador, Perú, el sudoeste de Venezuela, en el oeste de Brasil y en el sur de Colombia, en los ríos del curso superior de la cuenca amazónica (como el río Baria, el río Tapiche y el río Blanco).

Características. Esta es una tortuga mediana, que no presenta un dimorfismo sexual muy marcado. Las hembras miden entre 250 y 310 mm y se diferencian de los machos (cuyo tamaño oscila entre los 200 y 310 mm) únicamente por su cola más fina y más corta. El caparazón es ovalado, de color pardo muy oscuro a negro y presenta una ligera depresión vertebral. Las marginales posteriores están ligeramente levantadas y son acanaladas. La coloración de la cabeza es visible en los jóvenes y distingue a esta especie de *Mesoclemmys raniceps* con la que vive en simpatría. En los jóvenes *M. heliostemma* una ancha banda amarillo claro parte del labio superior, pasa por la región nasal, se extiende a cada lado en "V" por encima de los ojos y se prolonga hasta la base del cuello. Una manchita amarilla adorna igualmente la punta de la mandíbula superior, sobre el fondo pardo de la piel. Dos barbillones claros ornan el mentón. El iris es oscuro, sin una barra central oscura. La mandíbula superior presenta una muesca que encaja perfectamente con el pico puntiagudo de la mandíbula inferior. El plastrón es más bien angosto, oscuro y bordeado de amarillo, al igual que por debajo de las escamas marginales, marcando de amarillo el contorno del caparazón. Presenta una gran muesca anal. Existen dos tipos de co-

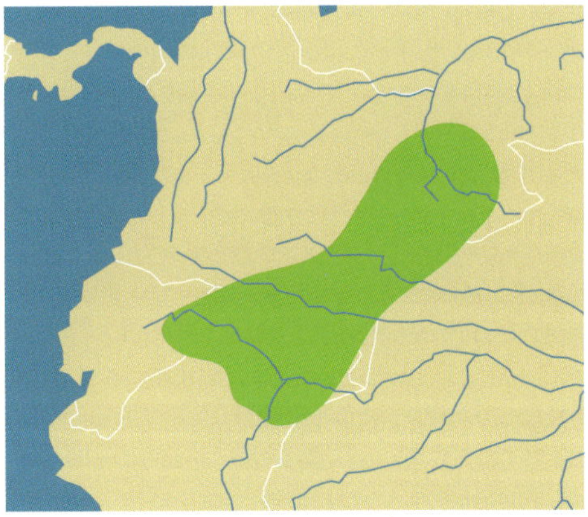

loración en los juveniles: completamente melánica o con las coloraciones descritas. Las patas delanteras son siempre oscuras, casi negras, por encima y por debajo, así como las patas posteriores por encima, que se vuelven amarillas en la región femoral. El cuello es oscuro y luce finos tubérculos. Sin embargo, estas vivas coloraciones tienden a desaparecer con la edad. Los cinco dedos de las patas delanteras están provistas de uñas negras, mientras que solo cuatro de los cinco dedos de las patas posteriores las presentan. Las cuatro patas son fuertemente palmeadas.

Hábitos. Esta especie ha sido descrita recientemente y todavía ha sido muy poco estudiada, por lo que aún se conoce poco sobre su comportamiento. En diferentes puntos de su área de distribución vive en simpatría con otras especies del género *Chelidae*. Se le observa en las zonas de "tierra firme" de la selva amazónica, donde ocupa las zonas cercanas a los arroyos o las charcas dentro del bosque. Parece preferir las aguas someras y claras, en lugar de las charcas turbias y profundas. Su régimen es aparentemente carnívoro y consume gusanos, peces muertos, etc. También es capaz de estar activa y cazar de noche. Cuando es capturada, puede segregar un potente almizcle para defenderse.

Mesoclemmys nasuta (Schweigger, 1812)

(ant. *Batrachemys*)

Distribución. Su área de distribución va desde Surinam hasta la Guayana francesa y ocupa una pequeña franja de territorio brasileño, a lo largo del Oyapock.

Características. Es junto con *Phrynops geoffroanus* una de las especies antiguamente descritas por Schweigger, en 1812. Fue mucho tiempo considerada una subespecie (*Phrynops nasutus nasutus*) distinta de *P. nasutus wermutli* (Mertens, 1969), denominada actualmente *Mesoclemmys raniceps* (Gray, 1855). Es una tortuga de tamaño mediano (250 mm máximo), aunque P. Pritchard observó un macho muy grande de 317 mm en Surinam. El espaldar es ovalado y se ensancha hacia la parte posterior. Algunos animales de mayor edad presentan una depresión vertebral en las tres placas centrales. La coloración es pardo negruzco, sin motivos coloridos. El plastrón es grande, amarillo claro al igual que debajo de las marginales. También puede ser casi negro, pero las suturas y el contorno siempre son claros. El lóbulo anterior es ligeramente más grande que el posterior, que se termina en una muesca anal. El dimorfismo sexual está poco marcado, aunque los machos lucen a veces plastrones algo cóncavos. La cabeza es muy ancha, y los ojos son grandes, oscuros y están rodeados de blanco. Las escamas cefálicas son muy visibles. Los miembros y la cabeza son gris pardusco en la parte superior y amarillentos en la inferior. Una banda oscura adorna el cuello y el mentón. Presenta dos barbillones claros. Las patas, relativamente delgadas, presentan cinco uñas finas y puntiagudas. Los tubérculos son visibles en la cara posterior de los muslos.

© F. Bonin

Este pequeño ejemplar luce un plastrón crema con abundantes manchas negras asimétricas.

Tortuga de agua dulce

Esp.: *Cabezón guayanés*
Ingl.: *Common toad-headed turtle*
Fr.: *Platémyde de Schweigger, Tortue à tête de crapaud*
Bras.: *Cala*
Surin.: *Watra, Sekrepatoe*

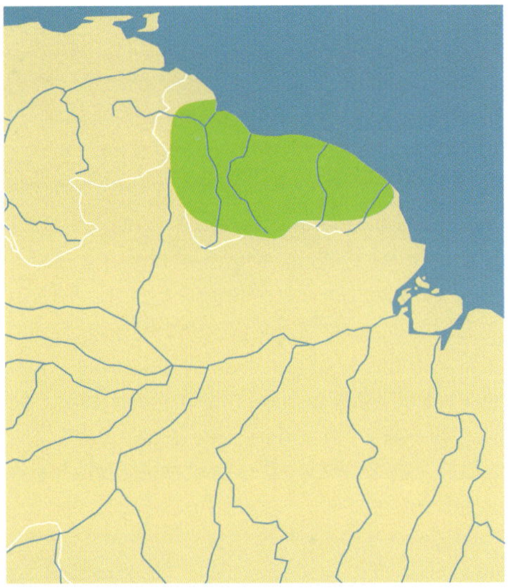

Hábitos. Esta tortuga no parece estivar, a diferencia de otras tortugas de la región y le gustan las corrientes de agua bastante rápidas, así como las pozas de agua forestales. Nunca se le ve termorregularse, ni salir del agua. A menudo está parasitada por sanguijuelas. Su régimen alimentario ha sido catalogado a menudo de carnívoro, ya que consume cangrejos y coleópteros; pero se han visto algunos individuos ingurgitando granos de *Philodendron*... Las hembras ponen de seis a ocho huevos esféricos, de unos 25 mm. Los juveniles, nacidos de puestas que tienen lugar aparentemente en julio y agosto, presentan un espaldar pardo más claro que el de los adultos, con una ligera quilla central.

Protección. Su estatus aún no está bien definido, ya que no está protegida a nivel internacional, ni tampoco a nivel nacional en la Guayana francesa. En este departamento solo existe la prohibición de exportarla.

Mesoclemmys perplexa Bour & Zaher, 2005 (Cabezón de Piauí) ha sido descubierta recientemente. Vive en el bosque húmedo del sur del Parque Nacional Serra das Confusões (estado de Piauí, centro este de Brasil).

Mesoclemmys raniceps (Gray, 1855)
(ant. *Batrachemys*)

Distribución. Su distribución geográfica es importante y va desde cerca de la desembocadura del Amazonas en Brasil, hasta el sur de Venezuela, la parte este de Colombia (Guainía y Vaupés), el este de Perú, el noreste de Ecuador y el norte de Bolivia (región de Pando). Pero R. Bour subraya que esta distribución no es homogénea y podría comprender zonas aisladas susceptibles de albergar subespecies identificables.

Características. Su caparazón es gris oscuro a negruzco, bastante plano, de 250 a 320 mm, y no presenta quilla vertebral, sino que los adultos lucen una ligera depresión en las tres placas centrales. El plastrón es bastante grande y de coloración variable, aunque el fondo es más bien amarillo claro, con manchas oscuras más frecuentemente desarrolladas en la parte posterior. Esta coloración tiende a oscurecerse con la edad. La cabeza es grande, casi redonda, y los músculos temporales están muy desarrollados y ensanchan aún más la región tem-

A veces es difícil distinguir a las diferentes especies de *Mesoclemmys* (antiguamente *Batrachemys*). Esta tortuga no presenta quilla vertebral. La cabeza es ancha y plana, y la región temporal está muy desarrollada. Los ojos se sitúan muy arriba y hacia delante.

© R. Bour

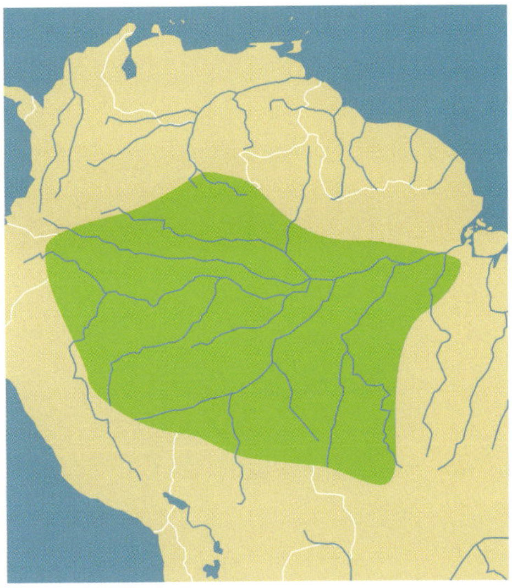

poral. La parte superior de la cabeza es gris a negra, y presenta un escamado irregular. Dos líneas negras se extienden de la punta de la nariz a la región timpánica y separan las coloraciones oscuras de la parte alta de la cabeza de las más claras del mentón y del cuello. La nariz es ligeramente puntiaguda; los ojos son oscuros, grandes y situados muy alto. La mandíbula superior presenta una ligera muesca; es amarillo claro como la inferior. El mentón, a menudo manchado de oscuro en el centro, luce dos pequeños barbillones claros. El cuello está recubierto a veces de pequeños tubérculos de aspecto romo.

Hábitos. Prefiere las charcas forestales, las caletas, los arroyos de corriente lenta e incluso los "pri-pri" fangosos. Es seguramente carnívora, pero su biología merece ser estudiada más detenidamente. Pone de seis a ocho huevos, en nidos poco profundos. Los juveniles tienen una ligera quilla sobre el caparazón y miden de 58 a 60 mm. Presentan un diseño más oscuro en forma de reloj de arena encima de la cabeza.

Protección. Algunos autores piensan que no es muy consumida por el hombre, pero su amplia distribución provoca seguramente encuentros con poblaciones que no dudarían en comérselas. Peter Pritchard lo precisa y cuenta que se le pesca corrientemente en Perú y que los ejemplares jóvenes se consumen con caparazón y todo (!).

Tortuga de agua dulce

Esp.: *Cabezón amazónico*
Ingl.: *Amazon toad-headed turtle*
Fr.: *Platémyde de l'Amazone*

© R. Bour

El espaldar es ancho y muy aplanado, y las tres vertebrales centrales están marcadas por una depresión. El color oscuro y discreto del animal constituye un camuflaje perfecto en las charcas y las calas fangosas.

Mesoclemmys tuberculata

(Luederwaldt, 1926) (ant. *Batrachemys*)

Tortuga de agua dulce

Esp.: *Cabezón tuberoso*
Ingl.: *Tuberculate toad-headed turtle*
Fr.: *Platémyde à tubercules*

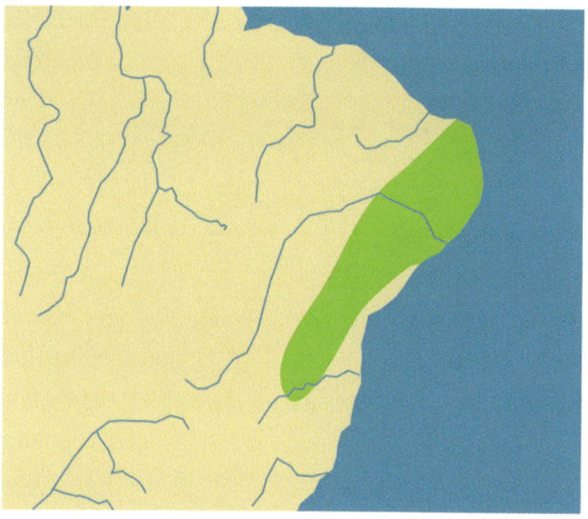

Distribución. Este galápago es endémico del noroeste de Brasil, en los estados de Ceará, Pernambuco, Bahía y Minas Gerais. Frecuenta todas las corrientes de agua de la cuenca del río São Francisco y algunos ríos costeros más al sur.

Características. Su caparazón es ligeramente menos plano que el de las otras especies de *Mesoclemmys* y puede presentar una quilla vertebral muy ligera, bordeada a cada lado por una suave depresión longitudinal. Las marginales están ligeramente levantadas por encima de la cola. El espaldar varía de grisáceo a pardo oscuro, pero en ocasiones llega incluso a ser negro. El espaldar parece a menudo rugoso a causa de las líneas concéntricas sobre cada escama. El plastrón está muy desarrollado. Los dos lóbulos –el anterior con el borde muy redondeado por delante– son más o menos del mismo tamaño, y el conjunto del plastrón cubre las aberturas del caparazón. El plastrón es amarillento con una sutura media gris oscuro, así como el borde inferior de las escamas vertebrales. Esta coloración se oscurece con la edad. La muesca anal es bastante grande. La cabeza es gris encima y las escamas presentan manchas oscuras salpicadas de amarillo y rosado. La región entre las órbitas está dotada de una piel lisa. Las mandíbulas son amarillo claro, con una banda aún más clara sobre la superior. El cuello es más claro por debajo que por encima. El cuello luce tubérculos cónicos, rasgo que ha motivado el nombre de la especie, aunque algunos individuos no los presentan. La cabeza es muy ancha y presenta en la zona timpánica protuberancias recubiertas de escamas irregulares.

© R. Bour

En este ejemplar casi no se aprecian los tubérculos cónicos que presentan algunos animales y que han motivado el nombre de esta tortuga. En cambio, la región timpánica luce protuberancias, con abundantes escamas irregulares, y algunas manchas claras.

Hábitos. Este galápago parece preferir los cursos de aguas lentas y los brazos muertos de los ríos así como los pantanos. Su régimen alimentario deber ser muy carnívoro, ya que, en cautividad, consume gusanos, insectos y peces. Las hembras ponen entre cinco y diez huevos, de aproximadamente 25 x 31 mm.

Protección. Aunque está presente en las regiones habitadas de Brasil (costa este), esta tortuga no ha sido estudiada. Se necesitan estudios más avanzados sobre su biología y conservación. En los medios en que vive, muchas deben ser las amenazas para su supervivencia (degradación de los hábitats).

Mesoclemmys zuliae

(Pritchard & Trebbau, 1984) (ant. *Batrachemys*)

Distribución. Esta especie endémica solo habita en un pequeño territorio del noroeste de Venezuela, y P. Pritchard cree que es una especie relicta. Este microterritorio está delimitado por el sur por los contrafuertes andinos; por el oeste, por la Sierra de Perija; por el este, por el lago Maracaibo; y por el norte, por una región que fue drenada y es actualmente completamente árida.

Características. Es una tortuga de tamaño mediano: los machos no superan los 208 mm y las hembras, 279 mm. El caparazón es oblongo, sin quilla, y presenta una ligera depresión

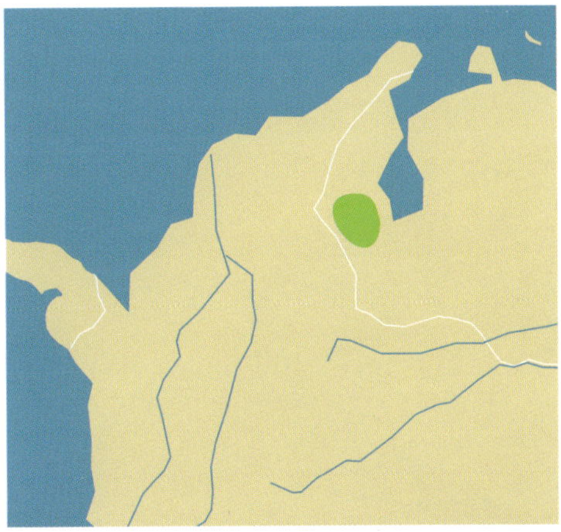

Tortuga de agua dulce

Esp.: *Cabezón de Zulia*
Ingl.: *Zulia toad-headed turtle*
Fr.: *Platémyde de Zulia*

© F. Bonin

Esta especie carece de quilla vertebral. El espaldar es ancho, plano y más amplio en su parte posterior, y el cuello presenta gran cantidad de tubérculos pequeños y redondos. El conjunto es de un gris neutro, lo que le permite confundirse con su entorno.

vertebral entre el medio de la segunda escama vertebral y el final de la cuarta. El caparazón de los machos se ensancha por detrás, a diferencia del de las hembras. Es de un color uniformemente gris oscuro. El plastrón presenta un lóbulo anterior más ancho que el posterior, pero el conjunto es bastante reducido respecto a otras especies de *Mesoclemmys*. Los puentes son estrechos. La muesca anal, muy marcada y bastante angulosa, forma dos espolones en la parte posterior del animal. El plastrón es amarillento, con algunas manchas pardas, así como por debajo de las marginales. La cabeza es muy grande y puede ser de un ancho igual al 30 % del espaldar. Es gris oscuro por encima y una línea negra se extiende desde la punta de la nariz a la región timpánica, pasando por en medio del ojo. La garganta es más clara y luce una piel ligeramente granulosa, mientras que la cabeza está cubierta por encima de pequeñas escamas irregulares. El mentón está dotado de dos pequeños barbillones. La mandíbula superior es ligeramente puntiaguda. Las patas son gris oscuro; las delanteras poseen cinco uñas y traseras cuatro, y los dedos son cortos y palmeados. Los machos tienen la cabeza más pequeña, la escama intergular más estrecha y la cola más gruesa. Algunos presentan una coloración rosa anaranjado en las escamas de las patas.

En esta foto se aprecia la extraordinaria "cabeza de sapo", plana, ancha y potente, impresión que acentúan aún más los ojos en la parte superior y la boca ensanchada.

© R. Bour

Hábitos. Esta tortuga frecuenta las zonas húmedas y los cursos de agua tranquilos. Se le encuentra también en tierra, donde se aventura a menudo, especialmente en las zonas forestales. A veces se entierra muy profundamente en la tierra húmeda o en el fango, y los agricultores la desentierran cuando labran la tierra. La importancia de la población de esta "especie reliquia" es difícil de estimar. No se le considera un animal de consumo o captura, pues su aspecto poco atractivo no incita a atraparla. Puede secretar un almizcle maloliente cuando está inquieta. Su régimen alimentario debe ser mayoritariamente carnívoro. Pone de siete a ocho huevos, que miden en promedio 31 x 37 mm.

Protección. Es difícil saber si esta especie está amenazada. A veces la atacan las dos especies de Crocodilianos locales, ya que han observado sus mordeduras en los caparazones. Ha sido catalogada por la UICN para que sea estudiada más profundamente a fin de conocer mejor su estatus y su distribución.

Mesoclemmys vanderhaegei

(Bour, 1973) (ant. *Bufocephala*)

Los nombres científico y común de esta especie fueron acuñados en memoria de Maurice Vanderhaege, un queloniófilo amigo de Roger Bour.

Distribución. Ocupa un territorio limitado que se extiende desde la cuenca del río Paraguay (Mato Grosso), en Brasil, hasta el noreste de Argentina y Paraguay (río Paraná).

Características. Los machos de esta especie alcanzan 220 mm y las hembras, 262 mm. El caparazón ovalado es algo abombado, con el punto más alto en la tercera vertebral. Hay una ligera depresión longitudinal acompañada a veces por una ligera quilla central. Es de color oscuro, casi negro, a veces con reflejos rojizos. El plastrón es bastante grande, con un lóbulo anterior mayor que el posterior y levantado hacia adelante. Una nariz puntiaguda remata la cabeza, que es bastante chica. La cabeza es negra por encima; el mentón y las mandíbulas son gris claro, a veces de aspecto vermiculado anaranjado o rosa. La garganta es clara en algunos individuos, pero también puede ser muy oscura. Dos pequeños barbillones cónicos de color claro adornan el mentón. El iris es oscuro y está rodeado de plateado. El cuello presenta pequeños tubérculos ligeramente prominentes. Las patas son grises o pardas, de tamaño mediano; las anteriores tienen cinco uñas y las traseras, solo cuatro, aunque más grandes. A excepción de una ligera diferencia en el tamaño, el dimorfismo sexual no está bien marcado.

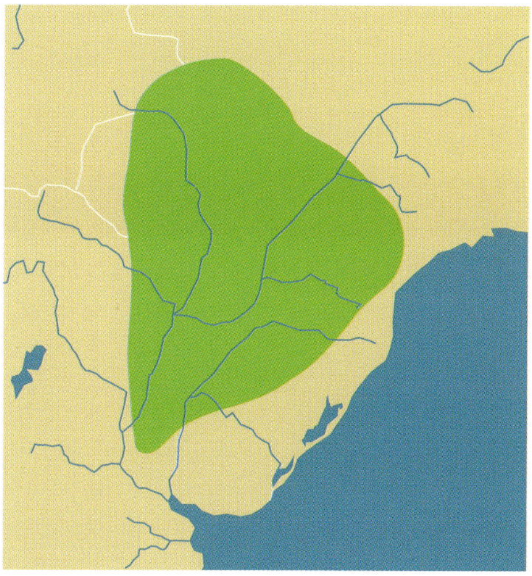

Hábitos. La especie vive en lagunas y pantanos poco profundos con vegetación muy tupida, pero también se encuentra en zonas boscosas o agrícolas. Su régimen parece parcialmente carnívoro. Esta tortuga es diurna y se le puede ver desplazándose rápidamente en tierra firme. Gracias a su carácter irascible, no se le puede confundir con la *Mesoclemmys gibba*, que es parecida, pues los adultos e incluso los juveniles de esta especie intentan morder cuando se les coge. Una puesta fue observada en Paraguay: contenía 3 huevos elípticos que medían 28,5 x 35 mm.

Protección. Sin duda los indígenas de los tres países que albergan esta tortuga la consumen. La UICN la ha catalogado como especie prioritaria.

Tortuga de agua dulce

Esp.: *Cabezón de Vanderhaege*

Ingl.: *Vanderhaege's toad-headed turtle*

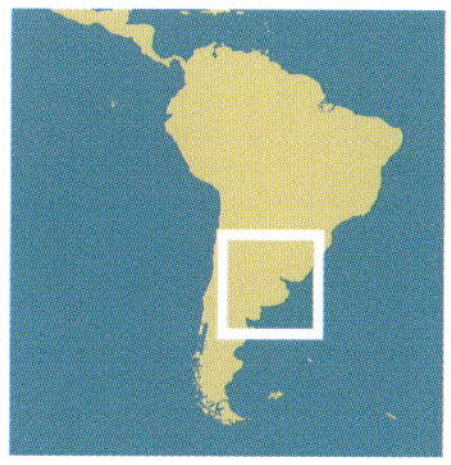

© R. Bour

En esta especie se distinguen bien los dos barbillones y los grandes ojos situados muy arriba. La cabeza y el cuello son robustos, y están bien protegidos por las gruesas escamas y los abundantes tubérculos.

John Cann durante una inmersión en un pequeño río cerca de Sydney.

Las tortugas australianas

John Cann es sin duda el mejor especialista en tortugas australianas. Este herpetólogo australiano de unos 60 años, ex campeón olímpico, submarinista emérito y recolector de serpientes, ha recorrido toda Australia para observar los reptiles poco conocidos de este inmenso territorio. Ha descubierto y descrito numerosos Quelonios de este país, entre ellos algunos monotipos excepcionales como Rheodytes leucops *y* Elusor macrurus, *y su talento como fotógrafo está a la altura de sus conocimientos herpetológicos. Pero la sistemática de los Quelonios de Australia no es definitiva, y en los próximos años otras especies y subespecies, ya observadas por John Cann, completarán probablemente la fauna excepcional de un continente rico en tortugas acuáticas.*

Las tortugas australianas constituyen un grupo original y muy antiguo, donde todas las especies (excepto una) son Pleurodiros. Solo *Carettochelys insculpta*, la "tortuga de nariz de cerdo", es un Criptodiro. Actualmente no se encuentra en este gran continente ninguna tortuga terrestre, y los últimos representantes terrestres, *Meiolania* –animales de gran tamaño cuyo cráneo está provisto de dos a cuatro cuernos óseos– se extinguieron hace unos 2.000 años (*Meiolania mackayi*, Nueva Caledonia, periodo de Koné). La fauna quelonia actual comprende 17 especies y varios géneros, la mayoría descubiertos recientemente. Los trabajos de Harold Cogger en los años 1970 y luego la publicación de *Australian Freshwater Turtles* de John Cann aportaron un conocimiento enciclopédico de las tortugas de este continente. Así, la taxonomía de las tortugas australianas aún puede evolucionar ampliamente. Las subespecies y especies son conocidas, pero aún no se han descrito ni denominado, y no sería imposible descubrir nuevas especies, ya que éste es un vasto continente y todos sus ríos no han sido aún inventariados. En esta obra, solo presentamos las tortugas reconocidas y admitidas por los mejores especialistas en el momento de la publicación, es decir en 2006.

En Australia se encuentran tortugas muy diferentes de los demás Quelonios del planeta, debido al aislamiento de este territorio, originado por la deriva de los continentes. La mayoría de los *Chelidae* presentan cuellos extremadamente largos, que a veces igualan o superan el largo del caparazón (*Chelodina oblonga*). Aquí se ha hallado recientemente una tortuga dotada de un gran apéndice caudal, ancho y osificado, la mitad de largo que el animal (*Elusor macrurus* Cann & Legler, 1994). En el noroeste del país vive la extraña "tortuga de cabeza de cerdo" (*Carettochelys insculpta*) de características intermedias entre los *Trionychydae* y las tortugas marinas. En la subfamilia de los *Pseudemydurinae* se encuentra la tortuga más pequeña de Australia (150 mm), *Pseudemydura umbrina*, un caso magistral para la conservación, ya que sus efectivos residuales de cincuenta individuos en 1953 hacían de ella la tortuga más rara del mundo. La etología de las tortugas australianas es también insólita, ya que entre ellas se observa una tortuga que pone debajo del agua (*Chelodina rugosa*) y otra que excava su nido con las patas delanteras y no con las traseras (*Pseudemydura umbrina*).

Simbología. Las tortugas australianas constituyen una parte íntima del imaginario de los pueblos ancestrales, los aborígenes. Muchos objetos evocan a las tortugas (grabados rupestres, pinturas, objetos esculpidos...). A menudo se les representa bajo una forma denominada anatómica, pues el grafismo revela el interior de su cuerpo, con los músculos y las vísceras del animal, lo que demuestra un perfecto conocimiento de su anatomía. Ahora bien, las tortugas nunca han sido consideradas animales totémicos o sagrados; han sido y son aún ampliamente consumidas por los aborígenes y su representación permitía apoderarse de sus virtudes antes de capturarlas y comerlas.

Protección. Todas las especies están protegidas por las leyes australianas. No se pueden ni recolectar, ni vender, ni consumir, pero los aborígenes gozan de un derecho legal de uso que les permite continuar como antaño con la explotación de las tortugas. Ahora bien, esta presión de captura es mínima y no pone en peligro las poblaciones de Quelonios. Algunas especies llamadas australianas viven también en Nueva Guinea y en Irian Jaya, donde se les explota con más frecuencia. La mayoría de las tortugas de estas regiones que se encuentran en Occidente se recolectan en estos países. Las amenazas en territorio australiano provienen de depredadores introducidos, como zorros o búfalos. Los zorros son una plaga en Australia y unos de los mayores destructores de tortugas. John Cann afirma asimismo que el sobrepastoreo por parte de los búfalos y el pisoteo de las orillas de ríos y ciénagas producido por las manadas, sobre todo en el norte del país, hacen también más raras a algunas especies, al destruir sus nidos. Los incendios, tan devastadores, la extensión de las ciudades, como alrededor de Perth o en el este del país, y la extensión de las zonas agrícolas y las explotaciones mineras disminuyen igualmente los hábitats de los Quelonios y llevan a su rarefacción. La escasez extrema de algunas especies y su atractivo para los coleccionistas occidentales hacen aún más frágiles algunas poblaciones.

Chelodina expansa Gray, 1857

Distribución. Ocupa una amplia zona en forma de bumerán en el sudeste australiano, del río Murray hasta el centro de Queensland (Rockhampton). En casi toda su área de distribución vive lejos de las costas, excepto en el extremo este, donde se le observa en la isla Fraser, donde quizá fue introducida por el hombre.

Características de las *Chelodina*. Todas estas tortugas son Pleurodiros y tienen un cuello muy largo, con récords en *Chelodina oblonga*. Son de tamaño mediano, pero pueden alcanzar los 480 mm (*C. expansa*). Este género se distingue por tener cuatro dedos en las patas delanteras, en lugar de cinco como en las demás especies australianas; así como dos gulares que se tocan por delante, quedando aislada la intergular en forma de hexágono. Cuando se alarman, estas especies secretan un líquido lechoso y oloroso, por cuatro orificios situados bajo el plastrón, dos anteriores y dos posteriores. Son tortugas totalmente acuáticas que no se ven nunca fuera del agua salvo para nidificar, contrariamente a las *Emydura* y a las *Elseya*. Las *Chelodina* son diurnas y carnívoras (comen peces, moluscos y crustáceos). Viven en marismas poco profundas, pantanos y cursos de aguas tranquilas. Ponen un promedio de doce huevos, de forma oval y alargada. Su manera de cazar es la misma que en todas las tortugas "de cuello largo": su cuerpo se queda inmóvil en el fondo, disimulado con hojas o en el fango, y solo el cuello "sigue" a la presa y la atrapa desplegándose.

Características de *C. expansa*. Es la mayor de las *Chelodina*, con un máximo de 480 mm. Un espécimen de 10 kg fue observado por J. Cann. Su espaldar es plano, ensanchado por detrás (expandido), como su nombre científico lo indica. En los individuos de edad avanzada,

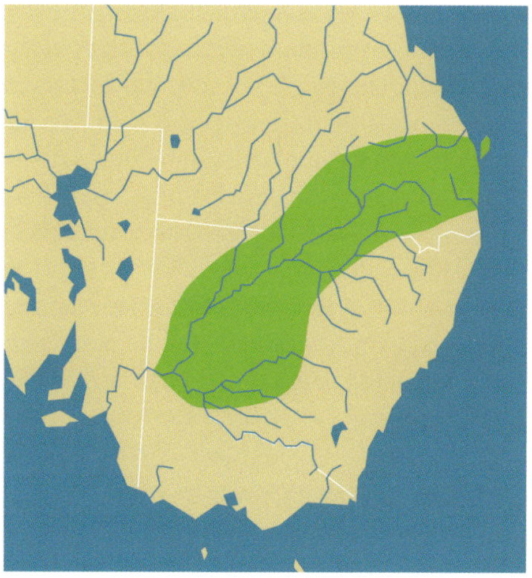

Tortuga de agua dulce

Esp.: *Galápago cuello-serpiente gigante*
Ingl.: *Broadshelled river turtle, Giant snake-necked turtle*

Este animal luce un largo cuello de aspecto como de serpiente y un espaldar muy plano y ensanchado con marginales muy ensanchadas o "expandidas".

el espaldar está deprimido a menudo hacia la cuarta vertebral. El plastrón es muy estrecho y solo ocupa el tercio de la superficie del espaldar. La cabeza es ancha y plana, a veces fuertemente deprimida entre los ojos y la parte posterior del cráneo. Los ojos son pequeños y están situados muy adelante en la cabeza. El cuello es muy largo, más ancho y musculoso que el de *C. longicollis*. No presenta tubérculos, pero su textura es regularmente granulosa. La coloración general del animal es pardo oscuro a verdosa, con finas reticulaciones oscuras en los individuos más claros, es decir, los más jóvenes. Los individuos de la isla Fraser son negros, con restos de línea clara a lo largo de las marginales. En la naturaleza, los animales están cubiertos a menudo de musgo y algas que los disimulan totalmente en el sustrato. El plastrón es uniformemente blanquecino a pardusco, sin pigmentación oscura. Bajo el mentón, se notan dos barbillones rudimentarios; más raramente, cuatro. Los juveniles se parecen mucho a *C. longicollis*. Son negros, con manchas claras en las marginales y en el plastrón. Estas manchas son blanquecinas, mientras que en la otra especie son anaranjadas y la cabeza es más plana y más larga.

Hábitos. Para esta especie se señala un tiempo de incubación anormalmente elevado, de 664 días. Sin embargo, esta observación parece atípica y corresponde a lluvias muy tardías y a una emergencia sin duda difícil. Los jóvenes crecen muy rápido los primeros años, como en muchas otras especies australianas. Este galápago es difícil de observar en la naturaleza, ya que vive en el fango y bajo las acumulaciones de hojas y de sustratos acuáticos, a poca distancia de la superficie. Se esconde durante largas horas y espera que una presa pase a su alcance. Su modo de desplazarse debajo del agua es particular: camina en el fondo, a grandes zancadas y con el cuello rectilíneo, y no nada. Cuando se inquieta, se hunde en el fango, produciendo una gran nube de limo que la disimula. Cuando es capturada, agita su cuello por todos lados para desequilibrar al que la coge. Pone de cinco a treinta huevos oblongos, de aproximadamente 25 x 35 mm, a veces hasta a un kilómetro de distancia de donde vive. La incubación promedio dura 192 días. Come caracoles, alevines y crustáceos. En la isla Fraser parecen gustarle especialmente los cangrejos de río pequeños.

Protección. Su gran tamaño y su buena adaptación a la vida en cautividad hacen que sea un animal buscado por los criadores. Sus efectivos son difíciles de evaluar en la naturaleza, ya que se esconde muy bien, lo que dificulta el conocimiento exacto de la magnitud de sus poblaciones.

Chelodina kuchlingi Cann, 1997

Distribución. Ocupa un área reducida en la región de Kimberley, en el oeste de Australia, en Kalumburu, en los ríos King Edward y Carson.

Características. Esta tortuga lleva el nombre de un reputado herpetólogo de Perth, Gerald Kuchling. De esta especie solo se conoce un espécimen. Su caparazón, muy ovalado, mide 230 mm. Se parece a *C. rugosa*, pero se diferencia por algunos rasgos. Las placas del espaldar presentan estrías radiales rugosas y más claras, sobre fondo pardo oscuro. Las líneas de crecimiento son muy visibles y más claras (anaranjadas) hacia la periferia, algo parecidas a las de los juveniles de *C. novaeguinae*. Su forma es muy ovalada, apenas más estrecha por delante y ensanchada por detrás. El plastrón es amarillo anaranjado. La cabeza es ancha y grisácea y se parece a la de *C. rugosa*. Es posible que la especie haya desaparecido luego de haber sido observada en 1997.

Tortuga de agua dulce

Esp.: *Galápago cuello-serpiente de Kuchling*
Ingl.: *Kuchling's long-necked turtle*

Chelodina longicollis (Shaw, 1794)

Distribución. Ampliamente distribuida en el este y sudeste de Australia, desde el centro de Queensland (Charters Towers) hasta Adelaida, en el sur.

Características. Es una especie bastante pequeña (250 mm), de forma ovalada, más ancha por detrás que por delante, de color pardo claro a anaranjado y a veces verdoso. A menudo se observa una depresión en las tres vertebrales en los individuos de mayor edad. Algunas tortugas están cubiertas de abundantes plantas y algas acuáticas. Las marginales pueden "acanalarse", sobre todo las laterales que, entonces, se vuelven muy angostas. El plastrón es crema a amarillento, con suturas negras muy anchas. Es estrecho, apenas la mitad de ancho que el espaldar, con una muesca anal importante. A pesar de su nombre *longicollis*, no es la especie que posee el cuello más largo del género *Chelodina*; éste es muy fino y está cubierto de tubérculos de grosor medio, muy redondos, aplanados y regulares. La cabeza es larga y apenas más ancha que el cuello, de color gris acero, amarillento o a veces verdoso, muy amarilla por debajo. Luce una especie de casco triangular y muy liso, que va desde la parte posterior del cráneo hasta la punta de la nariz. Los ojos están muy cerca de las narinas, y el iris presenta un anillo blanco distintivo. La boca es corta y la mandíbula inferior es blanquecina o amarillenta. La diferenciación sexual

Tortuga de agua dulce

Esp.: *Galápago cuello-serpiente oriental*
Ingl.: *Eastern snake-necked turtle, Long-necked turtle*

© B. Devaux

C. longicollis posee una cabeza pequeña y es su largo cuello filiforme el que ha motivado el nombre de la especie. El resto del espaldar es plano y ensanchado, pero claramente alargado.

está poco pronunciada en este animal, y una ligera concavidad marca el plastrón de los machos. Sus colores y su tamaño son similares. Para diferenciar a los sexos se puede tener en cuenta la situación de la cloaca, hacia el extremo de la cola en los machos y hacia el abdomen en las hembras. Éstas son un poco más grandes que los machos. Los jóvenes son casi totalmente negros, pero presentan manchas anaranjadas o rojizas en las marginales y en el plastrón, y una línea anaranjada a lo largo del cuello.

Hábitos. Es una tortuga discreta, que vive en montículos de hojas y en el fango en el fondo de los cursos de aguas lentas o de las charcas. Pero también es curiosa, y saca la cabeza del agua y nada en la superficie. Desde finales de septiembre hasta diciembre pone en la tierra seca en las orillas de los lagos de ocho a veinticuatro huevos pequeños, que miden un promedio de 20 x 30 mm. Orina a menudo para preparar la zona de puesta. Los jóvenes nacen en enero, febrero o marzo y pesan unos 4,5 g. La incubación puede durar de 120 días a seis meses. Como en la mayoría de especies australianas, la llegada de las lluvias importantes desencadena la emergencia de los juveniles. Cuando se captura algún ejemplar segrega a veces un líquido lechoso, muy oloroso, aunque algunos individuos no producen ninguna secreción.

Protección. Esta tortuga familiar y curiosa es considerada por los terrariófilos como un animal fácil de criar, poco sensible a las enfermedades y al estrés de la cautividad, por lo que es muy buscada por los coleccionistas. Su cuello filiforme también atrae a los amantes de las tortugas. Esta especie está muy presente en los zoológicos australianos y desgraciadamente se la encuentra cada vez más en las tiendas de animales en Occidente. Esto ha implicado un aumento de la recolección de individuos en la naturaleza, ya que no existe ningún centro de cría para esta especie.

Chelodina novaeguineae Boulenger, 1888

Distribución. Se encuentra sobre todo en el sur de Papúa Nueva Guinea y de Irian Jaya, pero también ocupa el noreste de Australia, desde la península del cabo York hasta el área de Bowen, y también el golfo al oeste de Queensland, alrededor de Mackay. Asimismo, se le ha encontrado en la isla de Roti, al sudoeste de Timor, sin duda introducida por el hombre.

Características. Es muy parecida a *C. longicollis*, pero un poco más grande (300 mm), más redonda, con el espaldar más ancho por detrás, la cabeza más ancha, la región prefrontal bastante redondeada y la superficie maxilar ancha. Su color es a menudo pardo, anaranjado, grisáceo, a veces negruzco, aunque varía mucho según el medio, desde Nueva Guinea hasta Queensland (Australia). Algunos animales presentan placas fuertemente marcadas por líneas radiales que salen de la areola. Los tubérculos en el cuello son más redondos y aplanados que en *C. longicollis*. En los individuos de mayor edad, las marginales laterales están a veces curvadas hacia arriba, mientras que en los jóvenes están curvadas hacia abajo. El plastrón es amarillo uniforme, con finas suturas negras y a veces manchas negras en el borde de las placas. La cabeza es parda a anaranjada, o negruzca, bastante ancha en la zona temporal, y el cuello es medianamente largo (en comparación con los de otras *Chelodina*), y a veces con una ligera depresión detrás de los ojos. El casco temporal está formado de escamas regulares, anchas y planas. Algunos especímenes de Nueva Guinea poseen un hocico desarrollado con un principio de pico córneo. Los jóvenes de esta especie son verdaderamente "abigarrados" en el plastrón, el cuello y las marginales: se aprecian manchas grandes e irregulares, amarillas a anaranjadas, a veces rojizas, mientras que el resto del animal es negro. También hay rugosidades radiales en el espaldar, que desaparecen con la edad.

© G. Kuchling

Esta tímida especie está dotada de una cabeza pequeña y de un cuello relativamente corto.
Se nota la forma bastante redondeada de la parte posterior del espaldar, la depresión vertebral, el gran surco entre los ojos y el hocico bastante pronunciado.

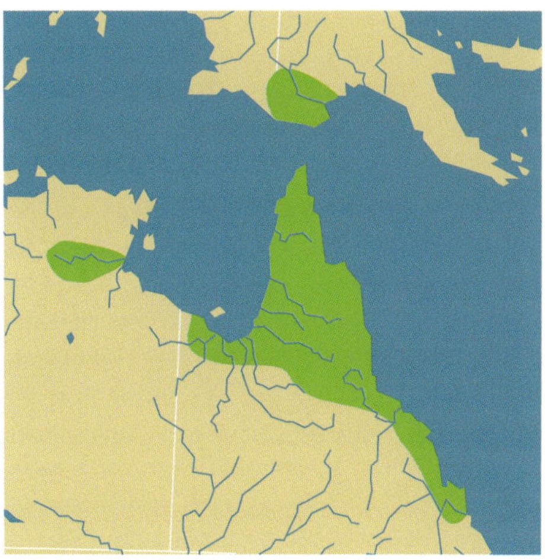

Hábitos. Se alimenta de caracoles (lo que explicaría el desarrollo de su maxilar inferior), también consume insectos, crustáceos y plantas acuáticas. En las lagunas entre Daly Waters y Newcastle Waters (Australia), que están secas una parte del año, estiva largos meses, exactamente de la misma manera que las *Pelomedusa* africanas. Cuando la lluvia es abundante, reaparece. Sus puestas se dan en septiembre-octubre (de diez a veintiún huevos, de 22 x 32 mm), con una incubación de aproximadamente nueve semanas. Los jóvenes pesan alrededor de 5,5 g.

Protección. Está cada vez más presente en las tiendas de animales en Occidente y es recogida intensamente en Nueva Guinea. Se necesita examinar el estado de sus poblaciones en este país.

Tortuga de agua dulce

Esp.: *Galápago cuello-serpiente de Nueva Guinea*
Ingl.: *New Guinea snake-necked turtle*

Chelodina colliei Gray, 1856 (ant. *C. oblonga*)

Distribución. Su territorio se reduce a la punta sudoeste de Australia, alrededor de Perth, desde el río Hill hasta el río Fitzgerald. En compensación, es muy común en esta área y se encuentra en casi todos los lugares acuáticos: pantanos, ríos tranquilos, pequeños lagos y especialmente en el río Swan.

Características. Su denominación aún se discute. John Cann prefiere el antiguo término *oblonga*, que la caracteriza particularmente bien. Ahora bien, el nombre *colliei* fue utilizado por Gray en 1856 para una tortuga del río Swan. Esta especie tiene una forma oblonga muy alargada, más ancha por detrás que por delante; su cuello es extremadamente largo y puede superar a veces el largo del espaldar (400 mm para el cuello, 350 mm para el espaldar); y su cabeza es ancha. El cuello es musculoso y de base ancha, y la cabeza mide alrededor del tercio del cuello. Incluso los juveniles presentan un cuello inmenso, casi tan grueso y ancho como el resto del caparazón. Por supuesto, este cuello no puede replegarse completamente entre el espaldar y el plastrón. La textura del espaldar es bastante lisa, a veces finamente vermiculada, y en la naturaleza está cubierta a menudo de algas y musgo, lo que permite al animal pasar desapercibido. Su color es amarillo verdoso a gris bronce y marrón negruzco, con pequeñas manchas negras en los espaldares más claros. Su cabeza es larga, ancha por detrás, con los ojos muy al frente. A menudo se notan dos protuberancias en la parte posterior del cráneo y una ligera depresión detrás de los ojos, en los individuos de más edad. Su color es verdoso a pardo. Todo el cuello es granuloso, con pequeñas excrescencias redondas. Es verdoso encima y amarillo debajo. Los barbillones bajo el mentón son rudimentarios. Esta especie no exuda líquidos olorosos, aunque posee las cuatro glándulas habituales de las *Chelidae*. Los machos tienen la cola algo más larga y robusta que la de la hembra, y a veces un plastrón ligeramente cóncavo, pero generalmente la diferenciación sexual no está muy marcada. Las patas son anchas y muy palmeadas, con fuertes uñas. Nada a menudo entre dos aguas, buscando alimento, pero no camina en el fondo como *Chelodina rugosa*. Los jóvenes son muy atractivos: el espaldar es casi negro, gris acero o verde oscuro, y amarillo por debajo, desde el mentón hasta las patas. A menudo se observan manchas negras sobre el fondo más claro. Una línea luminosa amarilla marca el contorno del espaldar. El cuello es tan largo como el espaldar; la cabeza es ancha y más clara.

Hábitos. Es una especie asustadiza a la que es difícil acercarse. Cuando se le coge, muestra una gran viveza y puede incluso volverse irascible: agita su largo cuello como un látigo y puede morder a quien la moleste. Estiva algunas semanas o meses cada año, cuando las charcas donde vive están secas. En cambio, en los lagos y las corrientes de agua, está activa todo el año. Su menú es variado: crustáceos, pequeños peces, algas y plantas acuáticas, larvas y batracios. Su largo cuello es el resultado sin duda de una adaptación a la técnica de caza de las *Chelodina*: sin mover el cuerpo, la tortuga desplaza lentamente el cuello como una serpiente, para sorprender a su presa y atraparla para ingurgitarla. Octubre y noviembre son los meses de puesta que prefiere esta especie. Se producen dos puestas al año, y los huevos miden en promedio 20 x 32 mm (de nueve a dieciséis huevos por puesta). La incubación dura hasta 200 días, pero depende de la llegada de las lluvias que provocan la emergencia de los jóvenes, ya que en incubadora los huevos eclosionan en 70-100 días. Gerald Kuchling y la Universidad de Perth han realizado estudios muy avanzados sobre esta especie,

Tortuga de agua dulce

Esp.: *Galápago cuello-serpiente oblongo*
Ingl.: *Oblong turtle*

© B. Devaux

Esta es una tortuga muy particular ya que su cuello es más largo que el espaldar, que es plano, alargado y pequeño. La pregunta es: ¿dónde puede colocar su cabeza y su inmenso cuello?

© F. Bonin

Los pequeños ojos al final del largo apéndice cubierto de finas protuberancias le dan a esta tortuga un aspecto de serpiente. Su garganta está muy desarrollada en la parte posterior de la cabeza.

a fin de conocer mejor su ciclo reproductivo. El investigador ha utilizado ultrasonidos con sondas situadas detrás de los muslos, para visualizar el desarrollo folicular de la especie, lo que ha permitido conocer mejor su biología.

Protección. Esta especie es poco recolectada y rara en las colecciones occidentales. Sus poblaciones son extremadamente abundantes y parecen poco sensibles a las alteraciones del hábitat.

Chelodina parkeri Rhodin & Mittermeier, 1976

Distribución. Es una tortuga endémica de Nueva Guinea, que vive en los lagos Murray y Balimo y en los ríos Aramia y Fly. A diferencia de otras especies, no parece haber llegado al continente australiano.

Características. Lleva el nombre de Fred Parker quien recolectó esta especie en Nueva Guinea. Esta tortuga se parece mucho a *Chelodina siebenrocki*, pero se diferencia de las demás especies del género por el aspecto vermiculado, muy claro, blanco, amarillo o verde claro, de la parte dorsal de su cabeza y de sus mandíbulas. Alcanza los 267 mm en las hembras. El espaldar es pardo claro con discretas vermiculaciones en las marginales. El plastrón es moderadamente alargado, con un ancho lóbulo anterior. Es amarillo, sin marcas particulares. La cabeza es larga, ancha y bastante plana; el cuello, largo y grueso, alcanza el 75 % de la longitud del caparazón. Presenta dos barbillones bastante pequeños. Los machos son más pequeños que las hembras y miden unos 150 mm; además se diferencian por su cola más ancha y plana. Los jóvenes y subadultos

Tortuga de agua dulce

Esp.: *Galápago cuello-serpiente de Parker*

Ingl.: *Parker turtle*

© F. Bonin

son pardo claro; la parte superior de la cabeza y de las mandíbulas están cubiertas de líneas y puntitos amarillos.

Hábitos. Este galápago es propio de lagos de grandes dimensiones y ríos con vegetación abundante en zonas más bien umbrías. También puede encontrarse en las lagunas periódicamente inundadas, por lo que cuando estas se secan debe desplazarse hacia puntos de agua más permanentes. Cuando no está activa se esconde en el lodo y es aparentemente piscívora.

Chelodina pritchardi Rhodin, 1994

Esp.: *Galápago cuello-serpiente de Pritchard*

Distribución. Cuenca del río Kemp Welch, al sudeste de Port Moresby, en Papúa Nueva Guinea.

Características. Tortuga mediana, próxima a *C. novaeguineae*, de cabeza relativamente angosta y plastrón ancho. Las marginales 6ª-9ª están ensanchadas. Espaldar castaño a negro; plastrón amarillo con pigmentación parda.

Chelodina reimanni Philippen & Grossmann, 1990

Tortuga de agua dulce

Esp.: *Galápago cuello-serpiente de Reimann*
Ingl.: *Reimann's snake-necked turtle*

Distribución. Solo se le conoce en un minúsculo territorio en el sudeste de Nueva Guinea, en el río Merauke.

Características. Esta tortuga fue descubierta por M. Reimann en 1972. Es bastante diferente de las especies principales como *Chelodina rugosa* y *C. longicollis*. Su cabeza es más voluminosa y su cuello más corto. El cuello y la cabeza juntos solo alcanzan el 60-65 % de la longitud del plastrón. Sus ojos son más profundos y están situados ligeramente más adelante. Esto produce una fisonomía singular que resalta la cabeza voluminosa. El caparazón es ovalado, más plano que en las otras *Chelodina*, y las escamas presentan marcas lineares profundas. La primera vertebral tiene la misma forma que las costales. El caparazón es pardo muy oscuro a negro en las hembras de mayor edad. El cuello y la cabeza son gris oscuro a negro; amarillo cremoso por debajo. La piel del cuello está cubierta de tubérculos muy pequeños. El plastrón es uniforme, desde amarillo vivo a crema. Los miembros son muy palmeados; las patas delanteras presentan cinco uñas y las traseras, cuatro. El plastrón de los recién nacidos es rojo vivo, lo que no se encuentra en ninguna otra *Chelodina*.

Hábitos. La voluminosa cabeza de la especie hace pensar que consume crustáceos, moluscos e insectos grandes. Las hembras ponen entre ocho y doce huevos oblongos, de 19 x 28 mm, que pesan 8 g en promedio. La incubación dura unos sesenta y dos días a 30 °C.

© J. Maran

Con su cabeza voluminosa y sus ojos muy hacia delante, esta tortuga tiene un aspecto inquietante... pero lo que busca en realidad es volverse a sumergir en el agua. Su espaldar luce surcos tan profundos que parecen grabados en la caja ósea.

Chelodina rugosa Ogilby, 1890

Tortuga de agua dulce

Esp.: *Galápago cuello-serpiente norteño*
Ingl.: *Northern snake-necked turtle*

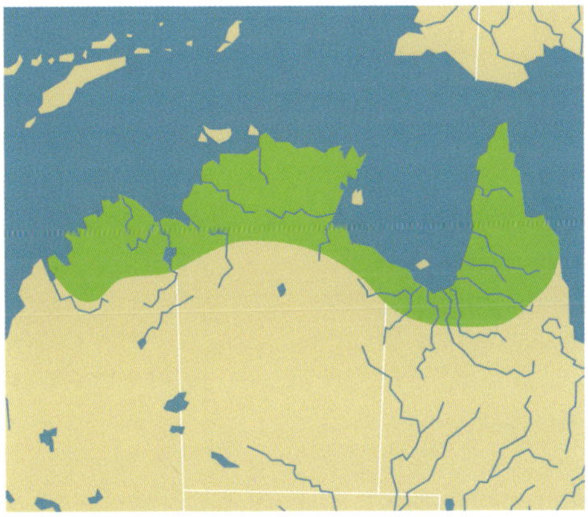

Esta especie incluiría, según Cogger y Cann, *C. intergularis*, *C. siebenrocki*, *C. parkeri*, *C. reimanni* y *C. kuchlingi*; mientras que Bour aísla *C. parkeri* Rhodin & Mittermeier, 1976, *C. reimanni* Philippen & Grossmann, 1990 y *C. siebenrocki* (Werner, 1901).

Distribución. Estas especies se encuentran en toda la parte húmeda del norte de Australia, desde el distrito de Kimberley (al este de Broome) hasta el cabo York (Cooktown), así como en Nueva Guinea.

Características. Aquí describimos los caracteres comunes al grupo, conservando la denominación general *C. rugosa*. La descripción corresponde sobre todo a animales del centro del área de distribución, cerca del golfo de Carpentaria. Los caparazones tienen un aspecto rugoso específico y el tamaño máximo parece ser de 350 mm. El espaldar es ligeramente elíptico, un poco más ancho por detrás. El color puede ser pardo claro a verde claro, pasando por el bronce, el gris acero e incluso el negro (en el este del área de distribución), pero es menos oscuro que en *Chelodina colliei*. La cabeza es ancha, con una fuerte depresión detrás de los ojos, y una piel lisa y brillante, a menudo con pequeñas manchas o estrías más oscuras sobre el fondo claro del cráneo y de los lados de la cabeza. Algunas veces presenta dos barbillones grandes. Las nudosidades del cuello son muy pequeñas y están poco marcadas. El plastrón es muy estrecho y ocupa entre la mitad y el tercio del espaldar. En general, es amarillo uniforme, pero puede presentar manchas irregulares negras o rojizas.

Hábitos. Rod Kennett descubrió en 1990 que esta especie había desarrollado una técnica única en las tortugas: ¡ponía huevos bajo el agua! Para seguir a los animales y los resultados de la

© F. Bonin

En la región aislada de Kimberley, al sur de Kalumburu, se encuentran *C. rugosa* de gran tamaño, aunque son bastante oscuras y, según John Cann, podrían constituir una subespecie local.

puesta, el investigador colocó emisores en huevos artificiales que luego fueron introducidos en los oviductos del animal. Diecisiete tortugas fueron equipadas de esta manera y se pudo seguir "en directo" el extraño comportamiento de puesta de *C. rugosa*. Al final de la estación húmeda, cuando las lagunas comienzan a secarse, la tortuga pone huevos bajo 20 cm de agua. Los huevos tienen el cascarón grueso y estanco, y miden aproximadamente 26 x 35 mm. En el momento de la puesta, la embriogénesis está latente. Unas semanas más tarde, el agua se retira y el lugar de puesta se encuentra normalmente insolado. Entonces se desencadena la embriogénesis y la incubación dura de tres a cuatro meses. Este método de puesta, único en las tortugas, ha permitido que esta especie se adapte a las variaciones tan limitantes de su hábitat. Por otro lado, *C. rugosa* es activa y caza abundantes presas. Su cuello largo y poderoso y su cabeza ancha hacen de ella un gran depredador de crustáceos, peces, ranas, sapos e insectos acuáticos. Durante la estación seca y cálida, puede migrar largas distancias para encontrar un punto de agua, o bien estiva en el lodo de los pantanos secos.

Protección. En la naturaleza, el ganado reduce sus zonas de puesta y destruye sus huevos. Se le recolecta en Nueva Guinea y se le vende para los coleccionistas occidentales. Se conoce poco el estado de sus poblaciones en Nueva Guinea, por lo que debería ser examinado.

Chelodina siebenrocki Werner, 1901

Tortuga de agua dulce

Esp.: *Galápago cuello-serpiente de Siebenrock*
Ingl.: *Siebenrock turtle*

Distribución. Parece ser endémica de la costa sur de Nueva Guinea, pero también podría encontrarse en Irian Jaya y en el cabo York (Australia).

Características. Este galápago fue bautizado en honor al naturalista F. K. Siebenrock. Es una especie de tamaño mediano (unos 300 mm para las hembras, 380 mm máximo), de forma elíptica y más ancha por detrás, plana, y con una superficie rugosa sobre las escamas. En los animales de mayor edad, sobre todo en las hembras, aparece una depresión dorsal. La cabeza es larga, ancha y bastante plana, pero no tanto como en *Chelodina rugosa*, con una fina piel reticulada. Es gris oscuro a parda en la parte dorsal y amarilla en la ventral. El cuello largo y fino alcanza el 75 % de la longitud del caparazón. Su parte dorsal está cubierta de tubérculos irregulares y planos. Presenta cuatro o más barbillones. Su coloración general es pardo oscuro o negruzca en las partes dorsales; amarilla y beis en las partes ventrales. El plastrón es alargado y estrecho, y el lóbulo anterior es más angosto que el posterior. Es de color crema uniforme, pero a veces las suturas están delineadas de pardo. Los machos tienen la cola mucho más larga y gruesa que las hembras. Los recién nacidos presen-

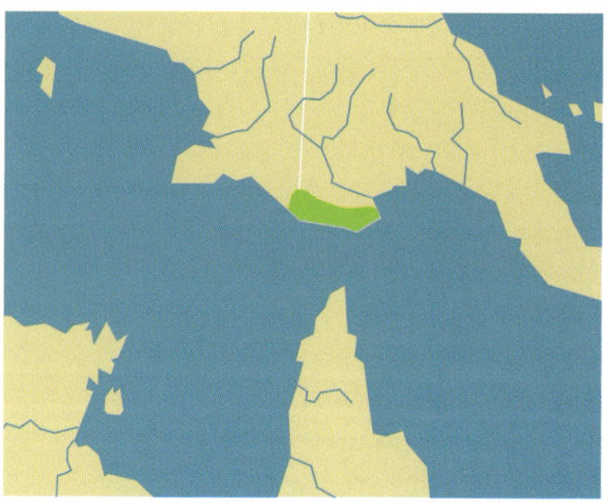

© J. Maran

Esta especie se parece a *C. oblonga* y a *C. rugosa*, pero su piel es más fina y presenta cuatro barbillones bajo el cuello. El espaldar a veces está deprimido en el centro y es bastante largo, angosto y bien surcado.

tan numerosos puntitos negros, irregulares, sobre el fondo más claro del animal, y el caparazón ya es rugoso.

Hábitos. Esta tortuga ocupa las zonas pantanosas de la franja costera, las lagunas y los brazos muertos de los ríos, y nunca se le ve insolándose. Vive en el fango y los fondos detríticos en aguas poco profundas. No es agresiva y no muerde cuando es capturada. Es una especie carnívora y su largo cuello facilita la caza al acecho. Pone sus huevos al final de la estación húmeda, en mayo, y los nacimientos se producen en la siguiente estación húmeda, en noviembre o diciembre. Pone de cuatro a diecisiete huevos de aproximadamente 28 x 35 mm. La incubación dura de 187 a 272 días.

Protección. Esta tortuga tan discreta no es aparentemente consumida por las poblaciones locales, contrariamente a otras especies que se pueden encontrar a la venta en los mercados, como *Emydura subglobosa* y *Elseya novaeguineae*.

Chelodina steindachneri Siebenrock, 1914

Distribución. Ocupa un área bastante amplia, en el oeste de Australia, donde es el único Quelonio. Esta zona cálida y árida se extiende desde el río Grey, por el norte, hasta el río Erwin, por el sur, a 30 km al norte de Perth. Esta tortuga es particularmente común en el río Murchison y sus afluentes.

Características. Los nombres comunes con los que se la denomina en inglés la describen bastante bien: es redonda y plana. También es la más pequeña de las *Chelodina*, con un máximo de 180 mm para las hembras. El hecho de vivir en una región tan árida explicaría su tamaño reducido. Su color es muy claro, de un bonito pardo rojizo luminoso, con escasas líneas o manchas oscuras. Una fuerte depresión marca las tres vertebrales centrales. Las marginales siguen la línea general del espaldar, dando al conjunto una forma de corte muy regular. El plastrón es igualmente muy claro, amarillo (tirando a veces al anaranjado), a veces con finas líneas oscuras alrededor de las placas, sobre todo en los animales jóvenes. Algunos animales presentan plastrones rojizos con manchas negras. El cuello es bastante largo, beis a anaran-

Tortuga de agua dulce

Esp.: *Galápago cuello-serpiente de Steindachner*
Ingl.: *Flat-shelled turtle, Dinner-plate turtle*

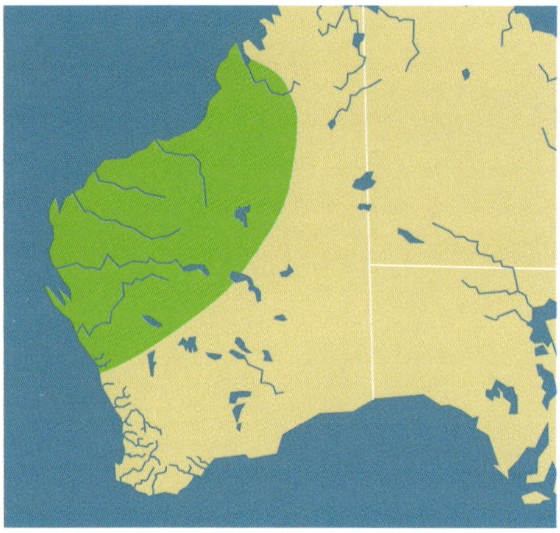

jado encima y crema a amarillento debajo, con tubérculos poco desarrollados, pero como amontonados. La cabeza es ancha detrás de las sienes y más fina por delante, con una boca corta y ojos amarillos bastante grandes. El cráneo es muy liso, y los colores son los mismos que en el cuello: pardo a anaranjado encima y crema a amarillo debajo. Los machos presentan a veces una ligera concavidad bajo el plastrón, aunque a veces son convexos (!). En las hembras maduras, el espaldar siempre está marcado con los arañazos que los machos les producen durante las cópulas.

Hábitos. Esta especie está adaptada a un entorno especialmente árido. Es capaz de no perder su agua corporal y de recuperar la parte acuosa de su orina, lo que explicaría su supervivencia en condiciones de sequedad extrema. Además, se encuentra en pequeñas charcas y pozas de agua aisladas, muy alejadas de cualquier punto de agua importante, y se ignora cómo ha podido llegar a ellas. Según John Cann, es sin duda transportada a un lugar u otro por los aborígenes, que la mantienen como "reserva alimentaria". Las pozas aisladas donde se encuentra se evaporan rápidamente y quedan secas unos diez meses. La temperatura alcanza entonces los 45 °C, pero las tortugas sobreviven, profundamente enterradas en el lodo seco. De esta manera, su estivación es excepcional y recuerda al modo en que estivan las *Pelomedusa subrufa* africanas. En cuanto una gran lluvia inunda el suelo en primavera, salen y se alimentan abundantemente, y la hembra nidifica inmediatamente (solo se da una puesta al año, que contiene unos siete u ocho huevos que miden 18 x 30 mm). La incubación puede durar meses, en espera de la llegada de otras lluvias importantes que permitan la emergencia de las crías (hasta dos años, según Burbridge y Cann). Esta adaptación a condiciones de vida extremas demuestra la extraordinaria adaptabilidad de la especie.

Protección. Los aborígenes la recogen y consumen, pero aún no se ejerce ninguna presión comercial sobre ella.

Esta especie posee un espaldar muy plano y oval, incluso circular. Es de talla reducida y tanto su cuello como su cabeza son relativamente finos y cortos. Esta tortuga es más bien pardo anaranjado bastante claro, sin duda a causa del color de los limos y fangos que frecuenta.

Chelus fimbriata (Schneider, 1783)

Distribución. Esta tortuga solo se encuentra en Sudamérica, en toda la cuenca amazónica, en las Guayanas, el norte de Bolivia, el este de Perú, Ecuador, el este de Colombia y en Venezuela.

Características. Es imposible confundir a esta especie con cualquier otra. Su caparazón dentado, de un tinte pardo rojizo, y las excrescencias de su cuello recuerdan a un montón de hojas muertas. Su homotipia y homocromía son perfectas y le permiten confundirse con el medio donde vive: aguas estancadas, lodosas, poco profundas, colmatadas de desechos vegetales. Puede alcanzar los 500 mm para un peso máximo de 15 kg. Es negruzca y parda, con zonas más claras, beis a rojizas. El espaldar es plano, con areolas crestadas que forman tres quillas en los animales de mayor edad. Las escamas son rugosas y presentan líneas de crecimiento pronunciadas. Las algas y las plantas acuáticas se fijan sobre el caparazón para volverlo aún más mimético. El plastrón es estrecho, con puentes cortos y con una gran muesca anal. No tiene charnelas. La cabeza es única entre los Quelonios: en forma de triángulo aplanado, muy ancha detrás de los ojos, y rematada por una suerte de hocico tubular que recuerda a algunas *Apalone*. Numerosas excrescencias y tubérculos erizan el cuello y la cabeza, redundando en el aspecto "orgánico" del animal: la cabeza de la matamata coincide exactamente con el aspecto de las hojas de "mucu-mucu", una planta acuática local de hojas triangulares, entre las que la tortuga se disimula para acechar a sus presas. Se observan dos barbillones muy desarrollados debajo de la boca. Los juveniles son más coloridos que los adultos, con un espaldar pardo claro, una línea negra a lo largo de la quilla central y una mancha anaranjada en el borde externo de cada marginal. El plastrón, el puente y la cara inferior de las marginales son rosa con suturas oscuras. La cabeza es parduzca y luce tres bandas por encima, más oscuras. También presenta tres bandas de color rosado o rojizo a lo largo del cuello.

Hábitos. Esta tortuga vive esencialmente en los fondos de las ciénagas o de los ríos lentos y caza al acecho. Le gustan las aguas tranquilas y lodosas, ricas en detritos, cálidas y poco profundas. Se posa en el fondo y no se mueve durante horas, confundiéndose con el sustrato que le rodea. Su boca permanece abierta y cuando aparece una presa (alevines, renacuajos, batracios o peces más grandes), un fuerte movimiento de aspiración, provocado por la faringe y la parte anterior del esófago, absorbe la presa en 1/50º de segundo. La Universidad de Viena ha realizado tomas de la matamata con cámaras muy rápidas, mediante las cuales se ha podido observar este fenómeno único en las tortugas que correspondería a un éxito evolutivo reciente en esta especie. Asimismo, la matamata puede retener la respiración durante largas horas, ya que puede absorber oxígeno por las mucosas faríngea y cloacal. Fuera de sus períodos de caza, esta tortuga es poco activa y se desplaza a menudo caminando en el fondo, con sus potentes patas. Nada raras veces y casi nunca se le observa fuera del agua. Como vive en aguas siempre tibias, no busca insolarse en las orillas, a diferencia de otras especies. Las paradas nupciales han sido observadas raras veces en el medio natural. La cabeza del macho se extiende brutalmente hacia la hembra, mientras que abre y cierra la boca. También se nota una hiperextensión de los miembros: el animal pierde algo de su apatía y evoluciona rápidamente alrededor de la hembra. Pone de doce a dieciocho huevos en las orillas arenosas, provistos de un cascarón duro y de dimensiones reducidas (34 x 37 mm en promedio). Varias puestas se observan en la temporada, con un

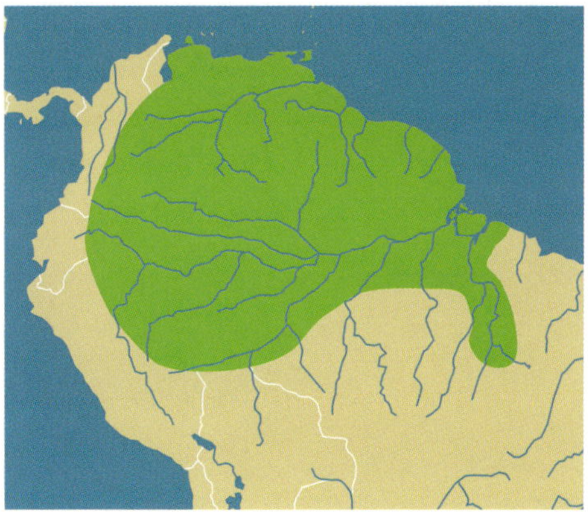

Tortuga de agua dulce

Esp.: *Matamata*
Ingl.: *Matamata*

© F. Bonin

Esta extraña tortuga parece un objeto detrítico, ya que su cabeza recuerda a los vegetales y su caparazón protuberante se asemeja a una piedra vieja. Ésta es una excelente manera de ocultarse en el fondo de los cursos de agua, a fin de acechar a sus presas potenciales.

pico entre noviembre y diciembre. El tiempo de incubación varía mucho en función de la humedad del lugar de la puesta y de la exposición al sol, pero dura un promedio de 80 días.

Protección. Esta tortuga es poco apreciada por las etnias locales, ya que su apariencia las disuade de consumirla. Además, su carne es conocida por su sabor a fango y detritos, y por ello no se consume. Los amerindios le temen por su aspecto repelente y su olor nauseabundo. Desgraciadamente, su aspecto tan particular hace que sea muy buscada por los coleccionistas y que sea recogida ilegalmente, como sucede en la Guayana, aunque esté íntegramente protegida en este departamento francés. Para poder capturarla, se usan redes que rascan los fondos. Se llegan a coger una veintena de matamatas de 10 kg en una sola captura, siempre en la Guayana francesa. Por ello, se ha vuelto escasa en algunas zonas muy explotadas por los vendedores. Desde hace algunos años, se encuentran a la venta recién nacidos y juveniles de esta especie en tiendas de animales en Occidente, aunque no se conoce ninguna granja de cría. Esta especie es difícil de conservar en cautividad y su reproducción es rara. Incluso, el mismo tamaño del animal y su etología particular limitan el éxito en cautividad. Para evaluar mejor su estatus de conservación, sería necesario realizar estudios sobre el estado de sus poblaciones y el número de efectivos en el medio natural.

© P. Fidenci

Lo más sorprendente en este animal es su larga trompa respiratoria filiforme, que le permite captar el oxígeno cuando está al acecho, a unos veinte centímetros por debajo de la superficie del agua.

Elseya bellii (Gray, 1844)

Tortuga de agua dulce

Esp.: *Galápago mordedor de Bell*
Ingl.: *Bell's turtle*

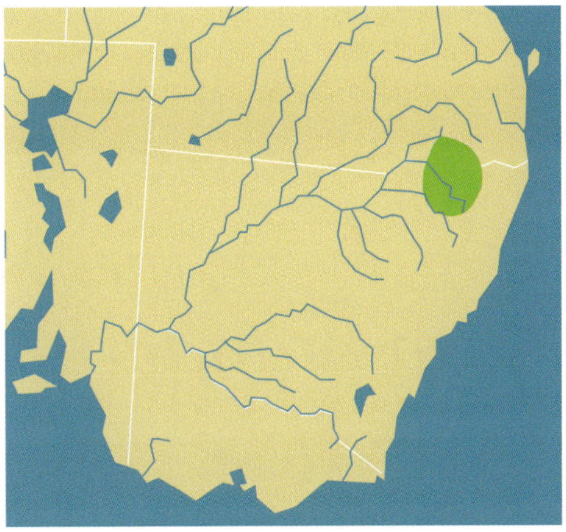

Distribución. Habita en una pequeña área en el sudeste de Australia, en los ríos MacDonald, Namoi y Gwydir. También se le encuentra en Bald Rock Creek, un poco más al norte, pero se ignora si estas zonas de ocupación están conectadas.

Características del género *Elseya*. Estas tortugas tienen un cuello bastante corto. Se parecen a las *Emydura* y son del mismo tamaño (200 a 350 mm, con un máximo de 400 mm para las tortugas del río Burnett). Se les puede diferenciar por lo siguiente: las *Elseya* no poseen nucal; su forma es trapezoidal en lugar de ovalada, más ancha por delante; sus cabezas son macizas, con una boca corta y potentes mandíbulas; son vivas y agresivas, por lo que se les denomina "galápagos mordedores". La intergular es estrecha. Encima de la cabeza a menudo presentan grandes tubérculos planos y sus cráneos no son lisos. No presentan una línea amarillo claro a lo largo del cuello.

Características de *E. belli*. Fue recientemente redescubierta en 1980 por Anders Rhodin (después de Gray, en 1844), y se parece a *E. latisternum*. Su caparazón es muy aplanado y muy redondo, y puede alcanzar los 135 mm. Su plastrón es gris sucio, fuertemente marcado de suturas negras y manchas oscuras. A veces se vuelve negro. Subsiste una línea amarilla alrededor del espaldar, bajo las marginales. La cabeza es grisácea a negruzca, con una línea amarilla que comienza justo detrás de la boca, al principio muy ancha pero que se afina en el cuello hasta volverse casi invisible. El cuello luce grandes protuberancias casi espinosas. Los jóvenes son casi circulares. Poseen marginales posteriores dentadas y un caparazón deprimido, pardo con manchas negruzcas. La cabeza es ancha y presenta una mancha clara detrás de los ojos, con la línea amarilla muy visible detrás de la boca.

© B. Devaux

La línea clara que parte de la boca se ensancha sobre todo en la base del cuello. La cabeza es mediana, con la región temporal desarrollada. El cuello, al igual que en todas las *Elseya*, es bastante corto.

Hábitos. Los nidos se observan entre octubre y mediados de enero y las hembras ponen entre ocho y veintitrés huevos, de aproximadamente 21 x 32 mm. La incubación artificial, a 27 °C, dura 80 días. Esta especie es omnívora y le gustan tanto los insectos acuáticos y los cangrejos de río como las plantas acuáticas. En algunas zonas de alta densidad poblacional, se ha notado que el 50 % des tortugas tenían problemas en los ojos, algunas con cataratas importantes, otras completamente ciegas. Los estudios no han podido determinar la causa de estas afecciones.

Protección. Esta especie está catalogada como "en peligro" por el Turtle Conservation Fund.

Elseya branderhorsti (Ouwens, 1914)

Tortuga de agua dulce

Esp.: *Galápago mordedor gigante*

Ing.: *Branderhorst's turtle*

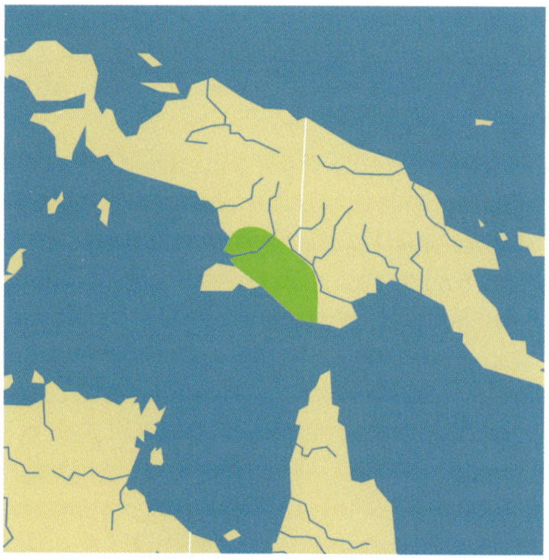

Distribución. Sur de Irian Jaya, de Timika hasta Papúa Nueva Guinea.

Características. Algunos especialistas no aceptan esta especie, pero la literatura reciente la diferencia de las demás tortugas de Nueva Guinea. Es una especie bastante grande, que puede alcanzar los 500 mm, mientras que las demás tortugas de agua locales no superan los 300 mm. Se distingue de las demás *Elseya* regionales por la falta de nucal, el iris negro y una mancha blanca y fina detrás del ojo. El caparazón es muy redondo en los juveniles y luego se alarga en los adultos. Los jóvenes presentan espolones en cada vertebral. El cuello está marca-

© B. Devaux

Esta especie es, sin duda, la más apacible de las *Elseya* y muerde raras veces. Una parte clara y luminosa comienza en el extremo del hocico y cubre la garganta y la base del cuello. Los tubérculos del cuello están poco marcados. Desgraciadamente, este galápago está cada vez más presente en las tiendas de animales. Se le captura en el sur de Papúa Nueva Guinea.

do de pequeños tubérculos parecidos a los de *E. latisternum*. Presenta dos pares de barbillones. La parte posterior de las patas anteriores es relativamente suave, sin espinas ni tubérculos. El espaldar es oliváceo a beis. La cabeza es olivo a beis encima, y crema debajo. Una línea clara sale del hocico y llega hasta la base del cuello; pasa por debajo de los tímpanos, y separa la parte baja del cuello de la cabeza, ambos también muy claros. La parte baja de las mandíbulas es rosa a crema. El plastrón es blanco.

Hábitos. Estas tortugas son propias de las marismas en las tierras bajas, pero también ocupan los pequeños ríos, donde prefieren las tranquilas y con sombra. Sus huevos son ovalados y miden aproximadamente 33 x 55 mm.

Protección. Considerada como "vulnerable" por la UICN, pero no goza de ningún tipo de protección. Está sometida a una fuerte recolección, y cada vez es más frecuente encontrarla en las tiendas de animales en Occidente.

Elseya dentata (Gray, 1863)

Distribución. La distribución de la especie, separada en dos zonas distintas, y las variaciones en el seno del grupo hacen pensar que existen diferentes ecotipos en estas poblaciones. Se distinguen tres áreas de distribución, una en la meseta de Kimberley, otra en la meseta de Barkly, y otra a lo largo de la costa este de Queensland, hasta el río Mary.

Características. Existen grandes disparidades según las zonas examinadas. El espécimen tipo sería el del río Victoria. Es una tortuga de gran tamaño y las hembras pueden alcanzar 7,5 kg y 350 mm de largo. El caparazón es grueso y fuerte, en forma de "techo" bastante pronunciado. La parte alta de la cabeza forma una especie de casco grueso. La mandíbula superior es poderosa; la nariz es muy desarrollada y prominente. En los animales de mayor edad, se observa frecuentemente una macrocefalia, que, junto con sus poderosas mandíbulas y su pico cortante, le otorga a esta tortuga un aspecto agresivo y una mordedura de temer. En algunos animales viejos, la parte posterior de la mandíbula superior cae formando un "moflete", lo que refuerza su aspecto agresivo. Su color general es pardo oscuro a gris acero, con pequeñas marcas más claras y poco visibles. Algunas son amarillentas; otras son estriadas con líneas radiales; y otras, verdosas a negruzcas. La cabeza puede ser pardo a bronce en la cara superior. A veces aparecen zonas más claras, beis, a los lados de la boca y en el cráneo.Los ojos son oscuros, de color pardo a verdoso. El cuello es claro por encima, verde claro, anaranjado, crema, amarillo, y a veces casi blanco, hasta la mandíbula inferior. A menudo se ven dos barbillones muy desarrollados. El plastrón es claro, tirando al amarillo, pero se "ensucia" con la edad y se vuelve casi negro en los animales viejos. Es estrecho, apenas el tercio de la longitud total del animal. La hembra es siempre claramente más grande que el macho. Los jóvenes presentan una cresta central y un caparazón azul negruzco, gris acero, pardo o beis, a menudo con manchas negras en las vertebrales y en las costales. El contorno es frecuentemente dentado durante los primeros años. El plastrón es amarillo, sin pigmentación. La cabeza es parda a negruzca, a veces verdosa. Los subadultos presentan a veces líneas más claras en los lados de la cabeza y del cuello.

John Cann denomina *Elseya lavarackorum* a una especie afín, que vive en el río Nicholson, en Queensland. Esta especie presenta dos puntos negros en el iris, como algunas *Emydura*.

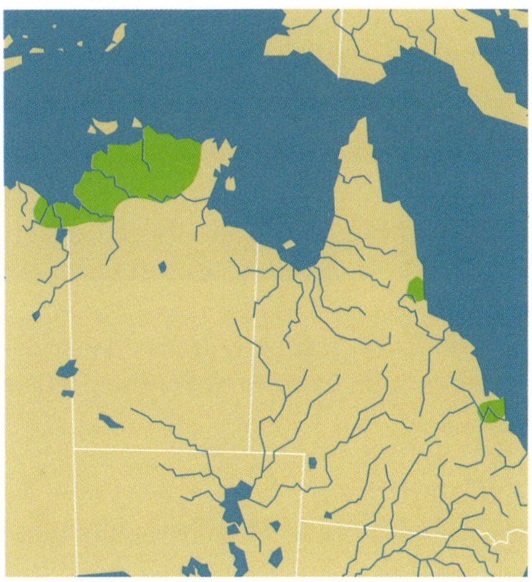

Tortuga de agua dulce

Esp.: *Galápago mordedor norteño*
Ingl.: *Northern snapping turtle*

Esta *Elseya* parece "poco cómoda". Es una tortuga agresiva que posee mandíbulas potentes. Sus largas patas muy palmeadas le permiten nadar muy rápido para capturar sus presas. No le gusta mucho estar fuera del agua.

Hábitos. La dieta de estas tortugas es omnívora. Cazan al acecho y pueden atrapar peces grandes, pollos volantones o pequeños mamíferos aventurados en el borde del agua. Pero también se les ve comer plantas acuáticas, frutos caídos al agua y raíces de *Pandanus*. Los jóvenes son mucho más carnívoros que los adultos, que se vuelven claramente herbívoros. Su velocidad bajo el agua es notable, lo que a menudo ha sido señalado por los observadores: son excelentes nadadoras que hacen girar sus patas traseras rápidamente para avanzar vivamente entre dos aguas. Estas tortugas nidifican en octubre, sin duda antes que las demás especies, debido a que su hábitat es muy cálido y húmedo. Ponen en promedio diez huevos de gran tamaño (30 x 50 mm y 23 g). La incubación dura aproximadamente 120 días y las eclosiones se observan de febrero a mayo.

Protección. No se conoce el estatus de esta especie en su medio natural. Se le recolecta poco y sus poblaciones parecen importantes aún. El carácter belicoso de la especie le impide ser apreciada como animal de compañía.

Elseya georgesi Cann, 1997

Tortuga de agua dulce

Esp.: *Galápago mordedor del Bellinger*
Ingl.: *Georges' turtle*

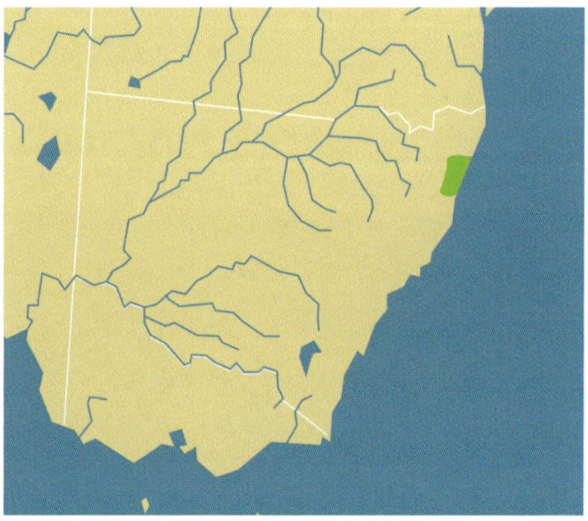

Distribución. Solo se encuentra en el río Bellinger, cerca de Thora, en Nueva Gales del Sur, Australia.

Características. El nombre científico de este galápago proviene del renombrado naturalista australiano Arthur Georges. Se parece a *Elseya lastisternum* y a *E. purvisi*. Sin embargo, la línea amarilla a lo largo del cuello es más difusa y no se extiende por debajo de las mandíbulas. No presenta mancha en forma de "V" debajo de la cabeza, sino solo una mancha amarilla difusa. El plastrón es amarillo y a menudo jaspeado de negro. No posee quilla sino que, por el contrario, luce una ligera depresión en el centro del espaldar. Algunos individuos presentan rayas negras y amarillas en la cola. Mide un máximo de 220 mm. Los juveniles son casi circulares, con bordes dentados y una quilla. Son gris bronce y la línea amarilla de la cabeza y del cuello es viva y muy marcada.

Hábitos. Las puestas se dan entre octubre y diciembre y contienen aproximadamente una docena de huevos. El régimen alimentario varía según las estaciones y puede ser a base de carnes y vegetales.

© J. Cann

En este individuo, la línea amarilla a lo largo del cuello está muy marcada. El plastrón y la parte inferior de las marginales son claros y amarillentos, sin duda para mejorar el camuflaje "visto desde abajo".

© J. Cann

La cabeza es divertida, con una boca corta que forma una curva "sonriente" y unos ojos grandes e interrogadores. A pesar de ello, puede demostrar una rara agresividad.

Protección. El río Bellinger, del que es endémica esta especie, está a menudo ocupado por rebaños de ganado que sin duda perturban a las tortugas. La reducida área de esta especie deja suponer que sus efectivos pueden ser escasos y estar en peligro.

Elseya irwini Cann, 1997

Distribución. Solo se encuentra en la cuenca del río Burdekin, en el este de Queensland, no lejos de la ciudad de Ayr.

Características. Ésta es una tortuga bastante grande (322 mm) y bastante parecida a *Elseya dentata*. Pero su cabeza es blanca, a veces con el hocico rosado. Sus ojos son muy oscuros con el iris casi negruzco, lo que permite diferenciarla. Se nota un ensanchamiento del cráneo a la altura de los tímpanos y el desarrollo de "mofletes" en la mandíbula superior. El plastrón es amarillo con suturas muy negras y manchas negras más o menos regulares. Los jóvenes son casi circulares, con bordes dentados, plastrón casi blanco, y a menudo con manchas negras regulares sobre fondo marrón a grisáceo.

Hábitos. Es una tortuga omnívora que se alimenta de caracoles, plantas acuáticas, frutos e insectos. Los juveniles parecen ser más carnívoros. Se han observado puestas en septiembre (doce huevos bastante grandes, de 35 x 45 mm). Los jóvenes nacen 111 días después.

Esta foto acuática, realizada por John Cann, muestra el rostro "sorprendido" de esta tortuga, así como sus potentes patas, dotadas de anchas palmaciones que le permiten nadar muy rápido.

© J. Cann

Tortuga de agua dulce

Esp.: *Galápago mordedor del Burdekin*
Ingl.: *Irwin's turtle*

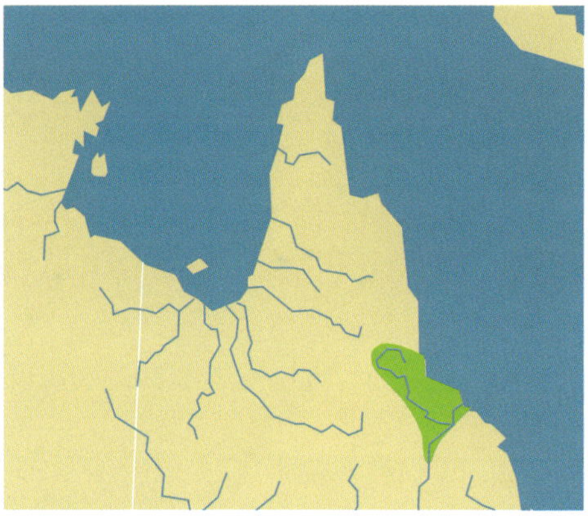

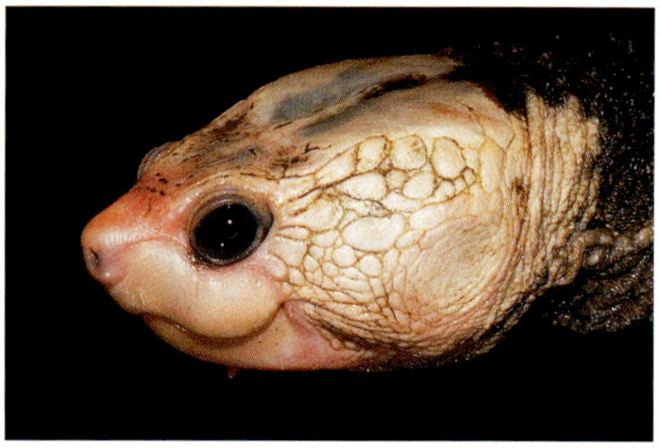

© J. Cann

La mandíbula superior es muy redondeada, acentuando la cara "sonriente" que observamos en algunas tortugas australianas.

Elseya latisternum Gray, 1867

Distribución. Su área de distribución es vasta, fragmentada y todavía mal conocida. Se le observa en los ríos Alligator y Liverpool de la Tierra de Arnhem; luego, desde el río Gregory hasta el sur de Queensland, en el río Richmond, al sur de Brisbane. Podría ser común en el río Flinders y hasta los 1.000 m de altitud en la meseta de Atherton.

Características. Es muy parecida a *Elseya dentata* y sus jóvenes pueden confundirse. Los adultos se distinguen por lo siguiente: el espaldar es ligeramente angosto por el medio, en forma de "bobina"; es más pequeña que *E. dentata* (280 mm); su cabeza es menos robusta, con mandíbulas menos desarrolladas, y los nódulos del cráneo están menos marcados; y la macrocefalia se produce raramente. La cabeza es a veces casi lisa encima, de color pardo anaranjado, dándole una impresión de metal cobrizo, y el hocico es muy prominente. En los animales viejos, el espaldar es a menudo aplanado, a veces deprimido. Algunos individuos lucen marginales dentadas en la parte trasera. A menudo se nota una línea amarilla a blanquecina al lado de la cabeza y de la garganta, y en el ángulo de las patas. El plastrón es amarillo, pero se ensucia rápidamente y se torna grisáceo, anaranjado manchado de negro, o sombreado de gris. La intergular es casi tan ancha o más que las gulares. Cuando es molestada, desprende un fuerte olor almizclado. Los jóvenes son grisáceos con una línea amarilla alrededor del espaldar, marginales dentadas y una quilla muy marcada. La cabeza es gris o negra. Solo la mandíbula inferior es amarilla, así como la línea bajo la cabeza.

Hábitos. Aunque es menos agresiva que *E. dentata*, esta especie es muy activa y puede morder con fuerza. Es omnívora y le gustan tanto los peces, los insectos, los cangrejos de río, los animales muertos, los sapos (como *Bufo marinus*) como las bayas y los frutos que caen al suelo o al agua. Su característica más llamativa es el potente olor que desprende. Es sin duda, junto con *Chelodina novaeguineae*, la que utiliza con más frecuencia sus glándulas de olor. Estas emisiones odoríferas podrían jugar algún papel en el ciclo reproductivo. Las puestas se dan de septiembre a enero, en va-

Tortuga de agua dulce

Esp.: *Galápago mordedor serrado*
Ingl.: *Saw-shelled turtle, Serrated snapping turtle*

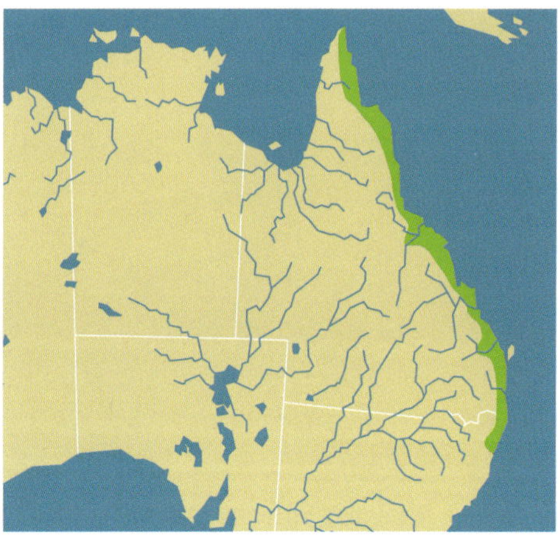

© G. Kuchling

Con su cara negruzca, sus tubérculos marcados y sus grandes ojos inquisidores, esta tortuga se encuentra entre las especies más sorprendentes. Es un animal fuerte y bastante agresivo, cuyas mandíbulas pueden provocar heridas importantes.

Los juveniles tienen el plastrón colorido y la cabeza fina. Estos vivos colores se atenúan y se oscurecen rápidamente.

© F. Bonin

rias veces y producen de nueve a dieciséis huevos, bastante grandes (23 x 30 mm), llegando a producirse hasta cincuenta huevos por temporada.

Elseya novaeguineae (Meyer, 1874)

Distribución. Solo en Nueva Guinea (Irian Jaya, Papúa).

Características. Este galápago podría ser una subespecie de *Elseya latisternum* a la que se parece mucho. No supera los 300 mm de longitud. Su caparazón es ovalado y plano, de color pardo a negruzco, o a veces oliváceo, con vertebrales muy angostas y costales muy altas. Las marginales son estrechas a la altura de los puentes. A veces presenta una nucal, aunque de pequeño tamaño. No se observa ninguna quilla. Manchas negras marcan la cima de cada costal en los jóvenes. La cabeza, ancha y plana, y las potentes mandíbulas motivan el nombre de "mordedora". La cabeza está cubierta por encima de una gran escama córnea. Los lados de la cabeza presentan pocos tubérculos. Es gris oscuro encima y blanco amarillento debajo. El cuello está dotado de grandes tubérculos. El plastrón es largo y estrecho, de color amarillo a crema, con suturas blancas y algunas manchas oscuras rodeando las escamas. La muesca anal es muy reducida. En los juveniles, las marginales posteriores son angostas y se

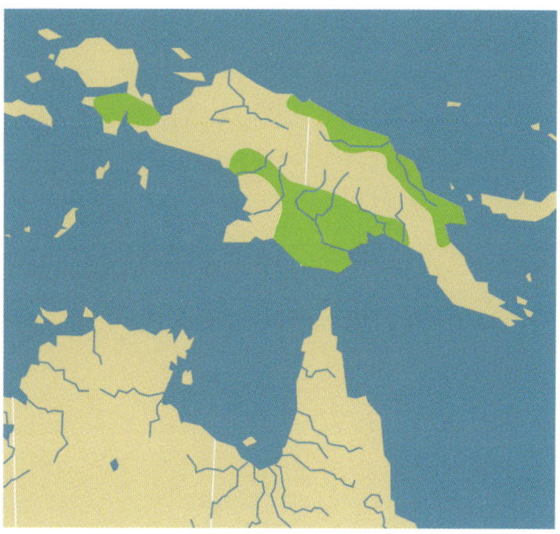

Tortuga de agua dulce

Esp.: *Galápago mordedor de Nueva Guinea*
Ingl.: *New Guinea Snapper*

nota una pequeña quilla vertebral, que desaparece rápidamente con la edad. Son pardo chocolate, con un punto negro en cada una de las costales.

Hábitos. Es una tortuga muy extendida en Nueva Guinea, y frecuenta corrientes de agua de diferente importancia, lagunas y marismas costeras. Su régimen alimentario es básicamente carnívoro. Pone unos seis huevos elípticos, de 33 x 55 mm.

© F. Bonin

Esta especie es mucho más clara que las demás *Elseya*, con la cabeza más pequeña, el hocico alargado, el plastrón crema y la garganta, el cuello y las patas muy claras.

Elseya purvisi Wells & Wellington, 1985

Distribución. Habita un área muy reducida en Nueva Gales del Sur, en Australia, solo en el río Manning, a unos 25 km del mar y de la ciudad de Taree.

Características. Fue redescubierta en 1973 por J. Legler y J. Bull. Muy parecida a *Elseya georgesi*, se distingue por el colorido tan particular de su cabeza: la línea amarilla muy luminosa, que parte de la base del cuello, se ensancha bajo los tímpanos y engloba la parte inferior de la cabeza, hasta la parte alta de la mandíbula superior. Bajo el cuello, una mancha amarilla en "V" ilumina el gris del cuello.

© J. Cann

Este individuo luce una línea clara particularmente luminosa, desde la mandíbula inferior hasta la base del cuello.

El espaldar es pardo así como por debajo de la cabeza. El mentón luce dos barbillones. Es amarillo en el plastrón, los puentes y por debajo de las marginales, con manchas pardas y suturas negras en los adultos. La cola también luce estrías negras y amarillas. Los jóvenes lucen vivos colores, y la línea amarilla brillante delimita muy bien la cabeza. El plastrón es amarillo vivo, a veces con un poco de anaranjado. El espaldar es a veces verdoso, con quilla moderada.

Hábitos. Nidifica de febrero a abril y la puesta oscila entre siete y un máximo de veintitrés huevos. Sus dimensiones son de aproximadamente 23 x 32 mm y los jóvenes pesan 5 g. Su régimen es variado e incluye muchos insectos acuáticos.

Tortuga de agua dulce

Esp.: *Galápago mordedor del Manning*
Ingl.: *Purvis'turtle*

Elusor macrurus Cann & Legler 1994

Distribución. Vive en un territorio muy reducido, en el río Mary, en el sudeste de Queensland, Australia. Ocupa posiblemente toda la longitud del río, pero se le ve sobre todo al sur de Maryborough.

Características. Este galápago es conocido desde 1961, ya que se vendía en algunas tiendas de animales australianas, pero se le confundía con *Elseya latisternum*. No fue hasta 1994 que esta especie fue identificada y descrita por John Cann y John Legler. Se caracteriza por su gran tamaño, que puede llegar hasta un máximo de 400 mm en los machos y 350 mm en las hembras; y sobre todo por que los machos poseen una cola muy larga, que puede alcanzar hasta el 70 % de la longitud del caparazón, y que es muy ancha en la base, lateralmente comprimida, con la cloaca situada muy atrás. En el extremo de la cola, las vértebras son largas y grandes, y forman una especie de "masa ósea" cuya utilidad se desconoce. En las hembras el apéndice está menos desarrollado. El caparazón es macizo, muy ovalado y plano, a veces deprimido en los machos, y generalmente es de color pardo oliváceo, pero también puede ser verdoso, beis, o tirando a negro. El plastrón es gris perla o crema, sin pigmentación. El espaldar está a menudo cubierto de musgo y de desechos orgánicos. Las marginales están delineadas por una raya clara. El plastrón es claro, de blanco amarillento o blanco grisáceo a amarillo sucio algo oscuro. El mentón presenta dos barbillones bien desarrollados y el cuello está cubierto de pequeños tubérculos. El ojo es oscuro, con el iris negro. El rostro recuerda al de *Rheodytes leucops*, pero el ojo es oscuro, con el iris negro, no amarillo, y la línea de las mandíbulas es menos "sonriente". Los jóvenes son casi circulares, con las marginales posteriores dentadas, y su coloración va del anaranjado al gris oscuro. Las suturas están muy marcadas de negro. La cabeza es muy ancha, con los ojos prominentes, y a lo largo del cuello se observan dos finas líneas amarillas. El plastrón es blanco grisáceo.

© J. Cann

Se observa la cloaca abierta longitudinalmente y un ensanchamiento caudal detrás de ésta.

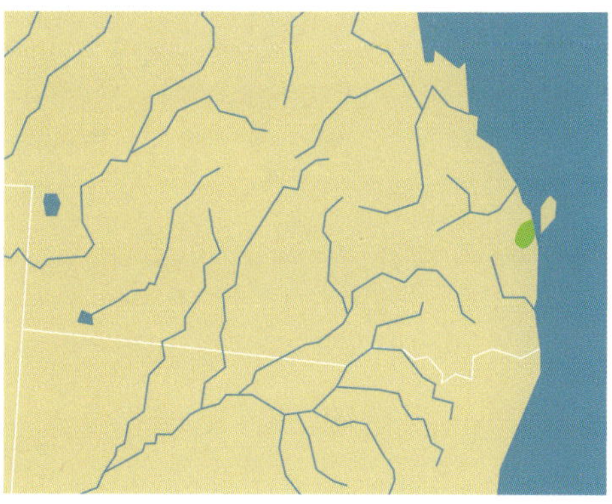

Tortuga de agua dulce

Esp.: *Galápago del río Mary*
Ingl.: *Mary River turtle*

© B. Devaux

Esta tortuga tan atípica presenta un espaldar ancho y plano de color beis, un plastrón alargado y angosto, y sobre todo una cola ancha y larga.

Hábitos. Esta tortuga está afincada en la cuenca del río Mary, al igual que *Rheodytes leucops* en la cuenca del río Fitzroy, más al norte. Estas dos tortugas, que representan cada una un género aparte, poseen muchos puntos en común. En la desembocadura del río Mary existe una presa que impide la subida del mar y limita la salinidad del agua. Las tortugas frecuentan mucho este río, pues también se encuentran numerosas *Elseya dentata* y *Emydura krefftii*. El río es amplio, tranquilo, cálido y poco profundo, y se encuentra sobre todo *Elusor macrurus* en las aguas poco profundas (1,5 m a 2 m). Es omnívora y come tanto algas como crustáceos, peces, batracios o cangrejos de río. Pero parece preferir los moluscos y se le ha visto abriendo las conchas por el costado, con sus mandíbulas, para comerse el interior.

Su reproducción no parece diferir de la de los demás galápagos del mismo ecosistema. Las puestas se dan a finales de octubre en los bancos de arena, a una decena de metros de la orilla. La incubación es corta (ocho semanas) y los nacimientos se producen en diciembre. Pone unos quince huevos (25 x 35 mm), aunque se han observado puestas máximas de veinticinco huevos. Los machos parecen agresivos. En cautividad, luchan entre sí, y es necesario separarlos. En cambio, es fácil capturarlos, como *Rheodytes leucops*, pues muestran poca vivacidad, agresividad o temor. Esta especie parece totalmente acuática y nunca sale del agua. Sus bolsas cloacales le permiten quedarse largo tiempo en apnea. Bajo el agua, puede ser muy viva, y debe usar su ancha cola para desplazarse rápidamente, pues John Cann la considera la más rápida de las "*short-necked*".

Protección. La rareza de esta especie y la exigüidad de su hábitat imponen una protección rigurosa. Esta especie está clasificada "en peligro" por el Turtle Conservation Fund.

Emydura australis (Gray, 1841)

Tortuga de agua dulce

Esp.: *Galápago cabecirrojo australiano*

Ingl.: *Australian big-headed turtle, North-West red-faced turtle*

Distribución. Su sistemática y su distribución no son aceptadas por todos los especialistas.

Según J. Cann, se encuentra desde el río Fitzroy, por el sur, hasta el río Princess Regent, por el norte, en los Kimberleys (noroeste de Australia).

Características del género *Emydura*. Estos Pleurodiros tienen el cuello bastante corto y superan los 300 mm de longitud. Este galápago tiene un aspecto rechoncho en general, su cabeza es bastante grande y parece como si llevara un casco. Los tubérculos del cuello son pequeños y poco desarrollados, regulares; y los barbillones bajo el mentón, muy pequeños y casi inexistentes. Algunas especies pueden presentar una macrocefalia importante en la

© B. Devaux

En este individuo joven, se observan la quilla central y las marginales posteriores ligeramente dentadas.

vejez, como *E. victoriae*. La piel en la zona de las temporales es muy fina y muy lisa, en casi todas las especies del género. Una línea blanca o amarilla marca el lado de la cabeza y del cuello, y permite reconocerlas fácilmente. La parte delantera del espaldar a menudo presenta una nucal. Estas tortugas poseen cinco dedos en las patas anteriores. En la parte delantera del plastrón, las placas gulares están totalmente separadas por la intergular. Su modo de desplazarse en el agua es particular: lentas y patosas, caminan en el fondo, con la cabeza muy extendida y las patas bien plantadas en el suelo. Todavía se podrían descubrir o denominar muchas especies en este vasto género de las *Emydura*. Algunas se consideran actualmente subespecies de *macquarii*, pero otras, según J. Cann, han sido observadas estos últimos años y necesitan ser estudiadas y denominadas.

Características de *E. australis*. Su nombre, dado por Gray, se refiere a "Australia occidental". Aunque fue largo tiempo confundida con *Emydura macquarii*, es fácil de reconocer por la coloración roja de su cabeza: una línea que va de la boca al medio del cuello y una mancha amarilla detrás del ojo, que llega, a veces, hasta la nariz y rodea los ojos. A veces, los colores tienden al anaranjado o al amarillento, pero la mancha alargada detrás del ojo la distingue siempre. Algunos animales tienen la cola muy larga. John Cann observó un macho con un espaldar de 121 mm y una cola de 101 mm (el máximo para los espaldares es de 140 mm). La forma general es ancha y redonda por detrás, angosta por delante; pero algunos individuos descubiertos en el río King Edward tenían caparazones y plastrones estrechos. El plastrón es amarillento, a veces marcado con manchas grisáceas en los individuos viejos.

E. australis es una especie muy bonita, colorida y de cabeza de aspecto divertido. Es pequeña, pero sus vivos colores la convierten en una de las tortugas australianas más atractivas.

© B. Devaux

Emydura krefftii (Gray, 1871)

Distribución. Esta especie ocupa una banda bastante estrecha en el noreste de Australia, en Queensland, llegando hasta la isla Fraser por el sur.

Características. Es la versión nórdica de *Emydura macquarii*, a la que se parece mucho. Es más pequeña (250 mm) y se le diferencia por la línea crema a lo largo del cuello, menos ancha y menos definida que en *E. macquarii*. Esta especie presenta sobre todo una mancha clara, crema o amarilla, detrás de los ojos, hasta por encima de los tímpanos. Su espaldar está también muy marcado con estrías profundas y regulares. Es más clara que *E. macquarii*, tirando al beis chocolate o al anaranjado, con una línea clara alrededor del caparazón. El plastrón es negro, con suturas amarillas, sobre todo en el centro. El iris es negro y está rodeado por un círculo amarillo bastante marcado. Los juveniles tienen una ligera quilla en el espaldar y bordes traseros dentados. El caparazón es grisáceo a verdoso, con marginales amarillo anaranjado por debajo. La mancha clara detrás de los ojos

© F. Bonin

Esta tortuga parece estar bien protegida por su ancho espaldar, su cabeza ancha y robusta, su casco temporal, su cuello cubierto de tubérculos y sus fuertes patas: ¡todo un pequeño carro de asalto!

es más definida y más luminosa en los juveniles que en los adultos.

Subespecies. En la isla Fraser existe una subespecie denominada provisionalmente por John Cann "*Fraser Island short-necked turtle*". Se parece mucho a la especie nominal, pero se le distingue por la falta de mancha clara detrás del ojo, la coloración negra del espaldar y el plastrón muy claro, gris perla a blanquecino. Su hocico es fino y alargado. La coloración negra del animal podría deberse al sustrato del fondo de los lagos, también negruzco. Sus marginales son muy planas. Asimismo, se observa una tendencia a la macrocefalia, lo que no ocurre en la especie nominal. Los huevos miden aproximadamente 20 x 35 mm. Se ha señalado el caso de una hembra que puso 33 huevos en tres puestas en la misma temporada. Las incubaciones solo duraron 70 días. Estas tortugas se desplazan raras veces entre los lagos de Fraser, lo que hace suponer que las poblaciones están aisladas, ya que en cada uno de los tres lagos principales se observan coloraciones de ojos particulares.

Hábitos. Ésta es una tortuga bastante viva que se desplaza haciendo girar rápidamente sus anchas patas traseras. Le gustan los crustáceos, los invertebrados y los renacuajos, pero también las algas y las plantas acuáticas. En la isla Fraser, come moscas y mosquitos en la superficie de las lagunas. Nunca sale del agua. El macho posee una cola muy fuerte y más grande que la hembra, así como un espaldar más alargado. Estas tortugas ponen al menos dos veces al año –y a veces tres– y la incubación dura unos 80 días. Los jóvenes son pequeños y miden 24 mm al nacer.

Protección. Es una tortuga que se encuentra cada vez más presente en Occidente, aunque se desconocen los canales de comercialización. Sin embargo, al igual que todos los demás Quelonios australianos, no puede ser exportada.

Tortuga de agua dulce

Esp.: *Galápago cuellicorto de Krefft*

Ingl.: *Krefft's river turtle*

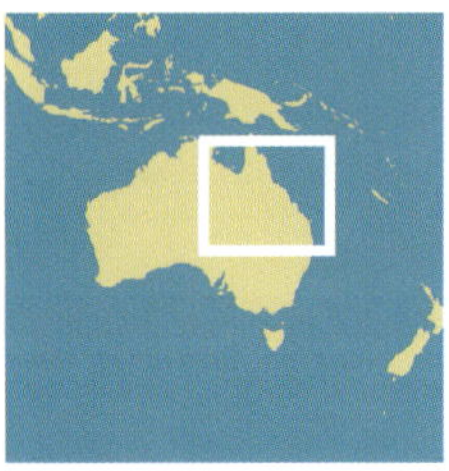

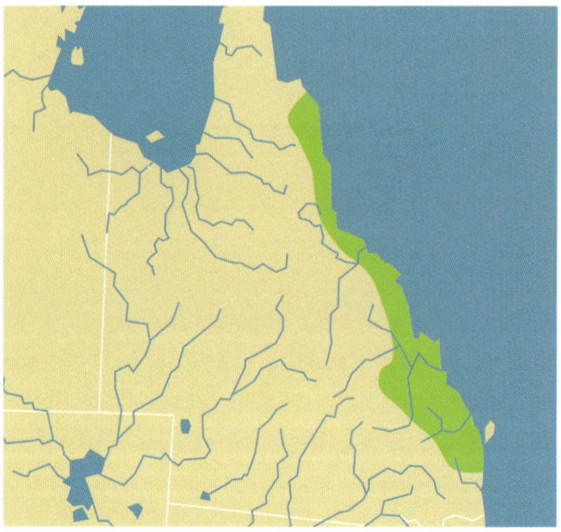

Emydura macquarii (Gray, 1831)

Distribución. Ocupa un área de distribución amplia en el sudeste de Australia, que comprende las cuencas de los ríos Murray y Darling, sin cruzar la Gran Cordillera Divisoria, que la separa del mar.

Características. Su nombre proviene del río Macquarie (por el que fuera gobernador en 1818). Esta tortuga, la más común del género, mide unos 240 mm (máximo 340 mm para las hembras). El caparazón es ovalado en los adultos, ligeramente abombado y más ancho por detrás. Las marginales son casi horizontales, sobre todo en la parte posterior. El espaldar es rugoso, con estrías y grabados regulares. Es de color beis a gris negruzco, con suturas oscuras. El plastrón es estrecho y alargado, totalmente amarillo, con puentes muy anchos. La gular es cuadrangular y separa claramente las intergulares. La muesca anal es moderada. Las patas son robustas, anchas y muy palmeadas; las posteriores son especialmente largas y fuertes. Una fila de escamas flexibles como una membrana marca la parte delantera de las patas anteriores. La cabeza es mediana, con el hocico bastante alargado, y es de color pardo a beis encima y amarillo crema debajo. Una banda amarilla, más o menos definida según los individuos, corre desde la boca hasta la base del cuello, pero solo en la subespecie *E. m. signata* invade los tímpanos. Los tubérculos del cuello son muy redondos, pero poco abundantes y presentes solo detrás de la cabeza. Los ojos se sitúan muy adelante y son prominentes; detrás de los ojos se nota una ligera depresión. El pico córneo es amarillo claro y está nítidamente dibujado y reforzado. El ojo es negro y está rodeado de amarillo. Los barbillones presentes debajo del mentón están poco desarrollados. El macho es más pequeño que la hembra. Los jóvenes son casi circulares, y presentan marginales posteriores "festoneadas" y una ligera quilla; luce tonos ocre a amarillento, salpicados de beis. A veces presentan un punto amarillo detrás de los ojos.

Subespecies. Además de la subespecie nominal *E. m. macquarii*, se reconocen otras cinco. *E. m. signata* Ahl, 1931: solo se encuentra en el río Brisbane. Los jóvenes lucen una quilla bastante pronunciada y son de color pardo, pero los adultos poseen un espaldar de perfil más bien redondeado. Las marginales laterales están ligeramente levantadas en los jóvenes y los adultos. Los adultos son de color pardo medianamente oscuro y de textura

© B. Devaux

Esta tortuga no constituye un caso excepcional. Muchas tortugas australianas están cubiertas de algas y musgo, bien enganchados en las estrías del espaldar, que las camuflan perfectamente en los fondos fangosos de los cursos de agua.

Los ojos son pequeños pero luminosos. Una banda clara y ancha comienza detrás de la boca.

estriada. El iris tiende hacia el anaranjado o el verdoso. La parte delantera del plastrón es muy redonda. La dimensión máxima parece ser de 300 mm. *E. m. binjing* Cann, 1998: su nombre proviene del término aborigen "*binjing*", que designa a las tortugas de esta región. Se le encuentra en el río Clarence y sus afluentes. No supera los 225 mm de longitud. Su caparazón es pardo oscuro y está estriado de amarillo. Puede haber una ligera quilla vertebral, pero los juveniles lucen una gran quilla de dientes anchos. El iris es amarillo verdoso. El plastrón es anaranjado con sombras pardas. La línea clara a lo largo del cuello puede tender al anaranjado. Las patas traseras lucen una gran mancha amarillo anaranjado en la parte delantera. *E. m. dharra* Cann, 1998: habita en los ríos Macleay y Hastings, no lejos de Kempsey. Las hembras miden aproximadamente 185 mm. El espaldar es pardo oscuro con una quilla central moderada. El iris es amarillo anaranjado. La línea amarilla es poco luminosa y comienza estrechamente detrás de la boca y se desvanece en medio del cuello. La piel es grisácea, sin manchas claras en los miembros posteriores. El plastrón es grisáceo a beis. Las intergulares son muy anchas y forman una gran "V" ensanchada. *E. m. gunabarra* Cann, 1998: "*gunabarra*" es uno de los nombres que los aborígenes dan a las tortugas locales. Se encuentra en el río Hunter, cerca de Newcastle. Alcanza los 280 mm de longitud. Es bastante oscura en conjunto, pardo negruzco y gris negruzco, con estrías claras. No presenta una quilla notoria. El iris es bastante oscuro, amarillo grisáceo. La línea clara comienza nítidamente detrás de las co-

© F. Bonin

misuras, pero se afina y desaparece en medio del cuello. El plastrón es grisáceo con sombras amarillentas. Los jóvenes son casi negros y lucen una quilla mediana. *E. m. dharuk* Cann, 1998: "*dharuk*" es otro nombre para las tortugas locales. Se encuentra en el río Hawkesbury, al sur de Sydney. Puede alcanzar los 240 mm. Esta subespecie es mucho más clara que la *gunabarra*, y es beis a marrón y fuertemente estriada. No presenta quilla y su piel es gris claro. La línea clara, bastante larga, llega hasta donde nace el cuello. El iris es amarillo verdoso. El plastrón es claro, amarillento con sombras grises, anaranjadas o beis. Los jóvenes son a veces totalmente redondos, dentados, de color gris apizarrado. Los huevos pueden pesar solo 2 g, hasta un máximo de 4 g. La incubación es muy breve y dura unos 52-53 días a 27-28 °C.

Hábitos. Esta tortuga tan viva es sin duda la más activa de las *Emydura*. Su régimen ecléctico incluye batracios, insectos, peces, así como algas y plantas acuáticas. Las puestas tienen lugar en noviembre-diciembre y cuentan en promedio con 18 huevos bastante grandes (22 x 36 mm). Se han observado puestas máximas de 38 huevos y un total de 84 huevos en una temporada, para una sola hembra. La incubación dura unos 80 días. La abundancia de esta tortuga en algunas regiones, como el río Murray, puede ser muy importante: algunos naturalistas han contado hasta 1.000 recién nacidos en una sola temporada.

Protección. Esta especie es frecuente en la naturaleza. Se le recolecta intensamente y está presente en muchas colecciones zoológicas. Es una de las especies australianas más representadas en las colecciones occidentales.

Tortuga de agua dulce

Esp.: *Galápago cuellicorto del Murray*

Ingl.: *Murray River turtle*

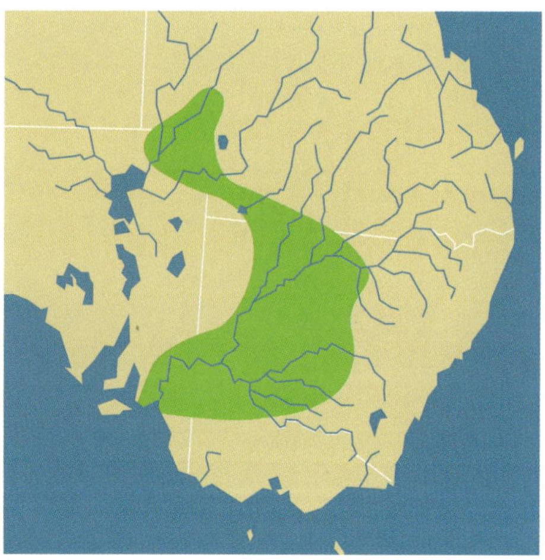

Emydura subglobosa (Krefft, 1876)

Tortuga de agua dulce

Esp.: *Galápago cuellicorto ventrirrojo*

Ingl.: *Red-bellied short-necked turtle*

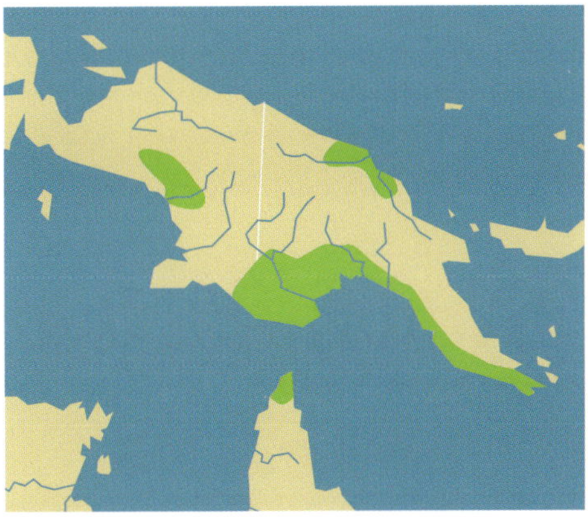

Distribución. Esta especie ocupa un amplio territorio en Nueva Guinea, desde la provincia occidental de Irian Jaya hasta el sudeste de Port Moresby, en el río Kemp Welch. En Australia, solo fue observada por J. Cogger, en 1975, en la punta norte del cabo York, en el río Jardine. Se le encuentra en zonas muy cálidas y lluviosas, en los bosques lluviosos de Nueva Guinea.

Características. Se le considera la más atractiva de las tortugas de Australia y Nueva Guinea, por lo que es muy buscada por los coleccionistas. En los ejemplares adultos, una banda amarillo claro bastante ancha va de las narinas a la parte baja del tímpano, a veces con un tono rosáceo en el cuello. Otra línea pasa del hocico a las sienes, justo por encima de los ojos. Su color general tiende al pardo claro, al rojizo y al bronce. Las patas son rojas por debajo, así como el borde del espaldar. Las placas del espaldar están a veces delineadas por una raya más clara. Su longitud no supera los 260 mm. La forma general es ovalada, dilatada en el centro, y presenta un largo "faldón" posterior y casi horizontal. Los jóvenes de esta especie lucen colores muy vivos: una gran "V" luminosa en el hocico, una línea amarillo anaranjado alrededor del espaldar y bajo las marginales, y un plastrón rojizo, sobre un cuerpo de un color negro aterciopelado. Poseen una quilla vertebral moderada y marginales ligeramente festoneadas.

Hábitos. Vive en zonas cálidas y fuertemente lluviosas y es difícil de observar en su medio. Su dieta parece básicamente carnívora. Las hembras ponen principalmente en septiembre, un promedio de una decena de huevos. En el norte de Australia, uno de los depredadores de

Aquí se reconocen los rasgos característicos de las *Emydura*, con el hocico corto y la mandíbula redonda, la nariz pequeña y los ojos grandes que les dan esta cara "divertida y sonriente" tan particular. Nótense el tímpano redondo y muy aparente, y la línea clara que va del hocico a la parte posterior del cráneo.

este galápago es un cocodrilo, el *Crocodylus johnsoni*.

Protección. Es la *Emydura* más presente en las colecciones europeas, por sus colores vivos y por encontrarse en Nueva Guinea, donde se le recolecta intensamente. Sus poblaciones se ven probablemente afectadas por esta importante recolección y por la degradación de sus hábitats.

Emydura tanybaraga Cann, 1997

Tortuga de agua dulce

Esp.: *Galápago cabeciamarillo australiano*

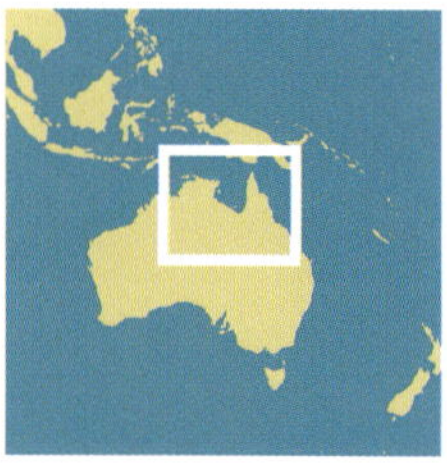

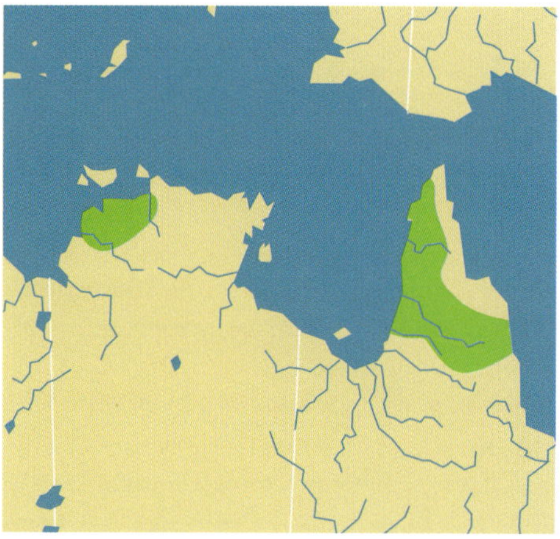

Distribución. De momento esta especie es solo conocida en los ríos Daly y South Alligator, en el noroeste de Australia; y en el río Mitchell, en el norte de Queensland.

Características. El nombre de esta especie proviene de la apelación aborigen "*tanybararrga*". En la parte occidental de su distribución, comparte el río Daly con *Emydura victoriae* y *E. worrelli*. Estas especies son bastante parecidas morfológicamente entre sí, pero se diferencian sobre todo por su coloración. *Emydura tanybaraga* se caracteriza principalmente por su cabeza amarilla: desde el hocico hasta la base del cuello, una línea central divide la cabeza entre el gris oscurecido de la cara superior y el amarillo vivo de la inferior. Una línea amarilla sale del hocico, pasa por encima del ojo y se ensancha encima del tímpano. El iris está atravesado por el mismo color: una banda negra central rodeada por dos partes amarillas. El espaldar es ovalado y bastante largo, ensanchado por detrás y estrecho por delante, y es de color

Tortuga muy clara, de espaldar carenado y más ancho en la parte posterior, cuello corto y manchas claras entre los ojos y la parte posterior de las mandíbulas.

© F. Bonin

pardo a beis anaranjado, con vermiculaciones pardas más o menos pronunciadas. El plastrón es claro, blanco amarillento, y a veces presenta manchas rojizas irregulares. A veces luce barbillones; otras veces éstos son casi invisibles. El tamaño máximo parece ser de 260 mm de largo. Los jóvenes poseen una quilla dorsal y marginales dentadas. Son de color pardo a negruzco, a veces verdoso con manchas negras. Una línea amarilla a anaranjada rodea el caparazón. El ojo es muy claro, siempre barrado por una línea negra. El hocico es muy corto.

Hábitos. Según John Legler, las puestas se producen entre agosto y mediados de noviembre, con un promedio de quince huevos, de unos 26 x 32 mm.

Protección. En su área de distribución sus efectivos parecen abundantes, pero se desconoce la situación real de su población.

Emydura victoriae (Gray, 1842)

Tortuga de agua dulce

Esp.: *Galápago cuellicorto del Victoria*
Ingl.: *Victoria Short-necked turtle*

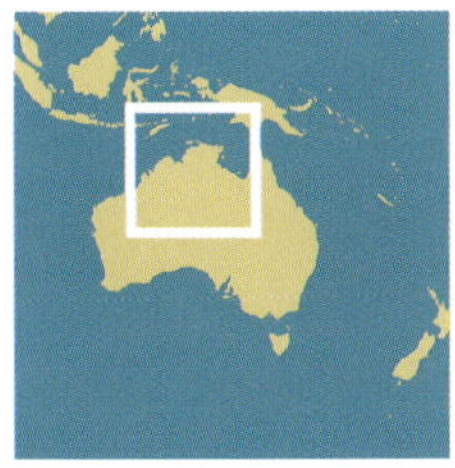

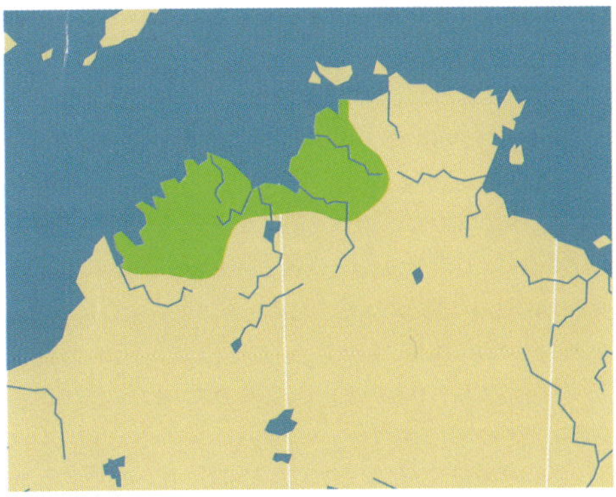

Distribución. Esta especie está bastante bien representada en el noroeste de Australia, alrededor de Darwin y especialmente en el río Victoria.

Características. Es una tortuga de gran tamaño (300 mm) que posee un cuello de talla mediana. Su forma es ovalada, con una depresión posterior muy ligera, sobre todo en los jóvenes. Las marginales son muy ensanchadas y planas en la parte posterior. La nucal no está siempre presente. Su color general es poco contrastado, con tonos pardo negruzco, y a veces con líneas pardas más claras. El plastrón es claro, blanquecino, y a veces está marcado de rosa o salmón. La cabeza es más ancha detrás de los ojos, y no luce casco, a diferencia de otras *Emydura*, salvo en individuos muy viejos. En cambio, en el río Bullo, se han encontrado ejemplares de esta tortuga con una macrocefalia importante, aunque se trataba de animales muy viejos. La cabeza es gris a parda, con una mancha clara discreta detrás de los ojos y el cuello más claro. La piel de la región temporal es muy fina. Los jóvenes son beis a marrón claro, y su espaldar luce una gran cresta y márgenes apenas dentados. Su cabeza es más clara, grisácea, con líneas rosáceas, y el iris es muy amarillo.

Hábitos. Es una especie poco conocida. Es discreta y vive como *Chelodina rugosa*, que ocupa el mismo biotopo. Las hembras ponen sus huevos en noviembre, y los jóvenes emergen dos meses y medio después. Sin embargo, la irregularidad de las precipitaciones conlleva grandes variaciones en las fechas de la

La cabeza es pequeña y la mancha postocular es discreta. El espaldar está colonizado a menudo por algas y musgos.

emergencia. Su régimen alimentario es básicamente carnívoro y su tamaño podría dejar suponer que se enfrenta a presas bastante grandes. Por otro lado, no es muy viva y es poco agresiva, lo que también hace pensar que puede contentarse con presas muertas o poco móviles (batracios, renacuajos, invertebrados, etc.).

Protección. Este galápago aún está poco presente tanto en las colecciones australianas como occidentales.

Emydura worrelli (Wells & Wellington, 1985)

Tortuga de agua dulce

Esp.: *Galápago cuellicorto de Worrell*
Ingl.: *Worrell's short-necked turtle*

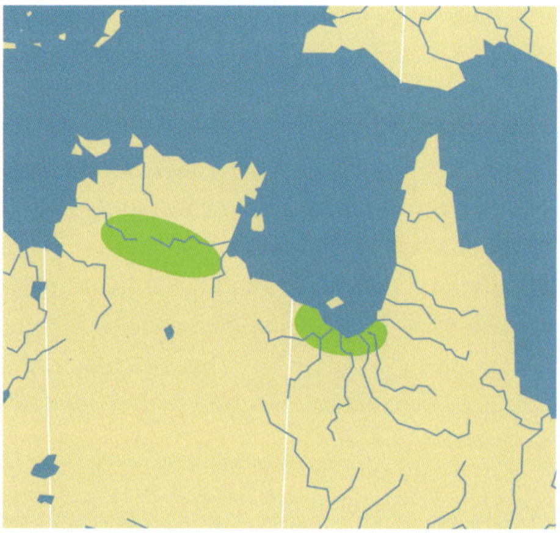

Distribución. El territorio que ocupa parece ser bastante amplio y está situado en el norte de Australia, desde el río Katherine (Territorio del Norte), hasta el río Saxby, 1.200 km más al este, en Queensland.

Características. Esta especie lleva el nombre de un herpetólogo de Gosford, Eric Worrell. A menudo se le asimila o confunde con *Emydura australis*, e incluso el mismo Worrell lo hizo con *E. victoriae*. Su espaldar es oval, muy ancho por detrás, de color gris apizarrado a beis oscuro o negruzco. Una línea amarilla sale del hocico, se ensancha en las mandíbulas y el mentón; se afina luego hasta la mitad del cuello, dividiéndose. Debajo del cuello, el fondo amarillo puede lucir jaspeado de gris. Otra línea amarilla luminosa pasa debajo del ojo y llega a la parte posterior de la cabeza. A veces, esta línea cobra tonos anaranjados, pero es rojiza en los juveniles. El iris no es amarillo y negro como en *E. tanybaraga*, sino amarillo verdoso y a menudo se vuelve más oscuro con la edad. El plastrón es amarillento, bastante ancho en la parte anterior. Las hembras miden al menos 240 mm de largo. Algunos animales viejos se tornan de co-

© F. Bonin

Ésta es una especie bastante oscura, casi negra, solo con la línea clara detrás de los ojos y la garganta más clara. El espaldar de este individuo luce profundos grabados a lo largo de las suturas, y marginales redondeadas a los lados y en la parte posterior.

lor gris antracita uniforme. Los jóvenes tienen los bordes con dientes muy anchos, sin marginales dentadas. Pardos a grisáceos, lucen una línea rojiza detrás del ojo y cuello amarillo.

Hábitos. Come caracoles y mejillones, pero también frutos de *Pandanus* y diversos vegetales. Pone huevos entre agosto y mediados de octubre.

Hydromedusa maximiliani (Mikan, 1820)

Distribución. Esta especie endémica de Brasil ocupa un área restringida en la costa este, en los estados de Espíritu Santo, Minas Gerais, Río de Janeiro y São Paulo, así como en la isla de São Sebastião.

Características. El nombre *maximiliani* se refiere al lejano emperador de Brasil, pero su nombre común ilustra mejor esta especie "con cuello de serpiente". El caparazón es oval, pequeño, y presenta bordes muy paralelos y una depresión central. Cada escama vertebral posee además una ligera carena en su parte posterior, formando una línea "punteada" que va de la primera vertebral hasta el principio de la quinta. Estas carenas se atenúan con la edad. Sus puntas se orientan hacia delante, mientras que en *Hydromedusa tectifera*, las puntas se dirigen hacia atrás. La escama nucal es muy ancha y se sitúa detrás de las marginales. El espaldar es pardo muy oscuro a gris oscuro, y su superficie es muy lisa. El plastrón, los puentes y la cara inferior de las marginales son amarillos a pardo claro, oscurecidos con venillas marrones. El lóbulo anterior es muy redondeado hacia delante, un poco más puntiagudo hacia atrás. La cabeza es pequeña con una nariz protuberante. La mandíbula no presenta ni pico ni muesca. La parte superior está cubierta de una piel muy lisa, pero detrás de los ojos se observan escamas muy marcadas. A cada lado de las comisuras de la boca se observa una excrescencia de piel (pliegue muscular).

Hábitos. Algunos autores dicen que este galápago es diurno, pero parece activo sobre todo los días lluviosos, en primavera y verano (septiembre a marzo). Un estudio detallado sobre su alimentación, en el Parque Estatal Carlos Botelho, ha demostrado que el 65 % de su alimentación está compuesta por crustáceos acuáticos; y el 14 %, larvas de insectos. También puede consumir arañas, cucarachas, termitas caídas al agua, renacuajos y peces pequeños. Peter Pritchard piensa que su largo cuello, producto de su evolución, es la prueba de su vocación depredadora de presas ágiles y rápidas. En esta región, la densidad de la especie es importante y alcanza las 193,5 tortugas/ha. Los depredadores de esta tortuga son el jaguar, el puma, el mapache y, quizá, la nutria gigante. Durante la reproducción, las hembras parecen migrar al encuentro de los machos, mientras que éstos se desplazan hacia ellas. Las puestas se dan en diciembre y enero, y los nacimientos se producen en septiembre y octubre, es decir que las incubaciones duran de 250 a 300 días (!). Una hembra fue vista poniendo tres huevos oblongos de 25 x 40 mm. Los juveniles son bastante grandes y miden 50 mm de largo.

Protección. El territorio de esta tortuga, cerca de la intensamente poblada costa atlántica, está amenazado de degradación antrópica. Es una especie clasificada como amenazada y vulnerable, a nivel nacional e internacional.

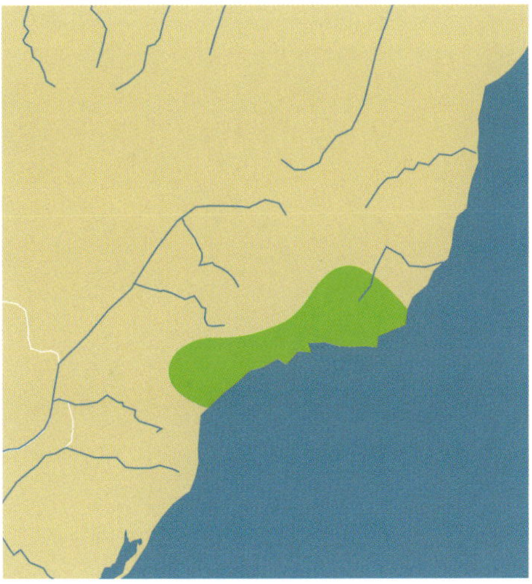

Tortuga de agua dulce

Esp.: *Galápago cuello-serpiente brasileño*
Ingl.: *Brazilian snake-necked turtle*
Port.: *Cagado de pescoco comprido*

Hydromedusa tectifera Cope, 1869

Distribución. Vive más al sur que la precedente, en un territorio más amplio: del sudeste de Brasil (São Paulo, Rio Grande do Sul, Paraná), a Uruguay, hasta el noreste de Argentina (Río de la Plata). A veces se ha citado en Paraguay, pero esto debería confirmarse.

Características. Esta tortuga mide hasta 300 mm de longitud. Su caparazón es ovoideo y más ancho por detrás. Se caracteriza por el aspecto rugoso de sus escamas, cada una con una protuberancia cónica dirigida hacia atrás. Esta particular apariencia, desarrollada sobre todo en los jóvenes, y la presencia de algas incrustadas sobre las escamas aumentan el mimetismo con su medio. Con la edad, esta configuración se alisa y a veces solo queda una carena central en los individuos viejos, desde la parte posterior de la primera vertebral hasta el principio de la quinta. El espaldar es chocolate a pardo muy oscuro. Cada escama luce líneas cortas y puntos negros. El plastrón es a menudo claro, amarillento a beis, con manchas irregulares pardo oscuro, y en los machos presenta una concavidad importante. El lóbulo anterior está redondeado por delante y es mucho más ancho que el posterior (la muesca anal es importante, con casi 90º). Algunos individuos poseen suturas muy oscuras en un plastrón poco manchado; otros individuos lucen suturas claras que delimitan las escamas. La cara inferior de las marginales también puede ser clara, con manchas oscuras, o presentar un triángulo negro en medio de la escama. Algunos machos son rojizos, sobre todo en la región de Misiones, Argentina. Este tinte particular podría explicarse por el ocre rojizo que caracteriza la tierra de esta región. La cabeza es mediana y está cubierta de escamas pequeñas y regulares; presenta una nariz corta y puntiaguda. La mandíbula no luce muesca ni pico ganchudo, y esta especie, contrariamente a la precedente, no posee una excrescencia muscular en las comisuras de la boca. La cabeza es gris oscuro, a veces pardusca, con una banda clara, grande y gruesa, rodeada de negro, que va del labio superior hasta la base del cuello, atravesando el tímpano. El cuello también presenta por debajo líneas claras discontinuas, a menudo en forma de "V", realzando las mandíbulas. El cuello de este Pleurodiro es muy largo, a veces más que el caparazón. Las patas son gris oliváceo por encima, con zonas claras por debajo. Las patas son fuertemente palmeadas y poseen cuatro uñas. El espaldar de los machos es a veces más bajo en la parte trasera.

Hábitos. Esta tímida tortuga, a la que nunca se le ve tomar el sol en el borde del agua, ocupa marismas, lagos, lagunas, canales de irrigación y cursos de agua fangosos. A menudo se mantiene inmóvil en el fondo del agua a la espera de una presa. Los juveniles se camuflan entre las algas, donde se esconden largo tiempo. La vegetación acuática parece ser importante para esta especie. En las regiones costeras, el agua ligeramente salada no parece molestarla. Su régimen es más bien carnívoro, basado principalmente en el consumo de caracoles, pero también de mejillones de agua dulce, insectos, cangrejos, anfibios, renacuajos y pequeños peces. Esta tortuga es capaz de ingurgitar a sus presas aspirando brutalmente el agua, al igual que otras especies. También puede extraer con sus mandíbulas un caracol de su concha. Se le ve salir del agua al caer la noche, pero vuelve rápidamente al medio acuático. En la parte austral de su distribución, hiberna en junio, julio y agosto, en el fondo fangoso o en un agujero excavado en la orilla. Las paradas nupciales son clásicas: el macho muerde las patas traseras y el cuello de la hembra y acaba por montarla. Las cópulas se producen en noviembre, diciembre y enero. La incubación dura en

Tortuga de agua dulce

Esp.: *Galápago cuello-serpiente rugoso*
Ingl.: *South American snake-necked turtle*
Fr.: *Hydroméduse à dos rugueux*

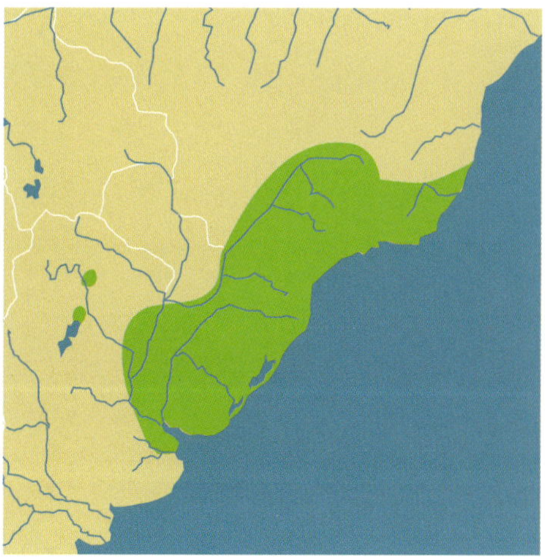

promedio 70 días. Los huevos son elípticos, blancos y duros, y miden en promedio 21 x 35 mm. Los juveniles son muy rugosos y oscuros, y miden 30 mm.

Protección. Se ha visto una nutria gigante atacar y comer a esta tortuga, en la región de São Paulo, en Brasil. Si bien algunas zonas húmedas de su territorio están amenazadas por la agricultura intensiva, esta especie no parece estar en peligro, excepto quizá alrededor de las grandes metrópolis. Esta tortuga es poco sensible a la contaminación. Las poblaciones aisladas deberían estudiarse más detenidamente, pues se cree que podrían existir subespecies.

Esta especie presenta un cuello muy alargado, cubierto de nudosidades, un hocico puntiagudo y grandes ojos situados muy adelante.

© J. Maran

Mesoclemmys gibba

(Schweigger, 1812)

Nota a la edición española: Debido a cambios taxonómicos recientes *M. gibba* no aparece agrupada con el resto de *Mesoclemmys.*

Se trata de un género nuevo, antiguamente incluido en *Phrynops*. Del griego *mesos*, medio, y *klemmys*, tortuga: según Gray (1873), la tortuga intermedia entre *Hydrapsis* y *Platemys*.

Distribución. El área de distribución de esta especie es muy amplia y parece estar centrado en dos bloques. Por un lado, el este de Venezuela, la isla de Trinidad, las Guayanas y el noreste de Brasil; por otro, una zona separada por Los Llanos, en Venezuela, y el altiplano de Guainía, en Colombia, que comprende todo el sur de la cuenca del Orinoco y del Amazonas hasta el sudeste de Colombia, el este de Ecuador, el este de Perú, hasta la punta norte de Bolivia y todo el margen oeste de Brasil.

Características. Ésta es una pequeña especie que mide 160 mm de largo y 115 mm de ancho (excepto en Ecuador, donde puede alcanzar los 230 mm). Su caparazón es oval, un poco más ancho hacia atrás y forma una bóveda coronada por una quilla vertebral, de allí su nombre específico *gibba* ("jorobada"). Las marginales presentan a veces un borde algo levantado y una muesca supracaudal. El espaldar es liso, aunque en los jóvenes presenta una superficie rugosa. El color general es pardo muy oscuro a francamente negro. Algunos individuos son más claros, quizá a causa del hábitat. El plastrón es bastante grande y ovalado; an-

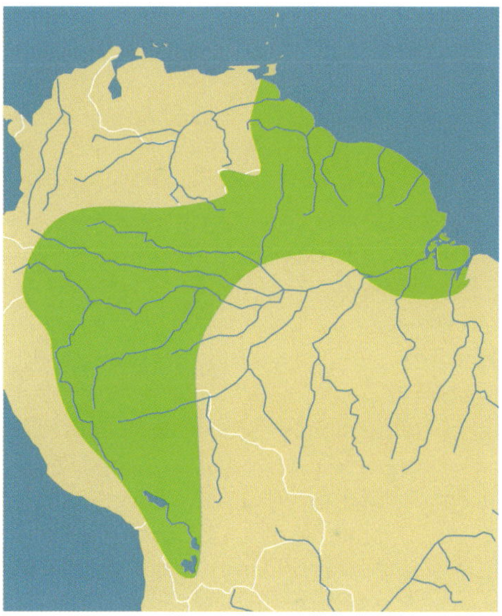

Tortuga de agua dulce

Esp.: *Cabezón hediondo*
Ingl.: *Gibba turtle*
Fr.: *Platémyde bossue*
Galibi: *Pinggowe*

Esta pequeña especie posee un espaldar fuertemente estriado y en forma de techo, que ha motivado el nombre de "*gibba*". La cabeza es bicolor, con manchas claras sobre un fondo casi negro.

cho y redondeado por delante. Presenta una muesca anal mediana. Puede ser amarillo claro con manchas oscuras, pero a veces es casi todo negro, finamente rodeado por una línea clara. La cabeza es más bien pequeña y la nariz puntiaguda y corta. Los ojos son prominentes y se sitúan bastante alto. La cabeza está ligeramente deprimida por debajo y cubierta de pequeñas escamas de formas irregulares. Es pardo oscuro a negra, más clara hacia la parte baja del cuello. Existen diferencias individuales notables, ya que algunos individuos son totalmente negros. Las mandíbulas presentan pequeñas líneas más oscuras, y el mentón luce dos pequeños barbillones. Las patas son muy palmeadas, las delanteras con cuatro uñas y las traseras con cinco.

Hábitos. Es un galápago discreto de costumbres crepusculares y, por lo tanto, difícil de observar. De día, se esconde entre los restos vegetales del fondo del agua. Cuando llueve, se encuentra a veces en tierra, sobre todo de noche. Durante la estación seca, se entierra bajo el suelo o en el lodo. Nunca se le ve insolarse. Puede desprender un desagradable almizcle para disuadir a sus depredadores. Frecuenta sobre todo charcas en bosques, ciénagas, cursos de agua lentas y aguas turbias poco profundas. Su régimen alimentario es básicamente carnívoro (insectos, larvas, renacuajos, crustáceos), pero análisis de heces realizados en la Guayana han demostrado que también engulle algas filamentosas, semillas y flores de plantas acuáticas. Los huevos son alargados, blancos, de cascarón duro y miden unos 31 x 42 mm. A veces las hembras los abandonan directamente en el suelo. La incubación puede durar 150 a 200 días. Las puestas parecen darse a principios de la estación seca, y la eclosión se produce a principios de la estación húmeda siguiente. Los recién nacidos se quedan escondidos entre las hojas muertas largos meses.

Protección. A pesar de su pequeña talla, parece que esta tortuga se consume comúnmente. En los años 1980, se anunciaba su venta en revistas de animales en Estados Unidos (P. Pritchard). A pesar de sus hábitos discretos, los coleccionistas la buscan mucho. Su exportación está prohibida en la Guayana francesa.

El género *Phrynops* fue revisado recientemente por McCord *et al.* (2001) y por Bour & Zaher (2005). Los géneros y especies son actualmente como sigue: *Phrynops geoffroanus*, *P. hilarii* (p. 68), *P. tuberosus* (p. 70), *P. williamsi* (p. 70), *Rhinemys rufipes* (p. 78), *Mesoclemmys dahli* (p. 21), *M. gibba* (p. 65), *M. heliostemma* (p. 22), *M. hogei* (p. 76), *M. nasuta* (p. 23), *M. perplexa* (p. 24), *M. raniceps* (p. 24), *M. tuberculata* (p. 26), *M. vanderhaegei* (p. 28) y *M. zuliae* (p. 27).

Phrynops geoffroanus (Schweigger, 1812)

Distribución. Se trata de una especie muy ampliamente distribuida en Sudamérica, desde el sur de Venezuela, el este de Colombia, el este de Ecuador, el este de Perú, el noreste de Bolivia, el noreste de Paraguay, el extremo norte de Argentina y una gran parte de Brasil. En la cuenca inferior del Amazonas, las tres Guayanas y el sur de la cuenca inferior del Orinoco es sustituida por *P. tuberosus*.

Características. Es bastante grande, pudiendo alcanzar los 350 mm. Su espaldar es ovalado, bastante aplanado y ensanchado hacia atrás, sin quilla central. En algunos individuos viejos, se puede notar una ligera depresión vertebral. El espaldar es pardo oscuro, tirando al gris antracita, a veces al negro. Los bordes de las marginales están delineados de amarillo. Las escamas presentan un aspecto rugoso y líneas de crecimiento. El plastrón es grande, redondeado hacia delante, y los dos lóbulos son del mismo tamaño. La muesca anal es bastante importante; los puentes, bastante desarrollados. El plastrón y los puentes son muy coloridos en los individuos jóvenes: fondo amarillo anaranjado, rojo o incluso rosa, con manchas y líneas irregulares casi negras. Esta coloración empalidece con la edad, volviéndose crema a amarillenta, apenas manchada de gris negruzco. La cabeza es grande y ancha, con la nariz puntiaguda y prominente. Las mandíbulas no presentan muesca; el mentón está adornado con dos barbillones. La cabeza está cubierta por encima de escamas pequeñas e irregulares, gris oscuro a oliváceo. Los costados de la cabeza están barrados con dos líneas negras muy visibles. La primera línea parte de las narinas, pasa a través del ojo y del tímpano y continúa a lo largo del cuello. La segunda, a lo largo del cuello, va de la mandíbula superior hasta el hombro. La piel es crema a amarillenta. En algunos individuos, el cuello tiene pequeños tubérculos romos. La parte ventral del cuello, así como las mandíbulas, es amarilla o crema, con líneas oscuras que recuerdan al diseño del plastrón. Las patas delanteras están provistas de cinco uñas, y las traseras de cuatro. La palmaciones son importantes. El dimorfismo sexual no es muy marcado, y el plastrón de los machos puede ser menos ancho posteriormente y muy ligeramente cóncavo.

Hábitos. Ésta es una especie que prefiere los pequeños cursos de aguas lentas, las lagunas y los brazos muertos de grandes ríos. Es diurna, pero a veces se le ve de noche en aguas poco profundas. A veces toma el sol en las orillas o sobre troncos de árboles. Es una especie asustadiza a la que no podemos acercarnos a menos de cincuenta metros y que posee un vivo reflejo para huir. En Venezuela, muchas tortugas presentan mutilaciones en las patas, que podrían deberse a las pirañas (Medem, 1960). El régimen de esta especie es principalmente carnívoro: se alimenta de pequeños peces, insectos acuáticos y caracoles, pero también de algunos vegetales. Las hembras ponen sus hue-

Tortuga de agua dulce

Esp.: *Cabezón sudamericano*
Ingl.: *Geoffroy's side-necked turtle*
Fr.: *Platémyde de Geoffroy*
Port.: *Cagado d'agua doce*

© F. Bonin

El espaldar de esta especie es más bien alargado y plano por encima. El cuello es largo y fino, con un hocico "de serpiente" iluminado por líneas que llegan hasta la base del cuello.

vos en nidos poco profundos, a unos 15 cm de profundidad. Los huevos son depositados a algunos metros del borde del agua cuando su nivel está alto, durante la estación lluviosa. El cascarón de los huevos es duro, blanco y esférico. Miden de 25 a 31 mm de diámetro y cada puesta contiene en promedio de 10 a 20 huevos, con récords de 30. La incubación dura unos 120 días y los recién nacidos miden de 38 a 48 mm y pesan entre 8 y 14 g. Su espaldar es rugoso y está marcado por una quilla muy ligera.

Protección. Algunas etnias consumen esta especie, aunque su carne puede ocasionar una forma de urticaria. Las tortugas se pescan con anzuelos o se atrapan con la mano, y sus huevos también se consumen. En general, la carne de esta tortuga no es conocida por su buen sabor, ya que sabe fuertemente a pescado. En cambio, es muy codiciada por los coleccionistas. El centro de reproducción de São Paulo, en Brasil, intenta desarrollar un programa para estudiar la especie y protegerla en este país.

Phrynops hilarii (Duméril & Bibron, 1835)

Tortuga de agua dulce

Esp.: *Cabezón moteado*
Ingl.: *Hilaire's side-necked turtle, Spotted-bellied side-necked turtle*

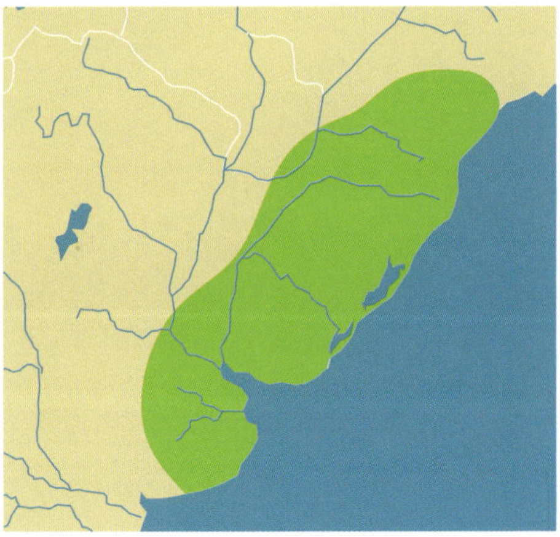

Distribución. Esta especie se encuentra en el sur de Brasil en los estados de Rio Grande do Sul, Santa Catarina y Paraná; en Uruguay; y en el norte de Argentina, en las provincias de Córdoba y Santiago del Estero. Está presente posiblemente en el sur de Paraguay y las citas en Bolivia deberían ser confirmadas.

Características. Es sin duda la representante de mayor tamaño del género *Phrynops*, pudiendo alcanzar los 400 mm. También es, seguramente, la más elegante del grupo, con su amplio espaldar gris oscuro, iluminado por una multitud de puntos claros. Su espaldar es aplanado, ligeramente deprimido en las vertebrales centrales. Su forma general es oval, pero algunos individuos tienen bordes paralelos. Las escamas marginales son muy anchas, excepto la nucal, que es muy fina. Las escamas a veces son rugosas, pero con la edad tienden a alisarse. El borde de las marginales está siempre marcado de amarillo claro a crema. El plastrón, bien desarrollado, es más grande a la altura del lóbulo anterior. La muesca anal se abre unos 90°. Los puentes y la cara inferior de las marginales son de color amarillo a beis claro, con manchas oscuras irregulares. Esta coloración tan contrastada está muy marcada en los jóvenes y se mantiene en la mayoría de los adultos. En algunos adultos, en cambio, los colores están muy atenuados. La cabeza es grande, aplanada, más ancha a la altura de los tímpanos. La nariz es corta, puntiaguda y prominente. La cabeza es de tono gris medio encima, ligeramente más clara que el espaldar. Las escamas de la cabeza son pequeñas e irregulares. Los ojos tan saltones recuerdan a los de una rana. El iris es crema, a veces amarillo brillante, y está atravesado por una línea negra que nace a la altura de las narinas; luego corre ensanchándose a lo largo de la cabeza, pasando por encima del tímpano. El cuello está cubierto de pequeños tubérculos dispersos por encima y es gris al igual que encima de la cabeza. Es amarillo claro a crema por debajo, a veces con manchitas negras. Las mandíbulas no lucen ni pico ni muesca. Son grises en la parte superior; más claras en la inferior. Existen dos pequeños barbillones cónicos. Las patas están a menudo rodeadas de dos líneas claras; las delanteras poseen cinco uñas importantes y las traseras, cuatro. Las palmaciones están muy desarrolladas y son negras como la planta de los pies. El dimorfismo sexual está poco marcado, pero el plastrón de los machos es ligeramente cóncavo y su espaldar a veces más bajo y aplanado que el de las hembras.

Hábitos. Esta tortuga prefiere los cursos de aguas lentas, las lagunas, las charcas con abundante vegetación, los arroyos y ríos de fondo lodoso o arenoso. No es agresiva con sus congéneres y a menudo se observan en grupos en los lugares donde se termorregulan. Durante la estación cálida, se pueden ver ejemplares flotando en la superficie del agua y dormitando sobre las ramas. En invierno, hiberna en el fondo del agua; pero cuando los días son más suaves, vuelve a estar activa. Su régimen alimentario es casi totalmente carnívoro: se alimenta de insectos, moluscos, peces, anfibios e incluso de pequeños mamíferos. Caza en el agua de día, y no parece estar activa de noche. Las paradas nupciales son clásicas: el macho huele la región cloacal de la hembra, le mordisquea las patas traseras y monta sobre su espaldar mordiéndole el cuello y en la parte superior del cráneo. Las cópulas se observan entre septiembre y octubre en el norte de su distribución; y en enero y a principios de febrero, más al sur. Los huevos son esféricos y blancos, de cascarón liso y duro, de 27 a 37 mm de diámetro, y cada hembra pone hasta 23 huevos. La incubación dura de 70 a 140 días. Los juveniles presentan al nacer una ligera quilla vertebral y un color marrón brillante con un punto oscuro en cada una de las escamas.

Protección. El gran tamaño y la viva coloración de esta tortuga hacen que sea muy codiciada por los coleccionistas. En Argentina y Brasil se consume, al igual que sus huevos, que se preparan revueltos o en tortilla con patatas. En cambio, en Uruguay los indígenas desprecian a esta tortuga y dicen que su carne está "envenenada". Los hábitats que ocupa están a menudo alterados o fuertemente amenazados. La especie no figura en ninguna lista de protección.

A menudo se ven estas tortugas en las orillas o sobre troncos de árboles, al borde de ríos lentos, insolándose durante largas horas. Pero se sumergen al mínimo ruido.

© B. Devaux

Phrynops tuberosus (Peters, 1870)

© I. Pauler

Tortuga de agua dulce

Esp.: *Cabezón norteño*
Ingl.: *Peter's side-necked turtle*

Distribución. Antigua subespecie de *P. geoffroanus*, esta tortuga ocupa el sudeste de Venezuela y se encuentra en Guyana, Surinam, la Guayana francesa y todo el noreste de Brasil hasta la región de Salvador.

Características. Es la especie vicariante de *P. geoffroanus* a la que se parece mucho. Algunos individuos poseen una quilla central, marcada a cada lado por una serie de excrescencias en las costales, formando una línea discontinua. El espaldar es pardo oscuro, iluminado por una retícula de líneas y puntos caoba. El borde del espaldar está finamente delineado de amarillo. La cabeza es gris, estriada longitudinalmente por una gruesa línea crema que va desde las narinas hasta los hombros. Esta línea clara está rodeada por encima de una línea negra que sale de la órbita y de otra a lo largo de las mandíbulas.

Hábitos. La especie se observa a menudo insolándose. Su régimen es básicamente carnívoro: come peces, insectos e invertebrados acuáticos. Su reproducción y sus hábitos se parecen a los de *P. geoffroanus*.

Este animal presenta un espaldar más bien cuadrangular, con una depresión vertebral a lo largo de la quilla habitual. La cabeza es ancha, con grandes escamas y un casco temporal.

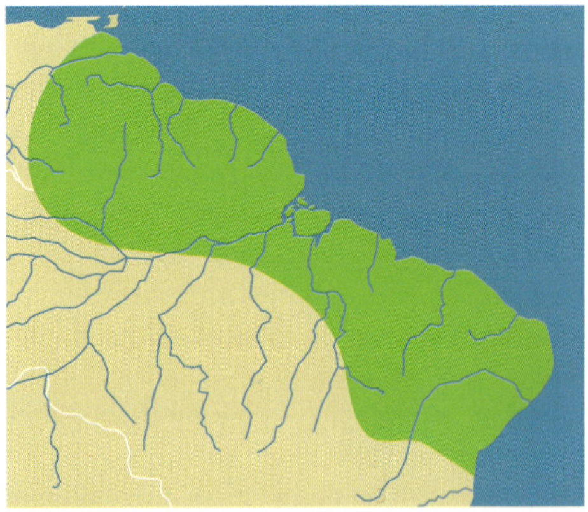

Phrynops williamsi Rhodin & Mittermeier, 1983

Distribución. Su distribución está limitada al sur de Brasil (Santa Catarina y Rio Grande do Sul), al norte de Uruguay (ríos Uruguay y Cuareim), al norte de Argentina hasta Paraguay, en la cuenca del río Paraná.

Características. El nombre de esta especie evoca a Ernest E. Williams, conservador del Museo de Zoología Comparada de Harvard (Estados Unidos). Esta tortuga es muy próxima a *Phrynops geoffroanus* y *P. hilarii*. Su caparazón es oval, ensanchado a la altura de la séptima y octava marginales; es bastante plano, sin quilla ni depresión central. Sin embargo, en algunos individuos el espaldar se eleva muy ligeramente en la quinta vertebral. Las escamas son algo rugosas, y los adultos no presentan anillos de crecimiento. El color general es pardo muy oscuro, casi negro, con finas líneas reticuladas ocre a avellana en cada escama. La disposición de estas líneas puede ser radial o paralela, en varias direcciones. Las marginales

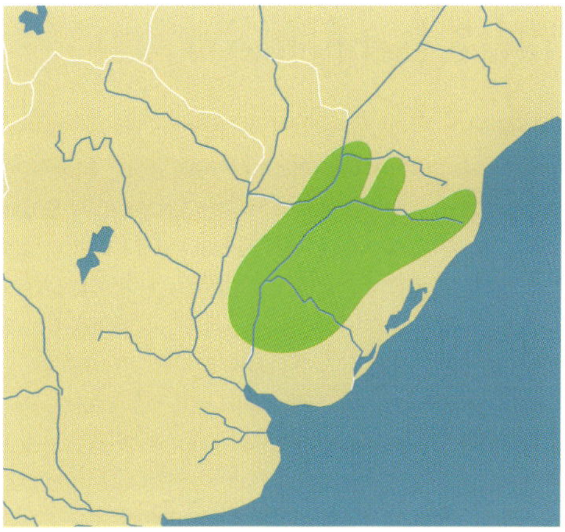

son muy poco escotadas y están rodeadas de amarillo anaranjado, sobre todo en los juveniles. Estos dibujos se difuminan con la edad. El plastrón es bastante grande, un poco más ancho hacia el lóbulo anterior, con una muesca anal poco desarrollada. Su coloración va del blanco al gris claro, a veces amarillo muy pálido, a menudo inmaculado, pero a veces luce manchas difusas. La cabeza es ojival, no muy ancha; la mandíbula superior no presenta ni pico ni muesca. El iris es amarillo y el mentón presenta dos barbillones cónicos claros. La piel por encima de la cabeza está dividida incompletamente en pequeñas escamas irregulares y tiene un aspecto arrugado, así como la cara inferior del cuello. La coloración de la cabeza permite distinguir a esta especie: por debajo es muy oscura, casi negra, hasta una línea clara bastante ancha que va de las narinas a la base del cuello. Esta banda está resaltada por una línea negra que sale de debajo de la mandíbula superior y llega igualmente a la base del cuello. Una tercera línea, negra, decora el mentón cuyo color de fondo es amarillo claro o incluso rojizo. Esta línea, en forma típica de herradura, tiene las puntas dirigidas hacia atrás. El cuello –sin duda el más corto de las *Phrynops*– está adornado por debajo con manchas negras, grandes e irregulares. Las patas son bastante fuertes y muy palmeadas, de color oscuro por encima, pardo oscuro a negro; y rojizas o amarillentas por debajo, con manchas negras. Las patas anteriores poseen cinco uñas; las posteriores, cuatro. La cara interna de las palmaciones es negra rodeada de amarillo anaranjado. La planta de los pies es negra. Las hembras pueden alcanzar los 350 mm, mientras que los machos más grandes no superan los 200 mm.

La coloración de juveniles y subadultos es a menudo más viva, amarillo pálido con manchas pardas.

Hábitos. Esta tortuga no se encuentra por encima de los 500 m de altitud y es muy acuática. Le gustan los pequeños ríos forestales de aguas claras y corrientes rápidas, y de fondos cubiertos de grava. Sus uñas son muy desarrolladas y le permiten trepar a las rocas emergentes sobre las que le gusta insolarse. Su régimen alimentario parece principalmente carnívoro. La configuración aplanada de las superficies trituradoras de las mandíbulas hace pensar que consume moluscos acuáticos. Las cópulas han sido poco observadas y ocurren en el agua. Las puestas parecen tener lugar en noviembre y diciembre, y contienen un promedio de 9 huevos, blancos, ovoides, con cascarón duro, de 34 x 34 mm). Los juveniles nacen entre marzo y abril y tienen un caparazón pardo de 35 mm de largo, donde cada una de las escamas está adornada con una mancha oscura bastante grande. Su plastrón es a veces gris muy claro, con una línea central oscura. Las líneas en la cabeza son las mismas que en los adultos, pero más bien coloreadas de rojo o anaranjado.

Tortuga de agua dulce

Esp.: *Cabezón de Williams*
Ingl.: *Williams' South American side-necked turtle*

Esta especie está marcada por el aspecto vermiculado de puntos beige sobre fondo oscuro. La cabeza está decorada con largas bandas claras que parten del hocico y de la cima del cráneo, y recorren el cuello hasta su base.

© F. Bonin

Platemys platycephala (Schneider, 1792)

Distribución. La distribución de esta especie es muy amplia en todo el centro de Sudamérica, y va desde el sur del Orinoco, en Venezuela, hasta la cuenca amazónica, en Brasil, incluyendo las tres Guayanas. También está presente en el sur de Colombia, en el este de Ecuador y en el este de Perú. En la Guayana francesa, la especie se encuentra en la franja costera, pero también en el Alto Maroni y en el Alto Oyapock.

Características. El género *Platemys* solo incluye esta especie. A consecuencia de una revisión sistemática bastante reciente (Ernst, 1983), este género se ha separado de las especies denominadas desde entonces *Acanthochelys*. Su nombre la caracteriza perfectamente: doblemente plana, en el caparazón y en la cabeza. Es pequeña y las hembras no superan los 165 mm. El caparazón elíptico presenta una depresión vertebral muy fuerte, resaltada por dos quillas en el borde superior de las costales. El borde de las marginales a menudo está levantado y acanalado. Las escamas son lisas en los adultos, pero en los juveniles los anillos de crecimiento están bien marcados. El espaldar es pardo rojizo o caoba, a veces pardo claro o anaranjado, adornado con marcas negras más o menos anchas según los individuos. El plastrón es casi todo negro, con solo un margen amarillo anaranjado o amarillo verdoso. Los puentes son amarillos, barrados con líneas negras, así como por debajo de las marginales. El plastrón está bien desarrollado, con un lóbulo anterior ligeramente levantado y un poco más ancho y largo que el posterior. La cabeza es bastante pequeña, aplanada, cordiforme, con una sola gran escama recubriéndola toda, desde la punta de la nariz cónica hasta la base del cuello. Los lados de la cabeza están cubiertos de escamas poligonales granulosas. La parte inferior de la cabeza es siempre clara (amarillo anaranjado) y una sombra puede comenzar entre los ojos, extendiéndose a la región occipital y al conjunto del cuello y las patas. El cuello está totalmente cubierto de tubérculos bien desarrollados, cónicos y puntiagudos, que constituyen una buena defensa cuando el animal esconde la cabeza. Presenta dos barbillones minúsculos. Las mandíbulas no son ganchudas ni dentadas. Las patas (cinco uñas en las anteriores y cuatro en las traseras) son pardo oscuro, con manchas claras dispersas y grandes escamas imbricadas. Las palmaciones están medianamente desarrolladas. Se observan dos particularidades en esta especie: el macho está dotado de una muesca en la base del pie, sin duda para facilitar la fijación sobre el espaldar de la hembra en el momento de la cópula; y la hembra presenta una sutura lateral a la altura de los puentes, que puede distenderse durante las puestas. Esta sutura es invisible en los machos. Está marcada por un cartílago más flexible, de color blanco, que puede distenderse como un fuelle.

Subespecies. Se reconocen dos subespecies: *P. p. platycephala* (ya descrita) y *P. p. melanonota* Ernst, 1983 (Chata negra). Esta última se encuentra en el Alto Amazonas, en las cuencas de los ríos Santiago y Cenepa, en Perú; y en los ríos Napo y Curaray, en Ecuador. Se caracteriza por su coloración mucho más oscura, casi enteramente pardo oscuro e incluso negra (*melanonota* viene del griego *melania*, negrura, y *notos*, dorso). Solo aparecen a veces zonas más claras amarillo anaranjado a la altura de la depresión vertebral.

Hábitos. Es una tortuga muy influenciada por las variaciones climáticas estacionales. Vive en el sotobosque de los bosques húmedos y a menudo se desplaza por tierra después de los chubascos tropicales. Nunca se le encuentra en los grandes ríos. Prefiere lagos o suelos lodosos donde su homocromía es perfecta. Durante la

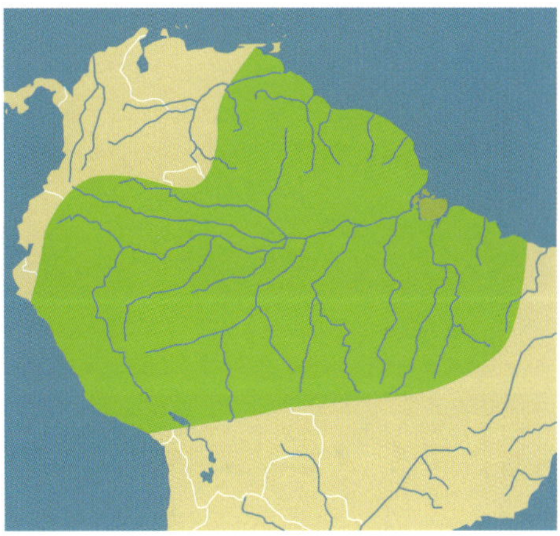

Tortuga de agua dulce

Esp.: *Chata*
Ingl.: *Twist-necked turtle*
Fr.: *Platémyde à tête plate orientale*
Bras.: *Jabuti-Perema*

© D. Madec

Como su nombre lo indica, esta tortuga es muy plana, con una depresión importante en la parte alta del espaldar, y una cabeza también plana y fina. Su color anaranjado a pardo y su discreción le permiten permanecer en las hondonadas sin hacerse notar.

estación seca, se entierra en el suelo blando y solo vuelve a salir cuando llega el siguiente aguacero. También está activa parte de la noche. Es una especie a menudo parasitada por las sanguijuelas. Jacques Fretey (1981) señala que una tortuga encontrada cerca de Maná, en la Guayana francesa, llevaba 81 sanguijuelas en las partes blandas, mientras que otras especies encontradas en el mismo lugar no tenían ninguna. Su régimen alimentario sería oportunista y a veces se atiborra de huevos de anfibios. Es un animal apacible y asustadizo, que parece poco agresivo; pero algunos autores destacan las luchas entre machos durante el periodo de actividad sexual. Las cópulas se dan de marzo a noviembre. Pueden efectuarse bajo el agua o en la tierra, de día como al anochecer, e incluso en plena noche. El macho agita violentamente el cuello y la cabeza, y muerde a la hembra en sus extremidades. También frota su mentón y sus barbillones en el cráneo de la hembra y puede disparar un chorro de agua por las narinas o la boca para espantar a su pareja. Las puestas tienen lugar durante la estación seca. Las hembras solo ponen un solo huevo; eventualmente, un segundo, con un intervalo de algunas semanas. Este huevo es enorme, en proporción al tamaño de la hembra (45 a 50 mm de largo y 25 a 26 mm de ancho). Su cascarón blanco es duro y no parece afectarle la humedad ambiental. El periodo de incubación varía de 130 a 170 días. Los recién nacidos miden 46 x 60 mm y pesan aproximadamente una veintena de gramos. Su coloración y sus dibujos son parecidos a los de los adultos, pero con tonalidades más vivas.

Protección. Es poco consumida a causa de su pequeño tamaño y poco buscada por los coleccionistas, ya que no vive bien en un terrario. En Francia, desde el 15 de mayo de 1986, es especie protegida en el departamento de Guayana, y se prohíbe toda captura, destrucción y comercio en todo el territorio nacional.

Pseudemydura umbrina Siebenrock, 1901

Distribución. Las poblaciones de esta tortuga, considerada como la más rara del mundo, son muy reducidas y ocupan la reserva natural Ellen Brook, al este de Perth y la reserva Mugumber, al norte de Perth.

Características. Es la más pequeña de las tortugas australianas: no mide más de 150 mm. Su cuello es bastante corto. Se le reconoce por los siguientes rasgos: color gris "sombrío" (de allí su nombre científico), espaldar fuertemente deprimido, cabeza alargada con una especie de casco temporal, plastrón con suturas grises sobre fondo crema con manchitas grises irregulares, y tubérculos en el cuello bastante grandes y espaciados. Las placas gulares están bien separadas por la intergular, la que aísla totalmente las pectorales. Según observaciones hechas en el Zoológico de Perth, los jóvenes, idénticos a los adultos y apenas más claros, crecen extremadamente rápido durante sus primeros años, lo que constituye sin duda el crecimiento más rápido entre los *Chelidae*. Pueden alcanzar los 120 mm al cabo de tres años.

Hábitos. Cuando fue redescubierta en 1953, no se sabía nada de su biología. Los conocimientos obtenidos en el Zoológico de Perth por el equipo de Gerald Kuchling han permitido comprender mejor su reproducción, su alimentación y su particular ecología. Está muy afincada en un medio donde el ritmo radical de las estaciones rige sus comportamientos. Es una tortuga acuática durante una parte del año, cuando está sumergida en los humedales intermitentes, pero también estiva "en seco" durante el periodo más árido. Este modo de vida, rudo y limitante, explica sin duda su rareza y su pequeña talla. Hay poco dimorfismo sexual en este animal: las hembras son solo un poco más grandes que los machos. Los mejores resultados reproductivos se obtienen en criaderos, después de que hembras y machos han estado en contacto brevemente. Las puestas se observan en noviembre, con un máximo de 3 a 5 huevos por hembra. A veces, solo ponen un huevo. El lugar de puesta está situado bajo un arbusto y una zona umbría, ya que la temperatura es alta en esta época del año. La incubación puede durar varios meses, y los nacimientos tendrán lugar cuando el lugar sea cubierto por las aguas. El régimen de las lluvias dirige completamente le existencia de esta especie, que, durante algunos meses, cuando las zonas húmedas de su biotopo alcanzan su nivel más alto, se alimenta suficientemente y se reproduce. Cuando la marisma se seca, la tortuga busca un lugar con sombra, cubierto de detritos y vegetales, donde puede excavar un escondite lo bastante profundo como para encontrar una humedad relativa. Bien enterrada, estivará varios meses, a algunas decenas de metros de los humedales secos. Cuando vuelvan las lluvias, al final de la estación seca, saldrá de su escondite estival para un nuevo y corto periodo de actividad.

En el criadero para su conservación en Perth, los huevos se ponen en la incubadora a 29 °C. Después de tres meses, se baja la temperatura a 24 °C durante tres meses más. Luego se hace bajar la temperatura a 19 °C, y los huevos eclosionan. La eclosión es inducida por las bajadas de temperatura, que corresponden a las variaciones térmicas del medio natural. También se ha descubierto que estas tortugas excavaban su nido de un modo atípico, utilizando sus patas delanteras. *Pseudemydura umbrina* comienza excavando una suerte de canal con sus miembros anteriores, un poco como cuando quiere esconderse durante el verano. Continúa haciendo más profundo el agujero con sus patas delanteras, a una profundidad de unos 10 cm, luego se gira y se coloca en postura de puesta, casi vertical. Cuando termina la puesta, muy rápidamente, la tortuga sale de su agujero y cierra el nido con sus cuatro patas. Se ignora si este comportamiento es regresivo y si revela esquemas "primitivos", o si, por el contrario, se trata una innovación y que ésta es la única especie que la aplica actualmente. Este galápago es carnívoro y come crustáceos, insectos y larvas de batracios. En cautividad, se alimenta de larvas de insectos y de invertebrados criados especialmente por el Zoológico.

Protección. El primer espécimen fue descubierto en 1839 por Ludwig Preiss y llevado al Museo de Viena, y luego descrito por Siebenrock, en 1901. En 1953 un estudiante de la Universidad de Perth la redescubrió y bautizó a esta "nueva" especie como *Emydura inspectata*. Un poco más tarde, Williams demostró que se trataba de la *umbrina*. Algunos animales se "encontraron" en los suburbios de Perth y

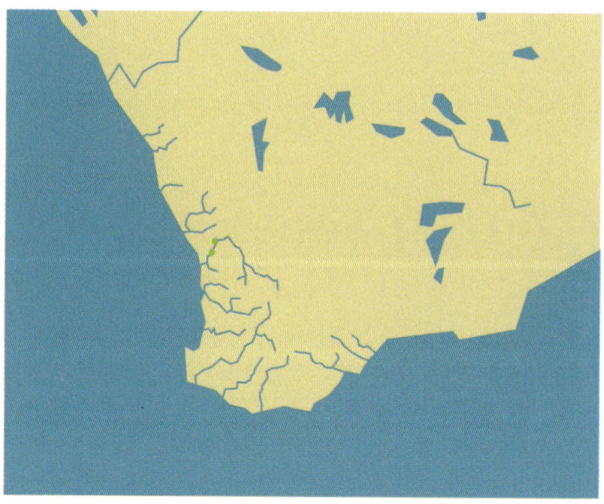

Tortuga de ambientes húmedos

Esp.: *Galápago de Perth*
Ingl.: *Western swamp turtle*

© F. Bonin

Especie pequeña y de coloración negra a gris oscuro (de allí su nombre). La cabeza es más bien redonda, pero plana. Este animal posee patas muy palmeadas, anchas y robustas, equipadas con buenas uñas. Es una tortuga semiacuática, capaz de excavar en el lodo de los lagos y de nadar con viveza.

constituyeron la población fundadora del centro de cría del zoológico. Gerald Kuchling se convirtió en el gerente del programa de conservación, realizado por la Universidad de Perth y la oficina del *Land Management* de Australia Occidental. La población residual ha sido estimada en 50 individuos. Las causas de la rarefacción de la especie parecen ser la desecación de los humedales y la depredación por parte de animales exógenos, como el zorro. Otro animal introducido, el conejo, es igualmente nocivo, ya que, al excavar tantas madrigueras, destruye las puestas de las tortugas.

Así, el programa ha llevado a cabo dos acciones principales: la cría en el Zoológico de Perth; y la otra, el manejo de la reserva natural Ellen Brook. La desecación de los humedales se ha detenido gracias a unas obras que permiten mejorar la situación de estas zonas inundadas. Grandes cercos eléctricos controlan a los zorros. Para los conejos, se han utilizado semillas envenenadas, a fin de limitar su proliferación. En 2004, el criadero del zoológico contaba con unos 200 juveniles y adultos, entre ellos 16 machos y 14 hembras. Cada año, se libera en las reservas una cuarentena de tortugas de 3 años (de 100 mm de largo), la mayoría equipadas con radioemisores. En 2001, se creó una segunda reserva, la Mugumber Reserve, cerca del lago Wannamal, donde se ha liberado una veintena de adultos, también equipados con radioemisores. Las marismas intermitentes de este último lugar tienen un régimen natural que parece conveniente para este animal. Pero no existe ningún cerco que limite el acceso de los zorros, que deben ser controlados por los agricultores de la zona. Así, en 2004, la población total de la especie era de unas 450 tortugas: 200 en el criadero y 250 en la naturaleza (!). Aún es muy pronto para "cantar victoria", pero este programa de conservación es un proyecto piloto, con muchas enseñanzas para todos los que quieren proteger a las tortugas.

Protección. La especie ha sido clasificada como "en peligro" por el Turtle Conservation Fund.

© G. Kuchling

En los lagos cerca de Perth no es fácil observar esta especie, siempre muy discreta y que pasa parte del año bajo la vegetación húmeda o en el lodo cerca de los prados inundados. Se la puede ver en el zoo de Perth, que financia parte del programa de conservación.

Nota a la edición española: Debido a cambios taxonómicos recientes *M. hogei* no aparece agrupada con el resto de *Mesoclemmys.*

Mesoclemmys hogei (Mertens, 1967) (ant. *Ranacephala*)

© P. Pritchard

La cara es aún claramente "de rana", como lo indica el antiguo nombre de la especie. Es una de las *Mesoclemmys* menos estudiadas y se esconde en su medio con mucha eficacia.

Tortuga de agua dulce

Esp.: *Cabezón brasileño*

Ingl.: *Hoge's side-necked turtle*

Distribución. Endémica de Brasil, en un pequeño territorio en el sudeste, en las cuencas costeras del río Paraíba do Sul (estados de Rio de Janeiro y Minas Gerais) y en la cuenca del río Itapemirim (estado de Espíritu Santo). Las poblaciones son reducidas y parecen aisladas unas de otras.

Características. Su antiguo nombre *Ranacephala* evoca una cabeza de rana (del latín *rana*, rana, y del griego *kephalê*, cabeza). Es una especie aún poco estudiada que parece desconocida tanto para las poblaciones locales como para los científicos. Puede alcanzar los 350 mm. Su caparazón es ovalado, ligeramente abombado; no presenta quilla, sino, al contrario, una ligera depresión entre la segunda y la cuarta vertebrales. Las marginales están un poco levantadas y acanaladas. El conjunto es pardo uniforme y las escamas no presentan un diseño particular, ni tampoco asperezas. El plastrón es grande, con el lóbulo anterior más importante que el posterior. La muesca anal es muy marcada. El plastrón es completamente amarillo, pero en algunos individuos están ligeramente manchados de pardo o gris. La cabeza es especialmente pequeña, lo que la diferencia de las demás *Phrynops*. La nariz es puntiaguda y prominente; el mentón está adornado con dos fuertes barbillones. La cabeza es bicolor, gris pardusco oscuro encima y amarilla a blanquecina debajo. Las hembras presentan una línea roja oscura longitudinal en los lados de la cabeza y que separa la coloración superior de la inferior. Las mandíbulas no poseen pico ni gancho y son amarillas con gris en las comisuras. El ojo es pardo finamente rodeado de amarillo. Las patas son oscuras por encima y amarillo anaranjado por debajo.

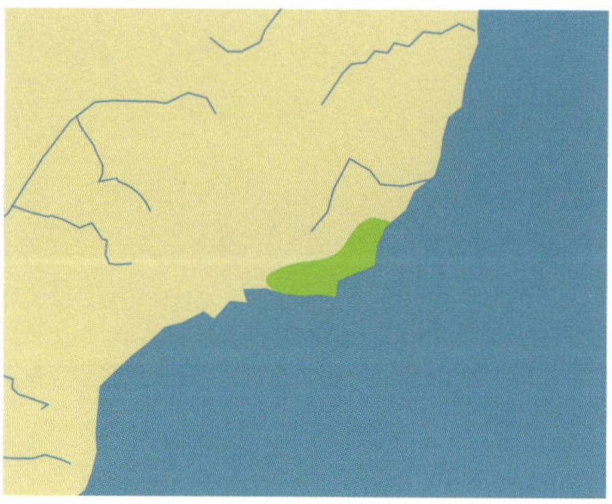

Hábitos. Esta especie no parece muy acuática. Se la encuentra en lagunas y pequeños cursos de agua, en regiones por debajo de los 500 m. No se sabe nada de su régimen alimentario ni de su modo de reproducción.

Protección. El hecho de que sus efectivos sean escasos, de que aún no haya sido estudiada *in situ* y que sus hábitats estén sometidos a la deforestación y a la desecación de las corrientes de agua hace pensar que la especie se encuentra amenazada. Corre el riesgo de desaparecer incluso antes de que se le haya estudiado correctamente. Figura en el Libro Rojo de la IUCN (1982). El Turtle Conservation Fund acaba de inscribirla entre las 48 especies de tortugas amenazadas del mundo (2002). Un programa de reproducción en cautividad y la rehabilitación de su hábitat parecen medidas a tomar urgentemente para preservar a esta tortuga.

Rheodytes leukops

Legler & Cann, 1980

Distribución. Esta tortuga subsiste solo en un pequeño territorio, en el río Fitzroy, a algunos kilómetros del mar, en el este del continente australiano. No fue descubierta hasta 1976, por J. Legler y J. Cann.

Características. Es muy diferente de las demás tortugas australianas, lo que justifica la creación de este nuevo género. Es un Pleurodiro de cuello bastante corto, que no supera los 210 mm. Una de sus características es su iris blanco, como un anillo alrededor de la pupila, que le da, junto con su boca muy levantada hacia atrás, un rostro "sonriente" muy marcado, único entre las tortugas. Además, es despreocupada, tranquila y camina lentamente cuando está en el suelo. Bajo el agua, también camina en el fondo, con mucha calma. John Cann ha señalado que las tortugas situadas sobre una roca permanecen inmóviles mucho tiempo, con la cabeza extendida, como estatuas. Los tubérculos en el cuello de esta especie son especialmente grandes y prominentes, pero poco abundantes. El resto del cuerpo de *R. leukops* es pardo con reflejos anaranjados o bronceados y con puntos irregulares más oscuros. Su plastrón es largo y angosto, de color crema o amarillo claro. La placa intergular es más angosta

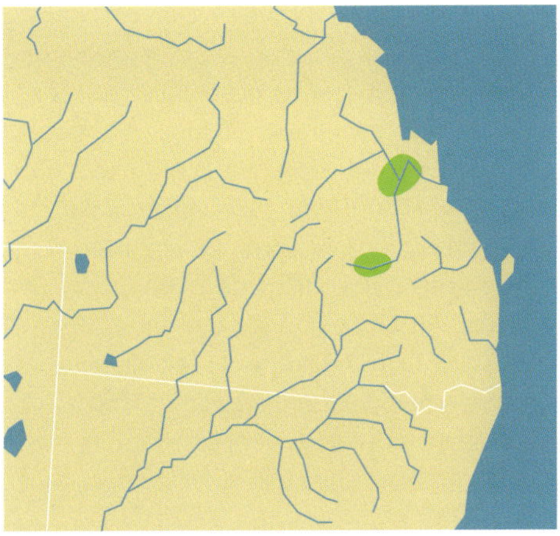

que las gulares. Este género monotípico es próximo al género *Elseya*, pero difiere por los puntos siguientes: la tercera y la cuarta costales están en contacto con la sexta y la octava marginales; posee cinco uñas en las patas delanteras; está dotada de un solo par de barbillones en el mentón y presenta un anillo blanco, muy grueso, alrededor del iris. Las tortugas australianas usan a menudo sus bolsas cloacales para obtener oxígeno bajo el agua; incluso, J. Cann ha observado que en esta especie la cloaca permanecía bastante tiempo abierta, más que en las demás especies.

Tortuga de agua dulce

Esp.: *Galápago de Fitzroy*
Ingl.: *Fitzroy River turtle*

Esta extraña tortuga presenta grandes ojos blancos, y una boca larga y más bien "sonriente". Pero su comportamiento es lo más sorprendente. En el suelo avanza muy lentamente, como un juguete mecánico, y solo en el agua, de preferencia limosa, recupera su vivacidad.

© F. Bonin

Las sienes y las mandíbulas están muy desarrolladas, ya que esta tortuga tritura conchas.

Hábitos. Es una tortuga aún poco estudiada, tanto más por cuanto el número de sus efectivos es reducido. Pone aparentemente unos 16 huevos, lo que es mucho para un animal de 210 mm de largo. Su alimentación está constituida sobre todo de larvas de insectos. Su placidez deja pensar que es poco eficaz en la captura de peces y animales rápidos. Además, es sorprendente que sobreviva en el medio donde se le ha encontrado, pues allí abundan muchos carnívoros, como grandes anguilas, peces gato e incluso cocodrilos de mar (*Crocodylus porosus*). Su única oportunidad de escapar es disimularse bajo las piedras de este río de aguas agitadas y quedarse quieta. Las primeras observaciones dejaban pensar que era principalmente carnívora, pues en el estómago de algunas tortugas solo había insectos. Pero en realidad también es herbívora y vive a menudo en lugares donde prolifera la *Vallisnera* sp. que consume en grandes cantidades. Es, así, una oportunista.

Protección. Si se consideran la exigüidad de su territorio y el número reducido de animales observados, su rareza implica la necesidad de vigilarla y realizar estudios que apunten a salvaguardarla mejor. Representa, junto con *Elusor macrurus* y *Pseudemydura umbrina*, una de las tortugas más raras y extrañas de Australia, pero cuya conservación no es segura. Deberían aplicarse programas de salvaguardia específicos a estas tres especies, a fin de evitar que sean recolectadas, o que sus hábitats sean alterados.

Rhinemys rufipes (Spix, 1824)

Tortuga de agua dulce

Esp.: *Galápago rojo amazónico*

Ingl.: *Red side-necked turtle*

Distribución. Territorio limitado a la cuenca norte del Amazonas, en el oeste de Brasil, el sudeste de Colombia y quizá la frontera noreste de Perú.

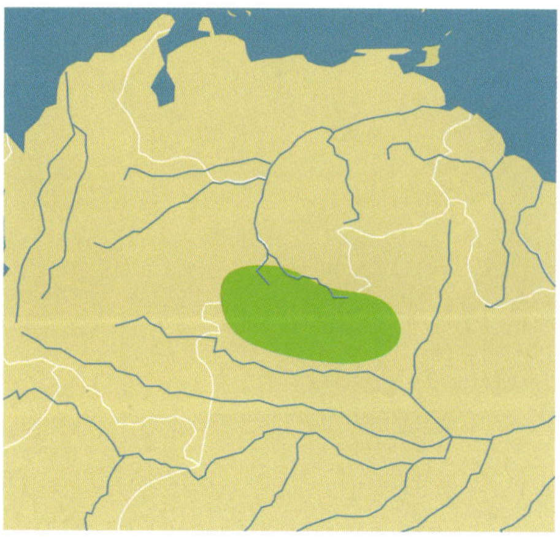

Características. Esta especie es tan diferente de las otras *Phrynops* que se ha convertido en la única representante del nuevo género *Rhinemys*. En efecto, como lo indican su nombre científico y su nombre común, presenta una viva coloración en la cabeza y las patas, contrariamente a las demás *Phrynops*. Su cabeza es bastante ancha y aplanada por encima. La nariz es puntiaguda y protuberante. Las regiones temporales y las mejillas están cubiertas de escamas irregulares. La piel del cráneo presenta una línea oscura. Otra línea, también oscura, raya la cabeza a cada lado, desde las narinas hasta la base del cuello, pasando por la órbita. Dos pequeños barbillones están presentes bajo el mentón. Las patas y el cuello son también rojos, adornados con líneas irregulares y manchas oscuras. Puede alcanzar 260 mm de longitud. Su caparazón es ovalado y fuertemente carenado. Visto de frente, esta forma como de techo, cercana a un ángulo de 90°, permite reconocer inmediatamente a la especie. El espaldar es pardo oscuro. Las marginales, ligeramente dentadas, están a veces rodeadas de claro. El plastrón y los puentes son de color amarillo más o menos oscuro según los individuos, pero siempre sin marcas ni dibujos. Este plastrón es particularmente cóncavo en los machos, sin duda a causa de la quilla dorsal de las hembras. El lóbulo anterior es más grande que el posterior. La muesca anal es muy marcada. Las patas son bastante fuertes, muy palmeadas y dotadas de cinco uñas en las delanteras y de cuatro en las traseras.

Hábitos. Las poblaciones de esta especie parecen fragmentadas y bastante reducidas. Antiguamente considerada como muy rara, ha sido observada recientemente en la reserva forestal Adolfo Duke, en números relativamente importantes. Vive en las calas y los arroyos forestales, de corriente lenta o rápida, tanto en aguas claras como turbias. Se la vez raras veces en posición de termorregulación. Excava en el fondo para buscar su alimento, aunque su régimen es más bien omnívoro y le gustan los frutos de las palmeras caídos al agua. La madurez sexual de las hembras comienza entre los 6 y los 10 años. En Colombia, las puestas se observan entre diciembre y febrero, pero también de fines de junio a principios de agosto. Los huevos, de 3 a 12, esféricos y blancos, miden 40 mm de diámetro. Los juveniles tienen el caparazón pardo claro y una fuerte quilla. Sus marginales son muy dentadas. El rojo de la cabeza y la coloración de las patas son muy marcados en los juveniles, pero este cromatismo se desvanece luego y en algunas hembras viejas el pardo predomina sobre el rojo.

Protección. Las poblaciones locales cazaban a veces e incluso pescaban con anzuelo esta especie. Sin embargo, las amenazas más importantes provienen de la deforestación de la zona. También es buscada por los coleccionistas, a causa de sus vivos colores, pero no soporta en absoluto la cautividad en aguas estancadas, donde en ocasiones su piel se ve afectada por micosis importantes. Está clasificada como "en peligro" por la UICN.

Pelomedusidae Cope, 1868

Estos Pleurodiros son los Quelonios actuales más antiguos y aparecieron hace 120 millones de años. Solo se encuentran en el hemisferio austral, especialmente en África y Madagascar. Comprenden cinco géneros: Podocnemis, Peltocephalus, Erymnochelys, Pelusios *y* Pelomedusa.

Subfamilia Pelomedusinae Cope, 1868

Pelomedusa subrufa (Lacepède, 1788)

Distribución. Es la tortuga más representada en África. Ocupa todo el continente al sur del Sahara. También se la encuentra en la parte oeste y sur de Madagascar y en Yemen, seguramente llevada por el hombre bastante recientemente.

Características. Se diferencia de las *Pelusios* por su plastrón poco osificado, no movible, y por tener cinco uñas en las patas delanteras. Es de talla pequeña, con un promedio de 200 mm (récord de 330 mm en Sudáfrica, P. Pritchard). Su cuello de Pleurodiro se desplaza lateralmente, pero es bastante corto. Su espaldar es aplanado, de forma oval regular. En los juveniles, los bordes de las marginales posteriores pueden aparecer ligeramente dentados. Su color es variable, pero es uniformemente beis a verdoso, con tonos bastante claros, según los medios

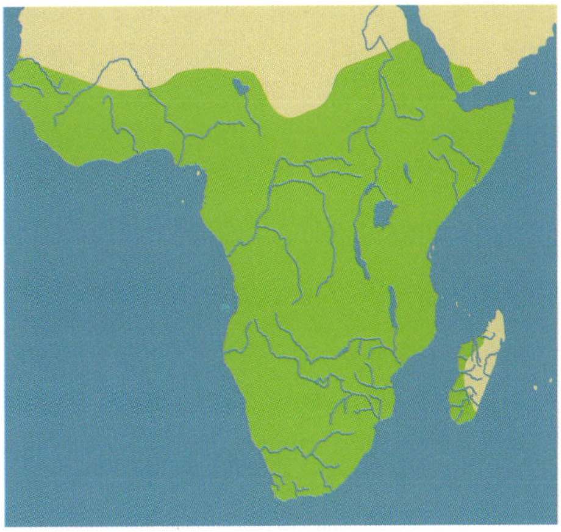

Tortuga de ambientes húmedos

Esp.: *Galápago de casco africano*
Ingl.: *Common Africain helmeted turtle*

A esta tortuga se le ve poco en su medio. De color pardo a beis, se esconde en el fondo de los *marigots* o bajo el lodo, donde estiva durante largos meses. Es una tortuga muy antigua, que ocupa aún gran parte del continente africano.

que ocupa. La cabeza es bastante ancha y plana, con una especie de "casco" (que le ha valido su nombre común), formado por dos grandes escamas supraorbitales seguidas por dos escamas temporales y una gran escama frontal. La cabeza es a menudo de un color idéntico al caparazón: beis, marrón u oliváceo, a veces con manchas más claras o más oscuras encima, la garganta más clara y dos pequeños barbillones amarillos bajo el mentón. El plastrón es amarillento a crema, pero, en algunos individuos, puede ser más oscuro, marrón con suturas casi negras. No presenta charnela y se estrecha en la parte posterior, para acabar en una muesca anal ancha. Los puentes son amarillos a marrones, bastante angostos. Las marginales inferiores son amarillas por debajo, pero a veces con triángulos oscuros a lo largo de las suturas, sobre todo en *P. s. nigra*. La cola es del mismo color que el resto del animal, parda a olivácea por encima y crema a amarillenta por debajo. Las patas son medianamente palmeadas y solo poseen dos falanges en cada dedo.

Subespecies. Se reconocen tres subespecies, que se diferencian sobre todo por la posición de las escamas del plastrón. *P. subrufa subrufa* (Galápago de casco común; Lacepède, 1788): en la subespecie nominal, las escamas pectorales se juntan en medio del plastrón. Esta especie ocupa el territorio más vasto, en el este de África, desde Sudán hasta Ghana y el sur de la provincia del Cabo, así como en Madagascar (introducida recientemente por el hombre). *P. subrufa nigra* (Galápago de casco negro Gray, 1863): solo se encuentra en Natal y Sudáfrica, desde el estado de Orange hasta Kimberley. Sus escamas pectorales se juntan en medio del plastrón, que es negruzco o pardo oscuro, con triángulos oscuros en la cara más clara de las marginales, y con rayas oscuras encima de la cabeza. Talla máxima de 330 mm. *P. subrufa olivacea* (Galápago de casco oliváceo Schweigger, 1812): se encuentra por el norte en Etiopía y Sudán, y por el oeste desde Nigeria hasta Camerún. Sus escamas pectorales están muy separadas y su color tiende a ser oliváceo.

Hábitos. Muy afincada en un medio que presenta alternancias de lluvias y grandes sequías, esta tortuga ocupa charcas, *marigots* y pozas, en las regiones de las llanuras y sabanas, o de las altas mesetas hasta 3.100 m. Durante la estación lluviosa, se desplaza de charca en charca y cuando éstas se secan, se entierra profundamente en el fango y estiva largos meses, mientras que el suelo forma una capa dura bajo la que persiste un poco de humedad. Este comportamiento se encuentra también en otros Pleurodiros australianos y estas largas estivaciones en un medio seco los distinguen de las *Pelusios*, que, al contrario, necesitan aguas permanentes. Durante la estación húmeda, a menudo comparte sus pozas con hombres o ungulados, sin sentirse perturbada por su presencia. En esta época le gusta tomar el sol en las orillas. Son tortugas oportunistas, de preferencias carnívoras. Su medio es bastante pobre y consumen todo lo que pasa a su alcance, como insectos, crustáceos, peces, batracios, pero también come fuera del agua caracoles, gusanos, pequeños reptiles, pollos volantones o mamíferos jóvenes. A menudo cazan "en bandas" y no dudan en atacar a un animal volador o a un mamífero enfermo, más grandes que ellas, a los que persiguen y luego ahogan en los *marigots*, antes de descuartizarlos. También comen cadáveres de todo tipo de animales, incluso de gran tamaño. Se les ha filmado mientras aseaban a unos rinocerontes: vienen a picotear delicadamente los parásitos que viven en la piel de estos grandes mamíferos. En esta actividad, una especie de jerarquía se instala en el grupo de tortugas, y son los individuos dominantes los que limpian más frecuentemente a estos grandes animales.

Las cópulas tienen lugar en primavera o en otoño, según la latitud. El macho persigue a la hembra, con el cuello estirado y huele su orificio cloacal. También le muerde la cola y las patas traseras y se sostiene sobre ella gracias a sus gruesas uñas. El macho mueve la cabeza de adelante hacia atrás, con fuerza, disparando agua por las narinas (Ernst, 1981). Las puestas son importantes, de hasta 42 huevos para una hembra (16 en promedio), pero parece que solo hay una al año. El nido es profundo, en forma de botella. Los huevos miden en promedio 22 x 38 mm y están provistos de un cascarón membranoso cubierto de una mucosidad que debe protegerlos contra la desecación. Eclosionan 80 días después, y los recién nacidos son oliváceos a negruzcos, con un tamaño de 30 mm.

Protección. Es un animal recolectado y consumido ampliamente por las etnias africanas. Estas tortugas también son vendidas por niños en los bordes de las carreteras, a principios de la estación lluviosa, cuando salen de sus escondites de fango. Pero también son profundamente desenterradas con azadas por los lugareños, que conocen los sitios donde estivan. Ahora bien, su poco peso no las convierte en un gran objeto de consumo ni tampoco se les recoge sistemáticamente con fines de venta ni de tráfico. Aparentemente, sus poblaciones son aún abundantes en toda su área de distribución.

Pelusios adansonii (Schweigger, 1812)

Distribución. Es la especie más septentrional del género. Ocupa una amplia región sahelo-sudanesa, que va del norte de Senegal a Malí, Níger, Nigeria, el norte de Camerún, Chad y República Centroafricana, hasta Sudán.

Características del género *Pelusios*. El nombre científico *Pelusios* significa "fango" o "arcilla". Efectivamente, a estas tortugas les gusta esconderse en el fango, donde encuentran refugio y alimento. Se distinguen de las *Pelomedusa* por la charnela en la parte anterior de su plastrón. No pueden estivar totalmente en el lodo seco y buscan un medio acuático o húmedo para poder sobrevivir a la desecación. Su cabeza es ancha y plana, con una cara "sonriente". Su color varía a veces según el medio en que se encuentran y su espaldar adopta el color del sustrato. Los indígenas las recogen y consumen, pero sus efectivos siguen siendo abundantes, ya que se reproducen rápidamente y los adultos crecen deprisa. Algunas especies que presentan una distribución aislada y reducida deben ser vigiladas de cerca.

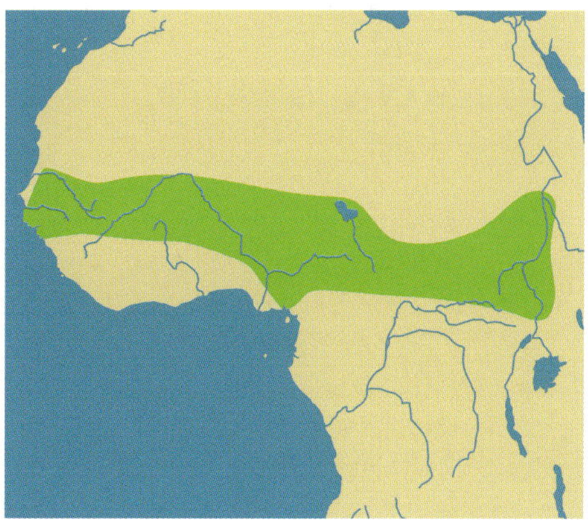

Tortuga de agua dulce

Esp.: *Galápago palustre de Adanson*

Ingl.: *Adanson's mud turtle*

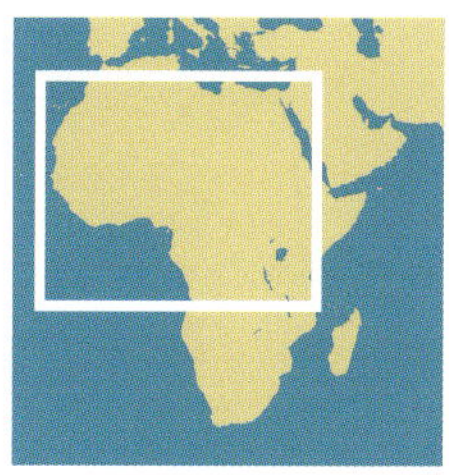

© B. Devaux

Casi todas las *Pelusios* tienen forma de "guijarro", lo que les permite enterrarse durante la estación seca. Es de color gris a pardo y carece de nucal.

La cabeza de esta especie es ancha, con tímpanos muy marcados sobre un casco de finas escamas. El hocico es redondo.

© B. Devaux

Características. Esta especie, así como todo el género de los baobabs, fueron bautizados en honor al científico Adanson, que trabajó en el Senegal. Esta tortuga es de tamaño mediano, con un máximo de 220 mm. Tiene un espaldar elíptico, más ancho por detrás, con vertebrales aplanadas, aunque presenta una ligera quilla en las cuatro primeras vertebrales. No posee escama nucal. Las marginales posteriores no son escotadas. El espaldar es pardo grisáceo y las escamas presentan a veces líneas radiales oscuras o manchas irregulares negras. El plastrón es más pequeño que el espaldar y no lo cierra totalmente. El lóbulo anterior es movible, largo y redondeado, mientras que el lóbulo posterior es angosto y ahusado. La muesca anal está bien marcada. No presenta escamas axilares ni inguinales. El plastrón y los puentes son amarillos, más o menos oscuros y prácticamente inmaculados. Solo las suturas y a veces algunos anillos de crecimiento son más oscuros. La cabeza es fuerte y ancha, rematada por una nariz corta y redonda. La escama frontal es muy grande. La mandíbula superior es recta y no presenta ni pico ni muesca. Dos barbillones bastante importantes marcan el mentón. La cabeza es gris o pardo oscuro con un aspecto vermiculado amarillo. Se aclara y se vuelve amarillo pálido por debajo, al igual que el cuello. En algunos individuos, una línea amarillenta decora el costado de la cabeza, desde la órbita hasta la región timpánica. Las mandíbulas son amarillo claro. Las patas son medianas, poco palmeadas, pero con uñas muy fuertes.

Hábitos. Se la encuentra en ríos de aguas tranquilas, grandes *marigots*, sabanas inundadas y en todos los ambientes húmedos más o menos permanentes. Durante la estación seca, esta tortuga pasa muchos meses bajo el lodo, al fondo de los *marigots*. Su régimen es omnívoro, aunque preferentemente carnívoro: come larvas, invertebrados, anfibios y peces, pero también carroña y algunos vegetales. La especie nidifica varias veces al año (un máximo de 4 o 5 veces). Pone 15 huevos blandos y de aspecto cretáceo, con un cascarón alargado de 18 x 30 mm en promedio.

Protección. La especie es pescada y consumida por las poblaciones locales. También se ve afectada por la desecación de su biotopo, en esta zona árida subsahariana sometida a la desertización. En el Senegal, subsisten buenas poblaciones en el lago de Guiers, mientras que parece ausente en el Djoudj.

Pelusios bechuanicus FitzSimons, 1932

Distribución. Esta especie se encuentra en el centro de África, Angola, el noreste de Namibia, el norte de Botswana, Zimbabue y Zambia, en la gran cuenca del Okavango.

Características. Su nombre proviene del antiguo nombre de Botswana, Bechuanalandia. Es sin duda la más grande de las *Pelusios*, ya que algunas hembras alcanzan los 330 mm (300 mm para los machos). El espaldar es ovalado, alargado, en forma de bóveda pronunciada, muy redondeada en los bordes, lo que hace que el animal parezca un guijarro grande y muy liso. Las marginales no son dentadas y no presenta escama nucal. Su espaldar es muy oscuro, a veces casi negro, y solo se ilumina de amarillo o anaranjado en los costados. Las vertebrales pueden presentar una quilla muy ligera, vestigio de la forma juvenil. Las cinco vertebrales son más largas que anchas. La escama supracaudal está dividida. El plastrón está bien desarrollado y cierra completamente el caparazón. Está articulado y el lóbulo anterior es redondeado, muy movible. Es de color negro y a veces luce manchado de claro en el centro. Los puentes son oscuros y no poseen escama axilar. La cabeza es ancha, terminada en una nariz puntiaguda. La mandíbula superior es ligeramente puntiaguda, pero algunos individuos presentan mandíbulas sin pico ni muesca. Bajo el mentón hay tres barbillones, a veces dos. La cabeza es muy oscura, decorada solo con reticulaciones claras, amarillentas, a veces blancas. Las patas, el cuello y la cola son amarillentos a gris más o menos oscuro. Las patas son medianas y cada una está dotada de cinco uñas. En las anteriores, la tercera uña es la más desarrollada; pero en las posteriores, la segunda es la más larga. Los machos presentan una concavidad reducida bajo el plastrón, visible solo hacia la parte posterior de las abdominales y en las femorales. Los juveniles poseen una quilla vertebral pronunciada que desaparece rápidamente.

Hábitos. Este galápago prefiere las aguas claras, profundas y tranquilas de los ríos y pantanos con abundante vegetación. Se le encuentra a menudo en los cursos de agua que

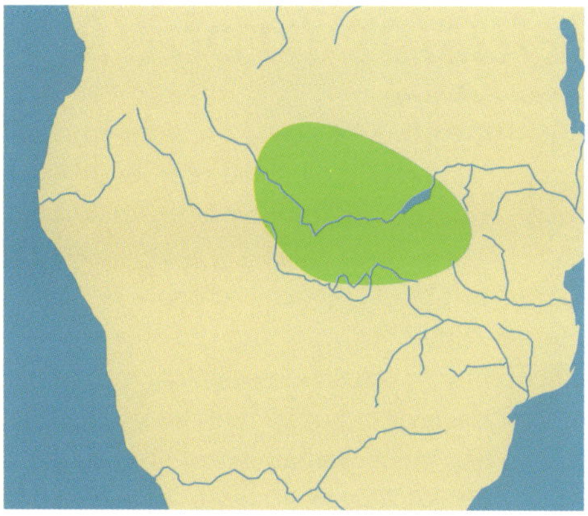

cruzan los humedales del Okavango, de Linyanti y en el río Zambeze. Es una especie asustadiza, difícil de observar, excepto cuando se encuentra en las charcas temporales durante la estación seca. Se vuelve entonces una presa fácil de una ave zancuda, el temible picozapato (*Balaeniceps rex*). Es carnívora y come peces e invertebrados. Su periodo de reproducción se sitúa a principios del verano austral. Las puestas son importantes: de 20 a 50 huevos de cascarón fino, blando y elíptico (22 x 36 mm, en promedio).

Protección. La especie está protegida en las reservas del Okavango, de Moreni y de Chobe Game, así como en el Parque Nacional del Zambeze y de las cataratas Victoria.

Tortuga de agua dulce

Esp.: *Galápago palustre del Okavango*

Ingl.: *Okavango mud turtle*

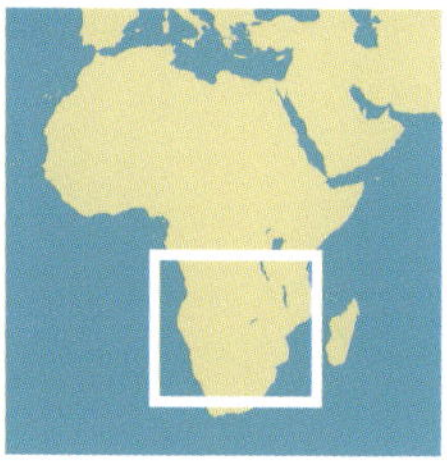

© B. Devaux

El espaldar de esta especie es bastante alargado, muy liso, casi negro, mientras que la cabeza está decorada con manchas o estrías claras, amarillentas.

Pelusios broadleyi Bour, 1986

Tortuga de agua dulce

Esp.: *Galápago del Turkana*
Ingl.: *Lake Turkana mud turtle*

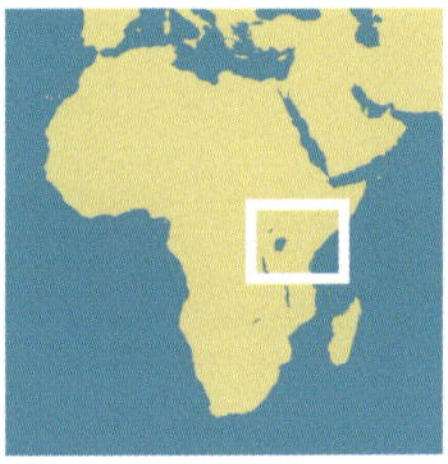

Distribución. Solo ocupa un territorio reducido, en el noroeste de Kenia (distrito de Marsabit), en la orilla sudeste del lago Turkana.

Características. Es una especie pequeña, que no supera los 155 mm. Es próxima a *P. adansonii* y su espaldar es elíptico, más ancho a partir del centro. Sus vertebrales están dotadas de una quilla central, más desarrollada en las vertebrales tercera y cuarta, esta última a veces con una ligera punta inclinada hacia atrás. Las marginales no son dentadas. A veces presenta una nucal muy pequeña. El color general es pardo grisáceo, y cada escama está marcada de finas líneas y puntos radiales más oscuros. El plastrón es pardo oscuro a negro, pero es prácticamente rígido ya que la charnela es poco funcional. El lóbulo anterior es redondo y bien desarrollado, mientras que el posterior es ahusado, más estrecho a la altura de las femorales y de las anales. No cierra completamente el caparazón. La muesca anal es grande. Las pectorales y las abdominales contribuyen a la rigidez de los puentes, a falta de inguinales y axilares. La cabeza es ancha, grande, rematada por una nariz corta ligeramente prominente. La mandíbula superior, de color más claro, está manchada y rayada de negro. No presenta ni pico ni muesca. La escama frontal es muy grande. La cabeza es generalmente parda, decorada por encima con una red vermiculada clara. El resto de la piel es grisácea, a veces pardo amarillento, más clara ventralmente. Dos barbillones adornan el mentón. Anchas escamas ocupan la cara anterior de las patas delanteras. Los juveniles presentan una quilla bien marcada, que se atenúa rápidamente. Tienen el plastrón amarillo y los puentes manchados de oscuro. Esta coloración se oscurece con la edad, pero algunos adultos conservan algunas manchas amarillas en el plastrón.

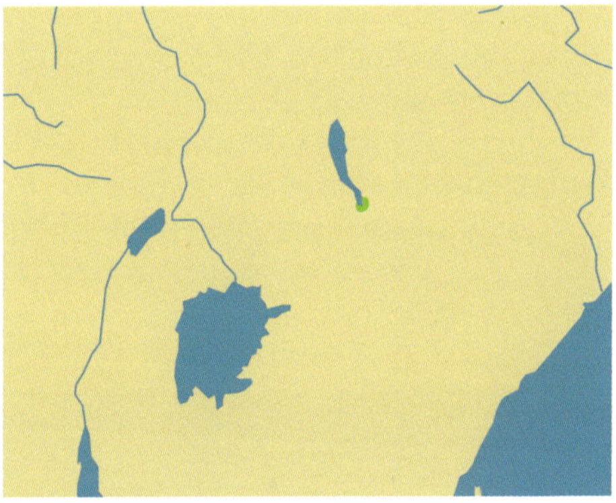

Hábitos. Este galápago ocupa las corrientes de agua tributarias del lago Turkana. Los jóvenes miden 25 mm en el momento de la eclosión.

Protección. En su área de distribución aún parece abundante, aunque la especie es recolectada y consumida, y su rareza la vuelve frágil. Su estatus debe ser examinado rápidamente y deben proyectarse medidas de protección.

Pelusios carinatus Laurent, 1956

Distribución. Solo se encuentra en la región ecuatorial occidental de África, en la gran cuenca del río Congo: en la República Democrática del Congo y en el sudeste de Gabón, en la región de Franceville.

Características. Esta especie puede alcanzar los 265 mm. Su espaldar en forma de techo está dotado de una quilla poco marcada en la primera vertebral, pero más importante en la segunda, tercera y cuarta vertebrales, con protuberancias en el borde posterior de la tercera y cuarta vertebrales. Las marginales posteriores son dentadas y están levantadas. Es, en conjunto, de forma oval, ensanchada hacia el centro del caparazón. El plastrón, redondeado en el lóbulo anterior, se estrecha hacia la parte posterior y acaba con una muesca anal. Los puentes son cortos, desprovistos de axilares. El plastrón es amarillo, ennegrecido en una franja periférica, especialmente en el lóbulo anterior. La cabeza es mediana, relativamente fina para una *Pelusios*,

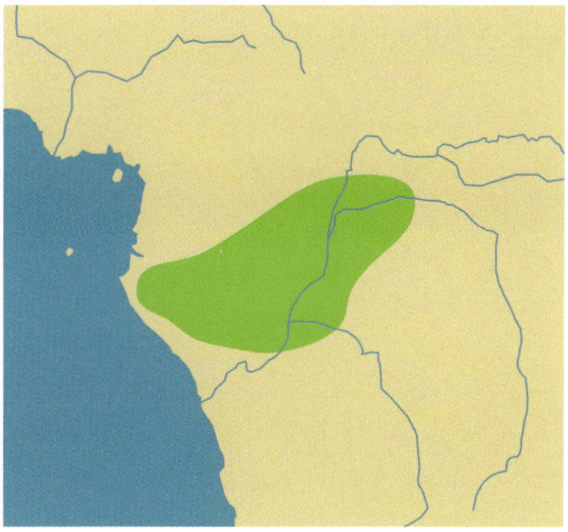

redondeada y rematada por una nariz corta y redonda. Es gris o parda, decorada con una retícula amarillenta. La mandíbula superior, que no presenta muesca ni pico, es ligeramente más clara y barrada con estrías verticales oscuras. Dos pequeños barbillones adornan el mentón. El cuello es bastante largo, de color gris al igual que encima de la cabeza. Este color está iluminado a veces de amarillento y se vuelve más claro por debajo del cuello y de la cabeza. Las patas son medianas y las anteriores están barradas con escamas transversales anchas. Los juveniles presentan una quilla aún más marcada que los adultos y sus vertebrales son generalmente más anchas que largas, al revés que en los adultos.

Hábitos. La especie prefiere los grandes ríos, lagos y pantanos. A veces se aventura en la sabana inundada en la estación lluviosa. Es más bien carnívora y oportunista, y se alimenta de peces, anfibios, moluscos acuáticos, insectos y otros invertebrados, o, a veces, de frutos caídos al agua, semillas y algunos vegetales. Las hembras ponen entre 6 y 12 huevos.

Protección. Estas tortugas son frecuentemente pescadas con anzuelo, o atrapadas con redes. La especie parece aún abundante, pero su estado de conservación debería estudiarse mejor.

Tortuga de agua dulce

Esp.: *Galápago palustre carenado*

Ingl.: *African keeled mud turtle*

© J. Maran

Este joven *P. carinatus* aún presenta una quilla muy marcada y una cabeza muy colorida. Estas particularidades desaparecerán con la edad.

Pelusios castaneus (Schweigger, 1812)

Distribución. Se la encuentra en una franja costera muy amplia en África occidental, desde el Senegal hasta la República Democrática del Congo, así como en la isla de Santo Tomé. La especie fue introducida en Guadalupe (Antillas francesas) donde está presente en los humedales entre Le Moule, Sainte-Anne y Saint-François, en Grande-Terre.

Características. Su nombre proviene del latín *castaneus*, que evoca su color castaño, marrón. Esta especie puede alcanzar los 285 mm, y su forma es ovalada, más ancha por detrás. El espaldar es redondo, bastante alto y parece un gran guijarro. Algunos individuos presentan vertebrales ligeramente aplanadas, a veces deprimidas, con un vestigio de quilla central. El color general es pardo oliváceo a menudo con reflejos rojizos, pero la mayoría de los animales poseen un caparazón gris muy oscuro, casi negro. Las marginales no son escotadas. El plastrón es grande y cubre casi completamen-

© J. Maran

El animal es pardo en conjunto, pero los individuos presentan colores diversos, del caoba al negruzco. La cabeza también es parda y está salpicada de puntitos crema a blanquecinos.

Aquí se aprecia el espaldar más claro de la especie, pero los tonos siguen siendo caoba o siena.

© F. Bonin

te la abertura del caparazón. Es articulado y el lóbulo anterior es redondo, mientras que el posterior es ligeramente ahusado. El plastrón es amarillo más o menos oscuro, pero a menudo rodeado por una estrecha banda periférica negra. Algunos individuos tienen el plastrón todo pardo oscuro (Breuil, 2002). La muesca anal está muy marcada. Los puentes son anchos y carecen de axilares. La cabeza es de tamaño medio, plana, redondeada y con una nariz prominente; de color pardo, a veces rojizo, y presenta una retícula más clara. Las mandíbulas lucen estrías verticales oscuras. La mandíbula superior puede presentar dos ligeros dentículos. Bajo el mentón se ven dos barbillones. Las patas son gris amarillento, más oscuras encima. Las delanteras poseen anchas escamas transversales.

Tortuga de agua dulce

Esp.: *Galápago palustre castaño*

Ingl.: *West African mud turtle*

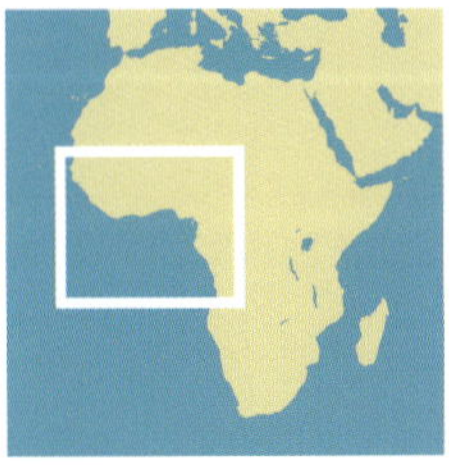

Hábitos. A esta tortuga le gustan los ambientes húmedos poco profundos y con mucha vegetación: humedales, sabanas arbustivas inundadas, lagunas situadas entre la costa y el bosque ecuatorial. No es verdaderamente forestal. Puede estar activa tanto de día como de noche, y se le observa rebuscando en el fondo para alimentarse. Su régimen es oportunista e incluye peces, anfibios, caracoles e insectos, pero también semillas, frutos, algas y vegetales acuáticos diversos. En algunas regiones, la especie estiva en el fango durante la estación seca. Es una tortuga poco agresiva, que nunca busca morder, pero que puede excretar un líquido oleoso y amarillento nauseabundo. Las hembras ponen hasta 25 huevos, blancos y oblongos, que miden aproximadamente 25 x 35 mm, de cascarón blando y cretáceo. Los juveniles son prácticamente negros y permanecen escondidos bajo la vegetación o en las charcas donde residen. En Guadalupe, las puestas tienen lugar en febrero y en marzo, y cuentan con unos 6 a 20 huevos. La especie llegó muy probablemente a las Antillas al mismo tiempo que los esclavos importados de África.

Protección. La especie, a menudo simpátrica con *P. niger*, es intensamente recolectada y consumida. También se ve afectada por la desecación de los hábitats, como sucede alrededor de Dakar, en la región de "*nyayes*". En Santo Tomé, se venden animales disecados a los turistas como *souvenirs*.

Pelusios castanoides Hewitt, 1931

Distribución. Se encuentra en el África oriental, desde Malawi, Mozambique y Suazilandia, hasta el norte de la ciudad de Durban, en Sudáfrica. También habita en las islas Seychelles y Madagascar.

Características. Su nombre remite a su color castaño, marrón (del latín *castaneus*). Es una especie que puede medir 220 mm y pesar hasta 900 g. Su caparazón en forma de bóveda bastante pronunciada es ovalado y más ancho en la parte posterior. Sus marginales no son dentadas, sino ligeramente levantadas a la altura de las patas posteriores. Las cinco vertebrales pueden presentar una ligera quilla, principalmente en la parte posterior de la cuarta y de la quinta. La supracaudal está dividida en dos y no presenta nucal. El espaldar es beis, amarillento, pardo más o menos oscuro, a veces matizado de rojizo. El plastrón es grande y cubre enteramente la abertura del caparazón. Está articulado por una charnela bien desarrollada. El lóbulo anterior es redondeado y el posterior ligeramente más estrecho a la altura de la sutura entre las abdominales y las femorales. Carece de escama axilar. El plastrón y los puentes son amarillos, a veces manchados de oscuro. La cabeza es mediana, bastante ancha, aplanada por encima, rematada por una nariz poco prominente y más bien redondeada. La mandíbula superior tiene a veces dos puntas, pero es más frecuentemente recta. Hay dos barbillones bajo el mentón. La cabeza es parda, adornada por una red vermiculada amarillenta. El ojo es negro, rodeado de plateado. Las patas claras, amarillentas como el resto de la piel, son medianas y poco palmeadas y están dotadas de cinco uñas claras. Los machos poseen una muesca anal angulosa. El lóbulo pos-

Tortuga de agua dulce

Esp.: *Galápago palustre ventriamarillo*
Ingl.: *East-African yellow-bellied mud turtle*

Este individuo presenta la cabeza con un singular reticulado claro sobre fondo negruzco. Algunas tortugas tienen una coloración más uniforme, de beis a negruzca.

© J. Maran

terior del plastrón de las hembras es a menudo más ancho que el de los machos.

Subespecies. *P. c. castanoides*: presente en el continente africano, se describe arriba. *P. c. intergularis* Bour, 1983: vive en las Seychelles. Su escama intergular pentagonal está separada de las gulares por un borde paralelo, mientras que en la subespecie nominal esta sutura es diagonal. Los individuos de edad pueden volverse muy claros, de color beis, con algunas manchas irregulares oscuras.

Hábitos. La especie ocupa charcas y humedales poco profundos y fangosos. Estos ambientes pueden ser temporales. Estiva a menudo durante la estación seca. Es carnívora y consume principalmente caracoles, así como peces e invertebrados, pero también vegetales acuáticos. Las puestas se observan después de que llegan las primeras lluvias y continúan durante todo el verano austral. Pone de 5 a 25 huevos elípticos que miden 22 x 32 mm.

Protección. Solo está protegida en algunas reservas como el Greater St Lucia Wetland Park, la reserva Mdumu Game, y los Parques Nacionales Sodwana Bay y Lake Mc Ilwaine. Se le pesca y consume con frecuencia. En las Seychelles, se ve afectada por las transformaciones de los humedales por el turismo y la invasión por jacintos de agua. Las poblaciones disminuyen y se restringen al río Mare Anglaise, en Mahé, y Anse Kerlan, en Praslin. En Silhouette, existe un criadero para reforzar las poblaciones naturales (Gerlach, 2002).

Pelusios chapini Laurent, 1965

Tortuga de agua dulce

Esp.: *Galápago palustre centroafricano*
Ingl.: *Central African mud turtle*

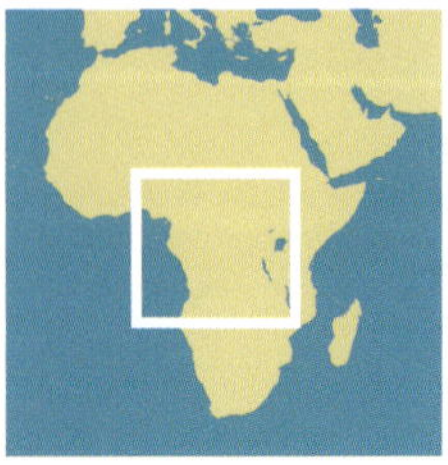

Distribución. En el África ecuatorial central, desde el sudeste de Gabón hasta la República Democrática del Congo, Uganda, la República Centroafricana y Camerún.

Características. Antiguamente subespecie de *P. castaneus*, ha sido elevada al rango de especie. Puede medir hasta 380 mm. Su caparazón es angosto, en forma de bóveda ligeramente aplanada en la segunda y la tercera vertebrales, y carece de quilla. Las marginales están ensanchadas por encima de sus miembros anteriores y posteriores, y reducidas a los lados. El espaldar es negro. El gran plastrón cubre la abertura del caparazón. Su lóbulo anterior es bastante corto, redondeado por delante. Una charnela movible lo separa del lóbulo posterior, que es más grande. La muesca anal es importante. El plastrón es negro, pero a veces más claro a lo largo de la sutura mediana así como a la altura de la charnela. Los puentes y la cara inferior de las marginales son negros. La cabeza es bastante ancha, terminada por una nariz redonda y corta. La cabeza y el cuello son pardo oscuro encima, a veces con tonos verdosos. Es más clara ventralmente. Las mandíbulas son blanquecinas. Las patas son bastante fuertes, oscuras encima y más claras debajo. Los juveniles tienen el espaldar y el plastrón negros, y cada escama presenta estrías radiales más claras. El espaldar forma un techo, con una ligera quilla, acentuada en la segunda y tercera vertebrales. La cabeza es oscura, pero presenta un diseño claro ligeramente vermiculado. Las mandíbulas son claras, como las de los adultos.

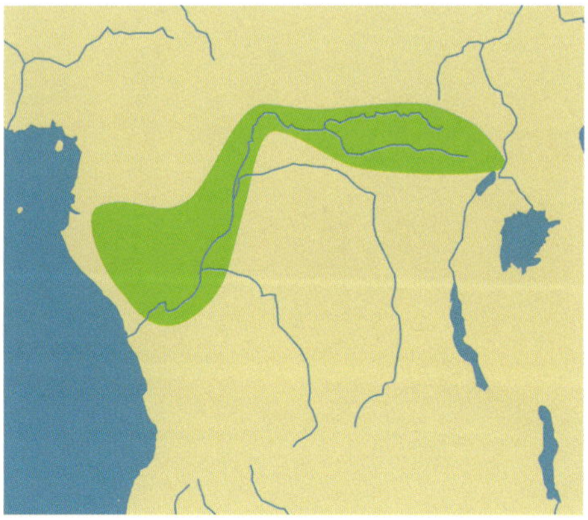

Hábitos. Esta tortuga se encuentra en la sabana arbustiva donde ocupa lagos y ríos más o menos importantes. Durante la estación lluviosa, se desplaza por las sabanas inundadas; J. Maran (2002) precisa que se le observa inclu-

© J. Maran

El caparazón de la especie es estrecho y más bien alargado. La cabeza a veces es verdosa a pardo oscuro encima y más clara debajo. El hocico es bastante corto.

so en zonas urbanas. Es omnívora y oportunista, y consume vegetales acuáticos, frutos caídos al agua, insectos, crustáceos, peces, anfibios y animales muertos. Su reproducción debe ser parecida a la de *P. castaneus*.

Protección. A causa de su gran tamaño, las poblaciones locales la recogen intensamente, al igual que *P. niger* y *P. gabonensis*. Es rara en Gabón y el resto de su distribución está fragmentada.

Pelusios cupulatta Bour & Maran, 2003

Distribución. Es una especie recientemente descrita, descubierta por R. Bour y J. Maran. Su distribución no está totalmente determinada. Está presente en los bosques del sudoeste de Costa de Marfil (bosque de Tai, río Mano, Mani, río Dodo, en Grand-Béréby en San Pedro). Podría estar presente en Assini, en Ghana, y algunos individuos podrían provenir de Nigeria.

Características. Su nombre proviene del corso *cupulatta* que significa "pequeña copa" y "tortuga" y que es el nombre de la asociación corsa que financió los estudios de J. Maran. Esta especie no supera los 214 mm (machos). Su espaldar es elíptico y ligeramente aplanado en las vertebrales 2, 3 y 4. La quilla central es discontinua y solo sobresale en la parte posterior de las cinco vertebrales, especialmente en la cuarta. El color es tabaco, con

© J. Maran

Aquí se nota el aplanamiento de las vertebrales 2 a 4. La mandíbula superior es "ganchuda". La cabeza es gris encima y amarillenta debajo, con puntos oscuros bastante discretos.

© J. Maran

Vistas ventral y dorsal de esta nueva especie, recientemente descubierta y descrita.

Tortuga de agua dulce

Esp.: *Galápago palustre rayado*

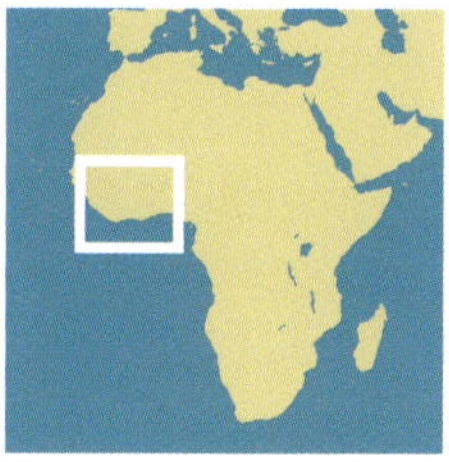

una línea central muy oscura, casi negra, que decora el espaldar y está constituida por una serie de pequeñas líneas oscuras. Esta línea se hace más ancha en las dos primeras marginales. El plastrón es grande y cubre totalmente la abertura del caparazón. El lóbulo anterior es corto y redondeado por delante, mientras que el posterior es muy ancho, muy grande y se termina con una muesca anal poco marcada. La articulación del plastrón es rectilínea y bien marcada. El plastrón es muy oscuro, a veces con manchas claras. Las marginales presentan por debajo un triángulo rojizo sobre fondo claro. La cabeza es ancha, plana, ligeramente deprimida por encima y rematada por una nariz bastante larga, poco puntiaguda. Hay dos barbillones bajo el mentón. El pico de la mandíbula superior es ganchudo, rodeado a cada lado por una muesca bastante profunda. La cabeza es grisácea a amarillenta por debajo y a los lados, con líneas cortas y puntitos más oscuros. El iris es gris plata. Las patas son grises más o menos oscuras por encima; blanquecinas por debajo. Los antebrazos están cubiertos de numerosas escamas anchas y rectangulares. Los juveniles poseen un espaldar casi redondo, de color "café con leche", salpicado de pequeñas excrecencias que los vuelven rugosos. La quilla está bien desarrollada, resaltada por una banda oscura que se extiende sobre cada vertebral, formando una serie de cuadrados unidos en los ángulos. Asimismo, cada costal está manchada de oscuro.

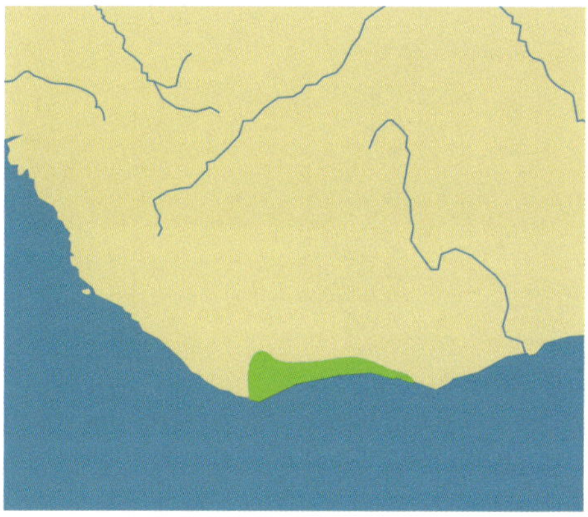

Hábitos. Ocupa biotopos idénticos a los de *P. gabonensis*: cursos de aguas tranquilas, ríos forestales y bosques inundados. Aún no hay ninguna información sobre su biología.

Protección. La especie, que es cazada y pescada, forma parte de la dieta de las poblaciones locales.

Pelusios gabonensis (Duméril, 1856)

Tortuga de agua dulce

Esp.: *Galápago palustre pardo*
Ingl.: *African forest turtle*

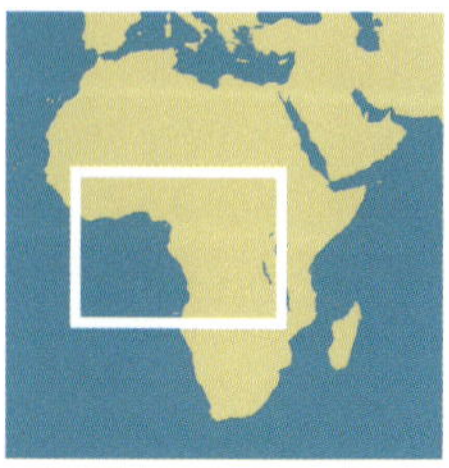

Distribución. Amplia área de distribución en África occidental, desde el norte de Angola (Cabinda), la República Democrática del Congo, Gabón, República Centroafricana, Camerún, Costa de Marfil, hasta el extremo noroeste de Tanzania y Uganda. Su presencia es incierta en Liberia, Ghana, Togo, Benín, Nigeria y Guinea Ecuatorial.

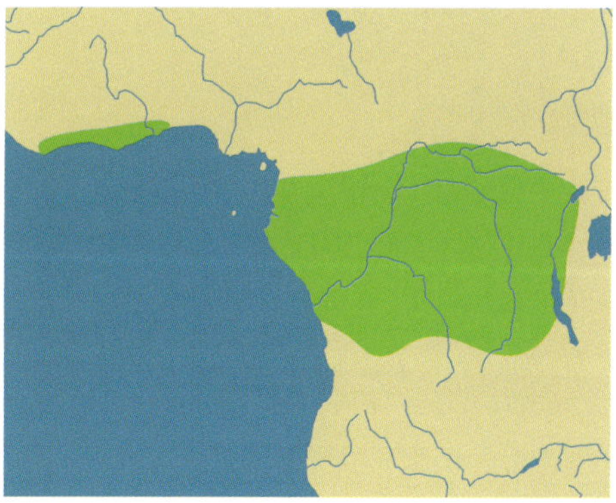

Características. Es una gran tortuga que puede medir hasta 330 mm, de espaldar aplanado dorsalmente con una ligera quilla central, vestigio de la forma juvenil, que es más marcada. El caparazón es chocolate más o menos claro, pero una línea mucho más oscura, casi negra, resalta siempre la quilla y se ensancha hacia la primera marginal. Esta línea se prolonga sobre el cuello y el cráneo donde forma una marca en forma de "Y". La cabeza es parda, bastante fina para una *Pelusios*, y acabada en una nariz puntiaguda. La mandíbula superior presenta un ligero pico ganchudo con dos dentículos a cada lado. Las mandíbulas son gene-

© J. Maran

El caparazón es claramente alargado, de color pardo a negruzco. El hocico es bastante puntiagudo y la cabeza oscura. El plastrón también es negro.

ralmente más claras que la piel de la cabeza, pero no presentan manchas ni estrías oscuras. El ojo es completamente negro. El mentón está adornado con dos barbillones. El plastrón es grande y cubre casi totalmente la abertura del caparazón. Es todo negro, con suturas a veces delineadas de claro. Está unido al espaldar por una banda cartilaginosa y no por puentes óseos como en las demás *Pelusios*. Está articulado y el lóbulo anterior movible es largo, mientras que el posterior se acaba con una muesca anal muy marcada. Las patas son pardas, bastante finas, dotadas de cinco uñas fuertes, pero poco palmeadas. Los recién nacidos poseen un caparazón casi redondo, chocolate claro, con escamas rugosas salpicadas de pequeñas excrecencias. Una quilla bien marcada está subrayada por una franja oscura ensanchada en la primera vertebral. El plastrón es oscuro, casi negro, y solo las suturas son más claras. Las marginales son beis por debajo, como la piel. La cabeza ya presenta la mancha oscura sobre el cráneo.

Hábitos. Este galápago puede ser observado en todos los sistemas hidrográficos de su territorio: ríos, bosques inundados y *marigots*, de preferencia en agua ácida (ph 5,5-6; Maran, 2002). Los adultos parecen preferir los ríos, mientras que los jóvenes permanecen en *marigots* poco profundos. Su dieta es omnívora y consume peces pequeños, invertebrados acuáticos, anfibios y sus larvas, moluscos y vegetales, tales como los tubérculos de mandioca que los aldeanos hacen macerar en el agua de los *marigots*. Las hembras ponen una docena de huevos, que miden unos 25 x 35 mm.

Protección. Por su gran tamaño, esta *Pelusios* es intensamente recolectada y consumida, al igual que las especies simpátricas *P. chapini* y *P. niger*.

©R. Amann

Incluso en nuestros días, se pueden descubrir nuevas especies. Jérôme Maran, joven naturalista autodidacta y apasionado por el África y las tortugas, observó, durante sus desplazamientos a Gabón y a Costa de Marfil, dos tortugas de agua dulce no descritas. Una lleva actualmente su nombre, *Pelusios marani* Bour, 2000; y la otra ha recibido el nombre del centro de animales que financió sus expediciones, *Pelusios cupulatta* Bour & Maran, 2003. Gran viajero, muy interesado por el mundo de los Quelonios, Jérôme Maran ha encontrado asimismo nuevas tortugas en Sudamérica, que serán próximamente descritas. Así, el interés por un grupo animal, el amor por la aventura y la investigación, los conocimientos en biología y la pasión por el trabajo de campo permiten aún hacer grandes descubrimientos.

Pelusios marani Bour, 2000

Tortuga de agua dulce

Esp.: *Galápago palustre gabonés*

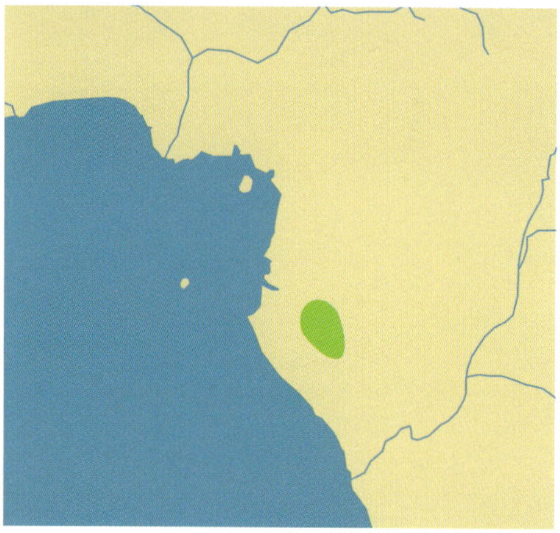

Distribución. Esta especie ha sido observada en los densos bosques de Gabón, en los alrededores de Yombi. Pero el descubrimiento de un caparazón en Roungassa, a 260 km de Yombi, plantea la cuestión de su presencia más al este, por lo que su distribución debe ser estudiada.

Características. Esta tortuga puede alcanzar los 275 mm, pero algunos autores creen que su crecimiento podría ser rápido y que podría medir un máximo de 350 mm. Su coloración es muy contrastada, con un espaldar prácticamente negro y un plastrón amarillo vivo. El espaldar presenta un contorno elíptico, con marginales débilmente dentadas. Las posteriores están levantadas por encima de las patas traseras. El espaldar es bastante plano, pero a veces se aprecia una ligera quilla sobre las vertebrales que son más anchas que largas, lo que diferencia la especie de todas las demás *Pelusios*. El plastrón es grande, con un lóbulo anterior redondeado y una charnela apenas funcional. La muesca anal es de tamaño modesto. El plastrón y los puentes son amarillos, prácticamente inmaculados. Este color la diferencia de las otras dos *Pelusios* locales, *chapini* y *gabonensis*. La cabeza es ancha, prolongada por una nariz ligeramente sobresaliente y puntiaguda. Se observan dos barbillones bajo el mentón. La cara superior de la cabeza y del cuello es gris muy oscuro, casi negra, a veces aclarada de amarillo. Por debajo es amarillo oro. La región timpánica es grisácea, tintada de amarillo. La mandíbula superior es redondeada y posee solo dos dentículos pequeños. Las patas son muy oscuras por encima; amarillo claro por debajo. Los machos poseen un plastrón ligeramente deprimido en el centro, pero los sexos son difíciles de diferenciar.

El espaldar es negro y el plastrón elíptico amarillo vivo. La nariz es ligeramente puntiaguda. La cabeza es oscura encima y amarillo vivo debajo.

© J. Maran

Hábitos. Se encuentra en el bosque primario denso y ocupa charcas, pantanos y pozas de agua en los ríos. Se la puede ver tomando el sol sobre los troncos emergidos, pero es asustadiza y se sumerge rápidamente. Estiva durante la estación seca (julio a octubre). Se alimenta aparentemente de insectos acuáticos, anfibios, peces y carroña. Sus mandíbulas no parecen corresponder a una alimentación rica en moluscos y crustáceos. Cuando es capturada, amenaza abriendo la boca, y excreta un líquido oleoso, amarillo y nauseabundo. Aún se desconoce su reproducción, pero se sabe que una hembra puso un solo huevo, que medía 21 x 45 mm.

Protección. Este galápago es ocasionalmente consumido por la población local y, además, fue descubierto por J. Maran entre restos de cocina. Algún pescador local se ha especializado en la captura de esta tortuga, por medio de lazos situados en los canales entre las charcas. Esta especie se ve afectada también por la deforestación.

Pelusios nanus Laurent, 1956

Distribución. Se la encuentra en el sur de África, desde el norte de Zambia, en el sur de la cuenca del Congo (República Democrática del Congo), hasta Angola.

Características. Este galápago era considerado una subespecie de *P. adansonii*, pero actualmente constituye una especie aparte. Es la especie más pequeña del género, ya que no supera los 120 mm (de allí su nombre). Su espaldar es ovalado y aplanado, pero a veces presenta una ligera quilla central. No posee nucal. Las marginales están desprovistas de muescas, excepto por una escotadura muy ligera en la supracaudal. Los juveniles presentan una primera vertebral muy ensanchada por delante y más ancha que larga. En la etapa adulta, ésta se volverá tan larga como ancha, y a veces más larga que ancha. El caparazón es pardo y a veces está adornado con estrías oscuras. El plastrón es grande, con un lóbulo anterior bastante largo, separado del lóbulo posterior por una charnela poco desarrollada. El lóbulo posterior, más angosto entre las abdominales y las femorales, posee una muesca anal mediana. Carece de axilares y de inguinales. El plastrón es amarillo, marcado de negro en la periferia, y los

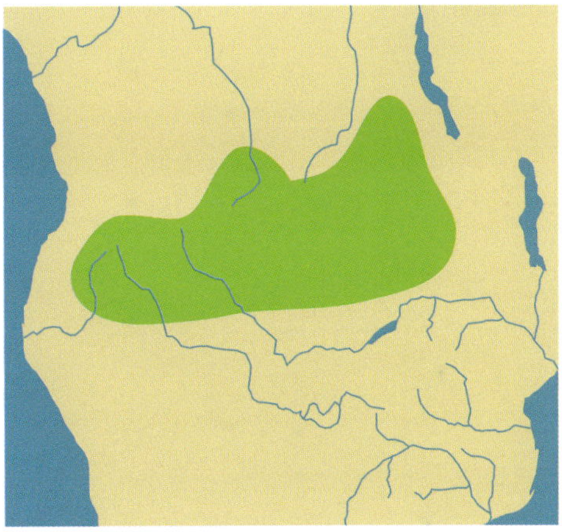

puentes también son negros. La cabeza es mediana, terminada en una nariz corta y redondeada. La mandíbula superior es ligeramente puntiaguda. Presenta dos barbillones. Los miembros anteriores no poseen grandes escamas transversales.

Hábitos. Se le encuentra en los cursos de agua y en todo tipo de zonas acuáticas en la sabana cálida y húmeda. Su reproducción y sus hábitos son parecidos a los indicados para *P. adansonii*.

Tortuga de agua dulce

Esp.: *Galápago palustre enano*
Ingl.: *African dwarf mud turtle*

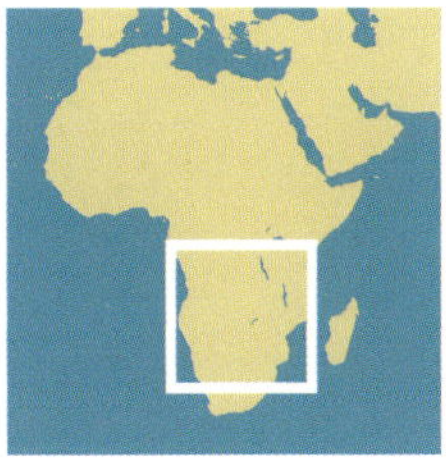

Pelusios niger (Duméril & Bibron, 1835)

Distribución. La especie se encuentra en el África ecuatorial, en una extensa franja costera que va desde Costa de Marfil hasta el norte de Angola.

Características. Es una especie de gran tamaño, ya que algunos individuos machos alcanzan los 350 mm y los 4,5 kg. Las hembras no superan los 280 mm. Esta tortuga presenta un espaldar de color uniformemente negro, ligeramente abovedado y algo aplanado encima, a veces con una quilla muy ligera. Pero algunos individuos son más claros, de un pardo rojizo, con escamas estriadas de oscuro. Las marginales no son dentadas, sino muy ligeramente ensanchadas por encima de los miembros posteriores. No presenta nucal. El plastrón es mediano y no cubre totalmente la abertura del espaldar. El lóbulo anterior es corto y redondeado, con la charnela recta y muy funcio-

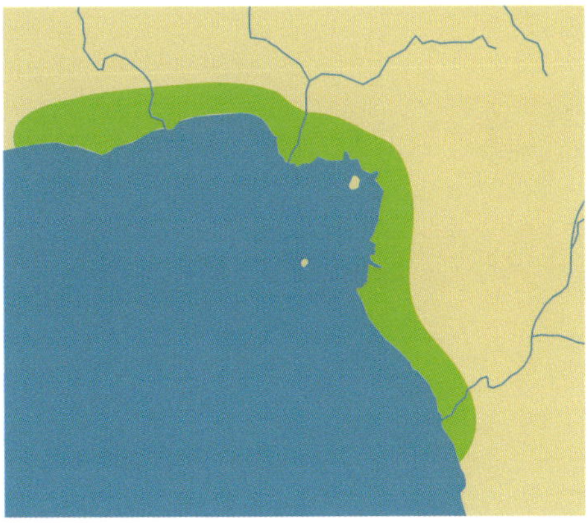

Tortuga de ambientes húmedos

Esp.: *Galápago palustre negro*
Ingl.: *West-African black turtle*

© J. Maran

Esta tortuga del género *Pelusios* presenta un pico característico bien desarrollado. Su espaldar es muy negro y menos plano que en las demás tortugas del género, formando una ligera bóveda.

nal. La muesca anal es mediana. El plastrón es muy oscuro, a menudo negro, con suturas más claras. Los puentes no poseen axilares ni inguinales y son del mismo color que el plastrón. La cabeza es medianamente ancha, rematada por una nariz bastante puntiaguda, prominente y sobre todo ganchuda, característica de la especie. La cabeza es amarilla y está decorada por una retícula de manchas oscuras. Las mandíbulas –la superior en forma de gancho pronunciado– son amarillo claro, con estrías verticales oscuras. La región timpánica forma una gran mancha amarillo claro sin dibujos. Presenta dos pequeños barbillones. Las patas son fuertes, poco palmeadas, pero provistas de sólidas uñas. Tres o cuatro hileras de escamas transversales ensanchadas marcan las patas anteriores. Los jóvenes pueden presentar dos morfos distintos. Habitualmente, son gris muy oscuro, con el espaldar muy carenado, en forma de techo, y la cabeza oscura. Su plastrón es oscuro con suturas claras. Otros, en Nigeria, presentan un espaldar del color del "pan quemado" con las escamas manchadas irregularmente de puntos oscuros o con la quilla francamente resaltada por una línea negra sobre un fondo caramelo claro. La cabeza está salpicada de negro sobre fondo amarillo, y el plastrón es oscuro con suturas claras. Estos animales podrían constituir una subespecie.

Hábitos. La especie vive en ambientes húmedos y se observa en las lagunas, lagos, pantanos y sabanas inundadas. Su régimen alimentario es muy variado: come moluscos, peces, pero también semillas y vegetales acuáticos, como jacintos de agua. Cada puesta contiene de 6 a 10 huevos oblongos, de color rosado y cascarón blando, que miden 24 x 48 mm.

Protección. Al igual que otras especies grandes, esta *Pelusios* es ampliamente pescada y consumida. Los juveniles de Nigeria serían buscados por los terrariófilos, a causa de su aspecto particular. También es exportada y en el año 2000 Togo vendió 3.000 especímenes, 500 de ellos capturados en la naturaleza (cifras CITES).

Pelusios rhodesianus Hewitt, 1927

Tortuga de agua dulce

Esp.: *Galápago palustre variable*

Ingl.: *Variable mud turtle*

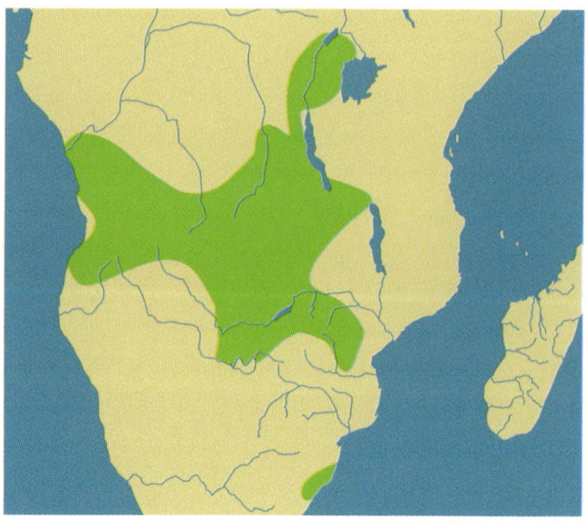

Distribución. Esta especie ocupa un vasto territorio en África central y oriental, desde el sur de la República Democrática del Congo hasta Angola; Uganda, Ruanda, el sur de Tanzania, el este de Mozambique, Zambia, Zimbabue y el norte de Botswana. Subsisten poblaciones aisladas en Sudáfrica, en la región de Natal-Kwazulu y de Durban.

Características. Es una tortuga de talla mediana, que puede alcanzar los 250 mm. Las hembras son más grandes que los machos. El caparazón es oval, bastante alargado, en forma de bóveda y más ancho en la parte posterior. Algunos individuos poseen un espaldar ligeramente aplanado por encima. A veces se ve una ligera quilla, a menudo restringida a una protuberancia puntiaguda en la cuarta vertebral. Las marginales no son dentadas. Carece de nucal. La supracaudal está dividida. El caparazón es gris oscuro a totalmente negro. El plastrón es grande y cubre casi por completo la abertura del caparazón. El lóbulo anterior es redondeado y la charnela está bien desarrollada. La muesca anal es profunda. El plastrón es todo negro, pero algunos individuos presentan manchas claras, sobre todo a lo largo de la sutura media, o incluso lucen un plastrón francamente amarillo, sobre todo en algunas poblaciones de Zimbabue (Broadley, 1981). Los puentes y la cara inferior de las marginales son negros. No presenta axilares. Los puentes son fuertes, pero no comprenden las escamas pectorales. La cabeza es pequeña y plana, prolongada por una nariz ligeramente puntiaguda. La mandíbula superior tiene dos puntas. Presenta dos barbillones pequeños. La cabeza es pardo oscuro hasta negra encima, con los lados amarillos en los animales que viven en el sur, mientras que otros tienen la cabeza marcada de vermiculaciones amarillas. El resto de la piel es pardo claro a amarillo. Los machos poseen un espaldar más ancho a la altura de la novena marginal, mientras que en las hembras es más ancho en la séptima u octava marginales.

Hábitos. Se la encuentra en las aguas tranquilas de los ríos, marismas, charcas y pantanos, así como en las presas artificiales. Es más bien carnívora, pero algunos individuos se alimentan también de plantas acuáticas. Está activa principalmente durante la estación lluviosa, pero puede encontrarse frecuentemente deambulando en tierra firme. Las puestas tienen lugar desde las primeras lluvias de septiembre, y pueden continuar durante todo el verano austral. Los huevos, de 10 a 15 por nido, son elípticos y miden 22 x 35 mm en promedio. Son blancos, con el cascarón blando. Los jóvenes nacen en diciembre y en enero.

Protección. Aparte de las medidas de protección concernientes a las reservas existentes, la especie no goza de ningún estatus particular, excepto en Sudáfrica donde está inscrita en el *Red Data Book*.

© B. Devaux

El espaldar luce a menudo una forma "abovedada", pero algunos individuos presentan un caparazón más aplanado. La cabeza es más bien pequeña, con líneas y puntos muy luminosos sobre fondo negruzco.

Pelusios sinuatus (Smith, 1838)

Distribución. La especie está presente en una vasta área de distribución en el este del continente africano que va del sur de Somalia, Etiopía, Kenia, Uganda, Ruanda, Burundi, Tanzania, Malawi, Zambia, Botswana y el noreste de Sudáfrica, hasta Suazilandia.

Características. Su nombre remite al borde sinuoso de sus escamas marginales. Es la más grande de las *Pelusios*, ya que algunos individuos miden 485 mm y pesan 9 kg. Su espaldar tiene forma de bóveda, a veces aplanado e incluso deprimido en las vertebrales. Estas últimas pueden presentar una ligera quilla, a menudo reducida a protuberancias puntiagudas sobre las vertebrales 1ª a 4ª. El espaldar es especialmente alargado por detrás, a partir de la altura de la charnela plastral. Las marginales son dentadas por detrás y su borde presenta un aspecto sinuoso característico. Carece de escama nucal, y

© F. Bonin

Esta tortuga puede alcanzar un peso importante de 5 kg y más. La cabeza es negruzca con pocas manchas claras y su nariz es medianamente puntiaguda.

Tortuga de agua dulce

Esp.: *Galápago palustre serrado*

Ingl.: *East African serrated mud turtle*

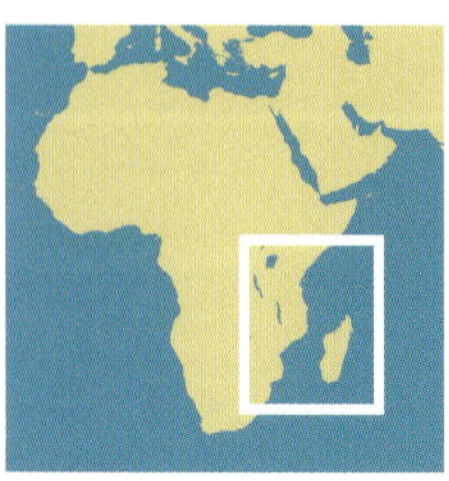

la supracaudal está dividida. El color es generalmente grisáceo, más o menos oscuro, hasta negro. Las suturas entre las escamas pueden ser claras en algunos individuos. Las líneas de crecimiento permanecen mucho tiempo bien visibles. El plastrón es grande, pero no cierra completamente la abertura del espaldar. El lóbulo anterior es corto y redondeado. La charnela está bien desarrollada. La muesca anal, ancha, es angulosa en los machos, y redondeada en las hembras. Una escama axilar reducida está presente en los puentes. Estos últimos son negros, así como las marginales por debajo. El plastrón es amarillo a anaranjado, con una zona periférica negra de bordes ondulados que recuerda a la sinuosidad de los bordes del caparazón. La cabeza es ancha y fornida, terminada por una nariz prominente ligeramente puntiaguda. La mandíbula superior es puntiaguda, a veces con dos puntas. Dos barbillones están presentes. Una escama frontal muy grande ocupa la superficie dorsal del cráneo. La cabeza es gris a parda por encima, a veces con un aspecto vermiculado amarillento. El mentón y la parte ventral del cuello son amarillos. El resto de la piel del cuello y de las patas es grisáceo, más o menos oscuro.

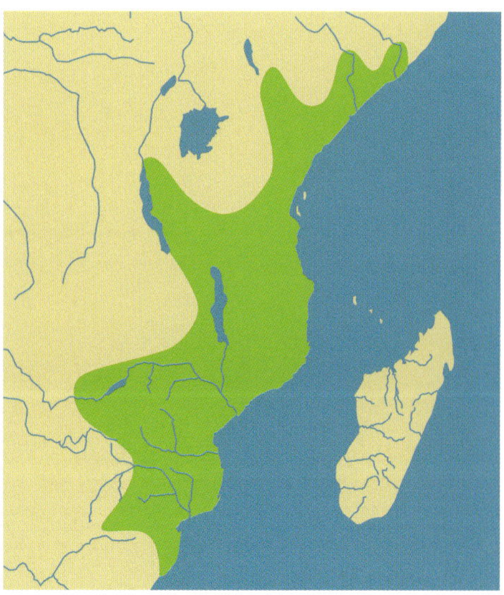

Hábitos. Es una especie muy acuática que solo vive en las aguas permanentes de los ríos y lagos, desde la llanura costera, hasta una altitud de 1.500 metros. Se le ve a menudo en posición de insolación sobre los troncos emergidos. Su régimen es mayoritariamente carnívoro: come peces, anfibios y sus huevos y larvas, insectos, caracoles, gusanos, pero también consume frutos caídos y plantas acuáticas. La especie es conocida por alimentarse de las garrapatas de los mamíferos que se tienden al borde del agua. Esta tortuga parece no estivar nunca. Las puestas se observan de octubre a enero después de las primeras lluvias del verano austral. Contienen de 7 a 25 huevos elípticos, de cascarón apergaminado, que miden 25 x 43 mm en promedio. La incubación es corta y dura un mínimo de 48 días. Los juveniles poseen un espaldar muy dentado, con una quilla importante. Las vertebrales son más anchas que largas, a la inversa que las de los adultos. Las líneas de crecimiento le dan un aspecto rugoso a su espaldar, y se notan líneas radiales más claras.

Protección. La especie es ampliamente consumida por las poblaciones locales, en razón de la cantidad de carne que representa. Los juveniles son la presa de garzas y grandes aves zancudas, pero también de varanos. Los adultos pueden ser depredados por el cocodrilo del Nilo. No existe ningún texto de protección que concierna la especie.

Pelusios subniger (Lacepède, 1788)

Distribución. La especie ocupa una vasta distribución en el sudeste del continente africano, en Ruanda, Burundi, Tanzania, Mozambique, Zimbabue, el extremo noroeste de Sudáfrica, el noreste de Namibia, Zambia y el sudeste de la República Democrática del Congo. También se la encuentra en el este de Madagascar y en las Seychelles, sin duda introducida por el hombre en estas regiones.

Características. Mide un máximo de 200 mm, y las hembras son más grandes que los machos. El espaldar es redondeado, sin quilla y sin dientes serrados en la parte posterior. La escama supracaudal está dividida y carece de nucal. Las marginales son rectas, casi verticales y sin escotaduras. El color varía según los hábitats, pero en general va del pardo terroso, más o menos oscuro, a un beis olivo, hasta negro, y sin un diseño particular. El plastrón posee una articulación bien desarrollada en la parte anterior. Este lóbulo es redondeado y más ancho que el posterior, el cual está dotado de una muesca anal. El conjunto del plastrón presenta la forma característica de una guitarra, que protege bastante bien la abertura del caparazón. Es de color amarillo más o menos oscuro, con suturas negras. Los puentes son beis a pardo claro y carecen de axilares. La cabeza es redonda y ancha, terminada por una nariz corta y redondeada. El pico sólo tiene una punta. El color va del gris al pardo o al negro encima de la cabeza, con mandíbulas más claras, amarillas a crema. El mentón está adornado con dos barbillones bien desarrollados. Las patas son oscuras por encima y más claras por debajo; son poco palmeadas, pero poseen sólidas uñas. Los jóvenes nacen con el espaldar en forma de techo y la cabeza amarilla salpicada de manchitas negras más o menos regulares.

Subespecies. *P. s. subniger*: descrita arriba, ocupa toda el área continental africana y el este de Madagascar. *P. s. parietalis*: solo se encuentra en las Seychelles y se diferencia por sus escamas cefálicas.

Hábitos. Esta especie ocupa muchos tipos de ambientes acuáticos: marismas, lagunas, pequeños lagos, ríos y charcas temporales. Es más bien nocturna, pero deambula a menudo después de las lluvias y a veces toma el sol en las orillas. Su régimen es omnívoro y oportunista: cangrejos, gusanos, insectos, anfibios, peces, incluso animales muertos, y también consume algunos vegetales. Durante la estación seca, estiva en el fango y espera el retorno de la lluvia para activarse, pero una sequía excesiva puede matarla. El periodo de reproducción va de febrero a marzo (verano austral). Pone un promedio de 8 a 12 huevos, que son muy frágiles y miden alrededor de 21 x 36 mm. Cada tem-

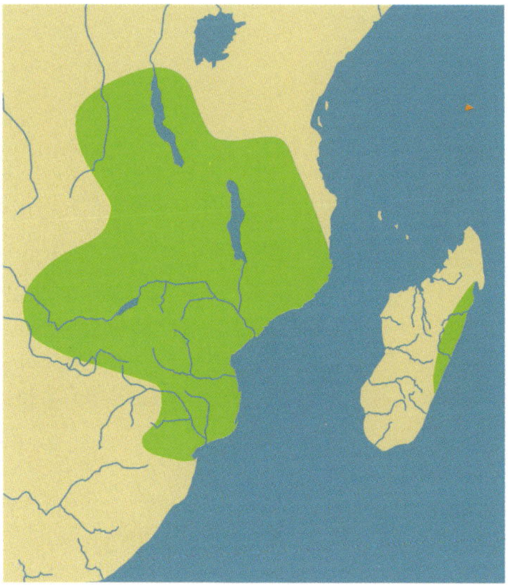

Tortuga de agua dulce

Esp.: *Galápago palustre oriental*

Ingl.: *East African black mud turtle*

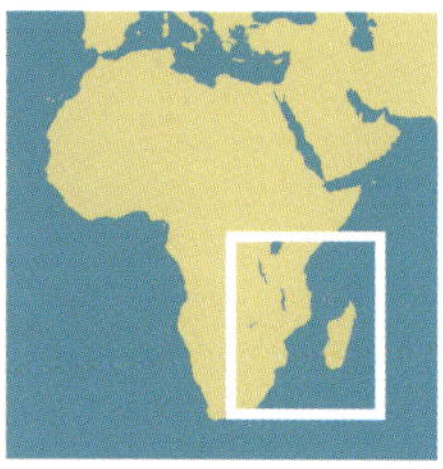

© J. Maran

Esta tortuga es más bien negruzca y carece de nucal. Su espaldar es redondeado y alargado. La nariz es corta y redondeada.

porada se realizan varias puestas. La incubación depende de la llegada de las lluvias y oscila aproximadamente entre 90 y 120 días.

Protección. Estas tortugas son constantemente recolectadas, pescadas, trampeadas y consumidas por las etnias locales, y sus efectivos están a menudo severamente amenazados en algunas regiones de África y de Madagascar. Hace unos años también se las recogía para confeccionar *souvenirs*, como animales disecados, para los turistas. La especie también se ve afectada por la transformación de los hábitats, por la construcción de hoteles y la desecación de los humedales. Asimismo, esta tortuga constituye un "animal de jardín" en algunas grandes ciudades y a veces se exporta hacia los países occidentales. La subespecie de las Seychelles solo cuenta con pequeñas poblaciones aisladas que se han visto afectadas por la ampliación del aeropuerto, la instalación de campos de golf y la construcción de hoteles. Actualmente, solo quedarían unos 200 individuos (Gerlach, 2000). Estas tortugas son estudiadas y protegidas en la isla Silhouette por el Nature Protection Trust de las Seychelles. En África, la especie no goza de ninguna medida de protección y solo se beneficia con el estatus de los parques naturales, como es el caso del Parque Kruger, en Sudáfrica.

Pelusios upembae Broadley, 1981

Distribución. Pequeña área de distribución en el extremo sudeste de la República Democrática del Congo, en el Parque Natural de Upemba, en los ríos Fungwé y Lualaba y sus afluentes.

Características. Propuesta como subespecie de *P. bechuanicus*, ha sido recientemente elevada al rango de especie (Bour, 1983), ya que sería más próxima de *P. rhodesianus*. Es de tamaño mediano y puede alcanzar los 230 mm. Su espaldar es alargado y oval, aplanado dorsalmente, a veces con una ligera quilla vertebral. El caparazón se ensancha posteriormente a partir del centro y las marginales no son escotadas. Las vertebrales 1ª, 2ª, 4ª y 5ª son más anchas que largas. La primera vertebral está ensanchada hacia delante, mientras que la quinta lo está hacia atrás. El color del espaldar va del pardo oscuro al negro. El plastrón presenta una articulación importante y cubre la abertura del caparazón. La intergular es más ancha que larga. El lóbulo anterior es ancho y redondeado y el lóbulo posterior es más angosto a la altura de la sutura entre las abdominales y las femorales. La muesca anal está muy marcada. El plastrón es negro, pigmentado o manchado de amarillo, sobre todo a lo largo de la sutura mediana. La cabeza es ancha y se termina por una nariz corta y redondeada. La mandíbula superior no es puntiaguda. Presenta dos barbillones. La cabeza es uniformemente parda o adornada con una ligera red de vermiculaciones amarillas. La piel del cuello y de la garganta es finamente granulosa, más clara encima.

Hábitos. Vive en las corrientes de los ríos profundos y su régimen es seguramente carnívoro, pero no se sabe nada de su ecología, que

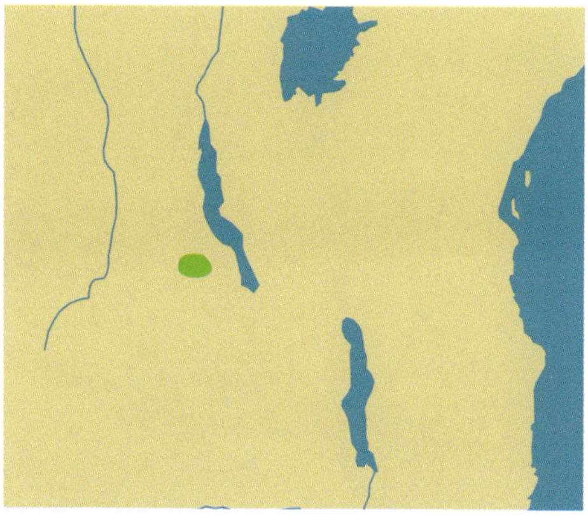

debe ser similar a la de *P. bechuanicus* y *P. rhodesianus*.

Protección. Es seguramente recolectada y consumida por las poblaciones locales. La inestabilidad políticade la región impide todo estudio más detallado sobre su estatus.

Tortuga de agua dulce

Esp.: *Galápago palustre de Upemba*

Ingl.: *Upemba mud turtle*

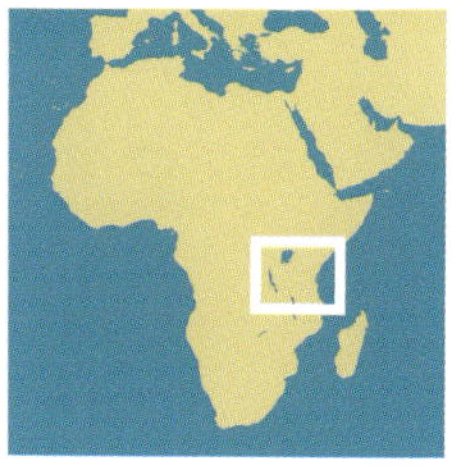

Pelusios williamsi Laurent, 1965

Distribución. Esta tortuga ocupa un área de distribución restringida, en el curso superior del Nilo Blanco, en la región de los lagos Victoria, Eduardo y Alberto, en el extremo este de la República Democrática del Congo, Uganda, Kenia y Tanzania.

Características. Su nombre proviene de Ernest E. Williams. Esta especie no supera los 250 mm. Su espaldar es oval, ligeramente más ancho por detrás. Es un poco aplanado encima, a veces incluso ligeramente deprimido, aunque con una ligera quilla vertebral, reducida a algunas protuberancias romas. Las marginales no son dentadas. El espaldar es generalmente pardo oscuro a negro. El plastrón es grande y cubre casi por completo la abertura del caparazón, pero se estrecha a la altura de la sutura entre las abdominales y las femorales. El lóbulo anterior es corto y redondeado. La muesca anal es importante. Los puentes son anchos, sin axilares. La cabeza es ancha con la nariz ligeramente sobresaliente y de color pardo grisáceo sin un diseño particular. La mandíbula superior tiene dos puntas y dos barbillones están presentes. Las patas son grises encima y amarillentas debajo. Anchas escamas transversales marcan las patas delanteras.

Subespecies. Se reconocen tres subespecies. *P. w. williamsi*: se encuentra en el curso superior del Nilo y en el lago Victoria. Su plastrón es negro con suturas claras. El lóbulo posterior es igual o más corto que el lóbulo anterior. La escama intergular representa la mitad de la lon-

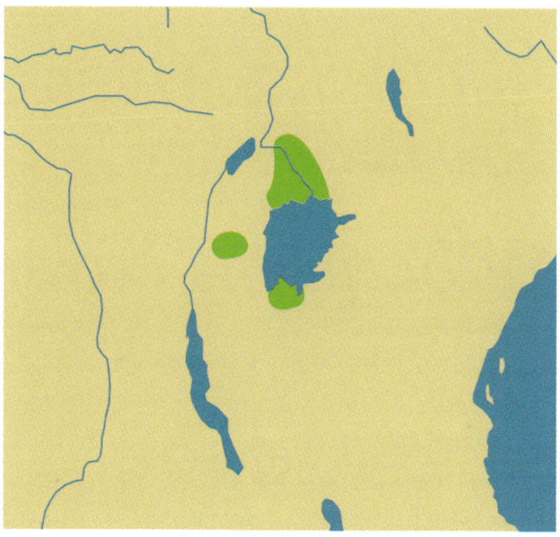

Tortuga de agua dulce

Esp.: *Galápago del lago Victoria*

Ingl.: *Lake Victoria mud turtle*

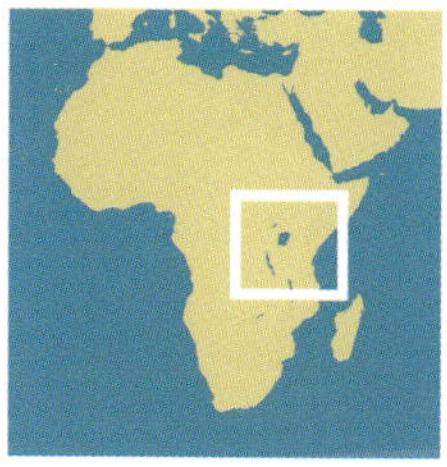

© J. Maran

El caparazón es casi negruzco, alargado y a veces abovedado, con una ligera quilla. La cabeza también es oscura, sin puntos claros.

gitud del lóbulo anterior. *P. w. laurenti* Bour, 1984 (Galápago de Ukerewe): solo se observa en la isla de Ukerewe, situada en la parte sur del lago Victoria, en territorio tanzano. Su plastrón es amarillo marcado de puntos oscuros a lo largo de los bordes de las escamas gulares. El lóbulo posterior es más largo que el anterior. La intergular representa más de la mitad de la longitud del lóbulo anterior. La primera vertebral es ensanchada y en forma de "T". *P. w. lutescens* Laurent, 1965 (Galápago del lago Alberto): se encuentra en el lago Alberto, el río Semliki y hasta el lago Eduardo. Su plastrón también es amarillo, manchado de gris y de pardo más o menos oscuro. El lóbulo posterior es tan largo o más que el lóbulo anterior. La intergular mide menos de la mitad de la longitud del lóbulo anterior.

Hábitos. La especie solo se encuentra en las aguas profundas de los ríos y grandes lagos del Rift africano. Su régimen es principalmente carnívoro.

Protección. Es bastante rara, pero poco explotada. Ahora bien, su biología es desconocida y su estatus debe determinarse para evaluar las amenazas que pesan sobre su conservación.

Subfamilia Podocnemidinae Cope, 1868

Podocnemis cayennensis (Schweigger, 1812)

Características del género *Podocnemis*. *Podos knemis*, en griego, evoca las anchas escamas sobre las patas traseras de estas tortugas. Es el género más antiguo de todas las tortugas actuales y antiguamente era uno de los más representados, ya que se encontraba en Sudamérica a finales del Cretácico y en África durante el Eoceno y el Pleistoceno. El cráneo de las *Podocnemis* está fuertemente osificado. Su cuello es largo y su cabeza maciza, pero son notables sobre todo por su excepcional gregarismo, que culmina en *P. expansa* y *P. vogli*. Se agrupan en el momento de las puestas (las "arribadas") o también en Los Llanos para aprovechar las últimas pozas de agua. Estas tortugas se distinguen, además, por tener un surco sobre la cabeza, entre las narinas y los ojos, por las fuertes escamas en las patas traseras y por las cuatro uñas de las patas delanteras.

Distribución. Esta tortuga ocupa la parte norte de Sudamérica, donde se le observa en las tres Guayanas, Venezuela, Colombia, Ecuador, Perú, en el norte de Bolivia, y en Brasil en toda la cuenca del Amazonas. Solo vive en las tierras del interior, excepto en el norte de Brasil y de la Guayana, donde se encuentra hasta en el borde del mar.

© J. Maran

Este joven *P. cayennensis* presenta vivos colores: una línea amarilla alrededor del espaldar y la cabeza con manchas claras sobre fondo negro.

Características de *P. cayennensis*. Denominada antiguamente *P. unifilis*, esta gran especie puede alcanzar los 680 mm. Los adultos poseen un caparazón oval sin la parte posterior ensanchada, como en la mayoría de las *Podocnemis*, con el borde posterior liso. Una ligera quilla central se presenta a veces en la tercera y la cuarta vertebrales, y las marginales posteriores son ensanchadas. El color es pardo a gris verdoso. El plastrón es crema, con manchas más amarillentas y pigmentaciones negras dispersas. La coloración de la cabeza es muy específica, con grandes manchas amarillas alrededor de los tímpanos, así como por encima y debajo de las narinas. La cabeza es relativamente pequeña y corta, y las narinas forman un pequeño hocico negro, ligeramente salido. Las tortugas jóvenes están dotadas de una quilla más desarrollada y de una línea amarilla alrededor del espaldar. Son de color bronce, con la cabeza negra sobre la que resaltan finamente las manchas de un amarillo vivo.

Hábitos. Es una tortuga muy acuática que se observa ocasionalmente termorregulándose. Ocupa ríos importantes y grandes lagos, pero cuando está en simpatría con *P. expansa*, le cede a esta última las corrientes principales y se refugia en los brazos de aguas tranquilas. Es principalmente herbívora y aprecia las plantas acuáticas, los jacintos de agua y los frutos caídos, pero también consume moluscos e insectos acuáticos. Las puestas se dan de enero a marzo en el norte, y de noviembre a febrero en el sur, en pequeños grupos de algunos individuos. Cada puesta puede contar hasta con 28 huevos alargados y de cascarón duro (de 39 x 22,4 mm). Pone los huevos casi siempre de noche, a veces bastante lejos del agua. A menudo se dan dos puestas.

Protección. Los indígenas la recogen, así como a *P. expansa*, y podría constituir incluso un plato más delicado que esta última, según Mittermeier (1978). Esta tortuga se vende ampliamente en Brasil y cuando desaparece de una zona, los recolectores se conforman con *P. sextuberculata*. Los animales son capturados en las playas en el momento de las puestas, o por medio de trampas y redes. Antiguamente vendidos para el comercio de animales, actualmente se les vigila mejor en los países de origen, por lo que las exportaciones han cesado.

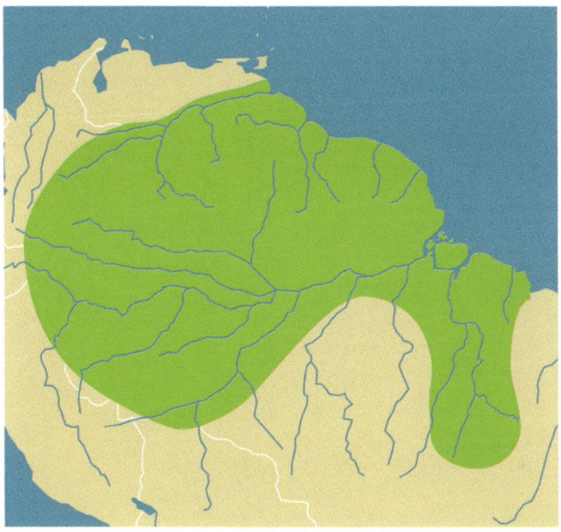

Tortuga de agua dulce

Esp.: *Charapa taricaya*
Ingl.: *Yellow spotted river turtle*
Fr.: *Tortue de l'Amazone à taches jaunes*

Podocnemis erythrocephala (Spix, 1824)

Tortuga de agua dulce

Esp.: *Charapa chimpire*
Ingl.: *Red-headed river turtle*
Fr.: *Podocnémide à tête rouge*

Distribución. Es una especie poco extendida, se encuentra presente esencialmente en el río Negro y sus afluentes en Brasil, en el extremo sur de Venezuela y en el extremo este de Colombia.

Características. Tortuga de pequeño tamaño (320 mm, máximo), de espaldar ensanchado en la parte posterior y de color negruzco. Su nombre científico se refiere a la banda roja en forma de casco temporal que adorna su cabeza. Este casco rojo desaparece en las hembras viejas. Su espaldar es ligeramente abombado a la altura de la segunda vertebral. Su cabeza, de nariz sobresaliente, es bastante alargada. En las patas traseras, las tres escamas grandes recuerdan al nombre genérico de las *Podocnemis*. La cola, al igual que en *P. vogli*, está dotada de nueve escamas blanquecinas detrás de la cloaca. Los juveniles están marcados de grandes manchas rojas o anaranjadas en la nariz, los tímpanos y encima de la cabeza.

Hábitos. Está confinada a las aguas estancadas, pantanos y zonas turbias. Su pequeño tamaño podría ser una adaptación a los ambientes pobres que ocupa y al limitado potencial de su biotopo (Pritchard & Trebbau, 1984). Los adultos son principalmente herbívoros, y aprecian las plantas acuáticas, las algas y los frutos caídos. Sin embargo, se les captura con cordeles preparados con cebos de pescado o carne. También se alimentan de finas partículas que flotan entre dos aguas, utilizando un sistema de aspiración denominado neustofagia. Para ello, abren las mandíbulas en la superficie del agua, creándose una depresión que aspira los desechos orgánicos en suspensión. Esta especie nidifica, desde finales de agosto hasta principios de noviembre, y pone entre 5 y 13 huevos blancos, alargados y de cascarón duro, de unos 28 x 40 mm.

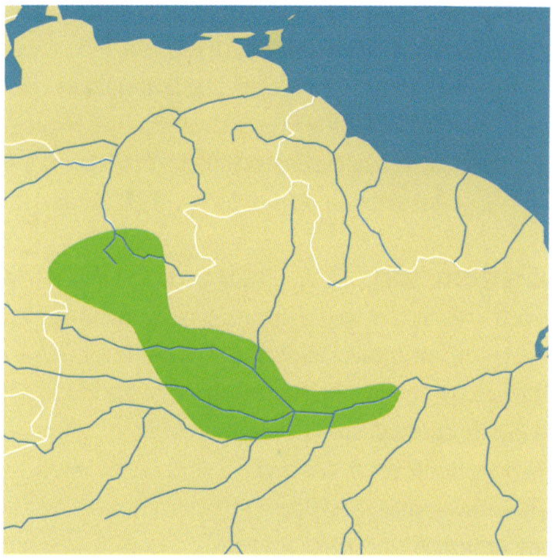

Protección. A pesar de su pequeña talla, es recolectada en el río Negro para consumir su carne y sus huevos. Se le atrapa con arpones, redes o con anzuelos, así como en los lugares de puesta. Antiguamente exportada a Europa y América del Norte, en Brasil y Venezuela recientemente se han aprobado leyes para protegerla, lo que ha limitado fuertemente su recolección. Sin embargo, se le considera "vulnerable" y sus efectivos han disminuido notablemente estos últimos años.

Se observa el profundo surco entre los ojos, y las escamas anchas y lisas encima de la cabeza.

Podocnemis expansa (Schweigger, 1812)

Distribución. Ocupa una amplia zona de distribución en todo el noroeste de Brasil, la mitad sur de Venezuela, el este de Colombia, una pequeña parte de Bolivia y de Perú. De las tres Guayanas, actualmente solo está presente en el extremo sur de la Guyana.

Características. Es la más grande de los Pleurodiros, con un peso máximo de 90 kg para las hembras (890 mm de largo) y de 60 kg para los machos (550 mm). El nombre *expansa* se refiere al ensanchamiento de la parte posterior de su espaldar. Su caparazón es ancho y aplanado, gris pardusco a negruzco. El plastrón es amarillo, marcado de manchas y nubes negras simétricas. Los jóvenes son beis a gris verdoso, con un ribete amarillo alrededor del espaldar, marginales "festoneadas" y la cabeza bastante grande. La parte superior de la cabeza está claramente marcada por un surco oscuro delineado de amarillo, que va de las narinas hasta detrás de los ojos, y con dos manchas temporales amarillas.

Hábitos. Su gran tamaño le permite ocupar los ríos caudalosos, profundos y rápidos, como el Orinoco, el Amazonas y sus afluentes. Es principalmente herbívora: consume frutos, flores, plantas acuáticas y, en especial, "pica pica" (*Spongilla* sp.), una esponja de agua dulce que prolifera en los árboles inundados durante las crecidas. Durante la estación seca, puede migrar en busca de nuevas áreas de alimentación y puesta, y puede estar en ayunas largos periodos. Su reproducción es particular, ya que es una especie muy gregaria que se insola bastante antes de nidificar. Miles de tortugas se agrupaban antiguamente en el Orinoco, especialmente en los bancos de arena situados en el río Meta. Estas fantásticas "arribadas" –que solo tienen equivalente en las tortugas marinas–, descritas por los primeros descubridores de esta regiones, inspiraron a Julio Verne en algunos pasajes de *El soberbio Orinoco*. Al finalizar la estación seca, las hembras se reúnen alrededor de los bancos de arena par ser fecundadas por los machos, atraídos por estos agrupamientos. Luego, las hembras salen del agua y se insolan bastante tiempo, lo que es indispensable para la subida hormonal y la maduración de los huevos. Las puestas tienen lugar algunas semanas después de estas exposiciones fuera del agua, casi siempre de noche, a una buena distancia del agua, para que los huevos no se ahoguen con la subida del río. Estos huevos son casi esféricos (40 x 42 mm) y algunos pueden ser muy grandes, alcanzando 50 a 60 mm: se les llama "huevos de manteca" y no son viables. La incubación es corta, aproximadamente de 45 días, pero permite la emergencia antes de que las aguas vuelvan a subir, inundando los bancos de arena. Los jóvenes nacen entre abril y mayo y salen durante la noche, para evitar a los depredadores aéreos. En cambio, en el río, los caimanes y los peces carnívoros consumen una gran parte de los recién nacidos.

Protección. La considerable explotación de la que ha sido víctima esta especie es muy conocida. Desde la llegada de los colonos europeos, algunos textos estigmatizaron el uso excesivo de los huevos por parte de los amerindios, luego por parte de los misioneros y los recién llegados (Humboldt, 1814). Actualmente, el nivel de las arribadas es muy bajo y es la prueba de la sobreexplotación de la especie. Incluso, solo algunos centenares de hembras se reúnen actualmente alrededor de Santa María en cada temporada de puesta, cuando hace dos siglos eran varias decenas de millares... Hoy en día, la especie está protegida en la mayoría de las zonas importantes de su distribución, aunque la recolección fraudulenta persiste. Los programas de salvaguarda de los nidos y de los jóvenes, como el de Santa María en el Orinoco,

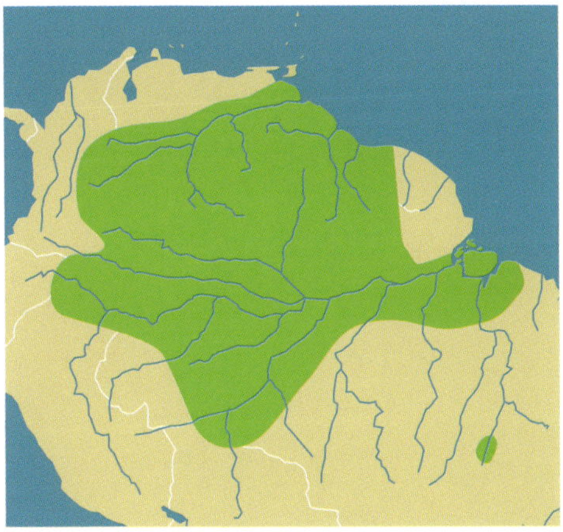

© H. Cordey

Hace más de un siglo las sorprendentes *arribadas* de millares de tortugas en el Orinoco inspiraron a Julio Verne. En nuestros días, las puestas son más limitadas, pero aún se agrupan decenas de hembras para nidificar año tras año, en las islas de arena en medio del río.

Tortuga de agua dulce

Esp.: *Charapa arrau*
Ingl.: *South American river turtle, Arrau sideneck*
Fr.: *Podocnémide élargie, Tortue géante d'Amérique du Sud*

© F. Bonin

Esta especie puede alcanzar los 90 kg. El espaldar es macizo, de color bronce a verdoso. La cabeza es grande, fuerte y ensanchada en las sienes, con el hocico corto y los ojos situados muy adelante y arriba.

permiten sin duda salvar buenos núcleos de población. Todos los años se llevan a cabo sueltas de abundantes juveniles en esta parte del Orinoco. En todas partes, la especie sigue en declive, debido a la recolección y a las actividades humanas.

Podocnemis lewyana Duméril, 1852

Distribución. Solo se encuentra en Colombia, en los ríos Magdalena y Sinú.

Características. Su nombre científico proviene del banquero francés apellidado Lewy que la descubrió en Colombia. Posee un caparazón aplanado y ancho, sin dientes ni quilla, de 400 mm máximo. La quinta vertebral está ligeramente ensanchada. El color del espaldar va del pardo oliváceo al negruzco. El plastrón es más pequeño que la abertura del espaldar, con el lóbulo anterior más corto que el posterior. También es de color pardo oliváceo a negruzco. La cabeza es bastante pequeña, con un surco entre las narinas y los ojos. Bajo el mentón luce dos barbillones. La nariz sobresale y la mandíbula superior es ligeramente redondeada. Las narinas forman un ligero hocico prominente y los ojos se sitúan muy alto en la cabeza y hacia delante. Se observa una banda clara en el costado de la cabeza, que se extiende desde el hocico hasta detrás del tímpano. Los juveniles tienen el espaldar gris a pardo, con una línea clara en la periferia, una ligera quilla vertebral y las marginales posteriores dentadas.

Tortuga de agua dulce

Esp.: *Charapa del Magdalena*
Ingl.: *Magdalena River turtle*

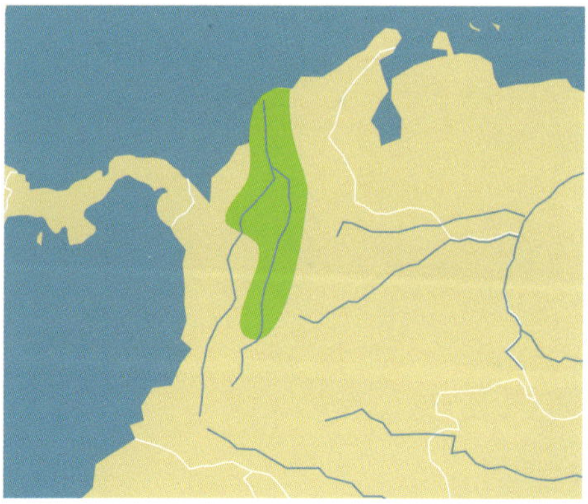

Hábitos. Esta especie vive en pantanos, lagunas y ríos tranquilos, incluso en altitud en la cordillera Oriental. Se alimenta por neustofagia, al igual que *P. erythrocephala* y *P. vogli*, los jóvenes son más vegetarianos. La puesta contiene de 15 a 30 huevos elípticos, de 34 x 40 mm.

Protección. Esta especie también es recolectada y consumida, y se ve afectada por las actividades humanas y la contaminación de las corrientes de agua. En el río Magdalena, parece actualmente rara. Está clasificada en el Apéndice II de la CITES y considerada "en peligro" por el Turtle Trust Fund.

La cabeza de esta especie es relativamente pequeña, con un hocico más alargado. El espaldar es negro, y la cabeza se ilumina con algunas manchas y bandas claras.

© P. Pritchard

Podocnemis sextuberculata Cornalia, 1849

Distribución. Solo se encuentra en la cuenca del Amazonas, en Brasil, Perú y Colombia.

Características. Su nombre científico hace referencia a los seis pares de tubérculos que marcan su plastrón, muy visibles en los juveniles, pero que desaparecen con la edad. Su caparazón no supera los 330 mm. Es oval y más ancho por detrás. Una ligera quilla puede subsistir en la segunda y tercera vertebrales. El espaldar es liso, de tonos grises, pardo oscuro, o negruzco. El plastrón es relativamente angosto,

© F. Bonin

Esta especie presenta una cabeza mediana, con un hocico bastante corto. La cabeza está marcada con manchas claras discretas sobre fondo oscuro. El surco frontal no llega hasta las narinas.

grisáceo, con el lóbulo anterior más ancho y redondeado por delante. La cabeza es ancha, gris, con algunas manchas claras. La nariz es prominente y entre los ojos se ve un profundo

Tortuga de agua dulce

Esp.: *Charapa cupiso*
Ingl.: *Six-tubercled river turtle*
Fr.: *Podocnémide tuberculée, Tortue de l'Amazone à six tubercules*

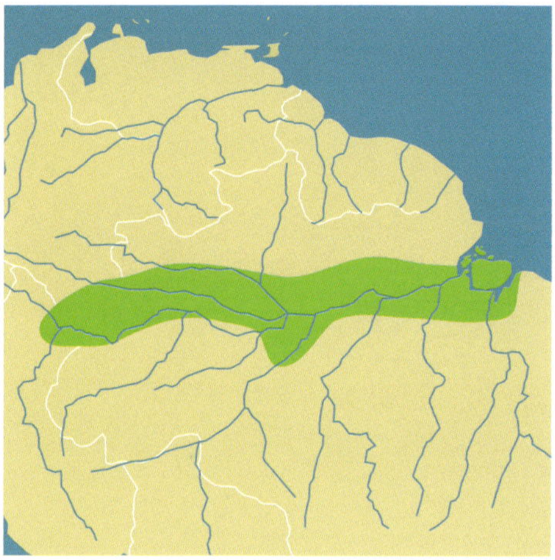

surco, pero que no llega hasta las narinas. Hay dos barbillones bajo el mentón, que es de color beis a gris claro. Los jóvenes llevan marcas claras sobre la cabeza y presentan un espaldar beis a grisáceo.

Hábitos. Frecuenta las grandes corrientes de agua. Es más bien carnívora y se alimenta de peces. Sus puestas se observan en julio en el Bajo Amazonas; en noviembre y diciembre, en el Putumayo; y en octubre, en el Caquetá. Excava los nidos en los bordes de los lagos y en las orillas de los ríos, en la estación seca, antes de la crecida de las aguas. Cada puesta contiene de 8 a 13 huevos ovales (28 x 40 mm).

Protección. Se conoce poco el estatus de esta especie. A veces es recolectada y consumida, así como sus huevos, pero se desconoce el estado de sus poblaciones.

Podocnemis vogli Müller, 1935

Distribución. Ocupa una área bastante vasta en Venezuela, en Los Llanos y en el Orinoco y sus afluentes (ríos Apure, Barinos, Bolívar, Cojedes y Guarico); y en Colombia, en el departamento del Meta.

Características. Su nombre proviene del misionero alemán Cornelius Vogl, que recogió numerosos animales en Venezuela. Es una especie de pequeño tamaño, que no supera los 380 mm. El caparazón es plano, oval, sin quilla, con escamas muy lisas, beis a pardo a veces con manchas bronce o rojizas en algunos individuos viejos. Se nota una osificación reducida. El plastrón es de gran tamaño, beis amarillento con algunos puntos negros. La cabeza, ancha y "sonriente", está dotada de una nariz prominente y de protuberancias temporales bastante pronunciadas, a veces amarillo anaranjado en los individuos viejos. En conjunto, el animal está en total homocromía con el ambiente fangoso que subsiste en Los Llanos en la estación seca. La cola está provista de 12 a 16 escamas a cada lado, de color blanquecino. Los machos se reconocen por el anillo verdoso alrededor de la pupila, más ancho que en las hembras. Los juveniles poseen un espaldar pardo que presenta una ligera quilla, suturas negras y una línea amarilla en las marginales.

Tortuga de agua dulce

Esp.: *Charapa llanera*
Ingl.: *Savanna side-necked turtle*
Fr.: *Podocnémide de Vogl*

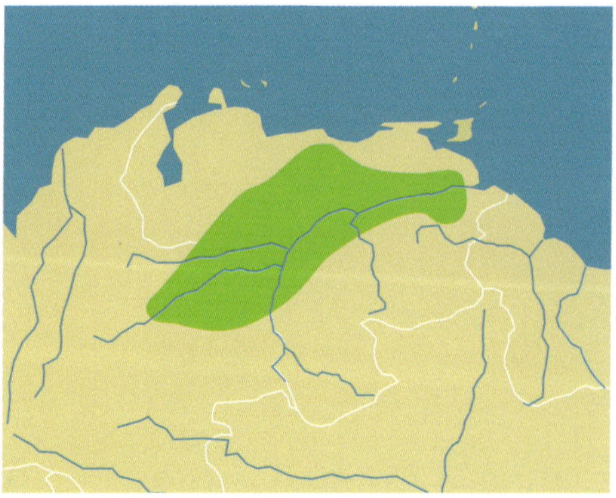

Hábitos. Esta especie es extremadamente gregaria y las poblaciones se reúnen en los puntos de agua durante la estación seca, hasta por millares de individuos según la región. Estiva a veces en hoyos excavados en las orillas, pero permanece activa cuando persiste una cantidad muy pequeña de agua. En la estación húmeda, aprovechan las inmensas praderas inundadas que se extienden del delta del Orinoco hasta la

© F. Bonin

En el periodo seco, las *P. vogli* se reúnen por centenares en las raras pozas de agua, que comparten con los caimanes. Su coloración beis está en perfecta homocromía con el lodo de las charcas.

fuente del río Apure. En Los Llanos, la especie domina y se encuentra en simpatría con algunas pocas *P. cayennensis*. Esta tortuga es más bien herbívora, pero en los brazos muertos de los ríos donde los animales abundan, devora el más mínimo desecho orgánico dejado por los caimanes. En realidad, es oportunista y, en la estación seca, come todo lo que está a su alcance. Sus puestas son más precoces que las de *P. expansa*, sin duda a causa de la inundación rápida de Los Llanos en mayo-junio. Se le observa sobre todo en noviembre, diciembre y enero, a veces a varios cientos de metros de una zona húmeda. Los nidos cuentan con 7 a 13 huevos en general (máximo 20), provistos de un cascarón bien calcificado, de aproximadamente 26 x 40 mm. Los nacimientos tienen lugar a finales de abril-principios de mayo, justo antes de que lleguen las grandes lluvias, después de 120 días de incubación. Los huevos son ampliamente depredados en la estación seca por numerosos animales, reptiles y aves, entre otros. Los jóvenes miden unos 35 mm y son más pequeños que los de *P. expansa*, lo que aumenta los riesgos de depredación.

Protección. Esta tortuga es recolectada en abundancia por los habitantes de Los Llanos, ya que a menudo es la única especie presente. A veces se ven caparazones amontonados en las inmediaciones de las granjas y pueblos pequeños, prueba de una importante recolección. Pero, como los efectivos son considerables, la especie no parece en peligro.

© F. Bonin

La cabeza es ancha, con escamas muy marcadas. El animal es más bien bonachón y no muestra ningún tipo de agresividad.

Erymnochelys madagascariensis
(Grandidier, 1867)

Distribución. Solo se encuentra en el oeste de Madagascar, en los ríos Betsiboka, Mahavavy (incluyendo el lago Kinkony), Tsibihina y Mangoky; y, más al sur, en los lagos de Benamba, Masama y Befotaka.

Características. Es el único Pleurodiro de Madagascar (a excepción de las *Pelusios* y *Pelomedusa* importados recientemente por el hombre). Es un Pleurodiro muy grande, con un máximo de 480 mm y un peso que puede ser superior a 10 kg (en los machos). Posee un cuello medianamente corto y su caparazón es muy oval, muy plano y a menudo deprimido. Su color general es pardo a gris pizarra, lo que hace que se parezca a una gran piedra plana de río.

Este recio animal puede pesar una docena de kilos. La cabeza es robusta y "acorazada", y las escamas temporales son grandes y gruesas. El pico superior, ganchudo y acerado, constituye un arma temible. Es una tortuga carnívora y agresiva, pero que vive discretamente en el fondo de lagos y charcas.

Tortuga de agua dulce

Esp.: *Galápago malgache*
Ingl.: *Madagascar big-headed turtle*
Fr.: *Podocnémide de Madagascar*

Su cabeza es notable y presenta en los individuos de edad un poderoso casco temporal, muy ancho encima de los tímpanos, y escamas anchas y fuertes a los costados de la cabeza, así como una mandíbula de gran tamaño, rematada en la parte superior por un gran pico ganchudo. El hocico se acaba ligeramente en "botón". Los ojos, de gran tamaño, están situados muy hacia delante y en la parte alta del hocico, lo que permite tener una observación "a flor de agua", como en los Crocodilianos. La cabeza es amarillenta con manchas grisáceas a verdosas. Bajo el mentón, luce un solo barbillón, pero a veces no aparece ninguno. El plastrón es amarillo en los adultos, y presenta a menudo suturas y manchas negras en los animales de edad. La placa intergular es angosta y triangular, y permite que las gulares se toquen por detrás. Los juveniles son muy diferentes a los adultos, con el espaldar fuertemente marcado por una quilla vertebral, una línea amarilla sobre las marginales y el cuello bastante largo salpicado de manchas claras. La ornamentación de rayas más oscuras, sobre fondo beis a rojizo del espaldar, se atenúa en los adultos.

Hábitos. Es una tortuga muy poco visible en su medio natural, pues vive en el limo de las lagunas y en los brazos muertos de los ríos. Nunca se la ve insolarse y puede navegar en las aguas rápidas de los ríos para llegar a las zonas más tranquilas, ya que es poderosa y nada muy bien. Es un animal vivo y agresivo, un temible depredador que caza presas importantes: peces, batracios, aves, etc. Cuando es atrapada (sobre todo si se trata de un macho) puede defenderse enérgicamente y su mandíbula se vuelve peligrosa. Existen pocas diferencias morfológicas entre ambos sexos. El plastrón es apenas cóncavo en algunos machos. Pero estos últimos tienen una talla superior a la de las hembras, poseen una cola un poco más fuerte, una cloaca situada hacia el extremo de la cola y, sobre todo, una cabeza más ancha y maciza, con un pico más prominente y un rostro más agresivo. El comportamiento de los machos es notoriamente más vivo que el de las hembras. La madurez sexual es aparentemente precoz y puede comenzar a los 5-6 años. Las puestas tienen lugar generalmente en octubre-noviembre, casi siempre de noche, pero pueden continuar hasta enero. Se han observado puestas en julio, lo que no es muy lógico ya que es el mes más frío en este país del hemisferio austral, las aguas están bajas y es la estación seca. La embriogénesis posiblemente tiene que esperar hasta finales de año para estas puestas atípicas. Se observan aproximadamente 16 a 22 huevos por nido, con un máximo de 24, pero se producen varias puestas en la temporada y cada hembra de gran tamaño puede poner alrededor de 60 huevos por año. Las emergencias se dan de diciembre a enero, al principio de la estación lluviosa.

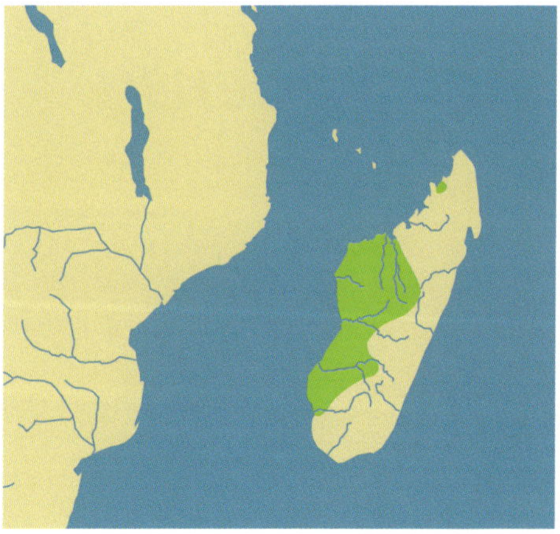

Protección. Como se sabe a partir de los trabajos de Gerald Kuchling y del centro de Ampijoroa, gestionado por el DWCT (Fundación Durrell), este animal está en fuerte regresión en la mayoría de los lagos donde era frecuente a mediados del siglo pasado. Actualmente, esta especie ha desaparecido completamente de algunos grandes lagos. Los incendios, la tala, la degradación de los hábitats afectan gravemente su preservación. Sin embargo, no es víctima de la recolección comercial ni del tráfico. En Ampijoroa se está llevando a cabo un gran trabajo de conservación para detener su lenta desaparición, mediante acciones prioritarias de información. En 1999 se creó un centro de cría para su conservación en Ampijoroa, con el fin de preparar reintroducciones en el medio natural. Siete machos y tres hembras fueron recogidos, con autorización, en el medio natural. En 1999, tuvieron lugar 23 eclosiones, y, a partir de entonces, se han dado más de un centenar cada año. La reproducción requiere que los machos y los hembras entren en contacto durante un breve periodo. Esta rivalidad debe permitir un buen desarrollo hormonal que pone en marcha el periodo de reproducción. Lo más delicado resulta proteger a los juveniles de las ratas y de algunos carnívoros nocturnos. Después de un rápido crecimiento, los subadultos serán liberados, y seguidos, en un lago cerca del centro de Ampijoroa, y luego en otros sitios adecuados del oeste de Madagascar. Pero para conservar verdaderamente a esta especie se tendrá que sensibilizar a todos los aldeanos, proteger íntegramente algunos lagos, fijar cuotas de pesca severas en otros lagos y usar productos alternativos como huevos, gallinas, cerdos, peces, para reemplazar la "carne de tortuga". La especie está clasificada "en peligro" por el Turtle Conservation Fund.

Etnozoología. La réré (su nombre malgache) es muy conocida por las poblaciones del oeste de Madagascar. Consumida desde siempre y formando parte del imaginario de las etnias locales,ha sido representada a menudo en la cerámica, los grabados y las pinturas murales. Es temida y respetada, a causa de su fuerza y de su agresividad. Actualmente los aldeanos admiten que cada día se vuelve más escasa, pero continúan pescándola con redes.

© B. Devaux

El plastrón es ancho, todo amarillo con algunas líneas o manchas negras.

Peltocephalus dumerilianus

(Schweigger, 1812)

Distribución. La especie ocupa un vasto territorio, que va de la cuenca del Orinoco a la cuenca del Amazonas: en Venezuela, en el este de Colombia, el este de Ecuador, el noreste de Perú, el norte de Brasil hacia la desembocadura del Amazonas, y el sudeste de la Guayana.

Características. Su nombre genérico proviene del griego *peltê*, que significa "escudo", y *kephalê*, "cabeza"; mientras que el de la especie remite al célebre herpetólogo André-Marie Constant Duméril (1774-1860). Es una tortuga maciza, que puede alcanzar los 480 mm y pesar hasta 15 kg. Su espaldar es oval, bastante abombado. Las marginales posteriores están a menudo ensanchadas. El espaldar es pardo, gris oscuro o negro. Las escamas son muy lisas en los adultos. El plastrón es amarillo, crema, pardo claro, a veces con manchas oscuras. El lóbulo anterior es grande y ancho, mientras que el posterior es reducido y ahusado. La muesca anal está muy marcada. La cabeza, notable en esta especie, es muy grande, triangular y está cubierta de escamas muy anchas que le hacen parecer un casco. El pico es potente y la mandíbula superior está dotada de una gran punta ganchuda. Solo un barbillón adorna el mentón. La cabeza es oscura, pero puede presentar por debajo un color más claro, rojizo, así como por debajo del cuello, en algunos individuos. La región timpánica siempre es más clara, a veces

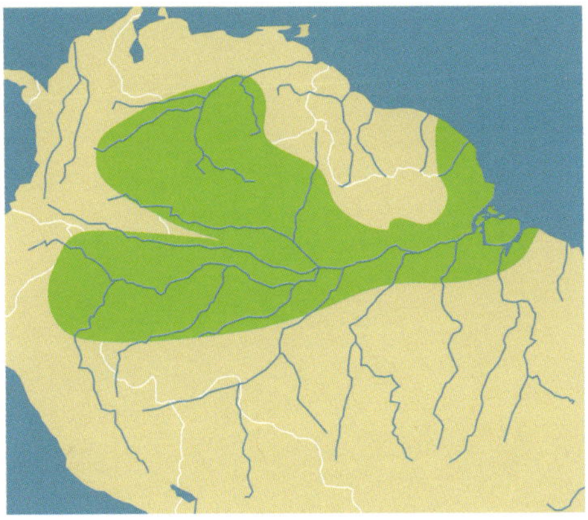

Tortuga de agua dulce

Esp.: *Galápago gran cabezón*
Ingl.: *Big-headed Amazon River turtle*

© T. Frétey

Esta especie es maciza, con el espaldar muy envolvente, y la cabeza ancha y fuerte con un casco temporal. El pico es potente y el animal es un excelente depredador.

casi blanca. Las patas y el cuello por debajo son también muy oscuros. Las patas son palmeadas, pero parecen débiles con relación al aspecto robusto del animal. Los machos son un poco más grandes que las hembras.

Hábitos. Estas tortugas frecuentan ríos y cursos de aguas profundas, tanto límpidos como turbios, pero también las llanuras inundadas y los pantanos. Su régimen en el medio natural no es muy conocido, ya que son difíciles de observar. Son aparentemente omnívoras: al analizar el contenido estomacal se encontraron en algunas tortugas semillas y vegetales diversos; pero en otras, peces muertos. Es un animal agresivo que busca morder cuando se le captura. Las puestas tienen lugar entre agosto y diciembre. Las hembras ponen entre 12 y 24 huevos, a 20 cm de profundidad. Estos huevos son alargados, de cascarón blando y miden 35 x 55 mm en promedio. La incubación puede durar 125 días. Los jóvenes nacen con un caparazón de 45 a 60 mm, pardo claro con suturas negras. Presentan una quilla vertebral, bien marcada entre la 3ª, la 4ª y la 5ª vertebral. Los juveniles ya manifiestan un carácter irascible y desprenden un almizcle nauseabundo si se sienten amenazados.

Protección. Esta especie está inscrita en el Apéndice II de la CITES. Está totalmente protegida en la Guayana (decreto del 15 mayo de 1986), pero, por su gran tamaño, se le busca a menudo para consumirla. Los huevos se comen más raramente, al ser difíciles de encontrar. En la Guayana, se le observa poco, pero se le ha visto en el municipio de Matoury y en los pantanos de Kaw (un ejemplar de 290 mm, con una cabeza de 65 mm de ancho).

© T. Frétey

Se distinguen el pico ligeramente ganchudo, los pequeños ojos y la placa timpánica más clara.

CRIPTODIROS

El infraorden *Cryptodira* Cope, 1868 –más reciente que *Pleurodira* y en el que se encuentra la moderna familia de los *Emydidae*, aparecida hace 40 millones de años– se caracteriza por un cuello que se desplaza verticalmente y que se repliega de abajo a arriba dentro del espaldar.

CHELYDRIDAE (Gray, 1831)

Esta familia comprende cuatro especies de tortugas americanas, con un área de distribución muy extendida. Son de gran tamaño y presentan un espaldar rugoso, una cola muy alargada como de cocodrilo, un plastrón cruciforme muy reducido y una cabeza robusta dotada de mandíbulas cortantes.

Chelydra serpentina (Linnaeus, 1758)

Distribución. Se distribuye desde el sur del Canadá (Nueva Escocia, Nuevo Brunswick, Quebec y Alberta) hasta el sur de Estados Unidos, en el centro y en la costa atlántica.

Características. Es una tortuga maciza, que puede alcanzar los 550 mm y 60 kg. Su caparazón presenta tres quillas importantes, que forman protuberancias en cada escama. Los individuos viejos tienen a veces espaldares más lisos. Las marginales son fuertemente dentadas. Su color es generalmente pardo a oliváceo, tirando al negro. Las escamas pueden estar marcadas con líneas radiales, más claras en los individuos jóvenes. El plastrón es cruciforme y muy reducido, permitiendo que los miembros, el cuello y la cola se muevan fácilmente. Los puentes también son reducidos. La coloración es amarillenta más o menos oscura. La cabeza es grande y ancha. La región temporal así como la parte posterior del cráneo están cubiertas de anchas escamas planas e imbricadas. El hocico es cónico y puntiagudo, con una mandíbula superior ganchuda. Las mandíbulas son potentes y bien desarrolladas, a fin de responder a la vocación mordedora de la especie; son claras, con finas estrías negras. Los ojos son relativamente pequeños y están situados en la parte alta de la cabeza. Dos barbillones claros adornan el mentón. Se observan excrecencias y tubérculos más o menos puntiagudos un poco por todo el cuello, las patas y la cola. Esta última es larga, semejante a la de un cocodrilo, y luce dorsalmente tres hileras de escamas puntiagudas. Las patas también son grandes, lo que da un aspecto robusto y vigoroso al animal. Son muy palmeadas y poseen uñas impresionantes. El animal en conjunto hace recordar a un crocodiliano primitivo y agresivo. Los picotazos de esta tortuga son de temer. Los jóvenes, que son muy pequeños (30 mm aproximadamente), ya presentan tres quillas bien pronunciadas y rugosas. Son grises a marrones, con un ocelo amarillo sobre cada marginal.

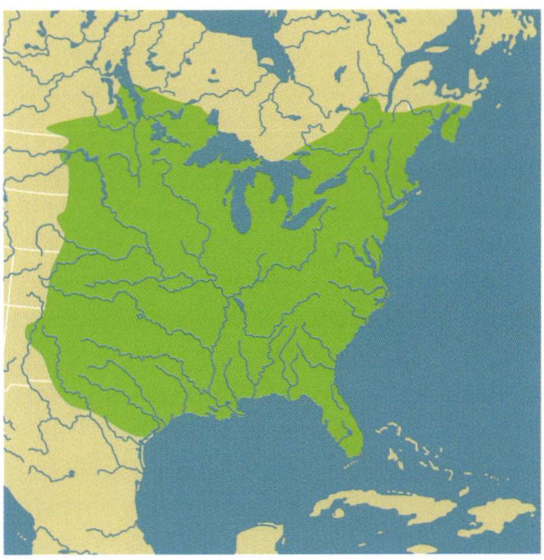

Tortuga de agua dulce

Esp.: *Tortuga mordedora norteamericana*

Ingl.: *Common snapping turtle*

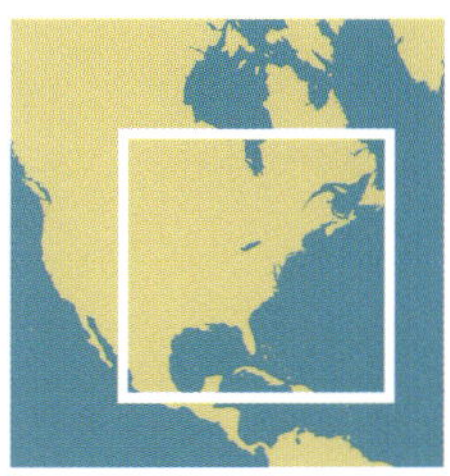

Esta tortuga de unos diez años posee una cabeza muy maciza, un pico ancho y cortante, y patas robustas dotadas de grandes uñas. Todo el animal respira fuerza y capacidad depredadora.

Subespecies. Se admiten dos subespecies. *C. s. serpentina* (Tortuga mordedora común): se encuentra desde el sur de Canadá hasta el norte de Florida, en Estados Unidos. *C. s. osceola* (Stejneger, 1918) (Tortuga mordedora floridana): solo habita en Florida. Se distingue por su mayor número de excrecencias en el cuello, claramente puntiagudas. Estas excrecencias tienen una función poco conocida, que podría estar relacionada con una suerte de respiración cutánea.

Hábitos. Esta tortuga, dotada de una notable capacidad de adaptación, se encuentra en todos los ambientes húmedos de su área, incluso en aguas salobres o en lugares muy contaminados. Necesita fondos fangosos y detritos para disimularse y esperar a sus presas, escondida en el limo. Pasa casi todo el tiempo escondida en los fondos fangosos, bajo las raíces y las cepas sumergidas, y de tanto en tanto sale a la superficie, dejando emerger solo sus narinas y sus ojos. Es omnívora, pero con tendencias carnívoras y consume insectos, crustáceos, moluscos bivalvos, gusanos, peces, anfibios, serpientes, así como otras tortugas, aves (que ahoga atrapándolas por las patas cuando nadan), pequeños mamíferos, y plantas, algas y esponjas de agua dulce. Es un animal muy voraz. Schmidt e Inger citan el caso de unos indios que, con la ayuda de estas tortugas atadas a una cuerda, buscaban cadáveres después de un ciclón (!). Su cuello, desmesurado y muy móvil, le permite proyectar vivamente su cabeza hacia delante y hacia los costados, causando a veces graves heridas a los que la manipulan. Aunque es maciza y aparentemente "pesada", está dotada de una gran agilidad y sus reacciones son imprevisibles. Puede estar activa de noche, en la parte sur de su distribución, e hiberna en la parte norte. Las cópulas tienen lugar de abril a noviembre. El macho y la hembra nadan frente a frente, pero los preliminares son poco variados. Las puestas se dan de mayo a septiembre. El nido es de gran tamaño, provisto de una entrada estrecha, seguida por una cámara más ancha. Las puestas contienen de 10 a 83 huevos, 30 en promedio, esféricos, blancos y duros, de un diámetro de 32 mm. La incubación dura de 55 a 125 días, en función de las condiciones ambientales; los nacimientos se observan desde finales de agosto hasta octubre.

Protección. La especie es muy adaptable y no es rara en sus hábitats naturales. Iverson (1983) señala densidades de 59 tortugas por hectárea en un pantano de Tennessee. Ahora bien, es ampliamente capturada por el hombre por dos razones: se le detesta por su apariencia y su peligrosidad (relativa), y también es consumida. Antiguamente, los indios la utilizaban ampliamente para preparar caldos y sopas, por ejemplo en Luisiana y Florida. Actualmente, todavía se la comercializa con la marca Green Soup. Sus huevos se comen fritos, ya que no se endurecen en el agua hirviendo (la clara de los huevos de tortuga se queda gelatinosa). En Florida, millares de caparazones de *C. serpentina* han servido para cercar campos, y estos animales se venden disecados en las tiendas de souvenirs. El ordenamiento urbano provoca la desaparición de numerosas poblaciones. Esta tortuga también es exportada a otros países occidentales. Los compradores de las crías de estas tortugas (que solo pesan unos 20 g) se deshacen de ellas una vez se hacen grandes y peligrosas: entonces, las sueltan en la naturaleza donde destruyen la fauna local. Esta especie es una súper depredadora: su carne, así como su grasa acumulan los productos tóxicos al final de la cadena alimentaria, lo que provoca una mortalidad importante. También es víctima de múltiples depredadores naturales cuando es joven, y los adultos pueden albergar gran cantidad de sanguijuelas. Finalmente, algunos naturalistas y muchos "no naturalistas" no dudan en erradicar al animal porque lo consideran nocivo y peligroso, como a los caimanes. Así, la protección de esta especie no es siempre bien acogida por el público. Sin embargo, es una evidencia que sus poblaciones disminuyen de norte a sur y que en algunas regiones se ha llegado a erradicar a las tortugas mordedoras.

Chelydra acutirostris Peters, 1862

Tortuga de agua dulce

Esp.: *Tortuga mordedora sudamericana*
Ingl.: *South American snapping turtle*
Fr.: *Chélydre d'Amérique du Sud*

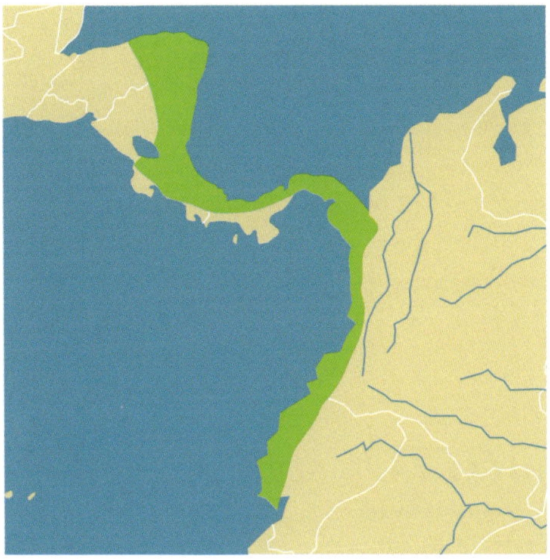

Distribución. Esta especie está presente desde el norte de Honduras hasta el golfo de Guayaquil en Ecuador, pasando por Nicaragua, Costa Rica y Panamá.

Características. Antes considerada subespecie de *C. serpentina*, esta tortuga constituye actualmente una especie aparte. Difiere poco de *C. serpentina*, pero su plastrón es más grande y representa más del 40 % del caparazón. La parte anterior de la tercera vertebral mide menos que la cuarta parte del ancho del espaldar. El cuello está cubierto de pequeños tubérculos redondos. La cabeza presenta una banda marrón claro bastante ancha a los lados, y está rodeada por encima y por debajo de finas líneas oscuras.

Hábitos. Sus comportamientos y actividades son los mismos que los de la tortuga mordedora norteamericana y se encuentra en los mismos ambientes, hasta los 1.200 metros de altitud.

Protección. Esta especie es depredada frecuentemente por los caimanes. Por otra parte, las poblaciones locales la comen en sopa y en estofados. Sus huevos son muy apreciados: muchos los comparan con los huevos de tortuga marina, actualmente protegidos, mientras que los de esta especie no lo están. Desgraciadamente, en Costa Rica los juveniles de esta especie se venden en las tiendas como "tortuguita fósil viviente", y acaban como "animales de terrario" en casas particulares.

Chelydra rossignonii (Bocourt, 1868)

Tortuga de agua dulce

Esp.: *Tortuga mordedora centroamericana*
Ingl.: *Central American snapping turtle*
Fr.: *Chélydre d'Amérique centrale*

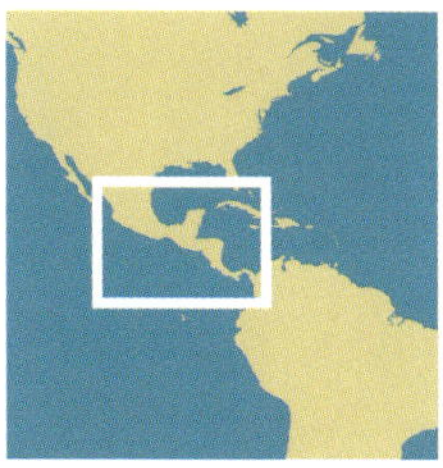

Distribución. Presente en México en la vertiente atlántica (Veracruz, Tabasco, Campeche y Chiapas), en el oeste de Belice, en Guatemala y en el noroeste de Honduras.

Características. Antiguamente se consideraba una subespecie de *C. serpentina*, pero actualmente es una especie aparte. Difiere muy ligeramente de sus parientes. El lóbulo anterior del plastrón es más largo que el 40 % de la longitud del caparazón, y la parte anterior de la tercera vertebral es superior al 25 % del ancho del espaldar. Su cuello presenta tubérculos cónicos y puntiagudos.

Hábitos. Sus costumbres son idénticas a las de *C. serpentina*. Pritchard cree que esta especie sería más próxima a *C. s. osceola*, y que la población restringida a la península de Florida y la de México y Centroamérica habrían formado antaño una sola población, antes de que los periodos glaciares del Pleistoceno las separasen. Las excrecencias puntiagudas del cuello en ambas tortugas serían el resultado de una adaptación a una mejor oxigenación en aguas más cálidas.

Protección. Esta especie también es intensamente recolectada y consumida, al igual que sus huevos.

© P. Pritchard

El espaldar está marcado de quillas. La cabeza es menos ancha, con tubérculos puntiagudos en el cuello más desarrollados que en *C.serpentina*.

Macrochelys temminckii (Harlan, 1835)

Tortuga de agua dulce

Esp.: *Tortuga aligátor*
Ingl.: *Alligator snapping turtle*

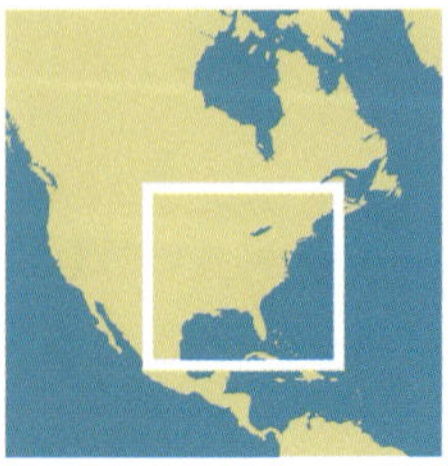

Distribución. Esta especie ocupa todos los sistemas fluviales que desembocan en el golfo de México, en Estados Unidos. Ocupa el valle del Mississippi, a partir de Kansas, Iowa e Illinois. También está presente en el sudeste de Georgia, en el norte de Florida, en Alabama, Luisiana y en el este de Texas.

Características. Es la única representante del género y es, sin duda, la tortuga de agua dulce de mayor tamaño. Algunos individuos llegan a pesar 113 kg y medir 800 mm, pero aún se habla de la famosa "bestia de Busco", capturada en 1948, que pesaba 227 kg (!). El espaldar es rugoso, muy fuertemente dentado, sobre todo en las marginales posteriores. Tres quillas se marcan claramente, constituidas por puntas que se alzan sobre cada escama del caparazón. Éstas persisten incluso en los animales viejos. De 3 a 8 escamas supramarginales suplementarias se sitúan entre las costales y las marginales. Esta tortuga posee 23 marginales. El caparazón es pardo oscuro, gris oscuro o negruzco. Es frecuente que el animal esté cubierto de algas, lo que acentúa su aspecto arcaico y le permite sobre todo disimularse en la vegetación acuática. El plastrón es muy reducido, en forma de cruz, y los puentes también están poco desarrollados. El conjunto es grisáceo, jaspeado de oscuro. La cabeza es ancha, prolongada por una nariz puntiaguda y la mandíbula superior está provista de un gancho enorme, impresionante. En el fondo de la boca, una excrescencia móvil, roja, en forma de gusano, se agita con el fin de atraer a las presas, lo que es único en los Quelonios. La cabeza luce grandes escamas por encima y en los costados. El cuello y el mentón están recubiertos de tubérculos cónicos y de excrescencias que sin duda participan en el camuflaje del animal. Esta tortuga no puede retraer la cabeza bajo el caparazón. La piel es gri-

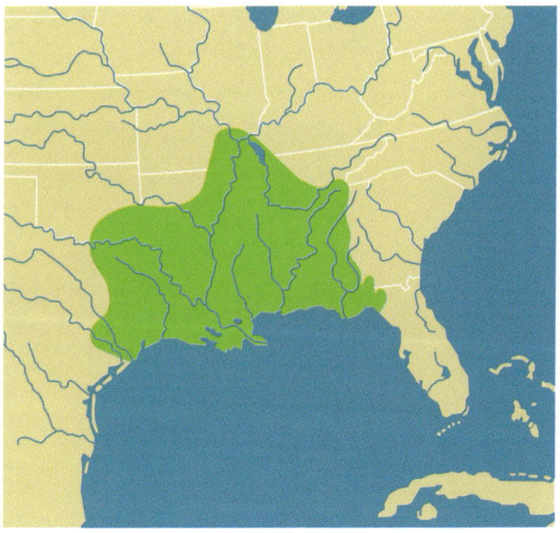

© B. Devaux

Esta tortuga, fotografiada en un acuario del zoológico del Bronx, pesaba más de 100 kg. La cabeza maciza y el pico acerado reflejan un carácter más bien agresivo. El más mínimo mordisco deja heridas profundas, que se infectan rápidamente.

sácea, pardusca o a veces amarilla, a menudo con manchas oscuras, especialmente a lo largo de la cabeza. Las patas son potentes, palmeadas, dotadas de uñas largas y fuertes. La cola es muy larga, como de cocodrilo, de una longitud igual que la del caparazón, y tres hileras de tubérculos adornan su parte superior. Por debajo está cubierta de abundantes escamas pequeñas. Es un animal de aspecto antediluviano, peligroso al manipularlo, ya que puede alargar el cuello y girarlo repentinamente hacia atrás.

Hábitos. Es una tortuga totalmente acuática que nunca sale del agua, salvo para poner huevos. La especie frecuenta los ríos profundos, canales, lagos, bayous, en lugares que comunican con aguas más vivas y allí donde se encuentren fondos fangosos. Es capaz de soportar el agua salobre, como lo prueban los balanos adheridos a algunos espaldares. Le gusta esconderse y quedarse inmóvil, con la boca bien abierta, agitando bruscamente el señuelo vermiforme, mientras espera que pasen sus presas. Su régimen es omnívoro y muy variado: peces, crustáceos, moluscos, serpientes, pequeños caimanes, anfibios, pequeños mamíferos, tortugas, pero también vegetales acuáticos, semillas y frutos caídos al agua. Se ha encontrado en su contenido estomacal una cantidad importante de bellotas. En Florida, las cópulas tienen lugar de febrero a abril. El macho, más grande que la hembra, la muerde brutalmente en la cabeza y en el cuello, y la cópula es rápida. Se observa en general una sola puesta al año, en nidos ensanchados hacia el fondo. Las puestas siempre tienen lugar durante el día y contienen hasta 40 huevos esféricos, de 35 a 51 mm. La incubación puede durar de 100 a 140 días. Los jóvenes nacen en septiembre y octubre. Su caparazón ya es rugoso, con tres quillas, y la cabeza está cubierta de excrescencias cutáneas. La órbita está rodeada de tubérculos cónicos, como en los adultos. Su mandíbula ya es eficaz y su carácter belicoso, como el de sus progenitores.

Protección. Sus depredadores naturales son raros, y solo los huevos son destruidos por los mapaches. Es una especie que ha sido intensamente explotada, sobre todo para el consumo humano (carne y sopa). Un solo comerciante de Luisiana, consiguió en los años 1984-1986 un total de 17.117 kg de tortugas aligatores (!). Se deberían tomar medidas de protección federales con el fin de reducir estas recolecciones y en algunos estados, como Florida, ya se ha prohibido toda posesión, venta, compra o exportación. Su imagen de depredador temible no impide que las poblaciones locales aprecien su carne, y que los cajunes de Luisiana las consuman en grandes cantidades. Estas tortugas también son vendidas en algunas tiendas de animales europeas y uno tiembla solo de pensar en el peligro que representan cuando crecen. Sus potentes mandíbulas son capaces de infligir heridas profundas, y algún niño podría resultar gravemente herido por una tortuga en libertad. En efecto, los ejemplares mantenidos en cautividad se sueltan sistemáticamente en la naturaleza cuando crecen. Se las ha encontrado en lagos o lagunas en Alemania y Francia, y hasta en el mar (cerca de Port-Cros, sur de Francia)...

© F. Bonin

Esta tortuga es la única que posee, en el fondo de la garganta, un pequeño filamento adornado con una extremidad rojiza, que atrae a las presas a la trampa de esta inmensa boca.

PLATYSTERNIDAE Gray, 1869

Esta familia está representada por una sola especie asiática, que posee un espaldar muy plano, una cabeza de gran tamaño dotada de potentes mandíbulas no retráctiles, un cráneo ancho y macizo, y una cola tan larga como el cuerpo.

Platysternon megacephalum Gray, 1831

Distribución. La especie está ampliamente representada en el Sudeste asiático, desde la China central y del sur y Hong Kong, hasta el norte de Vietnam, Laos, Myanmar y el norte de Tailandia.

Características. A esta tortuga se le reconoce inmediatamente por su enorme cabeza plana, imposible de esconder bajo su caparazón, la mitad de ancha que el espaldar y cubierta por encima de placas córneas importantes, que forman un casco que desciende por los costados, delante de la región timpánica. Sus mandíbulas son potentes y el pico superior forma un gran gancho. El espaldar no supera los 185 mm. Es muy plano, bastante alargado, a veces con una ligera quilla y marginales moderadamente escotadas. Es amarillento a pardo oliváceo, con manchas oscuras. Todas las escamas muestran anillos de crecimiento muy visibles. El plastrón, no articulado, está bien desarrollado, pero solo está unido a los puentes por ligamentos. Presenta una muesca anal ancha. Es amarillo a pardo claro, adornado de manchas más oscuras. La cabeza es parda a olivácea, marcada con dibujos amarillo anaranjado, rojos o rosados en algunas subespecies. Las patas son fuertes, bien dotadas, pero caracterizan más bien a una especie caminadora y no a una buena nadadora. La cola es tan larga como el espaldar, gruesa en la base, y se vuelve muy puntiaguda hacia el extremo. Esta tortuga puede excretar un almizcle maloliente si es importunada.

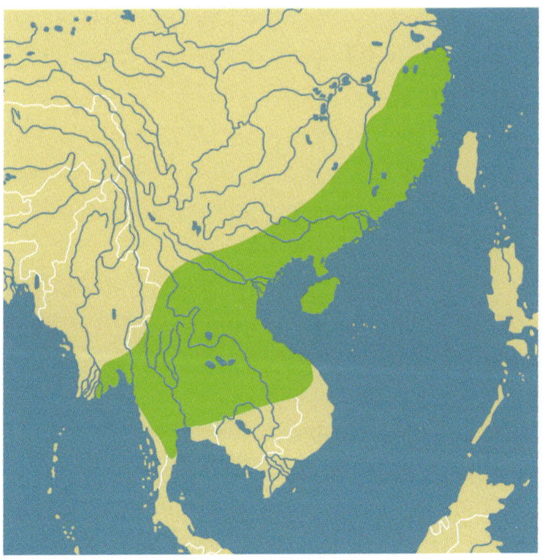

Subespecies. Actualmente se reconocen cinco subespecies. *P. m. megacephalum* (Galápago megacéfalo chino): distribuida en el sur de China, presenta un plastrón sin adornos, un espaldar con quillas discretas y ningún anillo de crecimiento sobre las escamas. Las marginales son poco escotadas y las que están situadas a la altura de los puentes son ligeramente ensanchadas. La escama cefálica está muy desarrollada y desciende mucho detrás de las órbitas. *P. m. peguense* (Gray, 1870) (Galápago megacéfalo birmano): se la encuentra en el oeste de Vietnam hasta el sur de Myanmar. El plastrón está adornado con manchas oscuras a lo largo de las suturas. El espaldar presenta una quilla dorsal poco pronunciada, a veces acompañada de dos quillas laterales discretas, anillos de crecimiento muy legibles y marginales escotadas en la parte posterior. Las mandíbulas son inmaculadas y el pico superior está muy desarrollado. *P. m. shiui* Ernst & McCord, 1987 (Galápago megacéfalo vietnamita): habita en el norte de Vietnam. Su cabeza, su cuello, su caparazón, la cara superior de sus patas y la ventral de su cola están completamente manchados de amarillo, anaranjado o rosa. Su espaldar es liso y el borde superior de las marginales no es escotado. No presenta anillos de crecimiento ni quilla. El casco cefálico está desarrollado medianamente y no desciende detrás de las órbitas. La mandíbula posee un pico puntiagudo muy desarrollado. *P. m. tristernalis* Schleich & Gruber, 1984 (Galápago megacéfalo yunnanense): presente únicamente en la

Tortuga de agua dulce

Esp.: *Galápago megacéfalo*
Ingl.: *Big-headed turtle*
Fr.: *Platysterne à grosse tête*

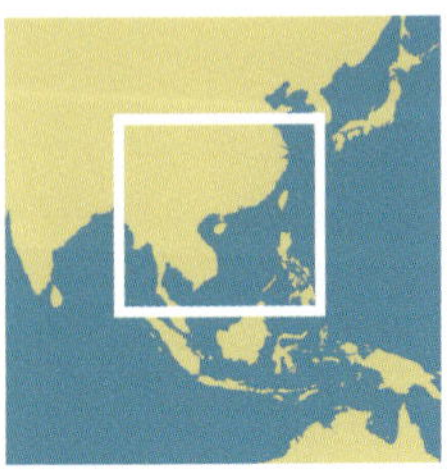

© B. Devaux

El espaldar muy plano,
la cola larga y fuerte,
y la cabeza pesada y dotada
de un pico ganchudo
le dan a este animal
el aspecto de una gárgola.

provincia de Yunnan, en China. Posee tres escamas supernumerarias en la unión de las gulares y las humerales. *P. m. vogeli* Wermuth, 1969 (Galápago megacéfalo tailandés): se la encuentra solo en el noroeste de Tailandia, y presenta el mismo diseño de plastrón que *P. m. peguense*, pero su mandíbula superior es pequeña, angosta, con un pico menos desarrollado. El caparazón es liso y las marginales no son escotadas.

Hábitos. Esta tortuga parece preferir los ríos y torrentes de altura, con una corriente rápida y fondos rocosos donde se disimula una parte del día, entre las piedras del fondo. Las aguas frías entre los 12 y los 17 °C le convienen a la perfección. No se la ve casi nunca en postura de insolación. Es más bien nocturna y aprovecha la oscuridad para cazar moluscos, crustáceos y peces que despedaza con sus potentes mandíbulas. No es una gran nadadora, pero su morfología particular le ha permitido desarrollar un modo de desplazamiento único entre los Quelonios: la escalada (!). Gracias a su poderosa cabeza y a sus mandíbulas robustas, es capaz de subir a lo largo de las rocas y remontar violentas cascadas, con la ayuda de su larga cola sobre la que se apoya. ¿Es su comportamiento lo que ha favorecido el crecimiento de su cabeza?, ¿o es su enorme cabeza la que le ha permitido desarrollar esta técnica de escalada? Se trata, además, de una tortuga agresiva, que hay que manipular con prudencia. Su reproducción se conoce poco: pone solo uno o dos huevos, blancos, de forma elipsoide, que miden 22 x 37 mm. Las crías presentan al nacer colores más vivos que los de los adultos. Su caparazón es a menudo carenado. Pueden emitir una especie de pequeño chillido si se les importuna.

Protección. Esta especie está gravemente amenazada en el conjunto de su área de distribución. En efecto, se le recolecta para el consumo humano, especialmente en China donde está desapareciendo rápidamente. Asimismo, está amenazada por la construcción de las represas hidroeléctricas y por la deforestación. Antiguamente muy común en algunas regiones, se ha vuelto rara y se encuentra en vías de extinción. En Vietnam, también es recolectada para la exportación y forma parte de la lista de las 48 especies de tortugas más amenazadas en todo el mundo, inscrita en el Plan de Acción del Turtle Conservation Fund. También es recogida y exportada para los coleccionistas. Para evitar su desaparición, es urgente aplicar medidas de protección.

TRIONYCHIDAE Fitzinger, 1826

Estas tortugas están recubiertas de una especie de piel que envuelve los nódulos óseos, más o menos desarrollados. Solo poseen tres uñas en cada pata. Su distribución es similar a la de los *Emydidae*.
Se subdividen en dos subfamilias: los *Cyclanorbinae* Lydekker, 1889 y los *Trionychinae* Fitzinger, 1826.

Cyclanorbis senegalensis

(Duméril & Bibron, 1835)

Tortuga de agua dulce

Esp.: *Galápago conchiblando senegalés*

Ingl.: *Senegal flapshell turtle*

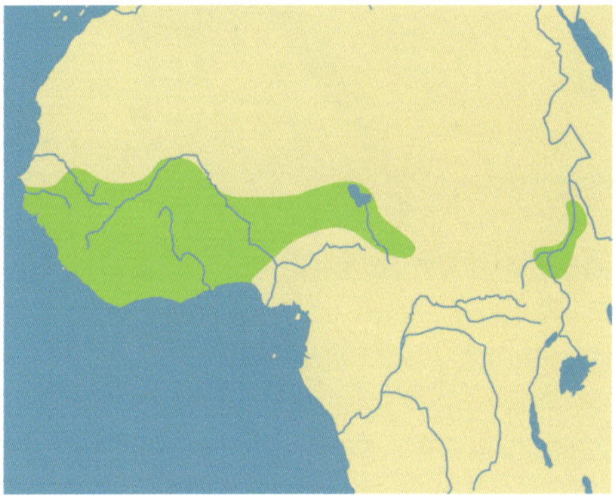

Distribución. Su territorio sobrepasa ampliamente el Senegal, ya que se la encuentra desde el sur del Sudán hasta el norte de Camerún, así como en Ghana. Algunos autores la sitúan también en el Chad, Gambia, Togo y en Costa de Marfil.

Características. Se la creía más pequeña que *Cyclanorbis elegans*, pero algunos especímenes alcanzan los 600 mm. Su caparazón es ligeramente más abombado, muy oval, un poco granuloso, grisáceo a verde olivo, con puntos oscuros que se atenúan con la edad. El espaldar es ancho por detrás, con marginales muy finas, horizontales, y una escotadura encima de la cola. El plastrón es blanco grisáceo y presenta de siete a nueve callosidades bien desarrolladas en los adultos y dos "faldones" anchos que cubren las patas traseras. La cabeza, mediana y de nariztubular bastante corta, es grisácea a verdosa encima, a menudo con un efecto jaspeado y crema debajo. El resto del cuerpo es gris claro. Las patas delanteras presentan cinco o seis pliegues cutáneos, bien desarrollados. Los machos tienen la cola ancha y más larga que la de las hembras. Los juveniles son más coloridos, con

© J. Maran

Esta tortuga es muy redonda, plana y lisa, casi inaccesible en el fondo de los *marigots*. El cuello es medianamente largo y la cabeza es oscura, verdosa a parda, adornada con pequeñas manchas claras.

varias líneas oscuras tuberosas sobre un fondo crema a verdoso y una ligera quilla en el espaldar. El contorno del espaldar está adornado con una línea clara, blanquecina a verde claro. La cabeza es beis a grisácea encima, con un efecto jaspeado, y blanca debajo. El plastrón es casi amarillento, con manchas grisáceas.

Hábitos. Esta especie vive en simpatría con *C. elegans* en una parte de su área (Sudán, Togo y Chad). Es una tortuga de charcas y pantanos que no se percibe con frecuencia en su hábitat. También puede ocupar los brazos muertos de los ríos y las aguas estancadas. Consume todos los desechos orgánicos, frutos caídos, alevines, animales muertos y todo lo que esté a su alcance. Puede poner sus huevos a cientos de metros del lugar donde vive, en marzo-abril. Varias puestas son posibles, de aproximadamente una docena de huevos alargados, que miden en promedio 25 x 45 mm.

Protección. Aún es consumida en los pueblos de Casamance y en el Sudán. Se la captura por medio de anzuelos o a mano, en los pantanos. Es difícil evaluar la cantidad de efectivos existentes, pero éstos parecen abundantes en el sur del Senegal y en los países del África occidental.

© B. Devaux

El hocico de este galápago está muy desarrollado y le permite ver y respirar debajo del agua.

Cyclanorbis elegans (Gray, 1869)

Distribución. Área africana extendida, aunque fragmentada, en Ghana, Togo, Benín, Nigeria, República Centroafricana, el sur de Chad y el sur de Sudán.

Características. Tortuga de gran tamaño y caparazón redondeado, que puede medir 600 mm. Es olivácea a parda, con una multitud de puntos amarillentos o verdosos a lo largo de los bordes laterales de su espaldar. Los juveniles lucen una línea de pequeños tubérculos y una ligera quilla longitudinal. Éstos desaparecen luego, quedando unos tubérculos bastante grandes en el borde anterior, encima del cuello. El plastrón es amarillo, manchado de oscuro. Dos callosidades en forma de medialuna protegen sus patas traseras; otras dos, más pequeñas, están presentes a veces en la parte posterior del plastrón. La cabeza es pequeña y fina, de nariz puntiaguda y en forma de tubo doble. La cabeza es parda encima, con un efecto vermiculado amarillo o verde claro. El mentón y el cuello son más claros, pero salpicados de abundantes puntitos amarillos. Las patas delanteras poseen cuatro pliegues cutáneos en forma de medialuna. Los cuatro miembros son palmeados. La piel es parda encima, más clara por debajo.

Hábitos. La especie se encuentra en los ríos de curso lento y en los pantanos que compar-

Tortuga de agua dulce

Esp.: *Galápago conchiblando elegante*

Ingl.: *Nubian flapshell turtle*

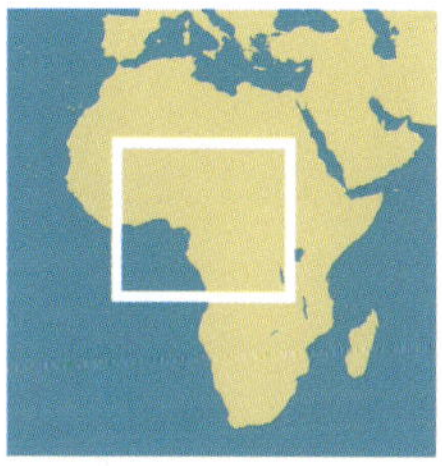

© K. Dodd

Esta especie es más colorida que *C. senegalensis*, y se nota un efecto vermiculado sobre un fondo verdoso a pardo. La nariz es bastante corta.

te a menudo con *Cyclanorbis senegalensis*. Poco se sabe en lo que se refiere a sus hábitos y a su dieta, los que deben ser parecidos a los de la otra *Cyclanorbis*. Los juveniles son muy coloridos, con un caparazón verde cubierto de puntos amarillos irregulares. Su cabeza es parda, manchada de puntos amarillos. El plastrón aún no posee opérculos femorales.

Protección. Ampliamente consumida por las poblaciones locales, sus efectivos parecen mucho más reducidos que los de *C. senegalensis*.

Cycloderma frenatum Peters, 1854

Distribución. Esta especie habita en el África oriental, desde Tanzania hasta el río Save, en Mozambique, pasando por el sur de Zambia y Malawi. Su presencia en Zimbabue necesita ser confirmada.

Características. Del griego *kiklos*, círculo, y *derma*, piel; y del latín *frenum*, brida o bocado, en referencia a su caparazón redondo cubierto de piel y con líneas en forma de brida en su cuello. Es una gran tortuga que puede medir 560 mm y pesar 14 kg. Su color es verdoso a pardo, más o menos oscuro, con una ornamentación de puntos más oscuros. El plastrón, bastante grande, blanquecino o rosado, ofrece un aspecto vermiculado gris en algunas hembras. Posee siete callosidades, que se desarrollan a medida que el animal se hace mayor. La cabeza es alargada, algo deprimida en la parte superior. Los ojos son saltones, situados claramente encima del cráneo. La cabeza se termina con una nariz puntiaguda, en forma de hocico. Es gris a verdosa, con una línea oscura entre las órbitas y cinco líneas longitudinales que acaban en la base del cuello. Estas líneas, más o menos rectas y a menudo interrumpidas, tienden a atenuarse con la edad. Los individuos viejos lucen simplemente puntos blancos en la cabeza y en el cuello. El mentón y la base del cuello son claros, a veces con manchas oscuras. Las patas, grises, presentan cuatro o cinco escamas en forma de medialuna en los miembros anteriores, que son palmeados y están dotados de tres uñas.

Hábitos. La especie se encuentra en ríos y lagos, pero también en las charcas de aguas estancadas. Su régimen es carnívoro, compuesto mayormente de caracoles y moluscos bivalvos. Es capaz de excavar profundamente en el limo para buscar estos moluscos enterrados. La especie es, además, discreta y asustadiza, y nunca intenta morder. Es muy buena nadadora y se desplaza rápidamente en tierra firme. En caso de peligro, puede desaparecer en un segundo excavando la arena o el fango con la nariz y las patas. Asimismo, pasa mucho tiempo escondida en el lodo. Las puestas, que se observan de diciembre a abril durante el verano austral, cuentan de 15 a 25 huevos que se depositan en la tierra. Provistos de un cascarón duro, esférico, a veces ligeramente ovalado, miden aproximadamente 32 x 33 mm. Pueden darse varias puestas por temporada. Los jóvenes nacen entre diciembre y febrero del año siguiente. Su caparazón está adornado con una ligera quilla y, a menudo, con pequeños tubérculos rugosos. Es verde o gris, rodeado por un margen blanco. Su plastrón es amarillento a blanquecino, marcado únicamente por una zona oscura alrededor del ombligo y por otra, más pequeña, en la región anal.

Protección. La especie es poco conocida en el campo y se ignora el estatus de sus poblaciones. Es ampliamente consumida por las poblaciones locales.

Tortuga de agua dulce

Esp.: *Galápago conchiblando de bridas*

Ingl.: *Zambezi flapshell turtle*

Cycloderma aubryi (Duméril, 1856)

© J. Maran

Esta especie tiene el cuello muy largo, oscuro y marcado con una línea negra desde el ojo hasta el espaldar. El cráneo es plano y fino, ligeramente deprimido, y la cabeza se prolonga por un hocico alargado. Los ojos están muy desarrollados y situados muy alto.

Distribución. Solo vive en el oeste del África central, en Gabón, el extremo oeste de la República Democrática del Congo y Cabinda (provincia independiente de la República de Angola). Su presencia en el sur de la República Centroafricana queda por confirmar.

Características. Esta gran tortuga puede medir 610 mm y pesar hasta 18 kg. Su espaldar es oval, ligeramente avanzado y prominente encima del cuello. Es liso, sin quilla en los adultos, pardo rojizo, resaltado por una fina línea central muy oscura. El plastrón es amarillento, con manchas oscuras dispersas. Las siete callosidades están muy desarrolladas y tienen un aspecto granuloso. El cráneo, aplanado e incluso ligeramente deprimido, está rematado por un hocico óseo tubular. La cabeza es pardusca a rojiza, a veces muy oscura y luce cinco líneas finas longitudinales: una en medio del cráneo, que llega hasta la base del cuello; otras dos que salen de debajo de las órbitas y van hacia la parte posterior de la cabeza; y las dos últimas salen de las narinas y se prolongan a través de las órbitas hasta la base del cuello. Estas líneas oscuras sobre el caparazón y la cabeza, que pueden estar resaltadas por finos márgenes blancos en algunos individuos, son únicas en los Trionychidae y, curiosamente, las encontramos en *Pelusios niger* y *Pelusios gabonensis* que viven en simpatría con *C. aubryi* (Pritchard, 1979). El mentón y la garganta son amarillos, salpicados de puntitos oscuros. La mandíbula superior es muy ensanchada y cubre a la inferior. Las patas son fuertes, y las delanteras presentan seis o siete pliegues cutáneos en forma de medialuna. Los machos son más grandes que las hembras y poseen un plastrón plano, mientras que en las hembras es abombado. En caso de amenaza, esta tortuga puede excretar un almizcle maloliente.

Hábitos. Ocupa las corrientes de agua del bosque tropical húmedo y aprecia los fondos fangosos y arenosos de las lagunas costeras y los ríos de aguas turbias. Habita igualmente en bosques inundados, o en las lagunas enfangadas durante la estación seca. Se la ve termorregularse sobre troncos que sobresalen del agua, pero también está activa de noche. Su régimen omnívoro está compuesto de cangrejos de agua dulce, de pequeños crustáceos, así como de peces que aspira violentamente, como la sudamericana *Chelus fimbriata*. La especie está parasitada a menudo por sanguijuelas, incluso dentro de la boca (J. Maran). Se reproduce de enero a marzo, durante la estación seca. Pone de 15 a 35 huevos casi esféricos, de cascarón blanco y duro, de unos 30 x 33 mm, en nidos no lejos del agua. Se pueden dar dos puestas sucesivas. Las eclosiones ocurren durante la estación lluviosa, entre marzo y mayo. Los juveniles son extremadamente coloridos. Su espaldar y su cabeza son anaranjados a rojo claro y las líneas finas y oscuras están muy definidas. El espaldar presenta una quilla marcada por una línea oscura. Toda una serie de líneas concéntricas de pequeños tubérculos son

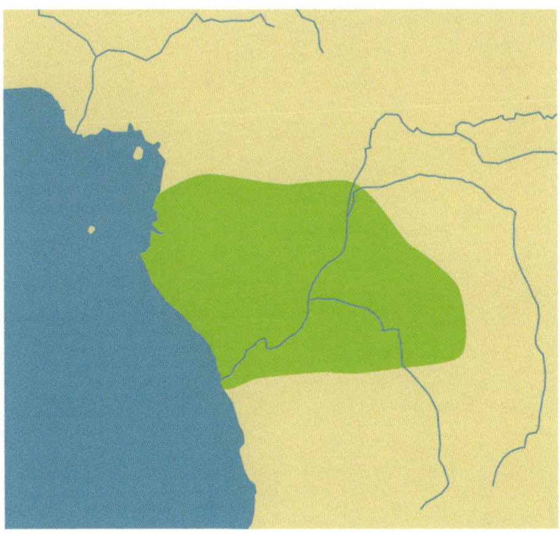

Tortuga de agua dulce

Esp.: *Galápago conchiblando de Aubry*

Ingl.: *Aubry's flapshell turtle*

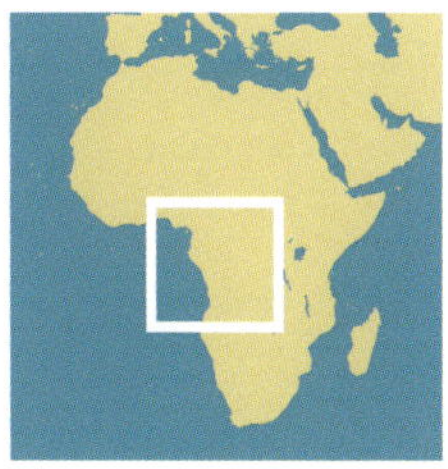

visibles encima del espaldar. Las patas son casi negras y las manchas negras sobre el plastrón están definidas, mientras que las callosidades plastrales no han aparecido aún.

Protección. La especie se caza por su carne y no está protegida. Los cazadores saben extraer las glándulas de almizcle para evitar que la carne coja un mal sabor.

Lissemys punctata (Lacepède, 1788)

Tortuga de agua dulce

Esp.: *Galápago conchiblando moteado*

Ingl.: *Indian flapshell turtle*

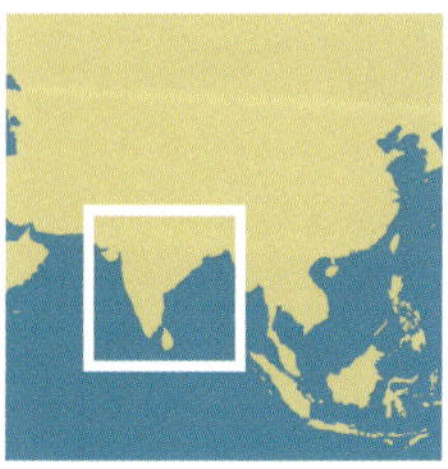

Distribución. Se encuentra en todo el subcontinente indio, en India, Pakistán, Nepal, Myanmar, Sri Lanka y Bangladesh, así como en las islas Andaman donde ha sido, sin duda, introducida por el hombre.

Características. Es una pequeña tortuga de caparazón blando, que mide un máximo de 270 mm con un peso de 7 kg. Su espaldar, oval y ligeramente abovedado, es pardo oscuro o verde oscuro, pero su coloración varía según las localidades. A veces está decorada con puntos verdes o amarillos e incluso pardos (de allí el nombre *punctata*). Muchos especímenes no lucen punto alguno. El plastrón es crema, sin ningún diseño especial. Es articulado, y el lóbulo anterior es capaz de cerrar completamente la abertura anterior del caparazón y de proteger la cabeza y las patas. El plastrón presenta siete callosidades. La cabeza es grisácea a verde encima, y verde pálido debajo. Tres líneas paralelas decoran la cabeza de los individuos jóvenes.

Subespecies. Actualmente se reconocen solamente dos subespecies. La tercera, *L. scutata*, ha sido elevada al rango de especie. *L. p. punctata* (Galápago conchiblando moteado meridional) vive en el subcontinente indio, al sur del Ganges, y en Sri Lanka, excepto en la costa este, así como en Bangladesh, en el distrito de Khulna. *L. p. andersoni* Webb, 1980 (Galápago conchiblando moteado septentrional) vive a lo largo de las cuencas del Ganges, del Brahmaputra y del Indo en el norte de India, pero también en el este del Pakistán, el sudeste de Bangladesh y el noreste de Myanmar. Su espaldar es más oliváceo, a menudo rodeado por una línea más clara.

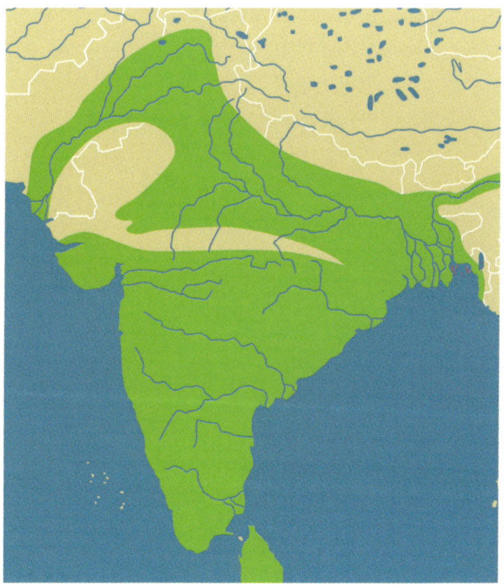

Hábitos. Esta tortuga vive en las aguas tranquilas y profundas de los ríos, lagos, pantanos, charcas y canales de irrigación donde haya fondos arenosos o fangosos. A menudo se la ve tomar el sol en las orillas o en la vegetación flotante. Es muy asustadiza y se sumerge cuando siente la más mínima presencia. No es agresiva, ni muerde cuando se la coge, pero puede excretar un líquido amarillo muy nauseabundo. Durante la estación seca, se entierra en el lodo para protegerse de los depredadores y de la desecación, y espera a que vuelvan las lluvias para volver a salir. Su régimen omnívoro está compuesto de ranas, renacuajos, peces, crustáceos, caracoles, gusanos, pero también de vegetación acuática. Se alimenta a veces de carroña y se han observado casos de canibalismo. Sus mandíbulas planas le permiten triturar la concha de los moluscos. En realidad, es más bien herbívora cuando sale de su hibernación, que se desarrolla de noviembre a febrero; luego es carnívora, y se vuelve más herbívora antes de la próxima hibernación. Los cortejos se observan en abril: el macho nada encima de la hembra acariciándole el caparazón con su mentón. Enseguida, se ponen frente a frente y sus cabezas se entrechocan. La hembra se deja hundir hacia el fondo y el macho se coge a su espaldar para acoplarse. Las puestas se hacen en nidos poco profundos, recubiertos de desechos vegetales. Pone de 3 a 14 huevos esféricos y blancos, de cascarón frágil, que miden 25 x 33 mm. Puede haber varias puestas en cada temporada. La incubación dura aproximadamente 270 días. Las eclosiones se producen justo antes de las lluvias, lo que permite que los recién nacidos se alimenten de larvas de mosquitos, abundantes en esta época.

Protección. Los principales predadores de los huevos y jóvenes son nutrias, mangostas, chacales, varanos y buitres. Además, la especie es muy recolectada para el consumo humano, pues es muy apreciada por las etnias locales por su valor nutritivo. Ocupa un lugar importante en los ritos religiosos védicos durante los cuales se sacrifican varios ejemplares. La mayoría de los templos conservan a esta especie en estanques. También se le vende corrientemente en los mercados de algunas grandes ciudades, como Calcuta. Se ha proyectado la creación de criaderos, siguiendo el ejemplo de lo que se ha hecho con otra tortuga de caparazón blando, *Pelodiscus sinensis*, pero aún no se han puesto en marcha. Aunque la especie esté clasificada en el Apéndice II de la CITES y esté protegida por leyes nacionales, está sometida a una presión permanente de la población, por lo que sus efectivos disminuyen notablemente.

© I. Das

Esta especie tiene el hocico corto y a menudo luce manchas claras en la cabeza y el cuello. Algunos animales de edad son más oscuros; los juveniles presentan líneas más claras en la cabeza y el cuello.

Lissemys scutata (Peters, 1868)

Distribución. Endémica de Myanmar, en los ríos Ayeyarwady, Sittan, Salwen y sus afluentes.

Características. Clasificada largo tiempo como subespecie de *L. punctata*, actualmente se le considera válida como especie. Ciertamente, se parece mucho a esta especie, pero se diferencia por algunos rasgos. Su espaldar es pardo oliváceo, bastante abombado y ornado con algunos puntos oscuros en los juveniles, y luego con un efecto reticulado pardo en los adultos. La cabeza también es pardo olivácea, pero decorada con dos líneas oscuras, más o menos definidas, extendidas hacia atrás: la primera entre las órbitas; la segunda, a cada lado de la parte posterior de las órbitas, hasta el cuello. En el plastrón, la callosidad endoplastral es muy importante y está en contacto con la callosidad hioplastral y la hipoplastral. Su tamaño es inferior al de *L. punctata*.

Hábitos. A esta especie le gustan los cursos lentos de los ríos, pero también los canales de irrigación, marismas y pantanos. Es omnívora: come peces, anfibios, carroña y vegetales acuáticos.

Protección. Las informaciones sobre Myanmar son escasas, pero se sabe que esta especie es ampliamente recogida y consumida, y que

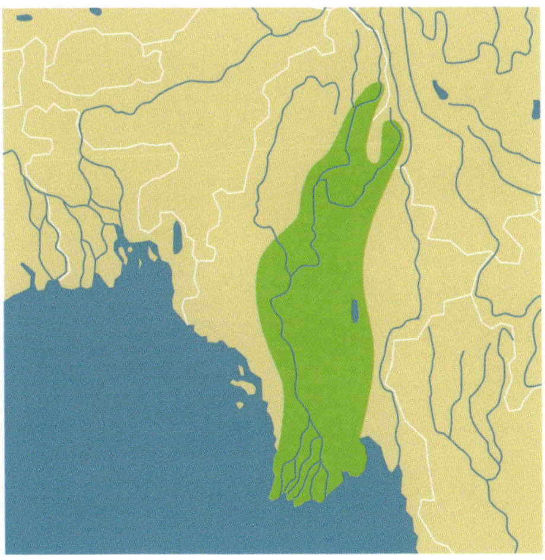

Tortuga de agua dulce

Esp.: *Galápago conchiblando birmano*
Ingl.: *Myanmar flapshell turtle*

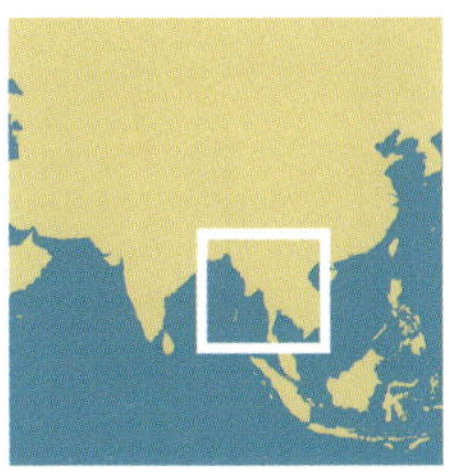

El espaldar es pardo, bastante abombado y muy liso. Los jóvenes presentan algunos puntos oscuros sobre un fondo gris a beis, mientras que los adultos tienen puntos dispersos en forma de retícula, pero a veces el espaldar es totalmente negro. La cabeza es parda, con una o dos líneas oscuras a cada lado.

también se le recolecta para la exportación, ya que se encuentra abundantemente en los mercados de China. Algunas tradiciones orales hablan del peligro de comer carne de tortuga, ya que podría ocasionar enfermedades de la piel en las mujeres, tradiciones que, de cierta manera, protegen a la especie. Asimismo, la legislación es severa: los recolectores de quelonios se arriesgan a dos años de prisión. Aún así, el tráfico continúa, las leyes se aplican raras veces y es probable que este galápago endémico de Myanmar esté en una situación precaria.

Amyda cartilaginea (Boddaert, 1770)

Tortuga de agua dulce

Esp.: *Galápago conchiblando de La Sonda*
Ingl.: *Asiatic softshell turtle*

Distribución. Territorio muy amplio, aunque fragmentado: este de India, Bangladesh, Myanmar, Tailandia, sur de Laos, Camboya, Vietnam y hasta la península Malaya, Borneo, Brunei, Singapur, Sumatra y Java.

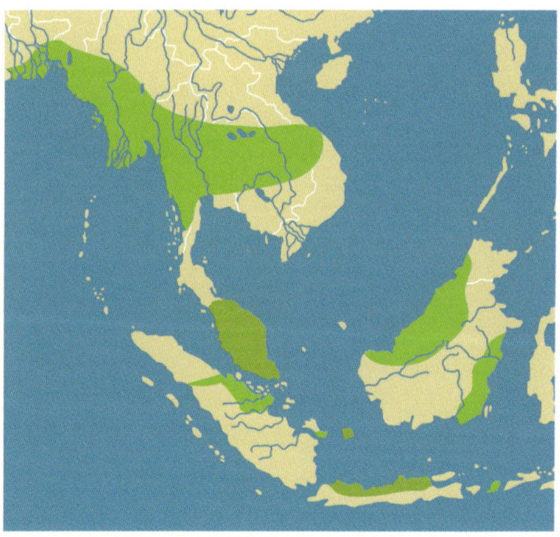

Características. Es un galápago grande, de caparazón oval más o menos redondo, que puede alcanzar los 800 mm (en 1987, un espécimen de 202 kg fue capturado en el río Chao Phraya, en Tailandia). Es gris oliváceo a pardo verdoso, decorado con abundantes puntos amarillos, bordeados de negro en los individuos jóvenes. Esta decoración se desvanece con la edad y es remplazada por anchas bandas radiales negras. Algunos adultos son de un verde oliva inmaculado. Los juveniles presentan varias líneas longitudinales de pequeños tubérculos, que luego desaparecen. Los adultos solo conservan algunos tubérculos romos en la parte anterior del espaldar, por encima del cuello. El plastrón es blanco, a veces grisáceo, y presenta cinco callosidades alveoladas. La cabeza, el cuello y las patas son verde olivo salpicado de puntos amarillos, a los que se suman puntos anaranjados y rosados encima y a cada lado del cráneo a partir de las órbitas, en los animales más jóvenes. Los individuos viejos a menudo solo conservan un motivo en forma de cruz sobre la cabeza. La nariz es tubular, larga y fina. Las órbitas están situadas bastante alto en la cabeza. Los juveniles son muy coloridos. Su espaldar y su cabeza son verde oscuro, salpicados de puntitos amarillos, con el plastrón blanco apenas grisáceo.

Hábitos. Esta tortuga ocupa diversos ambientes acuáticos, que van desde torrentes en zonas montañosas altas hasta ríos lentos y turbios, pero también canales de irrigación, charcas y pantanos. Su régimen es netamente carnívoro y está compuesto de peces, anfibios, crustáceos, insectos acuáticos y otros invertebrados. Es una especie excavadora, a la que le gusta disimularse bajo la arena o el fango durante largas horas, dejando aparecer solo el hocico, pero que se aventura a veces fuera del agua, sobre todo de noche, sin duda para alimentarse. A veces es agresiva y entonces busca morder. Se observan tres o cuatro puestas de 6 a 10 huevos (con un máximo de 30) por temporada. Estos huevos son esféricos, frágiles, de un diámetro de 21 a 33 mm. La incubación dura de 60 a 145 días.

Protección. Aunque su carne sea menos apreciada que la de otros galápagos conchiblandos, de todas maneras esta especie es ampliamente recogida y consumida. En Vietnam, por ejemplo, se ha vuelto escasa. Sin embargo, aún figura en el menú de algunos restaurantes. En Indonesia, donde la población, mayoritariamente musulmana, no la consume, se la exporta a China. En Malasia, los huevos y la carne son consumidos ampliamente y se ha vuelto una especie muy rara. Esta tortuga también ha sido víctima de su uso en la medicina tradicional. Además, sus hábitats están muy degradados o son utilizados por el hombre, y a la recolección se suma la contaminación… Sus efectivos son cada vez más reducidos, por lo que se deberían aplicar programas de conservación.

© F. Bonin

Esta tortuga bastante joven, fotografiada en Malasia, tiene una decoración clara y muy marcada, mientras que los individuos viejos son más oscuros. La nariz es fina y alargada. El animal es, en general, bastante agresivo.

Apalone spinifera (LeSueur, 1827)

Distribución. Ocupa un vasto territorio en Canadá, Estados Unidos y México: Ontario, Quebec y Vermont; luego Dakota y Montana, hasta los estados costeros del golfo de México y Nuevo México; y en el norte de México (Tamaulipas, Nuevo León, Coahuila y Chihuahua).

Características. Las *Apalone* se incluían antiguamente en *Trionyx*. Esta tortuga, que no supera los 550 mm (hembras), redondeada, ligeramente oval, más bien plana y de aspecto rugoso, presenta a veces excrecencias puntiagudas, tubérculos y pequeñas espinas romas –de allí su nombre–, especialmente en la parte anterior, justo encima del cuello. El caparazón es oliváceo a pardo, decorado con ocelos y puntitos negros, y a veces con una línea negra que marca el borde del espaldar. Parece capaz de modificar el tono de su espaldar para adaptarse a su entorno. El plastrón es blanco o amarillento inmaculado. El hioplastrón, el hipoplastrón y el xifiplastrón presentan callosidades

© F. Bonin

Los individuos jóvenes presentan a veces coloraciones notables y muy atípicas. Posteriormente, el espaldar se vuelve oscuro, con una orla clara. El cuello está adornado con manchas o bandas claras, y el hocico es fino y alargado. Las "espinas" se sitúan en la parte delantera del espaldar, sobre todo en los juveniles.

© F. Bonin

Existen varias subespecies, y solo se les puede diferenciar con facilidad en su juventud. Ésta es probablemente una *A. s. hartwegi* del sudoeste de Estados Unidos.

importantes, aunque menos nítidas en el preplastrón y en el epiplastrón. La cabeza es más bien pequeña, puntiaguda y prolongada por una nariz tubular fina de narinas bastante grandes. Su color es pardo, oliváceo o gris, y está salpicada de puntos oscuros. Dos líneas claras, resaltadas por finas líneas oscuras, salen una de detrás de la órbita, y la otra de las comisuras de la boca, dirigiéndose hacia el cuello. Los labios, amarillos y manchados de puntos oscuros, son cortantes y pueden ocasionar heridas graves. Las patas son potentes y fuertemente palmeadas, y están provistas de tres dedos. Es una tortuga irascible que ataca a las demás tortugas así como a sus propios congéneres.

Subespecies. Se reconocen seis subespecies. *A. s. spinifera* (Galápago conchiblando espinoso oriental): se encuentra en el este del río Mississippi, desde Vermont y el extremo sudeste del Canadá, hasta Wisconsin, Carolina del Norte, Virginia y Tennessee. Esta subespecie está marcada por grandes ocelos negros y una línea marginal oscura. *A. s. aspera* (Agassiz, 1857; Galápago conchiblando espinoso del Golfo): se encuentra desde el sur de Carolina del Norte hasta Mississippi, Luisiana y Florida. Su espaldar, a menudo más claro, café con leche, está frecuentemente marcado con varias líneas, más o menos discontinuas, que delinean de oscuro el borde del espaldar. Las líneas postorbitales y postlabiales se unen a veces. *A. s. emoryi* (Agassiz, 1857; Galápago conchiblando espinoso sureño): habita en las cuencas de los ríos Grande y Pecos, en Texas y Nuevo México, así como en la cuenca del Colorado, en California, Utah, Nevada y Arizona; luego, en México, en los estados de Chihuahua, Coahuila, Nuevo León y Tamaulipas. Su caparazón está rodeado de una línea clara más ancha en la parte trasera. Una línea curva une las dos órbitas, y las líneas postoculares son reemplazadas por una mancha al costado de la cabeza. *A. s. guadalupensis* (Webb, 1962; Galápago conchiblando espinoso del Guadalupe): está restringida a la cuenca hidrográfica de los ríos Guadalupe, San Antonio y Nueces, en el sur de Texas. Su caparazón oscuro está cubierto de pequeños tubérculos claros y decorado de ocelos negros. *A. s. hartwegi* (Conant & Goin, 1948; Galápago conchiblando espinoso occidental): se encuentra al oeste del río Mississippi, desde Minnesota hasta Dakota y Montana, y por el sur hasta Luisiana, Oklahoma y Nuevo México. Su espaldar está salpicado de puntos oscuros, más o menos grandes. Una banda oscura subraya el margen desde los costados, así como la parte posterior del caparazón. Líneas negras recorren cada dedo de las patas delanteras. *A. s. pallida* (Webb, 1962; Galápago conchiblando espinoso pálido): habita río arriba en la cuenca del Red River que desemboca en el golfo de México, cerca de Galveston. El espaldar es muy pálido y está salpicado de pequeños tubérculos blancos en la mitad posterior.

Hábitos. Esta tortuga frecuenta los ríos, canales de irrigación, lagos, *bayous*, siempre y cuando los fondos sean arenosos o limosos. Pasa todo el tiempo en el agua o escondida en la arena o en el fango para acechar a sus presas. Está activa tanto de día como de noche, y duerme escondida bajo el fango o acomodada sobre una rama entre dos aguas. A esta tortuga no le disgustan las aguas salobres y a veces le gusta tomar el sol en las orillas o sobre troncos emergentes. Esta especie posee una respiración cutánea que le permite aprovechar el oxígeno del agua. Su régimen es casi totalmente carnívoro y consume todo lo que puede atrapar: peces, renacuajos, ranas, moluscos, insectos acuáticos, así como carroña. Prefiere aparentemente los cangrejos de río. Ingurgita algunos vegetales. Las cópulas tienen lugar en abril y mayo, y las puestas, de mayo a agosto. Cada año se observan dos puestas. Los nidos están a veces alejados de la orilla y cuentan con 4 a 39 huevos (12 a 18 en promedio), que son blancos, casi esféricos, de un diámetro de 24 a 32 mm. La incubación dura entre 50 y 95 días, según la latitud. Al parecer el sexo del embrión no depende de la temperatura de incubación, a diferencia de la mayoría de Quelonios. Los jóvenes son idénticos a los adultos.

Protección. Esta especie no parece ser víctima de recolecciones, pero algunas poblaciones pueden estar en regresión a causa de la transformación de los hábitats y de la contaminación. Las subespecies de distribución reducida son más frágiles.

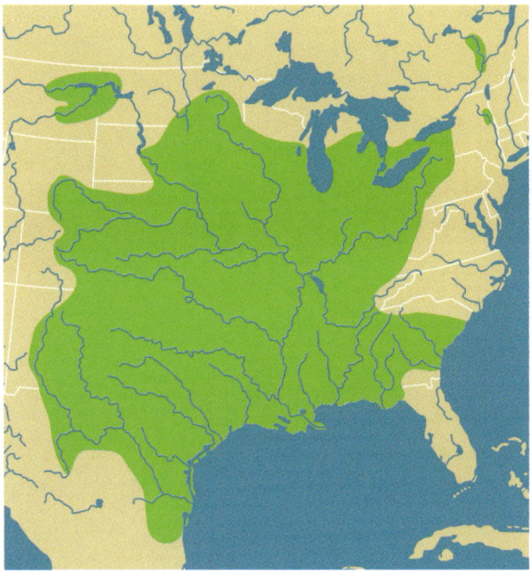

Tortuga de agua dulce

Esp.: *Galápago conchiblando espinoso*

Ingl.: *Spiny softshell turtle*

Apalone ater (Webb & Legler, 1960)

Distribución. Esta especie ocuparía un territorio muy limitado en el valle de Cuatrociénegas, en el estado de Coahuila, en el norte de México.

Características. La validez sistemática de esta especie sigue provocando controversias y algunos herpetólogos consideran que "no existe" como tal. Antigua subespecie de *A. spinifera*, su estatus actual es el de una especie aparte. Su caparazón, ligeramente granuloso como el papel de lija, aunque a veces más liso, no presenta tubérculos en el borde anterior. El borde posterior es irregularmente dentado. Su color es gris oscuro, pero puede llegar al negro. Los machos presentan una línea clara en el margen. La cabeza es maciza, prolongada por una nariz tubular más importante en los machos. La piel es gris, bastante oscura, con puntitos blanquecinos que decoran la parte posterior del cráneo.

Hábitos. Esta tortuga, que se observa muy raras veces, ocupa las "pozas" de Cuatrociénegas, pequeños lagos de surgencia, de agua dulce o salada, donde viven otras especies como *Terrapene coahuila*. Estas pozas están comunicadas por canales de irrigación con otros arroyos externos al valle, y la especie podría ser

Tortuga de agua dulce

Esp.: *Galápago conchiblando de Cuatrociénegas*

Ingl.: *Black spiny softshell turtle*

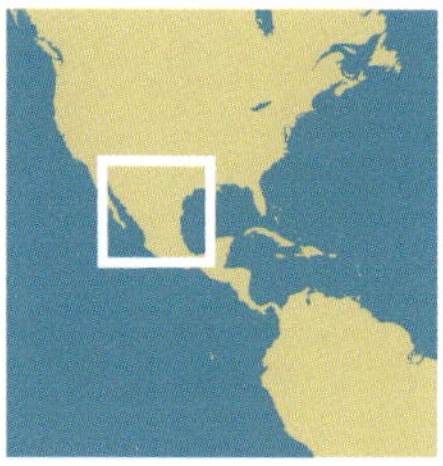

un híbrido o un "clon" de *A. spinifera*. Por lo demás, las numerosas investigaciones de campo no han logrado observar la especie ni describir su ecología ni su biología.

Protección. El valle de Cuatrociénegas está protegido y vigilado permanentemente por equipos locales de Medio Ambiente. Las dos especies de tortuga, *A. ater* y *T. coahuila*, figuran en el Apéndice I de la CITES, y *A. ater* aparece en la lista de las 24 tortugas más gravemente amenazadas del Turtle Conservation Fund. Ahora bien, queda por elucidar la biología y el estatus exactos del animal.

Apalone ferox (Schneider, 1783)

Tortuga de agua dulce

Esp.: *Galápago conchiblando floridano*

Ingl.: *Florida softshell turtle*

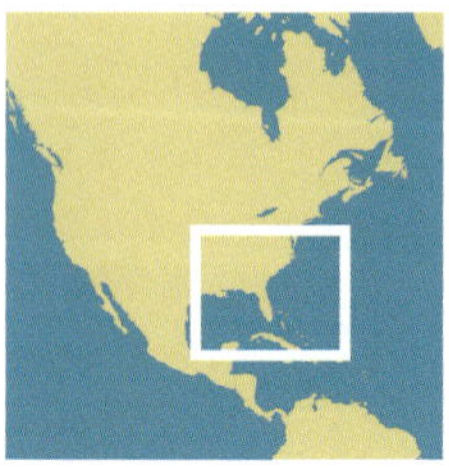

Distribución. Solo se encuentra en el sudeste de Estados Unidos, desde el sur de Carolina del Sur y Georgia, hasta la península de Florida (excepto en los Cayos) y el sur de Alabama hasta el condado de Baldwin y la bahía de Mobile.

Características. Es una tortuga bastante grande, que puede alcanzar los 600 mm. Su espaldar es plano y con un reborde más grueso, resaltado por una serie de tubérculos anchos y cortos que son más abundantes en una zona en forma de medialuna situada en la parte delantera, encima del cuello y de las patas. También se observan bastante a menudo hileras longitudinales de pequeños tubérculos en todo el espaldar. Éste es oval, sin quilla verdadera, de color grisáceo, oliváceo o pardo, a menudo decorado con manchas más oscuras. El plastrón es blanco, más o menos grisáceo. Las callosidades en el hioplastrón, el hipoplastrón y el xifiplastrón son muy visibles; las demás están a menudo ausentes o poco desarrolladas. La cabeza y las patas son grises o pardas, con jaspeados y dibujos reticulados más claros. A veces se ve a los lados de la cabeza una línea rojiza o amarilla, que va del ojo a la comisura de la boca. Las mandíbulas son cortantes y la superficie de masticación del maxilar superior aumenta en los individuos viejos. La nariz es tubular, bastante larga, abruptamente truncada en su extremo. Las cuatro patas son potentes y muy fuertemente palmeadas. Los machos son más pequeños que las hembras y no superan los 330 mm. Los jóvenes presentan un caparazón bastante oscuro, que luce una línea anaranjada o amarilla en el contorno y anchos ocelos rodeados de amarillo anaranjado. La cabeza y las patas son oscuras, recorridas por líneas interrumpidas claras, una de las cuales forma una "Y" sobre la cabeza, desde los ojos hasta la punta del hocico. Es una tortuga muy agresiva que puede morder fuertemente, por ejemplo, a un automovilista bien intencionado que intentara apartarla de una pista peligrosa.

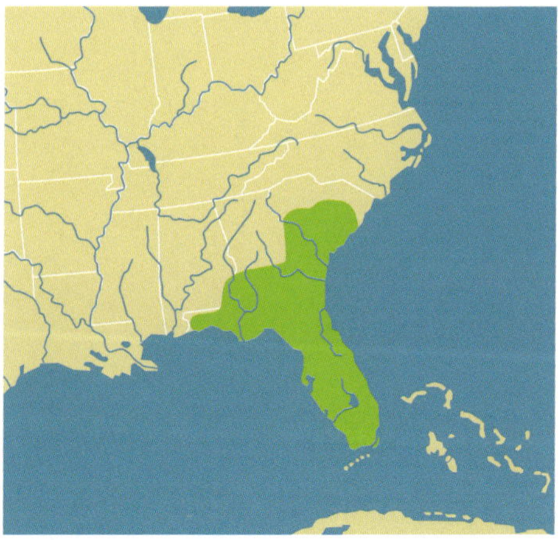

Hábitos. Ocupa sobre todo las aguas tranquilas y estancadas de los ríos, charcas, pantanos y lagos, y prefiere los fondos fangosos o arenosos. A veces vive en simpatría con *A. spinifera*, especie que prefiere las aguas más rápidas. Algunas veces es arrastrada al mar, pero se la ve volver a la costa sin dificultad. A menudo pasa su tiempo excavando en el fondo blando de las aguas para esconderse dejando emerger solo su cabeza, pero es capaz de quedarse bastante tiempo sumergida, gracias a su respiración faríngea, cloacal y cutánea. Esta especie, muy resistente a la subida de la temperatura del agua, soporta más de 40 °C. A menudo se la ve tomando el sol en las orillas o sobre troncos y aventurarse en tierra donde a veces es atropellada en las carreteras. Es esencialmente carnívora y se alimenta de invertebrados, caracoles, moluscos bivalvos, cangrejos de río, peces, ranas, tortugas, serpientes y pollos de aves

La cabeza de esta especie es bastante fina, con un hocico muy alargado. Su cabeza y su cuello están decorados con líneas oscuras, de un modo muy estético. El espaldar está marcado con grandes tubérculos, aunque algunos individuos tienen el espaldar liso y oscuro.

acuáticas. Los individuos viejos, cuya superficie de masticación se ha vuelto mayor, parecen preferir los caracoles y bivalvos. Esta especie también puede consumir carroña y algunos vegetales. Las puestas tienen lugar de mediados de marzo a julio en Florida, y de junio a julio más al norte. Algunas hembras ponen huevos en nidos de caimanes, aprovechando así la vigilancia del caimán hembra para alejar a los depredadores. Ponen entre 4 y 24 huevos pequeños, de cascarón fino y frágil, que miden de 24 a 33 mm de diámetro. Puede haber dos, y hasta seis, puestas en la misma temporada.

Protección. Diversos depredadores se alimentan de los jóvenes de la especie, como grandes peces, aves, algunas tortugas (*Chelydra serpentina*) y toda suerte de mamíferos. En el pasado, se vio afectada sobre todo por el consumo por parte de indios y colonos. Actualmente, existen criaderos en el sur de Florida, y lo esencial de la producción se destina al mercado chino. La especie se ve afectada también por los cultivos y la desecación de los ambientes, así como por la contaminación y los atropellos en las carreteras. Se le considera rara en muchas regiones.

Apalone mutica (LeSueur, 1827)

Distribución. En Estados Unidos, ocupa la cuenca del río Ohio en los estados de Ohio, Indiana e Illinois; la cuenca superior del Mississippi, desde Minnesota hasta Wisconsin, y del río Missouri hasta el extremo noroeste de Florida y la mitad este de Texas. Una población queda aislada en el extremo este de Nuevo México. Parece haber desaparecido de Pensilvania.

Características. Es una tortuga mediana (360 mm en las hembras; 180 mm en los machos) cuyo espaldar redondo y plano parece de cuero, sin ninguna excrescencia, rugosidad o tubérculo. Es oliváceo a pardo anaranjado, adornado con puntitos oscuros más o menos grandes y abundantes. El borde del espaldar está a menudo resaltado por una zona más clara, delimitada hacia el interior por un alineamiento de puntos muy cercanos que constituyen casi una línea oscura. El plastrón es inmaculado, blanco, o a veces grisáceo, y las callosidades sobre el xifiplastrón, el hipoplastrón, el preplastrón y el epiplastrón son muy visibles a través de la piel. La cabeza, el cuello y las patas son

Tortuga de agua dulce

Esp.: *Galápago conchiblando liso*

Ingl.: *Smooth softshell turtle*

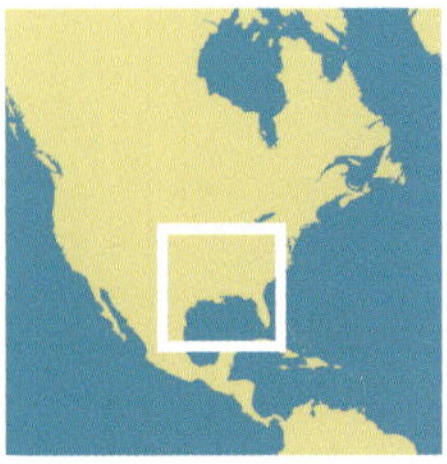

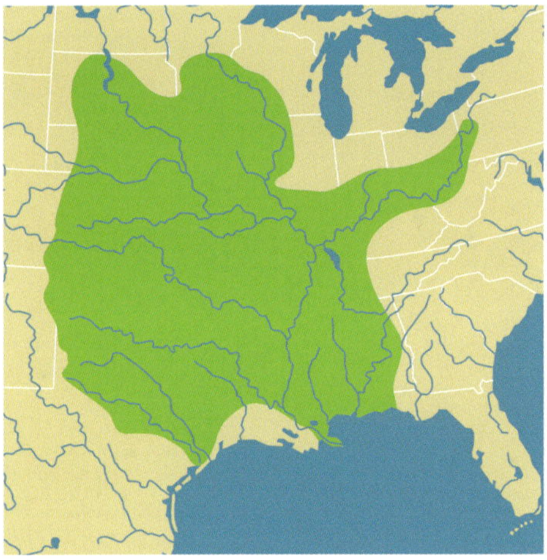

anaranjados a oliváceos encima; blancos a grises debajo. Una línea clara, bastante ancha y rodeada de negro a cada lado, recorre la cabeza, atravesando la órbita para prolongarse a lo largo del cuello. La nariz es tubular, bastante larga, fina y truncada oblicuamente (de allí el nombre "mutica"), con dos pequeñas narinas. Las mandíbulas son cortantes. Las patas tienen cuatro grandes escamas córneas, son grises y no presentan ningún diseño en particular, salvo en algunos individuos de piel ligeramente manchada de puntos oscuros. Son poderosas, concebidas para el nado y fuertemente palmeadas. Las hembras tienen las uñas más largas que los machos en las patas traseras, mientras que los machos las tienen más largas en las delanteras.

El hocico está cortado oblicuamente, lo que ha motivado el nombre "mutica". La cabeza es olivácea a beis encima y clara debajo, dividida por una línea clara más o menos marcada que comienza detrás del ojo.

© J. Maran

Subespecies. Se reconocen dos subespecies. *A. m. mutica* (Galápago conchiblando liso común): se encuentra en Ohio, Minnesota, el sur de Dakota, Tennessee, Luisiana, Oklahoma, Texas y Nuevo México. Los juveniles lucen puntos oscuros y líneas cortas en el caparazón, así como una línea clara finamente rodeada de negro en el hocico y las sienes. Sin embargo, algunos individuos, localizados en el río Colorado, no presentan estas características. *A. m. calvata* (Webb, 1959) (Galápago conchiblando liso del Golfo): vive solo en las llanuras costeras del golfo de México, en Florida, Alabama y en Mississippi hasta el río Pearl. Los juveniles están marcados por grandes ocelos oscuros en el espaldar y no lucen una línea en la superficie dorsal de la nariz ni encima de las patas. Además, la línea clara que recorre la nariz está bordeada de líneas oscuras más anchas que en la otra subespecie.

Hábitos. Esta tortuga está presente en los grandes ríos de corrientes más o menos rápidas. Este hábitat es el de *A. m. calvata*, mientras que la subespecie nominal también se encuentra en los lagos, charcas y marismas poco profundos y de fondos fangosos o arenosos. Raras veces se ve a las hembras insolarse, mientras que los machos están presentes en las orillas. En invierno, esta tortuga hiberna en el fango o en el limo, y durante su periodo activo es diurna y se esconde bajo el fango. Es capaz de quedarse largo tiempo sumergida, ya que su respiración es parcialmente cutánea. Es una excelente y veloz nadadora, que puede recorrer kilómetros a contracorriente. Su régimen es principalmente carnívoro, invertebrados en un 75 %. Consume gusanos, caracoles, moluscos bivalvos, cangrejos de río, anfibios, pequeñas aves y micromamíferos, así como peces; pero puede contentarse con comer algas, semillas y frutos caídos al agua. Esta especie también es capaz de cazar en tierra, al menos los machos. Los cortejos comienzan al salir de la hibernación. El macho le huele la cloaca a la hembra, la cual, para mantenerlo a distancia, puede llegar a morderlo. Los machos se agreden unos a otros fácilmente. La cópula se desarrolla en aguas poco profundas y las puestas se observan de mayo a julio, a unos treinta metros de la orilla. Pone de 3 a 33 huevos, pudiéndose dar dos o tres puestas consecutivas. Los huevos, blancos y esféricos, miden de 20 a 23 mm de diámetro y están dotados de un grueso cascarón. La incubación dura entre 65 y 77 días. A diferencia de otras especies, la determinación sexual no parece depender de la temperatura.

Protección. Los adultos solo conocen un depredador, el caimán, aunque generalmente su rapidez les permite escapar de él. Estas tortugas son agresivas, sobre todo las hembras, que pueden morder fuertemente a los que las manipulan. La especie es víctima en algunos lugares de las perturbaciones de los medios acuáticos y de la contaminación de los grandes ríos, a la que es sensible en razón de su respiración cutánea.

Aspideretes gangeticus (Cuvier, 1824)

Distribución. Se la encuentra en el norte del subcontinente indio, en las cuencas del Ganges, del Indo, del Mahanadi y del Brahmaputra, en Pakistán, India, Bangladesh y el sur de Nepal.

Características. Es una tortuga grande, que puede medir 700 mm. Su caparazón es más bien redondo, a veces ligeramente ovalado, un tanto abovedado, oliváceo a verde claro, con toda una red vermiculada oscura resaltada de amarillo en el disco central, que es liso y sin tubérculos. El plastrón es blanco a crema y luce unas callosidades muy desarrolladas. La cabeza es ancha, y el hocico, más bien corto, está dotado de grandes narinas. Las mandíbulas están marcadas por excrescencias carnosas muy características. Las superficies de masticación son planas y rugosas. La cabeza es verdosa, a veces con marcas oscuras, y presenta un dibujo de líneas oblicuas negras, en forma de "Y", dirigido hacia delante. Estas líneas están a veces interrumpidas o incompletas. Una línea sale de cada lado del borde del ojo para llegar hasta la comisura de la boca. La parte alta del cráneo está marcada longitudinalmente por otra línea que sale de entre las órbitas y se prolonga hasta la nuca. Las mandíbulas son amarillas; el mentón y la garganta, crema casi blanco. Las patas, fuertemente palmeadas y dotadas de tres uñas, son generalmente inmaculadas y verdes, como el conjunto del animal. Las crías nacen con un caparazón que luce varias hileras longitudinales de pequeños tubérculos. Son verde claro, adornados con unos dibujos reticulados oscuros que forman a menudo grandes ocelos rodeados de amarillo. No existen subespecies reconocidas, pero en un área de distribución tan vasta, dan morfologías y diseños diferentes.

Hábitos. Este galápago ocupa los grandes ríos de aguas turbias y lodosas, pero también lagos, pantanos y canales de irrigación. Le gusta esconderse en los fondos fangosos o arenosos, pero también toma el sol en las orillas, o flota en la superficie del agua. Su régimen es omnívoro y oportunista: come invertebrados, insectos, peces, ranas, moluscos e incluso pollosde aves acuáticas que atrapa por las patas. Consume también carroña así como sus propios congéneres (huevos, juveniles y subadultos) y se alimenta de vegetales acuáticos o de semillas y frutos caídos al agua. Es muy activo y puede morder ferozmente echando la cabeza hacia atrás, lo que deja profundas heridas en forma de "V". Los cortejos coinciden con el principio de la estación lluviosa, en abril. Se señala que los machos son capaces de emitir gritos roncos. Las puestas tienen lugar prácticamente todo el año, pero especialmente en julio y agosto. Los nidos cuentan entre 8 y 32 huevos, blancos y esféricos, de cascarón duro, que miden entre 30 y 33 mm de diámetro. La incubación puede durar de 217 a 287 días.

© I. Das

Estos galápagos conchiblandos tienen grandes protuberancias en las mandíbulas que facilitan la captura de las presas cuando están en el fondo del agua.

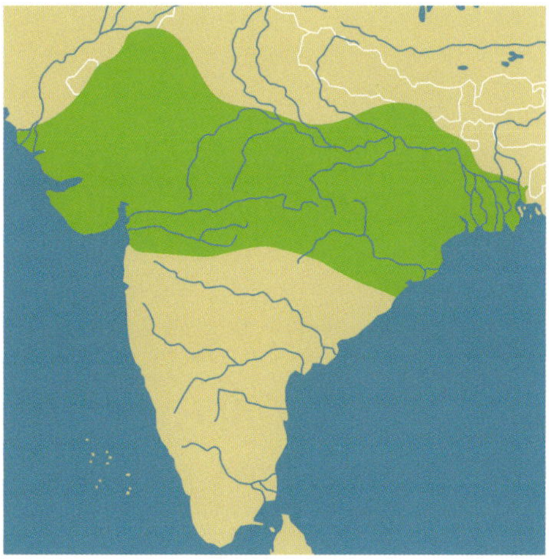

Tortuga de agua dulce

Esp.: *Galápago conchiblando del Ganges*
Ingl.: *Indian softshell turtle*
Fr.: *Trionyx du Gange*

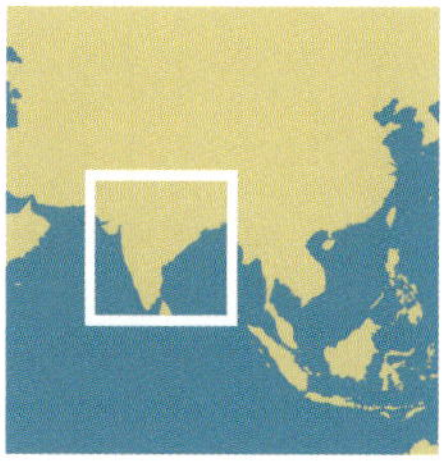

© F. Bonin

Estos galápagos son abundantes en algunos de los afluentes del Ganges y se insolan sobre pequeños montículos, cerca de la orilla.

Protección. Es una tortuga grande muy capturada por su carne. En Bangladesh, sus efectivos disminuyen rápidamente a causa de la sobreexplotación. Antiguamente, ocupaba todos los grandes ríos, pero hoy solo sobrevive en las regiones alejadas con ríos menos accesibles. Casi todas las capturas se exportan a China. Los huevos también se recolectan para ser consumidos localmente. En India, aunque está protegida, también se la captura. En Pakistán, la religión musulmana limita la explotación del animal. Desde finales de los años 1980, un criadero, cerca de Benarés, produjo 60.000 tortugas que fueron liberadas en el Ganges, con el fin de limpiar este gran río de sus desechos orgánicos. El programa se detuvo en 2002, pues las tortugas eran bastante abundantes (Rao, 2004). Esta especie está clasificada en el Apéndice I de la CITES, pero se le sigue recolectando y exportando a Hong Kong, Malasia, Corea del Sur y Japón. Sus poblaciones descienden dramáticamente.

Aspideretes hurum (Gray, 1831)

Tortuga de agua dulce

Esp.: *Galápago conchiblando ocelado*

Ingl.: *Indian peacock softshell turtle*

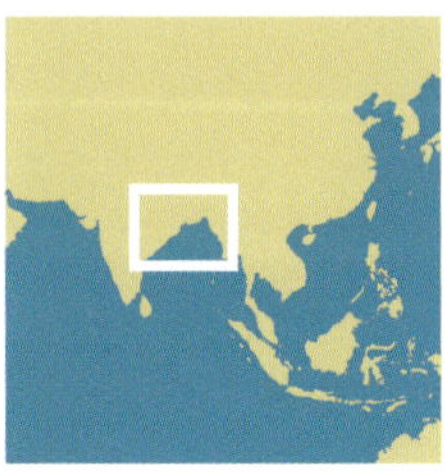

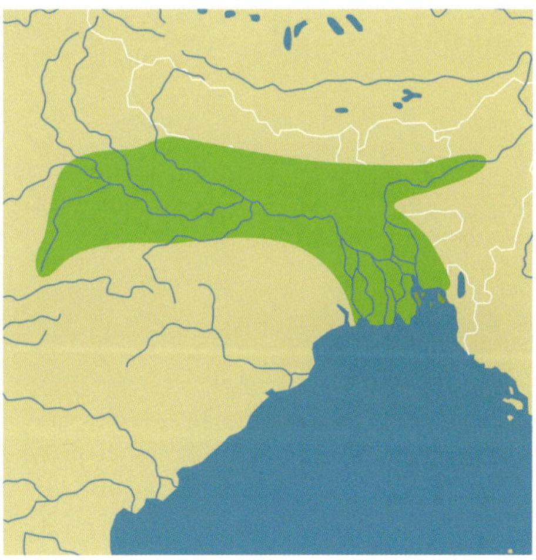

Distribución. Se le encuentra en el sur de Nepal (por debajo de los 300 metros), en el centro y este de India (Assam, Bihar, Madhya Pradesh, Maharashtra, Rajastán, Uttar Pradesh, Bengala y Orissa) y en Bangladesh (Khula, Natore, Dhaka, Noakhali, Chittatong y Sylbet).

Características. El nombre "hurum" se deriva de un nombre indio de la especie (I. Das). Es una tortuga bastante grande, de 600 mm máximo. Su caparazón oval es plano, a veces ligeramente abovedado. Es muy decorativa y su nombre inglés la compara a un pavo real. En efecto, el fondo verde oscuro está adornado con cuatro (a veces seis) ocelos bastante grandes, con el centro en forma de disco negro resaltado por finas líneas amarillas, todo rodeado por una banda verdosa más clara. El resto del espaldar puede presentar otras manchas verdosas irregulares. El borde del caparazón presenta una multitud de puntos amarillos que recuerdan a una "vía láctea" alrededor del llamativo diseño de la especie. Estos ocelos podrían tener un efecto disuasivo sobre los predadores, como si fueran unos ojos grandes y amenazadores (P. Pritchard). Con la edad, éstos se apagan, a veces hasta desaparecen. Encima del cuello se observan unos tubérculos romos, vestigio de los de los juveniles. El plastrón es beis o gris, con cinco callosidades bien desarrolladas. La cabeza, medianamente grande y bastante ancha, está prolongada por una nariz fuertemente cónica, de base ancha, truncada súbitamente y un tanto curvada hacia abajo. La piel de la cabeza y del cuello es verde oscuro, con dos ocelos negros rodeados de amarillo cerca de los tímpanos y de manchas amarillas y anaranjadas encima del hocico. El resto de la piel del cuello y de las patas está salpicado de puntitos amarillos. Todas estas decoraciones se atenúan con la edad.

Subespecies. No existen subespecies reconocidas, pero si diferencias entre algunas poblaciones. Se conoce una variedad melánica en Bangladesh, llamada localmente "bukum", que presenta una ancha banda plastral negra.

Hábitos. Este galápago, más bien nocturno, vive en el lecho de los ríos, pero también en los lagos de fondos fangosos o arenosos donde se esconde. Su régimen es más bien omnívoro, habiéndose encontrado caracoles en algunos contenidos estomacales, mientras que en los estanques de los templos acepta arroz y hasta golosinas azucaradas. Para pescarlo, se le puede atraer con menudillos, mejillones, gambas o peces. Aunque menos agresivo que *A. gangeticus*, es de todos modos peligroso, ya que puede echar vigorosamente la cabeza hacia atrás. Los cortejos se dan en invierno. Los machos, muy violentos, muerden a las hembras en las patas y en el cuello. También son capaces de emitir gritos roncos durante la cópula. Los huevos son esféricos y frágiles, de aproximadamente 30 mm de diámetro; los nidos contienen de 20 a 30 huevos. Puede haber hasta tres puestas por temporada, y la incubación puede durar 180 días.

Protección. Es, junto con *A. gangeticus* y *L. punctata*, una de las tres especies más intensamente explotadas. Algunos autores informan de un tráfico de más de 10.000 toneladas, exportadas hacia los países del Sudeste asiático (Japón, China, Singapur y Hong Kong) entre 1985 y 1992. En Bangladesh, se captura por medio de grandes líneas de pesca situadas a través de los ríos. Su carne también es apreciada por sus virtudes medicinales. Aunque figura en el Apéndice I de la CITES y está inscrita en las listas de protección en India y Bangladesh, corre el riesgo de desaparecer rápidamente. Es urgente detener estas capturas y exportaciones, estimadas en 60/80 toneladas por semana (!).

© I. Das

Esta tortuga presenta una cabeza clara, con líneas y retículas oscuras. El hocico es bastante corto, el espaldar a veces es "abovedado", con ocelos y manchas irregulares muy decorativos, que desaparecen con la edad.

Aspideretes leithii (Gray, 1872)

© I. Das

El espaldar está marcado con ocelos amarillos, pero se uniformiza con la edad. El hocico es corto. La cabeza es verdosa encima y blanca debajo. Dos líneas oscuras descienden del ojo a la base del cuello.

Distribución. Endémica de India, ocupa el centro de la península, en los estados de Madhia Pradesh, Maharashtra, Karnataka, Andrha Pradesh, Orissa y Kerala, principalmente en los ríos Moyar, Godavari y Bhavani.

Características. Es una tortuga que puede alcanzar los 600 mm y los 30 kg. Es oval, de espaldar plano, gris a verde oliva, adornada con cuatro a seis ocelos amarillos rodeados de dibujos concéntricos que parecen ojos amenazadores. Estos dibujos se atenúan con la edad. La parte anterior del caparazón presenta tubérculos verrugosos y algunos individuos conservan vestigios de las hileras de tubérculos que lucen los juveniles en el espaldar, más bien hacia atrás. El plastrón es crema y presenta cinco callosidades importantes. La cabeza es de tamaño medio, prolongada por una nariz cónica, corta y fina. La cabeza y el cuello son verdosos, decorados con varias líneas negras más o menos marcadas: la primera línea va del rabillo del ojo hacia el cuello; las demás descienden de la región timpánica hacia los lados del cuello. La comisura de la boca está marcada con un punto amarillo característico. El resto de la piel es verdoso más o menos oscuro encima; crema a blanquecino debajo. Los juveniles lucen diseños parecidos, pero más coloridos, y su espaldar posee varias hileras de pequeños tubérculos. Las patas son fuertes, muy palmeadas y adaptadas al nado.

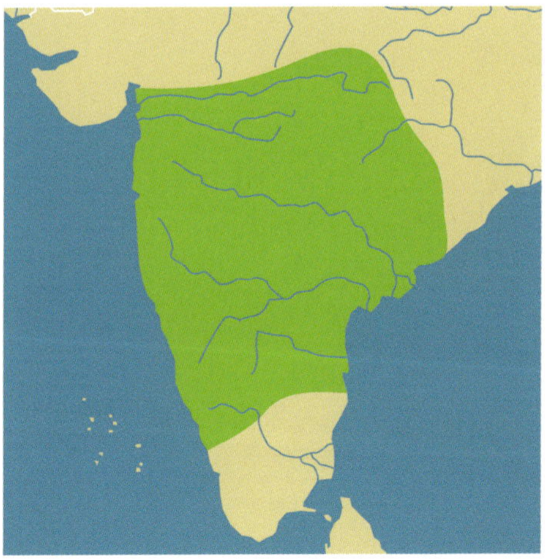

Hábitos. Esta especie ocupa ríos de fondos lodosos y aguas turbias, pero también a veces charcas y canales, y se la encuentra a menudo en los estanques de los templos. Es una tortuga discreta, que no se insola casi nunca fuera del agua. En muchos biotopos del centro y del centro sur de India, parece reemplazar a *A. gangeticus*, que está más al norte. Su régimen es carnívoro: come moluscos bivalvos, caracoles, peces y crustáceos. En algunos contenidos estomacales se ha podido detectar la presencia de piedras pequeñas. En el estanque de un templo en Kotapalli, estos galápagos son alimentados con flores de malváceas y plátanos, dieta que aceptan aparentemente bien. El periodo de puestas se sitúa entre enero y junio. Los huevos son esféricos, de un diámetro de 30 mm, y se dan varias puestas sucesivas.

Protección. La especie es muy recolectada para el consumo local y vendida en todo el país. Al parecer, se exporta menos a China que *A. gangeticus*. Existen algunos santuarios, como el del río Godavari, que permiten que algunas poblaciones se mantengan. Aunque está protegida por las leyes indias, parece encontrarse en un rápido proceso de rarefacción y serían necesarios estudios más importantes para establecer mejor su estatus.

Tortuga de agua dulce

Esp.: *Galápago conchiblando de Leith*

Ingl.: *Leith's softshell turtle*

Fr.: *Trionyx de Leith*

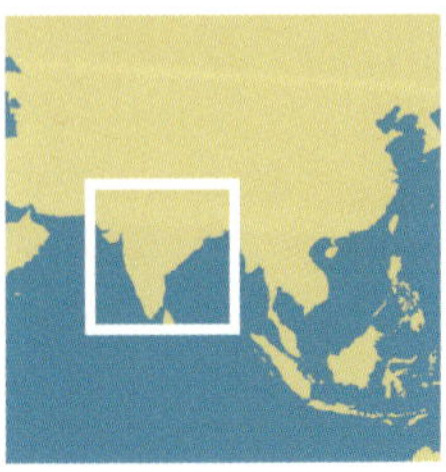

Aspideretes nigricans (Anderson, 1875)

Distribución. Antiguamente tan solo se le conocía de los estanques del templo de Hazrat Sultan Bayazid Botsami, en Nasirabad, Bangladesh. Recientemente la especie ha sido localizada también en el noreste del Brahmaputra, en Assam (India).

Características. Es una gran tortuga que alcanza los 910 mm y que puede pesar hasta 57 kg. Se parece mucho a *A. gangeticus*, pero se diferencia de ésta por la cresta ósea en la mandíbula, bien desarrollada a partir de la edad subadulta. La coloración varía mucho según la edad del animal. Los jóvenes son muy coloridos, con ocelos amarillos sobre un fondo pardo oscuro. Los adultos son normalmente más oscuros, casi negros, pero algunos individuos son más bien cobrizos, con manchas irregulares oscuras. El plastrón es gris, con manchas negras, y las cinco callosidades son grandes y bien desarrolladas. La cabeza no tiene líneas claras como en *A. gangeticus*, sino pequeñas manchas claras, jaspeadas, en la parte alta del cráneo. Estas líneas se atenúan a veces con la edad. El hocico es muy alargado y los labios son claros, casi blancos, en la mayoría de individuos. A menudo, la parte posterior de las patas están delineadas por un margen más claro.

Hábitos. Actualmente se conoce mejor la ecología de esta especie, confinada antiguamente a los estanques del templo (Praschag & Gemel, 2002). Estas tortugas viven en simpatría con *Pangshura sylhetensis* y *Cyclemys oldhamii*, en los cursos de aguas claras y corrientes lentas cuyos fondos están constituidos de arena y guijarros. A esta especie le gustan las aguas a 22 o 23 °C. Su densidad en el Brahmaputra parece importante. Los huevos son pequeños y abundantes (hasta 38), blancos y esféricos. Se dan varias puestas al año. Estas tortugas toman el sol en las orillas del río cuando el agua está más fresca, pero pasan la mayor parte del tiempo en los fondos arenosos, escondidas, acechando a sus presas. En los estanques del templo, comían todos los desechos que traía la gente y parecían preferir los plátanos. Pero en la naturaleza, solo consumen peces, carne, y moluscos que rompen con la cresta ósea de su mandíbula inferior.

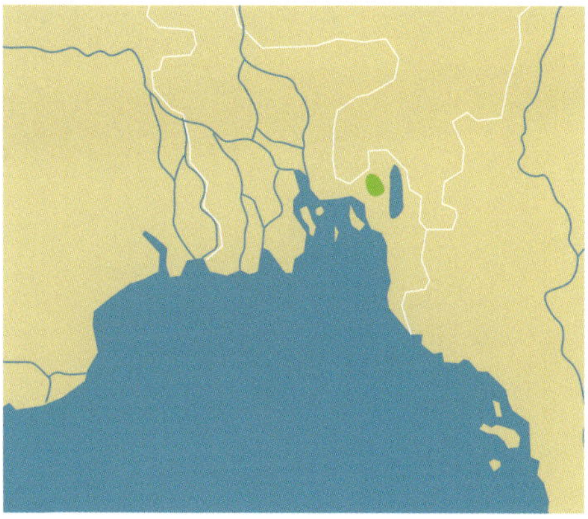

Tortuga de agua dulce

Esp.: *Galápago conchiblando negro*
Ingl.: *Black softshell turtle*
Fr.: *Trionyx noirâtre*

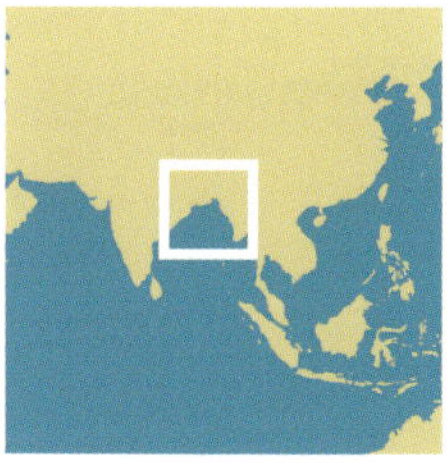

Protección. Su conservación parecía difícil por su localización extrema, tanto más por cuanto se había producido un envenenamiento en los últimos años, lo que obligó a transferir a la población hacia otros estanques. Actualmente, las numerosas poblaciones del Brahmaputra aseguran un futuro mejor para la especie, aunque se le pesca abundantemente. Los musulmanes veneran a estos animales, pues creen que tienen un contacto espiritual con el santo del templo, Bagu Bastam.

Esta toma, hecha en el estanque de un templo en Nasirabad, muestra el aspecto oscuro uniforme de esta especie. Otras tortugas, halladas en el Brahmaputra, presentan diseños más coloridos, sobre todo en los jóvenes.

© P. Pritchard

Chitra chitra Nutaphand, 1986

Tortuga de agua dulce

Esp.: *Galápago conchiblando asiático*
Ingl.: *Southeast Asian narrow-headed softshell turtle*

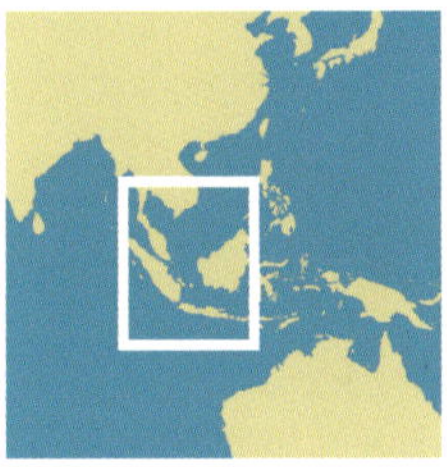

Distribución. Las dos subespecies ocupan pequeños territorios aislados, en el sudoeste de Tailandia y en el sudeste de la península Malaya, así como en el este de Sumatra y de Java.

Características. La palabra *chitra* significa "dibujo" en hindi. Es, junto a *Chitra indica*, el mayor galápago conchiblando, ya que puede alcanzar los 1.100 mm para 100 kg (récord: 152 kg). Su espaldar es plano, sus patas fuertes, pero su cabeza es extrañamente pequeña, situada al final de un largo cuello, de base muy ancha y cuya piel se arruga "como un calcetín". No hay reborde en el espaldar por encima del cuello, lo que le da al animal un aspecto macizo y fusiforme. La piel de las patas y del cuello está decorada con líneas claras amarillentas, que resaltan sobre un fondo verdoso y están rodeadas a menudo de finas líneas oscuras. Asimismo, el espaldar está marcado con toda una red de líneas y bandas que recuerdan a un circuito electrónico impreso. La cabeza es minúscula y está prolongada por una nariz tubular que también luce líneas claras. Los ojos, situados muy hacia delante, también son muy pequeños.

Subespecies. *C. c. chitra*: la subespecie nominal habita en el sudoeste de Tailandia así como en el sudeste de la península Malaya. Es verde oliva, con anchas líneas amarillentas que le dan un aspecto vermiculado claro. Los individuos de edad pueden volverse muy oscuros, pero su diseño sigue siendo más o menos visible. Estos dibujos varían enormemente de un animal a otro. El borde del caparazón está resaltado por una línea clara que continúa hacia la punta del hocico y forma, junto con dos líneas más, un diseño en "V" que delimita el lado ensanchado del cuello. Una o dos líneas transversales claras decoran el cráneo entre las órbitas. El cuello está manchado de puntos oscuros por debajo. El plastrón es inmaculado, amarillento, así como debajo de las patas. *C. c. javanica* McCord & Pritchard, 2002: se encuentra en las planicies costeras del norte de Sumatra (Indonesia), especialmente en la región de Lampung. También ha sido encontrada en el centro este de Java, en el distrito de Probolinggo. Su espaldar es mucho más oscuro y los aspectos vermiculados son menos visibles, y a veces solo quedan simples manchas. A menudo está presente una línea vertebral clara. Al envejecer, los individuos pueden volverse muy oscuros. La cabeza está decorada con líneas complejas y luce un dibujo en forma de cruz cuyas dos primeras puntas salen del borde de las órbitas y las dos restantes se prolongan hasta donde comienza el cuello. Un dibujo claro de forma triangular destaca la forma del hocico.

Hábitos. Su biología en la naturaleza todavía no se ha estudiado y es aún desconocida, pero debe ser parecida a la de la muy similar *Chitra indica*.

Protección. La protección legal que se aplica a *Chitra indica* no ha sido revisada y extendida a las nuevas especies, *C. chitra* y *C. vandijki*, que podrían ser todavía más afectadas por la captura y la comercialización. Como todas las tortugas de caparazón blando, se les caza constantemente, son ampliamente consumidas y exportadas a los mercados asiáticos. Es urgente proteger a estas nuevas especies, inscritas por el Turtle Conservation Fund en la lista de las 24 tortugas más amenazadas del mundo.

© A. Cadi

Con 80 kilos, ésta es la mayor *C. indica*, observada recientemente en Nepal. Estos galápagos viven en el limo, en el fondo de los cursos de agua, y se les ve raras veces.

Chitra indica (Gray, 1831)

Distribución. Esta especie está ampliamente distribuida por el subcontinente indio, ocupa el sur y el noreste de Pakistán (cuenca del Indo, ríos Shelum y Sutlej), el norte y centro de la península India (hasta el río Cauvery), el sur de Nepal y las cuencas del Ganges y del Brahmaputra, en Bangladesh.

Características. Es una tortuga muy grande, que puede medir 1.150 mm y pesar cerca de 120 kg. Su espaldar es relativamente plano, oliváceo a gris, con un diseño reticulado y manchas que recuerdan a la piel de una pantera. Estas líneas claras, a veces finamente marcadas de oscuro, salen de la punta del hocico para prolongarse en forma de "V" encima del caparazón. La cabeza es minúscula; el cuello es muy cónico, y muy grueso cerca de los hombros. Entra directamente en el caparazón, que no presenta borde encima del cuello. Los ojos son muy pequeños, situados cerca del hocico, que también es muy corto. Dos líneas claras parten del borde posterior de cada órbita y llegan hasta el medio del cráneo, que es fino y muy largo. Varias líneas semejantes decoran el cuello; la central comienza formando una "Y" justo detrás de la base del cráneo. El mentón está casi desprovisto de manchas oscuras. El plastrón es crema o muy ligeramente rosado; cuatro o cinco callosidades son visibles. Las patas son fuertes, oliváceas a grises, y presentan de cinco a siete láminas escamosas, grandes y transversales por encima. Los jóvenes nacen con un diseño muy abigarrado. El fondo es verde oliva bastante oscuro, marcado por un entrelazamiento de líneas amarillas, finamente bordeadas de negro en la cabeza y continuas hasta el espaldar. Éste presenta una ligera quilla y abundantes tubérculos pequeños y rugosos que luego desaparecen.

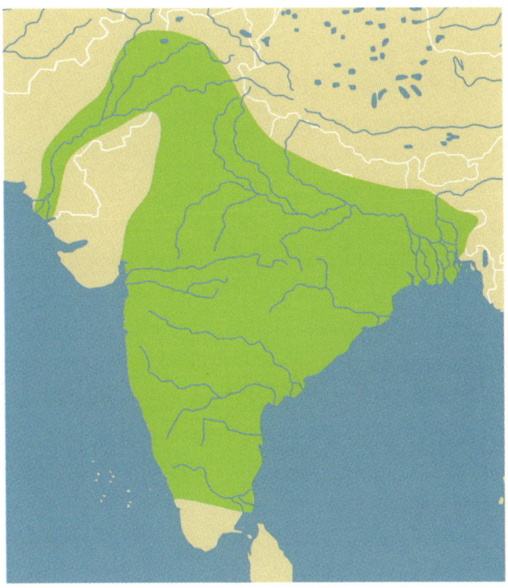

Tortuga de agua dulce

Esp.: *Galápago conchiblando indio*
Ingl.: *Indian narrow-headed giant softshell turtle*
Fr.: *Trionyx à rayures*

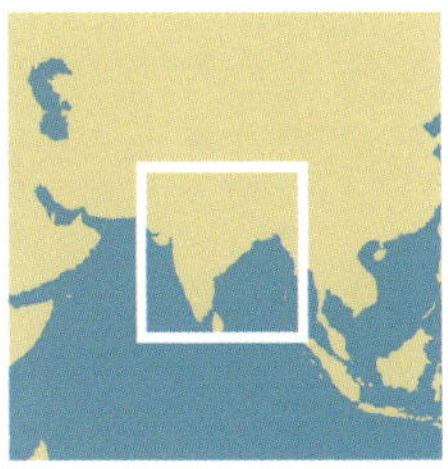

Este galápago conchiblando sale muy raras veces del agua. Sus colores vivos y gráficos son posiblemente señales subacuáticas para sus eventuales depredadores. Los ejemplares viejos no poseen estas marcas claras y son beis o pardos. La cabeza es minúscula, con un hocico corto.

Hábitos. Este galápago se encuentra en los ríos importantes de fondos arenosos y de aguas turbias. Es muy acuático: nunca se le ve en tierra, salvo cuando construye el nido. Incómodo en el suelo, camina pesadamente. En el agua, es rápido y puede, gracias a su respiración cutánea, pasar largos períodos en el fondo sin salir a respirar a la superficie. Puede atacar grandes presas cerca de la orilla, como cabras. Su régimen está compuesto de moluscos, peces, cangrejos de río y a veces de algunas plantas acuáticas o vegetales caídos al agua. Para cazar, se esconde en el limo, dejando aflorar sus pequeños ojos y sus narinas. Las presas pequeñas son aspiradas brutalmente; las grandes, cortadas con las mandíbulas. Está activo durante el día y permanece escondido en el fondo, ya que su homocromía es perfecta con los reflejos del sol sobre la arena. Es un animal muy agresivo que golpea violentamente con la cabeza si se le molesta y puede infligir mordeduras terribles. También puede exhalar un olor muy desagradable. Las puestas se producen casi todo el año, con un pico en agosto y septiembre. Los huevos son depositados, a veces bastante lejos de las orillas, en nidos en forma de botella de unos treinta centímetros de profundidad. Las puestas contienen de 60 a 178 huevos, brillantes y esféricos,de 34 mm de diámetro. La incubación dura de 40 a 70 días.

Protección. La carne de esta tortuga es muy apreciada por las poblaciones locales y, hace algunos años, se le encontraba en venta en los puestos de los mercados. Actualmente, es rara en los mercados, lo que hace pensar que sus poblaciones pueden estar disminuyendo con rapidez. En India, casi ha desaparecido del Ganges. Se han creado varios santuarios, como en Varanasi y en el río Chambal, así como en Satkosia, en el estado de Orissa. Hay poca información sobre sus poblaciones en el Pakistán, y la CITES aún no se ha ocupado de esta especie. También está inscrita por el Turtle Conservation Fund en la lista de las 48 tortugas amenazadas.

Chitra vandijki McCord & Pritchard, 2003

Tortuga de agua dulce

Esp.: *Galápago conchiblando de Van Dijk*
Ingl.: *Myanmar narrow-headed softshell turtle*

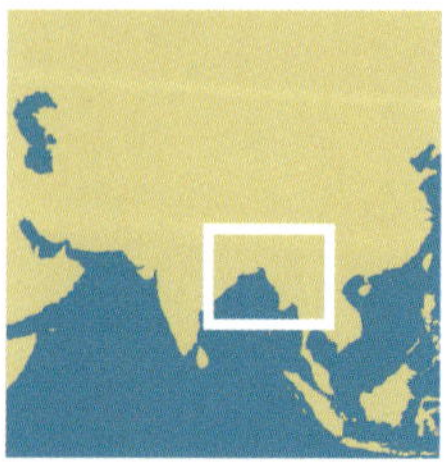

Distribución. Esta especie, descrita recientemente, ocupa una gran banda central en Myanmar, en la intersección de los ríos Ayeyarwady, Mytikyiana, Yangon y Bhamo.

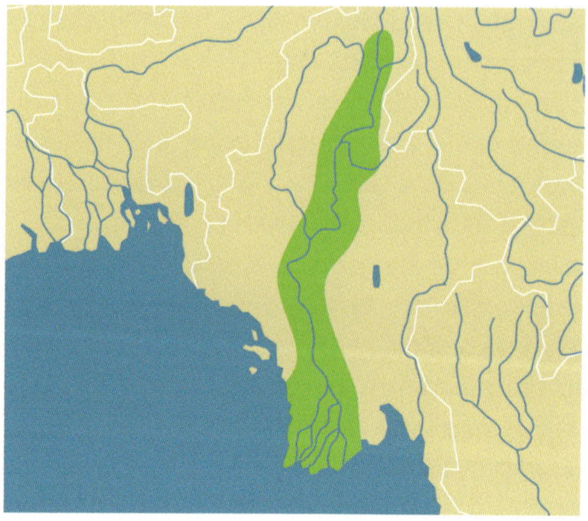

Características. El holotipo corresponde a un animal de 220 mm hallado en China en el mercado de Tuili. Posteriormente, Steven Platt encontró esta especie en la naturaleza, en el río Ayeyarwady. Su nombre es un homenaje a Peter Paul van Dijk, por sus acciones de conservación sobre los galápagos conchiblandos de esta región del mundo. Es muy próxima a las otras dos *Chitra*, pero difiere por el diseño en "V" que sale de la punta de su hocico y se prolonga hasta el espaldar, sin formar el dibujo "acampanado" propio de las demás especies. Se observan tres o cuatro láminas córneas transversales encima de las patas anteriores. El borde del espaldar no está resaltado por una banda más clara. La cabeza solo posee dos líneas en la parte superior del cráneo, y otras dos salen de detrás de las órbitas para descender formando un ángulo recto a la altura de la región timpánica. Una sola línea clara alcanza las órbitas superándolas un poco, y no existe un diseño de líneas que subrayen la forma del hocico, a diferencia de las demás *Chitra*.

Hábitos. Son muy parecidos a los de las otras *Chitra*, citadas anteriormente.

Protección. Esta tortuga es recolectada en Myanmar, como todas las demás, y su descubrimiento en un mercado chino es prueba de que es exportada. Es necesario conocer mejor su estatus y proyectar medidas de protección.

© P. Pritchard

Esta especie es mucho más pequeña que *C.indica*; la decoración es bastante próxima a la de *C.chitra*. El dibujo en forma de "V" está muy marcado en la parte delantera.

Dogania subplana (Geoffroy Saint-Hilaire, 1809)

Distribución. No vive solo en Malasia, sino que tiene una amplia distribución: el sudeste de Myanmar, Tailandia, la península Malaya (incluso Singapur), Sumatra, Java y Borneo (Sarawak, Sabah y Brunei).

Características. Este galápago oval y muy plano puede alcanzar los 350 mm. Es oscuro, oliváceo a pardo oscuro y presenta una delgada línea central negra. Dos o tres pares de ocelos negros rodeados por una fina línea de puntitos amarillos son visibles en los individuos jóvenes. Con la edad, el espaldar se oscurece y está marcado solo con algunas líneas y zonas radiales más claras. A veces se observan varias hileras longitudinales de pequeños tubérculos en los adultos; en la parte delantera, encima del cuello, solo se conservan una o dos hileras de tubérculos redondos y romos. El plastrón es blanquecino, a veces crema o gris pálido, con solo cuatro callosidades más o menos visibles. El plastrón es muy ancho en la parte anterior, muy reducido por detrás, y no protege las patas traseras. La cabeza es muy ancha, y la nariz es larga y angosta. El conjunto es pardo oscuro, adornado con manchas amarillas y negras. Una línea negra parte de la punta de la nariz y atraviesa el cráneo pasando entre las órbitas. Otra línea recorre ambos lados de la cabeza a lo largo de la nariz, y atraviesa las órbitas. Una pequeña línea transversal está a

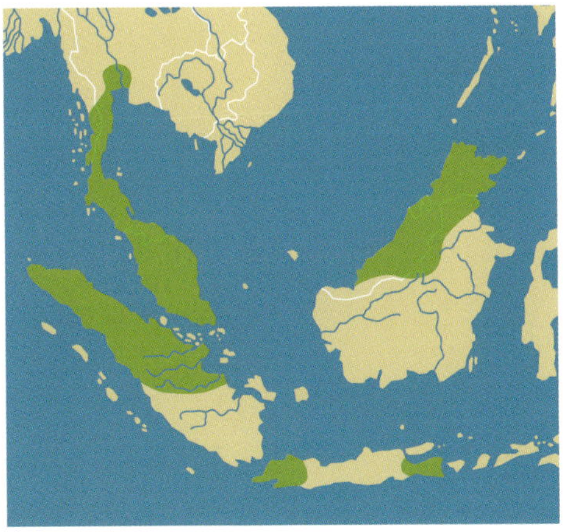

Tortuga de agua dulce

Esp.: *Galápago conchiblando malayo*

Ingl.: *Malayan softshell turtle*

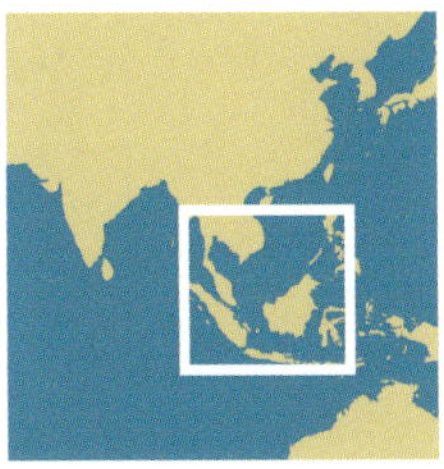

© I. Das

Esta "cabeza de morena" recuerda a un animal de las profundidades. El cuello y la cabeza son muy oscuros, con callosidades y manchas finas en toda la piel. Solo los ojos, muy claros, sobresalen en este inquietante diseño. El hocico es corto.

menudo presente detrás de las órbitas. Los adultos conservan a menudo una mancha rojiza, a veces rosa o anaranjada, detrás de los ojos. El mentón presenta un aspecto reticulado oscuro, casi negro. El resto de la piel del cuello y de las patas es oliváceo a pardo más o menos oscuro, iluminado con puntitos amarillos. Esta especie conserva una cierta movilidad de las suturas óseas, que permiten que su cabeza tan ancha se retraiga y que el animal se deslice debajo de grandes rocas para esconderse bajo el agua (Pritchard, 1993).

Hábitos. Esta especie prefiere las aguas claras, rápidas y poco profundas de los ríos y torrentes en altitud, en ambientes forestales. Su pequeño tamaño constituye una ventaja en estos reducidos cursos de agua. Su régimen es omnívoro: come peces, crustáceos e insectos. Sin embargo, la anchura de su cabeza sugiere que consume caracoles y moluscos bivalvos en abundancia. También se alimenta de algas y frutos caídos. Las puestas contienen pocos huevos (de 3 a 7) esféricos, que miden de 22 a 31 mm de diámetro.

Protección. Muy explotada comercialmente, grandes cantidades se exportan a China, ya que es la segunda especie más presente en los menús de los restaurantes, después de *Pelodiscus sinensis*. Las poblaciones musulmanas, que no consumen tortugas, las venden a 2 o 3 euros el kilo. Los huevos también son recogidos y consumidos. La alteración de los ambientes forestales también es nociva para la especie. Además, en Occidente su comercio está destinado a los coleccionistas, e Indonesia ha exportado oficialmente 13.500 ejemplares en 1998. La introducción de tortugas exógenas, como *Pelodiscus sinensis*, se suma a estos factores negativos.

Nilssonia formosa (Gray, 1869)

Tortuga de agua dulce

Esp.: *Galápago conchiblando ocelado birmano*
Ingl.: *Burmese peacock softshell turtle*

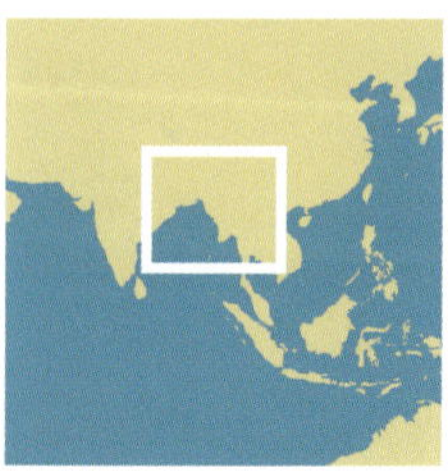

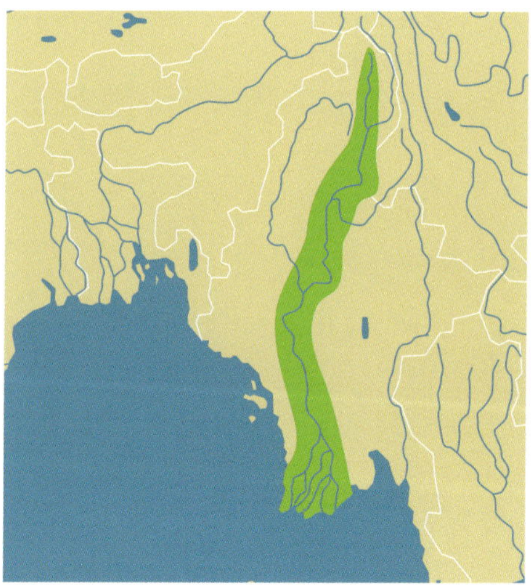

Distribución. Esta tortuga es endémica del río Ayeyarwady, en Myanmar. Sin embargo, es posible que se encuentre en territorio tailandés. En 1912, había sido señalada por Annandale en la frontera con China.

Características. Esta tortuga no supera los 400 mm. Es redondeada y más bien plana, y el contorno de su caparazón presenta un margen bastante ancho. Es generalmente verde oliva, más o menos oscuro, decorado con finas líneas amarillas, formando un conjunto de aspecto reticulado. Cuatro grandes ocelos negros adornan el espaldar y son los que motivan su nombre común en inglés, ya que recuerdan al diseño de la cola de un pavo real. Algunos individuos son mucho más claros, casi beis. En este caso, los ocelos son apenas más oscuros. Varias hileras de pequeños tubérculos están presentes en los espaldares de los juveniles y desaparecen con la edad, así como los vivos colores de las tortugas jóvenes. Los adultos conservan una hilera de tubérculos grandes en el borde anterior del espaldar, encima del cuello. Una quilla muy discreta puede subsistir en algunos individuos. La cabeza es mediana; el cuello es robusto y cónico. La nariz es bastante larga, puntiaguda y más bien inclinada hacia abajo. El color de la cabeza retoma el diseño del espaldar, a veces con manchas amarillas más grandes, rodeadas de oscuro, a los lados de la cabeza, en la región timpánica así como en las comisuras de la boca y a veces en la punta del mentón. El plastrón es crema a blanquecino, con cuatro callosidades. La parte anterior del plastrón está muy desarrollada respecto a la posterior.

Hábitos. Poco observada fuera de los estanques de los templos. Estos animales se consideran sagrados y es prácticamente imposible manipularlos y estudiarlos. Algunas de estas tortugas presentan malformaciones, debidas sin duda a la consanguinidad de las poblaciones cautivas. Los devotos las alimentan con bolitas de arroz.

Protección. Es una especie rara y poco conocida, todavía víctima del consumo por parte de las poblaciones locales y a veces presente en los puestos de los mercados. Asimismo, se le pesca para exportarla a China ilegalmente. En Europa, algunos coleccionistas la poseen. Figura en el Libro Rojo de la UICN y en la lista de las 48 especies amenazadas del Turtle Conservation Fund. También está protegida por la ley Warpa en Tailandia. Próximamente, se deben iniciar proyectos de control en los mercados y programas de protección, con la participación del zoológico de Mandalay.

© I. Das

El espaldar es muy plano, a veces deprimido en el centro, de color oliváceo a negruzco, con puntos amarillos. La cabeza y el cuello retoman el dibujo del espaldar, a veces con manchas amarillentas más abundantes. El hocico es bastante largo.

Oscaria swinhoei Gray, 1873

Distribución. La distribución y el estatus de esta especie se conocen muy poco. Inicialmente observada en China, en el río de Shanghai y el lago Tai Hu, también estaría presente en Vietnam, en el lago Hoan Kiem, en el centro de Hanoi, y en el río Rojo. Los estudios realizados por P. Pritchard no han conseguido encontrar especímenes vivos en el medio natural en los últimos años. En cambio, existe un individuo en el zoológico de Pekín. Las únicas pruebas actuales de la presencia de esta especie en Vietnam o en China son cráneos y osamentas conservados por los pescadores.

Características. Esta especie fue hallada cerca de Shanghai por M. Swinhoe, y era uno de

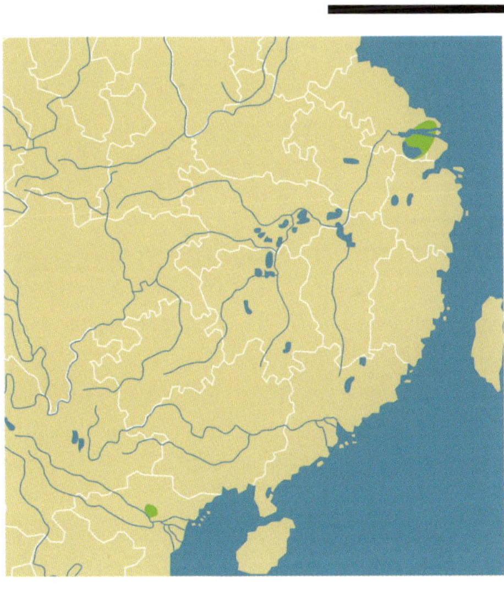

Tortuga de agua dulce

Esp.: *Galápago conchiblando de Shanghai*

Ingl.: *Shanghai softshell turtle*

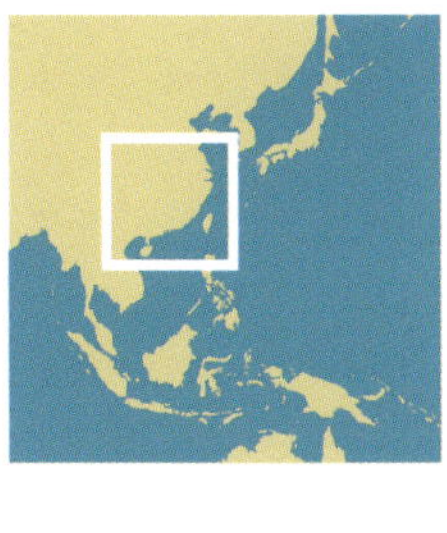

Esta sorprendente foto, tomada en Hanoi, muestra un animal de color beis y casi 2 m de largo, que no puede ser identificado con seguridad.

© J.H. Harding

los sinónimos de *Pelochelys maculatus*. Es posible que existan dos especies diferentes y que una nueva viva en Vietnam, en el lago Hoan Kiem [y cuyo nombre podría convertirse en *Rafetus (Oscaria) hoankiemensis*]. La estimación de su tamaño varía según los especialistas. Según Ermi Zhao sería gigante, con 1.800 mm y 200 kg; según Pritchard, sería de menor tamaño. Es una tortuga oblonga, muy plana, con el espaldar deprimido en el centro. De color grisáceo a pardusco, estaría marcada con puntos amarillos formando jaspeados sobre la cabeza, el hocico y la parte dorsal de los cuatro miembros. Tiene ocho pares de placas costales; el octavo par es pequeño y no converge en el centro. El plastrón es grisáceo a amarillento y solo presenta dos callosidades poco desarrolladas. La cabeza es de tamaño mediano, con el hocico corto, de color oliváceo a grisáceo, y el mentón amarillo pajizo. Los costados del cuello son amarillos, con vermiculaciones oliváceas. La cola es cónica y muy corta.

Hábitos. Nada se sabe de la etología de esta especie, pero debe ser parecida a la del galápago conchiblando gigante de Nueva Guinea *Pelochelys bibroni*. No se ha observado ningún juvenil. Un adulto fue fotografiado hace unos años por John Behler en el lago de Hoan Kiem, se trataba de un animal de gran tamaño que podría ser una especie diferente todavía no descrita.

Palea steindachneri (Siebenrock, 1906)

Distribución. Vive en China (Yunnan, Guizhou, Guangdong, Guangxi e isla de Hainan), así como en el norte de Vietnam (Hanoi, Hué y Danang). Fue introducida en las islas Kauai y Oahu en el archipiélago de Hawai (Estados Unidos), y también en la isla Mauricio (océano Índico), por inmigrantes asiáticos.

Características. Puede medir hasta 430 mm. Su caparazón de forma oval presenta una hilera de tubérculos grandes en la parte anterior, encima del cuello. Otra zona en forma de medialuna, en la parte posterior, está cubierta de pequeñas excrescencias rugosas. Es pardo a olivácea, sin ningún dibujo. El plastrón es uniformemente grisáceo, a veces crema o amarillento, sin mancha alguna. Se aprecian cinco callosidades. La cabeza es mediana, prolongada por una nariz puntiaguda, fina y larga. El conjunto es de color pardo oliváceo, y varias líneas finas negras, acompañadas de puntitos oscuros, rodean las órbitas y resaltan la curvatura del cráneo. Una línea gruesa amarillo pálido sale de detrás de los ojos y recorre la cabeza hasta el cuello, adelgazándose en el extremo. Un punto amarillo ocupa la comisura de las mandíbulas. Estos diseños, muy llamativos en los juveniles, desaparecen con la edad. Pero el rasgo constante de esta especie es una zona de grandes tubérculos romos de aspecto verrugoso, a cada lado y en la parte dorsal del cuello (de allí su nombre común). Las patas son muy palmeadas y las delanteras poseen varias láminas córneas transversales. Los machos son más pequeños que las hembras. Al nacer, el caparazón de las crías –pardo a oliváceo y manchado de puntos negros dispersos– es casi redondo y está marcado con numerosas líneas longitudinales de pequeños tubérculos. El diseño de la cabeza, ya descrito, está muy marcado.

Hábitos. La especie vive en regiones más bien montañosas donde ocupa torrentes, ríos y lagos, hasta una altitud de 1.500 metros. Su régimen es carnívoro: moluscos, peces y crustáceos. La temporada de nidificación va de abril a septiembre, y las puestas contienen de 3 a 8 huevos esféricos, de cascarón frágil y 22 mm de diámetro en promedio.

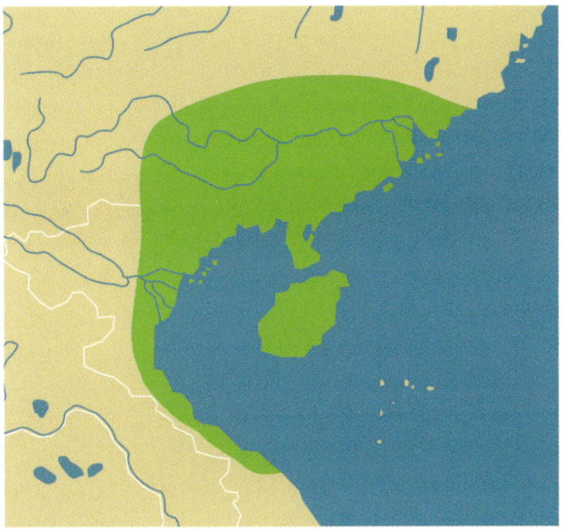

© F. Bonin

Protección. En China, esta especie goza de un cierto grado de protección oficial (Zhao, 1998), pero sus poblaciones disminuyen peligrosamente a causa de las recolecciones ilegales. La destrucción de los hábitats, la contaminación y la construcción de pequeñas centrales hidroeléctricas dificultan aún más su supervivencia. En Vietnam, se le encuentra aún en el menú de algunos restaurantes, pero es poco consumida por la población. Forma parte de las tortugas acogidas en el centro de rehabilitación de Cuc Phuong, donde se reproducen y luego se liberan en el medio natural. Figura en la lista de las 48 especies amenazadas del Turtle Conservation Fund.

Tortuga de agua dulce

Esp.: *Galápago conchiblando verrugoso*

Ingl.: *Wattle-necked softshell turtle*

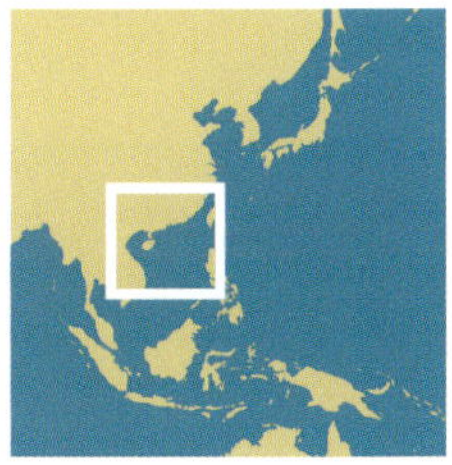

Esta especie, común en los arrozales de China, vive en el fango y en las aguas cálidas. Su coloración grisácea a verdosa está en homocromía con estos ambientes. La cabeza es ancha y alargada, con un largo hocico. El espaldar está marcado con tubérculos por encima del cuello.

Pelochelys bibroni (Owen, 1853)

Distribución. Esta especie ocupa el sur de Nueva Guinea. En la parte indonesia (Irian Jaya) se distribuye desde el noroeste y la región de Uta hasta las cuencas del sur. En Papúa, está presente en los ríos Palau, Digul, Fly, Kikori y Purari, así como en el lago Murray, el río Strickland y, más al este, en la zona de Port Moresby.

Características. Es una de las tortugas palustres más grandes del mundo: puede medir 1.000 mm. Su caparazón, bastante plano, se ensancha bastante a la altura de las patas y de la cola, dejando muy visible el disco vertebral muy redondo. Es, sin duda, la tortuga de caparazón blando que presenta el diseño dorsal más espectacular: el fondo es pardo oscuro, marcado con varias líneas radiales anchas que salen del centro del espaldar. Estas líneas son de un amarillo fuerte. En los márgenes planos del contorno, abundantes manchas irregulares

Tortuga palustre

Esp.: *Galápago conchiblando gigante de Nueva Guinea*
Ingl.: *Asian giant softshell turtle*

completan el diseño. El cuello es muy grueso y cónico, y la piel se prolonga encima del espaldar, sin un reborde en el caparazón. El cuello luce una línea central, acompañada de dos pares de líneas en forma de "S" que alcanzan los bordes del espaldar, por encima de las patas anteriores. Este rasgo la hace muy parecida a la familia de las *Chitra*. La cabeza es pequeña y redonda, y los ojos están situados en la parte alta y delantera del cráneo. El iris es dorado, barrado con una fina línea negra. Encima y a lo largo de la mandíbula superior se observa un gran reborde. La nariz es tubular y bastante corta.

Hábitos. Prefiere los cursos lentos de los tramos bajos de los ríos, así como acomodarse a las aguas salobres de los deltas y los grandes estuarios. Su régimen parece casi totalmente carnívoro: consume peces, cangrejos de mar y de río, moluscos, pero también algunos vegetales, ingurgitados junto con las presas. Es una especie voraz que ataca presas grandes. Sin embargo, no es agresiva, aparte de los cabezazos que da cuando se le manipula. Las puestas se observan más bien en la estación seca, en el mes de septiembre, pero también nidifica en otras estaciones. Se le ve poner sus huevos en el mismo periodo y en las mismas playas que *Carettochelys insculpta*. Pone de 22 a 45 huevos, máximo 100, de 30 mm de diámetro. Se han observado algunas puestas en nidos de cocodrilos, lo que evita la depredación del nido.

Protección. Esta tortuga es depredada por los cocodrilos marinos, pero es sobre todo buscada por el hombre, por su carne y sus huevos. Con los espaldares óseos se confeccionan máscaras. No se han constatado recolecciones organizadas para el tráfico, y la especie está protegida por la ley en Papúa Nueva Guinea, pero no así en la parte indonesia de la isla. La IUCN la considera "vulnerable" y el Turtle Conservation Fund proyecta programas de conservación de la especie.

Este joven de *P. bibroni* tiene el cuello largo y fino aún. Se distingue bien la osamenta subyacente y las marginales, anchas y flexibles.

© F. Bonin

Los animales de mayor edad presentan una forma de "pera" muy extraña, con la cabeza muy pequeña, el hocico corto y el cuello ancho como una "bufanda". Algunas de estas tortugas pueden alcanzar los 120 kg y más de 1 m de largo.

© B. Devaux

Pelochelys cantorii Gray, 1864

Tortuga palustre

Esp.: *Galápago conchiblando gigante de Cantor*
Ingl.: *Cantor's giant softshell turtle*

Distribución. Antiguamente incluida en la especie *Pelochelys bibroni*, ocupa una ancha franja costera que va desde el sur de la península India (Madurai) hasta Bangladesh, Myanmar, Tailandia, la península Malaya, Camboya, Vietnam, penetrando en Laos y extendiéndose por China, hasta la región de Fuzhou. Está presente asimismo en las Filipinas, en la isla de Luzón; y en Indonesia, en el sur y este de Borneo, el este de Sumatra y en el extremo norte de Java. También se encuentra en la región de Sepik, en el norte de Papúa Nueva Guinea, separada de *P. bibroni* por la cadena montañosa que divide la isla en norte y sur.

Características. Su nombre proviene del naturalista danés Theodor Cantor, que trabajaba en la Compañía inglesa de las Indias orientales. Es probablemente la tortuga palustre de mayor tamaño, con 1.300 mm y cerca de 200 kg. Su caparazón es muy redondeado y plano, verde oliváceo a pardo más o menos oscuro, adornado con puntitos oscuros o manchas amarillas, a veces con líneas radiales que salen del centro del espaldar. La cabeza es minúscula, redonda, ligeramente aplanada encima del cráneo, y con los ojos situados muy arriba. La nariz es tubular y muy corta (más corta que la de *P. bibroni*) y el diseño de la cabeza continúa el del espaldar. El cuello es fuerte, cónico y arrugado, y su piel se prolonga directamente en el espaldar, sin reborde. El plastrón es crema y presenta cuatro o cinco callosidades, sin excrescencias femorales. Las patas son fuertes, muy bien palmeadas, oliváceas a pardas y manchadas de oscuro; son crema por debajo. Las hembras son más grandes que los machos. Cuando nacen, las crías presentan una coloración más viva que los adultos, una ligera quilla y abundantes tubérculos en el espaldar, características que desaparecen con los años. Debido a la enorme extensión de la distribución de esta tortuga, puede haber diferencias morfológicas, pero ninguna subespecie ha sido descrita hasta ahora.

Esta foto muestra la forma general muy plana, circular y uniformemente parda de la especie. Una línea clara resalta el contorno del espaldar. La cabeza es minúscula y las patas muy anchas que le permiten enterrarse rápidamente en el fango.

© C. H. Chan

Hábitos. Se encuentra en los estuarios y deltas, y a veces llega muy lejos, río abajo hasta los cursos lentos de los ríos grandes y profundos. También nada en el mar y pone sus huevos en las playas junto con las tortugas marinas. Pasa el tiempo en el agua y utiliza una respiración faríngea y, sin duda, cutánea. Su régimen es carnívoro: peces, crustáceos, moluscos así como algunos vegetales. No es una especie agresiva, pero los cabezazos que da pueden ser violentos. Las hembras nidifican una sola vez por temporada y ponen una treintena de huevos esféricos, de 35 mm de diámetro.

Protección. Por mucho tiempo, su gran tamaño y su carne tan "apreciada" hicieron de ella una presa selecta para los pobladores de su área de distribución. Ha sido recolectada y consumida masivamente, y lo es aún en casi todos los países implicados. Hace algunas décadas, se la encontraba corrientemente en los mercados, pero ahora se ha vuelto muy escasa en casi todos los países de su área de distribución, como India, Myanmar, Tailandia, China y Papúa Nueva Guinea. Todavía podría estar presente en los grandes estuarios de Bangladesh y de Camboya. En Indonesia, parece estar mejor protegida en reservas como el Parque Nacional de Berbak. Pero, en su conjunto, sus efectivos declinan rápidamente y forma parte de las 48 especies amenazadas según el Turtle Conservation Fund.

Pelodiscus sinensis (Wiegmann, 1835)

© F. Bonin

Distribución. Habita en toda la parte central y oriental de China (excepto en Xinjiang, Ginghai, Ningxia y el Tibet), así como en las islas de Hainan y Taiwan, y en el norte de Vietnam. Fue introducida en Tailandia y en Japón (islas Bonin), así como en Hawai. Su presencia en Corea y en el extremo sudeste de Rusia necesita ser confirmada.

Características. Es una especie pequeña que no supera los 350 mm (en el sur parece más pequeña, con una talla máxima de 250 mm). Su caparazón es oval, plano, con el margen resaltado por un ligero reborde encima del cuello y de las patas. Algunos individuos poseen en esta parte algunos tubérculos romos. El tono general es pardo grisáceo, más o menos oscuro, a veces amarillento. Su piel parece muy fina y las partes óseas están muy poco desarrolladas. El plastrón es blanco o amarillento, sin ningún diseño en particular, y posee siete callosidades más o menos visibles. Su cabeza es mediana, acabada en una nariz corta, cónica en la base y tubular en la punta. La cabeza y las patas son pardas u oliváceas y algunas líneas oscuras decoran la cabeza. La garganta y la cara inferior de las patas son claras, de aspecto vermiculado debajo del cuello. Los labios son gruesos y carnosos, y las mandíbulas son cortantes. Los machos son más pequeños que las hembras. Éstas poseen a menudo un caparazón más abombado. Los recién nacidos presentan un espaldar oliváceo casi redondo, con ocelos negros rodeados de amarillo claro y varias líneas longitudinales de pequeños tubérculos. Una fina línea clara subraya el borde del espaldar. El plastrón puede ser blanco, amarillo, anaranjado o incluso rojo, adornado con grandes manchas negras que desaparecen rápidamente, así como las manchas blancas rodeadas de oscuro que decoran los lados de la cabeza y del cuello. Una línea oscura se extiende entre las órbitas, otra desciende desde el ángulo anterior del ojo hasta la mandíbula superior. La nariz es respingona.

Subespecies. Algunos autores insisten en las diferencias morfológicas entre las poblaciones del sur de China y las de las islas. En Vietnam, existiría una forma clara de espaldar marcado con ocelos negros. Pero , hasta ahora, no se ha denominado ninguna subespecie.

Hábitos. Ocupa diversos ambientes acuáticos: ríos de cursos lentos, canales, arrozales, charcas y pantanos. A menudo se le observa en posición de insolación en las orillas, pero también pasa mucho tiempo enterrada en el fango o en el limo. En función de la latitud, puede hibernar, cuando la temperatura del agua desciende por debajo de los 15 °C. La madurez sexual también varía: 3 años en Vietnam, 4 años en China, y 5-6 años en Japón (puede ser muy precoz, ya que en los criaderos se reproduce después del primer año, cuando alcanza un peso de aproximadamente 1 kg). Es carnívora: come peces, crustáceos, moluscos bivalvos, insectos, gusanos y larvas diversas. Pero puede ingerir también semillas, hojas y plantas diversas. Es una tortuga muy viva, buena nadadora, de bastante mal carácter y que busca morder cuando es manipulada. Algunas poblaciones son más agresivas que otras, como la del río Rojo, en Vietnam (Maran, 2003). Esta tortuga es capaz de excretar un líquido nauseabundo por dos pequeños poros que se abren en el borde anterior del espaldar, pero aparentemente utiliza muy raras veces esta propiedad. Los machos están en permanente estado de celo. El ritual nupcial es muy breve: el macho coge brutalmente a la hembra y se acopla durante algunos minutos, mordiéndola con violencia, aunque estas observaciones se han realizado a menudo en poblaciones cautivas. Las puestas son múltiples y pueden tener lugar

casi todo el año, pero con mayor frecuencia de marzo a noviembre. Los nidos, que miden en promedio 150 mm de profundidad, contienen de 10 a 35 huevos esféricos blancos, de unos 25 mm de diámetro. La incubación dura de 40 a 80 días, según la latitud, aunque Mitsukuri constató un nacimiento después de 28 días, lo que sería el tiempo mínimo para una incubación. La determinación del sexo no parece depender de la temperatura. Los jóvenes pueden crecer muy rápido, sin duda para poder escapar de los depredadores, y en los criaderos los juveniles de 5 g alcanzan los 1.000 g después de un solo año de engorde.

Protección. La especie siempre ha sido apreciada por su carne en todos los países asiáticos de la región y se produce por millones de individuos en granjas de cría en China, Tailandia y Vietnam. Además, muchos granjeros chinos la crían en pequeños estanques, de la misma manera que en otras partes se crían gallinas y conejos. En China estos animales se venden y se consumen corrientemente como aves de corral, y la empresa Carrefour, que administra 30 supermercados en este país, vende tortugas vivas, que se cortan al gusto del consumidor. Algunos deportistas también utilizan la sangre de esta especie para adquirir, supuestamente, fuerzas. En la naturaleza, estas tortugas están casi desaparecidas y sus hábitats están totalmente transformados o alterados. En algunas partes de China, solo existen en los criaderos, y lo mismo sucede en Vietnam. El estatus natural de la especie debe ser examinado, a fin de evaluar las amenazas que se ciernen sobre ella.

Tortuga de agua dulce

Esp.: *Galápago conchiblando chino*

Ingl.: *Chinese softshell turtle*

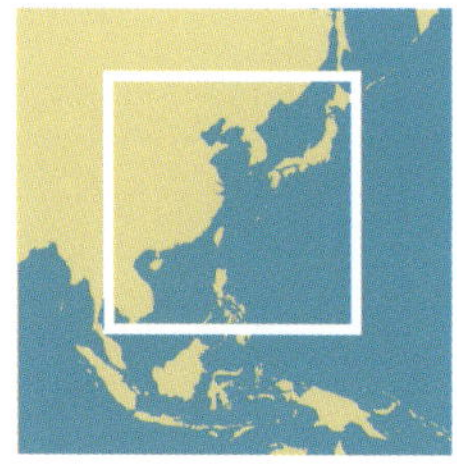

El hocico es corto; la piel es muy fina, más amarillenta que grisácea.

Página 146. Ésta es una especie pequeña, de caparazón alargado, generalmente grisáceo y sin adornos. Se le cría en granjas especializadas y se le vende en China para el consumo, ya que su delicada carne es muy apreciada.

Pelodiscus sp.

Tres especies han sido recientemente descritas en el territorio chino, pero aún no están totalmente aceptadas por los especialistas y se hacen necesarias publicaciones más detalladas, pues podría tratarse simplemente de subespecies de *P. sinensis*. Estas especies son las siguientes: *P. axenaria* (Zhou, Zhang & Fang, 1991), de la región de Hunan; *P. maackii* (Brand, 1858), la mayor de las tres, que se encuentra en el norte de China; *P. parviformis* Tang, 1997, la menor de las tres, que vive en el sur de China.

Rafetus euphraticus (Daudin, 1801)

Tortuga palustre

Esp.: *Galápago conchiblando del Éufrates*

Ingl.: *Euphrate softshell turtle*

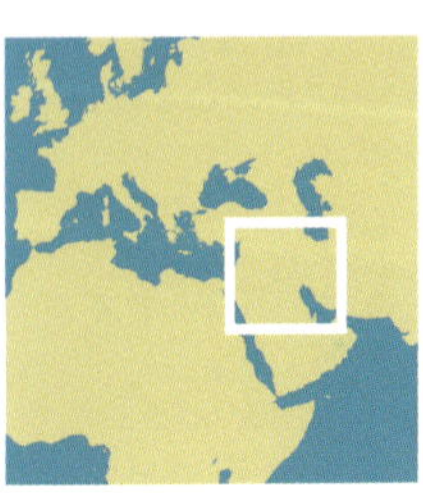

Distribución. Esta tortuga se encuentra en los ríos Tigris y Éufrates, y sus afluentes: en el sudeste de Turquía, Iraq, Siria e Irán (Juzistán). Algunos autores la sitúan también en el norte de Israel (Ernst & Barbour, 1989).

Características. Mide un máximo de 500 mm, su caparazón es oval, casi redondo, de color oliváceo, oscurecido con manchas irregulares más oscuras. El borde anterior del espaldar presenta tubérculos, por encima del cuello. El plastrón, blanquecino a crema, sólo presenta dos callosidades poco desarrolladas. La cabeza es mediana, con una nariz tubular bastante corta. La cabeza, el cuello y las patas son verdosos encima; y más claros y blanquecinos o crema, debajo. Las patas son fuertes, muy palmeadas. Los jóvenes lucen manchas claras en la cabeza y un dibujo de puntos amarillos, crema o blancos en el espaldar, así como varias hileras de tubérculos. Estas particularidades se desvanecen en algunos años.

Hábitos. Prefiere las aguas poco profundas y tranquilas, los brazos muertos de los ríos, los lagos pequeños, las charcas temporales y las marismas. A menudo se la ve tomar el sol en las orillas. Tolera aguas a temperaturas elevadas y soporta muy bien las aguas salobres. Es fundamentalmente diurna, pero puede estar activa de noche durante la estación cálida. Su régimen es básicamente carnívoro: consume peces, moluscos, crustáceos, anfibios, insectos y sus larvas. También puede ser carroñera y se han observado muchos animales alimentándose de ganado muerto en el borde del agua. En los contenidos estomacales se ha encontrado asimismo materias vegetales: algas, plantas, semillas de tomate, de melón y de pepino. En invierno, esta tortuga entra en periodo de reposo si la temperatura del agua desciende por debajo de 18 °C. Es irascible y puede morder ferozmente a quien la moleste. En Turquía, el periodo de puestas va desde finales de abril hasta junio. Puede haber varias puestas al año. Los huevos (una decena, en promedio) son blancos, casi esféricos (23 mm de diámetro) y de cascarón frágil.

Protección. Esta especie es consumida a veces por las poblaciones locales y también se vende como "animal de compañía" en Turquía. Pero el gran problema es la situación política de toda esta región y la degradación de los hábitats. Las guerras, la pobreza, la urbanización de extensos territorios, la explotación agrícola intensiva: todo resulta nefasto para esta especie. Esta tortuga es muy dependiente de su ecosistema y es sensible a la más mínima variación en éste. Las numerosas obras hidroeléctricas construidas en los ríos han alterado profundamente los ambientes acuáticos. Según Taskavak y Atatür (1998), las poblaciones de esta especie están en declive casi por todas partes y se ven muy pocos subadultos o juveniles. Esta tortuga no ha sido incluida aún en el Libro Rojo de la UICN, pero está catalogada por el Turtle Conservation Fund como una de las 48 tortugas amenazadas. En Turquía, se diseñan programas de estudio y reproducción en cautividad en vistas a la reintroducción.

El espaldar, de color oliváceo a negruzco y sin adornos, es a menudo más redondo que en esta fotografía. La cabeza es más bien pequeña, con el hocico corto. El animal permanece disimulado en los fondos lodosos de los ríos Tigris y Éufrates, en Oriente Medio.

© F. Bonin

Trionyx triunguis (Forsskål, 1775)

Distribución. Este galápago conchiblando presenta un área de distribución muy amplia en el continente africano y en Oriente Medio. Vive en las costas de Turquía, Siria, el Líbano e Israel. Se extiende por la cuenca del Nilo, del Nilo Blanco y del Nilo Azul, Etiopía, Somalia, Kenia (lagoTurkana) y Uganda. También está presente en el África central y occidental desde el sur de Angola hasta la República Democrática del Congo, la República Centroafricana, Gabón, Guinea Ecuatorial, Camerún, Chad, Níger, Nigeria, Benín, Togo, Ghana, Costa de Marfil, Liberia, Sierra Leona, Guinea, Gambia, Senegal y Mauritania.

Características. Es una especie de gran tamaño, que puede alcanzar los 1.200 mm para 60 kg. Su espaldar es oval, bastante plano, oliváceo a pardo oscuro, sin ningún dibujo en particular. El margen anterior del espaldar forma un reborde por encima del cuello y de las patas delanteras, pero no presenta tubérculos. El plastrón es blanquecino o crema, sin dibujo en la parte anterior, pero puede lucir algunas manchas en la parte posterior. Los adultos poseen cuatro callosidades bien marcadas bajo el plastrón. La cabeza es mediana y los ojos pequeños, situados en la parte alta. El iris es negro, rodeado de dorado. La nariz es puntiaguda, fina y ligeramente ensanchada a la altura de las narinas. La cabeza, el cuello y las patas son verde olivo más o menos oscuro, salpicado de manchitas amarillas o blanquecinas. El mentón y la garganta son blancos o amarillos, así como por debajo de las patas. Los miembros son fuertes, muy palmeados y terminados en tres uñas, como lo reitera el nombre de la especie: del griego *tri* (tres) y *onyx* (uña), y del latín *unguis* (uña). Los juveniles presentan una ligera quilla vertebral. Su espaldar está adornado con manchas oscuras, finamente resaltadas de amarillo. Varias hileras de pequeños tubérculos, visibles durante los primeros años, desaparecen enseguida.

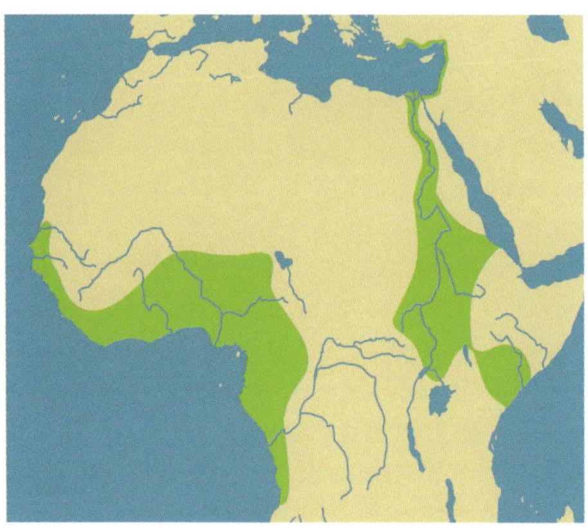

Tortuga palustre

Esp.: *Galápago conchiblando del Nilo*
Ingl.: *Nile softshell turtle*

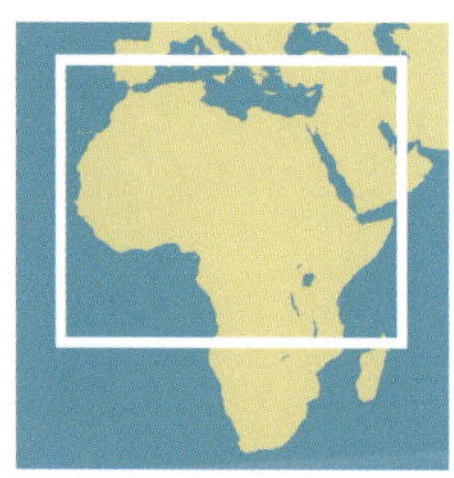

Este juvenil de *T. triunguis* es aún muy colorido, con manchas claras en todo el cuerpo, sobre un fondo pardo. Posteriormente, se volverá uniformemente pardo a grisáceo. Esta especie está representada en algunos bajorrelieves egipcios.

Hábitos. Esta tortuga vive en diversos ambientes acuáticos: ríos, lagunas, pantanos, lagos, con la condición de que estén dotados de bancos de arena para poder depositar los huevos. La especie se aventura también en el mar por los estuarios y aprovecha las playas para nidificar en compañía de las tortugas marinas, como sucede en Turquía. Puede soportar bastante tiempo una salinidad superior a 38 por mil. Su régimen omnívoro se compone de peces, anfibios, crustáceos, moluscos, insectos, pero también de plantas y frutos caídos, como dátiles. También es necrófaga y no duda en asaltar el cadáver de un gran mamífero en el borde del agua. A menudo se la ve en postura de insolación en las orillas, pero es asustadiza y se sumerge al más mínimo ruido sospechoso. Los pescadores no la aprecian, pues destruyen sus redes cuando intentan atrapar los peces y se muestra agresiva si se intenta cogerla. En el día, pasa largos momentos enterrada en el limo o en el fango, gracias a su respiración faríngea y cutánea. Es muy buena nadadora, pero también se desplaza en tierra con mucha rapidez. La temporada de nidificación va de marzo a julio, según la latitud. Las hembras grandes ponen más de 100 huevos esféricos y blancos, de cascarón duro, que miden de 25 a 30 mm de diámetro. La incubación dura entre 75 y 80 días.

Protección. Este gran galápago conchiblando ha intrigado desde antiguo a los pueblos de Egipto y Mesopotamia, y ha sido representado en numerosos bajorrelieves. Era venerado, sin duda, pero también consumido. Actualmente, es recolectada en casi todos los países donde se distribuye. Su gran tamaño y su carne muy apreciada lo convierten en una presa muy buscada. En el mar, también es capturado en las redes de los pescadores. Por otro lado, los ambientes que frecuenta están a menudo degradados. Esta especie se ha vuelto muy escasa en Siria, el Líbano, Israel, África central y occidental. En cambio, aún se la ve a menudo en muchos puestos en los mercados de algunos países africanos e incluso de Oriente Medio. Está catalogada como en "peligro crítico" por la UICN en el Libro Rojo (1996 y 2000) y su población mediterránea no contaría con más de 1.000 individuos adultos. También figura en la lista de las 24 especies en situación crítica del Turtle Conservation Fund. Se deberían implementar programas de cría y reintroducción en las zonas que aún dispongan de hábitats adecuados.

Carettochelyidae
Boulenger, 1887

Esta familia estaba ampliamente representada en la era Terciaria en Europa, Norteamérica y Asia. Actualmente solo subsiste una especie, morfológicamente muy diferenciada, Carettochelys insculpta, *presente en el noroeste de Australia y el sur de Papúa Nueva Guinea.*

Carettochelys insculpta Ramsay, 1886

Distribución. Confinada hasta 1970 en algunos ríos del sur de Papúa Nueva Guinea (río Vailala, este de Purari), fue hallada por Cogger en una zona restringida del norte de Australia, en los alrededores de Darwin y del Parque del Kakadu (río Alligator); y luego más al sur, en el río Daly, donde se observan poblaciones importantes en Ooloo Crossing. Estos últimos años, las observaciones más numerosas hacen pensar que esta especie puede encontrarse en buena parte del noroeste de Australia, aunque sus efectivos sean reducidos.

Características. Esta tortuga constituye por sí sola una familia (*Carettochelyidae*), un género y una especie. Es el único Criptodiro de Australia y tiene tantas particularidades que no se le puede confundir con ninguna otra tortuga. Se parece a la vez a un "galápago conchiblando" y a una tortuga de mar, y parece estar muy adaptada al medio marino, ya que a veces se le ve en el mar y nidifica en algunas playas, como lo hacen las tortugas marinas. El hecho de ser un Criptodiro hace suponer que su origen se sitúa más al norte que Australia y que se implantó "accidentalmente" en esta isla, como resultado de incursiones relativamente recientes. Sus características principales son las siguientes: es la mayor de las tortugas australianas, con una talla máxima de 700 mm para un peso de 30 kg; es la única tortuga en el mundo que posee un morro prominente, lo que le ha valido el nombre de "nariz de cerdo"; sus miembros parecen más unas aletas que patas de tortuga de agua dulce (se separó de los Trionychidae hace 80 millones de años); su caparazón está cubierto de una piel fina que recubre los nódulos óseos residuales. Su color va del gris plateado al pardo negruzco. La piel de su espaldar presenta manchitas claras regulares en el adulto, sin ningún rastro de placas o suturas. El espaldar tiene forma de "techo", con una quilla bien desarrollada, al igual que en algunas tortugas de mar. A veces se observan algunas manchas claras amarillas en las primeras marginales laterales. El plastrón es amarillo cremoso uniforme, a veces ligeramente rosado. El cuello es muy corto, y casi blanco a amarillento por debajo; la cabeza es grande y ancha, con un cráneo perfectamente liso y de colores idénticos a los del espaldar. A veces se nota una mancha blanca detrás de los ojos. En los machos, dos uñas marcan el codo de los miembros anteriores.

Los jóvenes son muy diferentes de los adultos. Al nacer, son planos y muy redondos, de un diámetro de 50 mm. El espaldar, los costados y la parte posterior están provistos de una especie de faldón muy amplio y recortado en múltiples dientes que hacen que el recién naci-

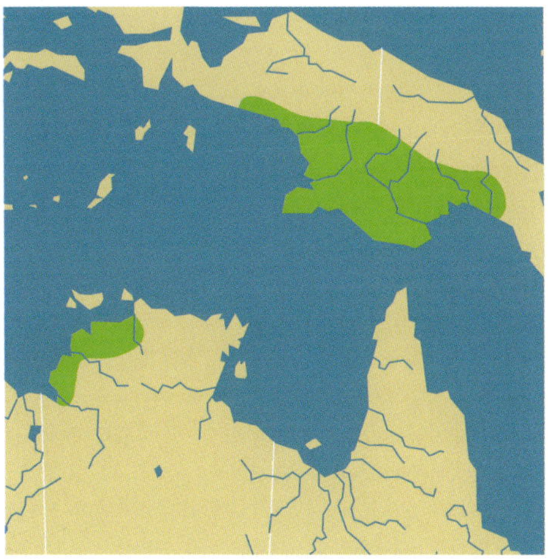

Tortuga palustre

Esp.: *Tortuga de nariz de cerdo*

Ingl.: *Pitted-shelled turtle, Pig-nosed turtle*

Este galápago no está en su elemento. Fuera del agua, parece desorientado y poco activo. En esta foto, se notan las aletas delanteras tan grandes, el espaldar ligeramente abovedado y el ancho "morro" que marca la parte delantera de una cabeza redonda de ojos grandes y expresivos. Debajo del agua, recupera su vivacidad y su nado ágil y elegante.

do parezca una "sierra circular". El centro del espaldar presenta nódulos vertebrales que recuerdan a una sarta de perlas, y se distinguen las "costillas radiales", que corresponden a la estructura ósea subyacente. El color es gris perla y el faldón marginal es flexible y blando. Los juveniles crecen muy rápido y tardan de dos a tres años en adquirir los colores y las formas de los adultos, conservando una línea amarilla alrededor del espaldar. La forma en "techo" del caparazón se afirma y los miembros son siempre de dimensiones muy grandes. El color es gris pizarra. El plastrón es rosa, sin ninguna mancha, y luego se vuelve crema y amarillo. El cuello es muy amarillo, la mancha postocular es muy marcada, y el "morro" ya está bien desarrollado. Fuera del agua, esta especie no está cómoda, no se mueve y deja caer su cabeza en el suelo como una tortuga marina. Solo en el agua se muestra muy a gusto, una vez más, al igual que las tortugas marinas.

Hábitos. Tanto en cautividad como en la naturaleza, esta especie parece tranquila y pasa largas horas inmóvil. Nunca se la ve insolarse en las orillas, sobre los troncos de árboles o las piedras. Vive discretamente en los brazos de ríos tranquilos y en las albuferas aisladas, aunque no desprecia las aguas salobres y puede aventurarse en el mar. En el río Daly, sigue el avance de las aguas; cuando falta agua en el río, se aleja yendo río abajo, y cuando el estiaje está en su máximo, llega hasta Ooloo Crossing, muy lejos tierra adentro, donde forma un grupo importante. Es más nocturna que diurna. Se alimenta de caracoles, peces, crustáceos, pero también de frutos caídos al agua. Utiliza su morro para hurgar en el limo, para atrapar larvas o absorber los elementos nutritivos que necesita.

En la estación seca, entre julio y octubre, las hembras ponen sus huevos durante la noche. A veces se ven varias hembras poniendo huevos juntas, aunque no se trata de verdaderas puestas gregarias. Ha sido observada residiendo algún tiempo en la playa antes de nidificar. *Carettochelys insculpta* pone dos veces al año en promedio, en fechas no regulares. Prepara la excavación con sus patas traseras, y luego excava el nido propiamente dicho, que puede alcanzar los 50 cm de profundidad. Los huevos, que parecen pelotas, miden en promedio 40 mm de diámetro para un peso de 35 g. El cascarón es rígido, pero muy fino, y está cubierto por una mucosidad. La temperatura de diferenciación sexual (31,5 °C) es bastante elevada. Los embriones se desarrollan normalmente durante las pocas semanas de la estación seca y entran luego en letargo hasta la subida de las aguas, que permite la eclosión. Los recién nacidos pesan alrededor de 30 g, comen larvas de insectos, pequeños cangrejos de río y caracoles jóvenes. Los adultos son más omnívoros y aprecian las plantas acuáticas, como *Valisneria spiralis* y los frutos de *Ficus racemosa*, de *Pandanus aquaticus* y de *Syzygium forte*. Los depredadores de esta especie son sobretodo los cocodrilos marinos y los cocodrilos de estuario, pero las grandes manadas de búfalos también son nocivas, ya que pisotean las orillas, destruyendo los huevos y, a veces, a los jóvenes.

Protección. Aunque esta especie está totalmente protegida, las tribus locales están autorizadas a capturarlas para el consumo alimentario. Debido a su gran tamaño y a su carne considerada "suculenta", es muy apreciada por los aborígenes. Para capturarla, utilizan sedales cebados con carne de búfalo. La otra gran amenaza proviene de la ganadería extensiva, pues la gran abundancia de rebaños en los márgenes de los ríos puede destruir los lugares de puesta. En Australia no se observa ni recolección ni ningún tipo de explotación comercial de esta especie. En cambio, en Nueva Guinea, los huevos son consumidos ampliamente: cada año, se venderían más de 20.000 huevos en los mercados de Krikori. Con el crecimiento demográfico de estas regiones y el desarrollo de los medios de transporte, se ejercerá una presión cada vez más fuerte sobre esta especie. En 20 años, los efectivos de Nueva Guinea parecen haber disminuido considerablemente. Muy a menudo, se venden ejemplares de esta especie en los mercados de Nueva Guinea, los que son exportados a Estados Unidos o Europa. Muchos no sobreviven a sus primeros días en cautividad ni al transporte. En Australia, el parque del Kakadu hace grandes esfuerzos para proteger a la especie. Los búfalos de agua asilvestrados son eliminados. El problema proviene sobre todo de la ampliación de las zonas agrícolas y del pastoreo, pero también se puede temer la implantación de minas de oro y uranio, en el noroeste del país. Muchos centros en Australia intentan criar a esta especie en cautividad, pero no han dado muy buenos resultados, pues es un animal cuya cría y reproducción son difíciles.

Etnozoología. *Carettochelys insculpta* ocupa un lugar muy importante en las leyendas y en el arte pictórico aborígenes. Esta tortuga está representada a menudo en las paredes de rocas, de un modo anatómico que desvela sus músculos y vísceras. Además, es gracias a estas representaciones que la especie era antiguamente conocida por los naturalistas, que la creían desaparecida, mientras que los aborígenes la capturaban y la consumían aún. Un cuento explica que Warradjan (el nombre aborigen de esta tortuga) y Manbirri (la tortuga verde marina) habían sido hermanas. Manbirri era la más joven. Cuando el agua salada se alejó de la tierra, Manbirri decidió partir en su busca, muy lejos, caminando mucho tiempo; mientras que Warradjan se quedó en aguas dulces, con su otra hermana, Nadwerrwo, la tortuga mordedora (*Elseya dentata*). Esto demuestra que los aborígenes son finos observadores de la biología y la ecología de las tortugas locales. Ahora bien, no las consideran sagradas, sino que representan únicamente una fuente de alimento.

Esta tortuga fue descubierta en Nueva Guinea, pero en los últimos años se han visto muchos ejemplares en la costa noroeste australiana, hasta Kimberley.

© F. Bonin

DERMATEMYDIDAE Gray, 1870

En el Jurásico, esta familia primitiva estaba ampliamente representada en Europa, y luego, en el Cretácico y el Mioceno, desde el continente americano hasta el este de Asia. Hoy solo subsiste una especie en Centroamérica.

Dermatemys mawii Gray, 1847

Tortuga palustre

Esp.: *Galápago aplanado*
Ingl.: *Central American river turtle*
Fr.: *Dermatémyde de Mawe*

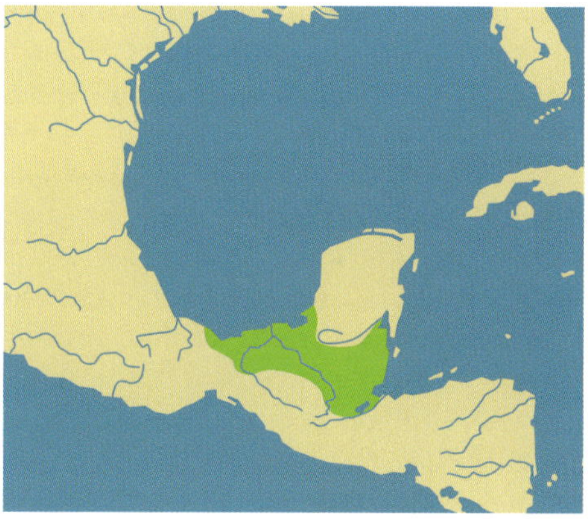

Esta gran tortuga fluvial no se encuentra nada cómoda en tierra. Ni siquiera es capaz de sostener el peso de su cabeza, que arrastra por el suelo.

Distribución. Se encuentra en México (estados de Veracruz, Tabasco, norte de Chiapas, Campeche y sur de Quintana Roo), en Belice, el norte de Guatemala y el noroeste de Honduras.

Características. Su nombre hace referencia al teniente Mawe, de la Marina Real Británica. Puede alcanzar los 650 mm y pesar 25 kg. Posee un caparazón aplanado, oval, sin quillas, muy grueso y osificado. Con la edad, las suturas tienden a desaparecer, lo que le hace parecer un sólido guijarro pulido por el agua. Las marginales no están ensanchadas ni escotadas. El espaldar es gris a oliváceo, o pardo. El plastrón es grande, bien desarrollado, sin articulaciones, y se termina por una muesca anal importante. Los puentes son crema, al igual que el plastrón y debajo de las marginales, y presentan una hilera de escamas inframarginales (de tres a seis de cada lado). La inguinal es más grande que estas inframarginales, y la axilar es más pequeña. La cabeza es más bien pequeña para un animal de este tamaño. La nariz es ligeramente tubular y medianamente larga. Es de color grisáceo a los lados; amarillo o rojizo encima del cráneo. A veces, una línea clara separa estas dos coloraciones. Algunas vermiculaciones oscuras pueden adornar este fondo claro. El cuello es bastante ancho y largo. Las patas son fuertes y muy palmeadas, de color gris oscuro. Una hilera de anchas escamas marca el borde de cada miembro. La cabeza de los machos es a menudo más amarilla o rojiza encima, y la de las hembras es más gris. Los recién nacidos poseen un caparazón pardo oliváceo, una quilla vertebral bien desarrollada y marginales muy escotadas. Su cabeza luce una línea amarilla, que parte de las narinas para atravesar la órbita y dirigirse hacia la base del cuello. Los juveniles son más omnívoros que los adultos.

© A. Dupré

Hábitos. Es una especie muy acuática, que frecuenta todos los ambientes acuáticos profundos, colmatados de vegetación e incluso salobres. Es principalmente nocturna y se activa en el crepúsculo, mientras que de día flota a menudo en la superficie. Su respiración faríngea le permite captar el oxígeno del agua y quedarse largo tiempo sumergida. Su régimen es exclusivamente vegetariano: come plantas acuáticas, hojas y frutos caídos al agua. Las puestas tienen lugar durante la estación lluviosa, ya que las aguas altas permiten a las hembras subir bastante alto las orillas. Tres puestas anuales son frecuentes, con nidos poco profundos, a veces sumarios, situados no lejos del agua. Los huevos son blancos y alargados, de cascarón duro, y miden aproximadamente 32 x 60 mm. Los nidos cuentan de 6 a 20 huevos.

Protección. Los juveniles son devorados por nutrias y otros depredadores. Los adultos son a menudo cazados y pescados, y figuran en el menú de muchas etnias, debido a su gran tamaño. La legislación prohíbe la captura y la venta de estas tortugas si miden menos de 400 mm y durante el periodo de nidificación (del 1° de septiembre al 31 de diciembre). Sin embargo, los controles siguen siendo escasos y aleatorios. En México existen criaderos cuyo objetivo es liberar una parte de la producción en la naturaleza (25 %) y consumir el resto. La especie figura en el Apéndice II de la CITES y forma parte de las 48 especies declaradas "en peligro" por el Turtle Conservation Fund en 2002. Sus efectivos se vuelven cada vez más escasos.

KINOSTERNIDAE Agassiz, 1857

Esta familia está compuesta por tres géneros y se extiende en el continente americano, desde el sur de Canadá hasta el centro del continente sudamericano. No se han encontrado fósiles de esta familia en otras partes del mundo. Son Quelonios de tamaño pequeño a mediano. Su cabeza es grande. Su caparazón en forma de guijarro está a menudo aplanado encima, y a veces presenta una o varias quillas. Sus plastrones son a menudo angostos y cruciformes, articulados mediante una o dos charnelas que permiten que la caja ósea se cierre totalmente. Sus patas delgadas demuestran que estas tortugas son malas nadadoras, ya que en realidad "caminan en el fondo". Tienen un régimen más bien omnívoro y oportunista. Algunas son especialmente excavadoras y pueden pasar muchos meses escondidas en el fango. Segregan un almizcle maloliente por los poros excretores, cerca de los puentes.

Kinosternon acutum Gray, 1831

Distribución. Área de distribución reducida en el oeste de la península de Yucatán, México, en las llanuras costeras de Veracruz, Tabasco y Campeche, hasta el norte de Guatemala y de Belice.

Características. Las hembras alcanzan los 120 mm; los machos, solo 105 mm. El caparazón de estas tortugas es medianamente abombado, visiblemente más alto en la parte posterior. Los adultos presentan una quilla vertebral, y los subadultos también tienen dos quillas costales que desaparecen con la edad. El caparazón es pardo oscuro. Las escamas están

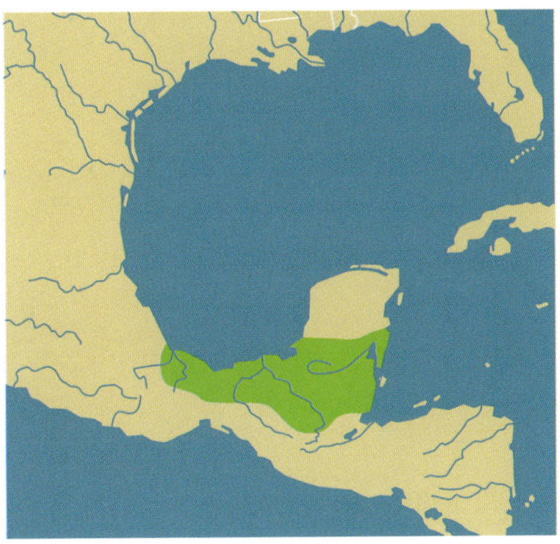

Tortuga de ambientes húmedos

Esp: *Casquito tabasqueño*
Ingl.: *Tobasco mud turtle*
Fr.: *Cinosterne de Tabasco*

© F. Bonin

No es fácil diferenciar a las *Kinosternon*, y las fotos no siempre reflejan las características de las especies. La quilla de este individuo casi ha desaparecido. La cabeza es alargada, acabada en punta por una gran escama nasal.

delineadas por suturas muy oscuras. El plastrón, lo suficientemente grande como para cerrar la abertura del espaldar, está doblemente articulado y no presenta ninguna muesca anal. Es amarillento a beis, sin ningún dibujo particular. Las suturas son oscuras y muy visibles. La cabeza no es muy grande. Es amarilla o rojiza, a veces gris, adornada con venillas más oscuras, que van del pardo oscuro al negro, al igual que la piel del cuello y de las patas. La escama nasal es grande y cubre una parte importante del cráneo, lo que ha motivado el nombre común de "casquito". Los ojos son a menudo rojos, atravesados por una línea negra. La mandíbula superior presenta un pico en forma de gancho, más desarrollado en los machos que en las hembras. El mentón está adornado con un solo par de barbillones, es claro y va del blanco al amarillo sucio, jaspeado de pequeñas líneas pardas o negras. Las hembras lucen un mentón más claro que los machos y su cola truncada es muy corta. Ambos sexos están dotados de una escama córnea en la punta de la cola y no poseen tubérculos en la parte interior de los muslos.

Hábitos. Esta tortuga ocupa las charcas temporales y los pequeños cursos de agua en el bosque húmedo, a una altitud no mayor de 300 metros. Vive en simpatría con *K. scorpioides* y *K. leucostomum* en la región del Petén, en Guatemala. Las hembras nidifican en marzo y abril.

Kinosternon alamosae Berry & Legler, 1980

Tortuga de ambientes húmedos

Esp.: *Casquito de Álamos*
Ingl.: *Alamos mud turtle*

Distribución. Endémica de las llanuras de las costas del Pacífico en México, ocupa una franja litoral hasta los 1.000 m de altitud, en las cuencas de los ríos Sonora, Sinaloa y Yaqui, y quizá más al norte, hasta la cuenca del río Magdalena.

Características. Su nombre proviene de la ciudad de Álamos donde se observaron las primeras tortugas de esta especie. Los machos pueden alcanzar los 135 mm; las hembras, 126 mm. El caparazón es bastante abombado, a veces ligeramente deprimido en la parte dorsal. Los adultos no presentan quillas. La primera vertebral no se toca con las segundas marginales, mientras que las cuartas costales tocan las décimas marginales. Estas marginales superan en altura el nivel de las otras marginales, que son bastante verticales en los lados. El espaldar es beis a pardo, a veces oliváceo, a veces salpicado de marcas más oscuras. Las suturas son muy marcadas, casi negras. El plastrón es grande, doblemente articulado y cierra bien la abertura del espaldar. Es amarillo pajizo a pardo anaranjado, a veces manchado de marcas oscuras. Las suturas son muy oscuras, y en los individuos viejos las líneas de crecimiento a veces están muy marcadas. Las escamas inguinales y axilares no se tocan. No se ve ninguna muesca anal. El plastrón de los machos es más angosto a la altura de la articulación femoral. La cabeza es de tamaño mediano, de color pardo encima del cráneo y luce marcas amarillas en los costados. El cuello es pardo en la parte superior y se ilumina de amarillo en la inferior. El mentón, también claro, presenta un par de pequeños barbillones. La nariz es bastante corta; la escama nasal es importante. Las patas son pardas y están dotadas de uñas muy desarrolladas. Las palmaciones son muy visibles. Ambos sexos presentan una uña córnea al final de la cola y no tienen escamas tuberosas en la parte interna de los muslos. La cola de la hembra es corta y truncada.

Hábitos. Esta tortuga se encuentra en las charcas temporales, los pequeños arroyos, los abrevaderos de ganado y las zanjas al borde de las pistas y carreteras, pero nunca se le ve en cursos de agua importantes ni grandes lagos. Parece tener hábitos terrestres, lo que es desmentido por sus patas bien palmeadas. Puede tolerar temperaturas de agua muy elevadas, ya que se han observado individuos en charcas temporales donde el agua alcanzaba los 42 °C. Está activa de julio a septiembre y parece ser una de las tortugas con el periodo de actividad más corto. Algunos individuos estivan durante los largos meses de sequía de la región de Sonora, al menos en la zona costera. Esta especie es diurna, pero algunos individuos también están activos de noche. Su régimen es sobre todo carnívoro: está compuesto de artrópodos, huevos de anuros, renacuajos, ranas, pero también de algunos vegetales. Es una tortuga particularmente asustadiza, que se esconde en su caparazón durante horas si es molestada. Nunca intenta morder. Las hembras parecen madurar hacia los 5-7 años y, cerca de Álamos, las cópulas han sido observadas a finales de julio. Aparentemente se producen dos o tres puestas por temporada, cada una con dos o tres huevos alargados, que miden un promedio de 15 x 26 mm.

Protección. Los efectivos de esta tortuga son escasos, pero es tan discreta que no parece especialmente amenazada. Los ambientes donde vive no están degradados ni amenazados por la urbanización. Lo que la pone más en peligro es la sequedad de estas regiones, a veces extrema.

Esta pequeña tortuga, observada en la carretera que conduce a Álamos, presenta un color muy claro, un espaldar muy desarrollado, y una cabeza parda corta. Todas las *Kinosternon* son discretas, y se esconden rápidamente bajo las plantas y en los recovecos del sustrato, huyendo gracias a sus patas, largas y ágiles.

© F. Bonin

Kinosternon angustipons Legler, 1965

Distribución. Su área de distribución está muy localizada en las costas atlánticas de Centroamérica; se le encuentra en las llanuras costeras de Nicaragua (río San Juan), Costa Rica (Puerto Viejo de Sarapiquí, Los Diamantes, río Suerte, Tortuguero, Barra del Colorado), y de Panamá (Bocas del Toro).

Características. Tardíamente descubierta y descrita solo en 1965, su nombre proviene del latín *angustus*, angosto, y *pons*, puente: "puente angosto". Las hembras alcanzan los 120 mm y los machos, 115 mm. Su espaldar es bastante bajo, ligeramente aplanado encima, normalmente sin quilla (algunos jóvenes presentan quillas muy ligeras), de color todo pardo oscuro. La primera vertebral toca las segundas marginales. Las décimas marginales superan a las demás en altura. Las marginales posteriores son ligeramente escotadas. Las escamas de los individuos viejos presentan a veces un aspecto imbricado como las tejas de un techo. El plastrón es estrecho, cruciforme y doblemente articulado. En los individuos de ma-

Esta *K. angustipons* recién nacida presenta colores muy vivos, con una línea clara alrededor del espaldar (muy carenado), la cabeza marcada con manchas claras y el plastrón más bien oscuro.

yor edad, las suturas están recubiertas de una piel suave y blanquecina. El plastrón y los puentes son amarillo pálido a amarillo anaranjado, a veces marcado con manchas oscuras. Las inguinales y las axilares están en contacto. El lóbulo posterior es menos ancho, pero más largo que el anterior. Se nota muy bien la muesca anal de contornos redondeados. La cabeza es mediana, pero presenta una nariz especialmente bulbosa, característica de la especie. Es pardo oscuro encima, y más clara debajo. El mentón y el cuello son crema por debajo. Las mandíbulas son claras, no dentadas y están marcadas con estrías más oscuras. El mentón luce de tres a seis barbillones crema muy pequeños. Las patas son bastante delgadas, oscuras encima y más claras debajo. Son muy palmeadas y las delanteras están dotadas de cinco uñas grandes, mientras que las traseras tienen cuatro. Los machos poseen discretas escamas rugosas en la parte interna de los muslos. La cola en ambos sexos está desprovista de uña córnea.

Tortuga de agua dulce

Esp.: *Casquito pechocruz*
Ingl.: *Narrow-bridged mud turtle*
Fr.: *Cinosterne à pont étroit*

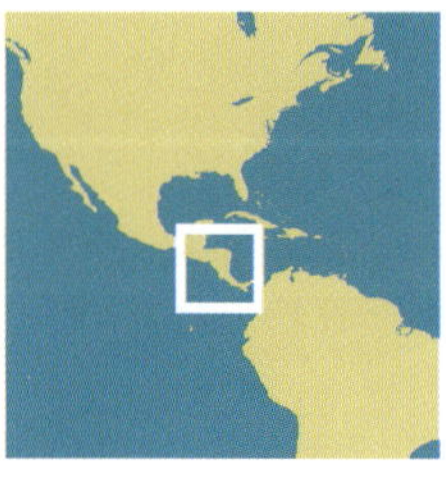

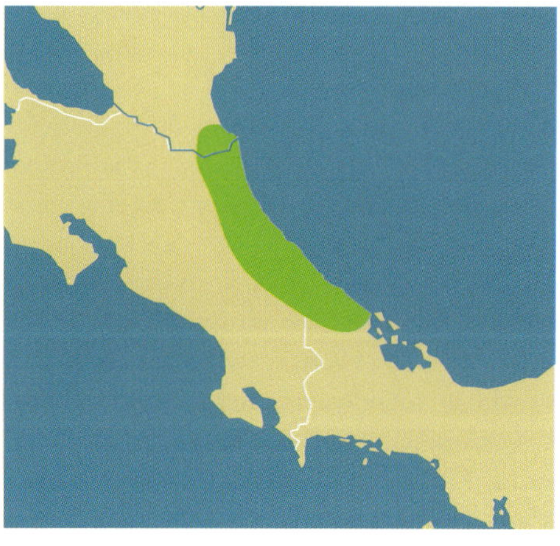

Hábitos. Este galápago vive en charcas poco profundas y en arroyos de curso lento, a menudo turbios y colmatados de abundante vegetación. Es discreta y sus efectivos son escasos. Soporta las aguas a altas temperaturas. A menudo se le observa junto con otros Quelonios, tales como *Chelydra serpentina*, *Rhinoclemmys funerea* o *Trachemys emolli*. Su régimen es más bien oportunista, ya que come tanto insectos como hojas caídas al agua, y los investigadores la capturan con sardinas o pedazos de plátano (!). Se reproduce de mayo a agosto. Una sola puesta parece ser la regla, con un promedio de cuatro huevos blanquecinos y elípticos, de aproximadamente 22 x 40 mm. El cascarón presenta un aspecto ligeramente vidrioso, con pequeñas irregularidades, sin llegar a ser verdaderamente granuloso.

Protección. La UICN considera esta especie como "muy rara" y señala la necesidad de desarrollar estudios para conocer su estatus rápidamente. Sus depredadores naturales son el jaguar, el puma y el coyote. A menudo lleva sanguijuelas en sus partes blandas. Se conoce poco la presión antrópica ejercida sobre esta tortuga y sus hábitats.

Kinosternon baurii Garman, 1891

Tortuga de ambientes húmedos

Esp.: *Casquito rayado*

Ingl.: *Striped mud turtle*

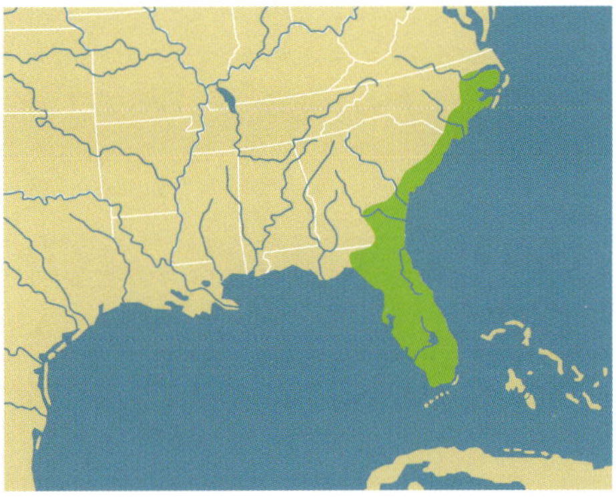

Distribución. Solo se encuentra en la costa sureste de Estados Unidos, desde los condados de King y de Queen, en el sur de Virginia; hasta los Cayos en el extremo sur de Florida, pasando por Carolina del Sur y del Norte y Georgia.

Características. Su nombre proviene del célebre osteólogo y queloniólogo Georges Baur. Es una pequeña tortuga que no supera los 120 mm. Su espaldar es a menudo más ancho que alto, ya que está deprimido en la parte vertebral. Su aspecto es liso y los adultos ya casi no presentan las tres quillas visibles en los jóvenes. El color tan oscuro, casi negro, del caparazón, se ilumina con tres líneas longitudinales amarillas. El plastrón está doblemente articulado y es amarillo a oliváceo, con marcas y manchas oscuras. La muesca anal está muy poco marcada. La cabeza es mediana y de forma cónica, negruzca como el resto de la piel. Dos líneas amarillo claro salen de la punta del hocico, pasan por encima y por debajo de la órbita, y continúan a lo largo del cuello. Estas líneas están acompañadas a veces de manchas claras que destacan las ligeras protuberancias de la piel. Las patas, igualmente muy oscuras, están dotadas de cinco uñas y son muy palmeadas. Los machos tienen una cola fuerte, con una uña córnea y escamas rugosas en la parte interna de los muslos. Al nacer, los jóvenes presentan un caparazón de aspecto rugoso, caoba a negro, resaltado por las tres líneas amarillas muy marcadas sobre las quillas. Los bordes de las marginales también están resaltados de amarillo. Su plastrón es amarillo, adornado en el centro con una mancha oscura en forma de estrella cuyos brazos siguen a las suturas. Las articulaciones del plastrón solo son movibles tres meses después de la eclosión.

Subespecies. Algunos autores distinguían dos subespecies, que ya no se aceptan actualmente: *K. b. baurii*, en el sur de su distribución; y *K. b. palmarum*, en el norte.

Hábitos. Esta tortuga está activa toda el año y es ciertamente la más terrestre del género. Se la ve a menudo en tierra, cruzando las pistas en busca de un campo inundado o de una zona de puesta. Su régimen es más bien omnívoro: semillas (palmeras), hojas, vegetación acuática, algas, pequeños caracoles, insectos y sus larvas, pero también carroña. Se atreve a menudo con los cebos de los pescadores y parece gustarle la bosta de vaca, que hurga para encontrar insectos, lo que le ha valido el sobrenombre inglés de "cow dung cooter". Las hembras son maduras a partir de los 5-6 años. Las cópulas tienen lugar principalmente de marzo a octubre, pero pueden ser observadas todo el año. A menudo, los machos son agresivos entre ellos durante este periodo. Los huevos se depositan en la arena o entre los desechos vegetales, no lejos de los puntos de agua. Cada puesta contiene hasta 7 huevos elípticos, blancos, a veces ligeramente rosados, de aspecto mate, que miden 17 x 30 mm en

Alto y redondo por detrás, el espaldar de esta especie forma un óvalo muy regular, como un guijarro muy pulido par los años. La cabeza es bastante fuerte y está dotada de dos líneas claras en los lados y de un hocico corto.

promedio. Cada año puede haber tres puestas y la incubación dura de 80 a 145 días.

Protección. Es una especie muy estudiada por los investigadores americanos, pero, sin duda, amenazada. La costa sudeste de Estados Unidos está muy urbanizada y los hábitats están intensamente alterados por el hombre. La desecación de algunas zonas de Florida es igualmente nociva para la especie.

Kinosternon carinatum (Gray, 1855)

Tortuga de agua dulce

Esp.: *Casquito carinado*

Ingl.: *Razor-baked musk turtle*

Distribución. Área amplia en el sur de Estados Unidos, desde el sureste de Oklahoma, Arkansas y Texas, hasta el sur de Mississippi.

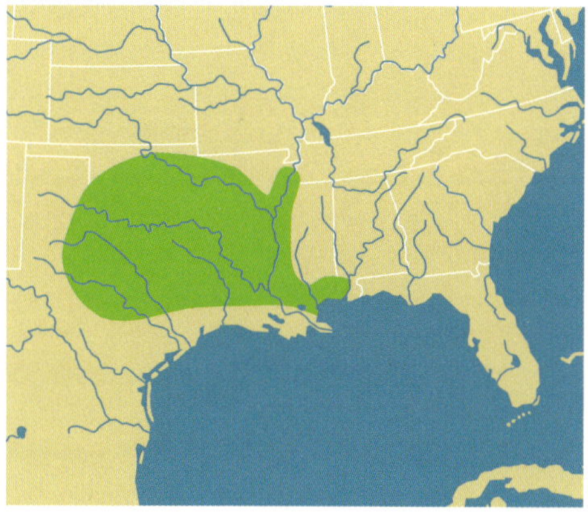

Características. En latín, *carinatum* significa "carenado", y remite a la forma "en techo" de esta especie. Esta tortuga no supera los 160 mm y se caracteriza por su quilla vertebral muy pronunciada. El espaldar puede tener un ángulo de 100°. No hay quillas laterales en los adultos. Las escamas vertebrales son imbricadas y su parte posterior cubre bien la parte delantera de la escama siguiente. Las marginales son medianamente dentadas. El espaldar es pardo claro a anaranjado, y cada escama está delineada finamente de negro y adornada con estrías oscuras que se atenúan con la edad. El plastrón está medianamente desarrollado y desprovisto de escama gular. Solo presenta 10 placas, mientras que las otras *Kinosternon* poseen 11. Una charnela poco visible y poco desarrollada se sitúa entre las pectorales y las abdominales. Las suturas están recubiertas de bandas cutáneas bastante anchas. El color del plastrón va del rosa al anaranjado en los jóvenes, para volverse amarillo oscuro a pardo a veces estriado de oscuro, en los individuos viejos. La muesca anal está muy poco marcada. La piel de la cabeza está salpicada de puntitos circulares negros. Las mandíbulas están estriadas de negro. El pico superior es ligeramente ganchudo. La nariz es tubular. Las órbitas son negras rodeadas de claro. Un par de barbillones es visible bajo el mentón. Las patas son pardo claro, manchadas con puntos negros. Las patas delanteras poseen cinco uñas, y las posteriores, cuatro; las palmaciones son muy visibles. Solo los machos poseen una uña córnea al final de la cola y escamas rugosas en la parte interna de los muslos. Los jóvenes presentan tres quillas dorsales, y la imbricación de las escamas vertebrales es más fuerte que en los adultos. Su coloración es también más intensa. Pesan aproximadamente 4 g al nacer.

Este juvenil presenta una cabeza clara, con las mandíbulas y el cuello blanco. La cara inferior de la cabeza y del cuello es oliváceo a pardo. El plastrón está adornado con bandas de piel desnuda y clara, sobre un fondo beis manchado de oscuro.

© F. Bonin

Hábitos. Prefiere los ríos de curso lento y las ciénagas de fondo lodoso y con abundante vegetación acuática. Le gusta insolarse largamente en las orillas. Está activa de marzo a noviembre, e hiberna en el fondo del agua en el limo, o en cavidades próximas al agua. En verano, a veces estiva. Sus comportamientos de termorregulación son muy precisos y podrían deberse a la forma particular de su espaldar, quizá menos eficaz para captar la radiación solar. Su régimen es omnívoro: come insectos, crustáceos, moluscos, anfibios, carroña diversa y vegetación acuática. Busca su alimento caminando en el fondo del agua, con el cuello estirado, como si fuera una especie terrestre. Es una tortuga gregaria y, en Oklahoma, se pueden encontrar hasta 229 individuos por hectárea. Es asustadiza por naturaleza y no intenta morder cuando se le captura, ni segrega el almizcle maloliente que posee. Las hembras maduran a los 4-5 años. Los cortejos tienen lugar en primavera; y las puestas, de abril a junio. Cada puesta contiene de dos a cuatro huevos elípticos, blancos y de cascarón duro, que miden aproximadamente 15 x 28 mm. Se observan dos puestas al año y la incubación dura de 110 a 120 días.

Protección. Las crías son devoradas por peces, serpientes y otras especies de tortugas. Esta especie, así como la especie simpátrica, *K. minor*, también es muy recolectada por los pescadores.

Kinosternon chimalhuaca

Berry, Seidel & Iverson, 1997

Distribución. Esta especie, recientemente descrita, ocupa una pequeña área a lo largo de la costa del Pacífico de México, en los estados de Jalisco y Colima, en las cuencas del río San Nicolás, al norte, y del río Cihuatlán, al sur.

Características. Su nombre proviene de una leyenda amerindia contada por Gary Jennings en *Aztec* (1980). Es una tortuga de tamaño mediano, bastante parecida a *K. oaxacae* y a *K. integrum*. Los machos pueden alcanzar 160 mm; las hembras, 130 mm. Su caparazón, relativamente amplio y deprimido, presenta tres quillas discretas y escamas imbricadas. Las líneas de crecimiento son visibles en algunos individuos de edad. Las marginales 8ª, 9ª y 10ª están ensanchadas. El tono general es pardo oscuro, a veces oliváceo, a menudo manchado de pardo más oscuro e incluso de negro. El plastrón es relativamente pequeño, menor en los machos que en las hembras. Es cóncavo en los machos y la abertura del caparazón no se puede obturar completamente. Presenta dos charnelas. La muesca anal es más profunda en los machos que en las hembras. Las axilares y las inguinales están en contacto. El plastrón es amarillo oscuro a pardo. Las suturas están marcadas a menudo de oscuro y puede haber manchas negras visibles, principalmente sobre los puentes. La cabeza es bastante ancha, sobre todo en los machos. Es verde oscuro a pardo oscuro, manchada irregularmente de amarillo anaranjado. Presenta de uno a cuatro pares de barbillones puntiagudos, y se observan de cuatro a ocho hileras de pequeños tubérculos encima y a los lados del cuello. Las patas son pardas encima, y crema a amarillo debajo. Son fuertemente palmeadas y presentan uñas bien desarrolladas. En ambos sexos, no hay escamas rugosas en los muslos, sino que estas tortugas presentan una uña córnea en el extremo de la cola, que en los machos está dotada de seis líneas longitudinales de pequeños tubérculos.

Hábitos. Prefiere las charcas tranquilas de fondos lodosos o de aguas claras, más que los cursos de aguas rápidas. Es más bien carnívora y oportunista: entre los contenidos estomacales se han encontrado restos de insectos, moluscos, crustáceos y sustancias vegetales. Las hembras parecen madurar a los 7-8 años y ponen de 2 a 5 huevos, sin duda varias veces por temporada. Las puestas se dan en julio y agosto, y los huevos miden alrededor de 18 x 33 mm.

Tortuga de agua dulce

Esp.: *Casquito de Jalisco*
Ingl.: *Jalisco mud turtle*

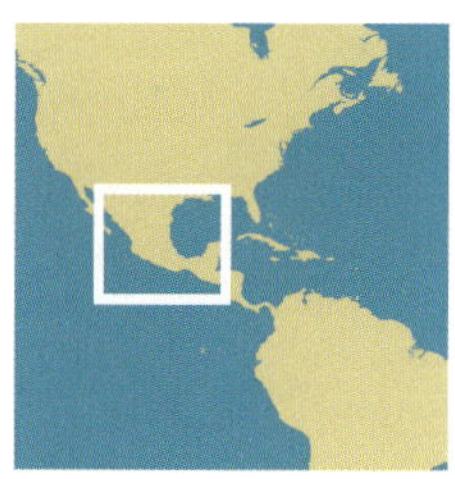

Kinosternon creaseri Hartweg, 1934

Tortuga de agua dulce

Esp.: *Casquito del Yucatán*
Ingl.: *Creaser's mud turtle*

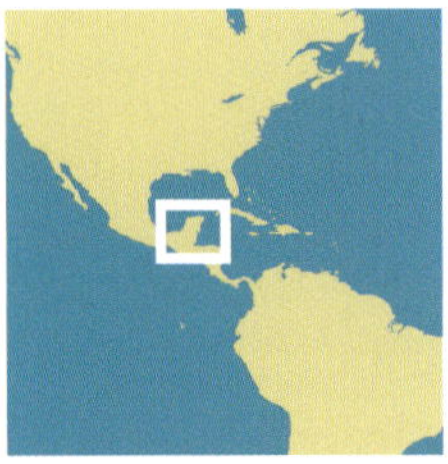

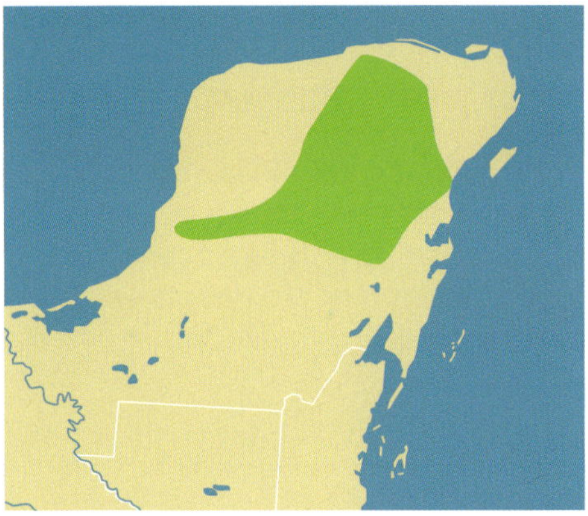

Distribución. Es endémica de México donde vive solo en el sureste, en los estados de Yucatán, Campeche y Quintana Roo.

Características. Su nombre proviene de Edwin P. Creaser, biólogo de la Universidad de Michigan, que recolectó el holotipo el 29 junio de 1932, cerca de Chichén Itzá. Es una especie más bien pequeña (macho 125 mm; hembra 115 mm). El espaldar está ligeramente levantado por detrás y presenta una quilla vertebral. Asimismo, los juveniles poseen dos quillas laterales que desaparecen con la edad. El espaldar es pardo oscuro a gris oscuro, sin ningún diseño particular. El plastrón es grande y ancho, generalmente amarillo, manchado irregularmente de oscuro, así como los puentes. Las suturas son negras. La escama gular es triangular y grande. Presenta dos charnelas muy desarrolladas. La muesca anal está muy poco marcada. La cabeza es grande, especialmente en los machos. Es gris oscuro a negra encima, con jaspeados claros, y se vuelve clara en los lados y gris pálido debajo, con jaspeados oscuros. La mandíbula superior está dotada de un pico muy fuerte, acentuado por unas escotaduras laterales que se vuelven más fuertes con la edad. Las hembras tienen un pico ganchudo pronunciado, pero escotaduras menos marcadas. La escama nasal es triangular y cubre la parte alta del cráneo. No hay barbillones. Las patas son bastante delgadas, gris pardo, oscuras encima y más claras debajo. Son palmeadas y están dotadas de uñas medianas. Los machos poseen una uña córnea en forma de gancho en la punta de la cola, mientras que en las hembras esta uña es más discreta. No se notan escamas rugosas en la parte interna de los muslos.

La forma de esta *Kinosternon* es cuadrangular, semejante a una "caja", con costales inmensas. Aquí el color es claro, pero los individuos de esta especie son generalmente más oscuros. La cabeza es grande, con algunas manchas claras.

© J.-B. Buskirk

Subespecies. Actualmente no se admite ninguna subespecie; pero, en 1965, Diellman observó dos especímenes muy claros en una cueva subterránea, que podrían ser la prueba de una adaptación cavernícola, ligada a la falta de luz.

Hábitos. Esta tortuga ocupa las pozas y las charcas temporales de una región kárstica donde hay pocos cursos de agua en superficie. La especie estiva durante los meses cálidos y solo está activa durante la estación lluviosa, de junio a octubre. Se le puede observar en los cenotes, pozos naturales que se comunican por una red subterránea y constituyen los únicos ambientes acuáticos durante el periodo de sequía. Es posible que algunas poblaciones pequeñas se hayan quedado aisladas en estos cenotes. Los comportamientos reproductores de la especie son poco conocidos, pero pone, al parecer, uno o dos huevos bastante grandes y es posible que haya dos puestas por temporada.

Protección. La especie es discreta y poco conocida incluso por los habitantes de la región. La deforestación debida a la quema del bosque seco destruye poco a poco su hábitat. Su rareza y sus hábitats atípicos hacen suponer su fragilidad: estudiar su estatus parece indispensable para evitar su desaparición progresiva.

Kinosternon depressum (Tinkle & Webb, 1955)

Distribución. Ocupa un territorio muy pequeño en Alabama, en la cuenca del río Black Warrior, río arriba de la presa de Fall Line.

Características. Mucho tiempo considerada subespecie de *Kinosternon minor*, fue elevada al rango de especie con un nombre que define su característica principal: su espaldar muy aplanado dorsalmente. Es una pequeña tortuga que no supera los 120 mm. Su espaldar es oval y muy ancho, con una parte deprimida dorsalmente y una quilla discreta en algunos individuos. Las marginales son un poco escotadas y las escamas del espaldar están ligeramente imbricadas. Su color va del pardo al verde muy oscuro, manchado de zonas amarillas a oliváceas. Los bordes de las marginales están marcados de amarillo, salvo en los individuos viejos. Cada escama del espaldar lleva un ribete negro a lo largo de las suturas. El plastrón es modesto y posee una simple escama gular. Se distingue apenas una charnela entre las pectorales y las abdominales. El plastrón, rosado en los individuos jóvenes, se vuelve amarillo con la edad, sinmarcas oscuras. La muesca anal es discreta. Las axilares están en contacto con las inguinales. La cabeza es bastante grande y está prolongada por una nariz tubular prominente. La escama nasal está bien desarrollada y cubre gran parte del cráneo. La mandíbula superior puede ser ligeramente ganchuda. La piel de la cabeza y del cuello es verde oscuro, con manchas y líneas amarillas de aspecto vermiculado, a veces con una línea más nítida entre la punta de la nariz y el borde de la órbita. Luce dos barbillones bajo el mentón. La piel de las patas es oscura encima y más clara debajo. Las patas son medianas, sólidas, muy palmeadas y poseen fuertes uñas. Los machos están provistos de una uña córnea en el extremo de la cola y de escamas rugosas en la parte interna de los muslos. Los juveniles poseen colores más vivos que los adultos y su plastrón es claramente rosado.

Hábitos. Esta tortuga francamente acuática vive en aguas claras y poco profundas, que presentan fondos pedregosos o arenosos. Permanece largo tiempo bajo el agua, en cavidades

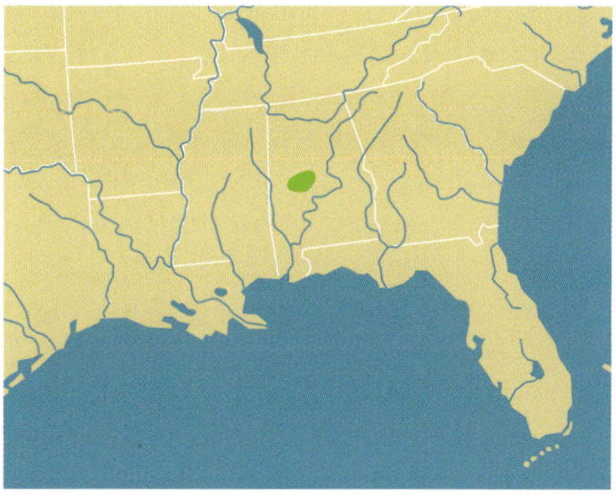

Tortuga de agua dulce

Esp.: *Casquito aplanado*

Ingl.: *Flattened mud turtle*

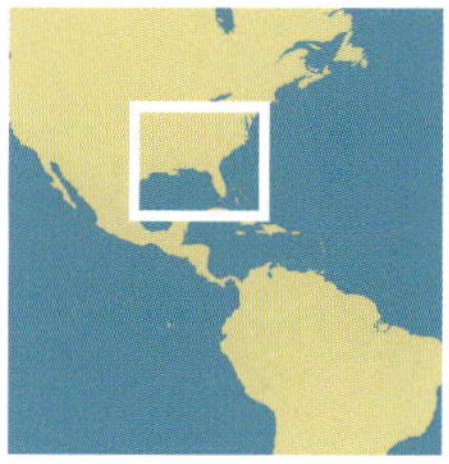

Las vertebrales están ligeramente deprimidas, lo que ha originado el nombre de esta especie. El espaldar es relativamente pequeño y el animal en conjunto supera raras veces los 110 mm. La cabeza, ancha y puntiaguda, sale poco de su "escondite": el animal es asustadizo y difícil de fotografiar.

rocosas. Este modo de vida tan acuático explica que su espaldar esté frecuentemente incrustado de algas y que sus partes blandas estén infestadas de sanguijuelas. Hiberna durante los meses fríos, pero se ignora la ubicación de sus lugares de hibernación. Es principalmente diurna, pero en verano puede estar activa al anochecer e incluso de noche. Le gusta insolarse temprano por la mañana. Su régimen es mayormente carnívoro e incluye insectos, crustáceos y, sobretodo, caracoles y moluscos bivalvos. Sus mandíbulas poseen superficies masticatorias desarrolladas que reflejan sus preferencias, pero también puede comer semillas caídas al agua. Las hembras nidifican dos veces por temporada y ponen de 1 a 3 huevos por nido. Estos huevos miden en promedio 16 x 35 mm, y la incubación dura de 47 a 122 días.

Protección. Mapaches, mofetas y zorros pueden depredarla, pero también peces de gran tamaño y varias especies de aves. La región del río Black Warrior es muy industrializada, lo que implica amenazas sobre el hábitat de esta especie. Además, su rareza hace que sea buscada por los coleccionistas. Estudios científicos demuestran que sus poblaciones disminuyen día tras día. Se deberían tomar rápidamente medidas gubernamentales para salvaguardar el hábitat y los efectivos de esta tortuga.

Kinosternon dunni Schmidt, 1947

Distribución. Endémica del departamento del Chocó en Colombia, en los ríos Baudó, Decampa, San Juan y Pepe, y algunos de sus afluentes.

Características. Bautizada en honor del doctor Emmeitt Reid Dunn, célebre herpetólogo colombiano, esta especie está poco extendida. Los machos miden 175 mm y las hembras 150 mm. Su caparazón es alto, ligeramente más angosto lateralmente, sin quilla en los adultos. El espaldar es pardo oscuro, jaspeado de rojizo. El plastrón es bastante estrecho y está doblemente articulado mediante charnelas bien desarrolladas. Está dotado de una muesca anal. Es generalmente amarillo claro con sombras oscuras, con suturas y líneas de crecimiento igualmente oscuras. Algunos individuos tienen el plastrón muy oscuro. Las axilares están en contacto con las inguinales. La cabeza es grande; el hocico es bulboso, prominente y está cubierto por una gran escama nasal que envuelve todo el cráneo. El pico es moderadamente ganchudo. La cabeza es parda, con algunas manchas amarillentas en los lados y una zona gris claro a amarillenta bajo el cuello. Las patas son palmeadas, de uñas fuertes, y presentan las mismas degradaciones que la cola. Algunos barbillones decoran el mentón. Machos y hembras poseen una uña córnea al final de la cola y escamas rugosas y tuberosas en la parte interna de los muslos. Los juveniles presentan tres quillas, que desaparecen en los adultos.

Tortuga de agua dulce

Esp.: *Casquito del Chocó*
Ingl.: *Dunn's mud turtle*

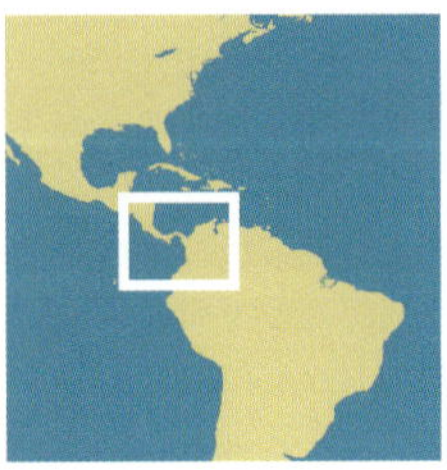

Hábitos. Esta tortuga ocupa los pequeños cursos de aguas tranquilas con fondos cubiertos de vegetación, lo que le permite enterrarse bajo los detritos. Su régimen está compuesto principalmente de moluscos acuáticos. Se reproduce aparentemente todo el año y nidifica varias veces. Cada nido contiene aproximadamente dos huevos blancos, brillantes y elípticos, que miden en promedio 25 x 45 mm. Son especialmente grandes, sin duda los huevos más voluminosos de las *Kinosternon*.

Protección. Esta tortuga está catalogada por la UICN como "rara". Para proteger mejor a la especie y a sus hábitats resulta primordial estudiar mejor su estatus.

Kinosternon flavescens (Agassiz, 1857)

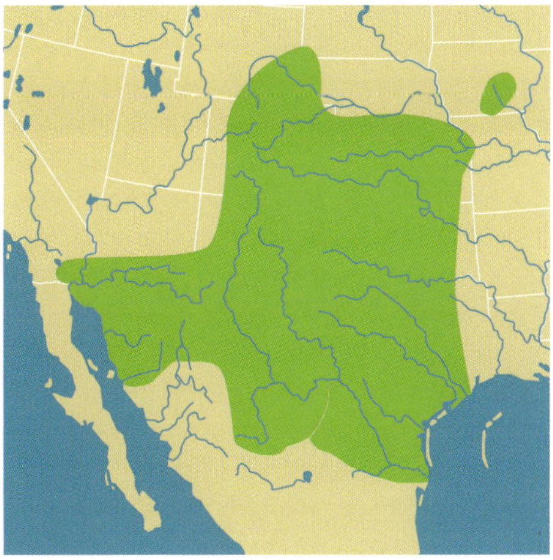

Tortuga de agua dulce

Esp.: *Casquito amarillo*
Ingl.: *Yellow mud turtle*

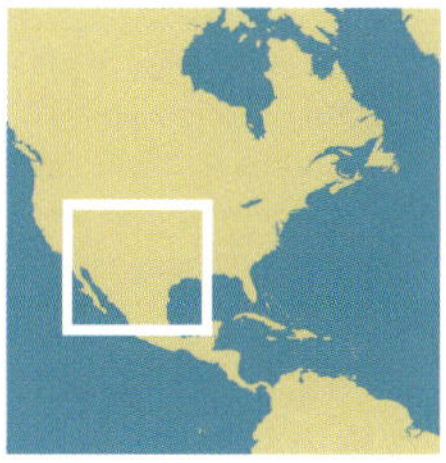

Distribución. Esta tortuga ocupa un amplio territorio en el sur de Estados Unidos (el sur de Nebraska, el oeste de Kansas, el oeste de Oklahoma, el oeste de Texas, el sur y el este de Nuevo México, y el sur de Arizona) y el norte de México (estados de Sonora, Chihuahua, Coahuila, Nuevo León, Tamaulipas, Durango y Veracruz).

Características. Del latín *flavescens*, que significa "teñido de amarillo". Es una tortuga mediana, de espaldar liso y sin quilla, aplanada por encima, y que alcanza los 165 mm. La primera vertebral es muy larga y toca las segundas marginales. Las marginales novena y décima superan en altura a sus vecinas y son generalmente ensanchadas. El caparazón es amarillo oscuro, a veces más oliváceo o casi pardo oscuro. Cada escama está finamente delineada de oscuro. El plastrón es grande y está atravesado por dos charnelas que rodean a las abdominales por delante y por detrás. Las gulares sobresalen a menudo y superan al borde anterior del espaldar. El plastrón es amarillo a pardo claro, a menudo inmaculado. Solo las suturas y algunas líneas de crecimiento presentan una coloración más oscura. Presenta una pequeña muesca anal. Los machos presentan una fuerte concavidad en el plastrón. La cabeza es mediana y está dotada de una nariz un tanto protuberante. La mandíbula superior es ligeramente ganchuda, principalmente en los machos. La cabeza es gris amarillento encima y más clara debajo. Una discreta línea amarilla se hace visible al lado de la cabeza y del cuello, y el conjunto está marcado de manchas oscuras. Bajo el mentón se presentan uno o dos pares de barbillones. Las patas son fuertes y palmeadas, y están dotadas de uñas importantes. Solo los machos poseen una uña al final de la cola y escamas rugosas en la parte interna de los muslos. Al nacer, las crías presentan un caparazón casi redondo y ligeramente carenado. Sus marginales 9ª y 10ª son semejantes a las vecinas y solo se levantarán después, cuando la tortuga supere los 67 mm.

Subespecies. *Kinosternon flavescens flavescens*: se encuentra en Estados Unidos, hasta el sur de Nuevo México. Se distingue por una gular más corta y el largo lóbulo posterior en el plastrón, así como por los puentes reducidos. *K. f. arizonense* Gilmore, 1922: en el sur de Arizona y en el estado de Sonora (México). Presenta una gular larga y el lóbulo posterior del plastrón angosto. Los puentes son anchos. *K. f. durangoense* Iverson, 1979: solo se observa en México, en los estados de Chihuahua, Coahuila y Durango. Su gular es larga, el lóbulo anterior del plastrón es más corto y los puentes son largos.

Hábitos. Esta tortuga ocupa ambientes húmedos, diferentes según las latitudes, pero frecuenta sobre todo los ríos de curso lento, las charcas, los pantanos y los abrevaderos de ga-

© F. Bonin

Este galápago, fotografiado en Cuatrociénegas, México, presenta un espaldar plano, ancho y muy redondeado, de color amarillento a beis. La cabeza es del mismo color que el espaldar, lo que constituye una perfecta homocromía en los desiertos mexicanos.

© J. Maran

Este ejemplar es más oscuro y colorido de lo habitual. Su hocico es relativamente puntiagudo, como en la mayoría de las *Kinosternon*.

nado, de fondos lodosos o arenosos, llenos a menudo de vegetación acuática, hasta los 2.000 metros de altitud. Se observa una homocromía con los medios en que vive esta tortuga. Puede realizar desplazamientos importantes en el suelo. En el norte, hiberna en huecos ya excavados o entre montones de hojas muertas, y está activa desde el 15 de abril hasta el 15 de octubre. En el sur, estiva a veces hundiéndose hasta 25 cm en el lodo seco. Parece no afectarle el calor muy fuerte, ya que se han observado animales en posición de insolación cuando el aire estaba a 45 °C. Su régimen es omnívoro y oportunista, con predominancia de insectos, crustáceos, moluscos, anfibios, carroña y algunas plantas acuáticas. Se alimenta principalmente en el agua, pero se han visto individuos buscando alimento en la superficie o incluso en la tierra, bastante lejos del medio acuático. Los machos maduran hacia los 5-6 años, mientras que las hembras lo hacen a partir de los 4 años. Las cópulas tienen lugar sobre todo en el agua y los machos pueden ser muy agresivos ente sí. Las puestas se desarrollan de mayo a agosto, y eventualmente todo el año para las tortugas del sur. Las hembras tienen a veces un comportamiento atípico: se entierran con sus huevos en caso de fuerte sequía, hasta una cuarentena de días, quizá para humedecer el suelo con su orina. Ponen entre 1 y 6 huevos por nido, a menudo una sola vez por temporada. Estos huevos son elípticos, tienen el cascarón duro y blanco, y miden aproximadamente 15 x 26 mm. Tímida y asustadiza, esta tortuga nunca intenta morder cuando se le atrapa.

Protección. Algunas de sus poblaciones están gravemente amenazadas por la urbanización local y la transformación de los hábitats. Figura en la lista de animales amenazados en los estados de Illinois, Iowa y Missouri. A menudo se la encuentra atropellada en las carreteras y es víctima de la depredación por parte de serpientes de agua, mapaches, mofetas y águilas.

Kinosternon herrerai Stejneger, 1925

Tortuga de agua dulce

Esp.: *Casquito de Herrera*

Ingl.: *Herrera's mud turtle*

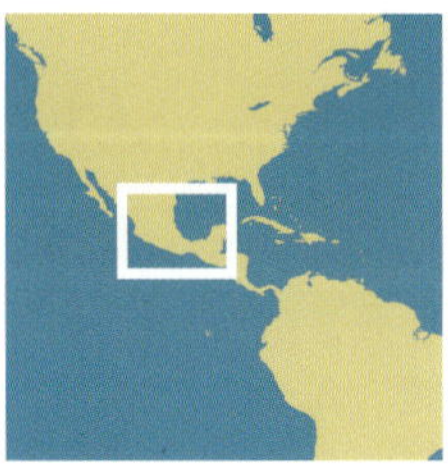

Distribución. Área bastante reducida en México, en la llanura costera de Tamaulipas, Veracruz, San Luis Potosí, Hidalgo y Puebla; en las cuencas del río Tamesí por el norte, hasta la del río Actopan, por el sur.

Características. Esta especie lleva el nombre del doctor Alfonso L. Herrera, director del Museo Nacional de México. Es una tortuga bastante grande: los machos pueden alcanzar los 170 mm; y las hembras, 150 mm. El espaldar, ligeramente abovedado, se ensancha hacia la parte posterior. Los adultos jóvenes presentan una discreta quilla central, que desaparece con la edad. La primera vertebral es angosta y no entra en contacto con las segundas marginales. La décima y undécima marginales superan en altura a la novena marginal. El espaldar es pardo oliváceo, con suturas oscuras. El plastrón es pequeño y no puede obturar completamente la abertura del caparazón. Presenta una discreta muesca anal. El lóbulo anterior del plastrón es más largo que el posterior en los machos, mientras que en las hembras sucede lo contrario. Dos charnelas están presentes, pero la articulación posterior es poco móvil. El plastrón y los puentes son amarillo oscuro a pardo más o menos claro. Las suturas son más oscuras. Las axilares están siempre en contacto con las inguinales. La cabeza es ancha y acaba en una nariz prominente, recubierta por una gran escama nasal. La mandíbula superior es fuertemente ganchuda. La piel de la cabeza es pardo grisácea, con reticulaciones oscuras que se van aclarando en los costados. La garganta es gris claro, sin manchas. Presenta dos pares de barbillones: un primer par bien desarrollado, y el

segundo más pequeño. Las mandíbulas son crema, muy claras, estriadas de oscuro. La piel del cuello y de las patas es gris pardusco bastante oscuro. Los machos poseen una uña córnea al final de la cola y escamas rugosas en la parte interna de los muslos. Los juveniles presentan quillas muy ligeras, y las dos laterales están destinadas a desaparecer rápidamente.

Hábitos. Esta tortuga es aún poco conocida. Vive en los ríos de curso lento y en los arroyos estacionales, hasta una altitud de 800 metros. Se le observa a menudo en tierra y es, sin duda, menos acuática que otras *Kinosternon*. Su régimen es más bien carnívoro.

Protección. Ha sido poco estudiada. Ya en 1979, P. Pritchard señalaba que se vendían tortugas disecadas en algunos mercados de Tampico. Es probable que los efectivos de esta tortuga se encuentren en regresión, por lo que es indispensable estudiar su estatus.

© P. Pritchard

La cabeza es robusta, con puntos claros sobre fondo negro. El espaldar forma un "casco" perfecto, que cae sobre los lados y protege eficazmente a esta especie.

Kinosternon hirtipes Wagler, 1830

Distribución. Sur de Texas (Estados Unidos), en el condado de Presidio y en México, en el centro (Chihuahua), en los ríos Santa María, Carmen y Conchos, y hasta el valle de México, en los lagos Chapala, Zapotlán, San Juanico y Pátzcuaro.

Características. Su nombre científico, *hirtus pes*, significa "pies rugosos", en referencia a las fuertes escamas presentes en las patas de esta especie. Es una tortuga mediana: 185 mm en los machos, 160 mm en las hembras. Su espaldar presenta una quilla vertebral muy visible, con otras dos quillas más discretas, una a cada lado. A veces, los individuos de más edad se vuelven lisos. La primera vertebral está siempre en contacto con las segundas marginales. La décima marginal es más alta que las demás, pero en algunos individuos la undécima también es más elevada. El caparazón es pardo claro a casi negro, con suturas oscuras en los animales más claros. El plastrón está doblemente articulado, es estrecho y corto, y no cierra totalmente el espaldar. Las axilares están siempre en contacto con las inguinales. El plastrón y los puentes son amarillos, más o menos oscuros, a veces manchados de rojo, pardo o negro. La muesca anal es discreta. La cabeza es pardo oscuro marcada con motivos reticulados claros, pero algunos individuos presentan una coloración más clara y motivos oscuros. El número de barbillones bajo el mentón varía según la subespecie. Un espolón córneo aparece al final de la cola en ambos sexos, pero las escamas rugosas en las patas están presentes solo en los machos. Los recién nacidos están dotados de

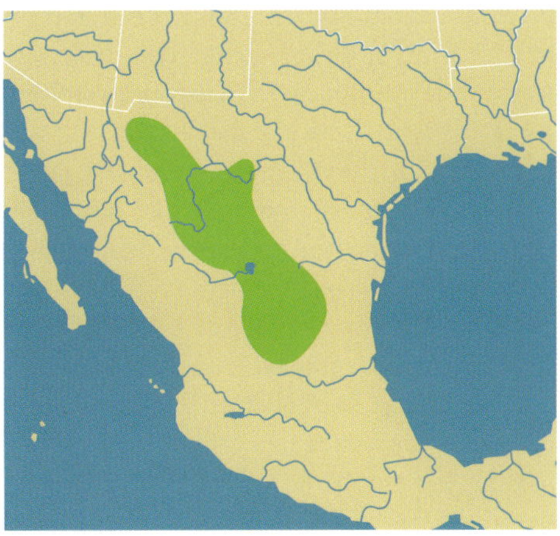

Tortuga de agua dulce

Esp.: *Casquito de pies rugosos*
Ingl.: *Mexican rough-footed mud turtle*

Esta especie tiene la quilla muy marcada y la cabeza negruzca con manchas claras. Las diferentes subespecies, a menudo vicariantes, son más bien variedades geográficas.

un caparazón pardo y de un plastrón rojo o anaranjado, manchado de oscuro en el centro.

Subespecies. Se reconocen seis subespecies, que ocupan a veces territorios reducidos. *K. h. hirtipes* (Casquito del Valle de México): se encuentra en el sur, en el valle de México. No supera los 140 mm. El puente es angosto y la cabeza está resaltada por una línea clara que va de la comisura de la boca hacia atrás. Posee uno o dos pares de barbillones. *K. h. chapalaense* Iverson, 1981 (Casquito del Chapala): solo se halla en las cuencas del Chapala y del Zapotlán (estados de Jalisco y Michoacán). La escama gular es corta, y la pigmentación de la cabeza es clara y adornada con puntos oscuros. Dos líneas oscuras postorbitales marcan los lados de la cabeza. Presenta de uno a tres pares de barbillones. Longitud máxima: 152 mm. *K. h. magdalense* Iverson, 1981 (Casquito del Magdalena): su nombre proviene del valle de Magdalena (Michoacán). No supera los 94 mm. Su gular es muy corta y posee dos pares de barbillones. *K. h. megacephalum* Iverson, 1981 (Casquito de Viesca): solo habita en dos localidades en el sudoeste del estado de Coahuila, cerca de la ciudad de Viesca. Las hembras miden unos 117 mm. La subespecie debe estar casi extinguida, ya que los ambientes húmedos donde vivía han sido totalmente transformados por el hombre. Posee una cabeza muy ancha y mandíbulas especialmente desarrolladas; presenta una gular corta, un plastrón pequeño y tres o cuatro pares de barbillones. *K. h. murrayi* Glass & Hartweg, 1951 (Casquito de la meseta mexicana): lleva el nombre de Leo T. Murray, doctor de una renombrada escuela de Texas. Se halla en la frontera entre Texas y el estado de Chihuahua (México), hasta el este del estado de México. Sus puentes son muy largos. Los machos alcanzan los 182 mm. Presenta una larga escama gular y dos pares de barbillones bien desarrollados. *K. h. tarascense* Iverson, 1981 (Casquito del Pátzcuaro) vive solo en el lago Pátzcuaro (Michoacán). No supera los 136 mm. Sus puentes son estrechos y la cabeza luce vermiculaciones muy finas.

Hábitos. Estas tortugas son generalmente nocturnas, pero a veces se las encuentra de día. Ocupan los puntos de agua en regiones a menudo áridas, charcas temporales y ríos pequeños que alimentan a los lagos, hasta una altitud de 2.000 m. Es una especie muy acuática en comparación con otras *Kinosternon*. Su régimen carnívoro incluye insectos diversos, gusanos y otros invertebrados. Se dan de dos a cuatro puestas, de mayo a agosto en México, y contienen hasta siete huevos. Éstos son elípticos, blancos y brillantes, y miden aproximadamente 17 x 30 mm. La incubación dura un promedio de 200 días.

Protección. Se conoce poco el estatus de esta especie. Se cree que algunas poblaciones, como *K. h. megacephalum*, se han vuelto muy raras.

Kinosternon integrum (LeConte, 1854)

Distribución. Esta especie está ampliamente distribuida en la costa del Pacífico en México, desde el estado de Sonora hasta el estado de Oaxaca, pasando por los estados de Durango, Nuevo León y Guerrero. Iverson (1998) cree que esta tortuga fue introducida por el hombre en el valle de México. Lo mismo sucedió, sin duda, en las islas Marías, situadas en el Pacífico a 80 km del puerto de Tepic, donde también se encuentra esta especie.

Características. Su nombre proviene del latín *integra*, que remite a su plastrón que cierra íntegramente la abertura de su caparazón. Es una especie bastante grande: los machos pueden alcanzar los 210 mm; las hembras, 195 mm. El espaldar es oval, un poco aplanado encima, y presenta tres quillas ligeras, que se levantan un poco más hacia la parte posterior. La primera vertebral está en contacto con las segundas marginales. El color del espaldar es variable y depende a menudo de los hábitats, pero es oliváceo claro o beis claro hasta casi negro. El conjunto está decorado con jaspeados oscuros. El plastrón es oscuro y cierra totalmente el caparazón. Está doblemente articulado mediante dos charnelas muy funcionales y su coloración, así como la de los puentes, es amarillo anaranjado con suturas pardas. Las inguinales no tocan las axilares. La muesca anal es discreta. La cabeza es ancha y presenta una nariz prominente y un pico ganchudo. Tres pares (a veces más) de barbillones adornan el mentón, pero solo el primer par es grande. La cabeza es pardo oscuro encima, se vuelve más clara a los lados y es gris amarillento debajo. El conjunto está marcado por reticulaciones claras. Las mandíbulas son amarillas y estriadas de negro. El cuello está desprovisto de tubérculos. Esta tortuga no luce escamas rugosas en los muslos, a diferencia de los demás miembros del género. Ambos sexos poseen una uña córnea al final de la cola. Las crías se parecen mucho a los adultos, con las tres quillas más marcadas.

Hábitos. Lleva una vida muy acuática y se observa a menudo en pequeños grupos en arroyos de caudal lento, charcas profundas y zanjas en los bordes de las carreteras. Es sobre todo

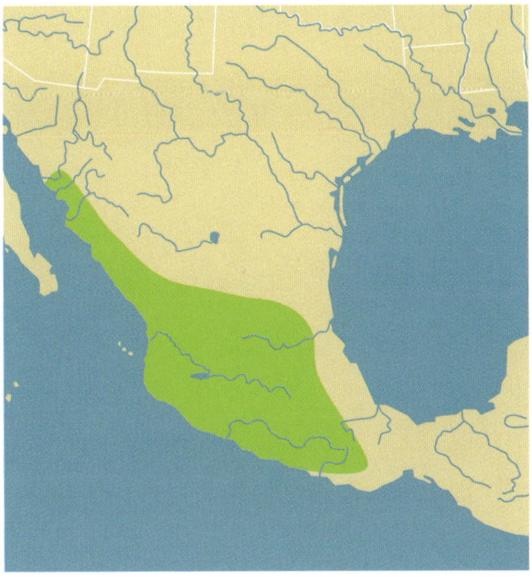

Tortuga de agua dulce

Esp.: *Casquito mexicano*
Ingl.: *Mexican mud turtle*

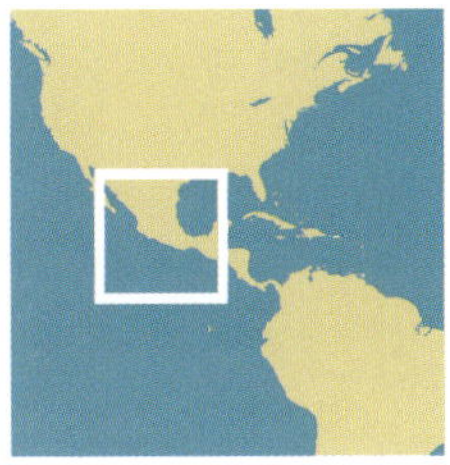

nocturna, pero a veces es activa durante el día. Su periodo de actividad va de mayo a octubre. Su régimen es netamente carnívoro. Al final de la primavera pone sus huevos, alargados, blancos y brillantes, que miden unos 16 x 30 mm. Los jóvenes nacen entre finales de julio y septiembre.

Protección. Esta tortuga es una especie todavía bien representada en algunos ríos de Sonora cuyos hábitats no han sido muy alterados por el hombre.

El plastrón de esta tortuga obstruye completamente el espaldar, de allí el nombre "integrum". El espaldar es más bien aplanado por encima, de color beis a pardo. La cabeza es oscura con puntos blancos.

© F. Bonin

Kinosternon leucostomum

Duméril & Bibron, 1851

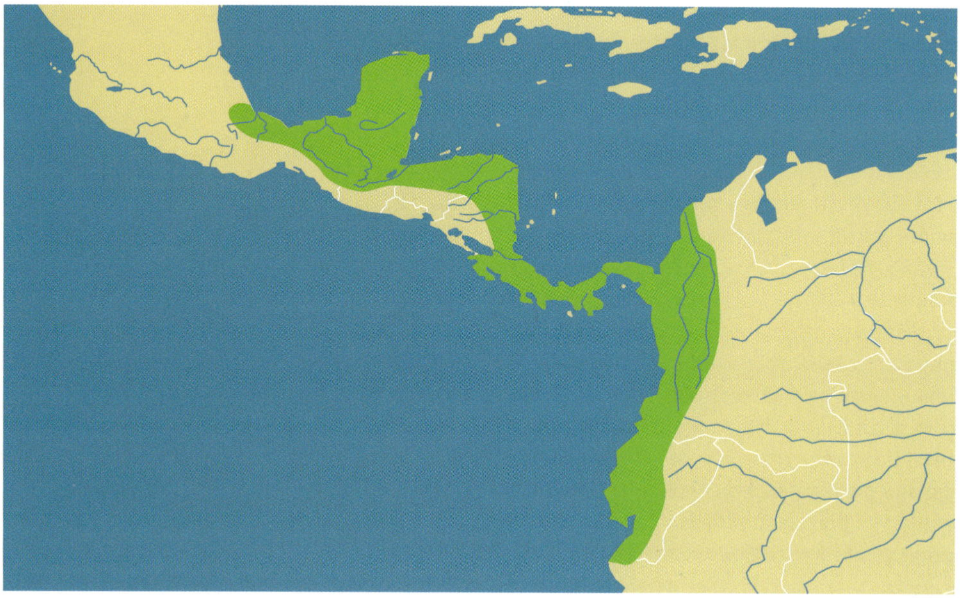

Tortuga de agua dulce

Esp.: *Casquito de boca blanca*
Ingl.: *White-lipped mud turtle*
Fr.: *Cinosterne à bouche blanche*

Distribución. Su distribución es muy amplia, desde México hasta Ecuador. Por el norte, se la encuentra en los ríos que fluyen hacia el golfo de México y en todos los cursos de agua de las costas del Caribe; luego, desde Panamá, en las cuencas vertientes de la costa Pacífico hasta el noroeste de Ecuador. Se discute su presencia en el noroeste de Perú (Carr & Almandariz, 1990).

Características. Del griego *leucos*, blanco, y *stoma*, boca, su nombre específico se refiere a los bordes blancos de sus mandíbulas. Es de tamaño mediano; los machos alcanzan los 175 mm y las hembras, 165 mm. El espaldar es oval, con una sola quilla que puede desaparecer con la edad. La primera vertebral toca siempre las segundas marginales. La undécima marginal es casi siempre más alta que la décima, que es a su vez más alta que la novena. Las marginales posteriores a veces están ensanchadas. El caparazón puede ir del amarillo al pardo, y a veces al negro. En los individuos claros, las suturas son muy oscuras. El plastrón es bastante grande como para cerrar completamente el caparazón. Es cóncavo y ligeramente más pequeño en los machos. Dos charnelas están presentes, pero la anterior es más móvil que la posterior. El plastrón es amarillo, más o menos claro, con suturas oscuras. La muesca anal es casi inexistente. La cabeza es mediana, parda más o menos oscura, con una línea crema clara que va desde la órbita hasta la base del cuello. Ésta es muy visible en los jóvenes, pero pierde su luminosidad en los adultos. Los bordes de las mandíbulas son crema a blanquecinos, estriados fina y verticalmente de negro. Esta característica está más marcada en los machos viejos. El resto de la piel es pardo grisáceo, a menudo salpicado de puntos oscuros. Presenta dos o tres pares de barbillones. Los machos poseen escamas córneas en los muslos y una uña córnea muy desarrollada al final de la cola. Esta uña es más discreta en las hembras. Las patas son sólidas y bien palmeadas, y están dotadas de uñas fuertes.

Subespecies. Se distinguen dos subespecies. *K. l. leucostomum* (Casquito de boca blanca septentrional): vive desde el sur de México hasta el norte de Nicaragua. Su espaldar es ligeramente aplanado y la gular es bastante larga. El plastrón es importante y la larga inguinal normalmente toca la axilar. Las escamas de los muslos están poco desarrolladas. La coloración de la cabeza puede variar, pero la línea clara postorbital está a menudo ausente. *K. l. postinguinale* Cope, 1887 (Casquito de boca blanca meridional): ocupa el sur del área de distribución, a partir de Nicaragua. El espaldar está más deprimido que en la subespecie nominal y la gular es bastante pequeña. Asimismo, el plastrón es bastante reducido y la pequeña escama inguinal casi nunca toca la axilar. Las escamas son rugosas y muy desarrolladas en los machos. La línea clara postorbital es muy visible.

Hábitos. Esta tortuga prefiere las aguas tranquilas de fondos limosos, los lagos, pantanos y lagunas con abundante vegetación, en regiones forestales a altitudes bajas y medias. A menudo se aventura en tierra y no es tan acuática como otras *Kinosternon*. Soporta incluso el agua salobre (Medem, 1962). Es sobre todo nocturna y pasa los días en el agua, escondida bajo las piedras. Su régimen es omnívoro: come moluscos, gusanos, insectos y carroña, pero también plantas y algas acuáticas. Se reproduce casi todo el año, salvo en torno al mes de enero. Pone un máximo de cinco huevos duros y alargados, de 20 x 37 mm en promedio, que deposita en nidos a menudo sucintos –a veces incluso en el suelo– y recubiertos de materia vegetal. La incubación puede durar de 126 a 148 días.

© J. Maran

La cabeza de este animal presenta la forma de una "cuña" muy característica, con un pico pronunciado, y, sobre todo, dos bandas blancas que resaltan la boca y dan nombre a la especie.

Protección. La especie es regularmente consumida por las poblaciones locales, aunque éstas prefieran los quelonios más grandes. Ahora bien, sus efectivos parecen todavía abundantes.

Kinosternon minor (Agassiz, 1857)

Distribución. Solo vive en Estados Unidos, en el sudoeste de Virginia, el este de Tennessee, el sudeste de Georgia, hasta el centro de Florida, Alabama, Mississippi y el extremo sur de Luisiana. Se debe señalar que la especie falta en el centro de Alabama (cuenca del río Black Warrior) donde se ve substituida por *Kinosternon depressum*.

Características. En latín, *minor* significa "pequeño". Es, en efecto, una especie muy pequeña que mide un máximo de 135 mm (hembras). Con un ángulo inferior a 100°, el caparazón forma una bóveda pronunciada. La quilla vertebral está muy marcada, y las dos quillas laterales son más discretas. Estas quillas pueden desaparecer con la edad. La primera vertebral nunca toca las segundas marginales. Cada vertebral cubre el borde anterior de la siguiente, lo que crea un conjunto imbricado. Las cuatro últimas vertebrales son notoriamente más anchas que largas. Las marginales posteriores son ligeramente dentadas, y la décima y undécima están más elevadas con relación a sus vecinas. El espaldar es pardo, con tonos anaranjados más o menos claros. Las suturas son oscuras y cada escama

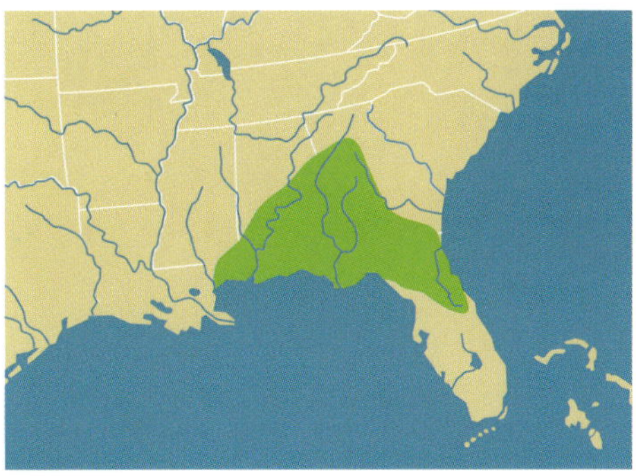

Tortuga de agua dulce

Esp.: *Casquito cabezón*
Ingl.: *Loggerhead musk turtle*

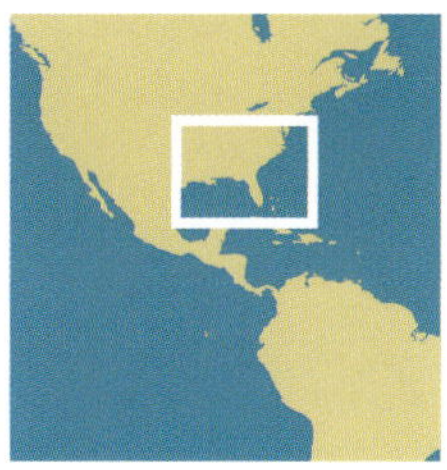

está estriada de oscuro o de negro. Las estrías son a menudo radiales, pero también se atenúan con la edad. El plastrón es bastante reducido, rosa a amarillento, inmaculado, y posee una charnela entre las pectorales y las abdominales, que a veces están poco desarrolladas. Se observa una sola gular en la parte delantera y una discreta muesca anal. Las axilares están en contacto con las inguinales. La cabeza está cubierta de una piel gris pardusco a rosácea, adornada con puntos oscuros, dibujo que se encuentra también en el cuello y encima de las patas. Algunos individuos son más anaranjados y con la piel del cuello estriada de negro. La cabeza es medianamente ancha. La nariz es prominente y tubular, a veces cónica. La escama nasal es importante. Las mandíbulas son ligeramente más oscuras, estriadas de rayas oscuras. Dos barbillones son visibles bajo el mentón. Los machos poseen una uña en la punta de la cola y escamas rugosas en los muslos.

Subespecies. Se reconocen dos subespecies. *K. m. minor*: ya descrita, no presenta líneas oscuras en la cabeza y en el cuello. Los juveniles poseen tres quillas en el espaldar y su plastrón es blanco rosado. Esta subespecie se encuentra desde el este de Georgia hasta el sureste de Alabama y el centro de Florida. *K. m. peltifer* (Smith & Glass, 1947) (Casquito cabezón rayado): presenta en el cuello una línea oscura, ancha y muy nítida, y una quilla vertebral que desaparece con la edad. Los juveniles poseen un plastrón amarillo anaranjado. Esta subespecie se encuentra desde el sudoeste de Virginia, el este de Tennessee, Alabama, hasta el sur de Mississippi. Algunos autores desearían elevarla al estatus de especie.

Este joven *K. minor* no superará los 135mm. Presenta una quilla muy marcada, una cabeza bastante fuerte, muy adornada con manchas claras, y un ojo blanco vivo y curioso. Se volverá más apagado con la edad, y frecuentará las aguas de los lagos y pantanos del sudeste de Estados Unidos.

© F. Bonin

Hábitos. Se puede encontrar a esta tortuga en ríos, arroyos, abrevaderos para ganado y ciénagas poco profundas, de fondos lodosos o limosos. Es muy acuática, pero a menudo se la ve sobre troncos o árboles muertos, y es capaz de trepar ágilmente para encontrar un lugar tranquilo donde insolarse. En el agua, deambula en el fondo buscando alimento. Su respiración bucofaríngea le permite quedarse mucho tiempo sumergida, utilizando el oxígeno del agua. Está activa tanto de día como de noche, pero se la encuentra más a menudo por la mañana. Hiberna en el norte de su distribución, de diciembre a febrero, y está activa todo el año en el sur. Su régimen es principalmente carnívoro: consume moluscos, insectos, cangrejos de río, invertebrados, carroña, pero también come algas y otras plantas acuáticas. Se considera que la subespecie *peltifer* es menos insectívora; en cambio, consume muchos más moluscos y caracoles, como lo demuestran sus superficies de masticación más grandes. Es una tortuga que tiene mal carácter y que siempre intenta morder. También puede excretar una sustancia nauseabunda y, según algunos autores, los jóvenes pueden segregar este almizcle en el huevo, antes de eclosionar (!). Los machos maduran hacia los cuatro años; las hembras, hacia los ocho. Las cópulas se observan de abril a noviembre. Cada año se pueden producir de dos a cinco puestas, cada una con un máximo de cinco huevos. El nido es poco profundo, o a veces pone incluso en el suelo, al pie de un árbol. Los huevos son pequeños, blancos y alargados, de aproximadamente 15 x 28 mm, y ligeramente traslúcidos los primeros días, para luego volverse opacos. La incubación dura entre 61 y 119 días.

Protección. Los nidos son depredados por diversos mamíferos y aves. Asimismo, los adultos son cazados por los caimanes, pero lo que más pesa sobre esta especie es la destrucción de sus hábitats. La contaminación de las aguas, que afecta a los moluscos, produce disminuciones drásticas de sus efectivos. Marchand contaba en 1942 que se podían encontrar 500 tortugas en un solo día en Florida...

Kinosternon oaxacae Berry & Iverson, 1980

Distribución. Solo vive en algunos ríos del estado de Oaxaca, en la costa del Pacífico en México, aunque quizá también en algunos arroyos del vecino estado de Guerrero.

Características. Su nombre contiene un topónimo que remite al estado de Oaxaca. Esta tortuga puede alcanzar los 175 mm en los machos y 140 mm en las hembras. Su espaldar está deprimido por encima y posee tres quillas muy marcadas. Su color va del pardo al negro, con jaspeados oscuros y suturas bien delineadas de oscuro. Las escamas están ligeramente imbricadas. La primera vertebral está en contacto con las segundas marginales. Solo la décima marginal tiene el perfil más elevado que las demás. El plastrón es relativamente pequeño y no cubre enteramente la abertura del caparazón. Está doblemente articulado, y los lóbulos anteriores y posteriores son muy móviles; la muesca anal es visible. Las axilares y las inguinales están en contacto. El plastrón es amarillo, con suturas pardas, y las escamas a veces están manchadas de oscuro. La cabeza es grande, pardo oscuro a negra por encima, para aclararse por debajo, hasta el crema o el amarillo. Presenta vermiculaciones oscuras. El pico es francamente ganchudo. La escama nasal es grande, en forma de "V". Tres o cuatro pares de barbillones adornan el mentón. La piel de las patas y de la cola es gris oscuro a negra encima, y crema debajo. Los machos tienen una coloración más oscura bajo el cuello y poseen una uña al final de la cola, pero no lucen escamas rugosas en los muslos.

© C. Guerrero

Esta *Kinosternon* es muy plana y pequeña, y su cabeza es relativamente grande. El plastrón es a menudo amarillo, pero puede ser oscuro y casi negro, según los individuos.

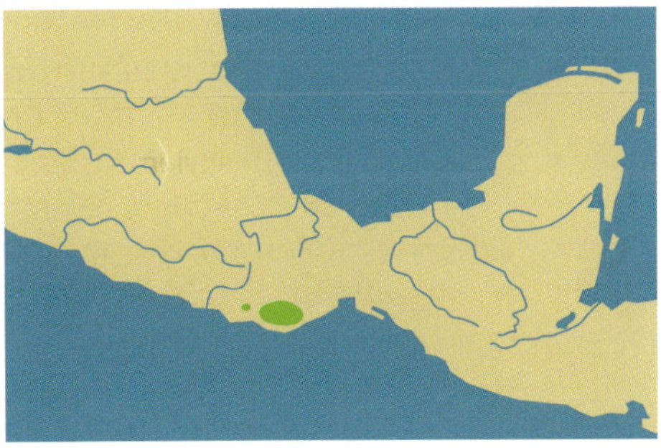

Hábitos. Esta tortuga ocupa los cursos de agua permanentes provenientes de la Sierra Madre del Sur, pero a menudo llega más abajo hasta la llanura costera y ocupa entonces ambientes húmedos. Poco se sabe sobre su biología, y deberían llevarse a cabo estudios sobre su estatus y su comportamiento, tanto más por cuanto se trata de una especie cuya área de distribución es reducida.

Tortuga de ambientes húmedos

Esp.: *Casquito de Oaxaca*
Ingl.: *Oaxaca mud turtle*

Kinosternon odoratum (Latreille, 1801)

Distribución. Es una de las *Kinosternon* más extendidas, desde el sur de Canadá (Quebec, Nueva Inglaterra y Ontario) hasta el extremo sur de Florida, en toda la mitad este de Estados Unidos. Algunos autores hablan de poblaciones aisladas en el sur de Kansas, en el oeste de Texas e incluso en el estado de Chihuahua, en México.

Características. El nombre de esta tortuga evoca la secreción nauseabunda que puede producir. No supera los 136 mm de longitud. Su ca-

Este animal nos mira curiosamente y sin mucho entusiasmo. Su cabeza es muy puntiaguda, con el hocico muy marcado. El espaldar es grisáceo a negruzco, bastante aplanado en las vertebrales.

parazón forma una bóveda bastante pronunciada. Es alargado, bastante estrecho, y a veces ligeramente aplanado por encima. Los jóvenes adultos conservan los vestigios de tres quillas dorsolaterales, ausentes en los individuos viejos. Las escamas no se solapan unas con otras, como sucede en otras especies del género. La primera vertebral es larga y no toca las segundas marginales. Existen 23 marginales, incluyendo la cervical. Solo la décima y la undécima son más altas que sus vecinas. No son dentadas. El espaldar va del gris oliváceo al negro, y a veces está manchado y estriado en los individuos más claros y en los más jóvenes. El plastrón es de tamaño reducido y presenta una sola charnela, discreta y poco movible. Anchas bandas de piel son visibles en el lugar de las suturas. Los puentes son importantes y están compuestos por las escamas inguinales y axilares y por las extensiones de las abdominales. Presenta solo una gular, bien desarrollada. Existe una muesca anal. El plastrón es de un amarillo más o menos oscuro, manchado a veces de oscuro. Las glándulas de almizcle desembocan cerca del borde del caparazón. La cabeza es mediana, con la nariz cónica y bastante prominente. La piel es gris, bastante oscura, y puede llegar a ser negra. Dos líneas claras, amarillas o blancas, se extienden a cada lado de la cabeza, comenzando en la punta de la nariz, pasando por encima y por debajo de la órbita, hasta la base del cuello. En algunos individuos, estas líneas son irregulares y pueden borrarse parcialmente. El pico es ligeramente ganchudo y las mandíbulas son lisas. Presenta uno o dos pares de barbillones. La piel del cuello, de las patas y de la cola es más oscura por encima que por debajo. Las patas son muy palmeadas y con fuertes uñas. Los machos poseen una uña roma al final de la cola y dos pequeñas zonas de escamas rugosas detrás de los muslos. Los jóvenes presentan un caparazón rugoso y negruzco, con una quilla vertebral importante, resaltada por las quillas laterales, que son más discretas. Cada marginal está decorada con un punto claro, el plastrón es oscuro y la charnela aún no es visible. Debido a que ocupa un área de distribución muy amplia, se observan diferencias morfológicas entre las poblaciones.

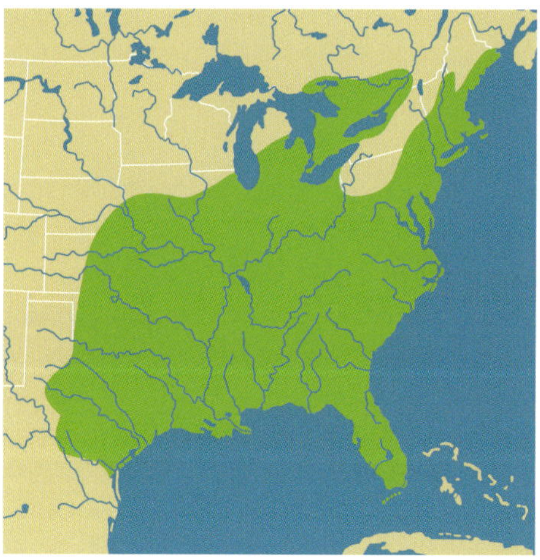

Tortuga de agua dulce

Esp.: *Casquito almizclero*

Ingl.: *Common musk turtle, "Stink Pot"*

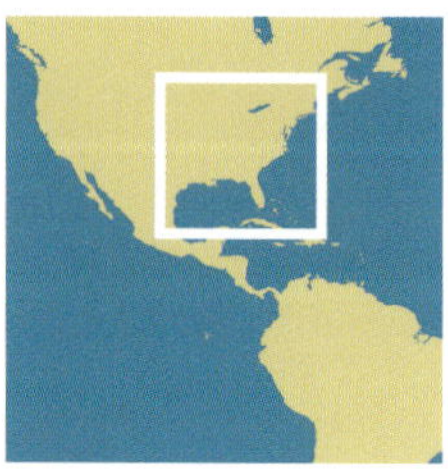

Hábitos. Esta especie se observa en diversos medios acuáticos: ríos, lagos, bayous, marismas, pantanos, abrevaderos de ganado, canales y zanjas, aunque también se han visto animales en torrentes más rápidos de fondos rocosos. Su régimen es omnívoro: los jóvenes se alimentan de pequeños insectos, algas y carroña; mientras que en los adultos la alimentación es más variada y comprende también desechos vegetales, caracoles, huevos de peces y de batracios. Esta tortuga se insola a veces sobre un tronco flotante, pero también se deja flotar en la superficie o descansa sobre la vegetación acuática. En el norte, hiberna y a veces se encuentran en algunas cavidades decenas de tortugas juntas. Las cópulas tienen lugar de mediados de marzo a mayo, pero esta especie también puede reproducirse en septiembre, y hasta diciembre, en el sur. Los cortejos se desarrollan en el agua, pero a veces se pueden observar cópulas en la tierra. Se han señalado tres puestas sucesivas, en mayo-junio en el norte; y en febrero-septiembre, en el sur. Los huevos se depositan a veces en tierra firme, apenas escondidos por la hojarasca. Las puestas contienen cinco huevos en promedio, pero pueden llegar hasta nueve. Son elípticos, de cascarón grueso y blanco pero ligeramente vidrioso, y miden unos 15 x 28 mm.

Protección. Esta tortuga no es rara, ya que se han contado hasta 194 individuos por hectárea. Los huevos y los juveniles son consumidos por mamíferos, serpientes, aves e incluso por la rana toro. Ahora bien, la especie está afectada por actividades humanas: choques contra embarcaciones, contaminación, desecación y transformación de los ambientes acuáticos. Para defenderse de los depredadores, es capaz de excretar una sustancia muy nauseabunda, a través de las glándulas situadas en el plastrón. Asimismo, es agresiva y puede morder a quien la moleste.

Kinosternon scorpioides (Linnaeus, 1766)

Distribución. Esta tortuga tiene seis subespecies que ocupan un territorio muy amplio: desde el sur del estado de Tamaulipas, en México, hasta el norte de Argentina, pasando por toda Centroamérica y gran parte de Brasil, de las Guayanas, de Ecuador, de Perú y de Bolivia.

Características. Para denominarla, Linneo se inspiró en el latín *scorpio*, para referirse a la

© J. Maran

Este espécimen es muy claro, con la cabeza amarillenta y sin quillas en el espaldar: se trata con seguridad de un animal viejo. En general, esta tortuga es de color pardusco y la cabeza es más oscura, con retículas claras. Las mandíbulas son a menudo crema o amarillentas, con estrías oscuras.

Tortuga de ambientes húmedos

Esp.: *Casquito escorpioide*
Ingl.: *Scorpion mud turtle*
Fr.: *Cinosterne scorpion*

uña situada al final de su cola. Es una tortuga de tamaño mediano, pero algunos machos alcanzan, excepcionalmente, los 270 mm. El promedio es de 200 mm para los machos, y de 180 mm para las hembras. El espaldar presenta tres quillas, más o menos desarrolladas, que pueden desaparecer en los individuos viejos. Las vertebrales 1, 2, 3 y 4 presentan una muesca en su parte posterior y pueden estar ligeramente imbricadas. El espaldar es oval, más o menos abombado, y las marginales posteriores pueden ser ensanchadas. La décima marginal es más alta que la novena, así como la undécima (bastante a menudo, pero no siempre). El color general va del beis al pardo, al oliváceo y a veces al negro, con reflejos azules y suturas oscuras en los animales claros. Los machos están dotados a menudo de un espaldar más abombado por delante. El plastrón presenta dos charnelas movibles anchas, de un lado a otro de las abdominales, que permiten cerrar el caparazón casi por completo. La muesca anal es discreta o ausente. El plastrón va del gris al amarillo, pero también puede ser anaranjado, pardo o negro. Cuando los colores son claros, se observan a menudo manchas oscuras irregulares. La cabeza es mediana y está dotada de una escama nasal triangular y de un pico córneo en forma de gancho más o menos marcado. La coloración de la cabeza varía mucho según las poblaciones y las subespecies (así como también la morfología general de la especie), y puede presentar un fondo pardo, gris o negruzco, a menudo jaspeado o manchado con zonas crema reticuladas, que pueden ser amarillas, anaranjadas, rosadas o incluso rojo sangre. Las mandíbulas son más bien amarillentas, con estrías verticales oscuras. El resto de la piel (cuello, patas y cola) es pardo, gris u oliváceo, salpicado de puntos más oscuros. Es más clara por debajo. Tres o cuatro pares de barbillones adornan el mentón. Ambos sexos poseen una uña córnea al final de la cola, más desarrollada en los machos, los que están desprovistos de escamas rugosas detrás de los muslos.

Subespecies. *K. s. scorpioides* (Casquito amazónico): se encuentra desde el sur de Panamá, hasta las Guayanas y Brasil. Es la subespecie más grande (hasta 270 mm), y sus tres quillas están muy marcadas. La escama cervical es estrecha; y la cabeza, más bien pequeña. El plastrón es estrecho por delante y la muesca anal es bastante importante. *K. s. abaxillare* Baur, en Stejneger, 1925 (Casquito de Chiapas): su nombre viene del latín *axillares* en razón de la ausencia de axilar. Ocupa la meseta central de Chiapas, México, hasta la costa del Pacífico, cerca de Petraparada. Así, no posee axilar y su espaldar es a menudo casi negro. Su plastrón, pardo oscuro iluminado de rojizo o de anaranjado, es grande y cierra totalmente el caparazón. *K. s. albogulare* (Duméril & Bocourt, 1870) (Casquito cuelliblanco): del latín gulares y albus, "garganta blanca". Se observa de Panamá hasta Honduras. Su espaldar está aplanado dorsalmente, pero presenta tres quillas. El plastrón no tiene muesca anal. La mandíbula inferior y el mentón son muy claros, crema a blanquecinos. *K. s. carajasensis* Cunha, 1970 (Casquito de Carajás): es conocida solo en la Sierra Dos Carajás –de allí su nombre– en el estado de Pará, Brasil. Es pequeña (130 mm), su espaldar es puntiagudo, con una quilla vertebral importante y dos quillas dorsolaterales discretas (a veces ausentes). Su cabeza es grande y ancha. *K. s. cruentatum* (Duméril & Bibron, 1851) (Casquito rojo): su nombre científico significa "manchado de sangre", a causa del color rojo o anaranjado vivo de su cabeza, sobre todo en los machos. Se extiende desde el noreste de Nicaragua y de Honduras hasta el sur de México (Veracruz y Tamaulipas). Es la más colorida, ya que los lados de su cabeza están adornados con manchas rojas luminosas. Su caparazón es a menudo claro, amarillo o anaranjado, con suturas oscuras. El plastrón es anaranjado y cierra totalmente el caparazón. Tres quillas son visibles, pero se borran con la edad. *K. s. seriei* Freiberg, 1936 (Casquito argentino): se encuentra en el norte de Argentina y en Bolivia. Su cabeza es pequeña. El caparazón posee tres quillas, la central más desarrollada. Luce un cartílago grande sobre las suturas entre las abdominales y las femorales.

Hábitos. Esta especie se observa en charcas forestales, canales de drenaje, arroyos y toda suerte de ambientes húmedos de aguas estancadas y lodosas. Cuando estos lugares acuáticos se secan, se esconde en el fango y espera hasta el aguacero siguiente. Es una tortuga oportunista que consume peces, caracoles y plantas, así como frutos de palmera caídos al agua. Lleva una vida principalmente crepuscular, pero también puede estar activa de noche y de día, dependiendo de su busca de alimento. Es poco asustadiza y puede intentar morder si se le molesta. Los machos son especialmente agresivos entre ellos y a veces se hieren gravemente durante sus combates. La época de las cópulas y de las puestas varía bastante según la latitud: en México, por ejemplo, se extiende de marzo a mayo; mientras que en la Guayana se observan en septiembre. Cada año tienen lugar varias puestas de 3 a 6 huevos, alargados, blancos y de cascarón frágil, que miden alrededor de 18 x 40 mm. La incubación puede durar de 90 a 150 días, según las regiones.

Protección. La especie aún está bien distribuida, pero algunas zonas donde vive están muy alteradas por el hombre. La destrucción de algunos bosques es muy perjudicial para la especie. En la Guayana francesa, se la encuentra en la región de Saint-Laurent, a lo largo de la costa hasta Cayena, en los pantanos de Kaw y hasta Saint-Georges. Fretey (1987) habla incluso de poblaciones aisladas en el Alto Oyapock. En este departamento francés, la especie está íntegramente protegida.

© F. Bonin

El espaldar de los jóvenes tiene la forma de una "tienda" marcada. El pico siempre está bien desarrollado y el ojo es incisivo.

Kinosternon sonoriense (LeConte, 1854)

Tortuga de agua dulce

Esp.: *Casquito de Sonora*

Ingl.: *Sonora mud turtle*

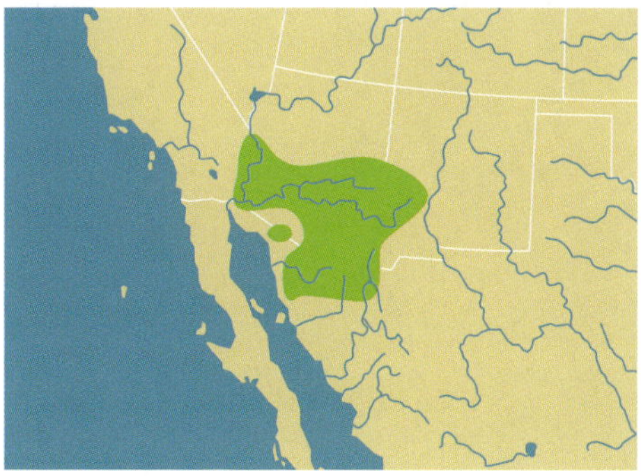

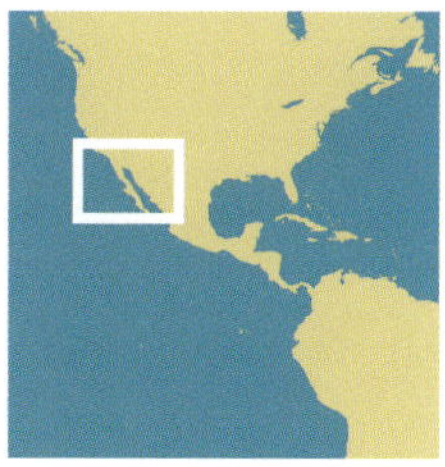

Distribución. Esta tortuga vive desde el sur de Estados Unidos hasta el norte de México: desde el curso inferior del río Colorado, en Arizona, California y Nuevo México; hasta la cuenca del río Yaqui y en el noroeste del estado de Chihuahua.

Características. Su nombre hace referencia a la región de Sonora, cerca de Tucson (Estados Unidos), que es su localidad tipo. Esta tortuga puede alcanzar los 175 mm en las hembras, y los 155 mm en los machos. Presenta un espaldar bastante alargado, con tres quillas, la vertebral nítidamente marcada. Algunos individuos adultos poseen una sola quilla; a veces, ninguna. La primera vertebral toca más frecuentemente las segundas marginales. La novena marginal no está más levantada, pero sí la décima y la undécima. Las marginales posteriores están ligeramente ensanchadas. La inguinal está en contacto con la octava marginal, así como con la axilar. El caparazón es pardo, a veces oliváceo, con suturas oscuras, pero sin ningún dibujo particular. El plastrón está doblemente articulado mediante dos charnelas muy funcionales que se sitúan en los bordes de las abdominales, y es prácticamente inmaculado, amarillo más o menos claro, con suturas más oscuras. En cambio, la región de los puentes es marrón oscuro. La piel de la cabeza y del cuello es grisácea, jaspeada de crema. Dos líneas claras son visibles a cada lado de la cabeza: la primera se extiende de la órbita a la región timpánica, y la segunda comienza en las comisuras de la boca y llega hasta el cuello. La cabeza es mediana y la nariz es prominente. Presenta tres o cuatro pares de barbillones. Las mandíbulas son crema, con estrías negras. El pico forma un gancho bastante pronunciado. Las patas son medianamente palmeadas y están dotadas de sólidas uñas. Solo los machos poseen una uña córnea al final de la cola y escamas rugosas en los muslos. Los juveniles presentan un caparazón casi circular, con una quilla central importante y otras dos más discretas. Son de color pardo y cada marginal luce un ocelo negro. El plastrón es crema, marcado con una mancha oscura que se extiende en forma de estrella a lo largo de las suturas. Presentan también dos líneas amarillo claro muy visibles a los lados de la cabeza.

El espaldar es más bien alargado y carenado, casi negro. La cabeza es fina y jaspeada de blanco, con la nariz bastante pronunciada. Es muy asustadiza y no le gusta salir de su caparazón cuando es molestada.

Subespecies. Existen dos subespecies. *K. s. sonoriense* (Casquito de Sonora común): se encuentra en Nuevo México, Arizona, California y en el oeste del estado de Chihuahua. *K. s. longifemorale* Iverson, 1981 (Casquito de Sonoyta): vive en Arizona y en el estado de Sonora. En esta subespecie, las uniones entre las femorales son más grandes que en la especie nominal, y las uniones entre las anales son más pequeñas.

Hábitos. Esta tortuga está activa casi todo el año, pero en Arizona algunas poblaciones que viven a 2.000 metros de altitud hibernan. La especie es más bien diurna durante el invierno y nocturna durante el verano. Ocupa los arroyos de curso lento, principalmente en ambientes forestales. Aunque es netamente acuática, se desplaza a veces muy lejos de su hábitat natural, para explorar nuevos lugares. Se alimenta mientras camina en el fondo con el cuello bien extendido, y parece utilizar tanto su vista como su olfato. Su régimen es oportunista y come caracoles, insectos, gusanos, anfibios y peces, pero también algas y algunas plantas acuáticas. Se insola raras veces, salvo en invierno. Es asustadiza y se repliega largo tiempo en caso de amenaza. Las cópulas se dan en primavera; y las puestas, de mayo a septiembre. Se observan dos puestas, que cuentan hasta con nueve huevos elípticos, de 16 x 32 mm en promedio, que son depositados en nidos sucintos. Su cascarón es blanco, frágil y ligeramente granuloso, y presenta una multitud de poros minúsculos. La incubación es muy larga y puede alcanzar los 345 días.

Protección. Los jóvenes son víctimas de la rana toro, introducida en la región, pero también de mamíferos y aves. Los adultos eran antiguamente consumidos por los indios, pero las amenazas actuales se deben a las alteraciones de los ambientes acuáticos, sobre todo a causa de los nuevos métodos de irrigación que transforman el biotopo de las tortugas acuáticas.

Kinosternon subrubrum (Lacepède, 1788)

Distribución. Ocupa un área extendida en el rincón sureste de Estados Unidos, desde Connecticut hasta Florida por el este y el centro de Texas, valle del Mississippi, Missouri, sur de Illinois y sur de Indiana, por el sur. Se han señalado poblaciones aisladas en el noroeste de Indiana y en el centro de Missouri.

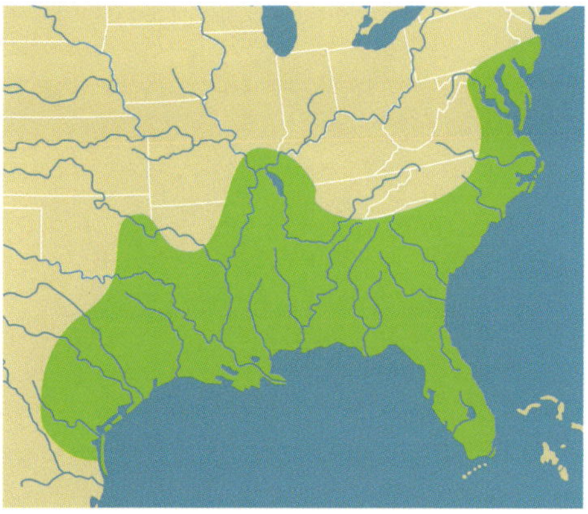

Tortuga palustre

Esp.: *Casquito pechirrojo*
Ingl.: *Eastern mud turtle*

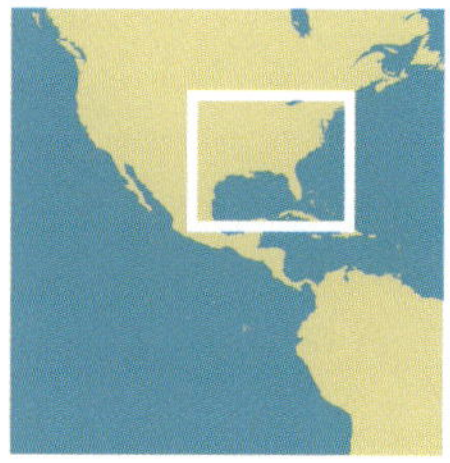

Características. Del latín *sub*, debajo, y *ruber*, rojo, su nombre se refiere al plastrón rojo anaranjado de los juveniles. Es una especie pequeña, que no supera los 125 mm. Su caparazón es oval, liso, sin quilla y a veces ligeramente deprimido dorsalmente. Los lados del espaldar son casi verticales, y la parte posterior parece truncada. Las marginales son todas de la misma altura y no son escotadas. El color general puede ir del amarillo oscuro al oliváceo hasta el negro. El borde de las marginales es a veces ligeramente más claro. La primera vertebral es larga y estrecha, y nunca está en contacto con las segundas marginales. El plastrón es bastante ancho y posee dos charnelas muy movibles, pero que pueden osificarse en los individuos viejos. Presenta una ligera muesca anal. El plastrón es amarillo, con suturas pardas a pardo oscuro uniforme. Los puentes son bastante fuertes, y la inguinal está en contacto con la axilar. La cabeza es mediana y está dotada de un hocico ligeramente prominente. La mandíbula superior es ligeramente ganchuda. La piel de la cabeza es grisácea o parda, jaspeada de amarillo. En algunos individuos, dos líneas claras, a veces discontinuas, parten de la órbita y llegan hasta la región timpánica. La piel de las patas, bien palmeadas y con fuertes uñas, es parda, más oscura encima. Ambos sexos presentan una uña córnea al final de la cola, pero los machos tienen además escamas rugosas en la parte interna de los muslos. Los jóvenes poseen una quilla vertebral muy marcada y dos quillas laterales discretas. El espaldar es pardo oscuro a negro, con manchas claras en cada marginal y luce un aspecto rugoso. El plastrón es rojizo o anaranjado, con una mancha oscura en el centro. Las charnelas aún no son visibles. La especie se muestra unas veces asustadiza, y otras, mordedora y agresiva. Puede excretar un almizcle muy nauseabundo.

Subespecies. Existen tres subespecies. *K. s. subrubrum* (Casquito pechirrojo común): se encuentra en el sur de Connecticut y en la costa atlántica, hasta el sur de Indiana y de Illinois. Sus puentes son más anchos y el lóbulo anterior del plastrón es más pequeño que el lóbulo posterior. La cabeza es jaspeada con manchas claras. *K. s. hippocrepis* Gray, 1855 (Casquito del Mississippi): del latín *hippo*, caballo, y del griego *krepis*, "hierro, calzado", en referencia a la forma de herradura de la línea clara que decora la cabeza del animal. Habita en el valle del Mississippi, Luisiana, Texas, Missouri y en el oeste de Kentucky. Sus puentes son grandes; el lóbulo anterior es más pequeño que el lóbulo posterior. La cabeza está, así, adornada con dos líneas claras en forma de "herradura de caballo". *K. s. steindachneri* Siebenrock, 1906 (Casquito floridano): su nombre proviene del célebre herpetólogo vienés, Franz Steindachner. Solo vive en Florida. Posee puentes estrechos y un plastrón más modesto con el lóbulo anterior a menudo más grande que el posterior. Su cabeza es sencillamente un poco jaspeada y está desprovista de líneas claras.

Hábitos. Las poblaciones norteñas hibernan, a diferencia de las de Florida. Es muy acuática, pero puede aventurarse largo tiempo en tierra firme, sobre todo después de una fuerte lluvia. Ocupa en general los cursos de aguas lentas y poco profundas, de sustrato blando y limoso y de abundante vegetación (charcas, lagunas, *bayous*, bosque de ciprés inundado, etc.). También vive en aguas salobres. En verano, a veces se entierra para estivar. Es omnívora y se ali-

© F. Bonin

Las *Kinosternon* son medianamente acuáticas, pero esta especie pasa gran parte de su vida en el agua.

menta hurgando en el fondo para desenterrar insectos, crustáceos y anfibios, pero también consume plantas acuáticas. Las cópulas tienen lugar de mediados de marzo a fines de mayo, preferentemente en el agua, raras veces en tierra firme. Las puestas se producen de junio a septiembre, pero en el sur pueden darse en febrero. Los huevos son depositados a menudo directamente en el suelo, sobre una capa vegetal. Una sola puesta al año es la regla, con 2 a 4 huevos elipsoides, blanco rosado o blanco azulado, de aspecto frágil y aproximadamente 15 x 25 mm. La incubación dura de 90 a 100 días, y algunas crían esperan hasta la primavera siguiente para emerger.

Protección. Muchos son sus depredadores naturales: serpientes (que también consumen los huevos), mamíferos y rapaces. El hombre, al transformar los ambientes naturales, ha hecho desaparecer muchos hábitats adecuados y, por otra parte, muchas tortugas son atropelladas en las carreteras. La especie presentaba antiguamente densidades récord, con 260 tortugas/ha (Mahmoud, 1957), lo que está muy lejos de la situación actual.

Staurotypus triporcatus (Wiegmann, 1828)

Tortuga de agua dulce

Esp.: *Galápago almizclero atlántico*

Ingl.: *Mexican giant musk turtle*

Distribución. Este galápago es propio de Centroamérica. En México se encuentra en la vertiente atlántica, desde el estado de Veracruz hasta el principio de la península de Yucatán. También vive en Belice, en el noreste de Guatemala y en Honduras.

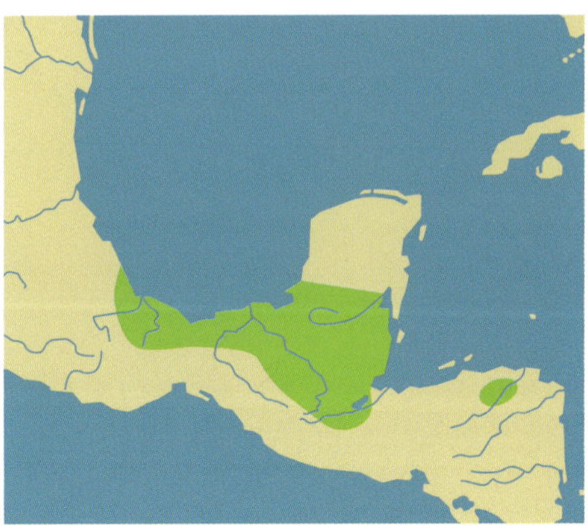

Características. Su espaldar alargado puede alcanzar 380 mm. Es oval, con tres quillas muy desarrolladas. La quilla central se sitúa sobre las cinco escamas vertebrales, y las dos quillas laterales se extienden sobre las cuatro escamas costales, a diferencia de *Staurotypus salvinii*. El borde posterior del espaldar es liso, muy ligeramente levantado, sobre todo de la novena a la undécima marginal. El plastrón es de talla pequeña, con una charnela entre las abdominales y las pectorales. El lóbulo posterior es más largo que el lóbulo anterior, lo que la distingue, una vez más, de *S. salvinii*. Los lados del plastrón son casi paralelos. El lóbulo posterior es muy angosto y puntiagudo, y no posee muesca anal. No presenta escamas humerales ni gulares. El puente es bastante ancho y alcanza el tercio de la longitud del plastrón. El conjunto es de color amarillo, con suturas más oscuras en algunos individuos. La cabeza es muy ancha a la altura

© F. Bonin

Esta especie es maciza, con un fuerte espaldar adornado con tres quillas. La cabeza es ancha, salpicada de blanco sobre fondo negro. El animal es agresivo.

de las sienes y luce una nariz puntiaguda y levantada. La mandíbula superior es poco acerada y su extremo no es puntiagudo. La cabeza es amarillenta a olivácea, con finas reticulaciones oscuras que se extienden sobre los bordes de las mandíbulas. Estos dibujos son abundantes y muy marcados. Presenta dos barbillones. Los miembros y la cola son pardo grisáceo. Las patas son palmeadas. La cola está adornada con dos hileras de tubérculos cónicos. Los machos presentan en los muslos y los talones pequeñas escamas rugosas, ausentes en las hembras.

Hábitos. Este galápago ocupa cursos de agua de corriente escasa, humedales, pequeñas lagunas, lagos y los brazos de algunos grandes ríos, a una altitud no superior a 300 metros. Es carnívoro y oportunista, y devora todo animal que pase a su alcance. Su rapidez y su tamaño la convierten en un impresionante carnívoro de río que consume crustáceos, anfibios, moluscos, grandes insectos, peces y ocasionalmente otras tortugas más pequeñas, tales como *Kinosternon leucostumum* o *K. acutum*. Su técnica de caza se basa en una potente aspiración que absorbe a las presas. Las mordeduras de este animal pueden ser muy peligrosas cuando se le manipula. Las puestas tienen lugar principalmente en septiembre y contienen 6 huevos, de aproximadamente 24 x 40 mm.

Protección. Debido a la recolección y al consumo, sus efectivos se reducen rápidamente. En México, se crían en cautividad para su explotación comercial y refuerzo de las poblaciones silvestres.

El pequeño puente cruciforme protege apenas la parte ventral del animal. Gracias a su viveza y a su agresividad, esta especie puede evitar los ataques de los depredadores.

© B. Devaux

Staurotypus salvinii Gray, 1864

Distribución. Su territorio es opuesto al de *S. triporcatus*, ocupa la vertiente del Pacífico. En México, se le encuentra en los estados de Oaxaca hasta Chiapas; así como en Guatemala y El Salvador.

Características. Su espaldar, alargado y muy ovalado, puede alcanzar los 250 mm. Las tres quillas, muy desarrolladas en los juveniles, se atenúan con la edad, pero siguen siendo visibles en los adultos. La quilla central comienza detrás de la primera vertebral y se prolonga hasta la undécima marginal. Las dos quillas laterales se sitúan sobre las cuatro costales. El borde posterior del espaldar es liso. En conjunto, esta especie presenta un espaldar más ancho y más plano que el de *S. triporcatus*. Es ma-

Tortuga de agua dulce

Esp.: *Galápago almizclero del Pacífico*
Ingl.: *Pacific coast giant musk turtle*

© J. Maran

Este galápago es muy próximo a *S. triporcatus*, pero es más pequeño y su cabeza es menos ancha y puntiaguda.

rrón oscuro a gris oliváceo, a veces con manchitas oscuras poco acentuadas. El plastrón es pequeño y dispone de una charnela que asegura la movilidad del lóbulo anterior. El lóbulo posterior es más corto y puntiagudo, y no posee muesca anal. El puente es estrecho y generalmente no supera la quinta parte de la longitud del plastrón. Las humerales y las gulares están ausentes. El color general es amarillo uniforme a grisáceo. La cabeza es muy ancha y posee una nariz puntiaguda y una mandíbula superior poco acerada. El pico no está muy acentuado. La mandíbula inferior es más fina, y más córnea en el extremo. La cabeza es gris con dibujos amarillos a anaranjados, bastante finos, y las mandíbulas son completamente amarillas. Cuando el animal envejece, la cabeza se vuelve totalmente oscura. Presenta dos barbillones. La cola y los miembros son pardos a grisáceos. Las patas son muy palmeadas y la cola luce dos hileras de tubérculos cónicos. Los machos están dotados de escamas rugosas en los talones y los muslos. Los recién nacidos presentan un plastrón amarillo, cubierto de manchas negras irregulares.

Hábitos. Esta tortuga prefiere los pequeños cursos de agua con fondos limosos y abundante vegetación acuática. También se halla en algunos brazos de aguas tranquilas y en ciénagas. Es carnívora y consume moluscos, invertebrados, insectos, larvas y pequeños peces. Es un animal agresivo y rápido. El cortejo se observa en enero, en el agua. El macho se coloca sobre el espaldar de la hembra; la rugosidad de las escamas de sus miembros posteriores permiten que quede bien cogido, mientras que la hembra intenta morderlo. Puede haber dos a tres puestas al año, cada una con una decena de huevos de aproximadamente 20 x 38 mm. La incubación supera los 90 días.

Protección. Esta especie es recolectada y consumida, y sus hábitats están alterados a menudo por las actividades humanas. Es necesario conocer mejor el estado de sus poblaciones.

Claudius angustatus Cope, 1865

Tortuga de agua dulce

Esp.: *Galápago de puente angosto*
Ingl.: *Narrow-bridged musk turtle*

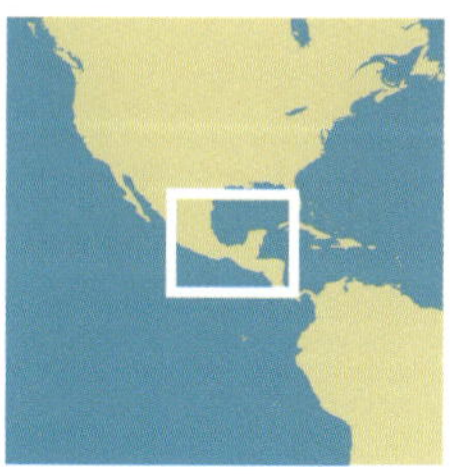

Distribución. Su territorio en Centroamérica ocupa una parte de México, desde el norte de Oaxaca hasta el centro de Veracruz, así como Belice y el norte de Guatemala.

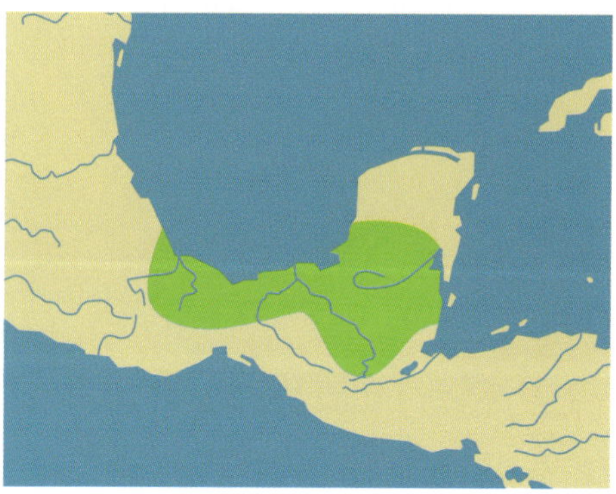

Características. Este galápago no supera los 165 mm. Su espaldar oval luce tres quillas importantes, que se vuelven oscuras con la edad. El borde posterior del espaldar es siempre muy liso. La primera vertebral es muy ancha y toca las cuatro primeras marginales. Las escamas del espaldar son rugosas en los individuos jóvenes, con líneas de crecimiento anuales muy desarrolladas. El color general es marrón amarillento a marrón oscuro, con suturas negras. En los juveniles, las escamas están marcadas por unas rayas negras. El plastrón es muy pequeño y en

© F. Bonin

forma de cruz. El puente que lo une al espaldar es minúsculo, y da lugar a un ligamento sólido. Muy a menudo, las axilares y las inguinales están ausentes. Los lóbulos anteriores y posteriores son triangulares. El plastrón es amarillo uniforme en los adultos, mientras que en los juveniles un dibujo oscuro marca el centro del plastrón siguiendo las suturas. La cabeza es muy grande y posee una potente mandíbula con un pico córneo en la parte superior. Dos pequeñas puntas marcan este pico córneo, lo que le da un aspecto agresivo al animal. La mandíbula inferior es larga y presenta asimismo una punta cortante. El mentón sólo tiene un par de barbillones. El color de la cabeza varía del marrón amarillento al gris. Está adornada con manchas más oscuras y más o menos nítidas, en los lados y encima. Las mandíbulas son amarillas y presentan estrías verticales negras. El cuello es grisáceo, está salpicado de oscuro y recubierto de varias hileras de tubérculos pequeños. Los miembros son grises a marrones y están dotados de palmaciones importantes. En su cara superior, los miembros anteriores presentan tres escamas transversales muy marcadas. Los machos son siempre más grandes que las hembras y están dotados de una espina córnea al final de la cola. Al nacer, los juveniles miden 35 mm y presentan una coloración negra y un plastrón amarillo vivo. Son tortugas muy flexibles y ágiles, que pueden girar el cuello y morder fuertemente cuando son atrapadas.

Hábitos. Esta especie vive en aguas poco profundas de fondos fangosos. Se la encuentra en pequeños cursos de agua, en pantanos y pequeños lagos. Sale frecuentemente del agua y puede estivar durante la estación seca en pequeñas cavidades no alejadas de algún punto de agua. Es carnívora y consume todas las pequeñas presas accesibles: peces, ranas, tritones, caracoles, gusanos, insectos y larvas. Las puestas se observan al principio de la estación seca, en noviembre. Puede haber varias puestas por temporada, cada una con 2 a 8 huevos alargados y de cascarón duro, de aproximadamente 18 x 32 mm. La incubación puede durar de 100 a 150 días.

Protección. Este galápago ha sido largo tiempo recolectado y consumido. Aún se le captura a veces para venderlo a las tiendas de animales, y en algunas regiones sus efectivos se han reducido mucho. Algunas granjas de cría en México producen esta especie: una parte se vende y la otra se libera en la naturaleza.

Este animal dispone de un espaldar sólido y muy oval, con tres quillas. La cabeza es fuerte, con mandíbulas cortantes. La mandíbula inferior presenta un pico.

El plastrón es muy pequeño y está apenas unido al espaldar por un puente ligamentoso. El plastrón es más frecuentemente amarillo, pero también puede ser pardo a negro en los individuos de mayor edad.

© B. Devaux

CHELONIIDAE Oppel, 1811

*Las tortugas marinas son relativamente recientes en la historia de los Quelonios. En el Cretácico, existían cuatro familias, surgidas de diferentes ramas evolutivas que, sucesivamente, condujeron a los ancestros de las tortugas de tierra firme al mar. En nuestros días, las tortugas marinas representan dos familias y ocho especies. Todas están muy adaptadas al mundo marino y presentan una morfología fusiforme y miembros muy desarrollados, que les permiten nadar rápidamente y les facilitan la excavación de los nidos. Gracias a sus adaptaciones fisiológicas muy finas, pueden permanecer mucho tiempo bajo el agua sin volver a respirar a la superficie y soportar las aguas frías, a pesar de su ectotermia. Una familia, que comprende una sola especie (*Dermochelys coriacea*), muestra una adaptación extraordinaria al mundo marino –gracias a su caparazón cubierto de una especie de cuero grueso y flexible–, así como unas costumbres pelágicas y una capacidad para navegar en aguas frías y sumergirse largo tiempo hasta grandes profundidades. Asimismo, es el Quelonio más pesado de todos, con récords homologados de 950 kg.*

Caretta caretta (Linnaeus, 1758)

Tortuga marina

Esp.: *Tortuga boba*

Ingl.: *Loggerhead turtle*

Distribución. Después de *Chelonia mydas*, es la especie más extendida en las aguas tropicales y subtropicales del mundo entero. Ocasionalmente, también se la encuentra en aguas más frías, como en el sur de Noruega, en Terranova (Canadá), en Vladivostok (Rusia) o cerca de Anchorage (Estados Unidos). Su área de distribución se extiende a la latitud 70° Norte,

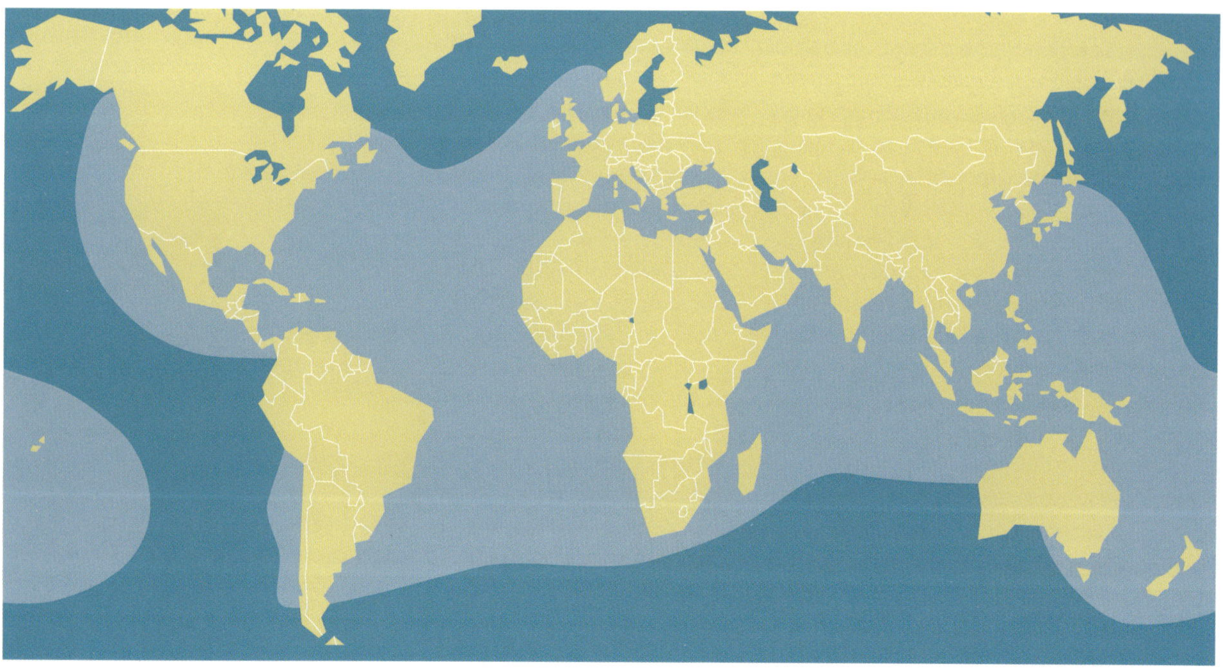

cerca de Murmansk, hasta la latitud 35,5° Sur, hacia el Río de la Plata (Argentina). En cambio, parece ausente en parte del océano Pacífico y en el norte de Sudamérica (Colombia, Ecuador, incluidas las islas Galápagos, y Perú).

Características. Es una gran tortuga que puede alcanzar los 1.200 mm en promedio, excepcionalmente 2.000 mm, y pesar de 150 a 250 kg. Algunos autores mencionan tortugas de 450 kg. El caparazón es "cordiforme" y presenta una quilla vertebral, muy pronunciada en los juveniles y que forma puntas marcadas en cada vertebral. Esta quilla es más redondeada en los adultos, pero sigue siendo muy visible en las dos primeras vertebrales. El espaldar posee cinco pares de costales, y las primeras están en contacto con la nucal. De 12 a 13 marginales están presentes a cada lado, pero el número puede variar de 11 a 15, cosa rara en los Quelonios. El borde de las marginales es dentado en los juveniles; estas marginales se aplanan luego con la edad y en los individuos viejos están solo ligeramente levantadas en los costados. El color es pardo oscuro a amarillo anaranjado, o chocolate, y el borde de las marginales está resaltado de amarillo. El plastrón es amarillo a pardo claro, a veces francamente anaranjado, como los puentes, que están compuestos de tres grandes placas inframarginales, sin poros. El plastrón es liso en los adultos, mientras que los juveniles presentan dos quillas longitudinales. La cabeza es muy grande, lo que ha dado origen al nombre inglés de la especie. Es redondeada, con un pico córneo bastante pronunciado, pero no dentado. Presenta cuatro o cinco escamas prefrontales, así como una gran escama frontoparietal encima de la cabeza y tres grandes escamas postoculares a los lados. Las narinas son ligeramente prominentes. La cabeza es parda encima y es más clara debajo, tornándose pardo anaranjado e incluso amarilla, al igual que el cuello y las patas. Estas últimas están particularmente bien adaptadas para el nado y están provistas de dos uñas. Las patas anteriores están cubiertas de grandes placas, que rodean a un conjunto de escamas más pequeñas en el centro de la aleta. Los machos presentan un apéndice caudal notoriamente más grande y largo que el de las hembras.

Hábitos. Es una especie poco pelágica, que se encuentra a lo largo de las costas, pero también es muy migradora y abandona las áreas de alimentación para llegar hasta las playas donde nidifica. Puede conservar una temperatura interna superior a la temperatura del agua, gracias a una microactividad muscular y a un buen aislamiento natural, lo que le permite frecuentar las aguas frías. Durante el periodo invernal, puede permanecer cierto tiempo en letargo, inmóvil en el fondo del agua. Es principalmente carnívora y se alimenta de crustáceos, moluscos, equinodermos, peces, pero también de plantas acuáticas y algas. Nada lenta y majestuosamente, pero es capaz de acelerar repentinamente, lo que todo submarinista conoce bien. Su carácter es a veces difícil y puede morder si es molestada. Ha sido filmada defendiéndose de un tiburón tigre: le muerde en las agallas y el tiburón abandona a su presa. Sus mandíbulas son potentes y pueden triturar fácilmente un cangrejo, una langosta o la concha de un gran molusco.

Las cópulas se dan en la superficie del mar, y el macho se agarra al espaldar de la hembra con las uñas de sus patas anteriores. La madurez sexual parece muy precoz: algunos autores hablan de cuatro años y de 600 mm de longitud para las primeras reproducciones. Las puestas se realizan más frecuentemente cuando anochece o en plena noche, con la marea alta, en la arena fina de las playas de las regiones templadas y subtropicales. Los huevos se desarrollan en primavera y al principio del verano,

© J. Fretey

La mayoría de las tortugas marinas se fotografían durante las puestas. Aquí se aprecia la secreción lagrimal que las especies marinas necesitan para evacuar el exceso de la sal ingurgitada en su medio.

en épocas opuestas según el hemisferio. Cada temporada puede haber de tres a siete puestas, en intervalos de unos quince días, pero algunas hembras solo ponen cada dos o tres años. Las tortugas depositan un centenar de huevos (150 máximo) redondos, de cascarón apergaminado y de un diámetro de 35 a 49 mm. Las hembras se muestran temerosas durante la excavación del nido y pueden interrumpir su puesta y volver al mar en caso de sentirse perturbadas. La puesta es una de las más rápidas entre las tortugas de mar y solo toma de 10 a 20 minutos, mientras que todo el proceso hasta el retorno al mar dura a menudo menos de 60 minutos. La incubación dura de 46 a 71 días, según la temperatura, que también influye en el sexo de los embriones. Cuando los huevos son mantenidos por encima de los 32 °C durante las primeras semanas de incubación, solo nacen hembras; mientras que por debajo de 28 °C solo se obtendrán machos.

Las crías presentan al nacer un caparazón pardo a grisáceo, muy carenado. Miden alrededor de 55 mm. Escapan de sus numerosos depredadores (cangrejos, aves, mamíferos, luego peces y tiburones), y nadan frenéticamente durante varios días hasta una zona invadida de algas flotantes, como los sargazos, donde podrán camuflarse. Entonces comienzan a crecer rápidamente, alimentándose de zooplancton y de pequeñas medusas. Los principales lugares de nidificación para esta especie se sitúan en Omán (isla de Masirah), Florida, el Caribe, el norte de Australia y en África. También se reproduce en el Mediterráneo, en Grecia (Zákynthos), Turquía, Chipre y Libia.

Protección. Los lugares donde nidifica están a menudo muy degradados o destruidos, debido a la urbanización y al turismo. La especie fue explotada durante siglos, y actualmente aún se la pesca y caza por su carne y su caparazón. En la década de 1980-1990, aún se vendían en las Antillas francesas cabezas de tortugas boba disecadas. En el mar, estas tortugas son víctimas de las redes de deriva y de las camaroneras. Sería necesario utilizar en todas partes el sistema de exclusión en el fondo de la red, por donde pueden escapar las presas grandes (TED, Turtle Extruder Device). Desgraciadamente, pocos países imponen la utilización de este sistema. Diversos programas de conservación se dedican a esta especie, como el que se lleva a cabo en Zákynthos, Grecia. Las tortugas boba son equipadas con radioemisores por satélite para estudiar sus rutas migratorias. En las Azores se realizan programas similares. Esta tortuga, catalogada en el Apéndice I de la CITES, está protegida por la Convención de Bonn, referente a las especies migradoras.

Chelonia agassizii Bocourt, 1868

© J. Fretey

El espaldar es más abombado que en *C. mydas*, y las escamas de la cabeza son más pequeñas y más oscuras.

Distribución. Ocupa una ancha franja costera (500 km en promedio) desde el norte del continente norteamericano (sur de la Columbia Británica) hasta el sur de Chile, incluyendo las islas Galápagos, Ecuador.

Características. Mucho tiempo considerada una subespecie de *Chelonia mydas*, se distingue de ésta por su color generalmente más oscuro, a veces casi negro. Su espaldar está estriado o manchado de pardo claro o de olivo. Las escamas presentan ribetes claros. El espaldar es a menudo abovedado, más alto que el de su pa-

riente, especialmente en las hembras más grandes. La escama de la cabeza es ligeramente más pequeña y más oscura que en la tortuga verde. Su ojo es a menudo más pequeño. Esta especie mide de 650 a 1.200 mm de longitud para un peso que raras veces supera los 150 kg. Los juveniles son pardo oscuro a azul oscuro casi negro, con las aletas bordeadas de blanco; la cara inferior de las patas y el plastrón son blancos.

Hábitos. Sus hábitos son comparables a los de *C. mydas*. En general, la especie es migradora, pero en las Galápagos parecen cumplir su ciclo de vida alrededor del archipiélago. Las tortugas capturadas y marcadas en estas islas solo se encuentran excepcionalmente en Costa Rica o en Perú. La especie nidifica principalmente en México, en El Salvador, en Perú; y en las playas de la isla Bartolomé, y las islas Santa Fe e Isabela, en las Galápagos. Su régimen está compuesto en un 90 % de plantas acuáticas y algas, pero también comprende esponjas, equinodermos, medusas y a veces peces y crustáceos. El periodo de reproducción depende de la latitud y dura de agosto a enero en México; y de diciembre a junio, en las Galápagos. Las cópulas son muy parecidas a las de la tortuga verde y también se observan concentraciones de machos alrededor de la misma hembra. Cada año se dan varias puestas (de tres a ocho), pero algunas hembras solo regresan cada dos o tres años. Cada nido contiene de 70 a 80 huevos, con récords de hasta 140. Son blancos y redondos, de unos 42 mm de diámetro. A veces comparte con otras tortugas las mismas playas de nidificación: *Dermochelys coriacea* y *Lepidochelys olivacea*. Pero los periodos de puesta cambian según la especie, aunque esto no impide la destrucción de huevos en el curso de estas puestas sucesivas. La incubación dura de 50 a 55 días.

Protección. Se conoce poco el estatus de esta especie, pero se ha observado su rarefacción en México donde ha sido intensamente pescada. El furtivismo sigue siendo una práctica corriente en los países de Centro y Sudamérica por su carne, su aceite y su piel. Muchas tortugas se capturan aún en redes para tiburones. Es urgente que se la sitúe en el Apéndice I de la CITES, al igual que la *Chelonia mydas*, ya que solo está protegida legalmente en México y en las Galápagos.

Tortuga marina

Esp.: *Tortuga negra*
Ingl.: *Pacific green turtle*

Este detalle de la parte delantera del animal muestra la orla clara alrededor de las escamas, la nariz corta y los ojos muy grandes y oscuros.

© J. Maran

Chelonia mydas (Linnaeus, 1758)

Distribución. Está ampliamente extendida en los mares y océanos del mundo, cuyas aguas superen los 20 °C. Se la puede encontrar hasta Terranova (Canadá), en el norte de Irlanda, en el sur del Japón y en Argentina, Sudáfrica, el norte de Nueva Zelanda; y está presente en los océanos Atlántico, Índico y Pacífico (Micronesia, Polinesia y Melanesia); así como en el mar de Japón, el mar de China y en el Mediterráneo. En cambio, está ausente de una parte del Pacífico, a lo largo de la costa oeste del continente americano (norte, centro y sur) donde está presente *Chelonia agassizii*, mucho tiempo considerada una de sus subespecies.

Características. Es la mayor de los *Cheloniidae*, con un caparazón de 800 a 1.300 mm para 140 a 160 kg. Algunos individuos de gran tamaño superan los 230 kg, y algunos autores hablan de hasta 400 kg. Su espaldar es cordi-

Tortuga marina

Esp.: *Tortuga verde*
Ingl.: *Common green turtle*
Fr.: *Tortue verte, Tortue franche*

Existen muchas variedades en la coloración de esta especie. En el Pacífico son rojizas o amarillentas. En general, el espaldar es muy ancho, en forma de corazón, ligeramente "abovedado", y más bien verdoso a grisáceo.

forme (en forma de corazón) y presenta placas córneas yuxtapuestas. La escama nucal no está en contacto con las primeras costales, que son cuatro de cada lado. El espaldar es muy redondo, a menudo más alto y abombado por delante, en las dos primeras vertebrales, y más fino hacia atrás. Las marginales no son dentadas, pero a veces están levantadas en algunos individuos, lo que les hace parecidas a *Natator depressus*. El caparazón es de color pardusco, grisáceo o verdoso, más o menos oscuro, adornado con manchas o estrías irregulares. La denominación "tortuga verde" no proviene de su color (raramente verdoso), sino del color de su grasa. Los subadultos presentan un caparazón caoba claro, a veces incluso francamente rojizo, con escamas estriadas de amarillo en las suturas, al igual que las escamas de la cabeza y de las patas. El plastrón es blanco amarillento, bastante ancho y con puentes rígidos, y posee cuatro escamas inframarginales, vestigios de la forma juvenil. La cabeza es relativamente pequeña, con un hocico redondo y corto, y un pico muy desarrollado. Los bordes córneos de la mandíbula son fuertemente dentados. Los ojos son grandes y almendrados. El cráneo presenta dos escamas prefrontales, separadas de la gran escama frontoparietal por una pequeña frontal. Las patas y la cabeza son grisáceas a verdosas en los adultos, con escamas oscuras con orlas crema o amarillas. Las patas son grandes, bien adaptadas al nado, anchas y cubiertas de grandes escamas alargadas que rodean una red de escamas más pequeñas. La cara inferior de las patas y del cuello, así como los hombros son crema a amarillo claro.

© F. Bonin

Subespecies. Actualmente no se admite ninguna subespecie, aunque las *Chelonia mydas* de la región indopacífica serían morfológicamente diferentes y, según Jacques Fretey, podrían constituir una subespecie: *C. m. japonica*.

Hábitos. Esta tortuga frecuenta ambientes muy diferentes en el transcurso de su vida. Se ignora dónde viven los juveniles los primeros años. Durante el periodo subadulto, la especie puede ocupar el dédalo protector de los manglares, como la isla de Europa en el canal de Mozambique. Luego se desplaza para nidificar en lugares distantes, a veces a miles de kilómetros, de las áreas de alimentación. Su régimen también varía con la edad: es primero carnívora (medusas, zooplancton y otros invertebrados) y luego se vuelve principalmente herbívora. Los adultos pastan en las praderas submarinas donde se agrupan, por ejemplo, en el sur de Mayotte (islas Comores). La digestión de la celulosa de las plantas acuáticas es comparable a la de los mamíferos rumiantes. El poco valor nutritivo de las algas explica la lentitud en el crecimiento de estos animales, así como su madurez tardía. Quizá, también, es por ello que *Chelonia mydas* es la única tortuga marina que se insola en las playas, sin duda para aprovechar los rayos UV indispensables para la síntesis de la vitamina D que necesita. Incluso se observan machos de la especie insolándose. Aunque se le considera herbívora, la especie también consume medusas, crustáceos, moluscos y otros animálculos que coge entre las plantas acuáticas. Como su espaldar está a menudo recubierto de algas y parásitos, algunas tortugas se dejan asear por cardúmenes de pequeños peces limpiadores.

Los cortejos tienen lugar no lejos de las zonas de puesta. Las hembras solo parecen aceptar la cópula en algunos periodos, fuera de los cuales la rehúsan, protegiendo su cloaca con sus patas posteriores. La penetración, cuando es aceptada, puede durar hasta 6 horas (!). Se pueden observar hembras cortejadas por cohortes de machos que reúnen hasta una docena de individuos. Los machos se empujan, se muerden e intentan eliminar al que se encuentre presto a copular. Puede suceder que la hem-

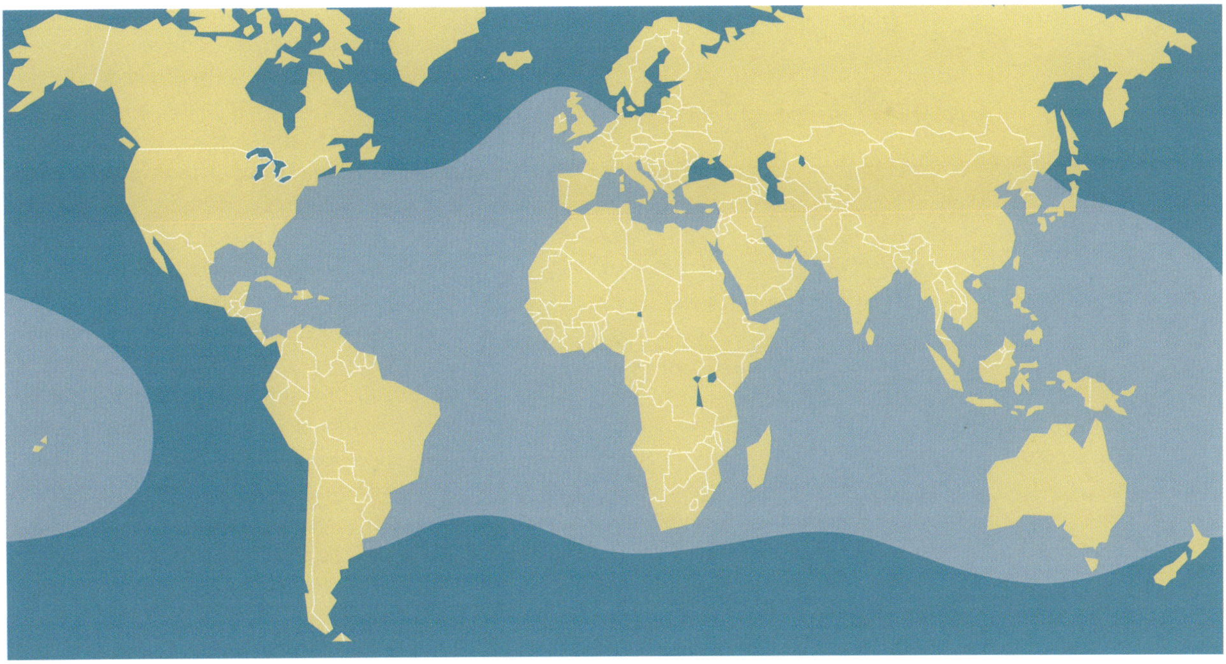

bra sea arrastrada al fondo y se ahogue. Se dan varias puestas –hasta seis– con un intervalo de quince días y se desarrollan principalmente de noche, con la marea alta. La hembra excava el nido en los bordes de la vegetación. Hace una primera cubeta barriendo la arena con sus patas traseras; luego excava un nido de aproximadamente 300 a 600 mm de profundidad, ensanchado en la base y que corresponde a la forma de sus patas en el momento de la excavación. Enseguida, expulsa los huevos por ráfagas de dos a cuatro, acompañados del desprendimiento de una mucosidad. En general, deposita un centenar de huevos, pero se han descrito puestas de 200 huevos. La hembra tapa la cavidad con un movimiento preciso y alternado de las patas traseras, luego proyecta arena mediante grandes movimientos de las aletas delanteras, para poder borrar toda huella de la puesta. Todo el proceso dura en general de una hora a una hora y media. Los huevos miden un promedio de 45 mm de diámetro; son blancos y redondos, y su cascarón es apergaminado y blando. La incubación puede durar de 48 a 74 días. La temperatura de diferenciación sexual del embrión es de 28,75 °C.

Las crías que acaban de salir del huevo se quedarán enterradas algún tiempo, para salir todas juntas al caer la noche, lo que disminuye el impacto de la depredación. Estos jóvenes lucen un caparazón gris oscuro, casi negro, y las marginales y el borde de las aletas presentan una orla blanca. Estos jóvenes son víctimas de los ataques de numerosos depredadores (cangrejos, mamíferos, rabihorcados, peces y tiburones). Enseguida, nadan frenéticamente durante varios días hacia los lugares de alimentación. Las playas donde nidifica esta especie son muy abundantes, y los lugares preferenciales son Costa Rica, la Guayana, Surinam, la isla de Ascensión, Indonesia y Australia (como en la minúscula isla de Rayne, al norte de la Gran Barrera de Coral, donde miles de hembras nidifican juntas, formando una verdadera arribada, como lo hacen habitualmente otras especies). Francia posee numerosos sitios importantes, tales como las islas Tromelin, Europa, Mayotte, Guadalupe, Martinica, así como Nueva Caledonia y Polinesia.

Protección. Es sin duda la tortuga que ha sido más explotada en el mundo, de allí el sobrenombre de "cerdo de mar" que recibe en algunos países. La especie está incluida en el Apéndice I de la CITES, por lo que debería quedar protegida en todo el mundo. Sin embargo, muchas etnias costeras aún la pescan y recogen sus huevos. Se le caza por su caparazón, sus cartílagos (la famosa sopa de tortuga), su piel, su carne y su grasa verde que ha motivado su nombre común. Existen muchos criaderos en todo el mundo, destinados inicialmente a producir ani-

© G. Hontebeyrie

Al copular, el macho se aferra al espaldar de la hembra gracias a una uña en sus aletas delanteras. Ésta puede tener dificultades para volver a la superficie y a veces puede ahogarse.

males para el consumo, como en las islas Caimán, pero que deben reconvertirse a causa de la legislación (como, por ejemplo, en la isla de La Reunión). En diversos países (como Costa Rica, Sri Lanka y Malasia) existen programas de estudio y de conservación a fin de devolver al mar juveniles y limitar la disminución de los efectivos de la especie. La mejor medida de conservación para *Chelonia mydas*, al igual que para las demás tortugas marinas, consistiría en proteger totalmente los sitios de puesta, disminuir la contaminación marina y proponer productos alternativos a las etnias locales (pollos, cerdos, ovejas). En el mar, muchas tortugas verdes son víctimas de las técnicas de pesca intensiva. El uso de los TED (ver *Caretta caretta*) resulta indispensable para limitar la mortalidad de las tortugas. Asimismo, hace falta que el público se niegue a comprar todo producto derivado de las tortugas marinas; trátese de sopas, caparazones, trofeos... y que prefiera el ecoturismo, inteligente y bien gestionado, en algunos lugares de nidificación seleccionados, a fin de evitar perturbar a las tortugas en el conjunto de los lugares de puesta.

Eretmochelys imbricata (Linnaeus, 1766)

Este viejo animal presenta un espaldar atípico, muy aplanado y marcado por la presencia de bálanos y algas. La cabeza es negra, con suturas blancas muy marcadas entre las escamas.

Distribución. Ocupa un área extendida en la mayoría de las regiones tropicales, subtropicales e incluso templadas de los océanos Atlántico, Índico y Pacífico. Solo penetra en el Mediterráneo excepcionalmente, sin duda, por el canal de Suez.

© J. Fretey

Características. Su caparazón cordiforme es bastante alargado y notable por la imbricación de las escamas del espaldar, superpuestas unas sobre otras, como las tejas de un techo. Este rasgo se atenúa a veces con la edad y los individuos viejos pueden presentar espaldares lisos semejantes a los de otras tortugas marinas de caparazón duro. Presenta cuatro pares de costales, que no tocan la nucal. Las vertebrales pueden presentar una quilla ligera, vestigio de la forma juvenil. Las marginales son angostas lateralmente, pero a menudo dentadas por detrás, incluso ensanchadas y acanaladas. Las dos últimas marginales encima de la cola forman puntas muy pronunciadas. El espaldar es amarillo a pardo claro, o rojo anaranjado con marcas pardas más oscuras, incluso negras, a menudo con estrías crema a amarillas. Estos dibujos se atenúan con la edad, lentamente, y son sustituidos por una decoración menos nítida. El plastrón es ancho, blanco y doblemente carenado, y a veces presenta algunas manchas oscuras. Las aletas delanteras son potentes, aunque relativamente finas, de extremo redondeado y están provistas de dos uñas. Están rodeadas por una red de grandes escamas más o menos alargadas, que rodean una zona central cubierta de esca-

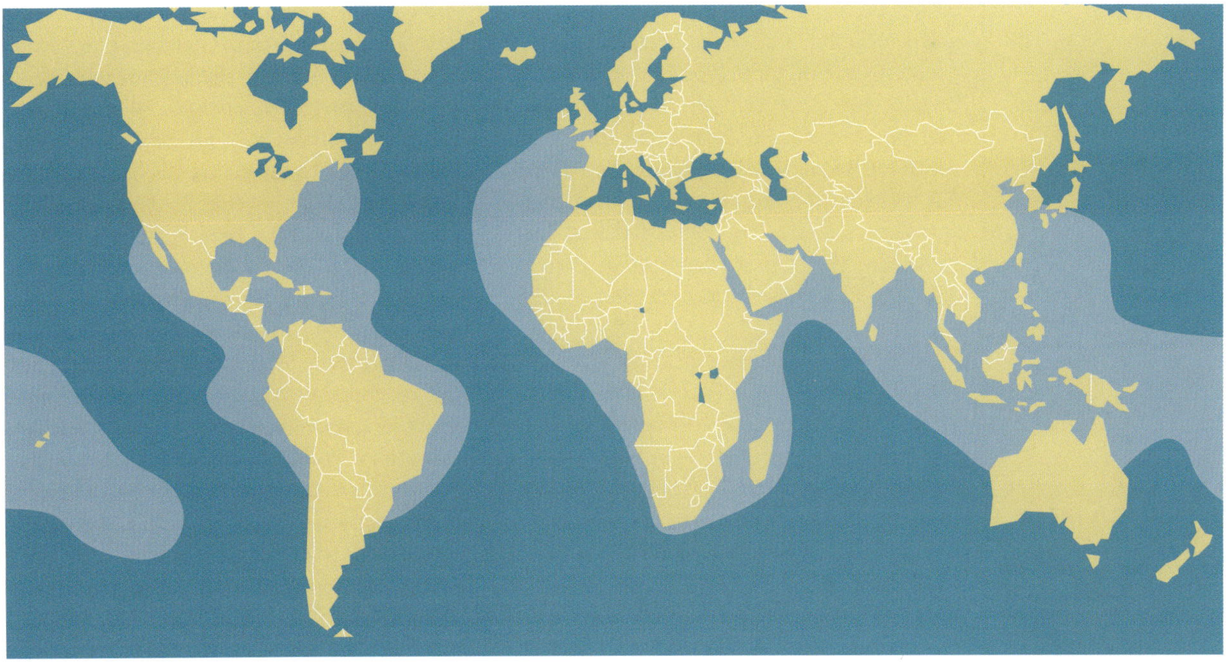

mas más pequeñas. Estas escamas son pardo oscuro a negras con orlas amarillas. La cara inferior de las patas y de la cola es amarillo muy pálido, y se oscurece hacia las extremidades. La cabeza es pequeña y fina, y se caracteriza por su gran pico ganchudo, que recuerda al de una rapaz (de allí su nombre común en inglés). Dos pares de prefrontales y una frontal forman un escudo encima de la cabeza, que es pardo rojizo por encima y amarillo claro bajo el mentón. Las escamas cefálicas están resaltadas de amarillo. Esta tortuga supera raras veces los 1.000 mm para 60 kg, y excepcionalmente llega a los 1.500 mm para 140 kg. Los recién nacidos presentan un caparazón pardo, ligeramente rojizo, con una quilla vertebral bien desarrollada y un plastrón oscuro, más claro a lo largo de las placas. Sus marginales son muy dentadas y las aletas delanteras son desmesuradamente grandes.

Subespecies. *E. i. imbricata* (Tortuga carey atlántica): vive en el océano Atlántico, desde Massachusetts (Estados Unidos) hasta Brasil, por el oeste; y desde Escocia hasta las costas del África occidental, por el este. *E. i. bissa* (Rüppel, 1835) (Tortuga carey indopacífica): es una especie vicariante que ocupa el resto del área de distribución, en las aguas tropicales del océano Pacífico, del Índico (desde Madagascar hasta el mar Rojo), en África oriental, en el mar de las Filipinas, el mar de Japón, en el norte de Australia, así como a lo largo de las costas americanas, desde California hasta Perú.

Hábitos. Esta tortuga se aleja raras veces de las costas y no es muy migradora. Sus desplazamientos entre las áreas de alimentación y las de puesta superan pocas veces los 500 km. Se han observado algunas excepciones en algunas tortugas anilladas, por ejemplo entre Yucatán y la República Dominicana (1.622 km). Es la más omnívora de las tortugas marinas: herbívora en sus primeros años, se alimenta posteriormente de cefalópodos, invertebrados, crustáceos, esponjas, erizos de mar y corales cuyas ramas rompe con sus aletas delanteras, antes de quebrarlas finamente con su pico córneo. Asimismo, se le ha visto consumir brotes de mangle. Esta tortuga nidifica en las playas de las regiones tropicales y subtropicales (especialmente en el Caribe, Yucatán en México, el mar Rojo y Omán, las Mascareñas y Madagascar, noroeste de África, Australia, Indonesia y Malasia, así como en las Antillas francesas). Las cópulas se observan cerca de las playas de puesta, en las aguas poco profundas de las albuferas. Éstas pueden durar varias horas: el macho persigue bastante tiempo a la hembra antes de penetrarla, a veces incluso hasta el borde de la playa. Para sus puestas, las hembras eligen un lugar aislado con abundante vegetación para disimular el nido, excavado detrás de la prime-

Tortuga marina

Esp.: *Tortuga carey*
Ingl.: *Hawksbill turtle*

Este animal, de unos diez años, luce escamas muy imbricadas, limpias y de apariencia atractiva. Esto explica porqué el carey de esta especie fue tan buscado durante siglos para la artesanía. Cuando estas tortugas envejecen, el caparazón se deteriora y pierde parte de su valor, lo que evita, quizá, su captura para el comercio.

© B. Devaux

ra línea de vegetación. Pueden excavar su nido en un suelo muy duro, o en la arena gruesa, y ponen sus huevos tanto de día como de noche. En total, el proceso de puesta dura raras veces más de una hora. Por temporada se dan frecuentemente tres o cuatro puestas, de 50 a 200 huevos cada una, según la talla de la hembra. Son blancos y esféricos, con el cascarón apergaminado, de aproximadamente 35 mm de diámetro. La incubación dura de 58 a 75 días.

Protección. La tortuga carey ha pagado caro –más que cualquier otra especie marina (y quizá de todos los Quelonios)– la locura de los hombres por obtener su hermoso carey. La queratina de las placas dorsales ha sido largo tiempo codiciada, pues es fácil de trabajar para cubrir cajas, peines, mesas, etc. En la actualidad, aunque la especie esté situada en el Apéndice I y no pueda ser utilizada con estos fines, aún se encuentran en muchos países objetos realizados con el carey de esta tortuga. Los vendedores explican que se trata de stocks antiguos, pero es evidente que el tráfico continúa y que el uso de su concha no siempre es legal. Además, el público no entiende bien la venta de estos productos, aunque se repita que estas tortugas son protegidas y que la venta de carey está prohibida. Como se ve, queda pendiente de realizarse todo un trabajo de sensibilización del público, especialmente en los lugares donde persiste la venta de estos objetos. Se debe señalar también que en Japón y Cuba se intenta lograr periódicamente que la especie sea descatalogada, para poder continuar con la explotación de su concha. En el Pacífico, esta tortuga también se explota por su carne, lo que, además, es muy peligroso, ya que puede contener queloniotoxinas próximas a la ciguatera y, en este caso, su consumo es mortal. Asimismo, la presencia de turistas en las zonas de puesta perturban a esta especie, como sucede en Malasia, Sri Lanka o el Caribe. En México y Malasia existen lugares artificiales de eclosión, a fin de controlar la incubación de los huevos y aumentar los efectivos de recién nacidos. Su conservación pasa por la protección rigurosa de los lugares de nidificación, la prohibición de los objetos hechos de concha y la información más enfocada hacia el público y las etnias locales.

Lepidochelys kempii (Garman, 1880)

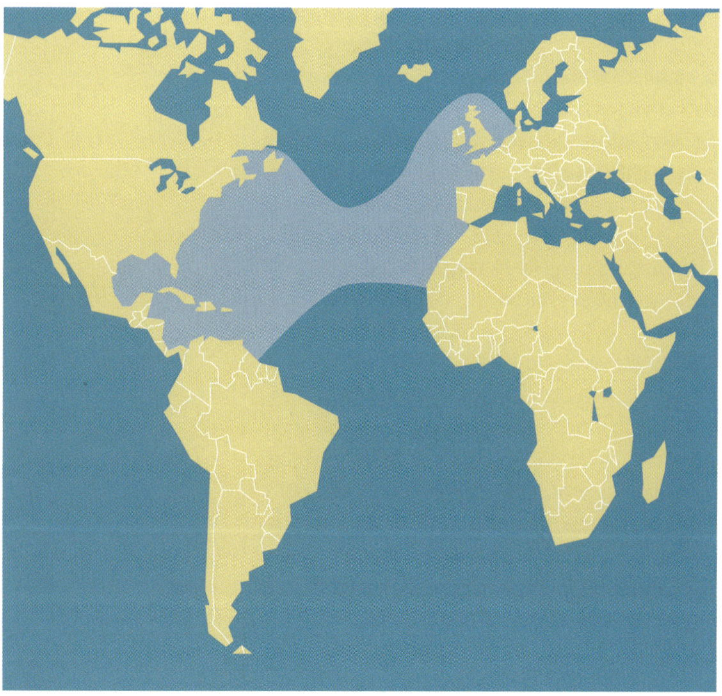

Distribución. Es la tortuga marina con los efectivos más escasos. Solo se encuentra en las aguas cálidas del océano Atlántico, por el oeste desde Luisiana, las costas de Texas, el golfo de México, Yucatán, hasta el oeste de Europa y de África del norte. Se le puede observar más raramente en Irlanda, Holanda, a lo largo de las costas francesas, así como en la península Ibérica, Canarias, Madeira y las Azores. Algunos individuos pueden verse en el Mediterráneo.

Características. Es la más discreta de las tortugas marinas y la de tamaño más pequeño, ya que solo mide de 600 a 750 mm para un promedio de 45 kg. Su espaldar cordiforme es más ancho que largo y especialmente alto por la parte delantera, lo que le da un perfil jorobado. Las primeras costales están en contacto con la nucal. Las vertebrales son pequeñas, mientras que las costales (cinco, a veces seis) son muy grandes. En los individuos jóvenes, a veces se notan pequeñas excrecencias sobre las vertebrales,

© D. Grolin

Esta tortuga en plena excavación realiza su trabajo a plena luz del día, cuando, en general, las demás especies de tortugas marinas nidifican más bien al final del día o de noche. La cabeza es ancha y grande, provista de un pico muy desarrollado.

que se vuelven romas con la edad. Las marginales, de 12 a 14, están escotadas a veces en la parte posterior del animal. El color general es gris a oliváceo, iluminado de amarillo en el borde de las marginales. El plastrón está adornado con dos líneas de tubérculos que forman dos quillas y delimitan una ligera depresión central. Los puentes poseen grandes escamas inframarginales, cada una perforada por un poro que comunica con las glándulas de Rathke, que se usan con fines diversos. Estas glándulas están activas sobre todo en los individuos jóvenes y podrían ayudar a reconocer los sexos y servir como medio de defensa contra los depredadores. También podrían permitir que las hembras se reconozcan durante las arribadas (ver *L. olivacea*). El plastrón es blanquecino a amarillento, más oscuro hacia la parte posterior. La cabeza es ancha y ligeramente puntiaguda a la altura de las narinas, y presenta un pico superior ligeramente en forma de gancho. El cráneo luce dos pares de prefrontales. Las patas son relativamente modestas y no superan la mitad de la longitud del caparazón. Cada pata presenta dos uñas, pero la segunda es muy reducida. Las aletas delanteras están rodeadas en la parte interna por una serie de placas anchas, y el resto está cubierto de escamas más grandes que en las demás tortugas marinas. Al nacer, los jóvenes son gris oscuro a negros. Las patas y el borde del caparazón, que es bastante alargado, oval y dotado de tres quillas vertebrales, presentan finas orlas blancas. El plastrón es blanquecino y luce cuatro líneas carenadas.

Hábitos. Esta tortuga de costumbres costeras no frecuenta las aguas profundas y se le observa a lo largo de los Cayos de Florida, cerca de los manglares y en las albuferas. Es casi exclusivamente carnívora: consume crustáceos, moluscos, erizos de mar, cefalópodos (y sus huevos), medusas, y a veces peces. Simultáneamente, ingurgita vegetales acuáticos. La especie no parece soportar las aguas demasiado frías, por debajo de los 10 °C. Por debajo de 8 °C, se encuentra en peligro de muerte y debe buscar imperativamente aguas más cálidas. A diferencia de otras tortugas marinas, la especie lleva raras veces balanos, sin duda porque está cerca de la superficie y de la exposición solar. Busca morder cuando es capturada o molestada.

Alcanza la madurez sexual hacia los seis años. Las cópulas se realizan frente a los lugares de puesta. A menudo, son brutales: el macho muerde a la hembra en el cuello y en las patas delanteras, antes de agarrarse a su espaldar con las uñas de sus patas anteriores. Puede suceder que un macho siga a una hembra que llega a tierra para poner sus huevos y que intente copular con ella fuera del agua (A. Carr). Las puestas son diurnas y se dan de mediados de abril a mediados de julio. Los principales lugares de nidificación se encuentran en la costa del golfo de México, desde la isla Mustang (Texas) hasta isla de Aguada (Campeche, México). En Rancho Nuevo se observan concentraciones importantes, con miles de hembras que llegan a nidificar al mismo tiempo. En este lugar, el 18 junio de 1947 se dio una de estas arribadas espectaculares, que llegó a reunir 40.000 tortugas. Actualmente, solo algunos cientos de tortugas nidifican en cada arribada. Este comportamiento gregario, que es aún un misterio, constituye una estrategia para renta-

Tortuga marina

Esp.: *Tortuga lora*
Ingl.: *Kemp's ridley turtle*

bilizar la emergencia de los juveniles y reducir el impacto de los depredadores. Pero cuando las agrupaciones se limitan a algunos cientos de hembras, podemos preguntarnos si se consigue el efecto esperado... Se dan dos o tres puestas, con quince días de intervalo. Cada puesta contiene de 50 a 185 huevos, blancos y redondos, de cascarón blando y de unos 40 mm de diámetro. La incubación dura de 45 a 60 días. Si los jóvenes (de unos 20 g) logran escapar a sus múltiples depredadores, pasarán sus primeros años en los sargazos flotantes del golfo de México, donde crecerán rápidamente.

Protección. Esta especie se considera la más amenazada, sobre todo en el golfo de México. Sus efectivos han disminuido rápidamente estos últimos años. Las arribadas de unos cincuenta años atrás no son más que recuerdos lejanos y las puestas escasas de hoy son la prueba del rápido declive de la especie. Esta tortuga es especialmente sensible a las capturas en las redes de las camaroneras, pues nada en superficie y no lejos de las costas. En los años 1980, se estimó la mortalidad de esta especie en las redes en 20.000 ejemplares al año. A partir de la utilización de los TED, estas cifras han bajado ligeramente. Por otro lado, el golfo de México está especialmente contaminado debido a los efluentes del Mississippi y, además, las barcas a motor matan muchos animales. Desde los años 1980, se lleva a cabo con éxito una experiencia de reintroducción: se trasladan los huevos depositados en México para colocarlos en las playas de Texas. Después de siete años, algunas hembras regresaron a nidificar a los lugares donde nacieron. La especie está inscrita en el Apéndice I de la CITES. Es imprescindible aplicar medidas de conservación eficaces a fin de evitar la desaparición de esta especie.

Lepidochelys olivacea (Eschscholtz, 1829)

Distribución. Se distribuye por todo el mundo, en los océanos Atlántico, Pacífico e Índico. No está presente en Polinesia ni Hawai, pero se encuentra a lo largo de las costas del Pacífico americanas, desde Oregón, por el norte, hasta el norte de Chile; y en el Atlántico, desde el golfo de México hasta Brasil, por el oeste. Frecuenta las costas africanas, desde Senegal hasta el cabo de Buena Esperanza, así como la costa este del océano Índico. Está presente alrededor de las penínsulas árabe e india, así como en el mar de China y el de las Filipinas, hasta el mar de Melanesia y el norte de Australia.

En la playa de Ostional, en Costa Rica, las tortugas oliváceas salen a nidificar rápidamente, en las noches sin luna. Después de la puesta, cubren el nido con su plastrón y se contornean de izquierda a derecha para aplastar bien la arena.

Características. Es una de las especies más pequeñas de tortugas marinas. Los individuos más grandes miden 750 mm para un peso de 45 kg. Su caparazón es cordiforme, casi tan ancho como largo, triangular en la parte posterior, y claramente despejado por encima de las patas delanteras. Su espaldar es más bien plano, salvo por delante ya que la región nucal y la costal se elevan formando un techo. Su escamado es muy variado. La nucal siempre toca las primeras costales (pero se sitúa muy atrás, dejando aparecer el largo cuello), que pueden ser de cinco a nueve (a veces más y a veces de forma asimétrica). Las vertebrales presentan a veces formas irregulares y su número varía de 4 a 6 o 7. Las marginales, de 12 a 14, son redondeadas y no escotadas. El espaldar es gris, gris verdoso a ocre pardusco, con placas a veces rodeadas de amarillo. Los individuos viejos se vuelven pardo oliváceo muy oscuro, gris oscuro y casi negros, con suturas finamente bordeadas de claro. El plastrón presenta una escamado más estable, aunque la intergular puede ser simple o doble, o faltar. Luce dos quillas longitudinales muy mar-

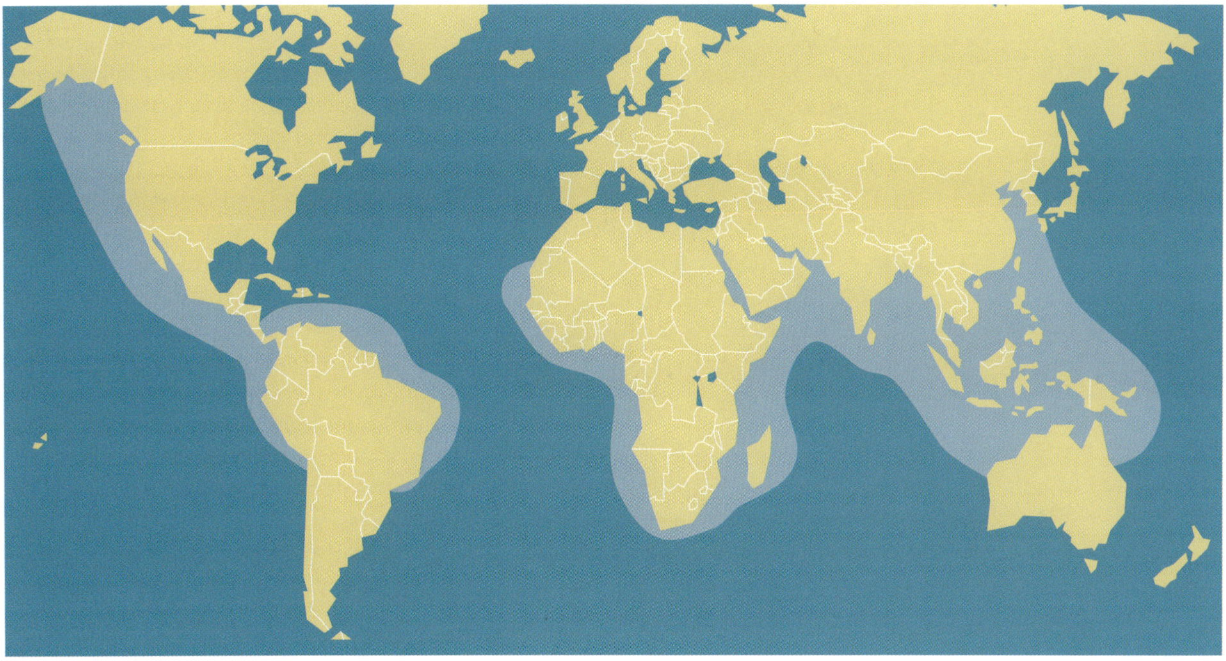

cadas. Los puentes están constituidos de cuatro inframarginales donde desemboca un poro por escama, ligado a las glándulas de Rathke. El color es blanquecino, verdoso o amarillento, siempre claro. Encima de la cabeza (ornada con dos pares de prefrontales), así como encima del cuello y de las patas, es gris verdoso; y por debajo, la coloración es similar a la del plastrón. Las patas delanteras son medianas, aunque anchas, y están cubiertas por un conjunto de escamas de tallas diversas, rodeado de escamas anchas, principalmente en la parte interna. Las patas delanteras están equipadas con dos uñas, una de las cuales es a menudo poco visible. La cabeza es de tamaño mediano, bastante ancha y triangular, con una nariz corta, pero con mandíbulas robustas bien desarrolladas. El pico superior está muy marcado. El caparazón de los recién nacidos es más alargado que el de los adultos, con tres quillas bien visibles y un espaldar gris oscuro a verde oscuro. Cuatro quillas longitudinales adornan el plastrón, que también es gris oscuro y a veces pardo. Una mancha blanca marca la escama supralabial.

Hábitos. El régimen alimentario de esta tortuga es oportunista (J. Fretey) con tendencia carnívora y consume erizos de mar, crustáceos, moluscos, peces, medusas, pero también algas y vegetación acuática. Se alimenta principalmente en las aguas poco profundas de las costas y en las albuferas. A veces forma pequeños grupos, calentándose al sol en la superficie del agua. Puede sumergirse profundamente para encontrar las presas más codiciadas y ha sido capturada accidentalmente en unas redes a una profundidad de 110 metros.

Su madurez sexual parece precoz y se sitúa hacia los 7-9 años. Las cópulas, que se desarrollan más bien en alta mar frente a las playas de puesta, pueden durar de una a tres horas. Con sus uñas curvadas, el macho se coge al borde del espaldar de la hembra. Debido a estas prácticas, las hembras presentan a menudo un desgaste característico en las marginales. En general, la puesta en sí misma no dura más de una hora. Después de la puesta, la especie muestra un comportamiento particular, balanceándose de derecha a izquierda para aplastar la arena.

Estas tortugas nidifican en muchas playas, a menudo de manera aislada; pero pueden llegar en masa durante varios días, bajo la forma de arribadas, durante las cuales miles de hembras invaden las playas, como sucede en Costa Rica en las playas de Nancite y Ostional, así como en algunas playas de México (estados de Jalisco, Oaxaca y Guerrero) y en India, en el estado de Orissa, en las playas de Rushikulya y Gahirmatha. Se puede pensar que las glándulas de Rathke tienen una utilidad durante estas reuniones masivas y que producen una secreción que facilitaría el agrupamiento de los animales y el des-

Tortuga marina

Esp.: *Tortuga olivácea*
Ingl.: *Olive ridley turtle*

© S. Bonneau

Al amanecer en la playa negra de Ostional, solo quedan algunas decenas de tortugas que regresan al mar, después de la puesta. En primer plano, una de las últimas hembras que pronto volverán al océano Pacífico.

encadenamiento de las puestas. Jacques Fretey cita el ejemplo de una hembra totalmente ciega que participó en una arribada el 14 octubre 1982, en Costa Rica, y que habría podido reunirse con el grupo gracias a su olfato. Asimismo, las hembras tienen un comportamiento particular cuando llegan a nidificar: arrastran su hocico en la arena, lo que podría está ligado también a un sentido del olfato desarrollado. Además de estos sitios de puestas masivas, la especie nidifica en diversas playas en Micronesia, el norte de Australia, Indonesia, Malasia, Sarawak, Vietnam, Pakistán, las Seychelles, Sri Lanka, Mozambique, Madagascar; así como en Colombia, Brasil, Surinam, Guayana, Venezuela; y también en África occidental, Ghana, Santo Tomé y Bioko. Las hembras pueden nidificar de tres a cuatro veces por temporada, con intervalos de 17 a 29 días. Los nidos contienen de 30 a 170 huevos blancos, esféricos, a veces ligeramente ovoides, de membrana blanda apergaminada y de un diámetro de 32 a 45 mm. La incubación puede durar de 45 a 62 días.

Protección. Estas tortugas son víctimas de numerosos depredadores y los juveniles son devorados por coatíes, coyotes, rabihorcados y buitres. Algunos adultos son a veces víctimas de los tiburones y, en tierra, las hembras son atacadas por jaguares o cocodrilos. Se ven afectadas asimismo por la contaminación y algunos individuos padecen de fibropapilomas, al igual que *Chelonia mydas*. Ahora bien, el mayor problema proviene de la explotación secular por su carne, su piel y principalmente sus huevos. Todas las playas donde tienen lugar las arribadas han experimentado un descenso drástico de sus poblaciones reproductoras en las últimas décadas, como por ejemplo en Surinam. Solo Costa Rica intenta imponer un consumo racional de los huevos: los nativos solo recogen los huevos durante el primer día; luego, los guardas evitan toda recolección hasta que acaba la arribada. En el mar, las amenazas provienen de las redes de deriva o de las camaroneras. La especie también es explotada por su cuero, en México, Ecuador y Pakistán, para exportarla a Japón o a Italia donde este material tan fino es trabajado artesanalmente. La especie está catalogada en el Apéndice I de la CITES.

Natator depressus (Garman, 1880)

Tortuga marina

Esp.: *Tortuga aplanada*
Ingl.: *Flatback turtle*

Distribución. Ésta es una tortuga endémica de las aguas australianas. Solo se la encuentra

en el norte de Australia, desde la Gran Barrera de Coral, por el este; el estrecho de Torres hasta Papúa Nueva Guinea; el golfo de Carpentaria, el mar de Arafura, el mar de Timor, y por el oeste, en el océano Índico, hasta el norte de Perth.

Características. Es bastante parecida a *Chelonia mydas*, pero se le ha elevado actualmente al estatus de especie. Los animales más grandes miden 1.000 mm para 70 kg (hembras). El espaldar es especialmente plano, incluso deprimido en la tercera y la cuarta vertebrales. Las primeras costales no tocan la nucal. Las marginales están a menudo levantadas como una

© P. Pritchard

Esta joven tortuga presenta un espaldar particularmente plano y redondo, y aún ligeramente dentado por detrás. La particularidad de la especie es que sus recién nacidos son de gran tamaño, lo que limita la depredación en las playas que comparten con otras tortugas marinas: los cangrejos atacan a las crías de otras especies, de menor tamaño.

"pagoda" y dentadas en la parte posterior. El conjunto del espaldar está cubierto de una piel queratinizada muy fina que puede sangrar con un simple arañazo. Esta piel parece ligeramente viscosa al tacto. Su color general es gris a gris verdoso, siempre bastante pálido. El plastrón está desprovisto de muesca anal y es ancho a la altura de los puentes, pero más estrecho por delante y por detrás. Es crema o amarillo, como la cara inferior de las patas y de la cola. La cabeza es mediana y está dotada de un pico poco prominente. Los bordes de las mandíbulas inferiores son dentados por los costados. Presenta un solo par de escamas prefrontales alargadas. Se notan tres grandes escamas postoculares y muchas escamas pequeñas debajo del ojo. Las patas anteriores son de tamaño mediano y están recubiertas por un conjunto de escamas muy finas, rodeado por una hilera de escamas más grandes en la parte delantera del miembro, pero sobre todo en la parte posterior. El extremo de la aleta es particularmente redondeado, y solo es visible una uña. Estas patas son grises a oliváceas encima, así como el cuello y la cabeza, y se aclaran hacia el crema o el amarillo en los costados y debajo. Los jóvenes son mucho más grandes que los de *Chelonia mydas* y se ven menos afectados por los depredadores cuando coexisten estas dos especies en las playas donde emergen.

Hábitos. Esta especie parece preferir las aguas poco profundas y ligeramente turbias, en lugar de las de las lagunas de la Gran Barrera de Coral. Frecuenta las bahías cerca de las costas, donde se alimenta de cohombros de mar, medusas, moluscos bivalvos e invertebrados diversos. Solo se aventura raras veces en aguas profundas, como en el estrecho de Torres, y es capturada accidentalmente por las camaroneras en Papúa Nueva Guinea.

Las puestas se desarrollan principalmente en noviembre y diciembre, pero pueden producirse todo el año, al pie de las dunas de arena donde las hembras excavan su nido temprano por la mañana o al anochecer. Se dan varias puestas por temporada (máximo cuatro), con un intervalo de 15 días de promedio. Cada puesta contiene 50 a 65 huevos (máximo 70) de gran tamaño (51 a 55 mm de diámetro), blancos y de cascarón apergaminado. El tiempo de incubación puede ser muy corto, de 42 a 50 días. Las emergencias tienen lugar después de un descenso significativo de la temperatura de la arena, al caer la noche. La estrategia de la especie es poner menos huevos, pero de mayor tamaño, a fin de que los juveniles escapen de algunos depredadores, como los cangrejos fantasma.

Protección. Los depredadores de los juveniles son águilas pescadoras, varanos, gaviotas, pulpos y algunos peces carnívoros. Es sin duda la tortuga marina menos explotada por el hombre, ya que se considera que su carne tiene menos gusto que la de las tortugas verdes. Actualmente, está protegida legalmente (salvo para las poblaciones aborígenes que tienen el derecho de pescarla y consumirla). En algunos sitios de nidificación, como Mon Repos, cerca de Bandaberg (Australia), se estudia y protege desde hace muchos años. Ahora bien, el hecho de vivir cerca a las costas la vuelve sensible a la contaminación y a las actividades humanas, y se han encontrado animales portadores de fibropapilomas, signo de un desequilibrio en la calidad de algunas aguas. La especie está catalogada en el Apéndice I de la CITES.

© P. Pritchard

Este hembra ha excavado primero una cavidad al pie de un arbusto y, luego, el nido propiamente dicho, de aproximadamente 60 cm de profundidad. Esta especie pone sus huevos básicamente de día, a menudo temprano por la mañana y al final de la tarde, para evitar el excesivo calor diurno.

Dermochelyidae Fitzinger, 1843

Dermochelys coriacea (Vandelli, 1761)

Distribución. Ocupa todos los océanos y mares del mundo: los océanos Atlántico, Índico y Pacífico; y los mares Rojo, Mediterráneo y del Norte. Puede aventurarse muy al norte, ya que soporta las aguas frías de Labrador, Islandia, Noruega, Alaska y del mar de Bering. Asimismo, se le puede encontrar muy al sur, en Argentina, Chile, Sudáfrica, Australia y Nueva Zelanda.

Características. Es el Quelonio más grande del mundo. El espécimen más pesado que se conoce alcanzaba los 950 kg, pero es posible que algunos individuos superen la tonelada. Es también la única tortuga que presenta un pseudocaparazón, formado por una multitud de pequeños osteodermos cubiertos de una gruesa capa de grasa, con una piel muy fina por encima, lisa y brillante, y parecida al cuero (de allí su nombre científico). Este animal es totalmente hidrodinámico y presenta una adaptación notable al medio marino. Está dotada, por ejemplo, de siete quillas longitudinales tuberosas (una vertebral y tres laterales, cuyos dos extremos delimitan de cada lado el borde marginal del pseudocaparazón) y su forma ahusada acaba en un largo espolón supracaudal. La forma de esta tortuga ha hecho que se le compare con el laúd, instrumento musical de cuerdas griego, lo que ha motivado su nombre común. El espaldar de la especie puede alcanzar los 2.000 mm. Su piel es azul oscuro, gris oscuro o casi negra, pero salpicada de puntos blanquecinos, más o menos grandes y abundantes según los individuos. El cráneo presenta una mancha blanca o rosada en la región parietal. Largo tiempo se creyó que las hembras eran las únicas que llevaban esta mancha individual, pero algunas imágenes de machos demuestran que algunos de ellos también la poseen. La cabeza es enorme, en forma de cuña, aplanada por encima, prolongada por un hocico corto y un pico superior, con dos marcadas muescas situadas a ambos lados de un gancho central muy desarrollado. El cuello es corto y robusto, y está unido directamente al cuerpo a la altura de los hombros, también muy gruesos, lo que no permite ninguna movilidad de la cabeza. Las patas son inmensas y extraordinariamente potentes. La cola es cónica, con una base muy gruesa, y resaltada por una quilla adornada a veces con tubérculos blancos. Los machos poseen un apéndice caudal muy desarrollado. El plastrón presenta tres quillas muy visibles. Es generalmente blanco a rosado, más o menos manchado de oscuro, así como debajo de la cabeza, de la garganta, de las patas e incluso de la cola. La cavidad bucal es muy particular: está enteramente cubierta de tubérculos cónicos, largos y blanquecinos, que se utilizan para engullir el alimento, pero que cumplen asimismo una función respiratoria, al retener el oxígeno contenido en el agua.

En esta foto, tomada en la Guayana francesa, esta gran hembra cubre su nido con sus grandes aletas delanteras, antes de volver al mar. Todo en esta especie refleja el hidrodinamismo de las especies pelágicas: presencia de quillas dorsales y de grandes aletas.

© A. Dupré

Hábitos. Es la más pelágica de todas las tortugas marinas. Frecuenta los grandes fondos oceánicos así como las aguas poco profundas de las zonas costeras. Los hábitos de esta especie son aún poco conocidos. Solo algunas tortugas han podido ser equipadad con radioemisores por satélite y sondas, gracias a los cuales se conocen sus rutas migratorias. Su régi-

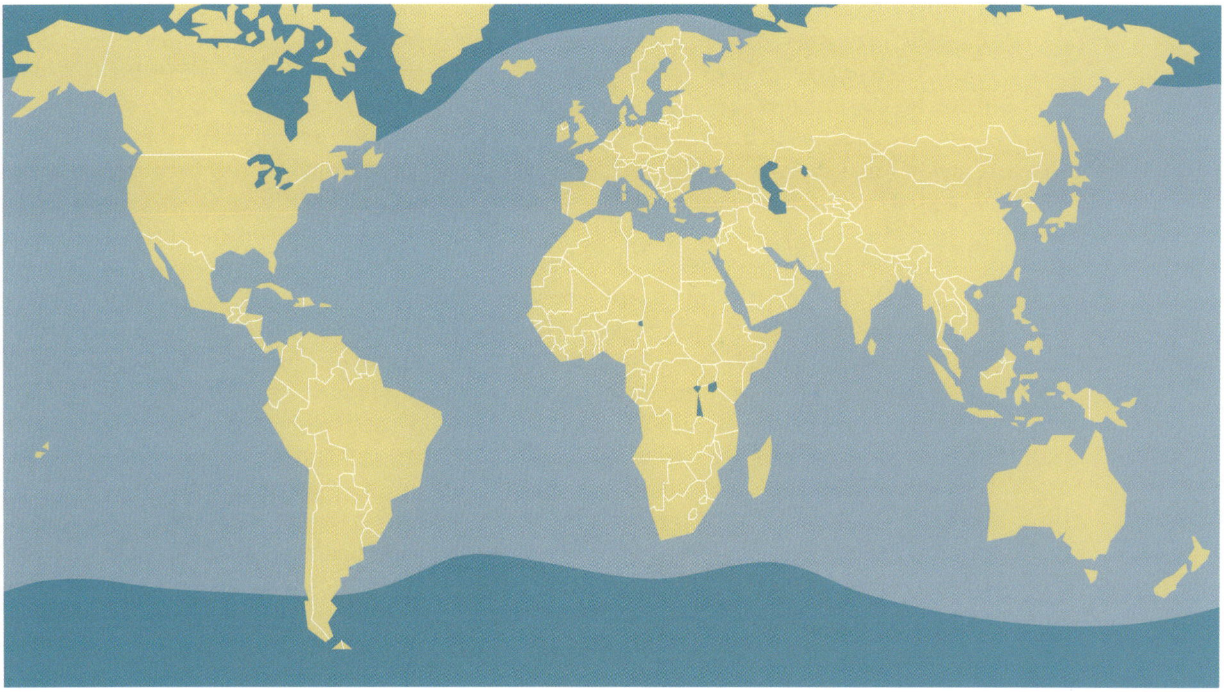

men comprende principalmente medusas, cefalópodos, crustáceos, moluscos, erizos de mar, peces e incluso jóvenes tortugas marinas. También consume algunas algas y vegetales. Pero la predilección de estas tortugas por las medusas provoca una mortalidad importante y reciente, debido a la ingestión de bolsas de plástico con las que las confunde. En el estómago de algunos individuos muertos en las costas francesas se han llegado a encontrar hasta 5 kg de plástico (!). También son interesantes otros aspectos de sus costumbres, como su capacidad para sumergirse a más de 1.000 metros de profundidad y la de regular su temperatura, incluso en aguas frías, gracias a su gruesa capa de grasa y a su actividad muscular. Asimismo, posee un sentido de la orientación muy perfeccionado, ya que migra en todos los océanos del mundo y encuentra las mismas playas donde nidifica al otro lado del planeta. La dificultad de observar a los subadultos en su medio natural no permite saber dónde se desarrollan los primeros años. En efecto, es imposible estudiar y criar a este animal en estanques, ya que choca contra las paredes y muere rápidamente. Solo en marzo de 1999, la captura accidental de tres juveniles, de 170 y 210 mm aproximadamente, frente a las costas de la isla del Príncipe, en el golfo de Guinea, permitió formular la hipótesis de un área de crecimiento para la especie en esta región (Fretey *et al.*, 1999). En el Atlántico, animales observados frente a las costas de la Guayana fueron encontrados unos meses más tarde en las angosturas del Charente, en la costa oeste francesa.

Las cópulas se observan raramente y no es seguro que se desarrollen exclusivamente cerca de los lugares de puesta, a diferencia de las demás tortugas marinas. Durante el apareamiento, el macho se coge al espaldar de la hembra por medio de sus largas aletas flexibles y prensiles. Una sola fecundación debe servir, sin duda, para una decena de puestas sucesivas (en la Guayana se ha registrado un récord de 17 puestas para una misma hembra). Estas puestas están espaciadas por intervalos de diez a quince días. Los sitios más importantes en el mundo varían según las épocas y la evolución natural de las playas, pero actualmente se pueden citar el Surinam, la Guayana, Costa Rica, Colombia, las diferentes islas del arco antillano, Australia y el África occidental. Uno de los lugares más notables se encuentra en el oeste de la Guayana, en las playas de Ya-lima-po (Les Hattes) donde se dio un récord de 957 hembras el 27 junio de 1988. Estos últimos años, se han descubierto sitios importantes en África occidental (desde la punta de Pongara en Gabón, hasta la región de Conkouati en Congo; J. Fretey). En cambio, los lugares de puesta en Ma-

Tortuga marina

Esp.: *Tortuga laúd*
Ingl.: *Leatherback turtle*
Fr.: *Tortue luth*

La tortuga laúd tiene la cabeza enorme, con un pico tricúspide característico.

© B. Devaux

lasia, especialmente en Terengganu, han sido prácticamente desertados por la especie.

La nidificación se desarrolla casi siempre de noche, con la marea alta. Comprende siete fases: la ascensión (10 minutos aproximadamente); el barrido del sitio (15 minutos); la excavación del nido (25 minutos) para llegar a una cavidad en forma de bota, de 700 a 800 mm de profundidad; la deposición de los huevos, en cantidades abundantes, acompañados de mucosidad (20 minutos); el rellenado de la cavidad (10 minutos), durante el cual la tortuga devuelve la arena con sus anchas aletas posteriores; y luego el retorno al mar, a veces con salidas falsas para "disimular bien las huellas". Se depositan huevos de dos tipos. Los más abundantes son blancos, de gran tamaño (50 mm de diámetro), con una membrana flexible y apergaminada, y son viables. Los demás (hasta el 40 % del total) son más pequeños, más blandos e inviables, y parecen destinados solo a calar los huevos principales. Cada vez se ponen de 100 a 150 huevos, lo que puede representar hasta 1.000 huevos por temporada para una sola hembra. Durante la excavación del nido, las hembras son sensibles a las luces violentas o a las perturbaciones, y pueden cesar su actividad para volver al mar. Sin embargo, cuando ponen sus huevos, son insensibles a las perturbaciones exteriores.

La incubación de los huevos varía de 60 a 70 días y la determinación del sexo del embrión dependerá de la temperatura de incubación durante las primeras semanas. Por debajo de los 28 °C nacerán machos; por encima, hembras. Los recién nacidos, que miden de 70 a 80 mm, poseen gigantescas aletas delanteras. Son azul oscuro a gris negruzco, moteados de blanco y con siete quillas bien marcadas que mejoran su desplazamiento en el medio acuático. Son la presa de numerosos predadores, e incluso los huevos son consumidos por algunos insectos, como el grillo topo. Cuando los juveniles sobreviven a sus depredadores, escapan a los ojos de los observadores y se ignora dónde pasan sus primeros años. Las tortugas adultas son víctimas de la contaminación marina y de las técnicas de pesca, como las redes o los palangres. También lo son de las colisiones con los barcos y las hélices, y del ataque de orcas o tiburones. Cuando alguna tortuga laúd es atacada por un tiburón, generalmente se vuelve hacia él, presentándole su espaldar, a fin de protegerse al máximo.

Las patas posteriores se utilizan como si fueran manos muy ágiles para excavar el nido.

Protección. Los lugares donde nidifica la especie están a menudo alterados por el hombre, lo que causa la desaparición de algunas poblaciones, como en Terengganu (Malasia). Los huevos son recolectados en todas partes para ser consumidos. Lo mismo sucede con la carne, aunque en algunos países se la considere no comestible e incluso "envenenada". Muchos sitios de nidificación son estudiados y vigilados por equipos que llevan a cabo programas de conservación, por ejemplo en la Guayana (WWF-France) o en la cara oeste del Atlántico (J. Fretey). El perfeccionamiento y la difusión de los TED (sistema de extracción en el fondo de las redes) son igualmente importantes para la supervivencia de las tortugas marinas. Sin embargo, los especialistas no están de acuerdo en cuanto al futuro de esta especie. Algunos piensan que es una de las tortugas más amenazadas y que está en vías de desaparecer un poco por todo el mundo. Otros creen que sus efectivos son aún muy importantes y que está lejos de ser la tortuga marina que más peligra. Esta especie está catalogada en el Apéndice I de la CITES. Sigue siendo una de las más estudiadas y de las más protegidas del mundo. Pero es indispensable vigilar algunos lugares de puesta y algunas poblaciones, más frágiles que otras, a fin de evitar la lenta rarefacción de este animal, sin duda el más emblemático de todos los Quelonios.

TESTUDINIDAE Batsch, 1788

Los Testudinidae, *que figuran entre las primeras tortugas estudiadas y denominadas, son exclusivamente terrestres. Sus características son las siguientes: caparazón sólido y a menudo abovedado, marcado frecuentemente con anillos de crecimiento; régimen habitualmente herbívoro; patas traseras "elefantinas", anchas y bien plantadas en el suelo; y capacidad para esconder completamente el cuello y las patas dentro de la caja ósea. Algunas especies poseen plastrones o espaldares articulados, lo que permite proteger mejor las partes blandas del animal. Algunos representantes de los* Testudinidae *alcanzan pesos récord (hasta 300 kg), solo superados por los* Dermochelyidae. *Existen dos subfamilias:* Testudinidae *Batsch, 1788 y* Xerobatinae *Gray, 1873.*

Agrionemys horsfieldii Gray, 1844
(ant. *Testudo*)

Distribución. El territorio de esta tortuga es vasto, ya que va desde Irán por el oeste, hasta China por el este; a Rusia, por el norte; y a Pakistán, por el sur. Está bien representada en los países que rodean el mar Caspio. Se la cita a veces en Nepal, pero su presencia no es segura.

Taxonomía. Esta especie, antiguamente incluida en *Testudo*, es muy próxima filogenéticamente a la tortuga mediterránea. Este nuevo género, propuesto por Khozatski y Mlynarski en 1966, incluye tortugas caracterizadas por su comportamiento excavador y adaptadas a condiciones climáticas rudas (Lagarde, 2004).

Características. Se le reconoce fácilmente por su forma de guijarro muy redondeado, que le permite, al igual que a todas las tortugas excavadoras, deslizarse perfectamente en las galerías que excava. En efecto, es la única tortuga de Europa del este y de Asia que excava profundas madrigueras para disimularse. Es de tamaño pequeño, con un máximo de 280 mm. Su espaldar es bastante plano, su forma muy oval y sus marginales están bien soldadas al plastrón. Sus patas son largas y delgadas, y tienen una gran movilidad en el codo para facilitar la labor de zapa. Cuando esta tortuga se desplaza, avanza muy rápidamente, como huyendo, gracias a la configuración de sus miembros. Es uniformemente parda a rojiza, y algunos individuos tiran al verdoso. Las areolas son a veces más oscuras, sobre todo en los juveniles, pero en general los adultos no presentan manchas negras y su tono es pardo uniforme. Los anillos de crecimiento a menudo están bien marcados en los primeros años, pero luego se atenúan por el desgaste debido a la fricción con las paredes de la madriguera. Esta especie solo posee cuatro dedos en las patas delanteras, lo que la diferencia de las demás *Testudo*; pero son dedos dotados de uñas potentes, bastante anchas y en forma de pala, que favorecen la excavación. El plastrón es muy ovalado y presenta por debajo manchas negras importantes delimitadas por suturas claras, aunque los animales de edad presentan a menudo plastrones uniformemente pardos. La

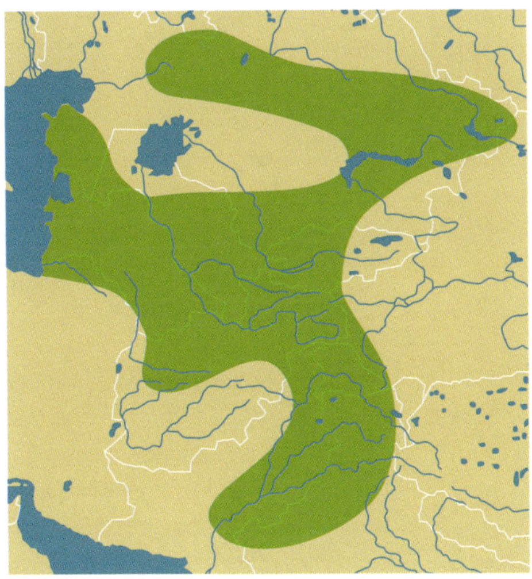

Tortuga terrestre

Esp.: *Tortuga de Horsfield*
Ingl.: *Horsfield's tortoise*
Fr.: *Tortue des steppes*
Ale.: *Vierzehenschildkröte*
It.: *Testuggine di Horsfield*

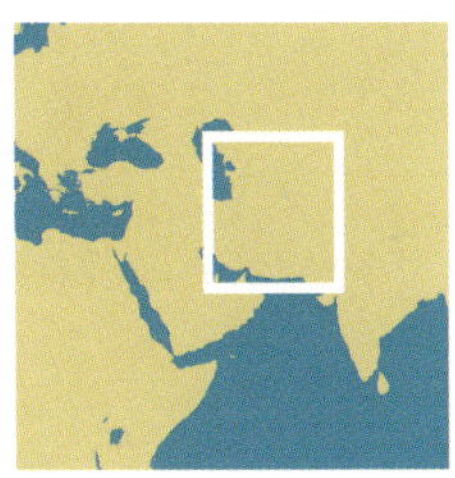

© F. Lagarde

En la zona de estudio del Kazajstán donde fue tomada la foto, los individuos se marcaban con un color vivo, para poder seguirlos y observar su comportamiento.

cabeza es fuerte y está dotada de un hocico cuadrado muy desarrollado. El color de las patas y de la cabeza es el mismo que el del caparazón, a veces con manchas más claras bajo el mentón y en la garganta.

Subespecies. Su extensión geográfica es tan amplia que se consideran algunas subespecies, pero no todos las aceptan aún. Se distinguirían tres subespecies según el país (Lagarde 2004). *A. h. horsfieldii*: del Afganistán, dotada de un caparazón más alto, muy abombado, globuloso, de contorno redondeado, de un máximo 280 mm de largo, con el puente muy levantado, una coloración parda y manchas oscuras anchas e irregulares. *A. h. kazachstanica* (Chkhikvadse, 1988): del Kazajstán, de caparazón bajo, deprimido, a veces totalmente plano, de un máximo de 200 mm de largo, de puente muy levantado, de coloración pardo amarillento a amarillo verdoso y marcado con manchas oscuras bien delimitadas en cada escama. *A. h. rustamovi* (Chkhikvadse, Amiranashvili & Ataev, 1990): del Turkmenistán, de caparazón bajo y convexo, de color general pardo rojizo y con un puente poco levantado.

Hábitos. Hasta 1995, se sabía muy poco sobre la ecología de este animal. Es una tortuga que vive en las estepas secas, a veces desérticas, hasta los 2.500 metros de altitud, con veranos muy cálidos e inviernos a veces crudos, como en Rusia y alrededor del mar Negro. Así, ha desarrollado un modo de vida particular: excava madrigueras profundas que pueden alcanzar varios metros de largo y sigue un ritmo de vida muy exigente. Un equipo de biólogos franceses (F. Lagarde, J. Corbin y X. Bonnet) observó esta especie en el Kazajstán y en Uzbekistán: el periodo de actividad es muy reducido y solo dura 4-5 meses al año. Las tortugas salen de su hibernación a mediados de marzo y se aparean inmediatamente. Los machos tienen un territorio de unas 10 hectáreas; y las hembras, de 30 hectáreas. Los machos recorren permanentemente su territorio y copulan con todas las hembras que encuentran, incluso antes de alimentarse. El cortejo ritual es muy animado. El macho sigue a la hembra permanentemente, la acosa, la muerde violentamente en las patas y mueve incesantemente la cabeza delante de ella, tratando de subirse a su espaldar cada tres minutos. A finales de abril, la temperatura aumenta y los machos dejan de golpe de aparearse, para alimentarse y hacer la siesta a la sombra. Salen sobre todo por la mañana y por la tarde. Las hembras buscan los lugares de puesta desplazándose grandes distancias. A finales de mayo, todos los machos ya se han enterrado. Las hembras nidifican una o varias veces, y se entierran a mediados de junio. El periodo de puesta dura un mes y medio, y algunas hembras ponen, hasta cuatro veces, una cantidad de huevos que varía de uno a cinco por nido. Los nacimientos se producen un centenar de días más tarde, después de las escasas lluvias de finales del verano. Las tortugas jóvenes se parecen a las *T. graeca*, pero presentan un espaldar más aplanado. Solo después de 5-6 años habrán adquirido la característica forma de guijarro.

Durante la estación activa, las tortugas se alimentan abundantemente y crecen rápido. Algunosmachos ganan 100 g en cinco meses, es decir el 20 % de su peso inicial. Según los autores del estudio, el gasto energético de estos machos *A. horsfieldii* sería superior a todos los observados en los reptiles, para poder "aprovechar" los cuatro meses de actividad potencial de la especie. Las tortugas pasan luego de ocho a nueve meses en sus madrigueras, pasando de una suerte de estivación en junio, julio y agosto a una hibernación los meses siguientes.

Asimismo, se ha constatado que esta tortuga resistía muy bien al frío, y que estaba aún muy activa a 10 °C. Fuera del periodo reproductor, parece tímida e individualista: cada tortuga pasa la mayor parte del tiempo escondida en su madriguera, que excava en la arena de su entorno. Cuando se le importa a los países europeos, soporta mal el clima temperado y la humedad, por lo que los decesos son frecuentes. Es una tortuga más bien herbívora, aunque finalmente bastante oportunista. Para poder alimentar su metabolismo tan activo, no desprecia los hidratos de carbono de un gran insecto, de un caracol o de un animal muerto, ya que los pastos de la estepa no constituyen un gran aporte energético. Bebe aún menos que las *Testudo*, pero puede beber bastante de un solo golpe, hasta tal punto que algunos observadores han creído escuchar a una rana deglutiendo (Annandale). Como todas las tortugas excavadoras, encuentra en su madriguera la humedad suficiente para permanecer mucho tiempo sin alimentarse, pero sin duda también captura allí algunos pequeños mamíferos, reptiles o insectos que amenizan su largo ayuno.

Esta especie puede hibridarse con bastante facilidad con *Testudo hermanni* (Kirsche), lo que ha sido constatado en cautividad y se explica por su proximidad taxonómica. Es probable que su ancestro común ocupara una amplia franja territorial desde el oeste de Europa hasta el este del continente asiático.

Protección. Hasta los años 1970, esta tortuga no era exportada a los países occidentales. Era consumida por las poblaciones locales, pero sus efectivos seguían siendo abundantes. En cambio, desde hace unos veinte años es víctima de una recolección intensiva, sobre todo en Rusia y en los países próximos al mar Negro. Por ejemplo, las exportaciones del Kazajstán alcanzaban los 126.000 ejemplares en 1975 y los 150.000 en 1982. Pero éstas son solo cifras oficiales que conciernen únicamente a un país y se trata, sin duda, de la tortuga más comercializada del mundo, junto con la *Trachemys* norteamericana. Antiguamente considerada la más extendida de las *Testudo*, sus efectivos han comenzado a disminuir rápidamente en muchos países de su área de distribución, ya que a las capturas se han sumado las causas locales de rarefacción, como la destrucción de los hábitats (irrigación intensiva de las zonas semidesérticas para el cultivo del algodón o del arroz) o el consumo alimentario, como en China. En Pakistán, la principal amenaza es la expansión demográfica. Además, su mortalidad en los países occidentales es considerable, y su venta mantiene el gusto por "la tortuga de jardín", perjudicial para todas las demás especies. Por ello, esta tortuga debería someterse actualmente a cuotas y limitaciones de venta, y los países de origen deberían estudiar su estatus y conservarla, a fin de que ya no sea considerada una "tortuga de jardín" en las tiendas de animales, lo que, además, es completamente erróneo ya que se trata de una especie afincada en un ecosistema muy limitante.

Astrochelys radiata (Shaw, 1802)

Distribución. Ocupa el sudoeste de Madagascar, en una franja costera de aproximadamente 100 km, de Toliara al río Mandrare. Se la encuentra sobre todo en territorio antandroy, desde el cabo Sainte-Marie hasta Itampolo.

Características. Existen varias tortugas "estrelladas" desde Sudáfrica hasta India, pero la especie endémica de Madagascar se distingue fácilmente de éstas. Es la más grande de las tortugas estrelladas, con un peso máximo de 22 kg. A diferencia de *Geochelone elegans* –que vive en India y se le parece mucho–, *A. radiata* posee una nucal y su espaldar es muy redondo y está dotado de marginales verticales, mientras que la otra especie está provista de escamas cónicas y sus jóvenes poseen marginales dentadas. Además, las patas delanteras de esta tortuga son muy particulares, ya que están adaptadas al sustrato arenoso en el que vive. Sus antebrazos son grandes, están cubiertos de una piel fina con escamas pequeñas y redondas, y tienen un extremo redondeado como una "zapatilla". El codo es muy movible, lo que permite grandes movimientos en las patas delanteras que se asimilan a la cinética de las tortugas marinas. La cabeza es bicolor: pardo negruzco por encima; amarillo por debajo de una

Esta tortuga aún joven presenta escamas muy estriadas, pero colores poco contrastados y atípicos.

© B. Devaux

Tortuga terrestre

Esp.: *Tortuga estrellada de Madagascar*
Ingl.: *Radiated tortoise*
Fr.: *Tortue étoilée*
Ale.: *Strahlenschildkröte*
It.: *Tartaruga raggiata*
Malgache: *Sokake, sokatra*

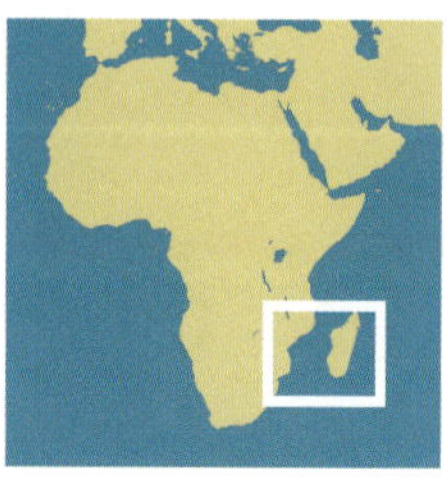

línea que comienza detrás del ojo. La coloración general es negruzca, con numerosos radios de un llamativo amarillo que salen de la areola y ocupan la tercera o la cuarta parte de la superficie de la escama, formando un abanico. Los individuos viejos pierden su brillo y a veces se vuelven casi monocromos, con tonos pardos a beis. Los machos son apenas más pequeños que las hembras (15 kg máximo), y presentan a menudo un plastrón muy cóncavo y un xifiplastrón como un cojinete pronunciado. Su pene, la mitad de largo que su espaldar, es a menudo visible después de las lluvias, cuando el animal se alza excitado sobre sus patas y busca pareja: este órgano está dotado de un dardo triangular en el extremo, destinado a sujetarse a la cloaca de la hembra.

Las crías son una especie de "joya viviente", que presentan en el seno de una misma puesta grafismos muy variados. Cada animal posee un diseño único y se dice que la reina Victoria habría propuesto una fortuna a quien le mostrara dos juveniles iguales, lo que nunca fue posible. Los diseños van del negro con rayas amarillas al crema marcado de negro, con una gran variedad en las manchas, las rayas oscuras o claras, y la coloración blanquecina a anaranjada.

Hábitos. La madurez sexual de esta especie es tardía y se sitúa hacia los 20 años o más. El cortejo no es brutal: el macho nunca muerde a la hembra. Da vueltas alrededor de ella, menea la cabeza de abajo hacia arriba una o dos veces para olerla; luego monta su espaldar, sin más trámite. Las cópulas se producen sobre todo después de las lluvias, y las puestas se desarrollan de septiembre a marzo, con intervalos de un mes y medio a dos. Contienen de 8 a 22 huevos grandes y esféricos, con un diámetro de 45 a 50 mm. La incubación es muy corta y dura de 52 a 70 días. Los jóvenes pesan un promedio de 30 g.

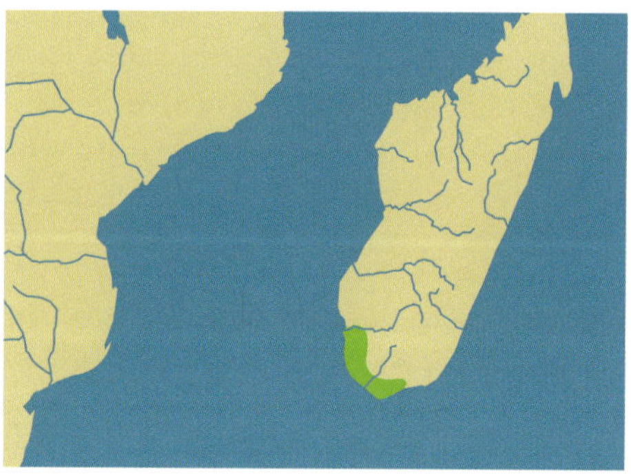

Esta tortuga es más bien herbívora, pero no desprecia los animales muertos –insectos y roedores– ni los desechos orgánicos. Su alimento preferido parece ser la penca de las cactáceas, que engulle sin preocuparse por las espinas que las cubren. Se desplaza y se alimenta sobre todo por la mañana, antes de que aumente el calor, y se esconde el resto del tiempo bajo el enramado y el sustrato herbáceo. Este sustrato está constituido de finas hojas amarillentas aguzadas, que hacen recordar al diseño rayado de las tortugas. La especie vive en simpatría con la pequeña tortuga araña *Pyxis arachnoides* al menos hacia el oeste de su distribución; pero esta última prefiere las zonas pedregosas y no arbóreas, mientras que la tortuga estrellada vive en terrenos arenosos con plantas espinosas, de baobabs y acacias. Esta tortuga tiene dos maneras de caminar: una consiste en arrastrarse en la tierra, al igual que otros reptiles, con el plastrón frotando el suelo, propulsándose con sus patas delanteras en el suelo arenoso; y la otra se efectúa con las patas estiradas, hasta a 8 cm del suelo, sobre todo en el periodo de celo y después de las lluvias, en una postura hierática idéntica a la de *Astrochelys yniphora*.

Etnozoología. Para los antandroy y los mahafaly, dos etnias del sur malgache, esta especie es *fady*, es decir tabú. No se puede consumir ni tampoco tocar. Largo tiempo, este estatus protegió a la tortuga estrellada contra toda recolección o consumo. Pero este tabú no es compartido por los vezo ni las demás etnias de Madagascar –cada vez más presentes en el sur de la isla–, que no se privan de recolectar al animal.

Protección. Esta tortuga está inscrita en el Apéndice I de la CITES, pero tiene la mala suerte de ser considerada "la más bella de todas las tortugas" y de ser por ello muy buscada por los coleccionistas de todo el planeta. Su carisma natural, su diseño atractivo, la belleza de sus juveniles, el hecho de criarse muy bien en cautividad y de plantear raras veces problemas sanitarios hacen de éste un animal muy preciado por los zoológicos y los terrariófilos. Por otro lado, es frecuentemente consumida en algunos pueblos del sur en los que el *fady* ya no es operativo.

Desde los años 1990, se observan recolecciones cada vez más importantes de esta especie. Hacia el cabo Sainte-Marie, la densidad de

Cuando envejecen, las *A. radiata* se vuelven más blancas, y los radios se hacen más grandes. Nótese la posición "elevada" de las patas, que les permiten desplazarse rápidamente.

los efectivos sigue siendo alta y puede alcanzar los cincuenta individuos por hectárea, pero durante estos últimos años, las recolecciones intensivas parecen haber causado el descenso de estas densidades. Los mayoristas, venidos de la capital o del extranjero (de las Comores y de La Reunión), ofrecen 1,30 euro por tortuga recogida, lo que permite a los aldeanos muy pobres ganar unos 40 euros al mes. Las tortugas son reunidas en la costa y salen en piragua para La Reunión, o directamente para Sudáfrica o las Comores. Después de pasar por toda una avalancha de intermediarios, son revendidas en los países occidentales, hasta los 2.000 euros por unidad. Alrededor de Toliara, pueblos enteros se consagran a este tráfico. La cantidad de tortugas recolectadas se vuelve considerable, y concierne tanto a las *A. radiata* –las más grandes y "rentables"– como a las pequeñas *P. arachnoides* (vendidas a unos 0,80 euro). Las pocas reservas estatales, como la del lago Tsimanampetsotsa, son demasiado pequeñas y poco vigiladas como para garantizar la protección de estos animales. Además, los inspectores de Aguas y Bosques carecen de medios para vigilar y reprimir este tráfico.

Frente a esta grave situación, que pone en peligro a las dos tortugas terrestres locales, en 1999 se lanzó el programa "Sokake", iniciado por la SOPTOM ("Village des Tortues" de Gonfaron, en Francia) y la Association de Sauvegarde de l'Environnement (ASE) de Toliara, con la ayuda de las autoridades malgaches (Eaux et Forêts, Angap). Este programa tiene su base en Ifaty, al norte de Toliara, donde se está creando un "Village des Tortues", destinado a acoger a las tortugas decomisadas en la aduana, heridas y recuperadas de los traficantes. La idea inicial es convertir a los recolectores en guías e informadores, contratándolos como naturalistas. El objetivo es, por un lado, favorecer la economía local gracias al ecoturismo y, por otro, promover la sustitución de las tortugas en la alimentación de las poblaciones locales por otros productos, como el pescado, las aves, el cerdo, etc., según los principios del desarrollo sostenible. Las tortugas recogidas en Ifaty formarán parte de criaderos y programas de reintroducción.

Este furtivo colgaba las tortugas en una percha y se las llevaba a Toliara cada noche. Ahora ha cambiado de trabajo: es pescador.

Astrochelys yniphora (Vaillant, 1885)

© B. Devaux

La gular característica de esta especie aún está poco desarrollada, pero podrá alcanzar los 10 cm. El cuello se mantiene a menudo hierático, erguido y muy alto.

Tortuga terrestre

Esp.: *Tortuga malgache*
Ingl.: *Plougshare tortoise*
Fr.: *Tortue à soc*

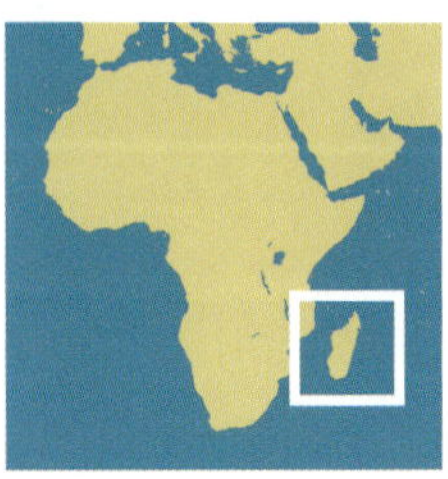

Distribución. Es una de las tortugas más raras del mundo. Su territorio es muy estrecho y se sitúa al sur de Mahajanga, en la costa oeste de Madagascar, alrededor de Beobaly y del cabo Sada.

Características. Mide 400 mm para un peso máximo de 8 kg. Su forma general es cercana a la de *A. radiata*, pero se distingue por los puntos siguientes: su gular está muy avanzada, en forma de reja de arado; y su coloración, no radial, tiende hacia el amarillo uniforme. Su gular alargada, fina y levantada, es única en las tortugas y permite a los machos enfrentarse en los combates rituales. En la hembra, este espolón es mucho más pequeño. Esta tortuga es amarilla y negruzca durante los primeros años, con suturas anchas y muy oscuras, anillos de crecimiento muy marcados y, a veces, con manchas cuadrangulares en las escamas. Luego su diseño se uniformiza, en el beis y el amarillento, y algunos individuos viejos se vuelven muy claros, casi crema o blanquecinos. El plastrón es amarillento y las suturas marrones. Prácticamente no existe concavidad en los machos. La cabeza es de color amarillo beis a marronoso, y presenta escamas muy marcadas y un rostro menos "sonriente" que el de su pariente del sur, *A. radiata*. Las patas están cubiertas de escamas anchas y muy desarrolladas. A menudo se ve a esta tortuga levantarse sobre sus patas, inmóvil y con el cuello extendido, al igual que *A. radiata*. Los juveniles pesan aproximadamente 25 g. Son amarillentos y lucen grandes marcas pardas en las escamas.

Hábitos. Poco activa durante el día, vive en un ambiente de bambúes y bosques secos. Sale sobre todo a primera hora por la mañana, al final del día y después de la lluvia. El resto del tiempo se esconde bajo los montones de hojas y ramas, y se mueve poco. Es esencialmente herbívora y le gustan los frutos salvajes, las plantas locales y las suculentas. En cautividad, también come huevos de gallina, embriones muertos de pollos y diferentes alimentos cárnicos, que aprecia mucho. En su medio natural, está activa a principios del verano (octubre-noviembre) y cuando vuelven las lluvias, en febrero-marzo, lo que produce generalmente dos anillos de crecimiento al año en sus escamas. Los huevos son bastante grandes (42 x 47 mm), casi esféricos. La hembra excava el nido en un suelo blando, casi siempre por la mañana, antes de que aumente el calor. Cada hembra puede poner cuatro o cinco veces, de enero a mayo, de 4 a 8 huevos. La incubación dura unos 4 meses, pero puede tardar hasta 8, según la climatología, pues un periodo húmedo es indispensable para la emergencia de los recién nacidos. Los juveniles crecen rápidamente durante los primeros años, y su crecimiento puede ser de un 20 % anual.

Protección. En los años 1980, sus efectivos tan reducidos hacían pensar que estaba casi extinguida. Pero observaciones recientes han permitido ponderar estas oscuras conclusiones: sus efectivos no serían tan limitados como se creía. Las causas de su rarefacción pueden ser varias: abundantes recolecciones por parte de los árabes de las Comores, durante los siglos precedentes; y, en la época actual, los incendios, la deforestación y el impacto de depredadores como ratas y cerdos salvajes. Pero los aldeanos no la consumen y creen incluso que protege de algunas enfermedades, como el cólera, lo que podría explicar su presencia en algunos pueblos en calidad de "protector sanitario". Según algunos herpetólogos, su baja tasa de reproducción, sus desplazamientos limitados y su afincamiento en un medio muy restringido, así como su régimen alimentario poco variado, explicarían su lenta desaparición.

Desde 1985, el Durrell Wildlife Conservation Trust de Jersey lleva a cabo un programa de conservación en Ampijoroa, al sur de Mahajanga. Se abrió un centro de cría en los años 1990, y algunos animales encontrados en casas particulares constituyeron la población de base. El inglés Don Reid fue el encargado del programa durante muchos años, y actualmente se ocupa, en unas instalaciones próximas, del galápago malgache *Erymnochelys madagascariensis*. La reproducción de las *A. yniphora* fue difícil durante los primeros años, hasta el descubrimiento del ciclo particular de esta especie, teniendo en cuenta los periodos húmedos y la alimentación adaptada. Luego, se obtuvieron varias decenas de jóvenes cada temporada, pero desagraciadamente, a consecuencia de un robo ocurrido en el año 1995, se tuvo que retomar el programa desde cero. Hoy en día, la población cautiva está constituida por un centenar de subadultos y en 1998 Miguel Pedrono realizó una suelta experimental. En los próximos años, se liberarán subadultos de unos 2 kg en zonas adecuadas.

La especie está catalogada como "en peligro" por el Turtle Conservation Fund y en el Apéndice I de CITES.

© B. Devaux

Las crías de *Astrochelys yniphora* se parecen a las de *A. radiata*, pero su dibujo es cuadrangular, y la areola es grande y clara, sin radios ni manchas.

Centrochelys sulcata (Miller, 1779)

(ant. *Geochelone*)

Distribución. Esta especie ocupaba antiguamente un territorio muy amplio en la zona subsahariana, desde Mauritania hasta Etiopía, en una franja de 500 km ancho. Estimaciones recientes (Devaux, 2000) solo establecen poblaciones residuales aisladas, en el sur de Mauritania, el noreste de Senegal (Ferlo), el sur de Malí, el noreste de Chad, el oeste y noreste de Sudán, el norte de Eritrea y el noreste de Etiopía.

Características. Es una especie notable por varias razones: es la mayor tortuga continental, hasta 98 kg los machos; la que sobrevive en los biotopos más áridos (el Sahel subsahariano); la que excava las madrigueras más largas (hasta 15 metros) y cuya morfología está totalmente concebida para excavar; la que posee la gular más desarrollada y la que tiene una homocromía total con su medio (color amarillo anaranjado de las arenas del desierto). Las hembras alcanzan los 60 kg y el dimorfismo sexual está muy pronunciado: los machos presentan concavidades bajo el plastrón que superan los 12 cm de profundidad, un xifiplastrón muy grueso y una gular ahorquillada muy avanzada. La forma general es oval a cuadrangular y el espaldar forma una bóveda bastante plana. Solo las hembras son redondeadas, mientras que los machos se aplanan y presentan incluso una depresión importante en la se-

Tortuga terrestre

Esp.: *Tortuga sulcada*
Ingl.: *African spurred tortoise*
Fr.: *Tortue sillonnée*
Ale.: *Sporenschildkröte*
It.: *Tartaruga solcata*

gunda, la tercera y la cuarta vertebrales. Los machos muy viejos tienen una quinta vertebral casi vertical, que da a su espaldar la forma de un "asiento" sobre el que los viejos sabios dogones se sientan para pronunciar sus sentencias. El resto del animal está totalmente consagrado a la función excavadora: potentes placas escamosas en las patas delanteras, abundantes y largos espolones en los muslos posteriores, surcos profundos en cada escama, cabeza ancha y cubierta de escamas gruesas, y musculatura extremadamente fuerte. Esta especie es capaz de golpear con la parte delantera de su caparazón con tanta violencia que puede romper un miembro. Es uniformemente amarillo beis a crema, o ligeramente pardo anaranjado, según los animales y las zonas de distribución. El plastrón es del mismo color que el espaldar, también marcado de fuertes surcos. En esta especie, las partes óseas corresponden a la mitad del peso del animal, lo que parece un récord en los Quelonios. Las tortugas del oeste parecen más anaranjadas y las del este son más blanquecinas, lo que corresponde al color de las arenas de los diversos lugares que frecuentan. Con la edad, las marginales se curvan en los machos, sobre todo por encima de las patas delanteras, formando a veces verdaderos "canales". La cabeza es triangular, armada de un pico en la parte superior y de una mandíbula inferior dentada. Los ojos son saltones y están situados en la parte alta; el hocico es cuadrado. En algunos machos, se nota una importante dilatación de la región temporal que forma dos protuberancias en la parte posterior del cráneo. En algunas tortugas viejas, el rostro está "demacrado" y presenta órbitas hundidas y un hocico avanzado que recuerda a una "calavera" muy impresionante, lo que contribuye a la imagen de animal totémico de la especie. Los individuos jóvenes son amarillos con orlas en las escamas y una areola parda. Poseen marginales muy finas, dentadas en la parte posterior como "alas de mariposa".

Subespecies. La distribución es tan vasta que se puede suponer la existencia de subespecies según las zonas ocupadas. Michael Lambert (1994) demostró que existe una gran homogeneidad en esta tortuga, que ocupa más de 5.000 kilómetros de un lado a otro de su área de distribución. Pero estudios genéticos realizados en 2001 (Devaux) establecieron que existían genotipos, distinguiéndose las poblaciones del oeste (Mauritania y Senegal) de las del este (Etiopía y Sudán). Se podrían describir subespecies.

Hábitos. La tortuga sulcada reside en el ecosistema sahelo-sudanés entre las isohietas 150 y 700 mm, en el sur del Sahara. Este ambiente saheliano está caracterizado por un sustrato arenoso, por las precipitaciones escasas y una vegetación seca de espinosas, acacias y baobabs. La actividad de *C. sulcata* está regida por la climatología tan constrictiva de su biotopo, con una estación lluviosa en julio-agosto; una estación cálida y húmeda hasta noviembre; y una estación muy cálida y seca hasta junio. Para poder protegerse del calor y de la sequedad, esta tortuga excava madrigueras muy largas, donde pasa una gran parte de las horas cálidas y de la estación seca. Se trata de galerías que tienen exactamente la forma de su cuerpo, con varias cámaras más anchas para estacionarse o girar, y donde encuentra un poco de humedad en la estación seca e incluso animales muertos (serpientes, insectos, fenecs, roedores) para alimentarse. Incluso se han visto, antes de la estación seca, tortugas empujando con su gular matas de hierbas dentro de sus galerías, para hacerse un lecho de hojas y una reserva de alimento adicional. Además, la especie es frugal y puede vivir muchas semanas sin comer ni beber. En otoño, después de la estación lluviosa, excava su madriguera, se aparea y come abundantes plantas. Nidifica desde principios de noviembre hasta fines de mayo. Sus nidos son profundos (a veces hasta 40 cm) y se observan dos puestas en promedio, con un máximo de 4 por hembra. Cada puesta contiene de 13 a 31 huevos (un promedio de 19 por puesta), que pesan entre 45 y 60 g. El huevo es casi redondo, como una pelota de golf. La incubación es de unos 120 días, pero la emergencia está dictada por la proximidad de la estación húmeda y tiene lugar en junio y julio. Del 90 % de los huevos nacen crías viables. Los jóvenes pesan aproximadamente 50 g y a veces presentan aberraciones en las placas del espaldar (alrededor del 5 %). El crecimiento es rápido: 1 kg a los dos años, y 5 a 6 kg a los cuatro o cinco años. Muchos son los depredadores de los recién nacidos, pero el más temible es el varano. Los subadultos son víctimas igualmente de las hienas, de los facoqueros, del fenec, de

La tortuga sulcada pasa largas horas termorregulándose justo en la entrada de su madriguera. De este modo, puede esconderse rápidamente en caso de peligro.

© B. Devaux

© B. Devaux

El apareamiento de estas grandes tortugas siempre es espectacular. Los machos son más grandes que las hembras. Se apoyan en sus patas delanteras sobre las marginales delanteras de su pareja, y emiten unos gritos roncos que se escuchan a cientos de metros.

la mofeta, del ratel, de diferentes rapaces y del cuervo africano.

Esta tortuga es oportunista, ya que su hábitat es pobre en nutrientes. Es más bien herbívora (en cautividad, se la alimenta sobre todo con matas de cacahuete, pero le gustan mucho los mangos y las sandías), aunque puede igualmente consumir animales muertos, detritos, plantas espinosas, corteza de árboles y, en algunas zonas pantanosas, algas y plantas acuáticas. La geofagia parece frecuente en esta especie, quizá debido a la necesidad de calcio, o para llenarse el estómago. Bebe raras veces y su tegumento extremadamente grueso impide que pierda agua; aunque, después de un periodo de sequía, es capaz de engullir, al igual que todas las grandes tortugas terrestres, hasta el 15 % de su peso en agua. Puede aspirar el agua por las narinas, como *Dipsochelys elephantina*, pero esto es solo un hecho anecdótico, ya que no posee cartílago en las fosas nasales que permitan separar el aire del agua.

Los juveniles comparten las madrigueras de los adultos durante los primeros años, o utilizan huecos naturales en la arena. Solo comienzan a excavar su propia madriguera a partir de los 5-6 años. Cada tortuga excava una o varias madrigueras cada año, según sus desplazamientos. Algunas madrigueras están inundadas durante la estación lluviosa y otras se derrumban. Pero, la tortuga es capaz de excavar en un día varios metros, en un sustrato de arena compacta y a menudo bajo árboles o arbustos que mantienen el suelo coherente y drenan la humedad. Estas tortugas son muy longevas, ya que algunas que viven en cautividad habrían superado el siglo de vida. Los dogones conservan animales demacrados y muy aplanados, con un caparazón fuertemente osificado, que tienen probablemente más de cien años.

Etnozoología. En las diferentes etnias de esta región, varias leyendas y cuentos animistas ponen en escena a esta especie. En Senegal se le llama "Ngom" y la tradición dice que colocarla en el jardín atrae la felicidad y la fecundidad. El "agua de tortuga" se usa contra algunas enfermedades (se trata de la orina del animal o del agua en la que la tortuga se ha remojado largo rato). Está presente sobre todo en Malí, entre los dogones, y antiguamente cada aldea poseía una "veterana" que representaba a los ancestros y que, naturalmente, vivía más tiempo que los hombres. Su forma plana permitía al intercesor sentarse sobre el animal y presidir el tribunal de la aldea. El demiurgo deducía sus sentencias según el animal asentía con la cabeza, o se inclinaba a la derecha o a la izquierda.

Protección. En la época colonial, se le consideraba "común" y era consumida por muchos pueblos, recolectada por los colonos y exportada hacia los países occidentales. En esta región del Sahel, las tribus se desplazaban mucho y transportaban a esta tortuga en sus camellos para alimentarse o para regalarla a los jefes de clanes lejanos. Hasta mediados del siglo XX, sus efectivos eran aún importantes; pero, se conjugaron brutalmente factores que provocaron su rarefacción repentina: series de recolecciones destinadas a los zoológicos occidentales y a los jardines de particulares; recolecciones destinadas a la alimentación o a los intercambios comerciales locales; desertización creciente; incendios y quemas de maleza; y urbanización creciente de la periferia de las grandes ciudades, como Dakar o Khartum. A todo esto se suma actualmente el factor principal que las amenaza: el aumento constante del ganado (cebúes y caprinos) que conlleva el sobrepastoreo. Estas manadas destruyen el medio natural, esterilizan el Sahel, acrecientan la desertización, y la tortuga no puede sobrevivir en ambientes tan empobrecidos. Es urgente prohibir toda recolección con fines comerciales. La CITES ha mantenido a este animal en el Apéndice II, pero con una tasa de recolección "cero". Así, actualmente está prohibido recolectar esta especie en el medio natural. Por otro lado, está tan representada en los zoológicos y en las colecciones occidentales, y se reproduce tan fácilmente que los intercambios entre occidentales pueden hacerse a partir de los efectivos cautivos.

En la naturaleza, es necesario proteger las poblaciones residuales, reforzar algunos efectivos eidear planes de conservación. En Senegal, una asociación francesa (la SOPTOM) y equipos senegaleses iniciaron en 1994 el programa SOS Sulcata. Se construyó un centro cerca de Dakar, en Noflaye, con el fin de acoger a las tortugas decomisadas en la aduana, repatriadas de Europa, o heridas. La cría permite producir cada año más de 200 juveniles y se han llevado a cabo sueltas en el medio natural en los años 2005-2006, con el fin de evitar el rápido descenso de las poblaciones salvajes. El programa SOS SULCATA también tiene por objetivo informar a los senegaleses y a los turistas extranjeros, limitar las recolecciones, y sensibilizar hacia la salvaguarda de los Quelonios en general. El "Village des Tortues" de Noflaye también pretende autofinanciarse gracias al ecoturismo y aportar a la región beneficios económicos. Este centro, único en África, es un ejemplo de desarrollo integrado y sostenible, con la participación de los mismos pobladores para conservar su fauna ancestral. Las tortugas "producidas" en Noflaye podrán ser devueltas a los hábitats naturales de su área de distribución occidental, desde Malí hasta Mauritania, según las necesidades de conservación.

Chelonoidis carbonaria (Spix, 1824)

Tortuga terrestre

Esp.: *Motelo negro*
Ingl.: *Red foot tortoise*
Fr.: *Tortue charbonnière*
Ale.: *Köhlerschildkröte*
It.: *Testuggine carbonaria*
Creole: *Toti ter*

Observación. Las cinco especies terrestres de Sudamérica, denominadas antiguamente *Geochelone* y actualmente designadas con el nombre de *Chelonoidis*, habrían divergido, según Auffenberg, en dos grupos distintos a partir del Oligoceno: uno dio lugar a *C. carbonaria* y *C. denticulata*, muy próximas en efecto; y el otro, a *C. chilensis*, *C. petersi* y a la tortuga de las Galápagos *C. nigra*.

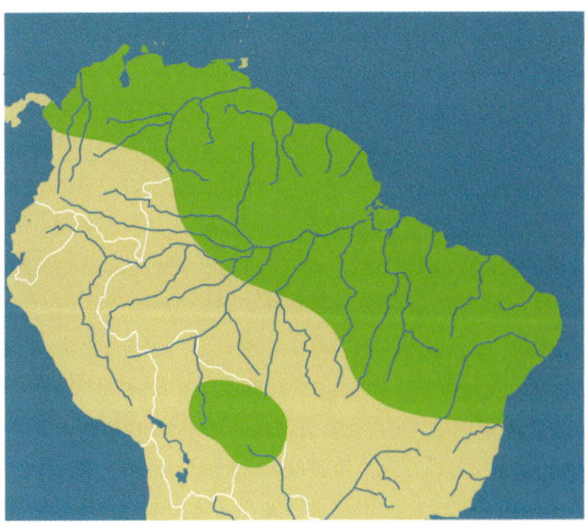

Distribución. Los territorios de *C. carbonaria* y de *C. denticulata* se solapan en algunas zonas y se complementan en otras. *C. carbonaria* se distribuye en las zonas de sabanas y bosques secos, contrariamente a *C. denticulata*, que vive en zonas húmedas. La primera especie se encuentra en todo el norte de Sudamérica, desde el sur de Panamá hasta el este de Brasil; también en Paraguay y Bolivia. Habita en algunas islas del Caribe, recientemente introducida por el hombre.

Características. Las dos especies son casi simpátricas y tienen muchos puntos en común. Aquí presentamos los rasgos que las hacen parecidas y los que las diferencian. Ambas tienen una forma oblonga y cilíndrica. Su espaldar es angosto, alargado y bastante bajo. Carecen de nucal. Son de tamaño mediano a grande (de 300 a 700 mm). Sus patas tan largas marcan un caminar típico: avanzan dando grandes zancadas, con los miembros levantados, lo que les permite atravesar fácilmente zonas lodosas o pequeños humedales. Su color general es oscuro, casi negro, con manchas claras cuadrangulares en las areolas y puntos luminosos en las patas delanteras, amarillos o rojos según la especie. Su cabeza es bastante grande, con un hocico puntiagudo y una coloración negruzca salpicada de escamas luminosas amarillas a anaranjadas. Los anillos de crecimiento están muy marcados.

Las características de *Chelonoidis carbonaria* son las siguientes: tiene una forma de "bobina", más estrecha en el centro, y presenta manchas rojas en las patas delanteras y a veces manchas anaranjadas en las partes claras de la cabeza. Su coloración es más negruzca que la de la otra especie. El cráneo presenta pequeñas placas separadas, y bajo el plastrón la inguinal es triangular y más grande que en *Chelonoidis denticulata*. La parte delantera de las marginales, encima de la cabeza, no es dentada; mientras que en *C. denticulata* es a veces dentada (de allí su nombre), sobre todo en los individuos jóvenes. Para terminar, mide un máximo de una treintena de centímetros, frente a unos ochenta en la otra especie.

El color rojizo de las manchas en las patas y la cabeza, y a veces en las areolas, no es siempre pronunciado y tiende a veces al anaranjado o al amarillento, como en *C. denticulata*. El plastrón es amarillo anaranjado, con marcas oscuras en las suturas en los juveniles. El dimorfismo sexual es pronunciado: vistos de perfil, algunos machos lucen una quinta vertebral casi vertical.

Hábitos. La especie reside en ambientes más abiertos y más secos que *Chelonoidis denticulata*. Es más herbívora que esta última y consume frutos caídos y diversos vegetales, aunque también puede ser coprófaga y carnívora, según se dé la ocasión. En la Guayana, le gustan las larvas y los animales muertos, las termitas y las grandes escolopendras. Está activa sobre todo por la mañana y por la tarde. Durante los meses más cálidos, se disimula bajo la vegetación, escondiéndose bajo el tapiz vegetal, donde puede quedarse inmóvil durante días, sin alimentarse. Cuando se desplaza, recorre grandes distancias, haciendo "rondas" en diferentes lugares de alimentación, donde, por ejemplo, caen frutos en algunos periodos precisos, como lo ha demostrado un estudio de Bruno Josseaume. Asimismo, nada muy bien y no duda en atravesar las charcas, los pequeños lagos y los brazos de río de aguas calmas.

La cópula es muy animada. El macho comienza sus preliminares moviendo violentamente la cabeza, de abajo a arriba, lo que facilita la olfacción. La hembra responde a veces mediante movimientos similares, más breves. Vienen enseguida el olfateo de la cloaca, el mordisqueo de las patas, y luego la cópula propiamente dicha. Se dan múltiples puestas por temporada, pudiendo llegar hasta cuatro por hembra, cada una con una decena de huevos alargados (35 x 45 mm), con un peso promedio de 40 g. En este medio húmedo y detrítico, los lugares de puesta no siempre son fáciles de encontrar; el nido se construye en un montículo de tierra, a veces al borde de una pista, o en un claro más seco. La incubación dura de tres a seis meses, según el grado de humedad y de insolación del lugar. Las crías pesan una treintena de gramos al nacer.

Etnozoología. Esta tortuga tiene una larga historia con el hombre. Es muy conocida por las poblaciones indígenas, que la consumen con frecuencia, como lo hacían antiguamente los colonos europeos que también la exportaban ampliamente. Se le encuentra en Europa desde el siglo XVII, en pequeños zoológicos y en "las

© F. Bonin

Aquí se aprecia el color rojo de las patas delanteras y las areolas muy claras sobre el espaldar negruzco. Este ejemplar aún juvenil no presenta el gran estrechamiento en el espaldar.

colecciones de curiosidades". Los indígenas, que la consideran muy sabrosa, la cocinan a la brasa. Un método corriente para inmovilizarla después de capturarla consiste en fijar, con finas lianas, pequeñas ramas delante de su cabeza y detrás de su cola. Durante la Semana Santa, se realizaban importantes recolecciones para el consumo de los habitantes de algunas grandes ciudades de Brasil, ya que las tortugas se consideran "carne de vigilia".

Protección. Al parecer, los efectivos de esta especie están disminuyendo fuertemente desde hace algunas décadas. Felizmente, la especie se reproduce abundantemente, y sus efectivos son aún abundantes en toda su área de distribución. Así, parece que hoy por hoy no está directamente amenazada. El factor más preocupante para su conservación es la destrucción de los ecosistemas, sobre todo en el norte de Brasil y en Venezuela.

Chelonoidis chilensis (Gray, 1870)

Tortuga terrestre

Esp.: *Motelo argentino*
Ingl.: *Argentine land tortoise*
Fr.: *Tortue d'Argentine, tortue de Patagonie*
Ale.: *Argentinische Landschildkröte*
It.: *Testuggine d'Argentine*

Distribución. Está presente sobre todo en Argentina, pero también se la observa en Bolivia y en Paraguay, al sur de la distribución de *Chelonoidis denticulata* y de *C. carbonaria*. Su distribución coincide con la provincia fitogeográfica del Chaco más árida y con la del Monte. Se la encuentra también más al sur en la provincia del Espinal.

Características. De morfología bastante parecida a la de la africana *Centrochelys sulcata*, vive igualmente en ambientes secos y áridos, de vegetación pobre. Su forma general, oval y plana, sus placas gruesas con anillos de crecimiento muy marcados, su color amarillo uniforme, su piel grisácea y la forma cuadrada de su cabeza la aproximan a *C. sulcata*. Los rasgos que distinguen a *C. chilensis* son los siguientes: tamaño limitado a 400-450 mm, sin nucal, escamas rodeadas de pardo en los juveniles, mandíbula superior más avanzada que la inferior formando un pico bastante desarrollado, sin gular en forma de espolón y marginales verticales no curvadas. Sus patas no poseen los grandes espolones de *C. sulcata* y solo excava pequeños escondites bajo la tierra y no galerías profundas. Está dotada de una uña en el extremo de la cola. Los animales de más edad cobran a veces un tono grisáceo uniforme. El plastrón es amarillento, marcado con suturas pardas, y se torna más uniformemente amarillo pardusco con la edad. Los machos presentan una concavidad reducida bajo el plastrón y el dimorfismo sexual es moderado. Los jóvenes se parecen mucho a los de *C. sulcata* en todos los aspectos, salvo por la coloración claramente contrastada amarillo pardusco.

Subespecies. A veces se proponen tres subespecies, pero no todos los especialistas las aceptan: *C. c. chilensis*; *C. c. donosobarrosi*, en el sur de la provincia de La Pampa hasta Rawson, en Argentina, que sería más grande y más oscura que la otra subespecie; y *C. c. petersi*, que ocuparía el Chaco, en Paraguay y Argentina, actualmente considerada una especie aparte.

Hábitos. Esta especie vive en las zonas de estrato herbáceo empobrecido, donde se encuentran cactáceas y arbustos espinosos. Frecuenta las cubetas salinas, los lechos de los ríos de la llanura semidesértica y, a veces, las laderas pedregosas de los antiguos túmulos volcánicos. Utiliza orificios naturales y cavidades para protegerse del sol. A menudo está activa las primeras horas de la noche, sobre todo durante el

© F. Bonin

Esta especie se parece mucho a la africana *Centrochelys sulcata*, pero carece de nucal y sus escamas están marcadas con surcos pardos. Su cabeza también es más oscura que la de *C. sulcata*.

periodo de lluvias. Durante el verano, sale temprano por la mañana y a última hora de la tarde. Su ciclo anual es el siguiente: está activa en noviembre-diciembre y se reproduce; luego se retira a finales de marzo a sus refugios de invierno. Parece exclusivamente herbívora y aprecia las leguminosas, las pencas de cactus y los frutos caídos. Come también flores y espigas de gramíneas. Durante el periodo de apareamiento, los machos se enfrentan en violentos combates. Luego vienen los cortejos, acompañados de gemidos bastante sonoros. La puesta se produce en enero y febrero, que contiene de 3 a 7 huevos, casi esféricos, de 40 mm de diámetro. Las eclosiones tienen lugar a partir de los tres meses, después de las lluvias, esporádicas y raras, y a veces hasta un año después. Los jóvenes miden 35 mm y crecen lentamente. La madurez sexual es bastante precoz, con cópulas fecundas a los 10 años de edad, y la longevidad sería reducida (unos cuarenta años).

Protección. En su medio natural es víctima del sobrepastoreo y la ampliación de las zonas cultivadas y urbanas. En las últimas décadas, ha sido recolectada en grandes cantidades (hasta 75.000 individuos al año) destinadas a las tiendas de animales de las grandes ciudades, lo que ha hecho disminuir rápidamente sus poblaciones. Un programa de estudio y de conservación fue lanzado en 1986, coordinado por diferentes especialistas, como Honegger, Waller, Cranwell y la Fundación Vida Silvestre Argentina. Figura en el Apéndice II de la CITES.

Chelonoidis denticulata (Linnaeus, 1766)

Distribución. Vive en las zonas tropicales húmedas de Sudamérica: Colombia, Venezuela, las Guayanas, Ecuador, Perú, Bolivia, y el noroeste, centro y este de Brasil. No ha sido señalada al sur del Amazonas, en los estados de Bahía y Tocantins, quizá debido a la deforestación y a las recolecciones. Se encuentra igualmente en Trinidad, donde sería autóctona (habiendo llegado en balsas naturales), mientras que en Guadalupe habría sido introducida por el hombre.

Características. Es morfológicamente muy parecida a *C. carbonaria*, pero difiere por los rasgos siguientes: forma oval sin estrechamiento en el centro; dimensión máxima de 700 mm (con algunos récords de 800 mm); manchas amarillo vivo en las patas y la cabeza; marginales delanteras dentadas, a veces rodeando todo el caparazón en los individuos jóvenes; coloración pardo amarillenta más clara que en *C. carbonaria*; escamas anchas y fusionadas encima de la cabeza, formando una suerte de casco; y una pequeña inguinal bajo el plastrón. La cabeza es bastante clara, marcada con manchas amarillo anaranjado. El plastrón es amarillo con anillos pardos y luego se vuelve beis. En los ma-

© A. Dupré

La forma cilíndrica es muy típica, así como la manera de caminar "de puntillas" que le permite desplazarse en las zonas pantanosas.

chos, el lóbulo anal es muy curvado y el xifiplastrón muy grueso. Los jóvenes son amarillo pardusco, con manchitas amarillas en las areolas y en el borde de las marginales. La cabeza es grande, de color pardo negruzco con manchas amarillo vivo y prefrontales bien amarillas.

Hábitos. Ocupa el sotobosque húmedo y umbrío, con lluvias importantes. Se esconde a menudo en el sustrato y parece raramente presente en los ambientes abiertos. Se desplaza nerviosamente, al igual que su pariente: en la estación seca, se le escucha caminar vivamente sobre las hojas. Le gusta el agua y puede nadar con facilidad. Su actividad es principalmente bimodal: por la mañana y al final del día. Según J. Fretey, a menudo está parasitada por garrapatas y nemátodos. Su morfología le permite desplazarse cómodamente en los ambientes húmedos: gracias a sus patas muy altas y a su cabeza erguida muy movible, se desliza fácilmente en este medio para buscar insectos, larvas y frutos caídos. Puede comer un saltamontes o una escolopendra de un solo mordisco.

Un estudio de B. Josseaume (2002) demostró que esta tortuga era una gran diseminadora de granos (zoocoria) y que participaba de esta manera en la regeneración de los bosques tropicales. Las tortugas se reúnen alrededor de algunas especies vegetales, como *Jacaratia spinosa*, en el momento de su fructificación. Comen los frutos y luego dispersan las semillas en sus heces depositándolas especialmente en los claros producidos por los árboles caídos. Se ha señalado que el 87,7 % de las heces contenían frutos. Así, en esta zona de la Guayana francesa (Les Nouragues) son muy frugívoras, pero también les gustan los cadáveres (roedores, entre otros) y los invertebrados, como las escolopendras. En esta zona su tamaño es reducido y no supera los 400 mm.

Las cópulas son animadas y los enfrentamientos entre los machos son violentos. Durante el cortejo, el macho mueve rápidamente su cabeza de izquierda a derecha, y chilla fuerte durante el coito. Pone un mínimo de diez y un máximo de veinte huevos esféricos (entre 4 y 8 en Les Nouragues), que miden un máximo de 50 mm de diámetro. Las puestas se desarrollan durante la estación seca (en la Guayana francesa, de julio a octubre), a veces directamente en el suelo, sin excavar nidos. La incubación dura de 4 a 5 meses. El recién nacido pesa unos cuarenta gramos y crece rápidamente.

Etnozoología. Muchos cuentos y leyendas de estas regiones se refieren a esta tortuga. Se le adjudican virtudes medicinales y algunos espaldares son transformados en instrumentos musicales. Algunas tribus confeccionan pequeñas cajas portátiles con un caparazón cerrado con cera y colgado por lazos de cuero, como lo hacen los bosquimanos del África del Sur con las pequeñas *Homopus*.

Protección. Su gran tamaño hace de esta tortuga un alimento selecto para las etnias de la selva. La degradación de su hábitat es también una causa de regresión de la especie. Pero se disimula perfectamente en su medio y se ignora el estado exacto de sus poblaciones. No existe un tráfico conocido de esta especie.

Tortuga terrestre

Esp.: *Motelo amarillo*
Ingl.: *Yellow foot tortoise*
Fr.: *Tortue denticulée*
Ale.: *Waldschildkröte*
It.: *Tartaruga denticolata*

Chelonoidis nigra (Quoy & Gaimard, 1824)

Distribución. Antiguamente denominada *Geochelone elephantopus*, esta tortuga solo se encuentra en el archipiélago de Galápagos, a 1.000 kilómetros de las costas de Ecuador. Este archipiélago recibió el nombre genérico de las tortugas, "galápagos". No hay duda sobre el origen de estas *Chelonoidis* en estas islas en medio del océano Pacífico: provienen de las masas continentales vecinas y alcanzaron estas islas, al cruzar el mar hace unas decenas de millones de años, en balsas flotantes, o quizá las tortugas jóvenes habrían sido transportadas en medio del océano durante los huracanes.

Características. Actualmente solo existen dos especies de tortugas gigantes insulares, luego de la desaparición de numerosas especies del océano Índico: la tortuga de Aldabra *Dipsochelys elephantina* y la tortuga de Galápagos *Chelonoidis nigra*. Viven en las antípodas, pero se parecen en muchos aspectos y su pasado tiene muchos puntos en común. Consideremos sus diferencias morfológicas. *C. nigra* carece de nucal y presenta una gran variación en la forma de los caparazones, según las islas y las subespecies. Tiene un cuello muy largo y bastante fino, y un color negruzco con finas suturas anaranjadas. Su caminar hierático, ampliamente observado por Darwin, es característico de la especie: con el espaldar erguido hacia delante, con el cuello y la cabeza bien estirados, las patas levantadas, y un paso amplio. La cabeza es más demacrada y triangular en esta especie que en la tortuga de Aldabra, sobre todo en los machos viejos. Algunos individuos de edad poseen un pico agresivo, órbitas hundidas y una cara demacrada, mientras que el rostro de *D. elephantina* es redondo y más afable. La tortuga de Galápagos puede alcanzar un peso récord de 400 kg en cautividad, pero en la naturaleza es la tortuga de Aldabra la que actualmente ha registrado mayores pesos, máximo de 310 kg. El dimorfismo sexual es importante, y los machos pueden ser tres veces más grandes que las hembras y presentan una concavidad en el plastrón impresionante, que puede superar los 120 mm. Los jóvenes pesan unos 50 g y son robustos, ovales, bastante planos, uniformemente rojizos a bronce, sin marcas claras. La longevidad de esta especie a menudo ha sido sobrestimada ampliamente, pero parece probable que llegue a los 150 años.

Subespecies. Esta especie se diferenció según las islas del archipiélago, creándose numerosas subespecies, algunas de las cuales han desaparecido actualmente. Una monografía de Peter Pritchard (1996) permite comprender mejor la sorprendente aventura de estas tortugas que inspiraron a Charles Darwin y a muchos científicos más. Citamos igualmente las estimas de efectivos por subespecie, según F. Caporoso (1990), y utilizamos los nombres oficiales con los que el gobierno de Ecuador designa las islas. Se distinguen nueve subespecies:

– *C. n. nigra*: bóveda muy regular, bastante plana, parte delantera ligeramente levantada - Floreana - Extinta.

– *C. n. abingdonii* (Gunther, 1878): espaldar levantado por delante, plano por detrás - Pinta - Un solo macho, George, situado en el centro Darwin de Santa Cruz.

– *C. n. beckii* (Rothschild, 1901): espaldar medianamente levantado por delante - Norte de Isabela, volcán Wolf - 1.000 a 2.000.

– *C. n. chathamensis* (Vandenburg, 1907): muy redondeada, de forma clásica - Sudoeste y centro de San Cristóbal - 500 a 700.

– *C. n. darwini* (Vandenburg, 1907): caparazón alto, ligeramente levantado por delante y muy levantado por detrás - San Salvador - 500 a 700.

– *C. n. duncanensis* (Garman, 1917): cilindro muy plano, pero horizontal y muy estrecho por delante, hacia la primera vertebral - Pinzón - 150 a 200.

© T. de Roy

Algunas subespecies tienen el cuello muy alargado y el espaldar levantado hacia delante, que les facilita comer las hojas de la parte baja de los árboles o en la cima de los arbustos.

Tortuga terrestre

Esp.: *Tortuga de Galápagos*
Ingl.: *Galápagos giant tortoise*
Fr.: *Tortue géante des Galápagos*
Ale.: *Galápagos-Riesenschildkröte*
It.: *Testuggine delle Galápagos*

– *C. n. hoodensis* (Vandenburg, 1907): forma de cilindro aplanado, parte delantera horizontal - Española - 20 a 30.
– *C. n. phantastica* (Vandenburg, 1907): muy levantada por delante - Fernandina - Probablemente extinta.
– *C. n. porteri* (Rothschild, 1903): bóveda aplanada - Sur de Santa Cruz - 2.000 a 3.000.
– *C. n. vicina* (Gunther, 1875): forma de bóveda pronunciada, con la parte delantera levantada en los machos - Isabela, volcanes Alcedo y Darwin, caletas Tagus e Iguana, Cerro Azul - 3.000 a 5.000.

Hábitos. Al vivir en un ecosistema y en un microclima particulares, cada subespecie posee unos hábitos específicos. Algunas tortugas viven en zonas secas y herbáceas, a veces en el borde del mar, mientras que otras ocupan volcanes a medianas altitudes, calderas húmedas o zonas pedregosas áridas. En esta latitud ecuatorial, la presencia del océano modera las temperaturas, que permanecen bastante estables todo el año, con un periodo húmedo relativamente corto en agosto y septiembre. Las cópulas se desarrollan durante la estación húmeda y a finales de la misma. El acoso de los machos es impresionante: dan vueltas alrededor de una pequeña hembra e intentan mordisquearle las patas; luego colocan sus anchas patas en la parte delantera del espaldar de la hembra, con el riesgo de aplastarla. Los bramidos del animal se escuchan a varios cientos de metros a la redonda, pero, por suerte, la cópula es bastante breve. Las puestas se realizan en zonas despejadas y asoleadas, siempre las mismas, lo que puede provocar la destrucción de las puestas precedentes. Los huevos son esféricos y miden aproximadamente 50 mm. El promedio por nido es de unos 30 huevos. La incubación dura de 80 a 100 días. Los jóvenes pesan aproximadamente 60 g y crecen rápidamente, para alcanzar 1 kg al cabo del primer año. Los adultos de esta especie son tortugas muy frugales, que pueden no comer ni beber durante semanas, lo que facilita su supervivencia en hábitats a veces muy áridos. Darwin había señalado ya su resistencia a la deshidratación. Se quedan durante meses sin beber y, de tanto en tanto, realizan grandes desplazamientos para llegar a las fuentes de agua que conocen. Estas peregrinaciones crean los senderos inmemoriales que siguen para ir a beber. En este caso, absorben hasta el 15 % de su peso en una sola vez. Durante dos o tres días, permanecen en los parajes vecinos a la fuente y enseguida regresan a su territorio habitual. Son solitarias, en principio, pero se reúnen durante las migraciones hacia las fuentes, o bien por el hecho de ocupar zonas estrechas, como el interior de un volcán. A menudo toman "baños" de tierra para refrescarse, girando su cuerpo en un hueco de tierra blanda, y este baño quizá las libera de sus parásitos. A menudo se ve a los machos que se dejan limpiar por pinzones: inmóviles, con el cuello y las patas levantados, se dejan picotear por estas aves que las "asean". Esta especie ha desarrollado igualmente una técnica de caza particular: levantada sobre sus miembros, la tortuga deja que alguna ave se ponga debajo de su plastrón; entonces se deja caer sobre el animal para aplastarlo y lo devora enseguida. Estas tortugas son omnívoras y el medio árido donde viven requiere un régimen oportunista. Comen principalmente vegetales, dando preferencia a los cactus (*Opuntia*); pero también les gustan los cadáveres de cabras, las heces o los desechos orgánicos. Su manera de avanzar y de dejarse caer en el suelo hacer recordar a una máquina hidráulica. Cuando uno camina a su lado, avanzan dignamente, muy erguidas sobre sus patas, con el espaldar levantado hacia delante y la cabeza recta. De repente, conscientes de una presencia, se dejan caer con todo su peso, emitiendo un gemido sordo y aplanándose en el suelo.

El dimorfismo sexual siempre es muy importante en esta especie, y los machos pueden ser hasta tres veces más grandes que las hembras, como se aprecia en esta foto en Alcedo (Isabela).

Protección. Han sido recolectadas tan considerablemente por los navegantes y los piratas que algunas subespecies han sido erradicadas. Otras subespecies se encuentran actualmente amenazadas, debido a la introducción de depredadores, como ratas, cerdos y perros, que ya han causado estragos. En cuanto a las innumerables cabras, éstas destruyen todo el sustrato vegetal, lo que es un drama para las tortugas. Desde hace unos años, otra amenaza proviene de los mismos ecuatorianos que se instalan cada vez más en el archipiélago, especialmente en Santa Cruz e Isabela, y que entran en conflicto con las tortugas cuando habilitan campos de cultivo. A veces se encuentran decenas de tortugas asesinadas por los campesinos. Asimismo, se producen incendios que matan tortugas, sobre todo en el sur de Isabela. El centro Darwin de Santa Cruz, dirigido por un consejo científico internacional, vela por la conservación de estas tortugas, pero cada subespecie representa un caso particular. George, el único representante de *C. n. abingdonii*, se niega definitivamente a aparearse con hembras cercanas. En Pinzón, en cambio, un excelente programa de reintroducción de subadultos, a partir de la cría en el centro Darwin, parece dar buenos resultados. En las demás islas, como Isabela, continúa la erradicación de los animales exógenos. El acceso a algunas islas está reglamentado. En las islas accesibles a los turistas, está prohibido, por supuesto, llevarse a las tortugas, desplazarlas e, incluso, tocarlas. Esta tortuga está igualmente muy presente en los zoológicos y en las colecciones del mundo entero, donde se reproduce bien. Estos criaderos no se pueden utilizar para las reintroducciones, ya que las subespecies han sido mezcladas constantemente, pero deberían impedir las recolecciones ilegales en el mismo archipiélago y la exportación de tortugas de las Galápagos hacia lugares lejanos. Aún hoy, barcos de paso se llevan, ilegalmente, tortugas cogidas en las islas para venderlas.

© T. de Roy

En la caldera de Alcedo, las tortugas se vuelven gregarias y pasan largas horas en las charcas, para protegerse del calor y de los parásitos.

Chelonoidis petersi (Freiberg, 1973)

Distribución. Se encuentra en Argentina, en las provincias de Santiago del Estero, de La Rioja y el Chaco, hasta el sur de Paraguay.

Características. Muy próxima a *Chelonoidis chilensis*, esta especie vicariante presenta un tamaño más reducido (máximo 250 mm) y escamas más lisas, especialmente en el plastrón.

Hábitos. Vive en un medio árido donde dominan las cactáceas y las suculentas, y se disimula bajo los arbustos y en las cavidades, y no excava en el suelo, a diferencia de otras especies de ambientes áridos (*Gopherus*). Los machos emiten sonidos graves en el momento de la cópula. Las hembras ponen una decena de huevos ovales, de aproximadamente 42 mm de diámetro.

Protección. Muy recolectada en los años 1980 y 1990, principalmente para la exportación. Actualmente figura en el Apéndice II de la CITES y se le considera "vulnerable" en Argentina.

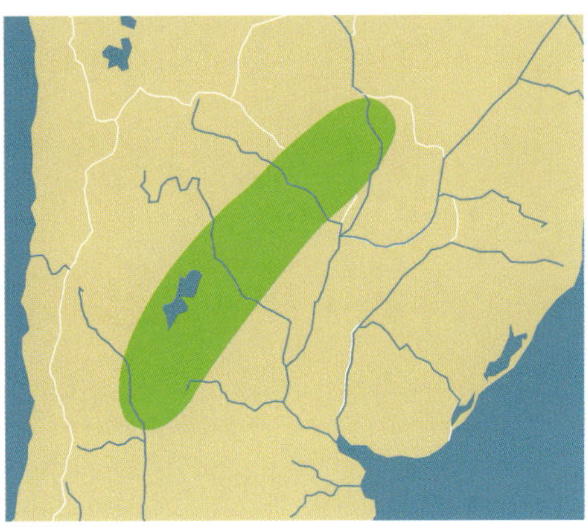

Tortuga terrestre

Esp.: *Motelo cuyano*
Ingl.: *Giant Argentine tortoise*

Esta tortuga puede recordar a *Testudo ibera* de Oriente Medio, pero alcanza los 215 mm y su gular está muy desarrollada. Este animal presenta escamas perfectamente estriadas.

© T. Vinke

Chersina angulata (Schweigger, 1812)

Tortuga terrestre

Esp.: *Tortuga de pechera*
Ingl.: *Angulated tortoise*
Fr.: *Tortue angulée*
Ale.: *Schnabelbrust-Schildkröte*
It.: *Chersina*

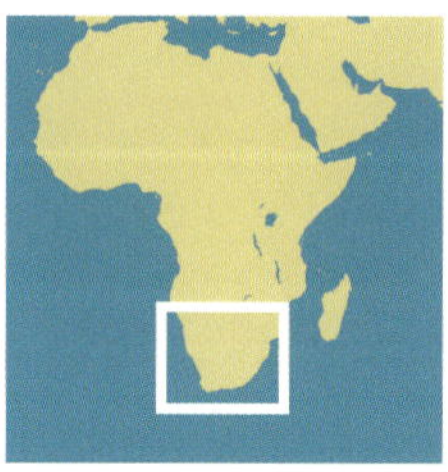

Distribución. Ocupa el sudoeste de Sudáfrica (salvo la punta extrema del continente) y una pequeña parte de la costa sur de Namibia.

Características. El nombre *angulata* remite a los triángulos negros muy marcados en sus marginales. Esta tortuga se parece a *Testudo graeca* que se encuentra en el otro extremo del continente africano, pero difiere por los puntos siguientes: caparazón más aplanado, menos abombado, de forma alargada y cilíndrica; plastrón muy largo, triangular en la parte delantera, con humerales anchas y un espolón gular muy desarrollado, que avanza ampliamente bajo la cabeza. El espaldar se prolonga notoriamente por encima de la cabeza y las marginales anteriores son muy largas. Los machos son más grandes que las hembras, con 272 mm y 216 mm de largo, respectivamente, lo que es raro en las pequeñas especies. La nucal es angosta, pero alargada, y la supracaudal no está dividida. La coloración de esta especie es muy variable, incluso en una población homogénea. Los dos colores de base, amarillo y pardo negruzco, se declinan en frisos contrastados. A veces el animal es muy claro con suturas oscuras, y otras, es muy oscuro con surcos claros. Sin embargo, las placas del espaldar siempre están separadas por un centro claro alrededor de la areola y un contorno ancho y oscuro; mientras que las marginales presentan triángulos negros regulares, que cortan diagonalmente las placas. Las tortugas jóvenes lucen la misma variedad de cromatismos contrastados. Las partes blandas de la especie son gris oscuro a marrón, con una mancha clara encima del cráneo y en la mandíbula inferior. El plastrón es muy claro, con grafismos variables más pardos

o salmón, a veces rosados. Los animales viejos a menudo se vuelven más uniformes, con tonos beis a marrón.

Hábitos. En este amplio territorio al borde del océano, el clima varía de un modelo mediterráneo en el sur (provincia del Cabo) a un clima árido y casi desértico en el sur de Namibia. Esta tortuga prefiere las zonas arenosas con vegetación seca, de tipo garriga. Esta diversidad en los climas explica que haya modos de vida diferentes. *C. angulata* puede estar activa todo el año, estivar en el norte de la distribución o hibernar en el sur. A veces se esconde en pequeños túneles naturales, pero no es excavadora. Es de naturaleza viva y rápida. Los machos son agresivos durante los periodos de reproducción, y utilizan su gular en duelos bastante violentos. Sus poblaciones son a veces muy densas, como en el parque nacional West Coast, donde la densidad puede alcanzar varios centenares de individuos por hectárea, o alrededor de Port Elizabeth, donde 400 tortugas ocupan 17 hectáreas (B. Branch). Su régimen es relativamente omnívoro e incluye plantas secas y de maquia, y también caracoles y heces de conejos o caballos. Puede quedarse largo tiempo sin beber, pero cuando llega la lluvia, absorbe una gran cantidad de agua. Se le ha visto adoptar la postura de algunas *Homopus* durante las lluvias: con la parte posterior del cuerpo levantada, para que el agua fluya bajo su caparazón y llegue hasta su boca. Las cópulas en la zona más cálida se desarrollan casi todo el año; pero en el sur, son frecuentes entre septiembre y abril. Las puestas se observan algunas semanas después de las cópulas, en pequeños montículos arenosos bien expuestos al sol. Aunque es de tamaño mediano, esta especie pone normalmente solo uno o dos huevos, y raras veces cuatro. Los huevos son ovales (unos 28 x 35 mm). Una hembra puede nidificar 5 o 6 veces al año, lo que aumenta su potencial reproductor. La incubación es larga y las emergencias dependen de las precipitaciones. Según B. Branch, el máximo sería de 200 días y el mínimo de 95 días. Los juveniles pesan aproximadamente 12 g y el crecimiento es lento hasta la madurez sexual, hacia los 10-12 años. Los depredadores de los juveniles son muchos y comprenden gaviotas, algunas rapaces, babuinos y varios carnívoros, así como varanos. Los incendios y los atropellos en las carreteras provocan también una mortalidad importante. Asimismo, se ha observado en esta especie una enfermedad respiratoria que causa numerosas muertes.

El hecho de que la hembra no ponga más que uno o dos huevos en promedio ha conducido a esta especie a una estrategia particular. Habría una ventaja selectiva para los machos en el hecho de mantener una suerte de harén de hembras. Los machos se pelean entre ellos, utilizando su gular para vencer al adversario. Luego, se quedan "amos" de un pequeño grupo de hembras. Esta obligación de dominar y combatir explicaría, en esta especie, el tamaño superior de los machos con relación a las hembras.

Protección. Esta tortuga había sido recolectada durante mucho tiempo, vendida en las tiendas de animalessudafricanas y exportada hacia Estados Unidos. Incluso era consumida, y lo es aún, en el norte de su distribución, en las barbacoas tradicionales (skilpadbraii). Actualmente, ya no se le recolecta, y las amenazas provienen de la ampliación de los cultivos y de la urbanización ya que, en Sudáfrica, comparte su territorio con el hombre. La depredación natural es igualmente muy importante, sobre todo por parte de las gaviotas, que son atraídas por los depósitos de basura y los vertederos de las ciudades. La especie está bien representada en diferentes parques naturales de Sudáfrica y no está muy amenazada.

© B. Devaux

En una misma población, los colores varían notablemente, entre los tonos negruzcos a beis, más o menos adornados con dibujos muy atractivos.

La coloración "canónica" es la siguiente: equilibrio entre el blanco de las marginales y las marcas cuadrangulares negras de las costales y las vertebrales. A esta especie le gusta esconderse en huecos en el suelo o en antiguas madrigueras.

© F. Bonin

Dipsochelys elephantina

(Duméril & Bibron, 1835)

Distribución. Esta especie solo se encuentra en Seychelles, principalmente en el atolón de Aldabra. Las tortugas presentes en otras islas graníticas o coralinas de las Seychelles fueron desplazadas o traídas por el hombre en siglos pasados, o recientemente.

Características. *Dipsochelys elephantina* –a menudo comparada con la tortuga de las Galápagos *Chelonoidis nigra*– se reconoce fácilmente por la presencia de una nucal y por su forma en bóveda pronunciada y regular, de color gris antracita. Contrariamente a la especie del océano Pacífico, no presenta variaciones cromáticas o morfológicas, salvo en cautividad. Se le considera la tortuga de tierra más grande, con un peso máximo de 310 kg (Esmeralda, en Bird). Su color varía del bronce al negro, con suturas finamente dibujadas, crema o anaranjadas. Los anillos de crecimiento son muy visibles en los individuos jóvenes (dos anillos al año); pero, después de madurar, el caparazón se vuelve liso y regular, y hace recordar a un metal pulido. Las costales y las vertebrales son mucho más extendidas que las marginales. Estas últimas son muy verticales a los lados, se levantan ligeramente en la parte anterior y encima de las patas traseras. La cabeza de *D. elephantina* es más redonda y menos demacrada que la de su pariente de las Galápagos, con un hocico más plano y una boca más "sonriente". En la parte alta del cráneo, dos escamas, largas y bien marcadas, forman un casco temporal. Los ojos son grandes, con el párpado superior bien delineado. Un rasgo específico importante es un tabique nasal cartilaginoso, que permite a esta tortuga beber, con la cabeza colocada verticalmente en el agua, aspirando por las narinas, de allí el nombre del género, *Dipsochelys*, "la tortuga que bebe". Esta particularidad se explica en Aldabra, donde dispone a menudo de pequeñas cavidades de coral donde el agua permanece. Solo puede acceder a esta agua sumergiendo las narinas verticalmente.

El color de la piel es grisáceo uniforme a pardo bronce. La homocromía entre esta especie y su hábitat es perfecta: estos tonos negruzcos y pardo metálico son los del coral de Aldabra. El plastrón es igualmente gris uniforme. Las patas son muy altas y elefantinas, armadas de uñas grandes y planas. Esta tortuga se mantiene a menudo erecta, con las patas bien rectas y con el cuello y la cabeza extendidos, para insolarse. Los machos son ligeramente más grandes que las hembras (un tercio, en promedio), pero el dimorfismo sexual está poco marcado. Solo los machos muy viejos presentan una concavidad importante en el plastrón, con un xifiplastrón fuertemente desarrollado.

Historia y geografía. Esta especie es la única superviviente en la naturaleza entre las muchas tortugas gigantes que vivían en el océano Índico. Estas tortugas, probablemente emigradas del continente africano y aisladas en islas pequeñas o grandes (La Reunión, Mauricio, Madagascar, Seychelles y Rodrigues), se diferenciaron en especies diversas, pero afines, y siempre de gran tamaño. Desde el siglo VI, las recolecciones, por parte de los navegantes y colonos que ocupaban estas islas, provocaron rápidamente la erradicación de varias de estas subespecies. En Madagascar, la extinción de las especies gigantes es quizá anterior a la llegada del hombre. El aislamiento de algunas islas de las Seychelles, y sobre todo de Aldabra, ha permitido salvaguardar una sola especie, *Dipsochelys elephantina*. A principios del siglo pasado, en Aldabra mismo, los efectivos habían sido evaluados en unos centenares. La protección de este atolón y la prohibición de la recolección han permitido que la población de Aldabra aumente rápidamente, para alcanzar su máximo en los años 1970: 152.000 individuos. Actualmente, la población está en regresión y para

Tortuga terrestre

Esp.: *Tortuga de Aldabra*
Ingl.: *Aldabra giant tortoise*
Fr.: *Tortue géante d'Aldabra*
Ale.: *Elefanten-Schildkröte*
It.: *Testuggine gigante delle Seicelle*

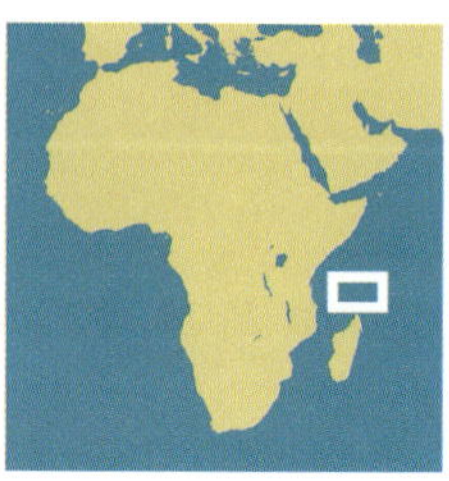

2001 se estimaron unas 85.000 tortugas (D. Bourn). En el resto de las islas Seychelles, quedarían alrededor de 2.000 tortugas.

Aldabra, un pequeño atolón de 35 x 12 km, declarado Reserva de la Biosfera, constituye un conservatorio excepcional de una sola especie de tortuga. La biomasa de estas tortugas es la más importante del planeta, con 21 toneladas por km^2, lo que es superior a la de los grandes mamíferos del Serengeti. Aldabra está constituido por cuatro islotes, tres de los cuales están ocupados por tortugas. El 90 % de la población vive en Grande-Terre; 7 %, en Malabar; y 3 %, en Picard, donde se encuentran el centro de acogida y los lugares de estudio. Algunas tortugas viven igualmente en los islotes (isla Michel, isla de los Cedros) en medio de la albufera. Una decena de personas residen en Picard. El biotopo de este atolón coralino es muy particular y presenta diferentes ecosistemas. El más ocupado por las tortugas es una zona mixta de coral y de vegetación herbácea, cubierta de *Sporobolus virginicus* y de "tortoise turf", conjunto de vegetales rasos que representa la base alimentaria de las tortugas. Otros biotopos son más arbóreos y están constituidos de *Pandanus*, *Pemphis*, *Cyperus* y *Ochna*; pero, alrededor de la albufera, dominan los manglares, que son impracticables para las tortugas. En Malabar, el bosque de casuarina constituye un hábitat favorable, y en Picard, los cocoteros plantados por el hombre se mezclan con las casuarinas para crear un ambiente mixto y antropizado, también adecuado para las tortugas.

Hábitos. En cada uno de los islotes de Aldabra, las tortugas han desarrollado estrategias particulares que modelan su morfología y su edad. En esta especie, la cópula es discreta, sin mordeduras ni largos preliminares. El macho emite un gruñido tranquilo, mucho menos audible que el de la tortuga de las Galápagos. Las puestas se observan generalmente de julio a noviembre, antes de la estación lluviosa. Los huevos son del tamaño de una pelota de tenis y pesan unos 80 g. Los estudios de Swingland y Coe proporcionan las cifras siguientes, para los tres islotes: en Grande-Terre, se cuentan en promedio 5,3 huevos de 81,6 g por hembra; en Malabar, 14 huevos de 90 g en promedio; y en Picard, 19,2 huevos de 75 g. La incubación dura de 85 a 157 días y depende sobre todo de la llegada de las lluvias. El éxito será aproximadamente de un 80 % de nacimientos viables. Las tortugas jóvenes pesan 32 g en promedio y todas son negras y de forma aplanada. La mortalidad es importante, a causa del medio coralino, de la sequedad y de los predadores, como los cangrejos (terrestres y de cocoteros) y las ratas (exógenas). Los jóvenes crecen bastante rápido y las escamas lucen líneas de crecimiento más claras, así como una areola igualmente crema o anaranjada. En su madurez el caparazón se volverá uniforme, en tonos negros en Grande-Terre, y caoba a bronce en Malabar.

En Picard y Malabar, los animales tienen un ritmo de vida "clásico": activos de día; hacen la siesta desde el final de la mañana hasta el medio de la tarde, y manifiestan un corto periodo de actividad al final de la jornada. Son los animales más fuertes y más grandes los que se imponen, con una masa que puede alcanzar los 150 kg en Picard y los 80 kg en Malabar (en los machos). En el bosque de casuarina, se ven pequeños grupos compuestos de hembras y algunos jóvenes y subadultos, sin que por ello se hable de familias, sino más bien de habituación de animales de edades diferentes a un sitio de descanso. En Grande-Terre, las tortugas desarrollan una estrategia única, observada y estudiada por I. Swingland, en los años 1970. La dureza del biotopo y el limitado acceso al alimento, en lugar de conducir a la rarefacción de la especie y a la supervivencia de algunos individuos de gran tamaño, han llevado, al contrario, a una gregarismo excepcional y a la proliferación de los subadultos. En algunas décadas, las tortugas se han vuelto muy abundantes, al punto de alcanzar densidades máximas de 250 tortugas por hectárea alrededor de Cinq Cases.

© F. Bonin

En este paraíso al borde de la albufera, bajo la sombra de las palmeras, las tortugas alcanzan un buen tamaño y descansan a orillas del mar, buscando "tortoise turf" para comer.

Como su nombre científico lo indica, esta tortuga "bebe por las narinas", colocando su hocico perpendicularmente al charco y aspirando con fuerza.

© B. Devaux

Ahora bien, la sobredensidad animal ha tenido como corolario una mortalidad muy precoz y el mantenimiento de una especie de neotenia en esta población. Las tortugas alcanzan raramente la madurez y la mayoría siguen siendo subadultos. Prueba de ello es su osificación: las fontanelas permanecen abiertas hasta su muerte y su caparazón está muy pobremente calcificado y es notablemente fino. Las tortugas no superan en promedio los 30 kg, con máximas de 60 kg en algunos machos, y mueren a menudo antes de cumplir 20 años, a causa de caídas en el coral, de deshidratación o de debilitamiento debido a una dieta pobre. Para sobrevivir, las tortugas han desarrollado un ritual, único entre los Quelonios. Llevan un ritmo de vida extremadamente rígido, a fin de optimizar sus probabilidades de sobrevivir. De 11:00 a 16:30, en las horas cálidas del día, todas se esconden bajo la sombra, especialmente debajo de los grandes árboles de hojas anchas, los *Guettarda speciosa*. A partir de las 17:00, todas salen al mismo tiempo y se dirigen de un modo similar a los prados de "tortoise turf" donde pastan por turnos, formando vastas manadas miméticas. Llegada la noche, se inmovilizan en el lugar donde se alimentan y allí pernoctan, inmóviles y sin cobijo. Por la mañana, a partir de las 6:00 h, vuelven a animarse y a comer, a defecar y a aparearse. Luego, hacia las 10:00, vuelven a la parte alta de las dunas y a los arbustos de *Pandanus* y los *Guettarda*. Se vuelven a esconder de 11:00 a 16:30 para la siesta diaria. Ninguna tortuga infringe este riguroso ritual: toda tortuga que saliese durante las horas cálidas y se aventurase en el coral estaría condenada a morir rápidamente, por desecación. En esta población de Grande-Terre, Swingland ha diferenciado otras dos estrategias cruzadas: algunas tortugas permanecen en las tierras del interior y se desplazan poco, mientras que otras migran hacia los prados al borde del mar. Cada estrategia tiene sus ventajas y sus inconvenientes, que se miden en términos de longevidad y de peso promedio de los individuos. Esta adaptación muy fina a un entorno riguroso es un éxito, evidentemente, a pesar de la mortalidad precoz, ya que el número y la biomasa de esta población superan todo lo visto en otros vertebrados.

Algunas tortugas, solo en Malabar y Picard, no respetan estos esquemas de grupo y se notan desplazamientos excepcionales: algunos animales recorren 25 km en algunos meses y otros llegan por mar (sin duda, caídos de las riberas de corales) para abordar las escasas playas de Picard. Nada muy bien y es posible que sus ancestros llegasen de este modo desde la lejana África. La adaptabilidad de esta especie es excepcional, así como lo demuestran sus estrategias de supervivencia en el atolón. Asimismo, esta adaptabilidad le ha permitido resistir las depredaciones de filibusteros y marinos, que se las llevaban en el fondo de la cala durante meses sin alimentarlas ni darles de beber, para abastecerse de "carne fresca". También se adapta a la cautividad en lugares a veces inadecuados: zoológicos míseros, patios de hoteles y parques en países fríos. En cautividad, estas tortugas presentan a menudo caparazones deformados, con espaldares abollados o aplanados, que demuestran su gran plasticidad. Es, sin duda gracias a esta adaptabilidad y a esta plasticidad que han podido sobrevivir, a diferencia de otras tortugas gigantes del océano Índico. Su longevidad ha intrigado a menudo a los observadores. Se les ha acreditado una edad de 150 años, incluso de varios siglos. Actualmente se cree que pueden vivir fácilmente cientos de años.

Protección. Situada en el Apéndice II de la CITES, esta tortuga aún es exportada hacia los zoológicos occidentales. En Aldabra, la Seychelles Island Foundation asegura un seguimiento permanente y representa la garantía de una conservación óptima. Sin embargo, esta pequeña población insular está muy expuesta a las catástrofes naturales. Por ello, es necesario mantener otras poblaciones naturales en islas bien vigiladas y más cercanas a Mahé, como, por ejemplo, Curieuse, donde en los años 1990 se llevó a cabo un buen programa (pero que se ha relajado estos últimos años); o en algunas islas alejadas, como Mauricio, donde el Vanilla Crocodile Park desarrolla un programa de cría y se vuelve a crear una población en Rodrigues. En las mismas Seychelles, existen varios centros de cría, en Cousin, Mahé, Praslin y La Digue, aunque en condiciones a menudo deplorables y sin un verdadero plan de conservación. Un grupo de tortugas, cuyos ancestros fueron traídos por los navegantes árabes, sobrevive en Zanzíbar desde hace algunos siglos. Esta especie está presente en casi todos los zoológicos del mundo.

En esta especie las cópulas son relativamente discretas y menos ruidosas que en las tortugas sulcadas y las de las Galápagos. Este macho parece muy "solícito".

Especies emparentadas *Dipsochelys* sp.

Dos especies que se creían desaparecidas fueron encontradas por Justin Gerlach (1998) en cercados y hoteles de Mahé. En la isla Silhouette, frente a Mahé, en el Nature Protection Trust de las Seychelles (J. y L. Gerlach) se mantienen y reproducen actualmente una decena de tortugas adultas, y estos últimos años se han obtenido juveniles (2003-2004). Se trata de *Dipsochelys hololissa* (Günther, 1877), especie de gran tamaño (1.140 mm) que puede alcanzar los 200 kg (en los machos). Sus segunda, tercera y cuarta vertebrales forman un plano horizontal, a menudo con suturas anchas y profundas. Las marginales laterales forman un ángulo recto con el plastrón, que es a menudo ensanchado y muy grueso. El caparazón presenta un aspecto muy liso, muy finamente pulido, sin asperezas ni anillos de crecimiento, y a menudo de un negro profundo. *Dipsochelys arnoldi* Bour, 1982, mide 875 mm y su caparazón es más plano y más bajo que el de *Dipsochelys hololissa*. Se observa que el espaldar abovedado está avanzado a la altura de la primera vertebral, y que presenta una depresión lateral entre la primera y la segunda costales.

Los especialistas todavía discuten la validez de estas dos especies.

© B. Devaux

© B. Devaux

Dos fotos tomadas en Silhouette, en el centro Gerlach. Arriba, *Dipsochelys arnoldi* luce una depresión entre la primera y la segunda costales. Debajo, *D. hololissa* presenta un "plano" entre la segunda y la cuarta vertebrales.

Geochelone elegans (Schoepff, 1794)

Distribución. Se distinguen dos áreas en India, en el oeste, en el Gujarat hasta la frontera pakistaní; y en el este, desde el sur del delta del Ganges hasta el extremo de la península; así como en Sri Lanka. Se han hecho algunas observaciones en Pakistán y en Bangladesh, pero esta tortuga ocupa normalmente las áreas más secas y no las zonas húmedas.

Características. Hay varias tortugas a las que se denomina "estrelladas", desde Sudáfrica y Madagascar hasta India. Aunque estas tierras estaban unidas antiguamente, se trataría solo de una convergencia (R. Bour) ligada a climas y biotopos próximos. Para diferenciar a *G. elegans* de las demás tortugas estrelladas, se-

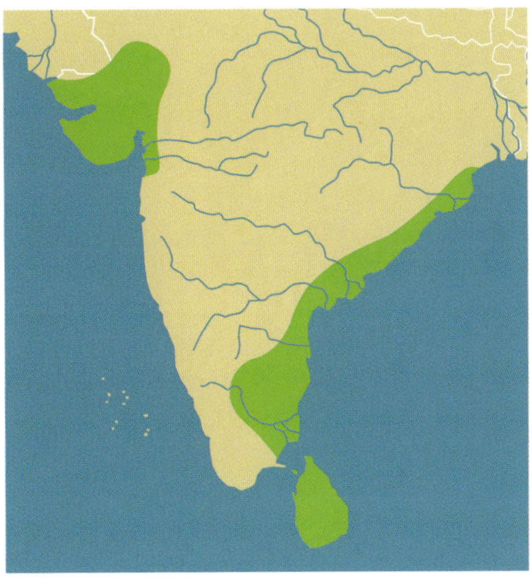

Tortuga terrestre

Esp.: *Tortuga estrellada india*
Ingl.: *Indian star tortoise*
Fr.: *Tortue étoilée de l'Inde*
Ale.: *Sternschildkröte*
It.: *Tartaruga elegante*
Tamil: *Katu aamai*

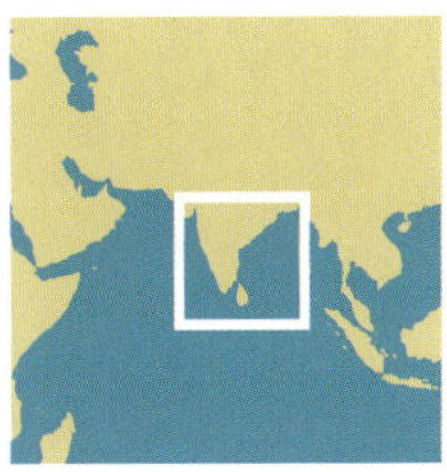

En algunos individuos las líneas claras son menos abundantes, pero siempre están presentes así como la forma "piramidal" de las vertebrales y de las costales.

El diseño general recuerda al de la tortuga estrellada sudafricana o a la de Madagascar. Ahora bien, las escamas presentan con frecuencia una protuberancia piramidal específica, y las líneas radiales no son tan finas como en *A. radiata*.

ñalamos los caracteres siguientes: la tortuga india no supera los 380 mm y los 7 kg; las escamas radiales de su espaldar presentan una forma cónica; las marginales posteriores son ligeramente dentadas, sobre todo en los jóvenes; el caparazón es ligeramente más estrecho en el medio; y carece de nucal. Además, las rayas negras y amarillas presentan muchas partes negras y se inscriben alrededor de toda la areola; mientras que en *Astrochelys radiata* forman un abanico estrecho en aproximadamente 1/4 de la escama. Las areolas son a menudo pardas a anaranjadas y forman como un plano más elevado. Las patas son bastante cortas, con anchas escamas planas y redondas, rodeadas de negro. La cabeza es igualmente bastante pequeña, con pequeñas escamas amarillas sobre fondo negro. El plastrón es amarillo con rayas negras. Las hembras son de mayor tamaño que los machos. Estos últimos están dotados de un plastrón a veces muy cóncavo y de un xifiplastrón bien marcado. Los jóvenes son casi totalmente amarillos o amarillo anaranjado, y lucen marcas negras en las suturas.

Hábitos. Esta tortuga ocupa prioritariamente las zonas secas del Tamil Nadu, que están dotadas de herbáceas, acacias y euforbias; pero también se la encuentra en algunas praderas verdes más al norte o en el oeste de India. Durante el periodo seco, está activa por la mañana y se esconde a lo largo del día. Durante el periodo húmedo, se vuelve muy activa, se aparea y se alimenta abundantemente. Es sobre todo herbívora y les gustan los frutos y vegetales, así como las suculentas; pero, en el periodo seco, a veces se alimenta de hojas muertas y de espinosas. En Sri Lanka, es conocida por consumir los frutos del árbol de la papaya, lo que provoca muertes por obstrucción intestinal (Hunt). También come lagartijas, ratas muertas e insectos. En el oeste de su distribución, pasa algunas semanas en hibernación, ya que las temperaturas refrescan de noche. La madurez sexual es aparentemente precoz: algunas tortugas se aparean a partir de los 5 o 6 años. El periodo de apareamiento coincide con el mes de los monzones. La llegada de las lluvias desencadena en los machos erecciones espectaculares, como en *A. radiata*. El cortejo de los machos es breve y poco agresivo: no hieren ni muerden a las hembras. Emiten un gruñido moderado durante el coito. Las puestas se observan sobre todo en mayo-junio, y luego en octubre. Los huevos son elípticos, pero a veces tienden a ser esféricos, de un tamaño bastante importante para esta pequeña especie: 32 x 40 mm. Las puestas contienen de 3 a 6 huevos, y se observa un máximo de cuatro puestas. La incubación va de los 110 a los 130 días, y es bastante regular. En una misma temporada, una hembra puede poner alrededor de 25 huevos.

Protección. Tres amenazas pesan sobre esta tortuga cuyos efectivos disminuyen rápidamente: la recolección para el comercio internacional, destinada a los países asiáticos u occidentales; la recolección para el consumo (más de 10.000 ejemplares serían vendidos cada año solo en los mercados de Calcuta); y la fuerte humanización que transforma los ambientes naturales en zonas agrícolas o urbanas. Según I. Das, especialista en *G. elegans*, India se desforesta rápidamente y el pastoreo intensivo así como la ampliación de las zonas cultivadas provocan su rápida regresión, cuando hace algunas décadas ocupaba aún la totalidad del país. Das preconiza medidas de protección más rigurosas, como su inclusión en el Apéndice I (actualmente están en el Apéndice II), la creación de reservas realmente eficaces y vigiladas, y una amplia educación ambiental de las poblaciones. Las exportaciones deben cesar, y se deben llevar a cabo estudios sobre el estatus de la especie.

Geochelone platynota (Blyth, 1863)

Tortuga terrestre

Esp.: *Tortuga estrellada birmana*
Ingl.: *Burmese starred tortoise*
Fr.: *Tortue à dos plat*

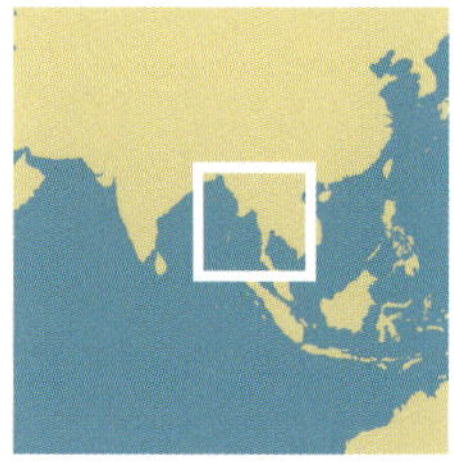

Distribución. Territorio muy limitado, en el delta del Ayeyarwady, en Myanmar.

Características. Es muy próxima a *G. elegans* de India, con una distribución prolongada hacia el este. Solo alcanza una treintena de centímetros y sus escamas son planas, como lo indica su nombre, es decir que no posee la forma cónica de la especie india. Es muy oval y sus marginales posteriores no son dentadas. Su coloración es más oscura, con rayas menos luminosas y menos abundantes que en *G. elegans*. Se parece bastante a *Psammobates geometricus*, pero se diferencia por la ausencia de nucal. Las patas están cubiertas de tubérculos más bien pequeños, amarillentos sobre fondo oscuro. Presenta una uña en el extremo de la cola y espolones detrás de los muslos. El plastrón está adornado a veces con triángulos negros en cada escama, con un fondo amarillo claro o anaranjado. La cabeza es pequeña y de color uniformemente pardo crema.

Hábitos. Está más afincada en zonas húmedas que *G. elegans*, y ha sido poco observada en la naturaleza. Estaría activa principalmente al final del día y sería más bien omnívora. Los huevos son grandes y alargados (38 x 55 mm) y, al parecer, son depositados en febrero, so-

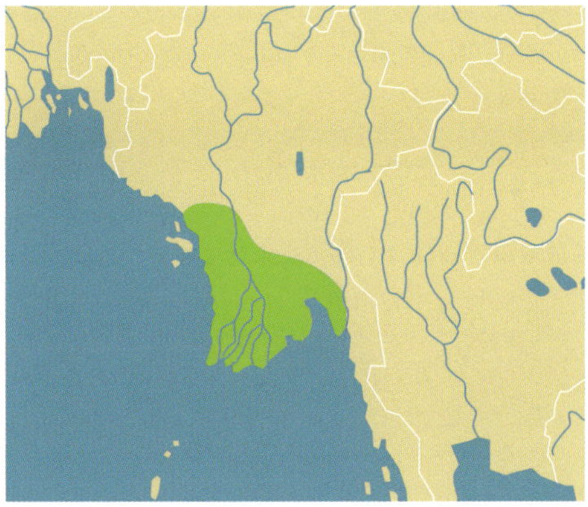

bre capas de humus que garantizarían la incubación.

Protección. Su rareza en el medio natural es preocupante para su supervivencia. Los birmanos siempre la han consumido y utilizaban perros para atraparla. Su caparazón se usa frecuentemente como recipiente. La deforestación destruye sus hábitats. Ahora bien, no se ha señalado ninguna recolección sistemática con fines comerciales. La escasez de efectivos requiere estudiar y proteger mejor sus poblaciones.

Especie clasificada "en peligro" por el Turtle Conservation Fund.

© I. Das

El diseño es, en general, bien proporcionado y está fuertemente marcado con gruesas líneas radiales claras y poco abundantes, sobre un fondo negruzco.

Homopus areolatus (Thunberg, 1787)

© A. Hell-Kevorkian

Este animal es pequeño y sus escamas se endurecen y se vuelven "enanas" en el extremo. A veces, las escamas forman como "granos de café" óseos, únicos en las tortugas.

Tortuga terrestre

Esp.: *Tortuga de El Cabo*
Ingl.: *Beaked Cape tortoise*
Fr.: *Homopode aréolé*
Ale.: *Areolen-Flachschildkröte*
It.: *Omopo areolato*

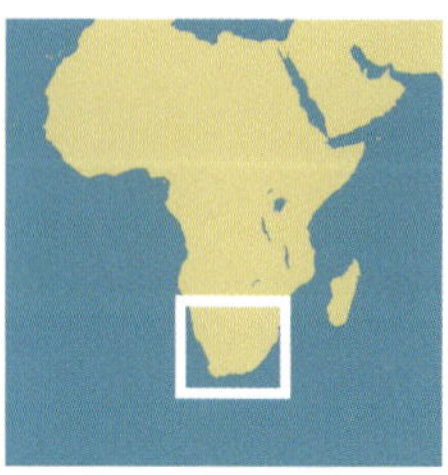

Distribución. Endémica de Sudáfrica, ocupa el extremo sur del continente africano, en la provincia de El Cabo, entre el mar, East London, por el este, y Cederberg, por el oeste, por debajo de los 1.300 m de altitud.

Características del género *Homopus*

El nombre "Homopus", que significa "los mismos pies", no es adecuado, ya que de las cinco especies del género, tan solo dos poseen cuatro uñas tanto en las patas traseras como en las delanteras. Las cinco especies, que se parecen bastante, son planas, de pequeño tamaño (un máximo de 160 mm de longitud) y tienen un aspecto como "enano", sin duda debido a la aridez de los ambientes que ocupan y a su particular ecología. Casi todas viven en Sudáfrica, en pequeños territorios bastante aislados, pero una de ellas es endémica de Namibia (*Homopus solos*). Estas tortugas residen en ambientes secos y pedregosos, y su forma plana, así como sus miembros largos y poderosos dotados de fuertes uñas, les permiten deslizarse por escondites rocosos y avanzar en paredes semiverticales. Una de ellas (*H. signatus cafer*) tiene incluso el caparazón flexible y recuerda un poco al de *Malacochersus tornieri*. Su osamenta ha conservado vestigios primitivos. La superficie de los maxilares no es dentada y la región gular es a veces muy gruesa. Entre las *Homopus* se encuentra la tortuga más pequeña del mundo, con un máximo de 100 mm en las hembras adultas. Su cabeza es de gran tamaño con relación a su cuerpo, sus placas son gruesas y muy densas; sus surcos, muy concentrados y a veces excavados.

Características de *H. areolatus*

Es una especie que no supera los 120 mm (hembras). Sus placas presentan surcos profundos, con una areola cuadrangular pigmentada y descentrada. El pico es bastante grande y tricúspide. El espaldar es el menos plano del género, y su forma recuerda a un "chaflán", con las areolas anchas y planas. Es más ancho por detrás que por delante. Las marginales están a menudo levantadas por encima de los miembros posteriores. La coloración es del tipo "friso griego", beis y negro, con pardo en las areolas y a veces un fondo grisáceo. El plastrón es amarillento con algunos surcos parduscos o con partes negras en el centro. La cabeza y las patas son amarillentas, beis y marrones. Esta especie posee cuatro uñas tanto en las patas delanteras como en las traseras. Los machos no presentan concavidad plastral. Su cabeza es más fuerte y su hocico más pronunciado que en las hembras. Asimismo, son a menudo más anaranjados y de color más claro que éstas. Los jóvenes son más oscuros que los adultos, casi pardo negruzco: sus areolas se distinguirán posteriormente, al volverse más claras y más notorias.

Hábitos. Esta tortuga es poco visible en su medio, pues prefiere las zonas umbrías y los escondites bajo los arbustos, tanto desde el borde del mar como hasta la cima de las colinas. Emite un fuerte gruñido cuando está inquieta. En la época de las cópulas (de junio a enero), los machos son combativos y se enfrentan con fuerza. Durante este periodo, las escamas prefrontales se tornan de un rojo anaranjado muy marcado. Los nidos se observan de agosto a noviembre, a veces en abril. Ponen un promedio de dos huevos (un máximo de cuatro), de forma alargada, que miden 22 x 35 mm. La incubación podría ser bastante larga (de 5 a 10 meses), pero las emergencias dependen de las precipitaciones. Los nacimientos se producen en marzo y abril, en el momento de la estación húmeda.

Protección. Esta especie figura en el Apéndice II de la CITES. Está totalmente protegida por leyes nacionales, como todas las demás *Homopus*, y parece poco afectada por las recolecciones. No está presente en las colecciones occidentales. Las principales amenazas para su conservación provienen de la perturbación de sus hábitats, pues parece una especie poco adaptable y su territorio es cada vez más frecuentado por el hombre. Sus predadores son igualmente numerosos: avestruces, perros domésticos, babuinos y diversas rapaces. Se puede prever una lenta rarefacción de sus efectivos, por lo que sería necesario estudiar mejor su estatus.

© B. Branch

Este ejemplar de colores contrastados es más representativo, luce escamas profundamente esculpidas y areolas "deprimidas".

Homopus solos Lindholm, 1906 (ex *H. bergeri*)

Nota. No ha sido recogida ni por P. Pritchard en su enciclopedia, ni por la UICN en su clasificación. Pero es citada y presentada por Branch, el especialista en tortugas sudafricanas, que propone denominarla *H. solos* (a causa de su aislamiento en Namibia).

Distribución. Es endémica de Namibia, del sur del desierto, en las montañas graníticas alrededor de Aus.

Características. Es la más rara de las cinco especies del género y ocupa el ambiente más árido. Es pequeña, con un máximo de 110 mm para las hembras. Su espaldar es muy plano y presenta areolas deprimidas y suturas profundas entre las placas. La nucal es pequeña y estrecha. Las patas delanteras están provistas de cinco uñas. Las marginales no están levantadas en la parte trasera, contrariamente a las otras *Homopus*. La coloración es pardo rojizo, con anillos claros alrededor de la areola, y a veces una raya roja en las suturas entre las escamas. El plastrón tiene la misma apariencia, con los márgenes oscuros. La cabeza es uniformemente parda. La cola se termina con una uña córnea. El pico es moderadamente puntiagudo. Los machos presentan una ligera concavidad bajo el plastrón.

Hábitos. Ocupa un medio muy seco, árido, pedregoso y poco alejado del mar. En este hábitat particular, está activa sobre todo por la mañana y especialmente en el momento de las lluvias. Pasa mucho tiempo escondida debajo de las piedras planas, y estiva durante los meses cálidos. Los granjeros de los alrededores de Aus poseen a veces pequeñas poblaciones en sus terrenos y constituyen así especies de mini reservas, donde pequeños grupos de tortugas viven en paz. Es una tortuga muy viva, capaz de escalar las rocas y que se parece en muchos aspectos a *Malacochersus tornieri* de Tanzania, pero de tamaño reducido. Es más bien vegetariana, pero puede consumir insectos muertos y restos orgánicos. Sus predadores son principalmente cuervos y hienas: el reducido tamaño de los adultos las vuelve presa fácil de estos depredadores.

Protección. Esta especie cuenta con efectivos escasos y muy diseminados, que requieren de la pronta puesta en marcha de programas de vigilancia y conservación.

© B. Devaux

© F. Bonin

Esta tortuga minúscula y plana, se desliza fácilmente bajo las rocas. Los machos (izquierda) son casi siempre más claros, vivos y agresivos que las hembras.

Tortuga terrestre

Esp.: *Tortuga de Namibia*
Ingl.: *Berger's Cape tortoise*

Este ejemplar, observado en su territorio árido de Namibia, solo medía 80 mm. Su cabeza es grande; las escamas ya están muy estriadas y las patas, lucen espolones.

Homopus boulengeri Duerden, 1906

Distribución. Es endémica de Sudáfrica y vive en una zona más restringida que *H. areolatus*, en las tierras del interior y no al borde del mar. Ocupa las mesetas rocosas del Great Karroo.

Características. Su nombre proviene del doctor G. A. Boulenger, que fuera taxonomista del Museo Británico. Es una tortuga pequeña, con 110 mm para las hembras y 90 mm para los machos. Es oval, sin ensanchamiento en la parte posterior, pero es la más plana de las *Homopus*. El espaldar a menudo está deprimido y todas las placas son planas, con areolas grandes y pigmentadas. La primera vertebral es muy grande y cuadrada. Las patas delanteras presentan cinco uñas; las traseras, cuatro. Carece de uña córnea en el extremo de la cola, lo que la diferencia inmediatamente de *H. solos*. Los machos están dotados de una concavidad moderada bajo el plastrón. El pico está poco desarrollado, siendo apenas tricúspide. La coloración varía, pero en general dominan el pardo rojizo o el beis monocromo. Los individuos jóvenes presentan a veces líneas negras en las suturas. El plastrón es igualmente amarillento a rojizo, con líneas más oscuras alrededor de las placas. La piel es amarillenta a anaranjada. Las patas presentan grandes tubérculos imbricados.

Hábitos. Vive en las cavidades de las rocas y su coloración se confunde con este sustrato. Sale principalmente los días de tormenta y cuando hace más fresco. Se ha observado que los cuervos se llevan a estas tortugas en el aire y que las tiran contra las rocas para comerlas. La particularidad de esta especie es que solo pone un huevo, muy grande para un animal de este tamaño. Según Siebenrock, este huevo alargado puede medir hasta 25 mm de ancho por 55 mm de largo; mientras que las dimensiones dadas por Boycott y Bourquin son de 24 x 35 mm en promedio. El paso de este huevo requiere una cierta movilidad del plastrón, que

Tortuga terrestre

Esp.: *Tortuga de Boulenger*
Ingl.: *Boulenger's Padloper*
Fr.: *Homopode de Boulenger*
Ale.: *Boulenger-Flachschildkröte*

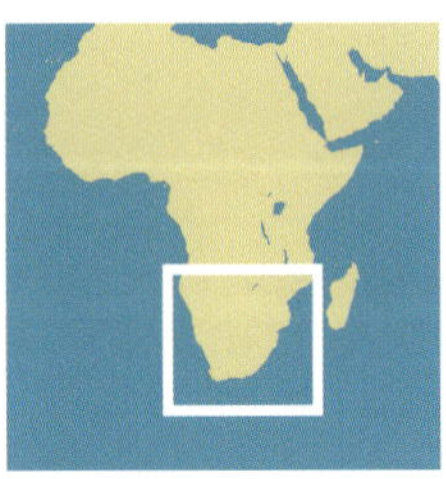

además es a menudo muy flexible, pero es posible que el huevo en sí mismo sea bastante blando en el momento de la puesta.

Protección. Aparece en el Apéndice II de la CITES. La puesta reducida y su restringido territorio sugieren que es poco abundante. Su estatus debe ser reexaminado. Felizmente, su territorio no está muy alterado por la agricultura y la urbanización. Está presente en los parques y reservas de la provincia de El Cabo, como el Parque Nacional del Karroo. Se necesitan permisos especiales para tenerla en cautividad. Por otro lado, parece que no soporta bien esta cautividad y pocas veces sobrevive mucho tiempo.

Esta especie es más bien monocroma, a menudo beis a rojiza. Las escamas siempre están profundamente estriadas.

© B. Devaux

Homopus femoralis Boulenger, 1888

Distribución. Es endémica de Sudáfrica, pero su territorio es el más extendido de las *Homopus*. Está situado más al este que el de las especies precedentes y más alejado del mar, desde la llanura del Karroo hasta el Estado Libre de Orange, hacia el este. Asimismo, se la encuentra en el sudeste del Transvaal, pero se trataría de poblaciones relictas.

Características. Es la tortuga más grande del género (153 mm de longitud máxima en las hembras, y 111 mm de longitud máxima en los machos) y posee un espolón detrás del muslo, de allí el nombre "femoralis". Su espaldar, muy oval y plano, presenta placas y areolas muy planas, lo que le da al animal un aspecto que recuerda a un "chaflán". La supracaudal no es doble y las marginales no están levantadas por detrás. Tanto las patas delanteras como las traseras poseen cuatro dedos y están provistas de tubérculos muy desarrollados que hacen recordar a las tortugas excavadoras. El pico es tricúspide, pero no es prominente. El color general es uniforme, entre el oliváceo y el pardo, y es la única tortuga del género *Homopus* que también presenta pocos contrastes en las placas. Éstas están rodeadas por finas líneas blancas. El plastrón es amarillento a pardo. En los juveniles, las escamas del plastrón están delineadas de negro.

Hábitos. Vive en zonas rocosas y a veces ocupa antiguas termiteras; hiberna en grietas rocosas, de junio a septiembre. Entre los depredadores de la especie, el varano es especialmente activo, pues desentierra los nidos y se come a los jóvenes; sin embargo, también se señalan perros, babuinos y rapaces. Las puestas contienen un promedio de 3 huevos, que miden aproximadamente 26 x 30 mm.

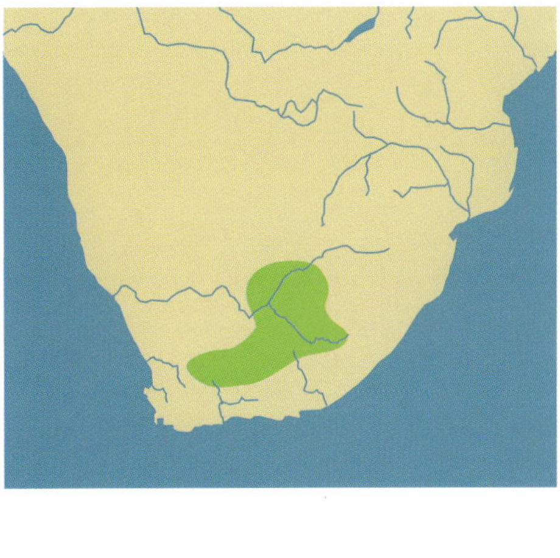

Tortuga terrestre

Esp.: *Tortuga del Karroo*
Ingl.: *Karoo tortoise, Greater padloper*
Fr.: *Homopode à éperons*

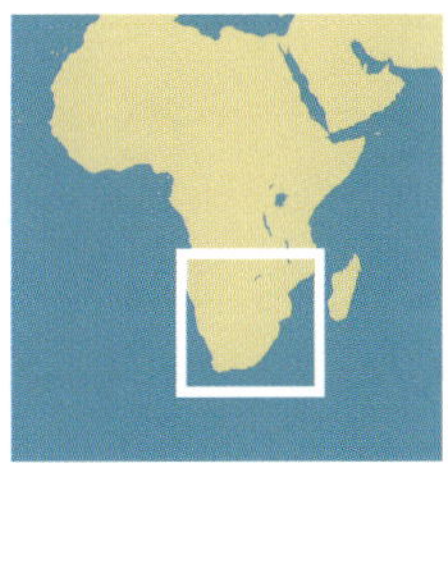

© B. Branch

Protección. Esta especie está incluida en el Apéndice II de la CITES y sus efectivos son, al parecer, poco abundantes. En las zonas rocosas donde se esconde, no debe estar muy amenazada, aparte del peligro que representan los incendios, frecuentes en estas zonas secas. Se la encuentra en los parques nacionales, como en el Karroo, en el Mountain Zebra y el Addo Reserve. Como para todas las *Homopus*, se necesitaría realizar estudios para conocer mejor su estatus.

La mejor manera de reconocer a esta especie es observar los grandes espolones detrás de sus muslos. El tamaño también puede ser un buen indicador: es la más grande de las *Homopus*.

Homopus signatus (Gmelin, 1789)

Tortuga terrestre

Esp.: *Tortuga manchada*
Ingl.: *Spekled tortoise*
Fr.: *Homopode marqué*
Ale.: *Gesägte Flachschildkröte*

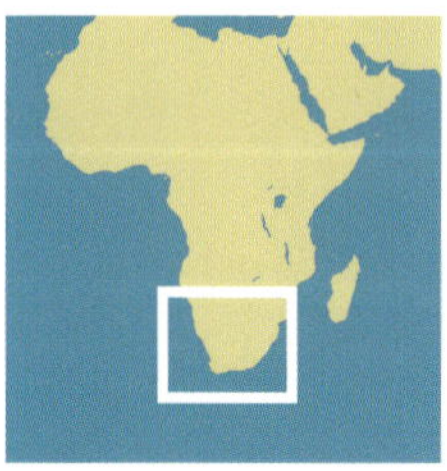

Distribución. Ocupa un territorio estrecho y alargado desde sur de Namibia hasta la provincia de El Cabo, en Sudáfrica.

Características. Es la más pequeña de todas las Testudinidae y del conjunto de los Quelonios, con un máximo de 100 mm en las hembras y de 80 mm en los machos en la subespecie *H. s. cafer* (Daudin, 1801). Su diseño es muy vistoso, con abundantes manchas finas y regulares y puntos radiales oscuros, negros a rojizos, sobre fondo más claro, anaranjado a beis. Es muy plana, con escamas igualmente planas, a veces deprimidas, y surcos muy marcados. A veces se nota un ligero estrechamiento en el centro, como una "bobina". Las marginales posteriores son a veces dentadas. Posee cinco uñas en las patas delanteras y cuatro en las traseras. La primera vertebral es pequeña y cuadrada, a diferencia de *Homopus boulengeri*. La piel es anaranjada, beis o marrón a grisáceo. Las patas delanteras están dotadas de tubérculos bastante puntiagudos en la parte delantera. Son grandes y fuertes y permiten al animal escalar rocas fácilmente. El plastrón es de color marfil, beis o marrón, con salpicaduras negras difusas.

Subespecies. *H. s. signatus*: la especie nominal se encuentra desde el sur de Namibia hasta el noroeste de Sudáfrica. Es abundante en los alrededores de Springbok. Mide un máximo de 106 mm (hembras). Presenta puntos negros sobro un fondo marfil (de allí el nombre "signatus"), areolas deprimidas, marginales levantadas y dentadas por detrás, y una nucal más ancha que larga. *H. s. cafer*: ocupa un pequeño territorio en el noroeste de Sudáfrica, en las islas de rocas donde su homocromía se manifiesta perfectamente. En efecto, esta subespecie presenta un tinte anaranjado a rojizo, o salmón, con finos puntos negros. Sus areolas son grandes y no deprimidas, y sus marginales son menos dentadas y estrechas que en la subespecie nominal. Su nucal es más larga que ancha. Su nombre proviene de una provincia denominada Caffraria.

Hábitos. Esta tortuga vive solo en los biotopos rocosos, denominados *klipskilpadjie*, en colinas secas y en ambientes áridos, hasta una altitud de 1.000 m, a veces no lejos del mar. Trepa con facilidad las pendientes rocosas, se esconde bajo los escombros, y se coge con las patas y a veces con el pico, para avanzar. Es una tortuga muy ágil y sus patas son largas y muy flexibles. Es una verdadera trepadora, adaptada a las rocas, y su misma coloración puede hacer recordar a las piedras y a la grava de su biotopo, como sucede con *Pyxis arachnoides* en Madagascar. Aparentemente soporta bien la gran aridez de su hábitat y nunca se le ha visto beber. Incluso algunas veces excava pequeños túneles (30 cm de profundidad) para protegerse del calor. Esta especie se observa más a menudo en invierno, inmóvil en las rocas, mientras se termorregula, y, entonces, su actividad es máxima. Come insectos, hierbas y gramíneas, gusanos y animales muertos, así como residuos vegetales. En la época de mayor floración, justo después de las lluvias (septiembre), consume flores y suculentas en abundancia. Las cópulas se observan entre septiembre y octubre, y entre junio y julio. Durante el cortejo ritual, los machos agitan frenéticamente la cabeza frente a la hembra. Los huevos son bastante grandes para un animal tan pequeño (24 x 34 mm), pero, generalmente, la hembra solo pone uno (dos como máximo). El plastrón es bastante flexible en la parte posterior, lo que facilitaría la puesta. El crecimiento de los jóvenes es muy rápido, y a los dos años ya pueden llegar a medir 60 mm. Parece alcanzar su madurez sexual muy precozmente.

© F. Bonin

Este juvenil no mide más de 40 mm.

Protección. Figura en el Apéndice II de la CITES. Estas tortugas son muy buscadas por los coleccionistas, a causa de su original diseño y de su coloración particular (sobre todo *H. s. cafer*). La subespecie nominal está aún muy extendida y la Cape Nature Convervation realiza programas de seguimiento científico. En cambio, la subespecie *cafer* solo sobrevive, a veces en poblaciones reducidas, en zonas aisladas que deberían protegerse para evitar su desaparición. Puede ser afectada por incendios y, sobre todo, se ve afectada por la captura para su explotación comercial. La especie nominal está protegida en la reserva natural Hester Malan y en el Parque Nacional Richtersveld.

Debajo: el adulto es muy plano y no supera los 80 mm. Los adultos de esta especie son los más pequeños de todas las tortugas del mundo.

© F. Bonin

Indotestudo elongata (Blyth, 1853)

Distribución. Es probable que las tres especies de *Indotestudo* ocuparan antiguamente un territorio continuo desde la península India hasta el este de Indonesia. Actualmente, sus áreas están fragmentadas, discontinuidad que se debería a la reducción de la cubierta forestal en Asia central que, según Auffenberg (1964), dataría del Pleistoceno. *Indotestudo elongata* habita en la parte central de la distribución, la más amplia, en el sur de Nepal, el este de India, el sur de Malasia y el sur de China (Guangxi).

Características. Aún hasta hace poco se confundían las tres especies. Un trabajo de P. Pritchard (2000) permite diferenciar estas tres tortugas siguiendo tres criterios principales,

© I. Das

Cuando están en celo, los machos tienen la cabeza amarilla a blanquecina, muy notoria en los sotobosques húmedos donde reside esta especie.

que son los que utilizamos aquí. Generalmente, las *Indotestudo* son tortugas bastante alargadas, ovales, más bien bajas y a veces planas, que pueden alcanzar los 330 mm en los machos, y los 290 mm en las hembras. El espaldar puede estar deprimido en la tercera y la cuarta vertebrales. En *I. elongata*, el punto más alto se sitúa en la tercera vertebral (I. Das). Las marginales laterales son más angostas y las posteriores son verticales; el conjunto del caparazón es macizo. Así, esta especie se distingue por la presencia de una nucal, siempre larga y estrecha, con bordes paralelos; por la relación entre las suturas pectorales y las humerales de 0,7 en promedio, es decir el contraste más débil; y por el color del espaldar y del plastrón crema a amarillo verdoso, con marcas negras relativamente discretas, que se desvanecen en un dibujo descolorido en los animales viejos. Contrariamente a las demás especies, las manchas negras en el plastrón son escasas, a menudo limitadas a las placas centrales. Algunos individuos viejos cobran un color pardo a rojizo, con manchas oscuras difuminadas.

La piel es amarilla a marrón grisáceo. Los tubérculos de las patas delanteras están bien desarrollados. Lo que motiva sus nombres comunes es la sorprendente coloración de su cabeza durante el periodo de reproducción. Inicialmente amarillenta a grisácea, su cabeza se vuelve amarilla o rosada, o incluso casi blanquecina, desde la nariz hasta la parte posterior del cráneo y a veces en el cuello, sin duda producto de la vascularización que aumenta durante la época de apareamientos.

Hábitos. Es una tortuga de bosques húmedos. Excava con facilidad escondites bajo el humus o en la tierra blanda, gracias a sus patas robustas de tubérculos potentes y a su forma cilíndrica y plana. Gairdner (1931) observó que la especie podía estar activa en regiones con temperaturas elevadas (48 °C). Según Swindells y Brown, podría refrescarse utilizando su saliva para humedecer su cuello y sus patas. Es sobre todo frugívora, pero consume también babosas, animales muertos, setas y detritos que encuentra en el sustrato húmedo. Su régimen y sus hábitos son muy parecidos a los de *Chelonoidis denticulata*, especie sudamericana. Durante la estación seca, se esconde bajo un montón de hojas, donde semiestiva. Entonces, sale de noche para alimentarse, después de varios días de inmovilidad. Anderson señaló que emitía un fuerte gruñido durante la cópula o cuando estaba inquieta. Los huevos son grandes (40 x 50 mm), elípticos y poco abundantes (4 o 5). Cada hembra produce dos o tres puestas, entre julio y octubre. La duración de la incubación, en estos ambientes cálidos y húmedos, no supera los 100 días.

Protección. Es muy común en Asia y es consumida por diferentes pueblos en China, Myanmar, Tailandia y Camboya. En Vietnam ya no se le consume, pero se recolecta en grandes cantidades para exportarla a China. Una parte de las recolecciones se destina a los países industrializados (sobre todo Japón y Estados Unidos). Se usa para fabricar drogas, entre otras el famoso *gui-ban* de Hong Kong, que supuestamente estimula la virilidad. Su territorio está muy humanizado e intensamente explotado. Los bosques son talados o quemados. Es probable que los efectivos de esta tortuga se encuentren en un rápido declive. Además, P. Pritchard (2000) cree que la regresión de la especie comenzó ya en el Pleistoceno. I. Das (Madras Crocodile Bank Trust) propone que su estatus sea examinado rápidamente y que se ponga freno a su comercio.

Tortuga terrestre

Esp.: *Tortuga dorada sudasiática*
Ingl.: *Red-nosed tortoise*
Fr.: *Tortue à tête jaune*
Ale.: *Gelbkopfschildkröte*
It.: *Testuggine a testa gialla*
Hindi: *Suryamukhi "cara de sol"*

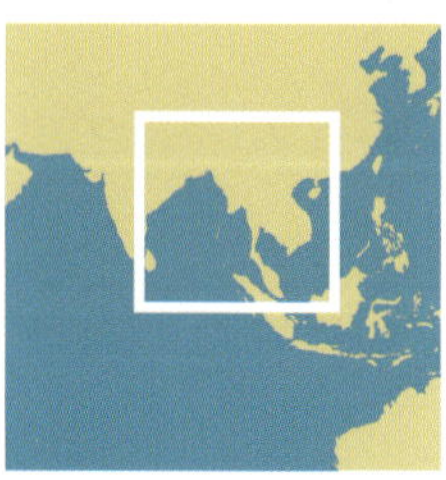

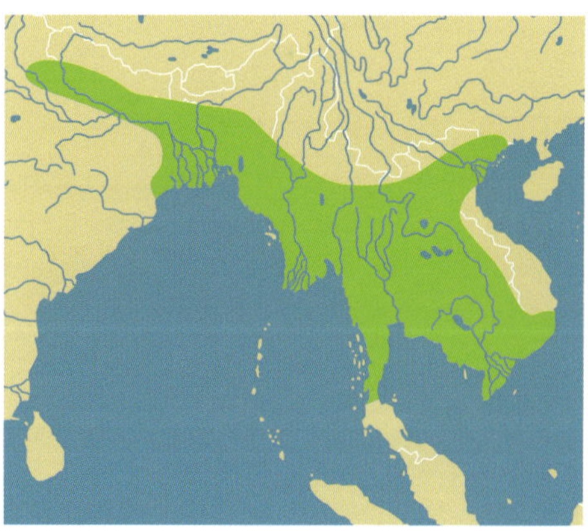

© F. Bonin

Este viejo macho tomaba el sol en un claro, en Vietnam. Su cabeza blanca hace pensar que está en celo.

Indotestudo forstenii (Schlegel & Müller, 1840)

Distribución. Ocupa la parte oriental de la distribución del género, en las Célebes (Indonesia). En cambio, la referencia de su presencia en Halmahera sería un error (P. Pritchard). Algunos autores sostienen que fue introducida en las Célebes por el hombre. Pero el documento de Pritchard (2000) demuestra que se trata de una situación relicta del género que produjo una especiación, aunque también es cierto que el intenso comercio y los numerosos desplazamientos humanos han causado una cierta mezcla en las diferentes poblaciones.

Características. Esta especie es más pequeña que *I. elongata* (290 mm en los machos) y se distingue por los puntos siguientes: más o menos la mitad de los individuos presentan una nucal (de nueve ejemplares, cinco presentaban nucales y cuatro no las poseían, Pritchard); cuando la nucal está presente, es corta, ancha por detrás, con bordes convexos o cóncavos; la proporción entre las suturas humerales y las pectorales es de 1,93, es decir que es la mayor de las tres especies; la coloración es amarillo beis a parda, a veces ligeramente rojiza, con marcas cuadrangulares negras muy nítidas en todas las placas. El plastrón es amarillento a beis y se observa una gran placa principal negra en las abdominales y manchas más pequeñas en las otras placas. Asimismo, la cabeza se vuelve rosa a blanquecina durante el periodo de las cópulas.

Hábitos. Se le conoce sobre todo en cautividad y sus hábitos son seguramente parecidos a los de de *I. elongata*. Según Yuwono (en Pritchard, 2000), su hábitat está constituido por colinas rocosas, con precipitaciones escasas.

Protección. Se conoce muy mal el estatus de esta especie en las Célebes, pero se cree que sus efectivos son reducidos. Puede suceder que en los lotes de *Indotestudo* que se exportan a los países occidentales se encuentren algunas

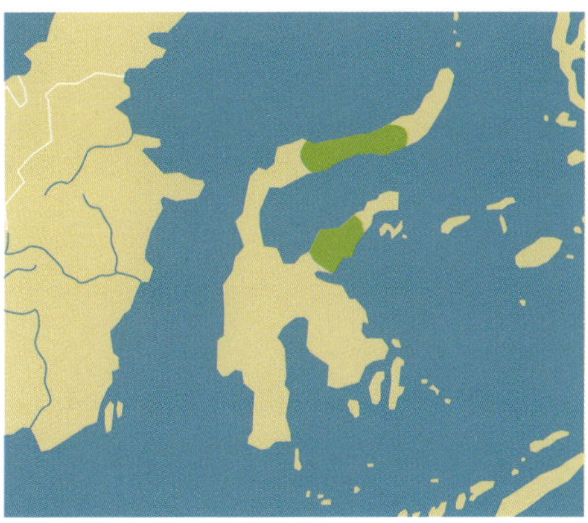

© F. Bonin

Las diferentes *Indotestudo* se pueden distinguir si se examinan sus plastrones (ver texto).

Tortuga terrestre

Esp.: *Tortuga de las Célebes*
Ingl.: *Celebes tortoise*
Fr.: *Tortue des Célèbes*
Ale.: *Celebes-Landschildkröte*
It.: *Testuggine di Forsten*
Karanese: *Gudde aame (tortuga de colina)*

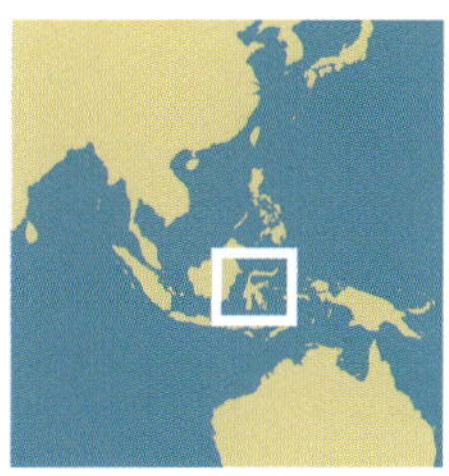

© B. Devaux

I. forstenii, que, según Yuwono, se recolectan en el centro de la isla, entre Palu y Poso. Parece necesario proteger rápidamente esta especie mediante su inclusión en los Apéndices CITES.

Especie considerada "en peligro" por el Turtle Conservation Fund.

Esta especie es mucho menos oscura, a menudo amarillo pajizo, y más discreta que *I. elongata*, y a veces se la encuentra en cautividad, mezclada con su parienta. Se le exporta a China para el consumo.

Indotestudo travancorica (Boulenger, 1907)

Tortuga terrestre

Esp.: *Tortuga de Travancore*
Ingl.: *Travancore tortoise*
Fr.: *Tortue de Travancore*
Ale.: *Travancore-Landschildkröte*
Karanese: *Gudde aame (tortuga de colina)*

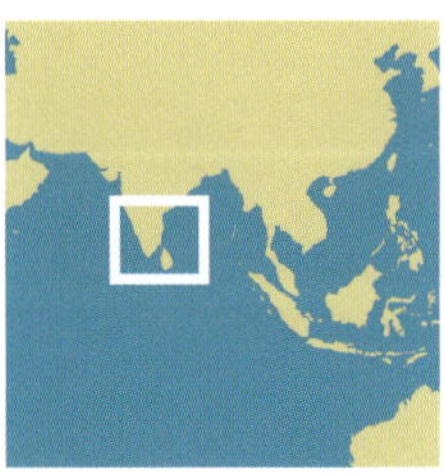

Distribución. Ocupa la parte occidental de la distribución. Sudoeste de India, especialmente en las colinas de Travancore (Kerala).

Características. Esta especie también es un poco más pequeña que *I. elongata*, con un máximo de 300 mm máximo en los machos. Presenta a menudo una depresión en la parte posterior del espaldar, en la cuarta vertebral, o entre la cuarta y la quinta. Tiene una uña en el extremo de la cola. Se diferencia de las otras dos especies por los rasgos siguientes: nunca presenta nucal; la proporción entre la sutura pectoral y la humoral es de 1,22 en promedio, es decir que se sitúa entre *I. elongata* (mínima proporción) e *I. forstenii* (máxima proporción); y su color va del pardo rojizo al chocolate, con grandes manchas negras, pero que se difuminan con la edad. El plastrón es pardo rojizo en su conjunto y puede carecer de manchas negras; a veces, aparecen unas manchas negras difusas en cada una de las placas. La cabeza se parece a la delas demás tortugas del género, blanco crema que se vuelve más rosáceo durante el apareamiento.

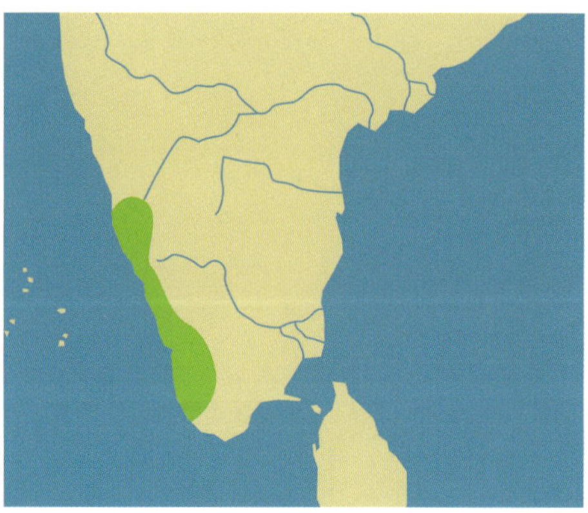

Hábitos. Los indios la llaman "la tortuga de las colinas". Esta especie ocupa bosques lluviosos en la depresión de las colinas, pero también se la encuentra en zonas pedregosas. Parece desplazarse bastante para escoger el biotopo adecuado, o quizá para aparearse y alimentarse. Durante la estación cálida, se queda inmóvil bajo el sustrato forestal o en la cavidad de una roca. Esta tortuga no es excavadora y a veces ocupa las madrigueras de los pangolines. Su régimen alimentario es frugívoro en algunas épocas del año: se han visto algunas tortugas reunidas bajo los árboles frutales, esperando que caigan los frutos (Auffenberg), exactamente del mismo modo que *Chelonoidis denticulata* en la Guayana francesa (Josseaume). Pero también aprecia las setas, los brotes de bambú, los animales muertos o, de tanto en tanto, las ranas y los invertebrados reptantes. Las cópulas parecen especialmente largas en esta especie, tanto por el tiempo que tarda el macho en inmovilizar a la hembra como por lo que tarda en penetrarla, quizá con el fin de que la subida hormonal sea óptima en ambos sexos, como lo sugiere Pritchard. Las puestas se observan de noviembre a enero, lo que corresponde al segundo monzón. La hembra pone pocos huevos a la vez (dos o tres), aunque son de gran tamaño (35 x 55 mm). El tiempo de incubación podría alcanzar los 150 días.

© P. Pritchard

Esta tortuga es más uniformemente oscura, rojiza o, a veces, casi negruzca. La cabeza de los machos siempre es más clara, sobre todo durante el celo.

Kinixys erosa (Schweigger, 1812)

Distribución. Ocupa todo el centro del África occidental, desde Gambia hasta la República Democrática del Congo. También se la encuentra en Madagascar, donde fue introducida por el hombre.

Características de las *Kinixys*. Son tortugas ampliamente representadas en todo el centro y sur de África, que prefieren los ambientes húmedos y cálidos, y el sotobosque tropical. Tienden a ser nocturnas y carnívoras. Son de tamaño mediano, con un máximo de 400 mm, y presentan un espaldar alargado, angosto y relativamente horizontal. Lo que las distingue es el pliegue en la parte posterior de su espaldar, presente sólo en este género. Este pliegue puede estar orientado diagonalmente, hacia la derecha o la izquierda, según la especie. El pliegue del espaldar aparece a la edad de 5-6 años. Las marginales se deforman para volverse más trapezoidales, mientras que la sutura lateral se ensancha y un cartílago flexible reemplaza a la parte ósea. En la madurez, el pliegue alcanza la base de las vertebrales (en algunas especies), y en algunas tortugas el espaldar termina abrupta y perpendicularmente entre la cuarta y la quinta vertebrales. Este pliegue dorsal es tan insólito en las tortugas que se sabe de un veterinario que prescribió pomadas y ungüentos a una clienta, para sanar "la herida en el caparazón" de su tortuga, por supuesto, sin éxito alguno.

Características de *K. erosa*. Es la más grande del género: 400 mm de longitud. Es también la más dentada, con marginales muy puntiagudas que forman un faldón dentado en la parte posterior. Las primeras marginales están fuertemente levantadas encima de la cabeza. La gular es bífida, muy sobresaliente. Todas estas particularidades sirven para proteger eficazmente a esta especie de sus predadores. El pliegue del espaldar va de atrás (abajo) hacia delante (arriba), como en *K. homeana*, y al contrario que en *K. belliana*. Esta tortuga carece de nucal, a diferencia de *K. homeana* y *K. belliana*. La cabeza también es notable: muy alargada, con el hocico sobresaliente y los ojos estirados situados bastante alto y separados por una ligera depresión. El plastrón es muy ancho y cubre bien la parte ventral del animal, lo que, después de haber replegado su espaldar, le permite estar eficazmente protegido dentro de su caja ósea. El plastrón es oscuro con suturas más o menos cla-

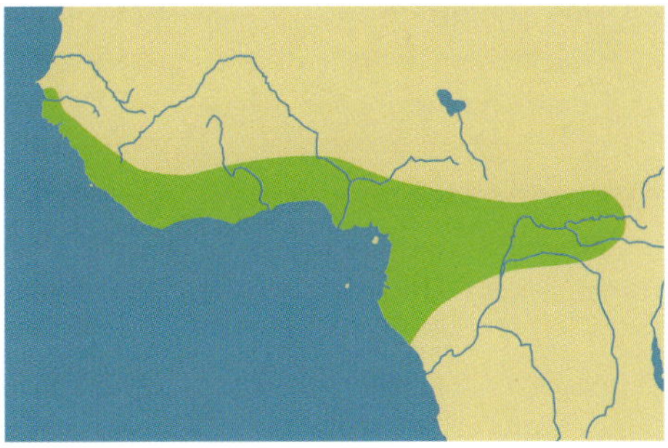

© J. Maran

Estas dos tortugas fueron sorprendidas por el flash de una cámara, mientras se apareaban en plena noche. Esta especie es generalmente discreta y diurna, y es raro observar su cópula.

Tortuga terrestre

Esp.: *Tortuga articulada serrada*
Ingl.: *Serrated hinge-back tortoise*
Fr.: *Cinixys rongée*
Ale.: *Stachelrand-Gelenkschildkröte*
It.: *Cinisside denticolata*

© J. Maran

Aquí se observan el pliegue del espaldar y la parte posterior muy levantada, típicos de las *Kinixys*. La cabeza es fina, con el hocico levantado, de un color blanquecino que a menudo caracteriza a los animales viejos.

ras. El caparazón es amarillo anaranjado a marrón grisáceo, a veces con grandes manchas contrastadas en las costales. La cabeza es amarillo casi uniforme, con zonas más oscuras por encima y en la base del cuello. Las patas son amarillas con fuertes tubérculos en la parte delantera. Los juveniles presentan un espaldar que tira al pardo rojizo, sus escamas están rodeadas de amarillo claro y su plastrón es negruzco.

Hábitos. Todas las *Kinixys* frecuentan los bordes de los pantanos, las zonas húmedas y los sustratos detríticos, y sus patas son lo bastante grandes como para permitirles avanzar fácilmente en estos ambientes esponjosos. *Kinyxis erosa* nada muy bien y se alimenta ampliamente en las charcas y en los humedales que frecuenta. Es omnívora: come peces muertos, anfibios y bulbos de plantas acuáticas. Las puestas se realizan en un montículo de tierra, no lejos del agua, a veces simplemente en un montón de detritos donde las tortugas depositan sus huevos, gruesos y ovales, de 35 x 45 mm. Cada nido contiene tres o cuatro huevos y se observan varias puesta al año. La incubación depende mucho de la insolación y de la humedad de las zonas de puesta, pero en todas las *Kinixys* parece larga y puede durar de 110 días a más de 300. Los jóvenes miden 40 mm y pesan alrededor de 30 g.

Protección. Estas tortugas se consumen ampliamente y se utilizan perros para capturarlas. Algunos aldeanos las rocían con bencina para cocinarlas y comérselas "asadas". Los juveniles son intensamente depredados por muchos animales. Se conoce poco el estatus de estas *Kinixys* en su medio, pues son discretas y se les observa difícilmente. Se han llevado a cabo estudios de radioseguimientos que han permitido descubrir que, al anochecer, estas tortugas se desplazaban en línea recta a distancias bastante largas, sin duda para alimentarse o buscar pareja. La intensa explotación forestal de algunos de los hábitats naturales de esta tortuga y su propia explotación, siempre importante, como "carne de monte" hacen pensar que las poblaciones deben estar disminuyendo.

Kinixys belliana Gray, 1831

Distribución. Es la más extendida de las *Kinixys*: ocupa todo el centro y el sur de África, desde el sur de Senegal hasta Mozambique y el extremo oriental de Sudáfrica. Se la encuentra incluso en el tercio norte de Madagascar, donde ha sido importada por el hombre.

Características. El nombre de esta especie proviene del famoso zoólogo inglés T. Bell. Su forma general es oval, alargada y sin dientes ni puntas. Su tamaño máximo es de 230 mm. El pliegue del espaldar está orientado de adelante (abajo) hacia atrás (arriba), al contrario que las demás especies. Sin embargo, algunos individuos poseen pliegues casi verticales, que pueden llegar hasta el borde de las vertebrales. Esta especie presenta una nucal, y su gular es recta y poco desarrollada. El perfil del espaldar es bastante redondo, y la cuarta vertebral, la más alta, es curvada, muy diferente del "dorso cuadrado" de *K. homeana*. Sus marginales no son ni ensanchadas ni dentadas, ni siquiera en los jóvenes. Su color va del beis al pardo, con placas o surcos más oscuros y finas suturas crema a blanquecinas. Los diseños del caparazón difieren bastante según la subespecie. A veces, las manchas negras forman estrellas o radios alrededor de la areola. Los adultos a menudo se vuelven monocromos, con tonos beis a marrones. El plastrón es crema, marcado a veces con manchas más oscuras. La cabeza es beis a grisácea, y los labios son más claros. Las patas son oscuras y presentan escamas amarillas, sobre todo en los individuos jóvenes.

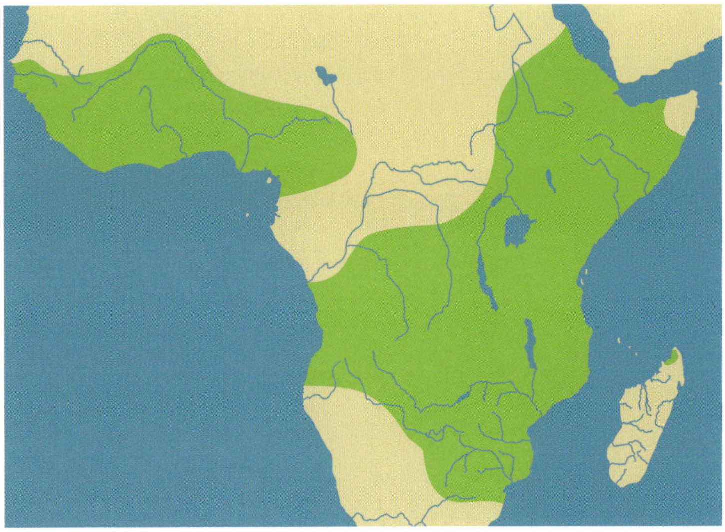

Subespecies. Se distinguen cinco subespecies. *K. belliana belliana*: se describe arriba. *K. b. domerguei* (Vuillemin, 1972): solo se encuentra en Madagascar, seguramente introducida por el hombre. *K. b. mertensis* (Laurent, 1956): habita en la República Democrática del Congo. El lóbulo anterior del plastrón es más alargado y más angosto. *K. b. nogueyi* (Lataste, 1886): vive en los medios húmedos, en el oeste del área de distribución (desde el sur de Senegal hasta el norte de Camerún). Solo posee cuatro uñas en las patas delanteras. Su plastrón es a menudo de un solo color. *K. b. zombensis* Hewitt, 1931: se encuentra en el sudeste de la distribución (Tanzania y el sur de Zululandia). Posee cinco uñas en las patas delanteras y su plastrón presenta manchas simétricas. El espaldar siempre está marcado con manchas muy negras.

Hábitos. Su área de distribución es tan amplia que sus comportamientos no son uniformes. En el oeste, la subespecie *K. b. nogueyi* ocupa sotobosques húmedos. En el este, se contenta con medios más secos y está activa sobre todo después de las lluvias. En general, esta especie está activa más bien por la tarde e incluso de noche. Se le ha visto comiendo escolopendras, setas, caracoles del género *Achatine* y animales muertos. Cuando se alarma, se retrae rápidamente y su espaldar se pliega, mientras que el animal se aplana en el suelo. Si se le coge violentamente, defeca y desprende un olor nauseabundo. Los combates entre machos son frecuentes al principio de la estación lluviosa. El objetivo es derribar al adversario, pero el macho que se ha girado volverá rápidamente a ponerse en pie, pues es una tortuga ágil y sus miembros son largos y flexibles. Durante la cópula, el macho se coge fuertemente al espaldar de la hembra con sus uñas, se yergue verticalmente, como las *Terrapene*,

Tortuga terrestre

Esp.: *Tortuga articulada de Bell*
Ingl.: *Bell's Eastern hinged tortoise*
Fr.: *Cinixys de Bell*
Ale.: *Glattrand-Gelenkschildkröte*
It.: *Cinisside di Bell*

© F. Bonin

Esta tortuga es anormalmente clara, lo que resalta las estrías de su espaldar. La parte posterior está claramente replegada y forma un casco.

y suspira varias veces durante el coito. Las puestas se observan sobre todo de noviembre a abril en el sur del área de distribución, y cada nido contiene de dos a seis huevos alargados (28 x 36 mm). La incubación puede ser muy larga, según los lugares de puesta. Los jóvenes pesan entre 18 y 20 g.

Protección. Esta tortuga siempre ha sido consumida por las etnias locales. También ha sido recolectada abundantemente para la exportación entre los años 1970 y 1985, pero, al no soportar los climas europeos, dejó de estar "de moda" y ya no es exportada. Un depredador particular de la especie es el cálao terrestre, a quien se ha visto quebrar el espaldar de una tortuga con su potente pico. Los efectivos de esta tortuga aún deben ser abundantes. En algunos parques y reservas, se le considera una especie protegida y, por lo tanto, se prohíbe su captura. En Mozambique, sus efectivos se vuelven escasos y deben ser vigilados.

Kinixys homeana Bell, 1827

El pliegue del espaldar protege eficazmente la parte posterior del animal.

Distribución. Su territorio es bastante estrecho y recorre el golfo de Guinea, desde Liberia hasta el Camerún, con un enclave en el este de la República Democrática del Congo.

Características. Es próxima a *Kinixys erosa*, pero no presenta los márgenes muy dentados que esta última posee. No supera los 220 mm. Sus escamas son muy planas y las vertebrales son horizontales, lo que le da al animal una forma "cuadrada" por detrás, muy marcada. El pliegue va de atrás (abajo) hacia delante (arriba). La nucal es muy angosta y larga. La gular es corta. Las marginales posteriores comienzan en un faldón y se curvan horizontalmente, pero son más pequeñas que en *K. erosa*, y las marginales delanteras se prolongan hacia delante, horizontalmente, en una suerte de "teja" que protege la cabeza. La coloración del animal es bastante oscura y es una mezcla de tonos pardos, amarillos y rojizos, a veces con surcos más oscuros. La cabeza y las patas son amarillo pálido. El plastrón es amarillo, con manchas negruzcas en el centro de las placas.

Hábitos. Prefiere los lugares muy húmedos, las charcas de agua y las marismas. Se le ha visto beber bajo la lluvia, inclinando su espaldar hacia delante y con las patas traseras levantadas, para que el agua se deslice hacia su boca. Esta tortuga es omnívora y se alimenta de todo lo que encuentra en el agua: invertebrados, batracios, larvas, etc. Sus huevos son muy grandes y poco abundantes, y miden 35 x 45 mm.

Protección. Sus hábitats se degradan rápidamente y, como sus poblaciones son poco abundantes, sus efectivos deben estar disminuyendo. Ahora bien, no se le recolecta para la exportación y quizá se le consume menos que otras. Está protegida en algunos parques en Liberia (Sapo), Costa de Marfil, Camerún y Gabón.

Tortuga terrestre

Esp.: *Tortuga articulada de Home*
Ingl.: *Home's hinged tortoise*
Fr.: *Cinixys de Home*
Ale.: *Stutz-Gelenkschildkröte*
It.: *Cinisside di Home*

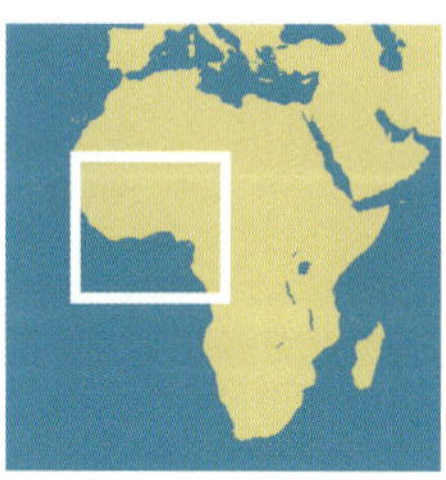

© J. Maran

La última vertebral está muy levantada, pero el pliegue está menos marcado que en las fotos de las especies precedentes. Además, se aprecian las marginales dentadas.

Kinixys lobatsiana Power, 1927

Distribución. Es la menos extendida de las *Kinixys*. Solo se encuentra en el noroeste de Sudáfrica y en el sudeste de Botswana.

Características. Su nombre proviene de Lobatse, un sitio de observación en Botswana. Recuerda a *K. belliana*, con su forma alargada y bastante plana. Su espaldar está comprimido entre la segunda y tercera vertebrales. El pliegue del espaldar está poco marcado. Es pequeña y no supera los 200 mm. La gular es bastante corta, pero, en todo caso, está más desarrollada que en *K. belliana*. Tiene cinco uñas en las patas delanteras y cuatro en las traseras. Su color general es bastante contrastado, muy anaranjado a pardo, con manchas negras estrelladas, aunque poco definidas, y una zona areolar ancha y clara (beis a amarillenta). Los machos son a menudo de un amarillo ocráceo uniforme. El plastrón es amarillo pajizo, con manchas negras dispersas. En los machos, el plastrón es claramente cóncavo.

Hábitos. Es omnívora y prefiere los insectos, los caracoles y las setas. Esta tortuga está activa sobre todo después de las lluvias, durante el verano. Se esconde en las grietas de las rocas durante la estación seca y fría, o utiliza las madrigueras de otros animales. Hiberna de mayo a septiembre. La reproducción se observa de noviembre a abril. Se sabe de una hembra que puso seis huevos de gran tamaño (unos 30 x 40 mm) y la incubación tardó 313 días, duración que es posiblemente atípica.

Protección. Sus poblaciones parecen restringidas y la zona donde vive se ve alterada por el ganado y los incendios. Se la encuentra en tres reservas (Ohrigstad Dam, Loskop Dam y Nylsvley Nature Reserve). Su estatus y sus hábitos son poco conocidos, por lo que parece indispensable realizar estudios sobre esta especie.

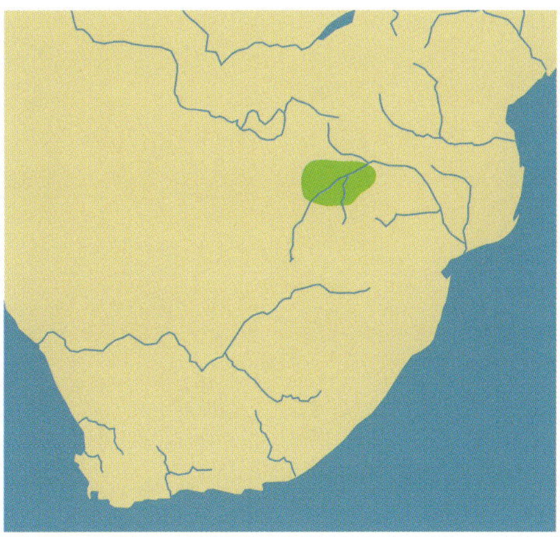

Tortuga terrestre

Esp.: *Tortuga articulada de Botswana*
Ingl.: *Lobatse hinged tortoise*

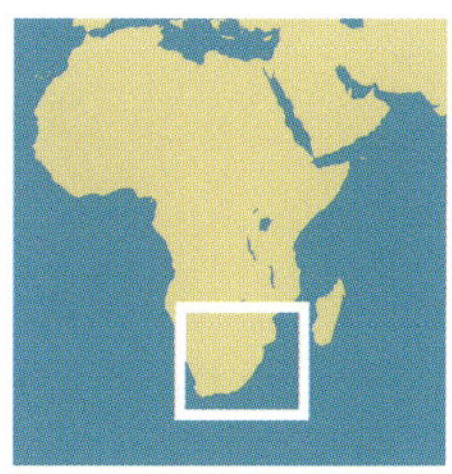

La especie es pequeña, con el caparazón menos estriado y un pliegue más discreto que en las demás *Kinixys*.

© B. Branch

Kinixys natalensis Hewitt, 1935

Tortuga terrestre

Esp.: *Tortuga articulada de Natal*

Ingl.: *Natal hinged tortoise*

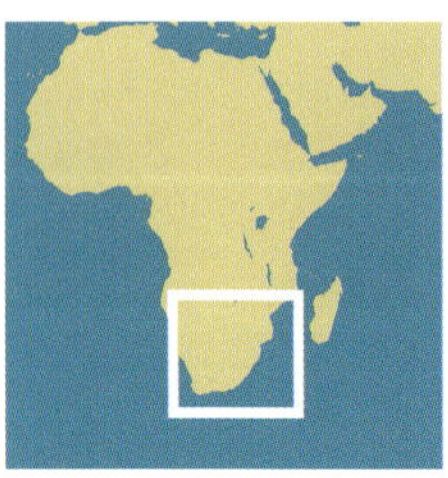

Distribución. África sudoriental, desde Suazilandia hasta el sur de Mozambique.

Características. No ocupa las verdes llanuras del *veld*, sino más bien las zonas secas y rocosas, hasta los 1.000 m de altitud. Sin duda, este medio árido es el responsable de que sea la más pequeña del género, con 160 mm de largo (para las hembras). Su forma general es alargada, oval y bastante plana (con el punto culminante en la tercera vertebral); y su pliegue no es grande y no supera a las marginales. El pico es tricúspide. La gular es corta y a menudo en forma de "paleta". La supracaudal está frecuentemente dividida. El dimorfismo sexual está poco marcado: tanto los machos como las hembras tienen el plastrón plano, aunque los machos son más pequeños que las hembras, con 130 mm. Esta tortuga posee cinco uñas en las patas delanteras y cuatro en las traseras. La coloración es parda con surcos centrales más claros, de color amarillo a amarillo anaranjado, pero los animales viejos se tornan más monocromos, con tonos beis, marrones y rojizos. Existen importantes variaciones cromáticas. El plastrón es amarillo con marcas negruzcas simétricas y un par de anillos negros en las escamas abdominales, lo que permite reconocer a la especie. Los jóvenes son a menudo uniformemente pardo claro o pardo oscuro, y los surcos contrastados no se desarrollan antes del primer o del segundo año.

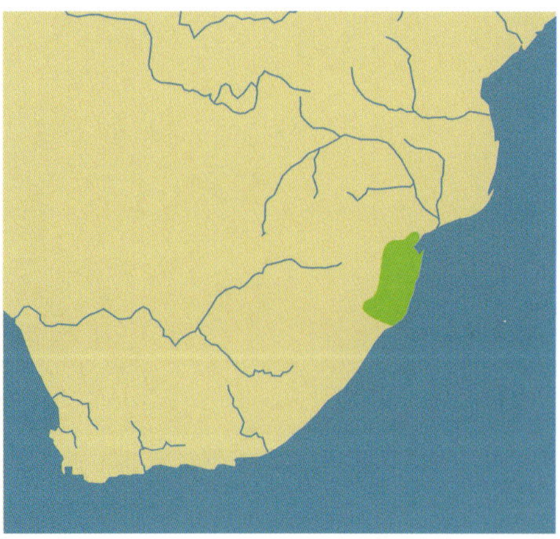

Hábitos. Es la *Kinixys* menos afincada en los medios húmedos. Durante el día, se esconde debajo de las rocas y no se activa hasta el anochecer. Recorre el *bushveld* para atrapar pequeños insectos, reptiles y roedores, o comer animales muertos, heces, y, de hecho, todo lo que se pueda consumir. Nidifica en abril, hiberna de mayo a septiembre, y se han observado cópulas en febrero. Pone en promedio dos huevos, de aproximadamente 32 mm de largo, y la incubación puede durar de 5 a 6 meses. La emergencia está sincronizada con la llegada de las lluvias.

Protección. Está amenazada por la degradación de su hábitat. Se destinan grandes extensiones a la agricultura, a veces a la silvicultura, y los fuegos azotan a menudo el Transvaal. Por suerte, esta especie es poco recolectada y consumida, y, además, está estrictamente protegida en diferentes parques, en Natal, Transvaal y Suazilandia. Ahora bien, el hecho de que sus poblaciones estén aisladas puede constituir un problema para la diversidad genética.

Esta tortuga también es pequeña, con un pliegue discreto. Generalmente, presenta un dibujo contrastado, beis y marrón. Su cabeza es bastante fuerte y más bien oscura.

Kinixys spekii Gray, 1863

Distribución. Esta especie terrestre se encuentra desde el noreste de Sudáfrica hasta una pequeña parte del oeste de Mozambique y casi todo Zimbabue, ocupando siempre tierras del interior.

Características. Su nombre proviene del descubridor de las fuentes del Nilo J. H. Speke. Es de tamaño mediano (200 mm para las hembras), y su forma es alargada, oval y plana. Carece de marginales dentadas, y las vertebrales segunda y tercera a veces están ligeramente deprimidas. El pliegue del espaldar está poco pronunciado y se acaba en medio de la tercera costal. Su gular es corta, pero ancha. El plastrón es ligeramente cóncavo en los machos. Es a menudo uniformemente pardo a amarillo sucio, sin marcas regulares. Esta tortuga posee cinco uñas en las patas delanteras y cuatro en las traseras. Su coloración general no es muy contrastada ni muy variable. En general, va del beis al pardusco, con anillos claros en los juveniles. Los animales adultos se vuelven monocromos y presentan tonos pardo rojizo. En las hembras, aparecen estrías radiales más oscuras en el espaldar, marrón sobre fondo amarillo pajizo. La cabeza es bastante ancha, con un pico de una sola punta.

Hábitos. Vive desde las llanuras rocosas a las sabanas tropicales, a baja altitud. A menudo se esconde en cavidades en las rocas, pero sobrevive muy bien en las sabanas herbáceas y parece depender menos del agua que las demás *Kinixys*, a excepción de *K. lobatsiana*. Es sobre todo herbívora, pero puede comer ciempiés, caracoles e insectos. Esta especie tiene una actividad más intensa después de las lluvias e hiberna durante la estación fría, que es también la de los incendios. Se han constatado reproducciones de diciembre a abril. Puede haber varias puestas por temporada y cada una con-

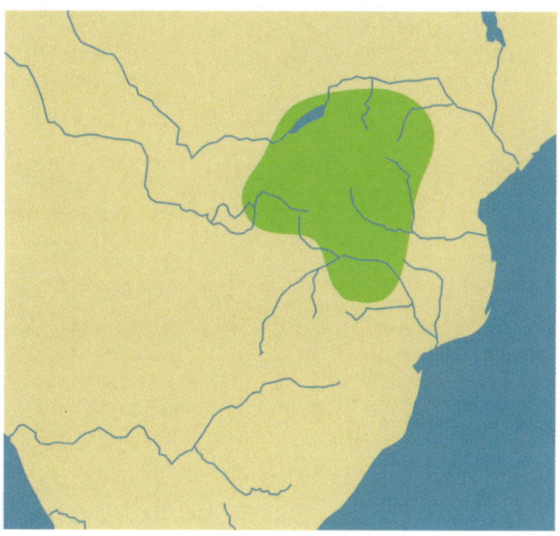

Tortuga terrestre

Esp.: *Tortuga articulada de Speke*

Ingl.: *Speke's hinge-back tortoise, Savannah hingeback*

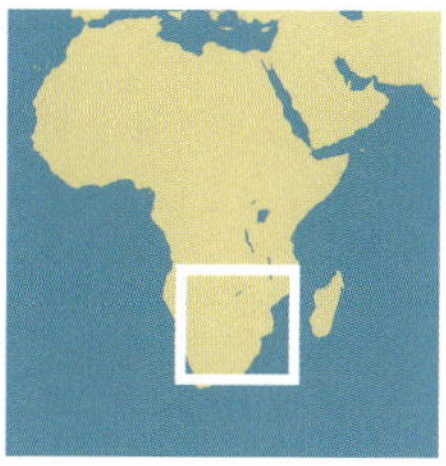

© B. Branch

tiene de dos a seis huevos ovales, de unos 32 x 42 mm. Los nacimientos se producen en septiembre y octubre, pero también en marzo y abril. La incubación podría durar doce meses, pero estas observaciones son atípicas. Las crías miden unos 40 mm y pesan 20 g.

Protección. Se consume en Zimbabue, pero su hábitat aún no ha sido muy alterado por el hombre. Está protegida en la reserva Loskop Dam, en el Transvaal. Parece común en algunas zonas y rara en otras, y ocupa áreas fragmentadas. Su amenaza principal la constituyen los grandes fuegos de monte, frecuentes en estas regiones. Su estatus requiere ser estudiado.

Esta especie se parece mucho a *K. natalensis*, aunque es la más vistosa de las *Kinixys*, con sus pequeñas líneas radiales que marcan generalmente sus escamas.

Malacochersus tornieri (Siebenrock, 1903)

Tortuga terrestre

Esp.: *Tortuga de cuña*
Ingl.: *African pancake tortoise*
Fr.: *Tortue à carapace souple*
Ale.: *Splatenschildkröte*
It.: *Malacocherso*

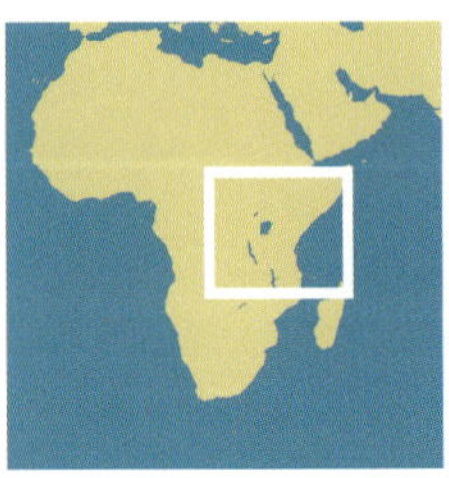

Distribución. La especie ocupa áreas rocosas y áridas, a mediana altitud (máximo a 1.000 m), las *kopje*, aisladas y a menudo relictas, entre el sur de Kenia (distrito de Samburu) y el norte de Tanzania (Lindi), especialmente en el Tarangire.

Características. Sus nombres comunes en los diferentes idiomas la describen bastante bien: una tortuga flexible con forma de crêpe. Su hábitat rocoso y su fidelidad a las fisuras horizontales muy estrechas han dado por resultado una morfología atípica entre todos los Quelonios. Su tamaño máximo es de 400 mm (hembra) y su forma es cuadrangular, larga y plana. Su caja ósea es particular y en los adultos se mantienen las fontanelas entre las placas óseas. En los adultos los huesos pleurales están muy reducidos. Las escamas córneas son muy finas y las marginales son casi translúcidas. Su flexibilidad general le permite deslizarse entre las placas rocosas, y los animales más grandes no superan los 60 mm de espesor. Los primeros que observaron estas tortugas, como Siebenrock, se equivocaron al decir que "esta tortuga parece haber sufrido una enfermedad ósea, pues su caparazón es plano y blando...". El modo de vida de esta tortuga –que describimos más adelante en "Hábitos"– explica su morfología. Su cabeza es bastante fuerte y muy osificada, con un hocico redondeado y placas-temporales bastante desarrolladas. Sus patas muy largas y flexibles le permiten moverse muy rápidamente. Eglis (1967) la describió como "la tortuga más rápida del mundo", con una velocidad 18 metros por minuto (!). Esto se explica también por su ecología. Las uñas de las patas traseras son especialmente fuertes, lo que le permite cogerse a las rocas para trepar. El color de la especie es también notable y varía según

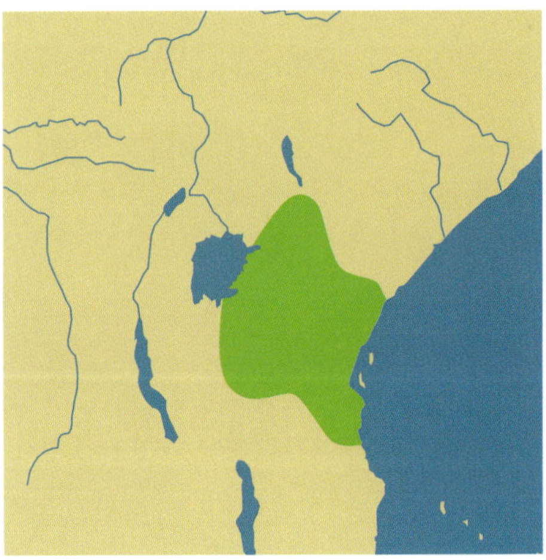

las regiones, y a veces en el seno mismo de un grupo, pero su homocromía siempre es perfecta. El fondo es rojizo a beis, y el dibujo estrellado es más o menos nítido, con líneas radiales rojizas a negruzcas, muy densas. Los animales viejos son a veces más monocromos, y la longevidad de la especie parece breve, incluso en cautividad. Los jóvenes son más redondos y presentan dibujos radiales de colores muy variables y muy ricos, en tonos caoba a beis. El dimorfismo sexual está poco marcado, pues los machos no presentan una concavidad bajo el plastrón, aunque son un poco más pequeños que las hembras.

Hábitos. El caparazón plano y flexible del animal, sus largas patas de potentes uñas y su vivacidad que le permite desplazarse con rapidez se explican por el hecho de ocupar fisuras rocosas estrechas y por su aversión hacia el sol y el calor. Esta especie puede correr rápidamente de un *kopje* a otro, escalar sobre los desprendimientos rocosos y deslizarse entre las grietas para refugiarse. Antiguamente se creía que podía "hincharse" en su escondite, a fin de evitar que la desalojen, pero los estudios han demostrado que se trataba solo de una leyenda. En cambio, la reducción general de su masa, y especialmente de su caja ósea, podría ser una respuesta a una búsqueda de una mejor locomotricidad. Es omnívora: consume vegetales y frutos, y no desprecia las presas muertas ni los invertebrados. Según I. Pauler, parece que huye de las temperaturas elevadas, lo que explica, en la naturaleza, su aversión hacia el sol y el calor diurno. Por el contrario, según Obst, conserva una actividad importante a bajas temperaturas (12-15 °C). Su forma plana y cuadrada le permite termorregularse muy rápidamente.

Su comportamiento sexual es agresivo. Los machos combaten violentamente entre ellos y los intentos de cópulas son frecuentes. Hay que separar a las hembras de los machos para evitar que éstos las acosen continuamente. La madurez sexual de *M. tornieri* parece precoz y corresponde a tamaños de unos 120 mm en los machos y de 145 mm en las hembras (aproximadamente 8 años). Debido a la compresión de la cavidad abdominal, la hembra solo pone un huevo a la vez, de tamaño mediano y de forma oval (35 x 40 mm). Las puestas se dan a intervalos de aproximadamente 25 días y pueden producirse hasta seis al año. La realización de los nidos es igualmente poco común. Al parecer, la hembra examina la temperatura del suelo con su mentón. Cuando encuentra un sustrato de buena temperatura, se ancla con sus patas delanteras y expulsa la tierra hacia los lados con fuerza. La puesta es rápida y entierra su único huevo rápidamente. El tiempo de incubación parece bastante largo: de 178 a 237 días. El huevo se abre longitudinalmente y no cerca de los polos como la mayoría de los huevos de las demás especies.

Protección. *M. tornieri* comenzó a aparecer en el comercio en 1980. Sus particularidades morfológicas, su rareza y sus vivos colores hacen de éste un animal muy codiciado por los coleccionistas. Aunque esté situado en el Apéndice II de la CITES y sus exportaciones legales sean muy controladas por las autoridades, las recolecciones ilegales son frecuentes, debido a la rareza y al precio del animal. Algunos traficantes no dudan en romper los escondites de piedra por medio gatos de coche, y frecuentemente se confiscan lotes de varios centenares de tortugas en las aduanas. Un estudio de Don Moll y M. Klemens (1992) muestra asimismo que los hábitats de la especie se

© I. Pavler

Esta magnífica tortuga es plana y más ancha por detrás. Sus escamas están fuertemente marcadas con líneas radiales, lo que no sucede en todos los individuos.

© B. Devaux

Existen dos coloraciones muy distintas para una misma especie.

encuentran amenazados y degradados. Las zonas muy cercanas a los circuitos turísticos son perturbadas por los visitantes. No existe ninguna "producción" en cautividad, ya que la reproducción de esta especie es aleatoria y su longevidad reducida. En 1994 el gobierno de Tanzania decretó una moratoria, a fin de estudiar el estatus de la especie y su distribución exacta. Parece urgente incluir a esta tortuga en el Apéndice I de la CITES

Psammobates geometricus (Linnaeus, 1758)

Tortuga terrestre

Esp.: *Tortuga estrellada geométrica*
Ingl.: *Geometric tortoise*
Fr.: *Tortue géométrique*
Ale.: *Geometrische Landschildkröte*
It.: *Psammobate geometrico*

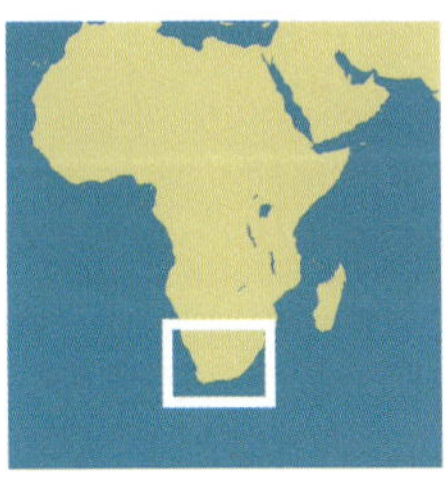

Distribución. Endémica de Sudáfrica, vive en una pequeña área en el extremo sudoccidental de El Cabo, desde Piketberg, por el norte, hasta la bahía de Gordon, por el sur.

Características de las *Psammobates*. El nombre *Psammobates* define la ecología del género: *psammos* y *bates* significan "que frecuenta la arena". Este género comprende tres especies, bastante próximas a las tortugas estrelladas de África, Madagascar e India, pero que se distinguen por su tamaño reducido y por las diferencias óseas (placa neural). Se puede pensar que todas estas tortugas "estrelladas" poseen un ancestro común, o hablar de una convergencia debida a ecosistemas próximos.

Características de *P. geometricus*. Esta tortuga presenta un diseño "geométrico". Puede confundirse con *Geochelone elegans* de India, y el mismo Linneo se equivocó al calificarla de tortuga "asiática". Se le distingue por los rasgos siguientes: su tamaño no supera los 150 mm (hembras); posee una nucal, ausente en *G. elegans*; sus marginales no son dentadas; y las placas del espaldar son más redondas y no forman un "techo" como las placas de *P. tentorius*. En general es muy redonda, en forma de bóveda bastante pronunciada, con el centro de gravedad desplazado hacia atrás, lo que hace que la quinta vertebral sea casi vertical. El fondo es amarillo azafranado a anaranjado; los radios son gruesos, muy negros (de cuatro a siete por placa), regularmente espaciados alrededor de la areola, a veces con un efecto de código barras entre las costales. La cabeza es bastante pequeña, de color amarillo anaranjado a marrón beis, con pequeñas escamas más claras, lo que no recuerda para nada a *A. radiata* ni a *G. elegans*. El plastrón es a menudo negro, con algunas líneas amarillas estrelladas y difusas, o con suturas más claras. Los jóvenes son bastante similares a los adultos, con coloraciones a veces muy oscuras, adornadas de rayas claras; o, al contrario, con un fondo muy claro con líneas negras o simplemente con una "X" en cada una de las escamas.

Hábitos. Esta tortuga vive en la sabana sudafricana, en un ambiente de arbustos y herbáceas que comprende algunas zonas arenosas. El clima es bastante temperado: seco y cálido en verano; lluvioso y más fresco en invierno. Es una tortuga que se esconde en invierno, en semihibernación. No vive lejos de las zonas habitadas (Darling y Malmesbury) y, a veces, se la encuentra aislada entre las granjas y las zonas agrícolas. En algunas zonas, las hembras son mucho más abundantes que los machos (Jurvik & Rau). Es esencialmente herbívora y está activa durante las horas cálidas en primavera y otoño; y por la mañana y la tarde, en verano. Pone una sola vez, de septiembre a noviembre, generalmente de dos a cuatro huevos, que miden un promedio de 24 x 30 mm. La incubación dura de seis a ocho meses; las emergencias se observan entre abril y mayo, después de las primeras lluvias. El crecimiento de los jóvenes es rápido, con dos anillos de crecimiento al año.

La madurez sexual parece precoz y podría comenzar hacia los 8 años.

Protección. Es la única especie de Sudáfrica catalogada como "en peligro" en el Libro Rojo y aparece en el Apéndice I de la CITES. Se le considera una de las tortugas más raras del mundo. Sus poblaciones se estiman en unos cuantos miles de individuos. Se le recolectaba antiguamente para el mercado local y para la exportación. Los problemas actuales provienen de la extensión de los pastos y la alteración de la vegetación local. Se le protege en cinco reservas: Eenzaamheid Reserve, Romans River, Hartebeest River, Harmony Flats y Elandsberg Reserve, aunque juntas solo ocupan 1.200 hectáreas. El Cape Nature Conservation proyecta la creación de un parque más amplio, de 6.000 hectáreas, que protegería igualmente a *H. areolatus*. Actualmente se realizan diversos estudios sobre la ecología de esta tortuga, con el fin de proponer medidas de protección. Una de ellas consistiría en fotografiar cada individuo para establecer su "carnet de identidad" (Greig). Especie catalogada "en peligro" por el Turtle Conservation Fund.

© B. Branch

Esta especie se parece mucho a *G. elegans*, pero su tamaño no supera los 150 mm y sus escamas nunca son "piramidales". Además, posee una nucal.

Psammobates oculiferus (Kuhl, 1820)

Distribución. Es la *Psammobates* más ampliamente distribuida. Se encuentra en las sabanas del sur de Botswana, del sur de Namibia y de gran parte de la provincia de El Cabo y del Estado Libre de Orange.

Características. Esta especie no supera los 143 mm (hembras). Su forma es menos abovedada que en la especie precedente y a menudo más angosta en el centro de las marginales. Presenta una pequeña nucal, estrecha y larga; las marginales son dentadas en la parte delantera y posterior. Está provista de pequeños tubérculos detrás de los muslos. Se distingue por su coloración: el fondo es beis amarillento y con menos líneas radiales negras, que no son ni tan anchas, ni tan llamativas ni regulares como en *P. geometricus*. Principalmente, estas líneas no están constituidas por trazos continuos, sino a menudo por rayas interrumpidas, siguiendo las diferentes líneas de crecimiento. Esto produce un aspecto más puntillista, que explica el término "oculiferus". La cabeza es a menudo oscura, casi negra y no presenta las manchas claras de *P. geometricus*. El hocico es más prominente y el pico es tricúspide. Las patas anteriores lucen anchos tubérculos, amarillentos a beis, pero no se observan pequeñas escamas entre los tubérculos, a diferencia de *P. geometricus*. El plastrón es oscuro y presenta líneas radiales claras y difusas.

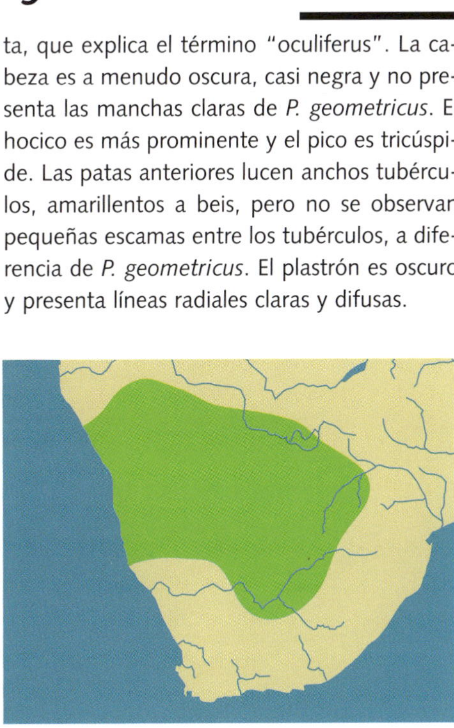

Tortuga terrestre

Esp.: *Tortuga estrellada ocelada*

Ingl.: *Serrated tortoise*

Fr.: *Tortue ocellée*

Ale.: *Stachelrand-Landschildkröte*

It.: *Psammobate oculifero*

© B. Branch

Esta pequeña tortuga estrellada posee marginales curvadas y dentadas, y más cantidad de blanco que de negro. Las patas delanteras están dotadas de potentes espolones.

Hábitos. Esta especie explota el ambiente de las sabanas áridas y de los prados más húmedos en el sur de su distribución. Su extendido territorio le permite frecuentar las arenas del Kalahari –siempre y cuando dispongan de algunas zonas arbóreas más húmedas– y los bosques claros de la provincia del Cabo. Está adaptada a climas variados, y estiva en verano o se esconde en invierno, según la región. Se la ve poco en su medio natural, ya que sus efectivos son bastante escasos y es un animal discreto con una homocromía perfecta. Esta tortuga es sobre todo herbívora, pero también se la ha visto comer saltamontes, heces de hienas y detritos orgánicos. Los depredadores de esta tortuga son numerosos, sobre todo considerando la desventaja de su pequeño tamaño. Águilas, hienas y diferentes carnívoros locales devoran a los jóvenes e incluso a los adultos. Es por ello, sin duda, que es discreta, sale poco en pleno día y se esconde en las cavidades arenosas y bajo el sustrato vegetal. Su reproducción es poco conocida. Se han observado cópulas en noviembre. Los machos golpean a las hembras con fuerza y vivacidad, y emiten gruñidos sordos. Los huevos –hasta un máximo de seis por hembra– son pequeños y miden 28 x 34 mm. Las emergencias se observan en marzo y abril, es decir un centenar de días después de la puesta.

Protección. Figura en el Apéndice II de la CITES. Los caparazones vacíos de estas tortugas siempre han sido utilizados por los bosquimanos para confeccionarse pequeños estuches o guardar sus objetos personales. La coloración tan viva y ornamentada de los espaldares es un elemento atractivo, que también seduce a los coleccionistas, por lo que existe recolección ilegal destinada a la venta. Ahora bien, su vasto territorio hace suponer que sus efectivos son abundantes aún. Está protegida en siete parques y reservas, en el norte del Transvaal y en la provincia del Cabo. La especie está poco presente en las colecciones, pues se considera que no soporta bien la cautividad. Se necesitan realizar estudios sobre su estatus y su conservación.

Tortuga terrestre

Psammobates tentorius (Bell, 1828)

Esp.: *Tortuga estrellada sudafricana*
Ingl.: *South African tent tortoise*
Fr.: *Tortue bosselée*
Ale.: *Höcker-Landschildkröte*
It.: *Psammobate tentorio*

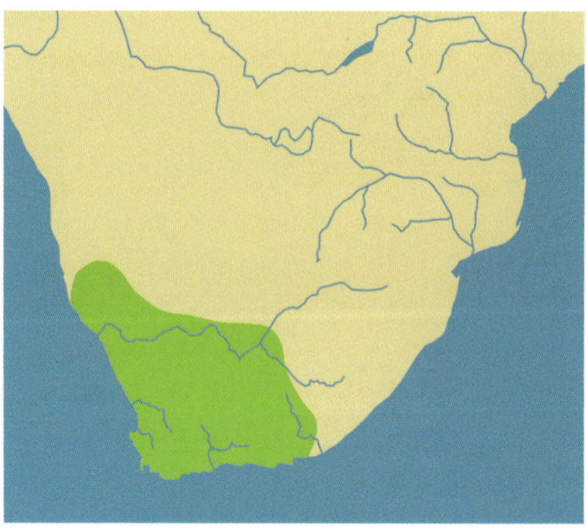

Distribución. Su área de distribución abarca parcialmente la de *P. oculiferus*, pero vive más al sur, en Namibia y el oeste de la provincia de El Cabo. Se la encuentra raras veces cerca de la costa, aunque una de sus subespecies, *P. tentorius trimeni*, se localiza en el Little Namaqualand, en el norte de la provincia de El Cabo, al borde del mar.

Características. Su tamaño no supera los 140 mm y su forma general es más plana que la de las especies precedentes. Lo que la diferencia son sus vertebrales y dorsales que forman una especie de "tienda", que recuerda mucho a *Geochelone elegans* (la subespecie *verroxii* no presenta esta forma de tienda). Ahora bien, su coloración también permite reconocerla, pues las líneas estrelladas anchas dejan poco lugar a las líneas claras, y forman a menudo una gran "X", resaltada por las protuberancias del animal. El fondo es más bien beis rojizo y las líneas oscuras tiran a veces al pardo negruzco. En los animales adultos, la coloración se atenúa, lo que permite igualmente distinguirlos de *Geochelone elegans*. Asimismo, el plastrón está menos marcado. Así, en conjunto, esta especie presenta colores menos vivos que las otras dos *Psammobates*, tirando más hacia el bronce, con el efecto estrellado atenuado. Está dotada de pequeños tubérculos detrás de los muslos, como *P. oculiferus*. La cabeza es bastante uniforme y oscura, con algunas escamas claras por encima. Presenta sobre todo una mandíbula superior muy desarrollada, con el característico pico de loro. Las patas delanteras poseen potentes tubérculos largos y aplanados, de color claro.

Subespecies. *P. tentorius tentorius*: se encuentra en el sur de la distribución, en la provincia de El Cabo. No supera los 131 mm. Su plastrón está adornado con una banda central negra y ancha, sin efectos radiales. Su espaldar presenta placas claramente piramidales. *P. tentorius trimeni* (Boulenger, 1886): su nombre proviene de Roland Trimen, conservador en el Museo de Sudáfrica. Vive en el oeste y en el centro de la distribución (noroeste de Sudáfrica y sudoeste de Namibia). Presenta estrellas muy marcadas en el plastrón y escamas muy cónicas. Esta tortuga tendría la particularidad de poder levantar sus miembros posteriores cuando llueve, para dejar que el agua se deslice por su espaldar y beberla. *P. tentorius verroxii* (Smith, 1939): su nombre se deriva posiblemente de Jules Verreaux, un director del Museo de Sudáfrica. Ocupa una ancha franja de norte a sur, desde el centro de Namibia hasta el Great Karroo, en Sudáfrica, pero siempre lejos del mar. Su espaldar es muy redondo, sin placas piramidales, y presenta dibujos radiales más difusos. De las tres subespecies, es la de mayor tamaño y a veces su diseño es más monocromo. Al igual que *P. t. trimeni*, puede beber inclinando su cuerpo hacia delante y dejando que el agua fluya por sus marginales.

Hábitos. Son las tortugas terrestres menos conocidas de esta región, sin duda porque son discretas y sus efectivos son reducidos. Incluso en cautividad, viven poco tiempo, no se adaptan bien y nunca han sido suficientemente estudiadas. Se sabe que se esconden en madrigueras y bajo los detritos vegetales, y que salen después de las lluvias. En Namibia estivan, mientras que en el sur están activas todo el año. Les gustan las plantas suculentas, pero son más bien omnívoras. Sus depredadores no son solo las rapaces y los carnívoros habituales, sino también avestruces, que las matan con su potente pico. La reproducción ha sido raras veces observada en la naturaleza. La cola de los machos, más fuerte y larga que la de las hembras, presenta escamas más anchas a cada lado. Las cópulas se desarrollan entre octubre y noviembre, y los nidos se excavan principalmente de septiembre a enero. Las puestas contienen uno o dos huevos, de tamaño mediano (24 x 35 mm). La incubación es larga y las emergencias se producen de febrero a abril, pero dependen bastante de la llegada de las lluvias.

Protección. No hay evidencias de que esta especie esté amenazada, pero ha disminuido con seguridad en las zonas donde se han instalado granjas importantes, como en el Great Karroo. Está protegida en diversos parques, como en la reserva natural Hester Malan y en el Parque Nacional del Karroo. Como en las especies precedentes, su recolección está prohibida mediante leyes provinciales.

El espaldar, constituido de "pirámides", recuerda a *Geochelone elegans*, pero las marginales están claramente ensanchadas y las líneas claras forman una "X" más oscura.

© B. Branch

Pyxis arachnoides Bell, 1827

Tortuga terrestre

Esp.: *Tortuga araña*
Ingl.: *Common spider tortoise*
Fr.: *Pyxide arachnoïde*
Ale.: *Madagaskar-Spinnenschildkröte*
It.: *Pisside*
Malgache: *Kapila, Tsafafy*

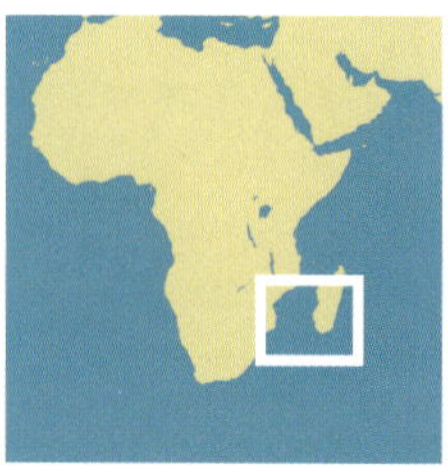

Distribución. Ocupa una franja costera de 50 a 100 km de ancho en el sur de Madagascar, en las zonas más áridas, desde Morombé, por el norte, hasta el cabo Sainte-Marie, por el sur. Las poblaciones más importantes se encuentran en el sudoeste de Toliara. A veces ha sido señalada hasta Békily, pero su presencia en esta zona se habría vuelto muy escasa.

Características. Es la única tortuga que se compara con una araña (!), lo que está motivado, sin duda, por su pequeño tamaño y su diseño amarillo marcado de rayas negras, en un sustrato pedregoso. Recuerda igualmente a las *Psammobates* sudafricanas, pero se diferencia inmediatamente por un rasgo particular: su plastrón está articulado en la parte delantera (al menos en algunas subespecies). No supera los 150 mm y su espaldar es medianamente alargado y bastante redondo. Las marginales se orientan hacia abajo. Las placas a veces presentan protuberancias. El extremo de la cola está dotado de un espolón. El color general es crema a amarillo anaranjado, con líneas y manchas negruzcas que salen de la areola. En los animales adultos, el diseño se vuelve más tenue y más monocromo. El plastrón es bastante claro, con manchas irregulares. La sutura entre las humerales y las pectorales es muy flexible, y permite que el animal cierre su plastrón por delante, sobre su cabeza y sus patas anteriores. La cabeza es pequeña, con un fondo pardo negruzco por encima, marcado con escamas claras; mientras que las mandíbulas y la parte inferior del cuello son amarillas.

Subespecies. Las tres subespecies se diferencian por su distribución y por la articulación de su plastrón. *P. arachnoides brygooi* (Vuillemin & Domergue, 1972): se localiza desde Morombé hasta el norte de Toliara; su plastrón es rígido. *P. arachnoides arachnoides*: vive en el centro del área de distribución, desde Toliara hasta el sur de Anakao; su plastrón es medianamente rígido. *P. arachnoides oblonga* (Gray, 1869): habita en el sur y su plastrón es muy movible. El estatus y la distribución de las subespecies deberían definirse mejor.

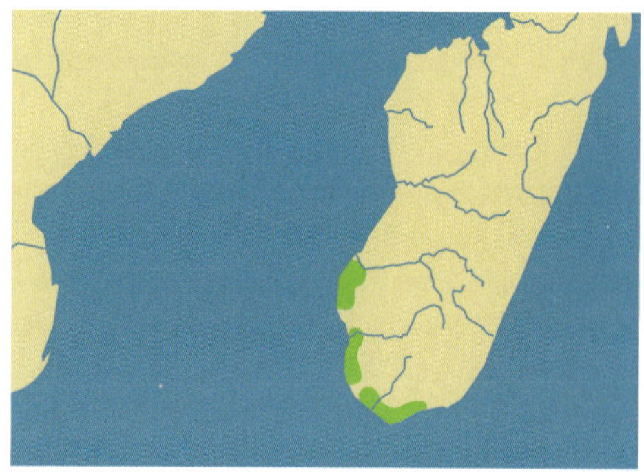

Esta tortuga presenta el dibujo amarillo y negro característico de la especie.

Hábitos. Esta especie frecuenta los ambientes pedregosos y detríticos. Sale en la temporada húmeda, especialmente después de las lluvias importantes. Durante la estación seca, se esconde bajo el sustrato, los detritos, las raíces y los montones de piedras. Para encontrarla en su biotopo, hay que excavar al pie de los arbustos y bajo el humus. Parece capaz de estivar durante largos meses. Pero cuando la lluvia inunda el suelo, todas las *P. arachnoides* salen y, entonces, la densidad de la especie resulta más importante de lo que se creía. Esta tortuga es omnívora y se contenta con poco en un medio tan árido: algunos insectos, hojas secas, frutos caídos y animales muertos. Cuando está activa demuestra una vivacidad sorprendente, corre velozmente y se aparea ruidosamente. Pone muy pocos huevos, a veces uno solo. La incubación es lenta y la emergencia depende de las lluvias. Los recién nacidos pesan alrededor de 8 g. Son muy redondos, con un dibujo negro y crema muy marcado, y parecen arañas pequeñitas.

Protección. La especie está inscrita en el Apéndice II de la CITES. El problema es que esta tortuga vive en una región donde también se encuentra *Astrochelys radiata*, que es muy grande y muy buscada, y los recolectores no dudan en capturar a la pequeña *Pyxis* al mismo tiempo que la otra especie. En cada decomiso procedente de Madagascar, la cantidad de *Pyxis* es cada vez más elevada, pues los terrariófilos las buscan cada vez más, aunque su poca "resistencia" en cautividad es muy conocida. Al seguir a unos traficantes en el campo (Devaux, 2001) se comprobó que, incluso en periodo seco, en el sur de Anakao, desentierran una decena de *Pyxis* por hora... Estas tortugas se venden a unos 0,20 euro, mientras que en Europa alcanzan precios de 200 euros (!). Una parte se mantiene en cautividad en Antananarivo, en los jardines de los malgaches ricos. Para frenar estas recolecciones, que afectan mucho a *Astrochelys radiata*, se puede actuar en varios frentes: sensibilizar a los aldeanos creando "patrullas de información"; reemplazar los ingresos ilegales del tráfico por una nueva economía basada en la cría de animales de granja (pollos y cerdos), la pesca y la artesanía; y transformar a los traficantes en guías-naturalistas al servicio de asociaciones que protegen el medio ambiente. Esto es lo que se intenta hacer en el "Village des Tortues" (ASE-SOPTOM) creado en Ifaty, en el norte de Toliara, que acoge a estas tortugas decomisadas, así como a las *A. radiata*, y permite educar a las poblaciones locales y desarrollar un ecoturismo beneficioso para la región.

© B. Devaux

Esta subespecie tiene un plastrón moderadamente flexible, sin manchas negras. Se trata de una *P. a. arachnoides*, observada al sur de Toliara. El ejemplar de la derecha ya es viejo y su coloración luce más apagada con los años.

Pyxis planicauda (Grandidier, 1867)

Distribución. Se creía que estaba restringida al bosque de Andranomena, cerca de Morondava, y la región de Tsiribihina, en la costa oeste de Madagascar; pero rápidamente se descubrió que su área de distribución se extendía más al sur, hasta Analabe, y se supone que su área de distribución es más amplia, en el centro oeste y sudoeste de la isla.

Características. El nombre de la especie manifiesta una de sus particularidades: su cola ancha y relativamente "aplastada" horizontalmente en los machos. En las hembras, este rasgo no es aparente. Sin embargo, su nombre inglés se refiere al "espaldar plano". Efectivamente, de las dos *Pyxis*, es la que presenta la forma más alargada, y su espaldar a menudo está aplanado a la altura de la segunda, la tercera y la cuarta vertebrales. Se parece mucho a *Pyxis arachnoides* por su color general y el diseño "arácnido": fondo crema a beis y dibujos estrellados o geométricos pardo oscuro a negro en cada placa. Su color es generalmente más oscuro, más caoba, y pierde sus contrastes con la edad. Se diferen-

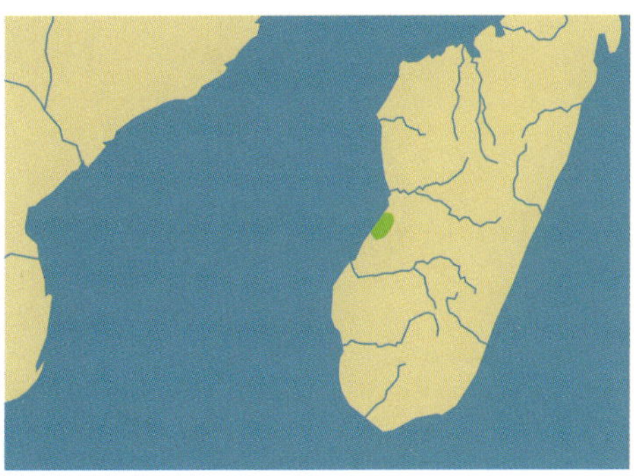

Tortuga terrestre

Esp.: *Tortuga de cola plana*
Ingl.: *Flat-shelled spider tortoise*
Fr.: *Tortue à queue plate*
Ale.: *Flachrücken-Schildkröte*
It.: *Acinisside*
Malgache: *Kapidolo*

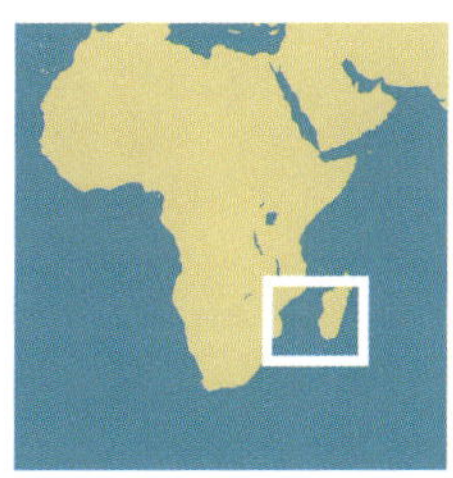

Derecha: se distingue la cola aplanada de la especie, y el espacio reducido entre el plastrón y la supracaudal.

Esta especie se parece a *P. arachnoides* tanto por su tamaño como por su aspecto general, pero su dibujo es más uniforme y oscuro, y su cola es más plana en los machos.

cia de *P. arachnoides* por los rasgos siguientes: el plastrón carece de pliegue; la cola plana en los machos; el caparazón más alargado, más plano por encima, con escamas a veces planas, que le dan una forma de "chaflán"; gular bastante avanzada, en dos lóbulos; marginales más angostas en la parte central, que se juntan con los puentes redondeados y que dan al animal una forma de "bobina"; las marginales delanteras y posteriores son a veces muy dentadas; y la cabeza es más oscura, pardo verdoso, con menos contraste que *P. arachnoides*. Su tamaño alcanza los 160 mm. En esta tortuga, el espacio entre el plastrón y el espaldar a la altura de la cola es muy estrecho. Para que los huevos (uno o dos) puedan pasar, justo antes de la puesta la sutura entre las abdominales y las femorales se debilita, y a veces se produce un sangrado, y la parte posterior del plastrón se vuelve más flexible, lo que permite que el huevo salga.

Hábitos. Se conocen sobre todo las costumbres de esta tortuga en cautividad. Dos centros se ocupan de su estudio y de su reproducción: en la isla Catherine en Georgia (Estados Unidos), en el centro que dirigía John Behler; y en Jersey, en el zoológico de la Fundación Durrell. En estos criaderos, las tortugas consumen muchas setas (hasta el 40 % de su dieta), frutos diversos y pequeños insectos. Se ha notado que si se les rocía con agua, se inclinan hacia delante para dejar que el agua fluya hasta su boca, como lo

© P. Pritchard

hacen algunas Psammobates sudafricanas. En la naturaleza, también son coprófagas y muy oportunistas. En los criaderos de Jersey y de la isla Catherine, las cópulas son raras y se mantienen condiciones climáticas particulares: en el periodo cálido y húmedo, el termómetro está a 37 °C y el higrómetro a más del 80 %. Enseguida, la humedad disminuye durante 4 meses y se recrea una estación temperada, más seca, con 27 °C, (12-15 °C de noche) y con el higrómetro por debajo del 40 %. Estas condiciones son las mismas que en el medio natural. Ahora bien, las puestas son escasas. Los huevos son alargados (con un promedio de 22 x 35 mm) y la incubación dura unos cien días en incubadora. En la naturaleza, estas tortugas están activas después de las lluvias. El resto del tiempo, se esconden bajo el sustrato y salen al caer la noche, permaneciendo a poca distancia de los lugares húmedos. Cuando envejecen, su caparazón se cubre a menudo de musgo o se vuelve verde como un madero pudriéndose, debido a su existencia subterránea. Al parecer, no les gusta el sol directo y le huyen inmediatamente.

© B. Devaux

Protección. La escasez de esta especie, según las observaciones de 1980-1990, ha incitado la creación de centros de cría cuyo éxito reproductivo nunca ha sido convincente. En su medio natural, esta tortuga no es buscada, ni consumida, ni recolectada. Sin embargo, la práctica de las chamiceras, la ampliación de las zonas agrícolas y la creación de pistas y de zonas de explotación minera o petrolífera no contribuyen a mejorar el futuro de esta tortuga. Actualmente se considera que su área de distribución es más amplia de lo que se creía, por lo que se hace necesario conocer mejor sus efectivos y su biología.

Especie catalogada "en peligro" por el Turtle Conservation Fund.

Stigmochelys pardalis (Bell, 1828) (ant. *Geochelone*)

Distribución. Esta especie está ampliamente representada en el este y en el sur de África. Reside en las sabanas y las zonas herbáceas desde el sur de Sudán, Etiopía y Somalia, hasta Sudáfrica, Namibia y el sur de Angola. No está presente en los países húmedos.

Características. Los nombres comunes en los diferentes idiomas son unánimes: esta tortuga recuerda a la piel de un leopardo, por su diseño manchado de negro sobre fondo crema. Las manchas son irregulares, a veces muy abundantes, a veces más escasas, según las regiones y las poblaciones. Cuando estas tortugas envejecen, el dibujo a veces se atenúa y algunos animales viejos son casi uniformemente beis a blanquecinos. El peso máximo parece ser de 20 kg, pero W. Archer describe una población en el Graaf-Reinet, en Sudáfrica, donde la especie puede alcanzar los 2.000 m de altitud y donde algunos animales pesarían 50 kg. Branch encontró algunos caparazones de tortugas de gran tamaño que superaban con seguridad los 50 kg. Esta tortuga presenta espolones cónicos detrás de los muslos. Sus miembros y su cabeza recuerdan a los de *Centrochelys sulcata* y también son amarillo uniforme, pero el hocico no es tan cuadrado, con dos escamas frontales más aisladas. Los ojos son pequeños. El espaldar es muy redondeado y a veces las escamas vertebrales y costales presentan un principio de forma cónica. Carece de nucal. En los juveniles, el aspecto de leopardo está muy marcado, con dibujos siempre diferentes en cada individuo, y a veces se observan marcas pardo rojizo en las suturas.

Subespecies. Antiguamente se reconocían dos subespecies: *G. pardalis pardalis*, localizada en el sur de Namibia y la provincia de El Cabo; y *G. pardalis babcocki* (Loveridge, 1935), residente en todo el resto de la distribución, que se distingue por estar dotada de una bóveda más pronunciada y de un diseño más negro. Pero, en realidad, la especie presenta numerosas variaciones locales y, según B. Branch y los herpetólogos de Sudáfrica, no existiría ninguna subespecie identificable.

Hábitos. Esta tortuga se ha adaptado bien a los diferentes ambientes, lo que coincide con su buena distribución en el continente africano. Acepta las sabanas secas y los semidesiertos de Namibia, así como las zonas montañosas en el este de la provincia de El Cabo, y no le desagradan las llanuras verdes y herbosas. Es diurna, pero cuando el día es muy caluroso, se esconde bajo la vegetación. Durante la estación fría o en altitud ocupa túneles ya existentes, madrigueras excavadas por otros animales, viejas termiteras o escondites en los montículos de rocas. Es muy buena nadadora y se han visto individuos atravesar el lago Kariba con gran facilidad. Su alimentación es esencialmente vegetariana: consume sandías, suculentas, plantas herbáceas y todo vegetal silvestre; y también setas y frutos diversos. Pero, se conforma igualmente con excrementos de animales salvajes o con la osamenta de animales muertos.

La cópula está precedida por un ritual clásico, con choques contra la hembra y gemidos ahogados, calificados de "asmáticos" por Bennefield. Las puestas tienen lugar antes de los meses cálidos, es decir, en mayo-junio o en octubre-noviembre, según la latitud. La hembra

© A. Hell-Kevorkian

Un guerrero masai se acerca a observar a esta tortuga que atraviesa una de las llanuras del Serengeti. Estos pueblos ni la consumen ni la molestan, y las poblaciones de *S. pardalis* son aún importantes.

Tortuga terrestre

Esp.: *Tortuga leopardo*
Ingl.: *Leopard tortoise*
Fr.: *Tortue léopard*
Ale.: *Pantherschildkröte*
It.: *Testuggine leopardo*

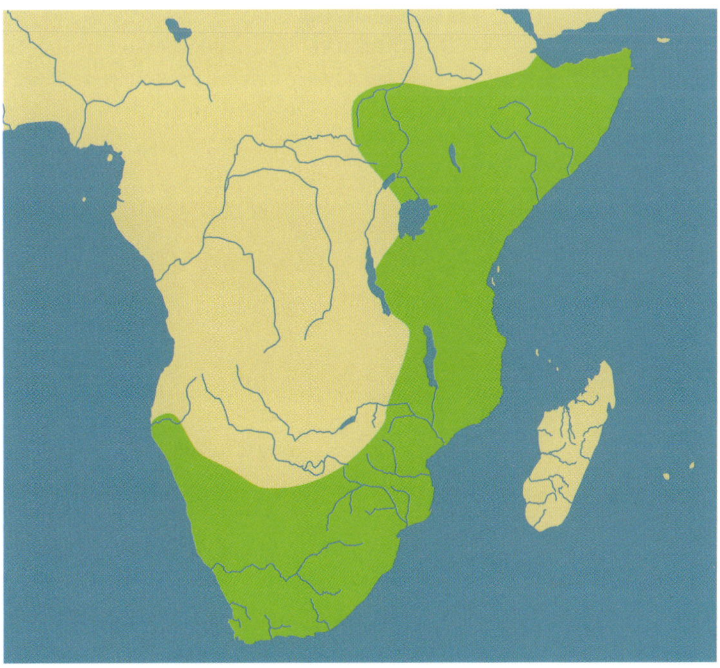

© B. Devaux

Esta gran tortuga salía de un arroyo seco, en el Great Karroo, Sudáfrica. Su dibujo desgastado por el tiempo, de puntos negros discretos, indica que se trata de un individuo viejo.

orina antes de excavar su nido en un lugar pedregoso. Los huevos son esféricos, de unos 42 mm de diámetro, y cada nido contiene de cuatro a ocho huevos. Puede haber hasta seis puestas al año, es decir una treintena de huevos por hembra. La incubación es bastante larga y depende de las precipitaciones. Puede durar hasta 380 días, según algunas observaciones atípicas. Las crías pesan unos 30 g. La fuerte mortalidad se imputa a los murciélagos, a los varanos y a las serpientes; pero, en el parque Kruger, se han visto leonas comerse a estas tortugas perforando el espaldar con sus uñas. Archer señala que esta especie tendría un comportamiento de *homing*, es decir de retorno a un lugar conocido. Pueden recorrer 12 km en un mes y medio para volver al punto de partida.

Protección. Desde que fueron limitadas las exportaciones de *C. sulcata*, el comercio se orienta a esta tortuga cuyos efectivos son abundantes y es igualmente apreciada por los coleccionistas. En la parte este de su distribución (Tanzania y Kenia) se han señalado recolecciones importantes y las tiendas de animales occidentales comienzan a vender muchos ejemplares de esta especie. También es consumida por algunas etnias, aunque ya no sea cosa corriente. Los incendios, frecuentes en África oriental, destruyen sus hábitats, y matan un gran número de animales. Asimismo, se observa en esta tortuga una enfermedad de la epidermis que altera el crecimiento de la queratina. En Sudáfrica, está protegida en varias reservas, como Kruger, Bontebok, Karroo y Mountain Zebra.

Nota a la edición española: El género *Testudo* ha pasado de tener cinco especies a casi una treintena en los últimos años. Sin embargo, todas estas especies no son reconocidas por todos los especialistas, ya que los datos genéticos no siempre corroboran los datos morfológicos.

Testudo graeca Linnaeus, 1758

Distribución. Esta especie se encuentra en África del norte, desde Marruecos hasta el noroeste de Libia, así como en el sur de España y en las Baleares, Cerdeña y Sicilia.

Características del género *Testudo*. Este género ha sido revisado recientemente por un grupo de autores (Bour, Perälä, Pieh, Taskavak *et al.*, 2004), pero puede haber otra revisión general más completa en los próximos años. Una de las especies forma parte actualmente de un nuevo género (*Agrionemys horsfieldii*), mientras que una especie hermana (*Testudo hermanni*), aunque próxima desde el punto de vista filogenético, permanece en el género *Testudo*. Se han descrito y denominado nuevas especies y subespecies, que tendremos en cuenta en esta obra, aunque esta taxonomía todavía está en discusión. Incluimos aquí una gran parte de las nuevas especies, pero mantenemos seis subespecies en las *T. graeca*. Las *Testudo* son tortugas terrestres de tamaño bastante pequeño (un máximo de 450 mm en *T. marginata*). Su espaldar es oval, en forma de bóveda bastante pronunciada, con una coloración a

© B. Devaux

La coloración de esta especie es muy variable, pero este ejemplar presenta el aspecto más "clásico": manchas irregulares negras sobre un fondo crema a beis. El espaldar es muy abombado.

menudo contrastada de amarillo y negro. Su régimen es omnívoro con una fuerte predominancia herbívora. Su ecología es muy parecida y su estado de conservación es idéntico: todas fueron ampliamente recolectadas en los siglos pasados y están en vías de rarefacción.

Características de *T. graeca*. Linneo bautizó a esta tortuga como *graeca* para referirse al dibujo "en forma de friso griego" que presenta su espaldar. Esta tortuga, arquetípica del género, se diferencia por los rasgos siguientes: posee espolones córneos detrás de los muslos (de allí su nombre común en inglés) y no presenta una uña en el extremo de la cola; la escama supracaudal no está dividida; el plastrón es amarillento a crema, marcado con manchas negras irregulares o apenas visibles, y nunca luce bandas laterales negras regulares; su espaldar muy abovedado es amarillento a verdoso, con marcas negras regulares en forma de "friso griego", que a menudo se atenúan con la edad; su tamaño máximo puede alcanzar los 300 mm; y su cabeza está manchada de negro y amarillo. El plastrón de las hembras presenta a menudo una gran movilidad en el lóbulo posterior, lo que facilita la ovoposición.

Subespecies. Se mantienen seis subespecies, pero esta clasificación podría ser modificada por una revisión posterior del género. *T. g. graeca*: ya descrita. *T. g. cyrenaica* Pieh & Perälä, 2002: se encuentra en la península cirenaica hasta El Adem, en el noreste de Libia. No supera los 200 mm y se distingue por sus miembros anteriores muy esbeltos, su caparazón lateralmente estrecho, una zona de contacto irregular entre las marginales y las costales, como "dentada"; y las marginales posteriores muy curvadas hacia arriba y marcas negras irregulares, con trazos difusos y dibujos fragmentados, sobre un fondo anaranjado a beis. *T. g. marokkensis* Perälä, 2004: se encuentra en Tarmilete, en el centro de Marruecos. Su caparazón es más bajo que el de la subespecie nominal, con líneas oscuras más abundantes. *T. g. lamberti* Perälä, 2004: se encuentra al norte de Tetuán, en el noroeste de Marruecos. Presenta espolones muy desarrollados detrás de los muslos y marginales posteriores curvadas. Su coloración es oscura, con líneas difusas muy finas. *T. g. nabeulensis* Highfield, 1990: está presente en Túnez y en el oeste de Libia. Se distingue por su "apariencia elegante" (Pieh, 2004), su espaldar muy abovedado y su tamaño de un máximo de 180 mm. La quinta vertebral presenta a menudo un dibujo en forma de "tarántula". Las gulares son relativamente anchas y levantadas. *T. g. soussensis* Pieh, 2001: vive en el valle del Souss, en el sudoeste de Marruecos y, seguramente, alrededor de Ouarzazate. Esta subespecie se distingue por la sutura interpectoral relativamente larga con relación a la sutura interfemoral, por una tercera vertebral corta en los machos y una pigmentación oscura más difusa sobre fondo amarillento. Los juveniles se diferencian de la subespecie nominal por la ausencia de puntos en la zona areolar de las vertebrales y de las marginales. Muchos individuos no presentan espolones córneos detrás de los muslos. Las hembras pueden alcanzar los 249 mm.

Hábitos. Esta especie vive en ambientes áridos y su alimentación se limita a veces a cardos y restos vegetales. Algunas poblaciones hibernan en ambientes de altitud (Atlas Medio),

Tortuga terrestre

Esp.: *Tortuga mora*
Ingl.: *Mediterranean spur-thighed tortoise*

pero estas tortugas estivan principalmente durante los meses cálidos, escondidas bajo arbustos o en cavidades. Los machos son a menudo agresivos y se enfrentan duramente en el periodo de reproducción. Los preludios a las cópulas se dan al principio de la primavera y después de las raras lluvias de otoño. El macho persigue a la hembra, le muerde las patas o el cuello con violencia, da vueltas a su alrededor para inmovilizarla y monta sobre su espaldar. Durante la penetración, emite pequeños gruñidos muy audibles. Es más pequeño que la hembra (150 a 180 mm frente a 300 mm) y a menudo se ven machos muy pequeños apareándose con las hembras más grandes. Las puestas se desarrollan de abril a junio. Tres puestas son frecuentes, con un récord de cinco para una sola hembra. Cada puesta contiene un máximo de una docena de huevos, con un promedio de seis o siete huevos por hembra (10-12 g por huevo). Esta especie ha acreditado una longevidad excepcional, aunque solo en cautividad: enInglaterra, una tortuga vivió 120 años. Al nacer, las crías son a menudo grisáceas y adquieren enseguida una coloración amarillo negruzco más contrastada. Ya se aprecian muy bien los pequeños espolones detrás de los muslos, característicos de la especie. Cuando están muy viejas, las *T. graeca* pierden a menudo sus escamas y pueden presentar, entonces, un caparazón "blanco", lo que no representa ningún problema. Esta especie está habituada a un clima cálido y seco, por lo que su tránsito por Europa (comercio y tráfico) le ocasiona a menudo enfermedades pulmonares crónicas que pueden provocar una muerte rápida. Estas enfermedades, de tipo herpesvirus, pueden transmitirse a otras especies menos sureñas, como las tortugas mediterráneas.

Etnozoología. Las tortugas terrestres forman parte hace milenios del imaginario de los pueblos de la región mediterránea. En Roc Saint-Cirq, Dordoña (Francia), se encontró una pequeña escultura de 7 cm de largo, datada de unos 13.500 años, que constituye la primera representación conocida de una pequeña *Testudo*, una *T. graeca* sin duda, a decir por su forma más estrecha en el centro y sus bordes muy rectos en la parte posterior. Los griegos, 400 años a. de J. C., representaban *T. graeca* y *T. marginata* en pequeñas monedas de plata, las estateras. Las *Testudo* seguirían siendo constantemente dibujadas, esculpidas y figuradas, especialmente en Italia, en los muros de los palacios, al pie de las fuentes y en las obras pictóricas. Su representación se extenderá luego al resto de Europa, especialmente en los Países Bajos y en Francia. Las tortugas terrestres aparecen asimismo en muchos cuentos, leyendas y fábulas, siendo las más célebres las de La Fontaine. Pero las tortugas no han sido solo animales admirados, cuidados y observados por el hombre: también han sido muy explotadas, lo que ha provocado hoy en día el grave problema de su conservación.

Protección. La *Testudo graeca* ha sido transportada y explotada por el hombre desde muy antiguo. En la Grecia antigua, estas tortugas se utilizaban a veces para "calar" las ánforas en los barcos. Luego se encontraron en todas las "colecciones de curiosidades" del mundo occidental. Durante las guerras coloniales, los soldados se las llevaban a los países europeos y, hasta que no fueron protegidas gracias a la Convención de Washington (1973), se vendían en las pescaderías y las tiendas de animales, tanto para preparar "sopas" roborativas como para "limpiar" los jardines de caracoles y babosas. Esto provocó la reducción de las poblaciones salvajes a pocos ejemplares. Actualmente todavía se les recolecta y se les vende en los zocos de todo el Magreb. Los gobiernos de estos países no aplican las convenciones CITES que han firmado, y el comercio despuebla a su propio país de su fauna autóctona. Las tortugas son presentadas a los turistas en condiciones deplorables (jaulas, sacos y cestos en pleno sol), lo que hace que el cliente se compadezca y aumenten las ventas. En las fronteras, a veces son confiscadas en las aduanas. También pueden acabar en los jardines de los suburbios, en regiones donde el clima muy húmedo acorta su existencia. Por otro lado, la venta de estas tortugas ha creado y desarrollado un gusto por la terrariofilia y la "tortuga de jardín", nefasto para todas las tortugas en general. La protección de estas especies depende de un trabajo de información permanente, del freno de las ventas en los países de origen y del lanzamiento de programas de estudios y conservación en algunos países. La especie figura en el Apéndice II de la CITES y en el Anexo C1 de la Comunidad Europea, al igual que todas las "ex graeca", que describimos en esta enciclopedia.

Testudo (graeca) anamurensis

Weissinger, 1987

Distribución. Se encuentra a lo largo de la costa sudoeste de Turquía, desde los montes Bey, por el oeste, hasta la llanura de Mersin, por el este, y en Anamur, de donde proviene su nombre.

Características. Difiere de la antigua *T. g. ibera* por los rasgos siguientes: espaldar más angosto, trapezoidal y fuertemente ensanchado, alcanzando los 260 mm en las hembras. Las marginales posteriores son muy ensanchadas. El color es básicamente amarillo verdoso, con marcas negras moderadas. El plastrón a menudo está casi totalmente cubierto por una mancha negra irregular, pero con la edad puede volverse grisáceo o amarillento, con algunas manchas.

Hábitos. Parece estar activa todo el año, incluso en enero y febrero, pero se le observa sobre todo por la mañana y al final de la tarde. Se ha encontrado un nido con 7 huevos, pero al parecer pone entre 15 y 19 huevos aproximadamente, de unos 26 x 35 mm. La incubación dura de 58 a 83 días.

Protección. Aún se le recolecta abundantemente de manera ilegal y no existe ninguna área protegida para esta especie. Figura en el Apéndice II de la CITES. Las autoridades turcas han decomisado algunas tortugas recolectadas y las han liberado en la naturaleza, pero, en realidad, no se hace nada para proteger a esta especie.

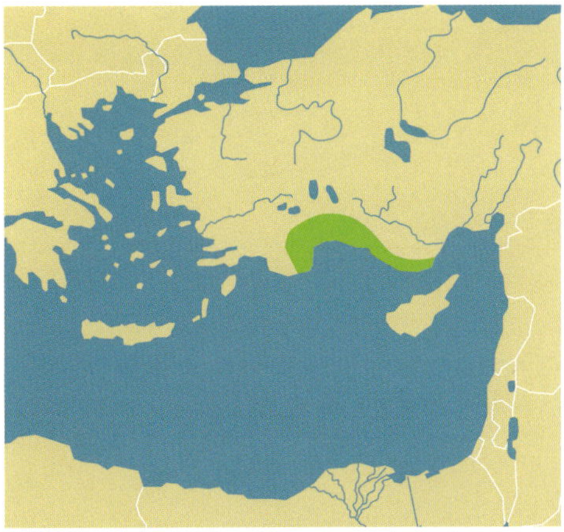

Tortuga terrestre

Esp.: *Tortuga de Anamur*

Esta especie presenta un dibujo más difuso y muy irregular, y sus marginales a veces son ensanchadas.

© M. Rogner

Testudo (graeca) antakyensis

Perälä, 1996

Distribución. Su área de repartición todavía se conoce poco, pero la especie se debe encontrar en el este de los montes de Amanos, en Turquía. También podría localizarse en Siria, Líbano, Jordania e Israel; pero las tortugas de estas últimas zonas son de mayor tamaño que las *T. antakyensis* habituales, por lo que también podrían ser otra especie *T. terrestris*.

Características. Algunos autores la consideran como un sinónimo "junior" de *T. (g.) terrestris* o como una subespecie de *T. graeca*. Se distingue de estas especies por su menor tamaño (máximo de 162 mm), la coloración amarilla de su cabeza y sus marginales posteriores no ensanchadas. Un estudio detallado de su morfometría destaca la forma de la pla-

Tortuga terrestre

Esp.: *Tortuga de Antioquía*

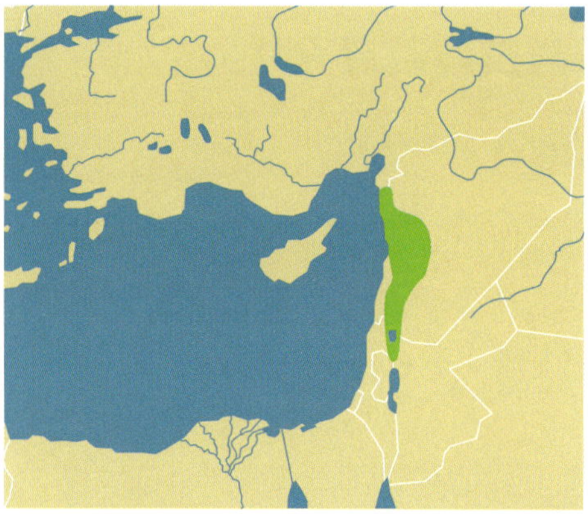

ca suprapigal, la longitud exterior de la cuarta costal, la configuración de las neurales y el tubérculo redondeado en el extremo de la cola.

La coloración es amarillenta, con motivos negros más bien marcados y regulares, pero que pueden ser más dispersos en algunos individuos.

Hábitos. Esta tortuga está activa casi todo el año, ya que ha sido observada en el exterior en enero y febrero. Sus puestas parecen limitarse a cuatro o cinco huevos, más redondos y más pequeños que los de *T. (g.) anamurensis*. La incubación dura de 64 a 90 días.

Protección. Por lo que actualmente se conoce, parece ser que esta tortuga aún no está amenazada. No existen áreas protegidas especiales para esta especie. Figura en el Apéndice II de la CITES, incluida en *T. graeca*.

Testudo (graeca) armeniaca

Chkhikvadze & Bakradze, 1991

Tortuga terrestre

Esp.: *Tortuga armenia*

Distribución. Se encuentra en el sur de Armenia, Turquía, Azerbaiyán y el norte de Irán.

Características. Es próxima a *T. graeca* y también compartiría algunos caracteres comunes con *Agrionemys horsfieldii*, como su caparazón muy redondeado parecido a un guijarro y su plastrón que carece de parte movible. Puede alcanzar los 230 mm, con un máximo de 257 mm. Su nucal es estrecha y aguda. Las marginales están separadas de las costales por un sutura ancha y muy visible. Las gulares se proyectan de un modo distinto y dibujan claramente una horquilla en la mayoría de los individuos. La charnela entre el hipoplastrón y el xifiplastrón está muy poco desarrollada. La coloración es muy parda a caoba, casi monocroma, sin marcas oscuras o apenas esbozadas. Todo el animal –el plastrón, el espaldar y las partes blandas– es del mismo tono terroso.

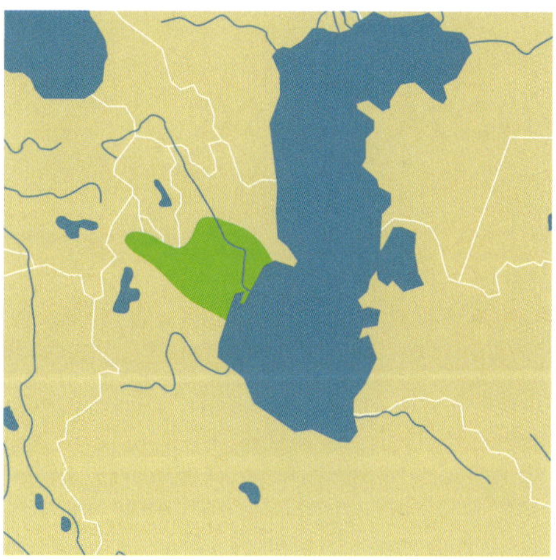

Hábitos. Esta tortuga ocupa hábitats semidesérticos hasta los 1.300 metros de altitud, con vegetación poco abundante, en colinas pedregosas cubiertas de arbustos espinosos. En verano, solo está activa muy temprano por la mañana y al anochecer. El resto del tiempo, se oculta al pie de los arbustos. Puede nidificar tres veces por temporada y pone de tres a cinco huevos por nido.

Protección. Esta tortuga se consume ocasionalmente en la región de Megri, en Turquía, pero no parece ser capturada de forma abundante. No existe ninguna protección particular para esta especie, a pesar de que está incluida como *T. graeca* en el Libro Rojo de la UICN y en el Apéndice II CITES.

Testudo boettgeri Mojsisovics, 1889

Distribución. Era antiguamente la subespecie oriental de *T. hermanni*. Su territorio se sitúa al este del de *T. hermanni*, es decir a partir del Véneto, Italia, y los Balcanes para alcanzar el Dobrudja (delta del Danubio). Se encuentra en varias islas adriáticas y jónicas, en el Peloponeso y en la parte europea de Turquía.

Características. Es muy similar a *Testudo hermanni*, habiendo sido su subespecie oriental, y, como ésta, posee una uña en el extremo de la cola, una supracaudal dividida normalmente, bandas longitudinales negras bajo el plastrón, vertebrales angostas, pequeñas escamas en la cara superior de los antebrazos y colores muy contrastados, amarillo y negro. Ahora bien, se le distingue por los puntos siguientes: su coloración más amarillo claro a verdoso, las suturas diferentes en el plastrón (femorales iguales o más pequeñas que las pectorales) y el ensanchamiento por encima de las patas traseras en los machos, así como las bandas negras bajo el plastrón mucho más fraccionadas que en *T. hermanni*. Asimismo, su tamaño es mayor y puede alcanzar los 340 mm, aunque algunas poblaciones en el sur del Peloponeso parecen enanas y no superan los 140 mm (Bour, 1995). El plastrón de las hembras puede presentar una ligera movilidad en el lóbulo posterior, lo que facilita la ovoposición.

Hábitos. Esta especie habita en un ambiente de garriga y maquia mediterráneas moderadamente arbolado, con zonas abiertas para insolarse y poner sus huevos. Hiberna en escondites naturales, de octubre a marzo, según la región. Nidifica de mayo a junio, hasta tres veces por temporada, y pone un máximo de nueve huevos, de 28 x 38 mm. Es más carnívora que *T. hermanni* y come gusanos, pequeñas lagartijas, invertebrados, carroña y heces, aparte de su dieta herbívora.

Protección. Figura en el Apéndice II de la CITES. Antes de estar protegida, fue sin duda la especie de tortuga más recolectada y exportada hacia la Europa occidental, lo que hizo que sus efectivos disminuyeran peligrosamente. Actualmente la presión ejercida por las capturas se ha reducido, pero en cambio se ve amenazada por la degradación de sus hábitats y por la urbanización extensiva de muchas zonas en las que habita, al igual que *T. hermanni*.

Tortuga terrestre

Esp.: *Tortuga mediterránea oriental*

Arriba: esta tortuga se parece cromáticamente a la tortuga mediterránea, pero a menudo es más pálida y a veces ligeramente verdosa. Los machos lucen a menudo marginales ensanchadas por encima de las patas traseras.

Testudo (graeca) floweri Bodenheimer, 1935

Tortuga terrestre

Esp.: *Tortuga de Flower*

Distribución. Vive en la estrecha franja costera en Israel (banda de Gaza) y el Líbano, hasta Beirut. También podría encontrarse en Egipto, en el Sinaí, entre El Arish y la frontera israelí.

Características. Es una tortuga de pequeño tamaño (un máximo de 154 mm) y de aspecto macizo, "la tortuga terrestre más parecida a un tanque" (J. Perälä, 2004). El caparazón, visto dorsalmente, es más bien alargado en los machos, más redondo en las hembras y bastante plano dorsalmente. Los machos poseen un plastrón corto que deja ver una cola larga y maciza en forma de cono. La nucal es corta, normalmente estrecha en los machos y más ancha en las hembras. El borde anterior del espaldar puede ser ligeramente dentado. La primera vertebral es redondeada. El color de esta especie es muy particular: fondo amarillo pálido, beis, verdoso o pardo, con manchas negras poco importantes, presentes sobre todo en el centro de las escamas, a veces como rayas alargadas. El plastrón es amarillento a verdoso, con manchas difusas, pero equilibradas, que tienden a desaparecer. Algunos machos viejos son totalmente melánicos. Las grandes escamas de las extremidades delanteras son pardas a amarillas y presentan a veces extremidades negras. La cabeza es amarilla a pardo oscuro, más clara por encima, alrededor de las narinas. En el extremo de la cola se observa una gran escama doble.

Hábitos. Vive principalmente en las llanuras costeras donde el clima es cálido o suave, y está frecuentemente activa en enero y febrero. Se entierra en madrigueras para estivar o durante los meses más fríos. Las puestas tienen lugar de mayo a julio y cuentan de tres a cinco huevos, con una incubación de 90 días.

Protección. Su territorio está ampliamente ocupado por el hombre y se ve afectada por la urbanización, las guerras y la degradación de los hábitats. Otras amenazas provienen de los vehículos todoterreno y de la introducción de depredadores. Sin embargo, no se le recolecta. Está catalogada en el Apéndice II de la CITES. Sus poblaciones deben ser escasas y ninguna reserva la protege.

Testudo hercegovinensis Werner, 1899

Tortuga terrestre

Esp.: *Tortuga hercegovina*

Distribución. Vive en los Balcanes, en las costas del Adriático: región de Zadar (Croacia); Mostar, Bileca y Trebinje (Bosnia-Herzegovina); y Montenegro.

Características. Era confundida antiguamente con *T. hermanni boettgeri* y, aunque se le considere actualmente una especie aparte, es muy próxima del grupo de *Testudo hermanni* (Gmelin, 1789), que normalmente debería estar separado de las demás *Testudo* (Linnaeus,

1758) (ver *Agrionemys horsfieldii*). Esta tortuga carece de escama inguinal, que está reemplazada por la placa abdominal. Es pequeña y no excede los 147 mm. Su coloración es amarillenta, beis ligeramente verdoso o rosácea, con placas negras muy extendidas y simétricas y anillos de crecimiento muy nítidos. El plastrón presenta dos bandas negras bien marcadas, pero a menudo discontinuas. La cabeza es marrón a negruzca, sin manchas claras, con solo una parte más amarillenta por encima y detrás del cráneo.

Hábitos. Ocupa ambientes arbolados o cubiertos de maleza, como un bosque de robles cerca de Trebinje (Werner, 1899); o frecuenta malezas de moras y otras plantas, en medio de los terrenos agrícolas en Croacia. Pone de tres a cinco huevos y puede haber dos puestas por temporada. Los huevos miden unos 16 x 32 mm y la incubación dura 60 días.

Protección. Largo tiempo recolectadas junto con las tortugas mediterráneas orientales, para exportarlas a Europa occidental y a Estados Unidos, sus poblaciones han disminuido con seguridad en gran parte de los ambientes originales. Las guerras, la urbanización y las explotaciones agrícolas también han afectado a esta especie, la que, a pesar de todo, está bien representada aún en una parte del área inicial. Figura en el Apéndice II de la CITES y es menos recolectada actualmente, aunque sus hábitats están muy degradados.

© J. Maran

Las manchas del espaldar son simétricas. La coloración es muy contrastada, pero más oscura que en *T. boettgeri*. La ausencia de la escama inguinal permite distinguir a esta especie.

Testudo hermanni Gmelin 1789

Distribución. La tortuga mediterránea se encuentra en el oeste y el sur de Italia, en el sudeste de Francia (centro del Var) y en el noreste de España. También habita en algunas islas, como Córcega, Sicilia, Cerdeña, Mallorca y Menorca.

Características. Antiguamente dividida en dos subespecies, la occidental y la oriental, la tortuga mediterránea solo corresponde actualmente a *Testudo hermanni*. Desde el punto de vista filogenético, es muy próxima a *Agrionemys horsfieldii*, que ya no pertenecería al género *Testudo* y sería un grupo hermano. Ahora bien, las *Agrionemys* son tortugas especializadas en una vida excavadora y *T. hermanni* está probablemente próxima del ancestro común y "se distingue suficientemente para merecer una separación genérica" (Lagarde, Bonnet & Bour, 2004). Así, la mantenemos en el género *Testudo*, como lo hace M. Cheylan. Posee una uña en el extremo de la cola –que está muy desarrollada en los machos–, una placa supracaudal dividida (a diferencia de *T. boettgeri*), dos bandas negras continuas bajo el plastrón, una sutura femoral más grande que la sutura pectoral y colores muy contrastados, amarillo anaranjado para

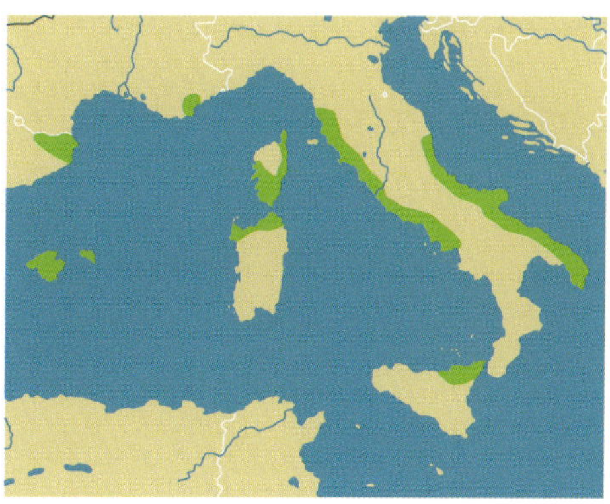

Nota a la edición española:
Datos genéticos recientes no justifican la división de *T. hermanni* en tres especies tal como aparecen aquí. Es mejor mantenerlas como dos subespecies: *T. h. hermanni* y *T. h. boettgeri*. La tercera especie, *T. hercegovinensis*, quedaría incluida en ésta última.

Tortuga terrestre

Esp.: *Tortuga mediterránea*

Ingl.: *Hermann's tortoise*

el fondo, con marcas negras muy brillantes. En cada escama, un dibujo regular decora la areola y el contorno de la escama. Su espaldar es moderadamente abovedado, menos pronunciado que en *T. graeca*. No tiene espolones detrás de los muslos. Su tamaño no supera los 190 mm. Su cabeza está marcada a menudo con una mancha amarilla debajo y detrás del tímpano. Las patas son grisáceas a pardas, fuertemente marcadas de amarillo. Existen variaciones entre los grupos continentales e insulares: las tortugas del Var, de Italia y de la Albera española ya han sido descritas. Las de las Baleares y de Cerdeña son más pequeñas y más negras, a menudo con bandas plastrales muy negras y muy extendidas. Las de Córcega presentan una cierta variabilidad que deja imaginar una eventual mezcla con *T. boettgeri*. Las coloraciones son a veces más verdosas, con menos manchas negras. Las suturas femorales a veces son iguales o inferiores a las suturas pectorales. Los machos, sobre todo, son muy diferentes de los de las otras zonas: muy ensanchados por encima de las patas traseras; su forma es triangular y maciza, con marginales ensanchadas, a veces curvadas; y una coloración que tira al gris verdoso. Su tamaño puede exceder las medidas habituales de la especie y las hembras pueden alcanzar los 250 mm.

Hábitos. La tortuga mediterránea vive en la garriga, la maquia y los bosques claros de la zona mediterránea. Prefiere los ambientes semiabiertos donde puede encontrar sombra y escondites para el periodo estival y la hibernación, así como zonas abiertas para insolarse y nidificar. Su hibernación acaba a finales de febrero y se aparea inmediatamente. Las cópulas no son tan violentas como en *T. graeca*, aunque siguen el mismo ritual. Las puestas comienzan hacia el 15 de mayo en la Provenza francesa y se acaban a principios de julio. El fotoperiodo desencadena las puestas, más que el calor ambiental. Las tortugas excavan un nido de unos 6 a 10 cm de profundidad, en forma de vaina, y ponen de uno a cinco huevos, que miden alrededor de 24 x 32 mm. A veces se da una segunda puesta, tres semanas después de la primera. La incubación dura unos 90 días y los nacimientos se producen después de las lluvias abundantes de mediados de agosto o de septiembre. Si las crías no han emergido, por falta de precipitaciones importantes o a causa de una puesta tardía, perforan su cascarón, pero se quedan en la tierra y solo aparecen en la primavera siguiente (pesan alrededor de 10 g). El éxito de las puestas en su medio natural es de un 80 %, pero posteriormente la mortalidad de los juveniles es muy importante. De 1.000 tortugas que nacen, solo cuatro o cinco sobrevivirán al cabo de tres años. Los depredadores de las crías son numerosos: ratas, urracas, rapaces, culebras, tejones, garduñas, zorros, jabalís, erizos e incluso hormigas y avispas (!). Solo después de que se ha completado la osificación, después de 6-8 años, las tortugas podrán

En la garriga provenzal, las tortugas mediterráneas buscan una zona abierta para termorregularse. Su diseño amarillo y negro es muy contrastado. En este individuo aún joven, los surcos están muy marcados.

© B. Devaux

esperar tener una vida menos tormentosa. La temperatura de diferenciación sexual en esta especie es de 28,5 °C, y si se mantienen los huevos durante las primeras semanas a 26 °C, solo se obtendrán machos; mientras que si se mantienen a 30 °C, solo habrá hembras. La madurez sexual de la especie comienza a los 8-12 años en los machos, y a los 10-14 años en las hembras. La hibernación en la Provenza comienza a mediados de noviembre: la tortuga se esconde bajo un montón de hojas, en un escondite excavado bajo un arbusto, o debajo de viejas planchas podridas. Allí pasará los tres meses de invierno y volverá a aparecer a finales de febrero o a principios de marzo, aunque existen grandes diferencias individuales: algunos animales entran tardíamente en hibernación y salen varias veces durante el invierno, mientras que otros se esconden a finales de octubre y no salen hasta finales de marzo. Los estudios sobre la termorregulación han permitido estimar las temperaturas mínimas y máximas que puede soportar esta especie al nivel de los órganos internos (C. Huot-Daubremont), sea un mínimo de 3,7 °C y un máximo de 35 °C. Por debajo y por encima de estas cifras, las temperaturas son letales. La longevidad de esta especie en su medio natural oscila alrededor de los 30 años, pero muchos individuos pueden vivir hasta 60 años y algunos llegan a ser centenarios. La dieta de esta especie es herbívora en un 90 %. Le gustan los tréboles, el diente de león, el madroño, las flores amarillas y blancas, diversas plantas y hierbas de la maquia; de vez en cuando consume gusanos o caracoles, e incluso animales que encuentra muertos (lagartijas, gazapos, batracios...).

Protección. Como *T. graeca*, fue muy recolectada y exportada, hasta que en 1976 se adoptaron medidas de protección. Figura actualmente en el Apéndice II de la CITES. Durante de la segunda guerra mundial, fue consumida por algunos pobladores de la Provenza debido a la carestía. Hasta mediados del siglo pasado, se le consumía en conventos, los días de vigilia, ya que se le consideraba, así como a las nutrias, los caracoles y las ranas, "ni carne ni pescado". Estas tortugas se ven afectadas actualmente por la urbanización, por la destrucción de su hábitat, por las recolecciones y los incendios que se producen en estas regiones mediterráneas, como en los incendios de l'Albera en 1986 y 2000 y del Var en 1990 y 2003. Pero es la expansión humana la que ha reducido sus efectivos y la que amenaza actualmente su supervivencia. A principios del siglo pasado, aún ocupaban una franja costera ininterrumpida desde España hasta el norte de Roma. Hace 60 años, todavía se las veía en Bouches-du-Rhône y en los Alpes-Maritimes, así como al pie de los Abruzos. Hoy en día, en Francia solo sobreviven en un estrecho territorio en el centro del Var (y en Córcega), y su territorio está fragmentado en España e Italia. La SOPTOM, asociación creada en 1986 a partir de los trabajos en biología de Marc Cheylan y en ecología de David Stubbs, implementó en 1987 un "Programa de salvaguardia de la tortuga mediterránea en Francia" e inauguró en mayo de 1988 un "Village des Tortues". Desde 1986 se desarrollan diversas actividades con el fin de sensibilizar al público, de realizar numerosos estudios fundamentales y de campo, y de reconstituir poblaciones en la naturaleza a partir de los animales reproducidos en este centro. Sin embargo, las grandes amenazas persisten, y conciernen a la creciente urbanización del Var que limita las zonas útiles para las tortugas y a la proliferación en Francia, así como en todos los países desarrollados, de las tiendas de animales y su mantenimiento en cautividad. Esta noción de "la tortuga como animal de jardín" es desastrosa para las tortugas de nuestras regiones y para todas las tortugas en general, ya que incita al público a poseerlas y a mantenerlas en cercados o terrarios, aumentando la presión comercial y las recolecciones en el medio natural. Solo se podrán conservar las tortugas mediterráneas (así como muchas otras especies) protegiendo sus hábitats (compras, declaración de reservas, defensa del entorno); realizando estudios e investigaciones para conocer mejor la ecología y la biología de estas especies; sensibilizando al público, y especialmente a los niños, sobre la protección de las tortugas; reforzando las poblaciones salvajes con animales criados y reproducidos en centros especializados ("Village des Tortues"; en España, el CRARC de Masquefa y el CRT de l'Albera); desarrollando acciones comunes con otros centros y países (congresos internacionales, publicaciones internacionales, estudios compartidos, etc.); y sobre todo, mentalizando a la población para que las tortugas sean reconocidas como animales salvajes y no como animales "de compañía".

Especie catalogada "en peligro" por el Turtle Conservation Fund.

© I. Arndt

La mayoría de las tortugas de esta especie lucen una mancha amarilla bastante desarrollada debajo de los tímpanos. Ésta posee un pico cortante, que le permite despedazar los vegetales.

Nota a la edición española:
En España a partir de la década de 1980 se han desarrollado proyectos de conservación de la tortuga mediterránea en la Albera (Girona), el delta del Ebro (Tarragona), el Garraf (Barcelona), Menorca y Mallorca. Parte de estos proyectos han implicado el refuerzo de las poblaciones naturales, la reintroducción y la introducción de poblaciones. Asimismo, importantes campañas de divulgación dirigidas a escolares y al público en general han permitido dar a conocer los problemas de conservación que la afectan. En España las poblaciones en mejor estado de conservación se encuentran en las Baleares.

Testudo (graeca) ibera Pallas, 1814

Tortuga terrestre

Esp.: *Tortuga de Asia Menor*

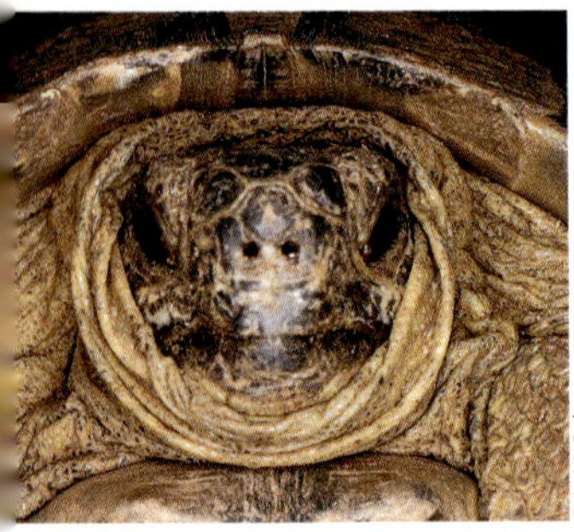

© J.-M. Prévot

Esta tortuga es bastante grande y posee un espaldar robusto y ligeramente ensanchado en la parte posterior. El color es bastante uniforme, del negruzco al caoba.

Distribución. Esta especie ocupa un extenso territorio en Azerbayán, el sur de Ucrania, el este de Georgia, Armenia, el noroeste de Irán, Turquía, el este de Grecia y Rumanía.

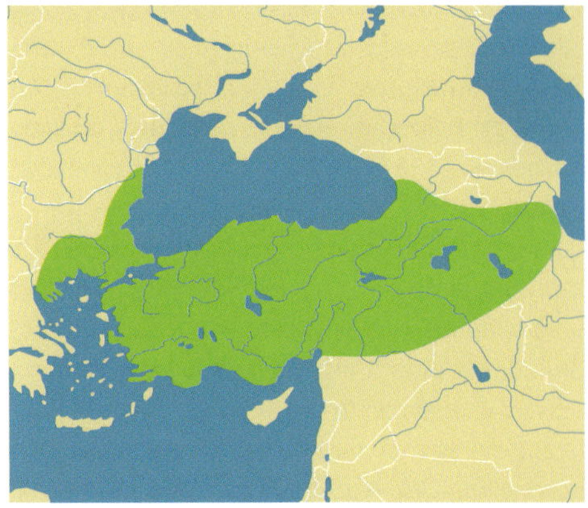

Características. Antiguamente considerada una subespecie de *T. graeca*, actualmente sería reconocida como una especie aparte. Es una tortuga que puede alcanzar los 260 mm, con un caparazón relativamente ancho y bajo. Las marginales posteriores están ensanchadas, a menudo con partes dentadas. Su coloración, antes considerada parda y uniformemente oscura, sería en realidad más contrastada, con un fondo oliváceo a beis y marcas negras muy grandes, radiales a partir de las areolas. Algunos individuos viejos tienen el caparazón casi totalmente pardo negruzco a negro. La cabeza es oscura, olivácea o marrón negruzco, a veces con algunas manchas amarillas.

Hábitos. En verano, las tortugas reducen su actividad y se activan ocasionalmente a primeras horas de la mañana para concentrarse alrededor de los escasos puntos de agua. Hibernan de noviembre a febrero. Son relativamente omnívoras y consumen, aparte de vegetales, gusanos e insectos. Las puestas se observan de mayo a mediados de junio y contienen cuatro a cinco huevos, de 25 x 35 mm en promedio. Dos puestas son frecuentes. La incubación dura alrededor de 70 días.

Protección. Está incluida en el Apéndice II de la CITES. Sus poblaciones estarían en declive en Azerbaiyán, a causa de la presión agrícola. Antiguamente, se recolectaban en cantidades importantes para la exportación.

© B. Devaux

Testudo kleinmanni Lortet, 1883

Distribución. Su territorio se limita a una franja costera de 50 km de ancho, desde Libia (Arab Jamahiriya, Trípoli y Cirenaica) hasta el Nilo, en Egipto, en lugares aislados y escasos.

Características. Es la más pequeña de las *Testudo*, con un máximo de 144 mm. Su espaldar forma una bóveda pronunciada, casi cilíndrica, con marginales curvadas hacia los costados, formando un solo cuerpo con los puentes. Su color general es amarillo claro a beis, como el ambiente arenoso en que vive, a veces con manchas negras alrededor de las escamas en los más individuos más jóvenes. También se caracteriza por su plastrón, ligeramente móbil por detrás y porque éste presenta dos triángulos negros en las abdominales (mientras que *T. marginata* luce triángulos negros en todas las escamas). Los miembros, el cuello y la cabeza también son de un amarillo uniforme. Los ojos son grandes y almendrados, con el iris negro. Carece de espolones detrás de los muslos. En sus patas delanteras, las escamas son anchas y planas, lo que le facilita enterrarse en la arena. Puede excavar bajo la arena para ocultarse, pero a menudo utiliza los escondites ya existentes, al pie de algún arbusto. Sus miembros son proporcionalmente largos, lo que le permite caminar con las "patas levantadas", sin duda para evitar un contacto muy cercano con el suelo abrasador.

Hábitos. Ocupa las regiones desérticas y arenosas que disponen de zonas pedregosas y que conservan una humedad de procedencia marina, es decir una franja costera que no exceda los 30-50 km de ancho. En ésta se mantiene una magra vegetación, dominada por las matas de bufalaga marina (*Thymelaea hirsuta*). Su pequeño tamaño puede explicarse por la aridez de su hábitat. Excava escondites en la base de los arbustos, bajo las hojas o en la arena, para protegerse del calor y de la sequedad. Estiva gran parte del año, pero puede salir muy temprano por la mañana y al final de la jornada. Es una tortuga oportunista con tendencias herbívoras, que come plantas y frutos caídos, desechos orgánicos, insectos y animales muertos. Nunca se la ve beber y sus necesidades hídricas son ciertamente reducidas. Pone generalmente un solo huevo, justo al principio de la primavera, que eclosionará después de lastormentas del final del verano. El huevo es bastante grande y su tamaño explica la movilidad del plastrón, que hará más fácil la puesta. Ahora bien, algunos autores han observado puestas máximas de cuatro huevos (Hobbs & May, 1993). Las crías pesan entre 10 y 14 g, lo que es bastante para una tortuga de este tamaño. Los depredadores, tales como varanos, rapaces y chacales, exterminan a numerosos juveniles de esta especie.

© J. Maran

Una flor amarilla o blanca puede constituir un alimento precioso para esta minúscula tortuga de Kleimann. Las líneas pardas desaparecen con la edad, y el espaldar se vuelve uniformemente de color arena amarillento.

Protección. Situada en el Apéndice I de la CITES, se le considera la más rara de las *Testudo*, junto con la reciente *T. werneri*. Estudios recientes (Baha El Din, 2004) demuestran que está casi totalmente erradicada de su área de distribución y que solo subsisten poblaciones relictas (área

Tortuga terrestre

Esp.: *Tortuga de Kleinmann*
Ingl.: *Kleinmann's tortoise*
Fr.: *Tortue de Kleinmann*
Ale.: *Aegyptische Landschildkröte*
It.: *Testuggine di Kleinmann*
Libia: *Fakarouni*

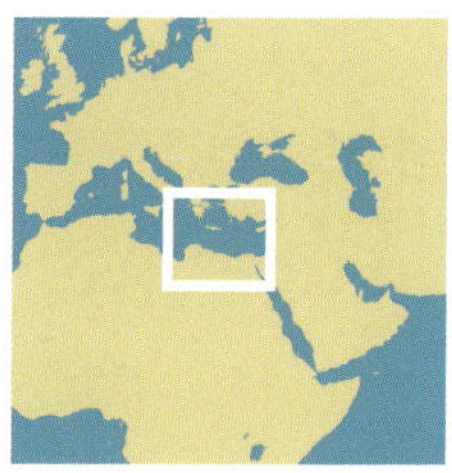

protegida El Omayed). Ha sido muy afectada por las recolecciones para la venta, y sus hábitats están destruidos por el sobrepastoreo, por la presión agrícola y la urbanización, así como por las actividades militares. Los decomisos son frecuentes en la aduana del aeropuerto de El Cairo. Los especialistas de esta especie piensan que se encuentra en vías de desaparecer rápidamente y que se deben tomar medidas urgentes para su conservación. De momento, existe un solo centro de cría en la Universidad de El Cairo, con el fin de constituir lotes destinados a las reintroducciones, pero la productividad del centro es muy reducida. El equipo de Baha El Din (2004) propone establecer zonas protegidas, como en Salum y El Qasr, y reunir a todos las partes interesadas en esta especie, para proceder rápidamente a investigar, a educar a la población local (Egipto y Libia) y a rehabilitar tortugas en ambientes protegidos.

Especie catalagoda "en peligro" por el Turtle Conservation Fund.

© H. Fiello

La emergencia del huevo es un momento difícil. La carúncula permite romper el cascarón, y luego las patas córneas ayudan a abrir el estrecho habitáculo.

Testudo marginata Schoepff, 1795

© B. Devaux

En este ejemplar, se aprecian el amplio faldón posterior, el estrechamiento en medio de las marginales y la contrastada coloración, negra y amarilla.

Tortuga terrestre

Esp.: *Tortuga marginada*
Ingl.: *Marginated tortoise*

Distribución. Se distribuye principalmente por Grecia, pero también se localiza en la mitad meridional de la península de los Balcanes. En Cerdeña fue introducida seguramente por los ligures, y en Toscana fue llevada más recientemente.

Características. Esta tortuga es la más grande de las *Testudo* (con récords de 400 mm y 6 kg para algunas hembras) y es la única que presenta un ensanchamiento importante de las marginales posteriores, en forma de faldón, tanto en los machos como en las hembras (también se encuentra un faldón corto en *T. weissingeri*, pero en menor medida). Es alargada y oval, pero estrechada como formando una "bobina", al igual que la especie sudamericana *Chelonoidis carbonaria*. Los anillos de crecimiento están fuertemente marcados, al menos en los veinte primeros años. La coloración general es parda a negruzca, a veces con manchas beis, anaranjadas o rosáceas, y suturas beis. Los animales viejos se vuelven más monocromos, pardo grisáceo a verdoso, a veces con una mancha amarilla en las areolas. El plastrón es amarillo claro, con triángulos negros en cada escama, bien marcados y con la punta hacia atrás (mientras que *T. kleinmanni* solo tiene dos triángulos en las abdominales). No posee espolones córneos detrás de los muslos ni espolón en el extremo de la cola. Su cabeza es grisácea a negruzca, sin manchas claras y sus patas anteriores están dotadas de espolones potentes en la cara superior. Las hembras son más grandes que los machos. Estos últimos presentan una fuerte concavidad bajo el plastrón y un reborde desarrollado en el xifiplastrón, como en algunas *Gopherus*. Este reborde permite al macho calarse contra el espaldar de las hembras en el momento de la cópula. Los juveniles parecen pequeñas *T. graeca*, negro y beis, aunque son más alargadas y ya presentan los triángulos negros bajo el plastrón.

Hábitos. Esta tortuga vive a menudo en colinas y montañas, hasta los 1.300 metros de altitud, pero también se encuentra hasta el nivel del mar. El espaldar en forma de faldón de esta especie no facilita las cópulas. El macho se alza verticalmente sobre la parte posterior de la hembra y estira sus patas traseras, mientras que la hembra levanta la parte posterior de su cuerpo para facilitar la penetración. Bastante a menudo, el macho cae de costado y vuelve a comenzar su cortejo. Los huevos son grandes y un poco alargados (32 x 38 mm), y cada nido contiene de seis a nueve (máximo quince). Se pueden dar dos o tres puestas por temporada, entre mayo y junio; las crías nacen después de las primeras tormentas de agosto o de septiembre. Pesan aproximadamente de 15 a 20 g. Son animales herbívoros, que también consumen insectos, gusanos, pequeñas lagartijas y caracoles.

Etnozoología. Esta especie forma parte, al igual que *Testudo graeca* o *T. hermanni*, del bestiario griego. Está representada en las primeras monedas (las estateras) algunos siglos a. de J. C., y aparece en numerosos frescos murales, o esculpidas en paredes, en la base de las fuentes o en frisos arquitectónicos. Algunas de estas tortugas, que fueron transportadas por rapaces hasta la cima de los picos verticales de Metéora, se encontraron aisladas en estas estrechas plataformas de piedra y sobrevivieron muchos años, recreando pequeños grupos que vivían en autarquía, con la única compañía de los monjes que utilizaban Metéora como lugar de oración.

© B. Devaux

Las hembras pueden medir 400 mm, y la gran amplitud del faldón dificulta que el macho se acople. A pesar de ello, tienen éxito y su actividad reproductora es intensa.

Protección. Esta especie es aún abundante en el Peloponeso y se le recolecta relativamente poco desde su protección integral. Fue exportada abundantemente en el último siglo, lo que explica su presencia en las colecciones europeas. Por otro lado, la agricultura intensiva y la ampliación de las zonas urbanas amenazan sus hábitats, al igual que los de *T. weissingeri*. Aún no existe ningún programa de estudio ni de conservación para esta especie, aunque es una de las *Testudo* más impresionantes. Se sitúa en el Apéndice II de la CITES.

Testudo (graeca) nikolskii

Chkhikvadze & Tuniyev, 1986

Distribución. Se encuentra en el noreste del mar Negro, en el Cáucaso, desde la ciudad de Anapa, hasta la península de Pitsunda.

Características. Antiguamente considerada una subespecie de *T. graeca*, ha sido elevada actualmente al rango de especie. Es una tortuga grande, muy redondeada y bastante ancha, que puede alcanzar los 296 mm y presenta varios pequeños espolones córneos en los muslos y una sola placa supracaudal. Las líneas de crecimiento son muy abundantes y la coloración es amarillenta, con pocas marcas oscuras en las escamas (solo en la parte delantera de las escamas y con un punto en la areola). En los juveniles, el amarillo domina, mientras que los adultos se oscurecen y a veces están muy sobrecargados de negro. Una parte de los animales están dotados de uñas negras en los miembros anteriores (Leontyeva, 2004), mientras que los demás poseen

Tortuga terrestre

Esp.: *Tortuga de Nikolski*

uñas amarillas. Las grandes escamas de los miembros anteriores son a menudo redondeadas en lugar de triangulares. La cabeza es parda a negruzca, con muy pocas manchas claras.

Hábitos. Esta especie hiberna bastante tiempo, de octubre a fines de abril. Pone de cuatro a seis huevos, de unos 28 x 32 mm, en mayo. En julio y agosto, están menos activas y abandonan las zonas secas en las laderas de las colinas para descender al fondo de los valles donde la humedad es mayor. Esta especie es parasitada habitualmente por garrapatas.

Protección. Figura en el Apéndice II de la CITES, pero ha sido víctima de las recolecciones y de la destrucción de su hábitat. En nuestros días, está amenazada por la urbanización y la agricultura, así como por perros y gatos vagabundos. Una reserva podría protegerla en una parte de su área (Utrish Biosphere Zapovednik), aunque es muy pequeña. Catalogada "en peligro" por el Turtle Conservation Fund.

Testudo (graeca) pallasi

Chkhikvadze & Bakradze, 2002

Distribución. Solo se encuentra en el Daguestán (Federación Rusa), en el norte del Cáucaso, entre los contrafuertes de Majachkalá y las tierras bajas de Primorskaya. Podría extenderse hasta Azerbaiyán.

Características. Antiguamente incluida en *T. graeca*, actualmente es una especie aparte. Es una tortuga que mide un máximo de 247 mm, con ligeras protuberancia en las vertebrales y una coloración muy oscura. Normalmente es amarillenta a pardo verdoso, con grandes manchas periféricas oscuras en las escamas, pero puede ser casi toda negra. El plastrón luce igualmente manchas oscuras, sobre un fondo beis a verdoso. Las marginales posteriores están medianamente ensanchadas por encima de las patas y son ligeramente dentadas. Puede confundirse con *T. ibera* y *T. nikolskii*, pero difiere por la sutura entre la humeral y las pectorales que atraviesa la parte posterior del endoplastrón. La sutura entre el hipoplastrón y el xifiplastrón está próxima a la muesca inguinal.

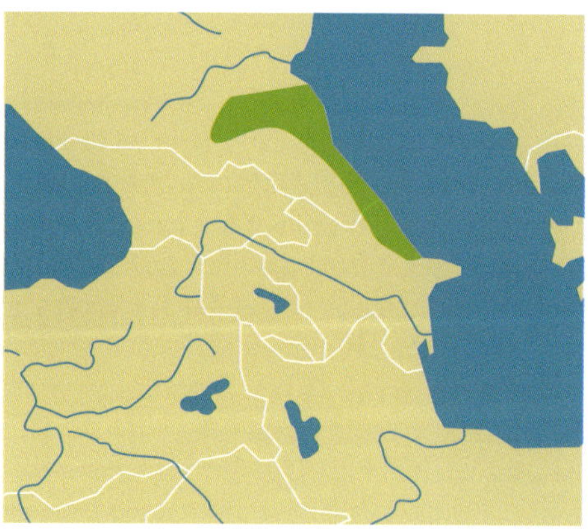

Tortuga terrestre

Esp.: *Tortuga del Daguestán*

Hábitos. Hiberna de octubre a mediados de marzo, pero el resto del año está activa casi todo el día. Aparte de plantas, consume caracoles del género *Helicella*. Hay tres puestas por temporada y cada una contiene entre tres y seis huevos, casi redondos y de 35 x 36 mm. La incubación dura de 75 a 105 días.

Protección. Situada en el Apéndice II de la CITES, también figura en varias listas rojas en Rusia y en el Daguestán. Se le recolectaba y exportaba antiguamente. Hoy en día, su área de distribución se reduce a causa de la actividad humana. Es necesario proteger su hábitat dunar, en las costas del mar Caspio, y se recomienda realizar crías en cautividad para futuras sueltas.

Testudo (graeca) perses Perälä, 2002

Tortuga terrestre

Esp.: *Tortuga de los Zagros*

Distribución. Se encuentra desde el sudeste de Turquía (montes de Zagros) hasta Irán (lago Urmia) y el noreste de Iraq.

Características. Es una tortuga de tamaño mediano (193 mm en los machos y 161 mm en las hembras), de aspecto robusto y rechoncho. Podría alcanzar una talla máxima de 257 mm (Pritchard, 1966). Se le diferencia por los rasgos siguientes: la primera vertebral es más ancha que larga, con un ángulo agudo en la parte delantera; la cuarta vertebral es muy ancha y la quinta es corta; la supracaudal está ensanchada; las placas anales son muy largas y anchas; y la sutura interanal es más larga que la interfemoral. Las marginales están ensanchadas, e incluso más en la parte delantera. Las gulares son prominentes, sobresaliendo claramente del lóbulo anterior. Los miembros delanteros son macizos y gruesos, con largas escamas córneas triangulares o rectangulares. El extremo de la cola está dotado de una escama córnea doble y ensanchada. Los espolones córneos detrás de los muslos son anchos en su base. El color es particular: el fondo es normalmente pardo claro o rojizo –aunque a veces amarillo verdoso–, con marcas negras extendidas, y también pardo negruzco, incluso en los miembros y la cabeza.

Hábitos. La aridez de su hábitat, muy pedregoso y poco vegetado, podría explicar el aspecto achaparrado y acarapazonado de la especie, que recuerda en muchos aspectos a algunas especies sudafricanas. Estas tortugas estivan durante los meses cálidos o salen excepcionalmente temprano por la mañana. Se conoce poco la ecoetología de esta especie. Se han observado cópulas en agosto, y un huevo medía 35 x 45 mm.

Protección. Está clasificada en el Apéndice II de la CITES y también aparece en el Libro Rojo de la UICN como especie vulnerable. Antiguamente estaba sometida a una cierta explotación comercial para su exportación. Actualmente, se ve afectada por las actividades humanas que degradan su hábitat, aunque está confinada a algunos biotopos áridos menos transformados, donde se deberían crear reservas para proteger a esta especie tan particular.

Testudo (graeca) terrestris Forsskål, 1775

Distribución. Se encuentra en el norte de la Mesopotamia histórica, a caballo entre la frontera turco-siria, desde el norte de Iraq hasta el río Tigris y la Anatolia oriental, en Turquía.

Características. Antiguamente subespecie de *T. graeca*, ha sido elevada al rango de especie, su territorio es más limitado que el de *Testudo perses*. Puede alcanzar los 190 mm, pero algunos individuos superan los 250 mm. Su caparazón es oval, corto y compacto, con una bóveda muy pronunciada. Las marginales laterales están curvadas hacia los puentes y le dan un aspecto macizo al conjunto. Las marginales posteriores están ligeramente levantadas en los machos. Los anillos de crecimiento son muy nítidos en el espaldar, con areolas sobresalientes. Las vertebrales 2ª y 4ª son muy anchas, y la primera es alargada, con los bordes laterales casi rectilíneos. Las gulares sobresa-

Tortuga terrestre

Esp.: *Tortuga mesopotámica*
Ingl.: *Middle East spur-thighed tortoise*

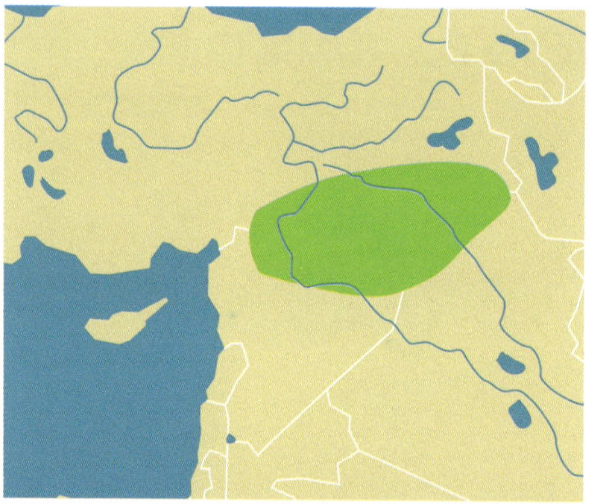

len, pero a menudo son angostas. El color general es más bien amarillento a beis, sin manchas negras marcadas, solo con un punto en las areolas. Los animales de mayor edad pueden volverse más oscuros, o, al contrario, tornarse uniformemente amarillo anaranjado a pardos. La parte superior de la cabeza está cubierta por dos grandes escamas pentagonales. La cabeza es beis a marrón, con finas escamas amarillas. El pico córneo luce una pigmentación negruzca, que dibuja una suerte de bigotera característica. Las patas delanteras cuentan con cinco uñas, y las traseras con cuatro. La cara superior de los antebrazos está cubierta de 13 a 15 escamas grandes de piel granulosa. El plastrón es amarillo anaranjado, con una mancha negra muy extendida y simétrica, pardo negruzco.

Hábitos. No se ha llevado a cabo ningún estudio sobre esta especie cuyos hábitos serían muy próximos a los de *T. ibera*.

Protección. Está catalogada en el Apéndice II de la CITES y en el Libro Rojo de la UICN como "en peligro". La especie fue ampliamente recolectada en las décadas anteriores y está presente en las colecciones europeas. Actualmente, se ve afectada sobre todo por las actividades humanas y la destrucción de sus hábitats. Esta especie no goza de ninguna protección en particular. Parece necesario estudiar su biología, su estatus y el estado de sus poblaciones.

© R. Bour

Esta especie se reconoce fácilmente por su forma rechoncha, ancha y pesada, así como por su coloración a menudo monocroma, amarilla o pardusca.

Testudo weissingeri Bour, 1995

Tortuga terrestre

Esp.: *Tortuga marginada enana*
Ingl.: *Peloponnese dwarf tortoise*

Distribución. Su territorio se limita a una estrecha franja costera al este del Taigeto, en el sur del Peloponeso, entre Calamata y Areópolis.

Características. Esta especie, descrita muy recientemente, parece una *T. marginata* en miniatura. Su longitud es de unos 210 mm para las hembras (máximo de 240 mm). Su forma general es muy parecida a la de T. marginata, pero el faldón está mucho menos desarrollado y no se ensancha por encima de las patas traseras. Los anillos de crecimiento son muy finos y están muy concentrados. La coloración es muy variada, según las zonas observadas y la edad de los animales. Los jóvenes son generalmente amarillentos a grisáceos, con marcas negras muy contrastadas y regulares, y areolas claras. Los animales de mayor edad pueden ser totalmente melánicos, amarillo anaranjado uniforme o grisáceos, marcados con colores difusos amarillentos y negruzcos. El plastrón es amarillento con triángulos negros en cada escama, pero presenta a menudo anillos más concentrados, y los triángulos están a veces menos marcados y son más irregulares que en *T. marginata*.

Hábitos. Esta tortuga ocupa un biotopo particular, en las laderas de las colinas, constituido por terrazas de olivos y maquia, desde el nivel del mar hasta los 600 m de altitud. En este entorno bastante rudo (calor estival, sequedad), estiva en julio y agosto, refugiándose bajo las piedras, excavando o utilizando a veces largas madrigueras de varios metros, u ocultándose bajo montones de ramas. A veces se encuentran cinco o seis tortugas juntas, en el mismo escondite. En invierno, está activa y solo disminuye su actividad durante los días más fríos. Su alimentación comprende principalmente hojas de escila (*Urginea maritima*). Al parecer, alcanza su madurez sexual a los 11-13 años en los machos y a los 14-16 en las hembras. Las actividades sexuales parecen más frecuentes en otoño que en primavera. Las puestas contienen aproximadamente cuatro huevos elípticos, de 30 x 35 mm. Los recién nacidos miden de 32 a 35 mm de largo.

© R. Bour

Esta tortuga se dispone a esconderse en una cavidad para evitar el gran calor estival.

Protección. La limitada área de distribución de esta especie la hace vulnerable, aún más por cuanto esta región soporta una fuerte presión antrópica (urbanización, turismo y extensión de las zonas cultivadas). Se encuentran muchas tortugas quemadas después de que los campesinos han prendido el fuego a montones de ramas, o heridas por las herramientas y las desbrozadoras. Además, los nidos son a menudo depredados por garduñas, zorros y jabalís. Pero el factor más grave es la urbanización: muchas casas ocupan ya los olivares y los hábitats de *T. weissingeri*. El territorio de la especie se reduce rápidamente. También se registran recolecciones y muchos terrariófilos presumen de poseer este animal y de hacer que se reproduzca para hacer intercambios con otros coleccionistas. Sin embargo, la especie está inscrita en el Apéndice II de la CITES. Dos puntos débiles se suman a estos problemas: las autoridades griegas no parecen muy preocupadas por la especie y no existe ninguna medida de protección para preservar sus hábitats. Es, así, un animal muy amenazado, al que se deberían destinar planes de conservación.

Testudo werneri Perälä, 2001

Distribución. Está restringida a una franja costera de unos treinta kilómetros, en el norte del Néguev (Israel), alrededor de Be'er Sheva, Be'er Mash'abim y Dimona; así como en la península del Sinaí hasta el delta del Nilo. Antiguamente, estaba presente posiblemente en el sur del Sinaí en tiempos antiguos.

Características. Las tortugas de esta zona se consideraban antiguamente *T. kleinmanni*. Un estudio de J. Perälä con 140 especímenes, examinados desde Libia hasta Néguev, demostró que al este del Nilo existía una especie propia, *T. werneri* (del nombre de un herpetólogo israelí, Y. L. Werner, que recogió el primer espécimen en 1963). Es, así, muy próxima a *T. kleinmanni*, pero posee caracteres propios que la diferencian: una talla máxima de 131 mm para las hembras y de 106 mm para los machos; el caparazón es muy redondo, muy ancho por la

Esta especie es muy parecida a *T. kleinmanni*, pero a menudo no es amarilla, sino "pajiza" o crema. El caparazón es más ancho por detrás, con las marginales más ensanchadas.

Tortuga terrestre

Esp.: *Tortuga del Néguev*
Fr.: *Tortue du Néguev*
Ingl.: *Werner's tortoise*

mitad y también por detrás; el espaldar está deprimido posteriormente, en la cuarta y la quinta vertebrales; y la supracaudal, que se vuelve sobre la horizontal, es muy larga en los machos (más corta en las hembras). Las vertebrales son muy angostas y la elevación del lóbulo anterior del plastrón es modesta. Se observan sobre todo marginales posteriores más curvadas y dentadas que en *T. kleinmanni*. El color es de un amarillo mate, menos brillante y menos vivo que en la otra especie, a veces con una tendencia a decolorarse hacia el verdoso. Las partes oscuras están más marcadas que en la otra especie, sobre todo en los individuos jóvenes, con suturas pardo violáceo alrededor de las vertebrales y de las costales, y manchas triangulares en la parte delantera de las marginales. El plastrón también está más marcado de oscuro que en *T. kleinmanni*. Se encuentran los dos triángulos en las abdominales, más nítidamente acentuados, y a veces se notan esbozos triangulares en las pectorales. La parte posterior del plastrón es naturalmente flexible y se repliega en ambos sexos, aunque mucho menos que en *T. kleinmanni*. La cabeza también es menos amarillo arenoso y marcada más diversamente con manchas grisáceas o verdosas. Los ojos están rodeados a menudo de manchas oscuras y la parte alta de la cabeza también puede lucir manchas. Estos rasgos recuerdan, en cierto modo, a algunas características de las otras Testudo de Oriente Medio, como *T. terrestris*. Los animales de mayor edad están igualmente marcados con líneas y manchas oscuras, mientras que en *T. kleinmanni* la mayoría de los individuos de edad cobran un color amarillo arena uniforme en todo el cuerpo y el caparazón.

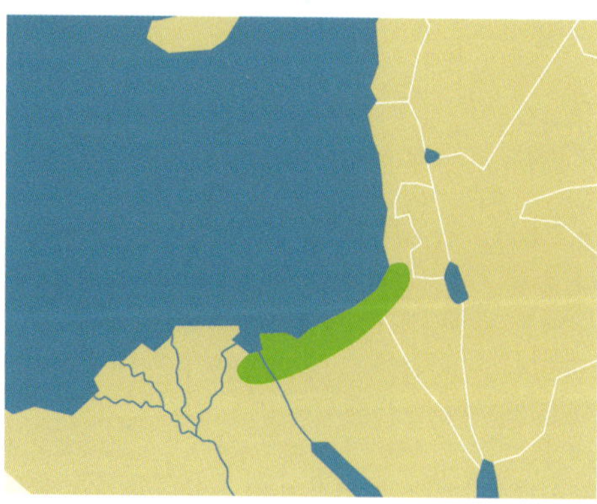

Hábitos. Los estudios realizados en el Néguev sobre lo que se consideraba antiguamente *Testudo kleinmanni* se aplican, así, a *Testudo werneri*. La proporción de humedad en el Néguev es inferior a la del oeste de Egipto donde vive *T. kleinmanni*, lo que hace que la supervivencia de *T. werneri* sea aún más aleatoria. Es un animal que estiva una parte del año y sale temprano por la mañana, especialmente después de las raras lluvias. Es omnívora y come tanto pequeños animales muertos e invertebrados como frutos y desechos orgánicos. Pone solo un huevo y los recién nacidos solo emergen del suelo después de que las lluvias de verano han ablandado la tierra.

Protección. Esta especie está en grave situación de rarefacción. Estudios recientes (Baha El Din, 2004) demuestran que casi ha desaparecido de su área de distribución egipcia y que solo existen algunas poblaciones relictas aisladas (área protegida de Zaranik). En Israel, las poblaciones son un poco más importantes y los hábitats están menos degradados. Estas tortugas se ven afectadas por el sobrepastoreo, las prácticas agrícolas, la urbanización y la destrucción de los hábitats (guerra, actividades humanas y desertización), así como por las recolecciones para la venta. El hecho mismo de haber creado una nueva especie incita a los coleccionistas a buscar esta especie y que aumente la presión sobre ella. Por otro lado, la hibridación con *T. kleinmanni* es posible, lo que complica aún más la conservación de estas dos *Testudo*. Es indispensable incluir a esta nueva especie en el Apéndice I de CITES y aplicar rápidamente una política de conservación (ampliación de las áreas protegidas y vigiladas, realización de estudios y planes de rehabilitación, información de las poblaciones locales).

Testudo (graeca) zarudnyi Nikolsky, 1896

Tortuga terrestre

Esp.: *Tortuga iraní*

Distribución. Solo vive en el este de la meseta del centro de Irán, entre los 1.000 y 3.000 m de altitud.

Características. Era una antigua subespecie de *Testudo graeca* y a veces se le consideraba subespecie de *T. terrestris*. Actualmente ha sido elevada al nivel de especie. Es una tortuga de gran tamaño, que alcanza un máximo de 275 mm. Su espaldar es alargado y levantado dorsalmente. Los bordes anteriores y posteriores son dentados y están muy curvados hacia arriba. Las marginales delanteras y las posteriores están marcadas por una especie de espinas córneas intermarginales. La coloración general es amarillenta, con marcas oscuras dispersas e irregulares, a menudo agrupadas en la areola. Los animales de mayor edad pueden volverse más uniformemente oscuros y adquirir un matiz rojizo. La abertura del caparazón es más angosta en la parte delantera que en las demás *Testudo*.

Hábitos. Muy poco estudiada, se conoce poco su ecología. Hiberna de octubre a marzo. Los nidos se realizan de mediados de abril a finales de mayo y contienen cuatro huevos en promedio.

Protección. Esta rara especie se recolectaba en décadas pasadas y formaba parte de las abundantes exportaciones de tortugas moras. Debe estudiarse mejor su estatus y biología, para evaluar su estado de conservación actual.

Subfamilia Xerobatinae
Gray, 1873

Los Xerobatinae *son tortugas terrestres primitivas, de aspecto robusto y tamaño mediano a grande, adaptadas a los medios áridos de Norteamérica (donde excavan madrigueras) y a los ambientes húmedos del Sudeste asiático (donde se ocultan bajo el sustrato).*

Gopherus polyphemus (Daudin, 1801)

Distribución. No vive solo en Florida, como lo sugiere su nombre común, sino que su área se extiende por el sudeste de Estados Unidos (Florida, Georgia, Alabama, Mississippi y el sur de Luisiana).

Características del género *Gopherus*. Las cuatro especies de *Gopherus* son endémicas del sur de Estados Unidos y del norte de México. Son las únicas tortugas totalmente terrestres de estas regiones y las más grandes de Norteamérica, con récords de 50 kg en *G. flavomarginatus*. Su ancestro más próximo es *Stylemys*, que ocupaba el continente americano hace 50 millones de años. Su particularidad es la de excavar madrigueras, a veces muy profundas. Su morfología está adaptada a la tarea de enterrarse, como en *Agrionemys horsfieldii* o *Centrochelys sulcata*: forma alargada, cilíndrica y muy redonda; osamenta robusta; patas potentes, armadas de espolones en el codo y de uñas cuadradas como palas; y capacidad para soportar climas muy áridos. Poseen un espolón gular, cuadrado y muy aplanado, que los machos usan en sus combates. Las patas delanteras están cubiertas de placas cónicas, muy imbricadas, y cuando la tortuga excava la tierra, estas placas se abren para facilitar el trabajo. En cambio, cuando las patas están replegadas, las placas forman una coraza bastante lisa, que se cierra totalmente en la parte delantera del animal y hacen que sea imposible cogerlo. La coloración es muy homocrómica: a menudo monocroma, tiende hacia el beis arena o el gris terroso. Machos y hembras poseen glándulas odoríferas bajo la piel y presentan una escama más desarrollada en el codo, que serviría para desprender el olor de la glándula odorífera durante la cópula.

Características de *G. polyphemus*. Puede alcanzar los 450 mm. Su caparazón es el más oval y el más alargado de las cuatro especies y presenta a veces una forma como de "bobina", más angosta en la parte central. El espolón gular ahorquillado está muy desarrollado y es plano y delgado como una pala. El color del fondo es claramente bronce o cobrizo, con anillos negros alrededor de las escamas. El color pardo negruzco puede extenderse a todo el caparazón cuando el animal envejece. Esta especie es a menudo plana desde la segunda hasta la cuarta vertebrales, y muy redonda en la quinta. De perfil, es ovalada como un guijarro y recuerda a la lejana *Agrionemys horsfieldii*. Las patas delanteras tienen cinco uñas, cuadradas y próximas unas de otras, muy eficaces para excavar la tierra. El dimorfismo sexual es muy acusado en los machos viejos, con una fuerte concavidad y un xifiplastrón muy desarrollado. Los machos son más grandes que las hembras. La excavación del sustrato acaba por pulir el caparazón de las tortugas y les da un aspecto de metal desgastado y lustroso. La cabeza, de nariz redondeada, es relativamente pequeña, sin un avance en el pico superior. Es amarillo grisáceo y las escamas son pequeñas pero gruesas. El plastrón es uniformemente amarillo grisáceo.

Hábitos. Es la tortuga más "norteña" del género. Vive en los terrenos secos y arenosos bien drenados y a veces en las dunas no lejos del mar. En Florida, se la encuentra en los pinares y los terrenos secos y arenosos de vegetación medianamente abierta, pero también alrededor de las ciudades y en los jardines privados. Excava largas madrigueras en la arena, que pueden alcanzar tres o cuatro metros de largo. Si se observa la entrada del túnel es posible deducir la forma y la edad aproximadas de su ocupante. Algunos túneles están dotados de dos salidas y de varias ramificaciones. Algunas tortugas pueden excavar varias madrigueras en una misma temporada, las que ocupan alternadamente. En Egmont Key (Bahía de Tampa), una población aislada se ha vuelto muy densa y se encuentra una madriguera ocupada cada 10 m^2. Las madrigueras se excavan siempre en la base de una pequeña mata de vegetación, en dirección contraria al viento. Estas tortugas son más nocturnas que diurnas. A veces se las ve termorregularse en el exterior a media mañana, cuando la temperatura es fresca. Pero estivan durante todos los meses cálidos y salen poco. Su madriguera sirve de refugio a muchos otros animales, esté o no ocupada, y se encuentran muchas serpientes, zorros, zarigüeyas y a veces perros salvajes. Cuando un animal muere en su madriguera, su cadáver constituye un alimento apreciado por la tortuga, cuya dieta es francamente oportunista y omnívora. Esta especie parece más sociable que las otras tres del género y a menudo se ven grupos de *G. polyphemus* comiendo plantas juntas. Asimismo, los combates entre los machos no son tan violentos como

Tortuga terrestre

Esp.: *Tortuga excavadora floridana*
Ingl.: *Gopher tortoise*
Fr.: *Tortue fouisseuse de Floride*
Ale.: *Gopherschildkröte*
It.: *Tartaruga del deserto*

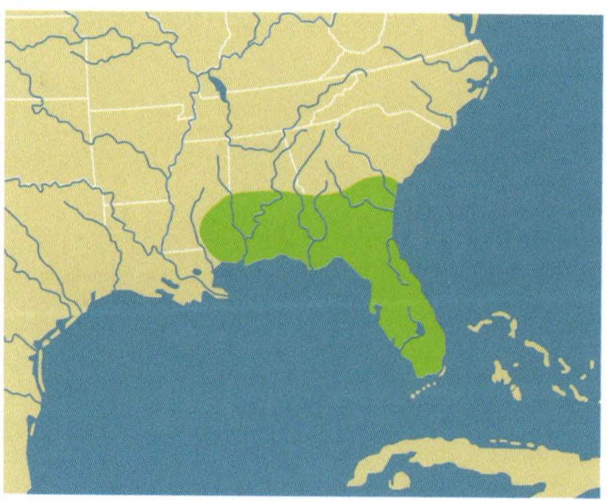

en las demás especies. Los nidos se excavan a veces muy lejos de las madrigueras ocupadas. Las puestas se dan de marzo a junio y contienen un promedio de siete huevos. Éstos son más o menos alargados y miden un promedio de 40 x 45 mm. La incubación dura de 80 a 110 días y los nacimientos se producen a principios de otoño. Las crías lucen colores más contrastados que los adultos, con un fondo crema a amarillento y anillos muy negros en las placas, que dejan un cuadrado claro alrededor de la areola.

Protección. Esta tortuga comparte su territorio con el hombre y todas las zonas que ocupa están alteradas: urbanizaciones, cultivos, terrenos militares, zonas industriales... La especie es víctima igualmente de los incendios y de los productos fitosanitarios. Sin duda, era muy común antiguamente y era consumida por los indios. Solo los seminoles la veneraban y la consideraban un animal tutelar sagrado. Actualmente, todavía la consumirían los cajunes, en Luisiana, pero esto no se ha podido comprobar. Está protegida en todos los estados de su distribución y ya no se le recolecta ni vende. Figura en el Apéndice II de la CITES. Fue gravemente afectada por una enfermedad, sin duda propagada por algunos animales cautivos enfermos que habían sido liberados en la naturaleza. La micoplasmosis se extendió por toda el área de distribución y provocó la muerte de una cuarta parte de las poblaciones, a veces incluso del 80 % de los individuos de una sola zona. Aunque ha sido contenida en estos últimos años, la enfermedad no está erradicada y todo desplazamiento de tortugas, domésticas o salvajes, está totalmente desaconsejado. Actualmente, la especie es motivo de diversos programas de estudio y conservación, con centros de cría, como el del zoológico de Palm Desert. Ahora bien, deberían crearse grandes reservas para protegerla mejor, ya que se ha vuelto rara.

© B. Devaux

Esta tortuga fue sorprendida saliendo de su madriguera, excavada en un sustrato arenoso.

Gopherus agassizii (Cooper, 1863)

Distribución. Su territorio se reduce a los desiertos de Mojave y de Sonora, en el sudoeste de Estados Unidos y en el extremo noroeste de México, bajando hasta Los Mochis, en el norte de Sinaloa.

Características. Es la más oval de las cuatro especies. Es más ancha, más corta y menos plana que *G. polyphemus*. Sus marginales a veces están ligeramente levantadas y no presentan la forma redondeada de la especie anterior. Una ligera quilla marca la cuarta vertebral y algunas tortugas tienen una quinta vertebral casi vertical. Su tamaño es raramente superior a 400 mm, pero se ha registrado un récord de 540 mm. Su gular es bastante larga y ligeramente bífida. Su color va del gris al sie-

© B. Devaux

En general, esta especie presenta colores gris negruzco, como, por ejemplo, la tortuga de la derecha; pero podría haber una subespecie en México, más pequeña y más clara (a la izquierda).

© F. Bonin

Esta tortuga observada en el norte de Álamos, en México, presenta un espaldar muy estriado y largas patas que le permiten caminar rápidamente sobre las piedras.

Tortuga terrestre

Esp.: *Tortuga del desierto*
Ingl.: *Desert tortoise*
Fr.: *Tortue fouisseuse d'Agassiz*
Ale.: *Agassiz-Gopherschildkröte*
It.: *Tartaruga del deserto*

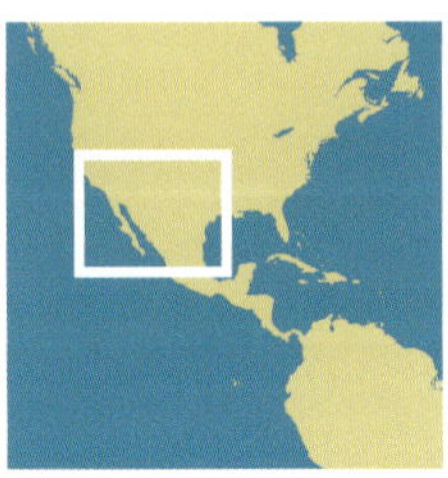

na, o al negro, y no luce los contrastes claros de las otras especies. Su cabeza es angosta y también gris. Su plastrón es más bien rectangular, también grisáceo.

Hábitos. Esta tortuga ocupa ambientes desérticos: cañones secos, valles pedregosos y mesetas áridas, salpicados de algunas cactáceas y arbustos espinosos. Construye en su madriguera un mundo más llevadero, donde encuentra frescura y humedad, así como presas muertas. Su alimentación está compuesta básicamente de vegetales y come mucho en la estación húmeda, para constituirse reservas, pero también aprecia los alimentos cárnicos: insectos, aves, lagartijas y roedores. Esta especie estiva parte del verano, y el resto del año, sobre todo en primavera, está activa por la mañana y por la tarde. Parece bastante nómada y a veces efectúa grandes desplazamientos. Excava múltiples madrigueras, que utiliza en diferentes épocas del año. Los machos son agresivos entre ellos y se enfrentan cuando se encuentran. El espolón gular se utiliza durante los combates y cada animal trata de derribar al otro. La hembra excava un nido de una veintena de centímetros de profundidad donde deposita un promedio de seis huevos (con un máximo de catorce). Se observan dos o tres puestas por temporada. Los huevos son esféricos, muy blancos y ligeramente blandos cuando son depositados, pero se vuelven rígidos rápidamente. Las puestas se dan escalonadamente de mayo a julio y los nacimientos se producen tres meses más tarde. Los jóvenes presentan grandes areolas claras, y solo cuando empiezan a madurar (8-10 años) el color se uniformiza y se vuelve más gris.

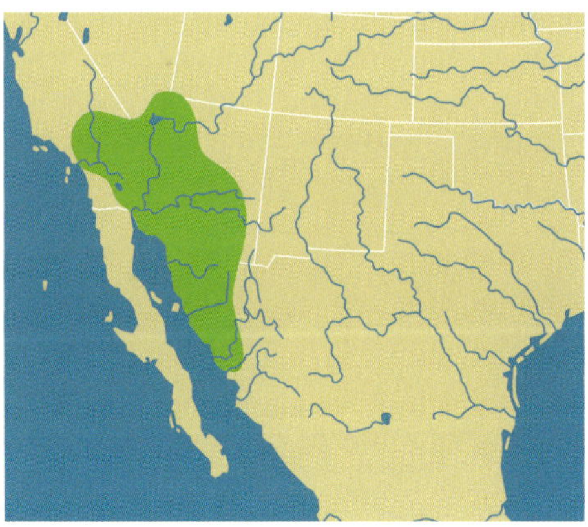

Protección. Estas tortugas están amenazadas por las actividades humanas: vandalismo, accidentes por atropellos, daños del turismo, y ampliación de las zonas industriales y de las bases militares. Bajo la dirección de Kristin Berry, la oficina del Land Management realiza un importante programa de conservación desde los años 1980 para estudiar y proteger a esta especie. Se han creado reservas, cerradas al público, como el Desert Tortoise Research Natural Area (98 km^2) en California, y la Chuckwalla Bench Area (368 km^2) en Texas. Esta especie es la más estudiada de las *Gopherus* y se han realizado congresos especializados sobre esta tortuga (fisiología, cría y patología). Entre 1980 y 1990, una enfermedad afectó a esta especie y luego a otras *Gopherus* en Estados Unidos. Esta "bronquitis crónica", a menudo mortal, fue estudiada en la Universidad de Florida por el profesor Jacobson: podría tratarse de una micoplasmosis, pero también podría haber sido amplificada por un herpesvirus. No existe ninguna terapia y los especialistas aconsejan aplicar severas medidas de aislamiento, de inmovilización de los animales afectados e incluso la eutanasia. Esta racha de patologías diezmó hasta dos tercios de algunas poblaciones, luego se estabilizó y disminuyó a finales de los años 1990. Actualmente, parece estar controlada y quizá las tortugas sobrevivientes han desarrollado mecanismos de resistencia a la enfermedad, pero es indispensable un control sanitario permanente ya que los efectivos de esta tortuga han quedado fuertemente reducidos.

Gopherus berlandieri (Agassiz, 1857)

Distribución. Pequeño territorio desde San Antonio, en el sudeste de Texas, hasta Victoria (Tamaulipas), en el noreste de México. Las poblaciones parecen bastante dispersas, pero en Texas, alrededor de Brownsville, la densidad puede ser de 23 tortugas/hectárea.

Características. Es la más pequeña de las *Gopherus* (250 mm en los machos). La forma del caparazón es más cuadrada que en las otras especies, con una anchura casi igual a la longitud. Su forma es más abovedada, lo que hace pensar que es menos excavadora que las otras tres especies. La gular es bífida y muy avanzada. El dimorfismo sexual es marcado. El color general tiende hacia el gris negruzco y no hacia el pardo rojizo. El fondo es crema a beis sucio y los anillos en las placas son de color antracita. Las patas traseras son anchas y planas, menos adaptadas para excavar. La cabeza es pequeña y estrecha, grisácea pero a veces un tono másrojizo. El plastrón es crema a grisáceo. Las patas no poseen tubérculos muy pronunciados. Los jóvenes son de colores muy vivos, con un fondo gris verdoso iluminado por las areolas amarillas. Las suturas están rodeadas por líneas negras. Las marginales están rodeadas de amarillo.

Hábitos. Esta tortuga está menos adaptada para excavar que las demás *Gopherus*. Sus madrigueras superan raras veces un metro de largo y, a menudo, vive en cavidades arenosas o bajo la vegetación, aunque no manifiesta la necesidad de cavar. Esta especie habita en las colinas bajas de Texas donde las condiciones climáticas son menos duras que en el desierto de Mojave. Consume mucha *Opuntia lindheimeri*, un cactus local. Se ha observado que era resistente a temperaturas elevadas de hasta 42 °C, pero puede tratarse de un hecho anecdótico. Las puestas de esta especie son escalonadas de abril a noviembre. Los huevos son más alargados que en las demás Gopherus y son de gran tamaño (35 x 50 mm). La puesta se realiza en una zona descubierta y bien drenada, a menudo al pie de un arbusto, y las tortugas se agrupan frecuentemente en las mismas zonas para nidificar. El número de huevos es reducido (de 5 a 12) y la incubación dura de 88 a 118 días.

© J. Maran

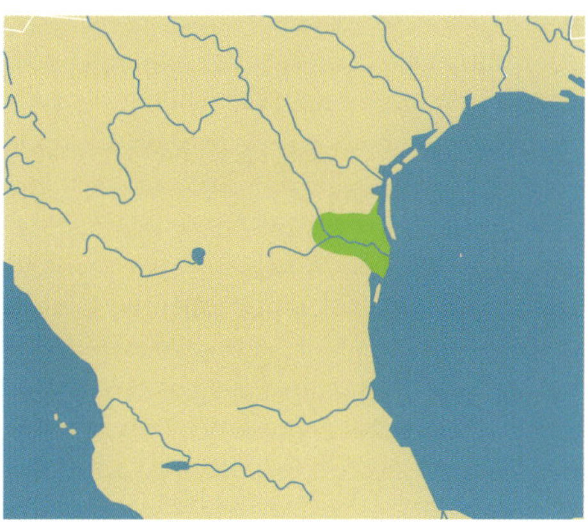

Protección. Esta tortuga fue mucho tiempo recolectada como animal de jardín, sin ser exportada. Actualmente es víctima de la agricultura intensiva en el valle del río Orange. Asimismo, se registran muchos animales atropellados por coches. Las actividades humanas, cada vez más frecuentes en la región, atentan contra la supervivencia de la especie. Antiguamente era consumida por indios y colonos, y aún ahora se le diseca y se le vende a los turistas, en locales clandestinos. Hoy en día existen leyes en cada estado para protegerla y aunque no goza de la existencia de reservas propiamente dichas, se encuentra protegida en dos refugios: Laguna Atascosa National Wildlife Refuge y Welder Wildlife Refuge.

© F. Bonin

En la foto se aprecian claramente las suturas muy oscuras de las placas, características de esta *Gopherus*.

Tortuga terrestre

Esp.: *Tortuga texana*
Ingl.: *Berlandier's tortoise*
Fr.: *Tortue fouisseuse de Berlandier*
Ale.: *Texas-Gopherschildkröte*
It.: *Tartaruga del Texas*

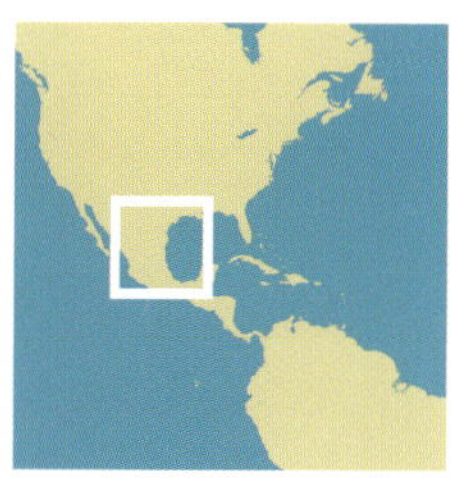

Gopherus flavomarginatus Legler, 1959

Distribución. Sobrevive en un pequeño territorio, en el centro norte de México, en la intersección entre los estados de Chihuahua, Coahuila y Durango, y especialmente en el desierto del Silencio al pie del cerro San Ignacio. Vive en zonas moderadamente desérticas, en la sabana seca, hasta los 1.400 metros de altitud.

Características. Esta especie fue descrita en 1959 por John Legler, y es más próxima a *G. berlandieri* que a *G. polyphemus*. Es la más sureña y también la más grande del género y, de paso, la tortuga terrestre más grande de Norteamérica. Desgraciadamente, también es la más rara. Su nombre científico la describe bastante bien: es una tortuga grande con "bordes amarillos". Su tamaño promedio sería de 400 mm, pero algunos autores señalan un máximo de 700 mm. Según Legler y Web, algunas tortugas alcanzan los 50 kg. El color general de la especie es beis anaranjado a pardo, con manchas negras en las areolas y alrededor de las placas. En los animales de mayor edad, los colores desaparecen y el animal cobra un tono más monocromo. Los bordes amarillos solo son visibles en los jóvenes y se atenúan rápidamente. La forma general de la especie es plana y ancha, con un caparazón macizo. El plastrón y los puentes también son muy robustos, de color uniforme amarillo sucio. Hacia Durango, los plastrones a veces están marcados con manchas negruzcas. En los machos, las marginales posteriores están muy ensanchadas. La gular tiene una forma de paleta ancha y plana como la de *G. polyphemus*. Las patas delanteras son muy anchas, con tubérculos anchos y redondos, poco sobresalientes, y de colores contrastados gris amarillento o negro. La cabeza es bastante fuerte y se parece mucho a la de *Centrochelys sulcata*. Además, las tortugas viejas desgastadas por las excavaciones, robustas y de color arena, recuerdan bastante a esta tortuga africana. El dimorfismo sexual es sutil, y los machos no presentan una concavidad muy marcada en el plastrón.

Hábitos. Considerada próxima a *G. berlandieri*, esta especie presenta particularidades que han motivado su reconocimiento como especie aparte. En estas regiones cálidas y áridas de México, se encuentra en altitudes a veces elevadas, hasta los 1.400 metros (Morafka, 1975). Excava madrigueras al pie de las colinas, en terrenos planos, en la base de los arbustos, y algunas alcanzan los 5 metros de longitud. En el desierto del Silencio, se registran hasta 20 madrigueras por hectárea, aunque una parte están abandonadas, por lo que, en realidad, la densidad de tortugas sería de 7 por hectárea. Los estudios de Morafka señalan una diferencia térmica promedio de 14 °C entre el interior y el exterior de las madrigueras. Las tortugas jóvenes se esconden bajo montones de hojas o en cavidades ya existentes. Nunca se observan madrigueras de menos de 15 cm de diámetro. En éstas, se encuentra a menudo una capa vegetal, traída por las tortugas, que puede servir al mismo tiempo como alimento y para acomodar la madriguera. Son tortugas oportunistas: comen diversos vegetales y especialmente *Hilaria mutica*, una hierba seca, u *Opuntia rastrera*; pero también animales muertos, invertebrados y heces de animales domésticos. La madurez sexual parece tardía (alrededor de quince años), pero la longevidad de la especie debe ser importante, si se considera el gran tamaño de algunos animales. Los fósiles de esta especie alcanzan el metro de largo (!)

La biología de la especie es conocida sobre todo en cautividad. Pone en promedio una veintena de huevos, varias veces al año, y el tiempo de incubación se sitúa entre los 90 y 120 días. Las crías son más coloridas que los adultos y lucen el famoso borde amarillo que ha motivado su nombre científico. Son intensamente depredadas por linces, zorros del desierto, pumas, coyotes y pecaríes (Morafka & Rivera García). Las madrigueras también son

La madriguera se excava a menudo debajo de una mata, para captar un poco de humedad.

Tortuga terrestre

Esp.: *Tortuga del desierto mexicana*
Ingl.: *Mexican giant gopher*
Fr.: *Tortue fouisseuse du Mexique*
Ale.: *Gelbrand-Gopherschildkröte*

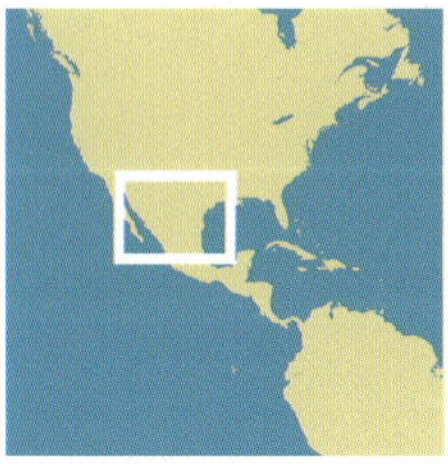

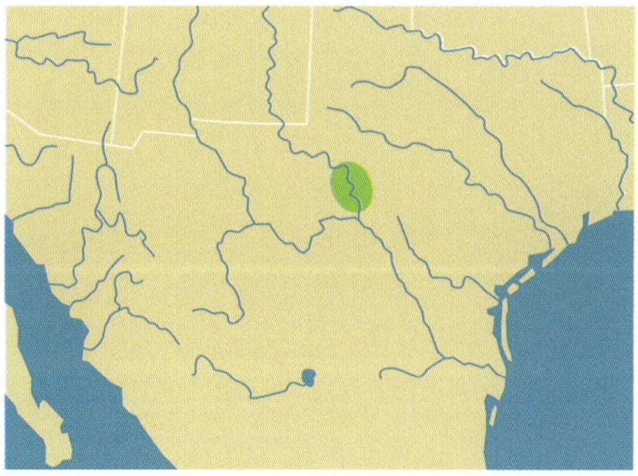

destruidas por los gamos, los caballos y las manadas de bovinos. Al parecer, esta especie es la más "sociable" de las cuatro, ya que comparte algunas madrigueras y se da una cierta jerarquía entre los machos.

Protección. Esta especie ocupaba hace algunos siglos todo el noreste de México y su territorio era contiguo al de *G. polyphemus* del sur de Estados Unidos. Hoy es la tortuga más rara del género. Por su rareza y gran tamaño es codiciada por los coleccionistas, por lo que se han registrado capturas furtivas en la naturaleza. A partir de 1961, los "tortugueros" comerciaban con ellas y no dudaban en destruir las madrigueras para capturarlas. Las localizaban por medio de una caña provista de un espejo y de un largo gancho metálico, antes de desenterrarlas. La especie fue incluida oportunamente en el Apéndice I de la CITES. Por suerte, una parte de su biotopo es difícilmente accesible, aunque la densidad es muy baja en el estado de Durango, lo que hace suponer que zonas enteras han sido visitadas por recolectores. Dos zonas están protegidas, la Reserva de la Biosfera de Mapimí y el desierto del Silencio, pero las superficies protegidas son reducidas y es necesario crear vastas reservas en el triángulo comprendido entre Torreón, Chihuahua y Durango para que esta especie encuentre un territorio adecuado para sobrevivir.

© A. Dupré

Este bonito ejemplar, observado en el desierto de Chihuahua, en México, presenta una forma redondeada y una homocromía perfectas; su madriguera estaba a algunos metros (página opuesta).

Manouria emys (Schlegel & Müller, 1840)

Distribución. En Myanmar, en el sudoeste de Tailandia, Malasia, Sumatra y en el noroeste de Borneo. Iverson la cita en Vietnam, pero podría tratarse de animales desplazados. También ha sido citada erróneamente en el sur de China.

Características. Es la tortuga terrestre más grande de Asia, con un tamaño de 600 mm para un peso de 30 kg. Su forma es maciza, cuadrangular y bastante plana. Se parece a *Centrochelys sulcata*, pero su color es mucho más oscuro incluso pardo negruzco uniforme. Las escamas son gruesas, muy estriadas y a menudo planas, lo que le da a veces un aspecto que recuerda a las facetas de un diamante. A veces se observa una depresión en la segunda y tercera vertebrales. Las marginales son dentadas y muy levantadas tanto por delante como por detrás del espaldar, y son verticales en el centro. Presenta una nucal casi cuadrada. Posee espolones grandes y anchos detrás de los muslos, exactamente como *C. sulcata*. El color va del beis, con estrías pardas, al negruzco uniforme. El plastrón es del mismo color que el espaldar. La cabeza es maciza, de tono pardo grisáceo a negruzco. Las patas son negruzcas, con anchos tubérculos planos. Las tortugas jóvenes

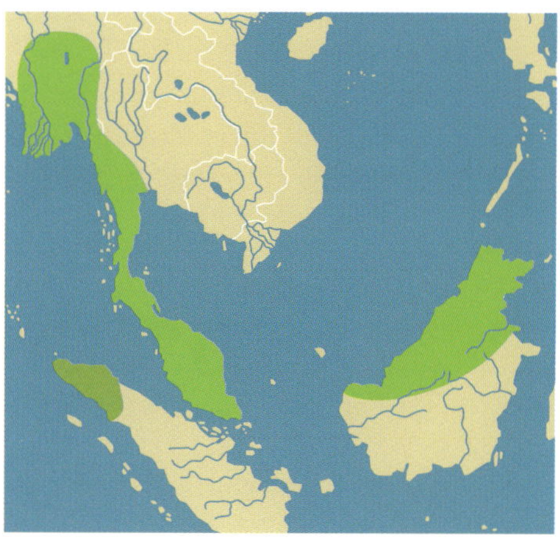

Tortuga terrestre

Esp.: *Tortuga malaya*
Ingl.: *Asian brown tortoise*
Fr.: *Tortue à éperons géante, Tortue brune de Birmanie*
Ale.: *Braune Landschildkröte*
Bengalí: *Pakari kochchop (tortuga de colina)*

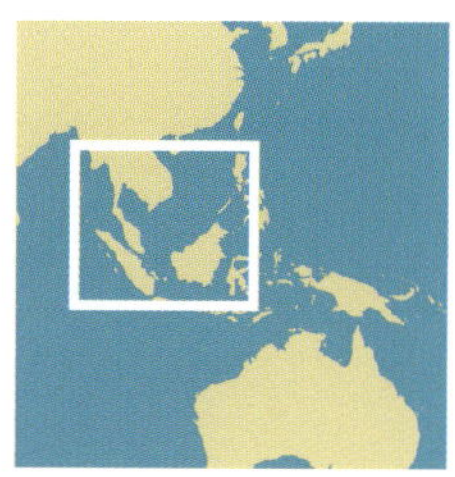

Esta tortuga (aquí en Malasia) recuerda a *Centrochelys sulcata*, pero necesita biotopos tupidos y muy húmedos, y huye de los ambientes abiertos y soleados.

son mucho más luminosas, con un fondo beis, a veces crema, y estrías pardo a chocolate alrededor de las suturas. Algunos subadultos son muy claros, siempre dentro de los tonos beis, mientras que otros se oscurecen bastante. Los adultos se vuelven marrón oscuro, bastante uniformes según la subespecie.

Para diferenciarla de *Manouria impressa*, especie próxima, se pueden considerar los puntos siguientes: *M. emys* es mucho más grande (600 mm contra 350 mm); su caparazón es más abombado y sus placas son planas, pero no ensanchadas; encima de la cabeza luce pequeñas escamas, mientras que *M. impressa* presenta dos anchas escamas simétricas en la parte posterior del cráneo; la nucal es más angosta; y, finalmente, su coloración es más variada y contrastada, tirando más hacia el pardo y el chocolate que en *M. impressa*.

Subespecies. Existen dos subespecies. *M. e. emys*: ocupa el sur del área de distribución. Es la más pequeña de las dos, con solo 500 mm de largo. Es más clara, con tonos a veces beis a amarillentos, o pardo claro. Para diferenciarla, se deben observar las placas del plastrón: en la especie nominal las pectorales son triangulares y no se unen en la sutura central. *M. e. phayrei* (Blyth, 1853): sus placas pectorales son cuadrangulares y se unen en la sutura central. Esta subespecie se encuentra en la parte norte del área de distribución y es la de mayor tamaño. Su color tiende hacia el pardo oscuro, pero algunos individuos son totalmente negros.

Hábitos. Esta tortuga presenta comportamientos únicos en el mundo de los Quelonios: construye un nido, lo protege de los depredadores y vocaliza durante las cópulas. Esta "tortuga de las colinas" es de gran tamaño y vive en biotopos tropicales variados, a altitudes a veces superiores a 500 m. Excava madrigueras en el suelo blando, aunque son poco profundos y no son tan grandes como los de *Centrochelys sulcata*. Algunos autores la han observado en los bosques densos y sostienen que aprecia los cursos de agua (Wirot). Otros la consideran habitante de las áreas secas y de las sabanas pedregosas (De Rooij). Es, así, ubicua, y su territorio es lo bastante extendido como para que se haya adaptado a diferentes ambientes. Ahora bien, necesita mucha más humedad que *C. sulcata* y sabe ocultarse tanto bajo el sustrato forestal como en los agujeros que excavan otros animales, o en montículos rocosos. En Borneo, vive en los bosques lluviosos y soporta una humedad extrema. Esta especie es esencialmente herbívora y le gustan tanto las hierbas y las gramíneas como las plantas acuáticas y las sandías. A veces come batracios, insectos y animales muertos.

Su reproducción es atípica. Durante las cópulas, los machos vocalizan de un modo particular y, según McKeown, la pareja parece en-

© B. Devaux

M. e. emys posee un plastrón amarillento con placas pectorales que no se juntan (a la izquierda), mientras que *M. e. phayrei* (a la derecha) tiene el plastrón más grisácaeo, con pectorales que se unen en la sutura central.

tregarse a un intercambio sonoro, aunque la hembra es menos "habladora" que el macho. Los estudios fueron realizados en el zoológico de Honolulu, pero Burchfiled ya había observado en la naturaleza una emisión sonora en los machos, parecida a una especie de rugido. Las vocalizaciones fueron registradas y comparadas, y se pudieron determinar perfiles sonoros según los individuos, notables sobre todo en los machos. Durante la primera fase de las cópulas, cuando el macho mueve la cabeza de derecha a izquierda, emite sonidos a baja frecuencia. Luego, la hembra produce gemidos cortos y regulares, mientras que el macho emite una especie de reclamos más cortos y de alta frecuencia. Durante el coito propiamente dicho, el macho profiere algunos chillidos breves. Los investigadores intentan establecer un repertorio de las emisiones sonoras, a fin de verificar las constantes comportamentales. Estos intercambios sonoros serían útiles en la sombra de los bosques primarios, ya que permiten que las tortugas se encuentren.

En el momento de la puesta, entre abril y mayo, y luego entre septiembre y octubre, la hembra elige un emplazamiento para construir su nido. Despeja un área de aproximadamente 100 m^2, expulsando con sus patas y su cuerpo todas las ramillas, hojas secas y detritus que la rodean; y construye un montículo de 1 m de diámetro por 50 cm de alto. Este trabajo requiere muchas horas, a veces varios días. El lugar elegido es seco y con mucho sol. Para construir el montículo de puesta usa sus cuatro patas y su pico. Cuando el trabajo está terminado, la tortuga excava el orificio de puesta en medio del montículo y deposita una cuarentena de huevos, de gran tamaño (50 x 65 mm). Das observó una puesta de 51 huevos, lo que es el máximo para una especie terrestre. Este nido es elevado, aireado y muy cálido. La incubación es corta (aproximadamente 70 días) y en este periodo se constata un comportamiento que no presenta ningún otro Quelonio y que solo se encuentra en algunos Crocodilianos: la hembra vigila su nido y ahuyenta a los depredadores. Permanece varias semanas cerca del montículo y, cuando un varano, una lagartija o un hombre se aproximan, se lanza sobre el intruso y lo ataca de verdad, tratando de morder con el pico y golpear con su caparazón. Tiene una gran determinación y a menudo consigue expulsar al depredador, por más decidido que éste sea. Sin embargo, al cabo de algunos días abandona el nido. Se haconstatado igualmente que durante la incubación agregaba hojas y ramitas al nido, quizá para mejorar la insolación del montículo o evitar que se degrade.

Etnozoología. Esta especie es muy conocida por las poblaciones del Sudeste asiático y antiguamente estaba muy extendida. *M. emys* era venerada por algunos pueblos, pero también era ampliamente consumida, como lo atestiguan textos chinos muy antiguos (debe haber estado presente en China hace miles de años, pero no lo está actualmente, a menos que haya sido importada del sur de Vietnam). Hoy en día, aún se le captura en algunos países, ya que constituye un alimento abundante y apreciado. Su carne sería poseedora de virtudes medicinales, pero, a decir verdad, todos los pueblos que consumen tortugas alegan el mismo pretexto. Los caparazones de las tortugas muy grandes eran utilizados por los niños más pequeños e incluso servían como refugio para perros y cerdos.

Protección. En nuestros días aún se le recolecta y exporta a China para su consumo. Es fácil de criar y mantener en cautividad, por lo que también es exportada a los zoológicos de Occidente. Está incluida en el Apéndice II de la CITES y está sometida a cuotas nacionales de exportación, pero esto no parece preocupar a ningún traficante. Así, se debe pensar que sus efectivos están disminuyendo y, en efecto, es cada vez más difícil observarla en la naturaleza. Sus hábitats se deterioran y la explotación humana se extiende por toda su área de distribución. Los especialistas en tortugas asiáticas piden que su estatus y su distribución sean estudiados a de fin protegerla mejor.

Está considerada "en peligro" por el Turtle Conservation Fund.

Manouria impressa (Günther, 1882)

© B. Devaux

Aquí se observan las escamas muy planas y las marginales dentadas de esta tortuga, fotografiada en Cuc Phuong, Vietnam. Su nucal es ancha.

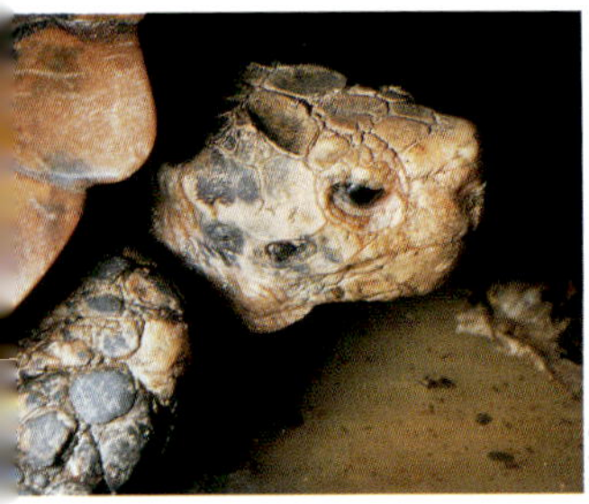

© R. Bour

La cabeza es maciza y cuadrada, con escamas muy marcadas. Esta tortuga puede enterrarse en el suelo y presenta analogías con *C. sulcata*.

Distribución. Su distribución está bastante fragmentada y, aunque abarca una parte del área que ocupa *Manouria emys*, su presencia es mucho más discreta. Vive en el sur de Myanmar, en Tailandia y Malasia, y en el sur de Vietnam. Algunas observaciones en el norte de Vietnam y en China corresponden sin duda a tráficos comerciales.

Características. Se parece a *M. emys*, pero difiere por los puntos siguientes: su tamaño no supera los 330 mm; su nucal es más ancha; su color es más anaranjado a rojizo; posee dos grandes escamas ensanchadas, ovales y cuadrangulares, en la parte posterior del cráneo; pero sobre todo, sus placas son ensanchadas claramente y deprimidas en el espaldar, de allí el nombre *impressa*. El dorso es muy plano, con una depresión en la cuarta vertebral y la parte posterior está claramente "inclinada". Las placas son beis, rodeadas de pardo, con estrías bien marcadas y una línea amarilla en las suturas, lo que les da un aspecto de placas pegadas o montadas. Las marginales son muy dentadas en la parte posterior y más discretas por delante. La cabeza es amarillenta a rosada y luce placas pardas a los lados y detrás del cráneo. El plastrón es beis a marrón, con anillos pardos. Presenta un solo espolón de gran tamaño en los muslos. Las patas están dotadas de anchos tubérculos redondos y planos, a veces amarillos, pero a menudo pardos a negruzcos. En los individuos jóvenes, la coloración es viva y contrastada, con el fondo beis a amarillo claro y finos anillos pardos.

Hábitos. Esta especie es mucho menos conocida que *M. emys*. Es poco frecuente en los zoológicos, pero a veces se decomisan ejemplares en las aduanas y se les lleva a centros de acogida, como en Cuc Phuong, Vietnam. En su medio natural, esta tortuga se encuentra hasta una altitud de 1.200 metros (Boulenger). Otros autores la han observado en los bosques de bambúes (Wirot). Es poco excavadora y se oculta simplemente bajo el sustrato vegetal. Está activa sobre todo al principio y al final del día, y consume bambúes y los pastos de los prados de altura, así como bayas, frutos caídos y animales muertos. Su comportamiento parece muy diferente al de *M. emys*. Vive en zonas húmedas y tupidas, y nunca se le visto construir un nido, ni se le ha oído vocalizar.

Protección. Está cada vez más presente en los decomisos efectuados en Asia. La mayor parte de las veces acaba en China, para ser consumida o vendida como "animal doméstico". Algunas son llevadas hasta los países occidentales. Aún es consumida por algunas etnias en Malasia y se le utiliza por sus supuestas propiedades medicinales. En cambio, sus hábitats están menos degradados que los de *M. emys*, ya que han sido poco ocupados por el hombre. Así, es posible que aún sea común en algunas áreas discretas de su distribución, aunque se le observe poco en su hábitat. Algunos autores la consideran rara y piden que se estudien su estatus y su protección, así como que sea incluida en el Apéndice I de la CITES.

Tortuga terrestre

Esp.: *Tortuga grabada*
Ingl.: *Impressed tortoise*
Fr.: *Tortue à éperons denticulée*
Ale.: *Hinterindische Landschildkröte*

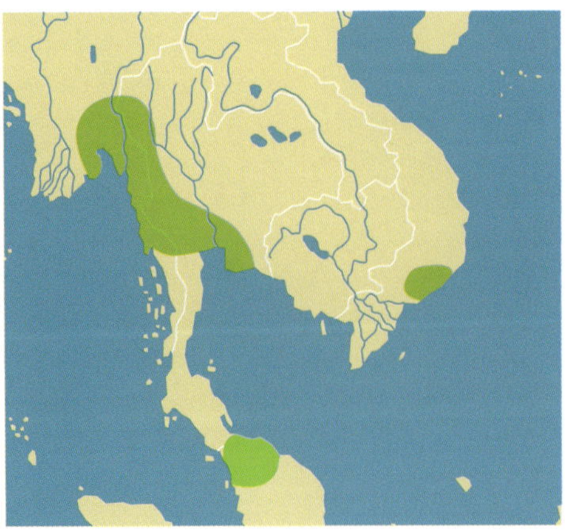

GEOEMYDIDAE Theobald, 1868

Esta familia comprende el mayor número de especies de agua dulce. Es reciente (Terciario) y se adaptó con mucho éxito. Ocupa áreas orientales, con ramificaciones paleárticas (en China y Occidente) o netamente tropicales (Rhinoclemmys)*. Existen dos subfamilias,* Batagurinae *(Gray, 1869)* y Geoemydinae *(Theobald, 1868).*

Batagur baska (Gray, 1831)

Distribución. Ocupa zonas aisladas en el Sudeste asiático, en el este de India, Bangladesh, las llanuras costeras de Myanmar (río Ayeyarwady), de Tailandia y de la península Malaya (río Perak), así como el sur de Camboya, el sur de Vietnam, y Sumatra.

Características. Puede alcanzar los 560 mm. Su espaldar ligeramente elevado presenta escamas lisas y un borde posterior no dentado. Todas las vertebrales son más anchas que largas. El color general es gris a pardo oliváceo y tiende hacia el negro. El plastrón es muy desarrollado y presenta una ligera muesca anal. Los puentes son anchos y muy robustos. Los lóbulos anterior y posterior son más cortos que el puente. El color del plastrón es uniformemente amarillo a crema. La cabeza parece bastante reducida, aunque alargada, con una nariz sobresaliente y una gran boca con comisuras levantadas, lo que le da un aire interrogador y "sonriente". La cabeza es gris oliváceo dorsalmente, y más bien gris claro lateral y ventralmente. Las mandíbulas son crema, pero los machos cambian de color durante la reproducción. En este periodo, los machos se oscurecen, cobrando un color negro muy vivo. La cabeza también se torna de un negro azabache, donde sólo brilla un gran iris blanco, a veces rodeado por un círculo blanco. Los miembros anteriores son palmeados y poseen cuatro uñas. Todos los miembros presentan una gran escama transversal en la parte superior. Su piel es gris oliváceo. Los juveniles lucen una fina quilla central, con un ligero espolón en cada vertebral. Los espolones y la quilla desaparecen con la edad. Son marrón oliváceo a gris negruzco, con el borde posterior dentado. Crecen muy rápido después del nacimiento, sin duda para poder escapar a los depredadores, y a los dos años ya miden 120 mm.

Hábitos. Esta especie vive en los estuarios de los grandes ríos y en los cursos de agua importantes, con corrientes y fondos arenosos o limosos. También frecuenta los manglares. Es más bien omnívora y aprecia especialmente el fruto del mangle (*Sonneratia*), los rizomas, las hojas y algunos moluscos, crustáceos y peces. Los machos son más pequeños que las hembras y, en el momento de la reproducción, se produce la variación cromática antes descrita. Las puestas se desarrollan desde finales de diciembre hasta principios de marzo, en bancos de arena u orillas bastante alejadas del hábitat de origen. Las hembras pueden desplazarse 80 km para poner sus huevos. Se observan tres nidos por temporada, que contienen entre 15 y 35 huevos, de aproximadamente 45 x 70 mm. Las hembras a menudo hacen un primer orificio muy ancho, que es un esbozo del nido propiamente dicho. La incubación dura entre 70 y 112 días. En Myanmar, las hembras ponen cuando hay ma-

Tortuga palustre

Esp.: *Galápago gigante sudasiático*
Ingl.: *River terrapin*
Fr.: *Batagur malais*

rea alta, como las tortugas marinas, para aprovechar la corriente de la marea en el estuario.

Protección. Esta tortuga figura en el Apéndice I de la CITES. Está desapareciendo rápidamente debido al consumo y a la fuerte degradación de sus hábitats. La construcción de estanques para camarones destruye rápidamente los manglares. En Malasia, hace veinte años se observaba en el río Perak una veintena de hembras por noche en temporada alta. Actualmente, solo se ve una al mes, al lado de Bota Kanan. En la península Malaya se llevan a cabo ambiciosos programas de cría y de reintroducción en Bota Kanan, Bukit Pinang y Kuala Behrand. En Bota Kanan, cada año se liberan más de 4.000 juveniles de dos años de edad. Desgraciadamente, solo 15 km del río Perak están protegidos y se tendrían que proteger zonas más vastas de su hábitat de origen.

Está clasificada como "en peligro" por el Turtle Conservation Fund.

© B. Devaux

Cuando se reproducen, estas tortugas cobran colores más vivos, especialmente en la cabeza y en la boca, sin duda para distinguirse sexualmente en la oscuridad del bosque húmedo.

Callagur borneoensis (Schlegel & Müller, 1844)

Tortuga palustre

Esp.: *Galápago pintado asiático*
Ingl.: *Painted terrapin*
Fr.: *Émyde peinte de Bornéo*

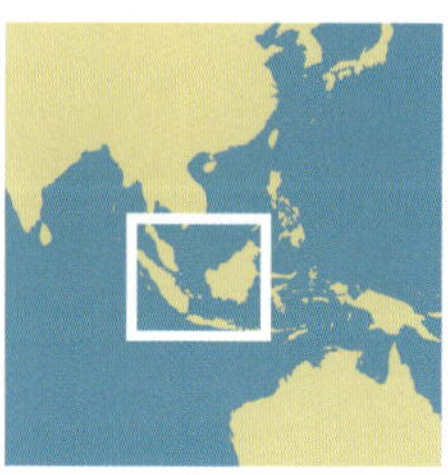

Distribución. No solo se encuentra en Borneo, sino que su limitada distribución engloba el sur de Tailandia, la península Malaya y el noreste de Sumatra.

Características. Es sin duda una de las tortugas más coloridas que existen, y la variación cromática de los machos, en el momento de la reproducción, es muy espectacular. Estos animales pueden alcanzar los 600 mm y pesar 25 kg (hembras). El espaldar es oval, relativamente aplanado y muy liso en los adultos. Carece de márgenes dentados en la parte posterior, y los recién nacidos y los juveniles presentan una ligera quilla que luego desaparece. El color del espaldar varía según el sexo. En los machos, que son más pequeños que las hembras (450 mm), el espaldar es verdoso a oliváceo, con una marca negra longitudinal en forma de tridente en las vertebrales y las costales, y manchas negras en las marginales. En las hembras, es marrón uniforme. Éstas son más abombadas que los machos y se parecen muchos a las hembras de *Batagur baska*. El plastrón está muy desarrollado y presenta una ligera muesca anal. Los puentes son anchos y gruesos. Las inguinales son más grandes que las axilares. Tanto el lóbulo anterior como el posterior son más cortos que los puentes. El color general es amarillo a crema uniforme. La cabeza es bastante pequeña, con una nariz puntiaguda y prominente, con narinas bien redondas y abiertas. La cara se parece a la de *Batagur baska* y le da al animal un aspecto "sonriente e interrogador". El borde de las mandíbulas está finamente dentado. Los miembros están dotados de grandes escamas transversales en la cara superior: son palmeados y las patas anteriores poseen cinco uñas (cuatro en *Batagur bas-*

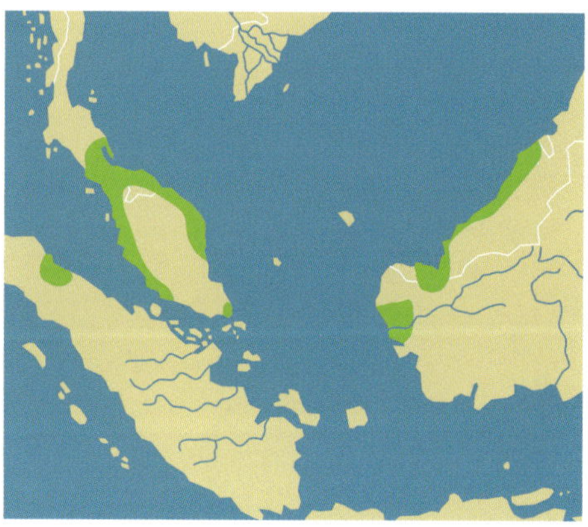

© B. Devaux

Esta extraordinaria especie adopta diseños diferentes, según el sexo y el momento del año. Este macho presenta el espaldar blanco y la cabeza roja y blanca, característica del periodo reproductivo.

Debajo: la hembra es negra o grisácea, con los labios un poco más claros. Durante el periodo reproductivo, el macho es muy colorido y su cabeza recuerda a un gran fruto blanquecino, así se le distingue más fácilmente en la sombra de los bosques lluviosos.

ka). Los jóvenes son muy redondos, gris claro, marcados con puntos oscuros en las costales, con una línea clara en la quilla y dentículos en las marginales posteriores. En la época reproductora, la cabeza de la hembra cobra un tono rojizo, mientras que el macho experimenta una transformación más espectacular: su espaldar se aclara, volviéndose gris claro, incluso blanquecino, lo que resalta el tridente negro longitudinal; y su cabeza, normalmente gris azulado con una banda anaranjada encima del cráneo, se vuelve muy blanca y desarrolla una especie de casco, de aspecto vegetal, parecido a un gran litchi blanquecino que engloba las mejillas, el contorno de los ojos y los lados de la cabeza hasta la mitad del cuello. El aspecto abigarrado del animal se ve acentuado por una línea roja encima del cráneo, como pintada de un color vivo. Posiblemente, estos colores permiten a la hembra reconocer a su pareja en la penumbra de los manglares.

Hábitos. Estas tortugas, que viven en estuarios y manglares, pueden soportar una salinidad de hasta un 50 % con relación a la del medio marino. Dunson y Moll (1980) demostraron que los recién nacidos podían sobrevivir en el agua de mar pura durante dos semanas. Estas tortugas nidifican en las playas y pueden soportar el medio marino durante muchos días, antes de volver al agua dulce de los ríos. Son más bien herbívoras y consumen los frutos del manglar, vegetales caídos y algunas conchas. A diferencia de *Batagur baska*, son bastante irascibles y los machos intentan morder cuando se les molesta. Las hembras ponen hasta tres veces por temporada de 15 a 25 huevos grandes y alargados (40 x 72 mm), de cascarón bastante flexible. En la península Malaya las cópulas se realizan de enero a febrero. Las hembras pueden migrar hasta a 3 km de sus lugares de residencia. De junio a agosto, estas especies se observan en las mismas playas de puesta que las que utilizan *Dermochelys coriacea*, *Chelonia mydas* y *Lepidochelys olivacea*. La incubación dura un promedio de 90 días.

Protección. Figura en el Apéndice II de la CITES, pero sería necesario situarla en el Apéndice I, ya que sus poblaciones se hacen cada vez más raras en toda su área de distribución. Sus huevos y su carne son muy consumidos. Por otro lado, su excepcional belleza interesa vivamente a los coleccionistas, lo que alimenta un tráfico permanente. Toda *Callagur borneoensis* observada en la naturaleza acaba en una cazuela o con un vendedor con destinación al mercado occidental. Además, vive mal en cautividad y todos los criadores encuentran problemas en su mantenimiento. Finalmente, los manglares están muy alterados por la cría del camarón, y los estuarios y ríos están contaminados o canalizados. Todo esto explica su situación de declive y justificaría su pronta inclusión en el Apéndice I. Un criadero acaba de abrir en Kedah, Malasia, con el fin de contribuir a la conservación de la especie.

Está catalogada como "en peligro" por el Turtle Conservation Fund.

© F. Bonin

© F. Bonin

Chinemys nigricans (Gray, 1834)

Esta cría ya es muy negra, con una quilla muy marcada. Su cabeza es más colorida, amarilla y parda. Su plastrón es muy claro, con algunas manchas dispuestas irregularmente.

Tortuga de agua dulce

Esp.: *Galápago chino*
Ingl.: *Red-necked pond turtle*

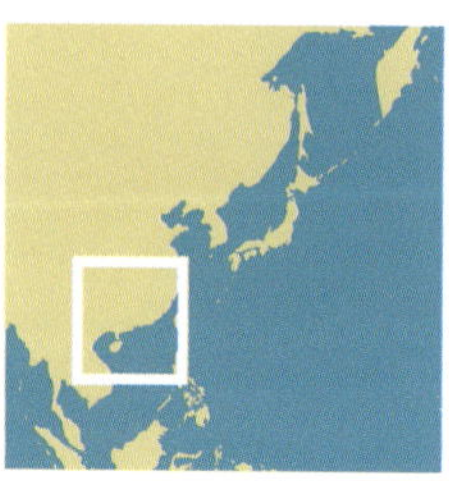

Distribución. Esta tortuga vive en el sur de China, en la provincia de Guangdong, y en el extremo norte de Vietnam.

Características. El nombre científico y el inglés que recibe pueden ser contradictorios, pero informan bastante bien sobre la especie. Esta tortuga es generalmente negruzca, pero la parte delantera de su cabeza es caoba a rojiza. Se le denominaba antiguamente *C. kwangtungensis*. No supera los 260 mm. Su espaldar es más bien alargado, con una quilla bastante bien marcada, incluso en los animales viejos. Las marginales posteriores son muy lisas. El color tiende hacia el pardo negruzco, sin ningún dibujo, y la quilla está marcada por una franja más clara. Las suturas entre las marginales a veces son amarillentas. El plastrón presenta una muesca anal. Es amarillento, con manchas irregulares pardo oscuro en cada escama. Las escamas axilares son más pequeñas que las inguinales y el puente es más angosto que el lóbulo posterior. La cabeza es bastante robusta y puntiaguda, con la parte superior muy lisa, y escamas más anchas y granulosas en la parte posterior. El color general de la cabeza y del cuello es pardo negruzco. El hocico puede ser más amarillento y los lados de la cabeza lucen pequeñas vermiculaciones amarillentas y líneas claras, que parten del ojo, atraviesan los tímpanos y llegan hasta la base del cuello, atenuándose. Las mandíbulas son claras, crema a amarillentas, con finas manchas oscuras. Los miembros y la cola son de color gris a pardo negruzco, pero algunas escamas amarillentas marcan los miembros anteriores. La coloración de los machos es a menudo más rojiza que la de las hembras, que son gris negruzco.

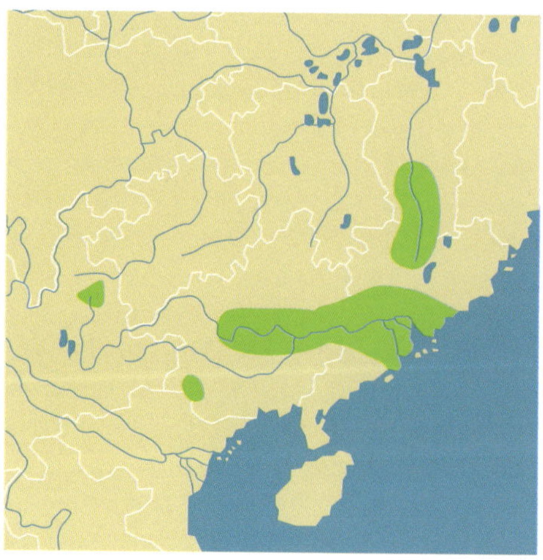

Hábitos. Este galápago ocupa cursos de agua en colinas y montañas, hasta los 1.200 metros de altitud, en aguas tranquilas y limosas, o a veces en torrentes más claros. Es omnívora:

come plantas acuáticas, insectos, batracios, larvas y pequeños peces. Las puestas contienen de 2 a 6 huevos bastante grandes (26 x 48 mm) y la incubación dura un mínimo de 90 días.

Protección. Es una especie que se recolecta y consume. Se conoce poco su estatus actual y el estado de sus poblaciones. Está clasificada "en peligro" por el Turtle Conservation Fund.

Chinemys reevesii (Gray, 1831)

Distribución. Se encuentra en China, al sur del Huang Ho (Amarillo) y por el este hasta Shanghai. También vive en Japón, en Honshu y Kyushu, así como en Corea, Taiwan y Hong Kong.

© F. Bonin

Características. Su espaldar es muy oval y no supera los 235 mm. Su parte posterior no es dentada, pero posee una muesca central en la supracaudal. Presenta tres quillas muy desarrolladas, y las dos quillas costales se sitúan en el tercio anterior. El color es uniforme, marrón claro a marrón oscuro, pero las quillas son generalmente más oscuras. El plastrón posee una muesca anal. Es amarillo, al igual que el puente, y cada escama está adornada con una gran mancha marrón oscuro. La cabeza, de forma ahusada y de nariz más bien sobresaliente, no es grande. La mandíbula superior presenta una pequeña muesca central. La cabeza es marrón oscuro a negra, con varias bandas amarillas curvadas y rectas, más o menos alargadas, en ambos lados. El tímpano está rodeado por una raya amarilla, a menudo incompleta. El cuello es a veces negro o gris pardusco, y está marcado a lo largo por finas líneas amarillas. La piel y los miembros son totalmente de color olivo o marrón. Los machos son mucho más pequeños que las hembras, y poseen una cola enorme y muy gruesa. A menudo, no superan los 120 mm y son completamente de color negro oscuro.

Este animal posee un espaldar muy liso y ovalado, con quillas prácticamente imperceptibles y suturas claras sobre un fondo rojizo. La cabeza conserva las manchas claras, sobre un fondo marrón negruzco.

Hábitos. Este galápago ocupa pequeños cursos de aguas lentas y poco profundas, marismas y canales de irrigación; pero a veces puede frecuentar ríos más importantes, aunque de corriente débil y de fondos limosos. Le gusta insolarse gran parte del día. Es omnívoro y consume tanto invertebrados, larvas y desechos orgánicos, como algas y plantas acuáticas. El cortejo y la cópula tienen lugar en primavera: los machos persiguen a las hembras en el agua, girando alrededor de ellas, y pegan su nariz a la de su pareja. La puesta, que se desarrolla en junio y julio, contiene de 4 a 9 huevos, blancos y alargados, que miden un promedio de 23 x 40 mm. Puede haber tres puestas al mes y la incubación dura 90 días.

Tortuga de agua dulce

Esp.: *Galápago de Reeves*

Ingl.: *Reeves' turtle*

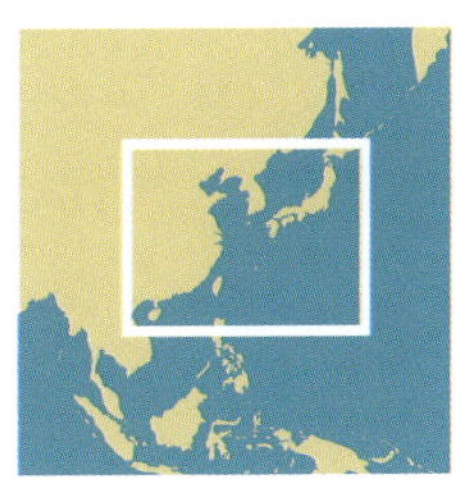

Geoclemys hamiltonii (Gray, 1831)

Tortuga de agua dulce

Esp.: *Galápago moteado asiático*

Ingl.: *Spotted pond turtle*

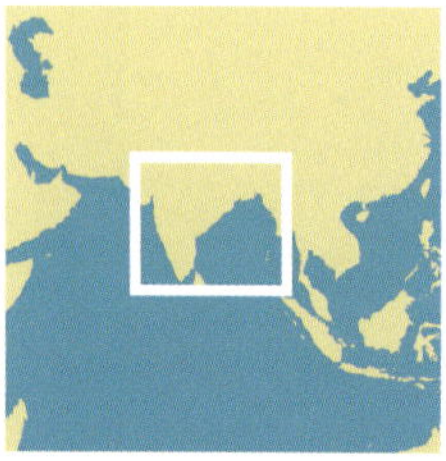

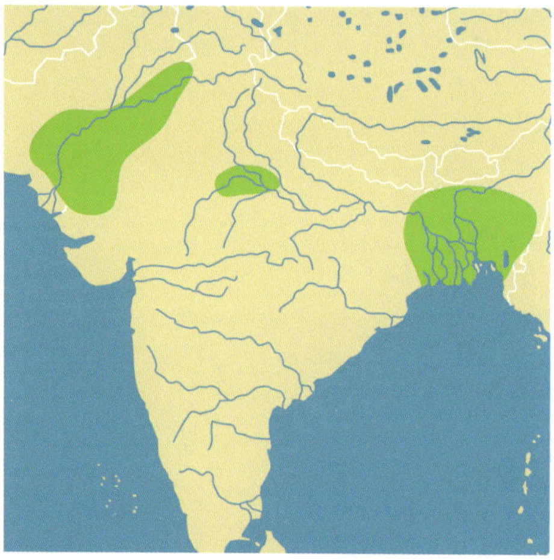

Distribución. Distribución bastante vasta y fragmentada en el sudeste de Pakistán, el norte de India, Assam y Bangladesh, en los ríos Indo y Ganges.

Características. Su nombre común es muy descriptivo: su piel está adornada con puntos blancos sobre un fondo negro. Es una tortuga bastante grande que puede alcanzar los 350 mm y los 5 kg, y cuya forma es oval alargada y muy abombada. Presenta tres quillas dorsales bastante marcadas (sobre todo la vertebral). Las marginales posteriores son dentadas, sobre todo en los juveniles. Las quillas están interrumpidas por protuberancias que se observan en cada una de las vertebrales y de las costales. El espaldar es negro, con múltiples líneas o manchas discretas claras, crema o amarillo, en cada escama. Estos dibujos son especialmente nítidos en los juveniles y se atenúan con la edad. Los individuos viejos a veces son completamente negros. El plastrón es amarillo, carece de charnela y presenta numerosas rayas oscuras. El puente es siempre ancho y robusto. La muesca anal es importante. La cabeza es grande y está cubierta por encima de pequeñas escamas; el hocico es corto. El color de fondo de la cabeza es negro y el del cuello es grisáceo. Toda la piel se ilumina con grandes puntos blancos o amarillos. La cola es bastante corta y los dedos muy palmeados. Los recién nacidos lucen colores muy vivos, con manchas amarillas o blancas, muy luminosas.

Hábitos. Este galápago ocupa ríos importantes, pero también lagunas rodeadas de bosques, con aguas tranquilas, sombra y densa vegetación acuática. En verano, se insola largo tiempo sobre los troncos que flotan en el agua. En invierno, se esconde en la maleza o bajo el sustrato vegetal. Es una especie más bien carnívora, que consume caracoles, peces, larvas de anfibios y gusanos. Las hembras alcanzan su madurez cuando miden unos 270 mm, es decir, bastante tardíamente. Las puestas se desarrollan en mayo-junio en India, y en diciembre y enero en Bangladesh (una segunda puesta se observa en febrero-marzo). Los nidos contienen un promedio de 19 huevos ovales y blancos, que miden alrededor de 22 x 50 mm.

Protección. Este galápago figura en el Apéndice I de la CITES y se le considera amenazado en la mayor parte de su área de distribución, ya que se le recolecta y consume intensamente. Además, su apariencia tan atractiva lo convierte en un producto muy buscado por los coleccionistas y, por ende, de los traficantes. La ocupación de las zonas húmedas por parte del hombre limita rápidamente sus hábitats.

La cabeza y las patas están generalmente adornadas con manchas blancas que hacen que esta especie parezca "maquillada", lo que acentúa el hocico bastante puntiagudo. El espaldar es neutro, uniformemente pardo grisáceo.

Hardella indi Gray, 1870

Distribución. Esta especie dulceacuícola se encuentra en Pakistán, en el río Indo y los cursos de agua relacionados.

Características. Esta especie poco conocida es muy próxima a *H. thurjii*, pero es más pequeña (con una longitud máxima de 350 mm).

Protección. Este galápago no es especialmente explotado en este país musulmán, pero algunas etnias lo recolectan y consumen.

Tortuga de agua dulce

Esp.: *Galápago diademado del Indo*
Ingl.: *Indus crowned river turtle*

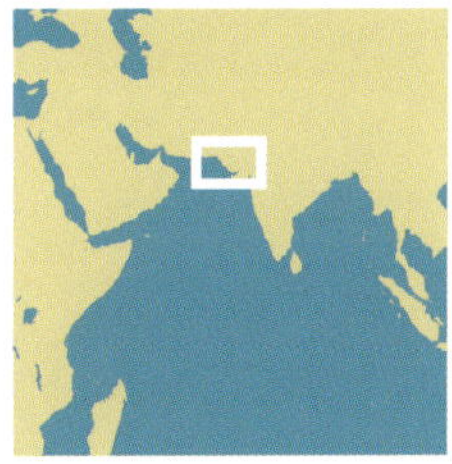

Hardella thurjii (Gray, 1831)

Distribución. Norte de India y Bangladesh, en los afluentes del Ganges y del Brahmaputra.

Características. Esta especie puede alcanzar los 530 mm (hembras). Su espaldar es poco abombado y las marginales posteriores no son dentadas, aunque presentan una muesca supracaudal. La quilla central es poco pronunciada. El color varía del gris oscuro al marrón o al negro, con un reborde amarillo y pigmentos amarillos entre las costales y las marginales. La quilla es negra. El plastrón está muy fuertemente soldado al espaldar, sin charnela, con el lóbulo posterior bastante angosto y una muesca anal. Es amarillo como los puentes, y posee una gran mancha oscura en cada escama. Algunos individuos son uniformemente amarillos, gris oscuro o negros. La cabeza, marrón a negra, está adornada con abundantes manchas amarillas y presenta una nariz redondeada que sobresale muy poco. Una de las franjas amarillas comienza encima de las narinas y se extiende hacia atrás, encima de los ojos, antes de volver a bajar, rodeando las órbitas, para llegar hasta el cuello. Otra franja forma una línea a cada lado de las narinas, sobre la mandíbula superior. Por último, una tercera franja sale de la comisura de la boca, en la mandíbula inferior, y recorre el cuello. En algunos individuos, otras marcas amarillas se dibujan en la región dorsal de la cabeza. Una única escama de gran tamaño cubre la nariz y la cabeza por encima, mientras que la parte posterior de la cabeza está salpicada de abundantes escamas pequeñas. Los ojos presentan un iris negro con puntos dorados. Los bordes de las mandíbulas son dentados. Las patas son palmeadas y los miembros son marrones a gris oscuro, con bordes amarillos o crema. Los machos no superan los 180 mm y son tres veces más pequeños que las hembras. Los juveniles son más coloridos que los adultos, con marginales más ensanchadas y a menudo dentadas en la parte posterior. Las vertebrales 2, 3 y 4 son mucho más anchas que largas, pero se vuelven más angostas con la edad.

Hábitos. Esta tortuga vive en los cursos de agua de fondos fangosos, provistos de una importante vegetación acuática y de una corriente débil. Se encuentra también en algunos la-

© T. Zhou

El caparazón de esta especie es bastante ordinario, plano y ligeramente carenado. Sin embargo es la cabeza la que permite distinguirla, gracias a sus manchas de un amarillo brillante en el hocico y en el cuello.

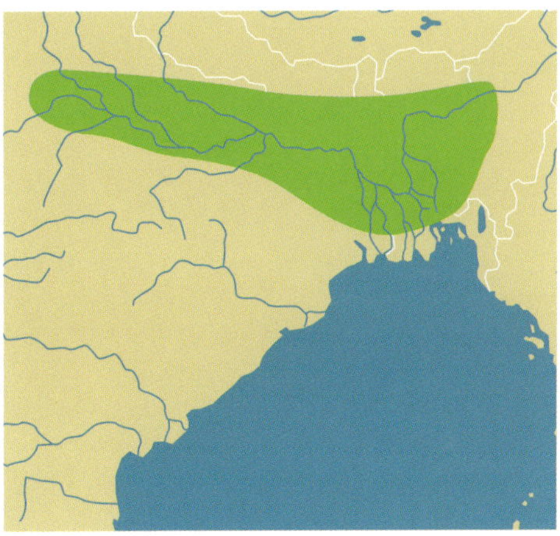

Tortuga de agua dulce

Esp.: *Galápago diademado del Ganges*
Ingl.: *Ganges crowned river turtle*

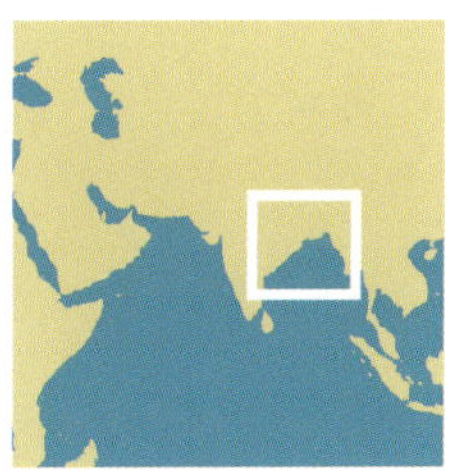

El espaldar es casi negro y está rodeado por una orla amarilla; la quilla está poco pronunciada. En cambio, la garganta y el hocico lucen un color amarillo muy vivo.

gos y lagunas invadidos por la vegetación. Es sobretodo herbívora y se alimenta de plantas acuáticas o desechos vegetales caídos al agua. A veces, puede consumir cangrejos de agua dulce o pequeños peces. Sale raras veces del agua para insolarse y permanece más a menudo en la superficie, lejos de las orillas, o en el fondo del agua, inmóvil y somnolienta. Cuando se siente amenazada, se entierra en el limo. En Bangladesh, el período de puesta se inicia en noviembre y dura hasta enero. Cada año se realiza una sola puesta de 12 a 16 huevos, que miden alrededor de 34 x 60 mm.

Protección. Presente en los mercados del este de India y Bangladesh, ya que es grande y siempre ha sido consumida. A veces se la recolecta para exportarla a China. Sus poblaciones se encuentran cada vez más fragmentadas.

Hieremys annandalii (Boulenger, 1903)

Tortuga de agua dulce

Esp.: *Galápago de Annandale*

Ingl.: *Yellow-headed Temple Turtle*

Distribución. Ocupa territorios fragmentados en el centro de Tailandia, el norte de Malasia, el sur de Vietnam y el sur de Camboya.

Características. Es una tortuga de gran tamaño, que puede alcanzar los 600 mm. Su forma es alargada y poco abombada, con una ligera quilla. Las escamas marginales posteriores son dentadas, con una importante muesca entre la duodécima y la decimotercera. El color general es marrón oscuro a negro. El plastrón está unido al espaldar por una sólida estructura ligamentosa. Los puentes están bien desarrollados; las axilares y las inguinales son grandes. El plastrón es más corto que el espaldar y carece de charnela. El lóbulo anterior es anguloso y más grande que el lóbulo posterior. La muesca anal es siempre ancha. El plastrón y los puentes son amarillos, con una gran mancha negra en cada una de las escamas. Todos estos motivos tienden a fusionarse en los animales de edad, para transformarse en un plastrón completamente negro. La mandíbula inferior presenta un borde denticulado. La nariz no es prominente y el color del conjunto es negruzco a oliváceo, con algunas marcas grises. Se observan gruesas franjas amarillentas en el hocico y a los lados de la cabeza; y una franja gruesa en las mandíbulas y a lo largo de la boca, así como una garganta amarilla (a veces manchada de salpicaduras oscuras): esta cabeza tan luminosa ha motivado su nombre en inglés. Las patas son muy palmeadas y el quinto dedo posee dos falanges. Los miembros anteriores están cubiertos de grandes escamas. La parte superior de cada miembro es gris oscuro, mientras que en la inferior es gris claro. La cola es corta y gris. Los juveniles son más coloridos y lucen tres franjas amarillas en la ca-

beza: la primera va del hocico hasta el cuello rodeando los tímpanos; otra comienza en las mandíbulas y continúa a los lados del cuello; y la tercera comienza en la mandíbula inferior y se dirige hacia atrás. A veces, estas franjas se juntan y forman una gran mancha clara detrás de los ojos.

Hábitos. Esta tortuga ocupa preferentemente zonas húmedas, campos inundados, bosques lluviosos y pantanos, en lugar de ríos. Ahora bien, algunos individuos grandes fueron observados en la desembocadura del río Chao Phraya, cerca de Bangkok (Smith, 1931) y la especie podría tolerar el agua salobre. Es herbívora y consume frutos y plantas acuáticas, pero también plantas con flores. Las puestas se realizan en diciembre y enero, y contienen un promedio de cuatro huevos muy grandes (60 mm de largo), de cascarón duro.

Protección. Este galápago es recolectado y consumido, pero escapa a este destino cuando se sitúa en los templos budistas, especialmente en Bangkok. Su distribución fragmentada denota la rarefacción de la especie.
Está catalogado como "en peligro" por el Turtle Conservation Fund.

© F. Bonin

Aquí se distinguen las largas líneas amarillentas en la nariz, las mandíbulas y a lo largo de la cabeza.

Kachuga kachuga (Gray, 1831)

Distribución. Ocupa las cuencas del Ganges y del Brahmaputra, en Bangladesh, en el norte de India y en el sur de Nepal, y también se encuentra en los ríos Krisha y Godavari.

Características. Su nombre científico proviene del hindi *khechuwa* o *kachua*, que significa "tortuga". Puede alcanzar los 560 mm. Su caparazón es elíptico, medianamente abombado, de apariencia robusta y en forma de guijarro; los puentes están bien soldados al espaldar. Las marginales posteriores son ensanchadas, a veces ligeramente dentadas. Las vertebrales pueden lucir una quilla que se atenúa al superar la edad juvenil. La superficie del espaldar se vuelve lisa y regular, sin surcos ni asperezas. Es de color uniforme, gris a negro. El plastrón es largo, estrecho, fuertemente ligado a la forma curva de los puentes, y todo amarillo anaranjado. Presenta una ligera muesca anal. La sutura humero-pectoral es diagonal, mientras que la misma es recta en *K. dhongoka*. Los puentes son amarillos con manchas oscuras. La cabeza es bastante grande y ancha, con un hocico corto y respingado, como en todas las *Kachuga*. Los ojos, curiosos e inquisidores, se sitúan muy adelante. La boca es corta y las mandíbulas son muy amarillas, con abundantes dentículos, que le dan a esta especie un aspecto "sonriente";

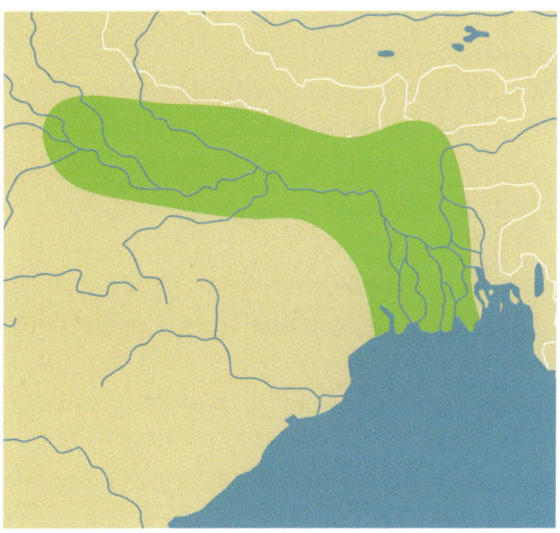

Tortuga de agua dulce

Esp.: *Galápago indio cabecirrojo*
Ingl.: *Red-crowned roofed turtle*

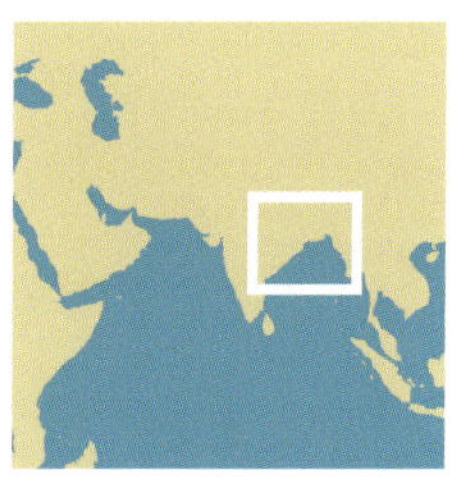

Los adultos poseen labios anchos y claros, y un cuerpo negruzco. Las crías son más coloridas, con una quilla muy marcada.

© I. Das

mientras que el resto de la cabeza es gris y marrón. La parte dorsal de la cabeza está cubierta de una piel suave y fina, y está rematada por una corona rojiza, aunque en ciertos individuos la cabeza es simplemente parda. Debajo es gris claro a crema. El dimorfismo sexual cromático se acentúa durante el período de apareamiento: la cabeza de los machos es azul oscuro, con una mancha roja desde las narinas hasta la cima del cráneo; la de las hembras es pardo oscuro a negra, con mandíbulas amarillas. En los individuos jóvenes, se observan dos líneas amarillas a los lados de la cabeza y seis líneas rojas en el cuello; todos estos colores desaparecen con la edad. Los juveniles crecen muy rápido y poseen una quilla pronunciada con puntas moderadas en la segunda y la tercera vertebrales, y la parte posterior dentada. Su cabeza es gris claro con una mancha rojiza detrás los ojos y mandíbulas finamente dentadas, amarillas o crema.

© F. Bonin

Hábitos. Estas tortugas, que ocupan ríos medianos o grandes, son buenas nadadoras. Se les detecta en el agua clara, no lejos de la superficie, gracias a sus luminosas mandíbulas. Les gusta insolarse sobre las rocas, los troncos flotantes o las orillas, pero son muy temerosas y se sumergen a la más mínima alerta. Son principalmente herbívoras y comen frutos y plantas acuáticas. Ponen en marzo y abril hasta 25 huevos ovoides de gran tamaño (45 x 68 mm). Los nidos se excavan no lejos del agua, en las orillas arenosas o en islas en medio de los ríos. La incubación dura aproximadamente entre 80 y 86 días.

Protección. Esta gran especie es codiciada y ampliamente pescada por su carne, sobre todo en Bangladesh. Según R. J. Rao, que la estudia y dirige un programa de reproducción cerca de Gwalior, sus efectivos son generalmente escasos y solo son importantes en algunas reservas y ríos protegidos. Deberían llevarse a cabo reintroducciones en algunos ríos. Una parte de sus hábitats está degradado por las actividades humanas, las presas, la contaminación, y la extracción de arena destinada a la construcción.

Especie clasificada "en peligro" por el Turtle Conservation Fund.

Kachuga dhongoka (Gray, 1834)

Distribución. Se encuentra en el norte de India y en el sur de Nepal (Chitwan). Es bastante abundante en el río Chambal, en el estado de Madhya Pradesh.

Características. Esta especie puede alcanzar los 480 mm y presenta una ligera quilla vertebral, interrumpida y más alta en la segunda y tercera vertebrales. En los juveniles, esta quilla está mucho más desarrollada y además se observan dos ligeras quillas laterales. La escama nucal es muy pequeña. El espaldar es más ancho en la parte posterior a la altura de la cuarta vertebral. El color general es grisáceo a marrón u oliváceo, con una franja negra en la quilla y dos finas líneas sobre los vestigios de las quillas laterales. El plastrón es largo y angosto, aunque mucho más reducido que la abertura del caparazón, y presenta una muesca anal. La anchura del puente es mucho mayor que la longitud del lóbulo posterior. En los adultos, el plastrón es uniforme, sin dibujos, y varía del amarillo claro al blanco cremoso. En los individuos de edad, es más oscuro, especialmente en

Tortuga de agua dulce

Esp.: *Galápago indio rayado*
Ingl.: *Three-striped roofed turtle*

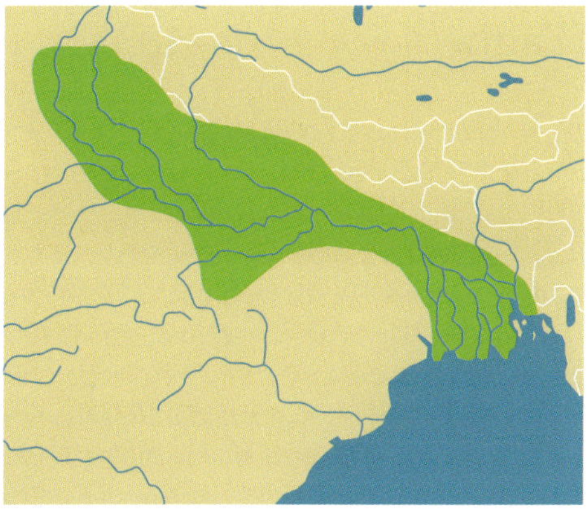

los machos; mientras que en los juveniles, es más bien amarillo, con manchas marrón rojizo en cada una de las escamas. La cabeza es de tamaño más bien pequeño, con una nariz medianamente levantada. La piel que cubre la parte superior de la cabeza es muy lisa en la parte anterior, y presenta en la parte posterior abundantes escamas pequeñas e irregulares. La mandíbula superior posee una muesca central, enmarcada por dos dentículos muy desarrollados. La cabeza es gris oliváceo, más bien oscura por encima y, sobre todo, con una franja crema a amarillenta bastante viva a los lados, que parte de las narinas, pasa por encima del ojo y baja al tímpano. Esta franja tan llamativa en los juveniles es característica de la especie. El iris es grisáceo, a veces marrón. Las patas son muy palmeadas y presentan grandes escamas transversales que aumentan la superficie útil para propulsarse bajo el agua. Esta especie está particularmente bien adaptada al nado. El dimorfismo sexual es importante y las hembras llegan a medir 430 mm y a pesar 8 kg, mientras que los machos no superan los 190 mm ni 1 kg.

Hábitos. Ocupa ríos permanentes y solo sale del agua para insolarse y nidificar. En el norte de su distribución hibernan enterrados en el limo de los ríos. Son omnívoros y les gustan los mejillones de agua dulce y diversas plantas acuáticas. En la estación más fría, las hembras fecundadas pueden retener sus huevos durante meses. Luego, ponen de 20 a 35 huevos en marzo-abril, al borde de los grandes ríos o en medio de islas. Los huevos son rígidos y oblongos, y miden 36 x 57 mm. La incubación en el nido dura aproximadamente 55 días. Las crías vuelven al medio acuático apenas emergen.

Protección. Aunque están protegidas por las leyes indias, estas tortugas son aún muy recolectadas y consumidas. Están prácticamente ausentes del Nepal. En India están protegidas en algunos parques y reservas, como Chambal River donde sus poblaciones son importantes. La Universidad de Gwalior realiza programas de estudio y de reintroducción, bajo la dirección de R. J. Rao.

La especie está clasificada como "en peligro" por el Turtle Conservation Fund.

Este animal bastante viejo luce un caparazón desgastado, plano y sin quilla. La cabeza está marcada por una línea clara desde el extremo de las narinas hasta la base del cuello.

Kachuga trivittata (Duméril & Bibron, 1835)

Tortuga de agua dulce

Esp.: *Galápago birmano*

Ingl.: *Burmese roofed turtle*

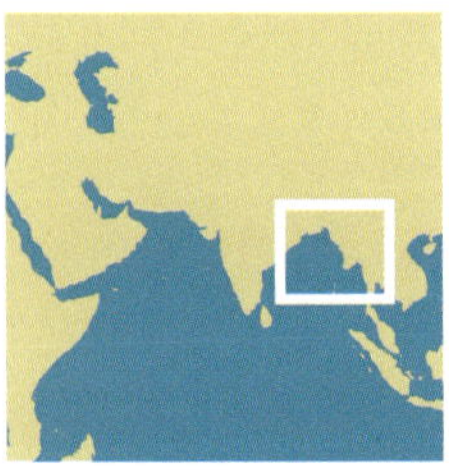

Distribución. Solo se encuentra en Myanmar, en las cuencas de los ríos Ayeyarwady y Salween.

Características. Es la mayor de las *Kachuga*, con un máximo de 580 mm, pero es la menos colorida de las tres especies. Su forma es elíptica, con una quilla bastante marcada que se atenúa con la edad. Los juveniles presentan excrescencias en la primera, segunda y tercera vertebrales. Los individuos de edad tienen el espaldar muy liso y abombado, semejante a un guijarro pulido. Las marginales posteriores son dentadas en los jóvenes, y lisas en los adultos. Es de color pardo a grisáceo, uniforme en las hembras, pero los machos, que son más pequeños (460 mm), presentan a veces tres líneas claras en el lugar de las quillas. El plastrón es largo, angosto, grueso y prolongado por puentes robustos y redondeados, y presenta una muesca anal. Es amarillo, a veces anaranjado, y los puentes están manchados de negro. La cabeza es más bien mediana y bastante ancha, con la nariz respingada, la boca "sonriente" y mandíbulas claras con dentículos. La cabeza está cubierta por encima de una piel lisa, mientras que el cuello está formado por abundantes escamas redondas e irregulares. La cabeza y el cuello son pardos a oliváceos, tirando al negro por encima. En algunos individuos puede aparecer una línea casi negra en la parte superior del cráneo. Por debajo es más clara, grisácea a amarillenta. Las patas son grisáceas a negruzcas debajo y más claras arriba; son robustas y están dotadas de palmaciones y escamas anchas en la parte delantera.

Hábitos. Prefiere ríos importantes, lentos, profundos y limosos. Es más bien herbívoro. Sus puestas se dan en diciembre y enero, en las orillas de los ríos, a algunos metros de las aguas más altas. Puede poner 18 huevos en promedio (un máximo de 25), de 42 x 67 mm, cuya incubación dura alrededor de 80 días.

Protección. Los pescadores la capturan ocasionalmente, y es más bien discreta y difícil de atrapar. Se conoce poco su estatus actual, pero sus poblaciones están amenazadas por las actividades humanas y por la degradación de los cursos de agua. Forma parte, junto con otras tortugas acuáticas locales, de los programas de protección del Ayeyarwady, pero estos programas aún son virtuales.

Especie catalogada como "en peligro" por el Turtle Conservation Fund.

Malayemys subtrijuga (Schlegel & Müller, 1844)

Distribución. Territorios fragmentados en el Sudeste asiático: sur de Vietnam, de Camboya, de Tailandia; y norte de la península Malaya, así como Java (Indonesia); sur de Myanmar (?).

Características. Su nombre científico la describe parcialmente: su espaldar, oval y poco abombado, presenta tres quillas discontinuas que forman pequeñas jorobas en cada una de las escamas. La quilla central se extiende a lo largo de las cinco escamas vertebrales, mientras que las quillas laterales alcanzan raras veces la cuarta costal. No supera los 200 mm. Las marginales posteriores no son dentadas. El color marrón oscuro a claro del espaldar puede tender hacia el caoba y se observa una orla amarilla rodeando el caparazón. Las pequeñas excrescencias de las quillas son más oscuras que el resto del espaldar. El plastrón carece de charnela. Es más estrecho que el espaldar y presenta una muesca anal muy nítida. Su lóbulo posterior es más corto que el puente. Un motivo formado por una gran mancha marrón oscuro a negra adorna las escamas del plastrón, sobre un fondo amarillo a crema. Dos manchas oscuras marcan los puentes. La cabeza es bastante grande, negra con varias franjas amarillas a blanquecinas. La primera comienza en la nariz y alcanza el cuello pasando por encima de los ojos. Otra parte de cada lado de la nariz y se curva hacia abajo para pasar debajo de los ojos y llegar hasta el cuello. Dos líneas finas atraviesan los tímpanos detrás de los ojos. Una sola escama cubre la parte alta de la cabeza, mientras que hacia atrás se notan abundantes escamas pequeñas. Los miembros y la cola son grises a negros, con una orla amarilla en el borde externo.

Hábitos. Esta tortuga aprecia los ambientes húmedos, como canales, arrozales, pequeños lagos y marismas, de sustrato lodoso y abundante vegetación acuática, pero también se desplaza en el suelo. Es carnívora y come sobre todo pequeños caracoles (de allí su nombre común), gusanos, insectos acuáticos, crustáceos y pequeños peces. Su puesta contiene de 4 a 6 huevos blancos y alargados, de 25 x 45 mm.

Protección. Se la encuentra frecuentemente en los estanques de los templos budistas. Su pequeña talla limita su consumo local, pero sus poblaciones disminuyen, sin duda debido al deterioro de sus hábitats, y su distribución es cada vez más fragmentada.

© F. Bonin

El espaldar en forma de techo está marcado por una quilla central y dos laterales modestas. La cabeza presenta notorias líneas amarillas sobre fondo negro.

Tortuga de agua dulce

Esp.: *Galápago caracolero*
Ingl.: *Malayan snail-eating turtle*

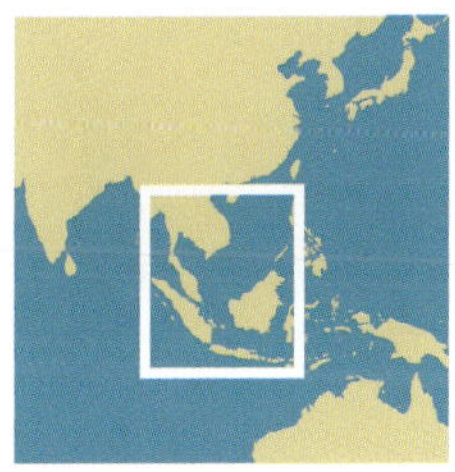

Morenia ocellata (Duméril & Bibron, 1835)

Distribución. Está presente en el sur de Myanmar, de Toungoo a Mergui, en el Tenasserim.

Características. Es un galápago medianamente abombado que puede alcanzar los 220 mm. Su espaldar presenta una quilla central, constituida de pequeñas excrescencias poco elevadas. El borde posterior del espaldar es liso. La escama cervical es más ancha que larga, y su ancho es la cuarta parte del de la primera marginal. El espaldar es olivo, marrón oscuro o negro, y presenta un círculo amarillo, rodeado de negro y de centro negro, en todas las vertebrales y las costales. Este diseño desaparece con la edad. El plastrón está dotado de una muesca anal. El lóbulo posterior es angosto, mientras que el puente es más ancho que el lar-

Tortuga de agua dulce

Esp.: *Galápago birmano ocelado*

Ingl.: *Burmese eyed turtle*

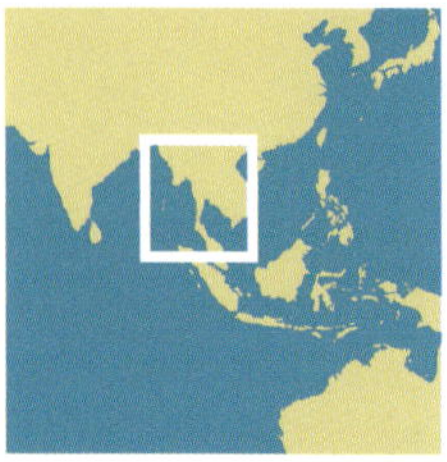

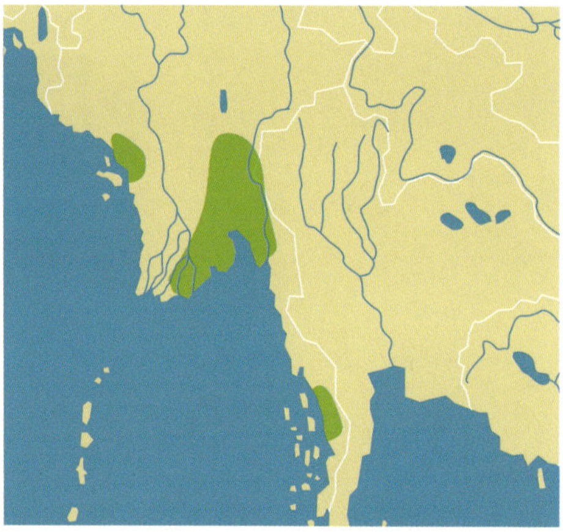

go de este lóbulo. Las axilares y las inguinales son grandes. El color del conjunto es amarillo uniforme. La cabeza es más bien pequeña, con una nariz corta, no prominente. La parte dorsal de la cabeza así como sus lados están cubiertos por una escama muy grande, mientras que en la parte posterior se observan abundantes escamas pequeñas. El color es olivo a marrón, con una franja amarilla a cada lado, que sale de detrás de la nariz y alcanza el cuello pasando por las órbitas. Una segunda franja amarilla se extiende desde detrás de los ojos hasta el cuello. La cola es muy corta y del mismo color que los miembros, marrón a olivo.

Hábitos. Esta tortuga es estrictamente acuática. Se la encuentra en ríos permanentes, marismas, lagos y pantanos, en regiones con abundante vegetación. Se insola con frecuencia sobre troncos de árboles, rocas u orillas. Es netamente herbívora y consume plantas acuáticas. Las hembras ponen de 5 a 8 huevos alargados, de aproximadamente 22 x 48 mm.

Protección. Esta especie figura en el Apéndice I de la CITES. Se le sigue capturando y consumiendo localmente, sobre todo durante la estación seca. Deberían aplicarse medidas de conservación para evitar su lenta rarefacción.

Esta especie (izquierda) luce un triángulo de un amarillo vivo, que enmarca la parte superior de la cabeza. A veces esta tortuga tiene que competir con especies invasoras como la *Trachemys* que vemos a la derecha.

Morenia petersi (Anderson, 1879)

Distribución. Se encuentra principalmente en Bangladesh y en un pequeño territorio del noreste de India hasta Bihar, en Bengala.

Características. Su espaldar ligeramente abombado puede alcanzar los 220 mm (hembras). Una quilla central se dibuja en las vertebrales, bajo la forma de ligeras protuberancias. Las marginales posteriores son lisas. El color general es olivo a marrón oscuro o negro, y tanto las costales como las vertebrales presentan márgenes amarillos a blanco cremoso. Cada marginal luce una franja vertical blanca. El plastrón está dotado de una muesca anal. El puente es más ancho que el largo del lóbulo posterior. Las axilares y las inguinales son grandes. El plastrón es amarillo uniforme y a veces se observan manchas oscuras en los puentes y debajo de algunas marginales. Algunos individuos poseen un plastrón anaranjado. La cabeza es pequeña y presenta una nariz prominente muy puntiaguda. La mandíbula superior presenta una muesca central pronunciada y sobrepasa ampliamente la mandíbula inferior. Una gran escama cubre la cabeza por encima y a los lados, y la parte posterior está cubierta de pequeñas escamas. Es de color olivo, con varias líneas amarillas a cada lado. Una de estas líneas sale de la punta de la nariz y se dirige hacia atrás, mientras que otra va de la órbita al cuello. La cola es corta y los miembros presentan bordes amarillos. Están cubiertos de escamas angostas que parecen láminas. Las patas son palmeadas. Los machos son más pequeños que las hembras (195 mm) y su quilla es más pronunciada, mientras que las hembras son más abombadas. En los juveniles, cada vertebral luce una marca clara en forma de "L", con una abertura en el lado anterior de la escama. Cada costal lleva un ocelo pálido, próximo de la sutura con las marginales. Estas marcas desaparecen con la edad.

Hábitos. Esta especie ocupa ríos de corriente débil, pantanos y lagunas. Es esencialmente diurna y le gusta insolarse sobre objetos flotantes o nadar en la superficie. Es herbívora y se alimenta de vegetales flotantes, como *Eichhornia*. Las puestas se observan de diciembre a enero en Bangladesh y se desarrollan de noche. Contienen de 6 a 10 huevos largos y ovales, de aproximadamente 20 x 45 mm.

Protección. Largo tiempo recolectadas y exportadas a China, actualmente sus poblaciones son tan reducidas que aparentemente su captura ha cesado. La especie deber ser vigilada.

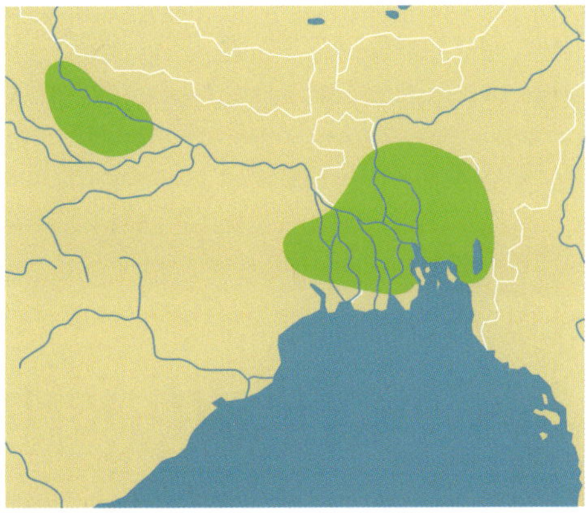

Tortuga de agua dulce

Esp.: *Galápago bengalí ocelado*
Ingl.: *Indian eyed turtle*

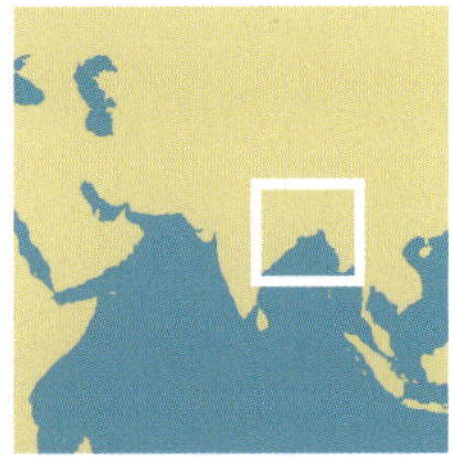

© I. Das

Esta pequeña tortuga, muy ovalada y bastante abombada, presenta un espaldar con ocelos bastante luminosos y un triángulo amarillo muy visible en la parte alta de la cabeza.

Ocadia glyphistoma McCord & Iverson, 1994

Tortuga de agua dulce

Controvertida: podría ser un híbrido entre *O. sinensis* y *Mauremys annamensis*.

Distribución. Se encuentra en el sudoeste de la provincia de Guangxi, en China.

Características. Próxima a *O. sinensis*, difiere de ésta por los rasgos siguientes: menos franjas claras en el cuello y la cabeza (un promedio de cuatro a lo largo de la cabeza frente a ocho en *O. sinensis*), marcas negras más definidas en las superficies ventrales de las patas posteriores, una muesca en el centro de la mandíbula superior (de allí el nombre "boca",

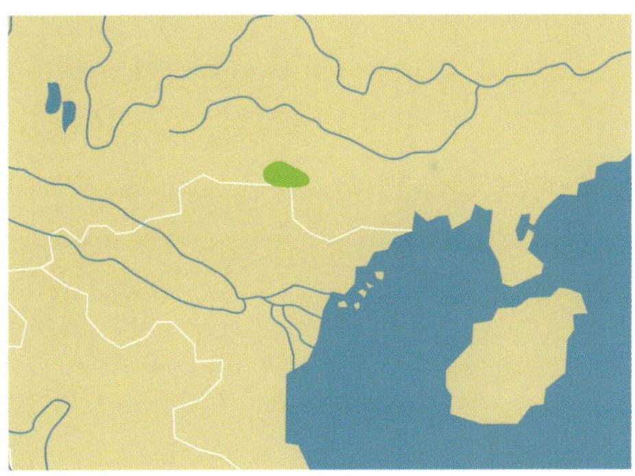

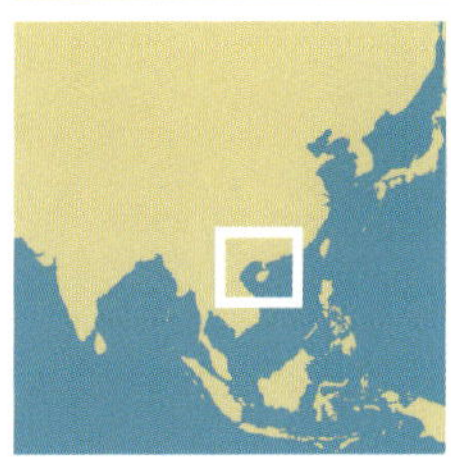

stoma, "con una muesca", *glyphis*), un plastrón y un caparazón más anchos, un lóbulo anterior del plastrón más largo, una sutura interpectoral más corta y una interhumeral más larga. El plastrón es crema a amarillento, con grandes manchas negras cuadrangulares en cada escama.Grandes manchas redondas marcan también el puente, las axilares y las inguinales. El tamaño máximo en los machos es de 199 mm y 180 mm en las hembras.

Ocadia philippeni McCord & Iverson, 1992

Tortuga de agua dulce

Controvertida: podría ser un híbrido entre *O. sinensis* y *Cuora trifasciatta.*

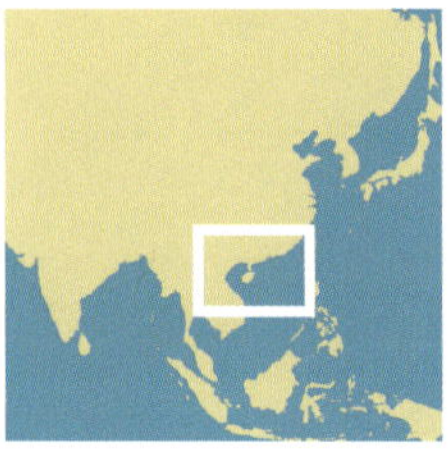

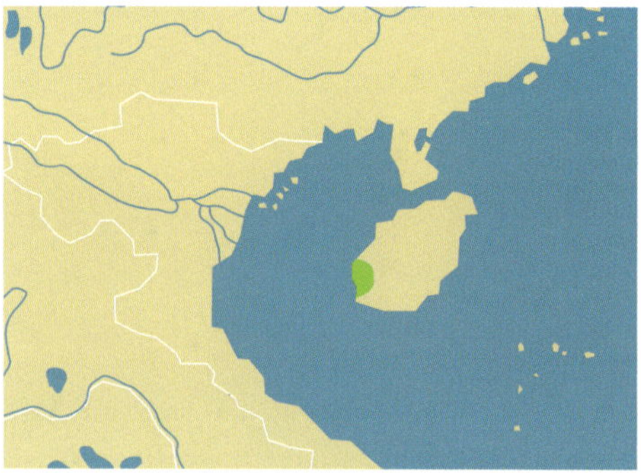

Distribución. Solo se le conoce "cerca de Kancheng", en la isla de Hainan, en China.

Características. Próxima a *O. sinensis*, se distingue por los puntos siguientes: menos líneas claras en el cuello y la cabeza (estas líneas son espaciadas, discontinuas, a veces redondeadas en las mejillas); un plastrón más ancho, anaranjado o rosa desteñido; una interfemoral más corta y una gular más larga. La especie alcanza los 360 mm para 2,7 kg.

Ocadia sinensis (Gray, 1834)

Distribución. Ocupa zonas fragmentadas, en el sur de China (Fujian, Hangzhou, Suzhou, Canton, Shanghai y Hainan), en Taiwan y en el norte de Vietnam.

Características. Esta pequeña tortuga no supera los 240 mm. Presenta una forma de elipse ligeramente más baja en la parte posterior, con la mayor altura entre la segunda y la tercera vertebrales. Es ligeramente dentada posteriormente. Los juveniles lucen tres quillas en el espaldar, que se atenúan para desaparecer en los adultos. Las escamas lucen a menudo marcadas líneas de crecimiento. El color general es marrón rojizo a negro, según los individuos, con suturas amarillas en los juveniles y a veces franjas de amarillas a anaranjadas en las quillas, que desaparecen. El plastrón carece de charnelas. Es de gran tamaño, con dos puentes bien desarrollados y una muesca anal. El plastrón, los puentes y la parte inferior de las marginales son amarillos, con una gran mancha cuadrangular marrón a negra en cada una de las escamas. La cabeza es angosta, de color olivo por encima, más amarilla por debajo. Finas rayas amarillas y negras, muy apretadas, adornan los lados de la cabeza, desde el hocico hasta la base del cuello, de allí el nombre común de la especie. El hocico es ligeramente puntiagudo. El iris es verde pálido. La mandíbula superior es curvada, de color blanco a crema. Los miembros son oliváceos, con múltiples líneas

Tortuga de agua dulce

Esp.: *Galápago cabecirrayado chino*
Ingl.: *Chinese stripe-necked turtle*

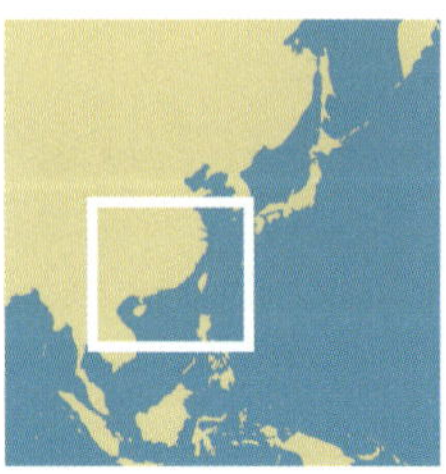

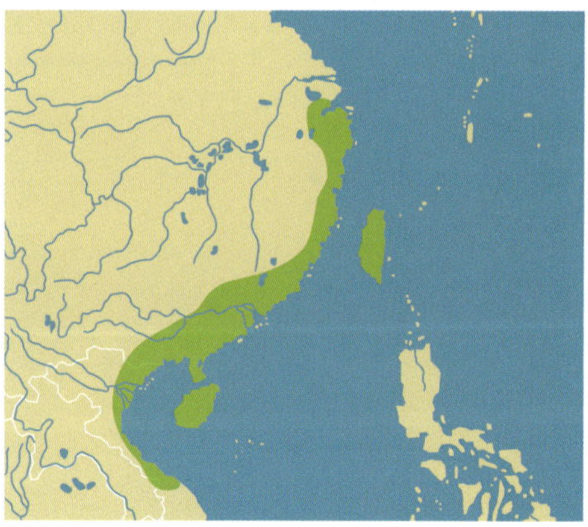

© B. Devaux

Este galápago tan atractivo, observado en Vietnam, está surcado con finas líneas sobre su piel verdosa a negruzca. Su hocico es fino y tanto la garganta como el cuello retoman el bonito dibujo de líneas blancas y negras.

amarillas muy finas, pero menos apretadas que en el cuello. La parte alta de los miembros anteriores está cubierto de grandes escamas, pero el resto de la pata está lleno de pequeñas escamas planas. Las patas son muy palmeadas. Los recién nacidos presentan tres quillas muy marcadas, que desaparecen bastante rápido.

Hábitos. Este galápago vive en cursos de corriente débil, lagunas, humedales y canales, de fondos fangosos o limosos. Pasa bastante tiempo termorregulándose. Es omnívoro, pero se alimenta preferentemente de plantas acuáticas y de frutos caídos al agua. Sus puestas se observan de abril a junio y contienen un promedio de tres huevos bastante grandes (25 x 40 mm). Cuando es capturado, puede expulsar un fuerte chorro de líquido cloacal.

Protección. Especie clasificada como "en peligro" por el Turtle Conservation Fund.

© F. Bonin

Orlitia borneensis Gray, 1873

Distribución. En Borneo, en el sur de Sarawak y en Kalimantán, así como en el oeste de la península Malaya y en diversas áreas de Sumatra.

Características. Es una tortuga muy grande (hasta 800 mm en las hembras), de espaldar oval y bastante angosto, pero más alto a la altura de las vertebrales. La segunda vertebral presenta la forma de una seta, muy característica. Las marginales posteriores son más pequeñas que las laterales o las anteriores. La cuarta costal es muy pequeña. Todas las escamas son un poco rugosas y el color general va del gris oscuro al marrón, aunque a veces puede ser negro. El plastrón es largo y angosto, y posee una

Tortuga de agua dulce

Esp.: *Galápago de Borneo*
Ingl.: *Malasian giant turtle*
Fr.: *Émyde géante de Bornéo*

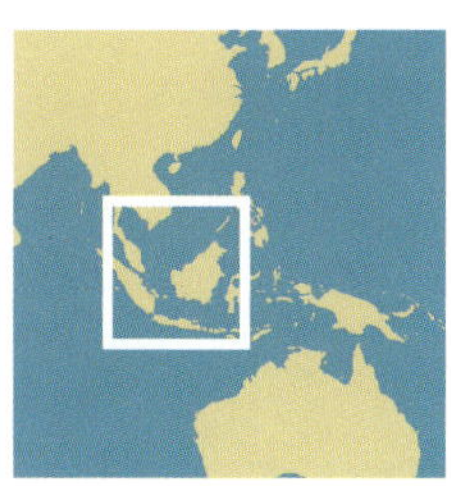

Éste es un gran galápago oscuro, plano y macizo, sin mayores particularidades. Generalmente, su cabeza es fuerte, con un hocico muy desarrollado.

muesca anal mediana. Sus bordes pueden formar una ligera quilla. Tanto el lóbulo anterior como el posterior son más estrechos que las escamas pectorales y abdominales. Los puentes son anchos y gruesos, y engloban las escamas axilares e inguinales. El color general es amarillento, sin motivos. La cabeza es ancha, de gran tamaño y con una nariz sobresaliente. Presenta una serie de escamas granulosas entre los ojos y los tímpanos. La piel de la parte superior de la cabeza se fragmenta en pequeñas escamas. De color más bien oscuro por encima, la cabeza presenta una mancha amarillo oscuro por delante. Debajo de la cabeza y del cuello el color es crema. Los miembros son grises, marrones o negros. Las patas delanteras están provistas de grandes escamas horizontales en el borde superior; todas las patas son muy palmeadas. En los juveniles, las marginales posteriores presentan dientes aserrados y el espaldar está muy levantado entre la segunda y la tercera vertebrales. La cabeza luce a menudo manchas oscuras y presenta una raya clara que va de la comisura de la boca hasta la base del cuello.

Hábitos. Este galápago ocupa ríos de gran tamaño y se observa a veces en los estuarios. Es omnívoro, pero come principalmente peces y ha sido visto atacando a una serpiente, aunque también le gustan los vegetales y los frutos, como el plátano o la papaya. Se alimenta tanto en el agua como en la tierra. Es muy apacible y permanece durante horas en el fondo del río, sin moverse. Las hembras utilizan los bancos de arena de los grandes ríos para depositar de 12 a 15 huevos alargados, de cascarón duro y blanco, de 40 x 80 mm. Cuando eclosionan, las crías miden aproximadamente 60 mm.

Protección. Este galápago ha sido muy explotado por su carne y sus efectivos han disminuido mucho, especialmente en el río Klang. Se carece de información sobre su estatus actual. La especie está catalogada como "en peligro" por el Turtle Conservation Fund.

Pangshura smithii (Gray, 1863)

Tortuga de agua dulce

Esp.: *Galápago indio marrón*
Ingl.: *Brown roofed turtle*

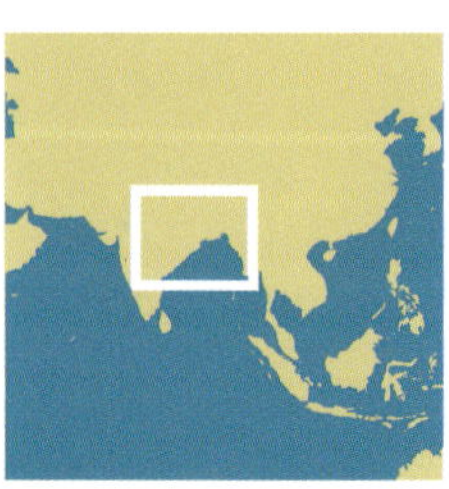

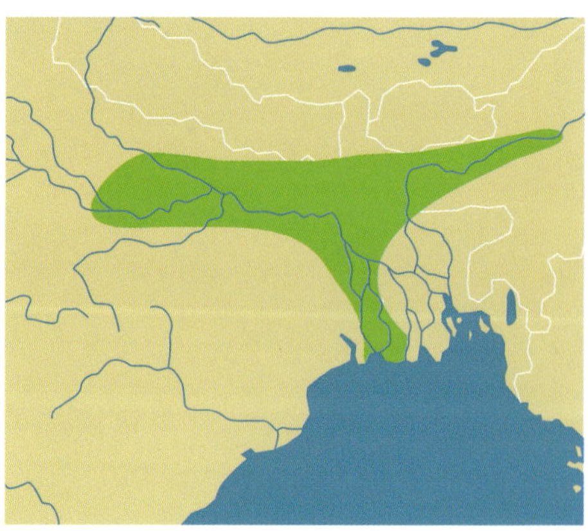

Distribución. Esta especie ocupa una franja territorial larga pero estrecha, en el norte del subcontinente indio, en las cuencas del Ganges y del Brahmaputra, en Bangladesh y el sur de Nepal.

Características del género *Pangshura*. Antiguamente incluido en el género *Kachuga*, este género –bautizado con la palabra bengalí que designa a la tortuga (*pangshura*)– comprende cuatro especies y varias subespecies. Son tortugas de tamaño mediano y las hembras son más grandes que los machos. Los caparazones

© H. Schleich

Esta especie es pequeña y discreta. La quilla está bastante desarrollada. La coloración general es pardo negruzco, con un borde claro. Se observan algunas manchas claras, a veces rosa, en la parte delantera de la cabeza.

poseen una marcada forma abovedada, con una quilla y, a veces, espolones en las vertebrales.

Características de *P. smithii.* Lleva el nombre de Sir Andrew Smith, naturalista y director general del Army Medical Board. Como lo indica su nombre común, el color de este galápago es marrón, como un "pan tostado". Puede alcanzar los 227 mm en las hembras y 108 mm en los machos. Su caparazón es elíptico y ensanchado en la parte posterior, y las placas vertebrales son angostas y carenadas. Las tres primeras vertebrales tienen la forma de un rectángulo estrecho. La tercera a menudo está más levantada y sobresale; la cuarta, en forma de rombo; y la quinta, plana y ancha, se extiende sobre seis marginales posteriores. El espaldar es pardo con fondo rojizo y a veces presenta una línea vertebral más oscura. El plastrón es largo y estrecho, y posee un lóbulo posterior más pequeño que el lóbulo anterior y una ligera muesca anal. Es amarillo, con manchas negras más o menos grandes según la subespecie. La cabeza es mediana y presenta un hocico ligeramente respingado. Está cubierta de escamas grandes e irregulares. Es grisácea a amarillenta, a veces ligeramente rosada. La parte alta del hocico es oscura, y una mancha parda a rojiza marca las sienes. El cuello es gris rayado de amarillo. Las patas anteriores están dotadas de escamas anchas. Los juveniles presentan una segunda vertebral diferente de la de los adultos: es pentagonal en lugar de rectangular.

Subespecies. Se distinguen dos subespecies. *P. s. smithii* (Gray, 1863): ya descrita, es la más grande de las dos. Presenta pigmentaciones negras a los lados de la cabeza y en la parte anterior de las patas. Una mancha pardo oscuro a rojiza marca la parte posterior de los ojos. El iris es azul grisáceo pálido y las mandíbulas son amarillentas. En las areolas de las costales 2ª y 3ª se observan líneas y triángulos negros. El plastrón está fuertemente marcado de negro y solo luce márgenes amarillos. Esta subespecie ocupa gran parte del sur de la distribución, desde el oeste de India hasta Bangladesh. *P. s. pallidipes* Moll, 1987: su nombre se refiere a sus patas más claras. Difiere de la subespecie nominal por el tamaño claramente reducido de las marcas negras del plastrón y por la pigmentación mucho más pálida a la altura de la cabeza y de las patas. A menudo, el espaldar es menos carenado y no presenta espolón en la tercera vertebral. La cabeza es olivo claro, gris pálido o amarillenta, y la mancha rojiza postocular está muy atenuada o ausente. El iris es gris azulado pálido. Ahora bien, en el seno de esta subespecie se notan grandes variaciones, y algunos individuos presentan líneas rojizas en las vertebrales y plastrones más o menos oscuros. Esta subespecie habita en el sur de Nepal (Bardia) y en el centro de la distribución, en el norte de India.

Hábitos. A este galápago le gustan los cursos de agua profundos, los canales, las marismas y los lagos dotados de fondos limosos y de abundante vegetación, pero no ocupa los ríos anchos ni caudalosos. Reduce su actividad durante los meses fríos e hiberna en Pakistán y Nepal. A menudo se le observa termorregulándose sobre promontorios o en las bases de los puentes; estiva en la parte sur de la distribución, escondiéndose bajo el limo. Es un excelente nadador, que también excava a menudo en las orillas y en el fango para disimularse. Es principalmente vegetariano, pero puede consumir insectos, batracios y peces. También puede alimentarse de carroña, y Prashad señalaba, en 1914, que comía cadáveres en descomposición. Es un animal asustadizo, que se sumerge al más mínimo ruido y se retrae cuando es capturado. Las hembras maduran hacia los 5-6 años. En Pakistán, las puestas se observan desde mediados de julio hasta septiembre. Cada nido contiene de 5 a 9 huevos y a menudo se producen dos puestas. Los huevos son bastante grandes (23 x 44 mm). La incubación dura aproximadamente 150 días.

Protección. Es una especie ampliamente recolectada y consumida. En Bangladesh, se la encuentra en los puestos de los mercados durante los meses de invierno. Es necesario conocer mejor su estatus y sus efectivos.

Pangshura sylhetensis Jerdon, 1870

Tortuga de ambientes húmedos

Esp.: *Galápago de Assam*
Ingl.: *Assam roofed turtle*
Fr.: *Pangshura de l'Assam*

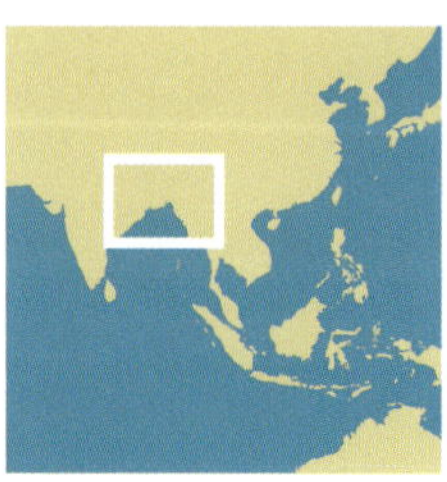

Distribución. Pequeño territorio en el norte de Bangladesh y el noreste de India, en Assam.

Características. Se distingue por sus hábitos, más forestales que los de las demás *Pangshura*, y por sus trece pares de marginales (debido a la división de las supracaudales). Es una especie rara, aún poco conocida y muy difícil de observar en su medio. No superaría los 190 mm en las hembras (los machos son más pequeños) y sería la más pequeña de las *Pangshura*. Su caparazón es oval, con una quilla importante en las vertebrales tercera, cuarta y quinta, y un espolón que sobresale en la tercera vertebral. Las marginales son muy escotadas en la parte posterior. El espaldar es pardo a oliváceo, con una línea más clara sobre las vertebrales. El plastrón es bastante angosto, más bien ovalado, con una muesca anal discreta. Es amarillo, con marcas negras o pardas en cada una de las escamas. Algunos individuos lucen plastrones oscuros, casi totalmente pardos, con una línea amarilla periférica. La cabeza es mediana, de color pardo, con la nariz protuberante y la mandíbula superior en forma de gancho. Está cubierta de escamas irregulares y marcada lateralmente por dos líneas amarillo claro o crema: una va de la parte posterior de los ojos hasta la parte posterior del cráneo; la otra recorre las mandíbulas y se curva en la región de los tímpanos. El cuello es pardo, con finas líneas crema o amarillentas, bastante difusas, que desaparecen en los individuos viejos. Las patas delanteras están cubiertas anteriormente de grandes escamas.

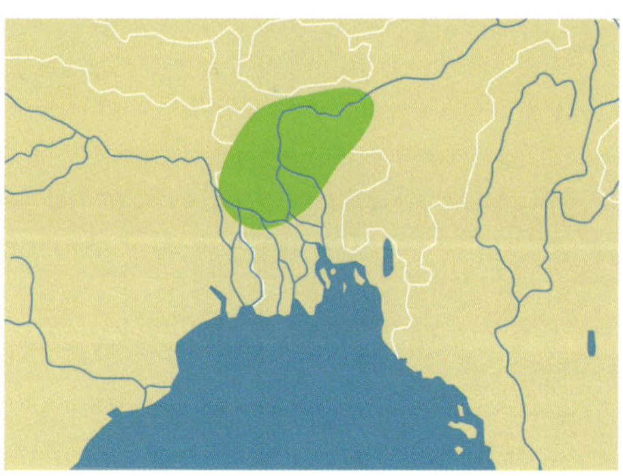

Hábitos. Ésta es una tortuga que se entierra en el sustrato de hojas y detritos del bosque cálido y húmedo, y que está activa más bien al principio y al final del día. Ocupa torrentes de montaña y los pequeños ríos, pero también pasa mucho tiempo en el sustrato húmedo. Es más bien carnívora y come insectos, carroña y pequeños peces. Los individuos de mayor edad también pueden consumir bayas y vegetales.

Protección. La UICN considera que esta especie debe estudiarse con celeridad, para evaluar su estatus. Se le recoge y consume poco, pero algunos de sus hábitats se degradan rápidamente y posiblemente sus efectivos son muy reducidos.

Especie clasificada como "en peligro" por el Turtle Conservation Fund.

Pangshura tecta (Gray, 1831)

Distribución. Ocupa un importante territorio en el norte de India, en las cuencas del Indo, del Ganges y del Brahmaputra, desde Pakistán hasta Bangladesh, y en el sur de Nepal. También existen poblaciones aisladas en el sur de Pakistán y en el centro oeste de India.

Características. Su nombre científico remite al espaldar de esta especie, que forma como un techo muy marcado. No supera los 240 mm en las hembras, y su espaldar está muy levantado, con las dos primeras vertebrales ligeramente carenadas, y la tercera con una marcada punta, característica del género. La cuarta vertebral también puede presentar una punta en la parte posterior. Las marginales posteriores no son dentadas. El color es pardo, a veces con una línea anaranjada o amarilla en la parte alta de las marginales, visible sobre todo en los costados. El plastrón es muy alargado (a menudo más largo que el espaldar), bastante estrecho y ligeramente levantado en la parte delantera. Presenta una pequeña muesca anal. Es amarillento a rosado, con manchas negras irregulares diseminadas en las escamas, los puentes y bajo las marginales. Las gulares solo tienen una mancha oscura. La cabeza es mediana y la nariz es puntiaguda y levantada. La piel está cubierta de finas escamas. El color grisáceo se oscurece por encima y es más claro por debajo. Algunos individuos muy coloridos presentan manchas rojizas en las sienes y las mandíbulas, con varias líneas crema que comienzan detrás del cráneo y llegan hasta la base del cuello. El ojo es grande y bastante avanzado. El iris es más bien rojizo en los machos y rosado a verdoso en las hembras. La mancha postorbital es clara y a veces rojiza, y se extiende formando una flecha hacia la parte posterior del cráneo. Los machos son a menudo más verdosos que las hembras, que son más pardas. En algunos individuos, las suturas del espaldar son crema o amarillentas. Las patas son gris pardo y lucen líneas discontinuas de puntos amarillos. Los juveniles son muy coloridos, con el caparazón verde claro y líneas anaranjadas en las vertebrales, rodeadas de negro. El cuello es negro, marcado con franjas amarillas; las manchas postoculares son muy amarillas. El plastrón es anaranjado oscuro, con abundantes puntos negros irregulares.

© F. Bonin

El caparazón en forma de techo de esta especie permite distinguirla fácilmente de otras *Pangshura*.

Hábitos. Esta tortuga ocupa principalmente las aguas calmas y estancadas, mientras que sus parientes prefieren los ríos bastante profundos. Frecuenta estanques, lagunas, charcas o canales. No parece tan buena nadadora como *P. smithii* y pasa largo tiempo insolándose en las orillas y en los troncos flotantes, extendiendo el cuello y las patas hacia el sol. Según I. Das, cuando este galápago se alarma reacciona del mismo modo, estirando los miembros y bajando la cabeza hacia el suelo. Es un animal asustadizo, para nada agresivo. Su régimen alimentario es más bien vegetariano y solo come ocasionalmente insectos, carroña o

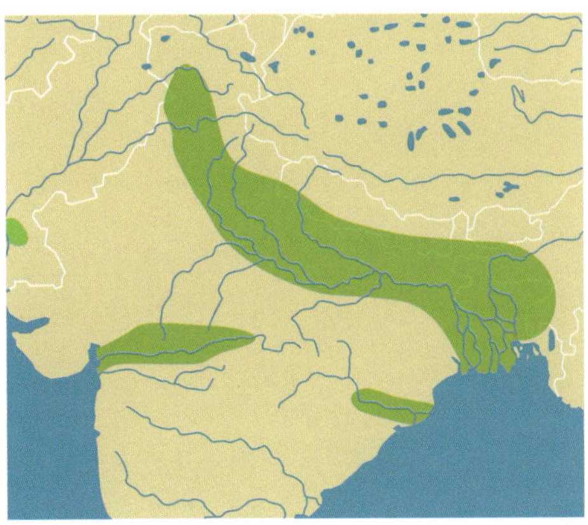

Tortuga de agua dulce

Esp.: *Galápago carenado del Ganges*
Ingl.: *Indian roofed turtle*
Fr.: *Pangshura à dos en toit*

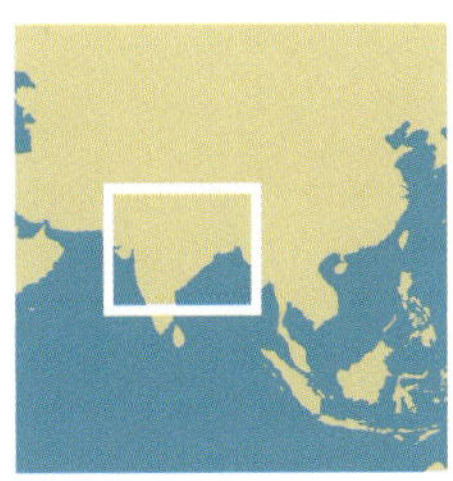

caracoles. Las hembras maduran hacia los 6-8 años. Durante el cortejo, los machos giran alrededor de la hembra para seducirla. Los nidos se observan de febrero a marzo; las hembras nidifican generalmente dos veces al año y ponen un promedio 3 a 12 huevos, que miden alrededor de 27 x 42 mm. La incubación dura aproximadamente 70 días.

Protección. Esta especie está inscrita en el Apéndice I de la CITES. Aunque sus poblaciones son aún abundantes, es muy recolectada, consumida y también capturada para la venta. Ahora bien, otras *Pangshura* serían igualmente merecedoras de un estatus tan protegido, quizá aún más que *P. tecta*. La especie también es capturada por sus supuestas virtudes medicinales, ya que curaría varias enfermedades. Sus huevos también son intensamente recolectados. Según H. Schleich (2003), la especie se ha vuelto muy vulnerable en muchas zonas de su distribución y se ve afectada asimismo por la destrucción de sus hábitats y por la construcción de presas. Las prácticas agrícolas, cada vez más extensivas, destruyen también sus zonas de puesta.

Pangshura tentoria (Gray, 1834)

Distribución. Las tres subespecies comparten un vasto territorio en la parte central y oriental de India y en Bangladesh, así como en el sur de Nepal.

Características. Su nombre científico se refiere a su forma como de tienda de campaña, aunque ésta no sea superior al espaldar de *Pangshura tecta*. Es de tamaño mediano y alcanza los 271 mm en las hembras. El espaldar es elíptico, más ancho posteriormente. La quilla está más o menos desarrollada según la subespecie, con una primera vertebral poco marcada; la segunda, con un ligero espolón; y la tercera, con un espolón pronunciado. Las marginales no son dentadas y a veces están ensanchadas posteriormente. El caparazón es pardo a beis oscuro, más pálido en general que en *P. tecta*. Una línea vertebral rojiza a pardusca recorre la quilla central. El plastrón es más corto y más ancho que en las demás especies del género, con una muesca anal mediana. Es amarillo, con manchas oscuras que varían según la subespecie. La cabeza es mediana y presenta escamas anchas en las prefrontales y las frontales, que luego se afinan. El hocico es poco respingado y la mandíbula superior no luce tanto la forma de "pico", contrariamente a las demás *Pangshura*. Su coloración es bastante pálida, salvo en *P. t. flaviventer*. La cabeza es gris, más oscura en el cráneo, más clara debajo; luce manchas claras detrás de los ojos y en las mandíbulas, y líneas claras a lo largo del cuello. Los juveniles tienen colores más vivos y presentan líneas más amarillas en la cabeza, con el fondo gris negruzco a oliváceo oscuro, y un plastrón más luminoso. Las manchas postoculares son más coloridas, a veces rosadas, y más brillantes. Las patas son grises con líneas crema muy marcadas.

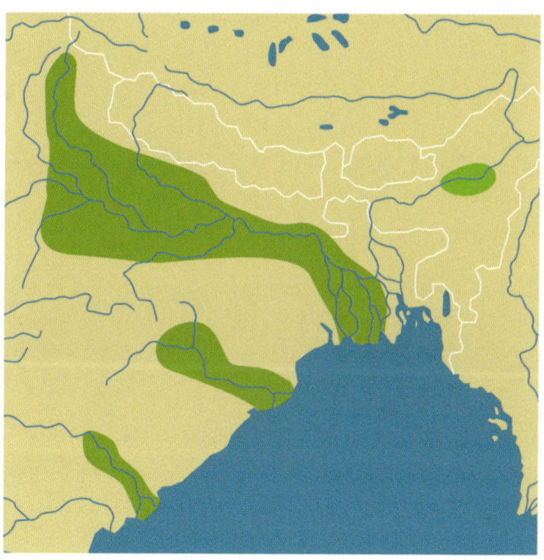

Subespecies. *P. t. tentoria*: ya descrita; vive en el centro este de India, en los ríos Mahanadi y Krishna. El espaldar mide 230 mm, y una línea ámbar a avellana marca las tres primeras vertebrales. *P. t. circumdata* Mertens, 1969: se encuentra más al norte, en la cuenca norte y central del Ganges, y en el sur de Nepal. Se distingue por la franja rosa a rojiza que separa las costales de las marginales. Puede alcanzar los 271 mm. El plastrón presenta manchas negras

Tortuga de agua dulce

Esp.: *Galápago indio carenado*

Ingl.: *Indian tent turtle*

Fr.: *Pangshura carénée*

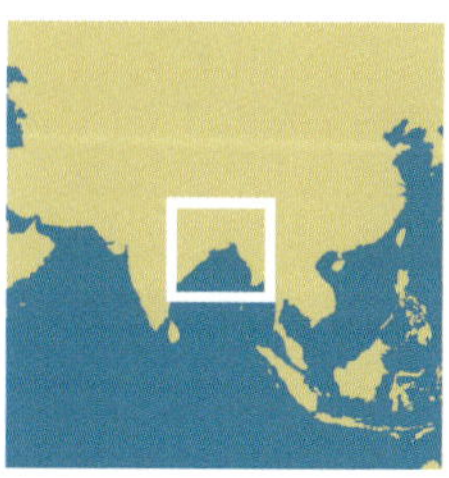

© F. Bonin

Esta cría de *P. tentoria* posee un espaldar claramente en forma de techo y una quilla desarrollada en la tercera vertebral. Finas líneas blancas recorren la parte posterior del ojo hasta la base del cuello. En el adulto, el cuello es muy colorido, pero la cabeza es más negruzca y pierde sus dibujos.

© F. Bonin

que ocupan la mitad de cada escama. Los puentes y la cara inferior de las marginales son negros rodeados de amarillo. La cabeza es gris oliváceo, con una mancha postocular rosa a rojiza y dos líneas rojizas detrás de la cabeza. *P. t. flaviventer* Günther, 1864: subespecie considerada por H. Schleich (2003) como una especie aparte. Habita en los afluentes del norte del Ganges, en el oeste de Bangladesh y el sur de Nepal. Su nombre científico la define bien: su plastrón es amarillo, y solo debajo de las marginales presenta ligeros puntos negros en cada escama. Es la más pequeña de las tres *P. tentoria*. Su forma es claramente como de techo y su quilla, visible en la segunda vertebral, está muy desarrollada en la tercera vertebral. En los individuos viejos (así como en todas las *Pangshura*), el espaldar puede aplanarse y perder totalmente las quillas y los espolones vertebrales. El espaldar es pardo a oliváceo, con una línea anaranjada pálida en la quilla vertebral, y a veces una ligera mancha clara, amarillenta a anaranjada, a los lados, entre las marginales y las costales. La cabeza es mediana, con un hocico poco respingón, sin pico en la mandíbula superior. Su coloración puede ser muy variable, pero en algunos individuos el hocico está adornado encima con una mancha negra, que continúa como una punta hacia la parte posterior de la cabeza. Diversas líneas crema salen de detrás de los ojos y del cráneo para alcanzar la base del cuello, sobre un fondo negro. Detrás de los ojos se aprecia una mancha que se ensancha formando una "coma", crema o algo teñida de anaranjado.

Hábitos. Es una especie que habita los grandes ríos, pero que a veces se observa en afluentes más pequeños. Pasa largo tiempo insolándose en las orillas y en los troncos flotantes, principalmente en el Ganges. También se la ve frecuentemente en los estanques de los templos. Su régimen alimentario es más bien vegetariano, pero a veces come alimentos cárnicos (insectos) y los juveniles son más omnívoros. En los lugares frecuentados por cocodrilos, también consume los restos que éstos dejan. Se realizan dos puestas por temporada y cada nido contiene de 4 a 12 huevos, que miden aproximadamente 27 x 43 mm. La incubación dura unos 130 días.

Protección. Los depredadores naturales de esta especie son las hienas y los chacales. Estos galápagos son capturados muy a menudo por los pescadores para el consumo, o bien para situarlos en los templos. Ahora bien, según Blanford, su carne puede provocar malestares y enfermedades, lo que limitaría su consumo.

Siebenrockiella crassicollis (Gray, 1831)

Tortuga de agua dulce

Esp.: *Galápago negro de Siebenrock*
Ingl.: *Black marsh turtle*
Fr.: *Émyde dentelée à trois carènes*

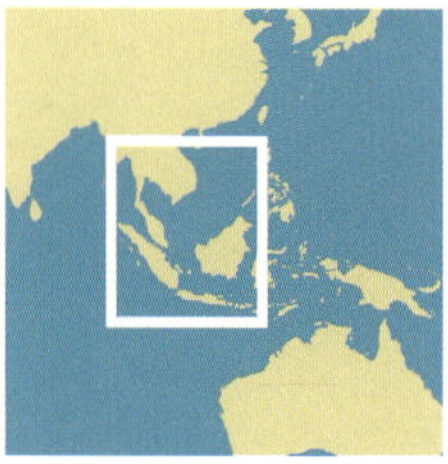

Distribución. Ocupa un territorio muy fragmentado en el Sudeste asiático, desde el sur de Myanmar, Tailandia, el sur de Vietnam y de Camboya, hasta la península Malaya, el oeste de Borneo, Singapur, el este de Sumatra y Java.

Características. Hasta hace poco era la única representante de su género, dedicado a Siebenrock, gran naturalista de principios del siglo xx. El nombre de la especie, *crassicolis*, se refiere a su grueso cuello. Este pequeño galápago no supera los 200 mm y no posee ningún rasgo en particular. Su caparazón negro, a veces iluminado con manchas claras jaspeadas, es plano, alargado, casi cuadrangular y dentado por detrás. Luce una quilla central medianamente desarrollada en los adultos. El plastrón, muy desarrollado aunque sin charnelas, también es negro, con zonas anaranjadas a lo largo de las suturas y debajo de las marginales, pero algunos individuos tienen el plastrón totalmente negro. Los puentes están reforzados y son muy sólidos, negros a marrón oscuro o a veces beis oscuro con manchas oscuras. La cabeza es ancha, con la nariz corta y poco puntiaguda. La mandíbula superior posee una muesca central. Se notan dos escamas anchas en la parte delantera de la cabeza y finas escamas en la posterior, mientras que entre los ojos y el tímpano se prolonga una banda fina de pequeñas escamas granulosas. La cabeza es negruzca, con efectos jaspeados más claros en los individuos jóvenes; y blanco pálido a grisáceo, alrededor de los ojos, en las mandíbulas y a los lados. El cuello es grueso, casi tan ancho como la cabeza. Las patas son muy palmeadas y negras. Los machos lucen una ligera concavidad plastral y pierden las manchas blancas de la cabeza, mientras que las hembras las conservan. Los juveniles tienen tres quillas; las dos laterales desaparecen rápidamente. Las quillas están marcadas por líneas más claras. La cabeza está adornada con manchas amarillas.

Su caparazón es negro, a veces iluminado con manchas claras en su juventud. Su cabeza, grande y ancha, a veces presenta zonas claras alrededor de los ojos. El cuello es robusto.

© F. Bonin

Hábitos. Ocupa cursos de aguas lentas con fondos fangosos, humedales, estanques, llanuras inundables y medios acuáticos creados por el hombre. Lenta y nada agresiva, no teme la presencia humana. Se la ve atravesar caminos y campos en busca de áreas de puesta o de residencia, pero se desplaza principalmente de noche. En el agua, no nada realmente, sino que camina en los fondos menos profundos. A veces se aprecian en su espaldar marcas de afecciones bacterianas parecidas a las de *Mauremys leprosa*. Es omnívora y come plantas, desechos vegetales, frutos caídos al agua, pero también caracoles, anfibios, cangrejos y diversos invertebrados; se alimenta tanto en tierra firme como en el agua. Cuando es capturada, puede exhalar un potente almizcle. Sus puestas se observan sobre todo de abril a junio, pero puede nidificar tres o cuatro veces por temporada. Cada nido contiene de 2 a 5 huevos alargados y bastante grandes (19 x 45 mm), de cascarón duro y brillante. La incubación dura de 60 a 80 días.

Protección. Esta especie es a veces consumida y vendida en los mercados, pero su carne no es muy apreciada, debido al fuerte olor de su almizcle. La fragmentación de su hábitat hace suponer que sus efectivos se están reduciendo.

Cistoclemmys flavomarginata

(Gray, 1863)

Tortuga de ambientes húmedos

Esp.: *Tortuga caja de borde amarillo*
Ingl.: *Common yellow margined box turtle*

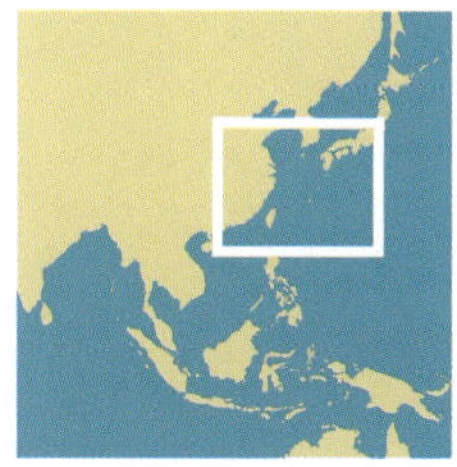

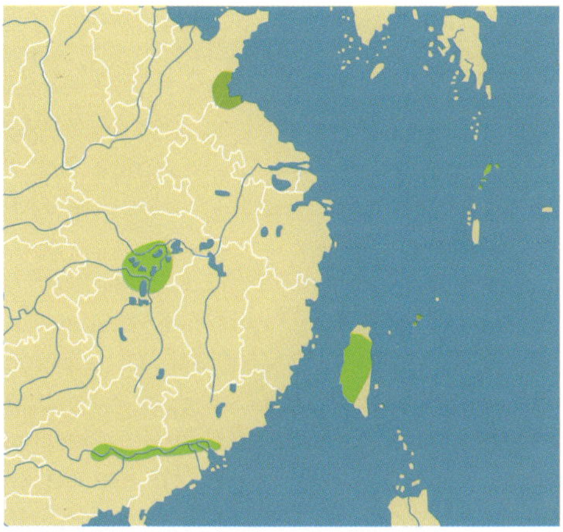

Distribución. Se encuentra en el este y sur de China (Fujian, Hunan y Sichuan) y en Taiwan, así como en el archipiélago de las Ryukyu (Japón).

Características. Antiguamente incluida en *Cuora*. Su espaldar puede alcanzar los 170 mm, es bastante abombado y presenta una banda vertebral amarilla que contrasta con el color general pardo oscuro a negro. Como su nombre lo indica, está rodeado de una línea amarilla. Las vertebrales son más estrechas que las escamas costales correspondientes. El espaldar es más ancho en la mitad posterior. La quilla vertebral está muy desarrollada. Los anillos de crecimiento están bien marcados, lo que da a las escamas un aspecto muy grabado, como en relieve. La cara inferior de las marginales es amarilla. El plastrón es pardo oscuro a negro, carece de muesca anal y puede cerrar totalmente la parte posterior del caparazón. El lóbulo posterior es muy ancho. La sutura entre las escamas anales es a menudo reducida o está ausente en los individuos viejos. La cabeza presenta una parte dorsal gris a verdosa, con una gruesa franja amarilla que une las orbitas después de haber dibujado una "U" al principio del cuello. La mandíbula superior y los lados de la cabeza son amarillo fluorescente, y el mentón es rosa a amarillo. La mandíbula superior supera ampliamente a la inferior. Los miembros son pardo grisáceo en la parte externa, excepto las extremidades que son muy amarillas. Grandes escamas cubren los miembros anteriores. La cola es corta, gris con una franja dorsal amarillo pálido.

Subespecies. *C. f. flavomarginata* (Tortuga caja de Taiwan): ya ha sido descrita. *C. f. evelynae* (Ernst & Lovitch, 1990) (Tortuga caja de Okinawa): vive en las islas Ishigaki, Shima e Iriomote. *C. f. sinensis* (Hsü, 1930) (Tortuga caja china): habita en el sur de China, en las provincias de Fujian, Hunan y Sichuan.

© J. Maran

El espaldar es redondeado, con una franja central amarilla, sobre todo en las vertebrales posteriores.
La cabeza y el cuello poseen vivos colores, quizás para reconocerse mejor durante el periodo de reproducción.

Hábitos. Esta tortuga ocupa arrozales, sotobosques muy húmedos y los bordes de los cursos de aguas lentas; y, en Taiwan, se la encuentra en colinas boscosas con vegetación densa. Está incómoda en las aguas profundas y nada siempre en la superficie. Parece más terrestre que acuática y pasa el día insolándose fuera del agua. Es una tortuga omnívora que consume principalmente frutos y vegetales. Se han observado puestas en julio con un solo huevo, de 23 x 42 mm. Nidifica dos veces por temporada.

Protección. Es una especie intensamente recolectada en China, que es más fácil de encontrar en el menú de los restaurantes que en la naturaleza. Sus biotopos dispersos y aislados son prueba de su rarefacción.

Especie clasificada "en peligro" por el Turtle Conservation Fund.

Cistoclemmys galbinifrons (Bourret, 1939)

© B. Devaux

Su nariz, sus ojos expresivos y su cabeza abigarrada le dan a esta tortuga un aspecto divertido. Los animales viejos a veces son uniformemente beis o amarillos.

Tortuga de ambientes húmedos

Esp.: *Tortuga caja norvietnamita*
Ingl.: *Vietnam box turtle*

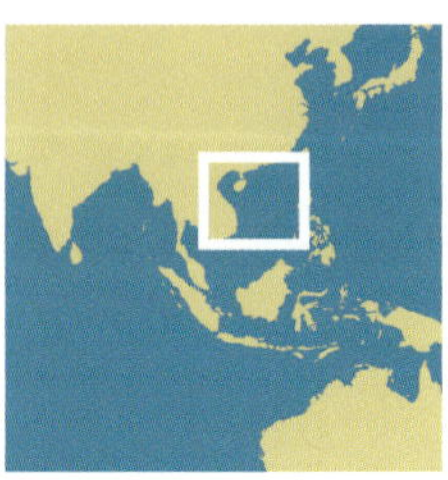

Distribución. Esta tortuga asiática ocupa un territorio bastante fragmentado en el sur de China, en la isla de Hainan y en el centro y norte de Vietnam.

Características. Antiguamente denominado *Cuora*, este grupo de tortugas ha sido reclasificado recientemente en cuatro subespecies y una nueva especie, *C. serrata*. *Cistoclemmys galbinifrons* presenta un espaldar bien abombado y puede alcanzar los 190 mm. Es más ancho por detrás y las marginales posteriores son lisas. La quilla vertebral de los juveniles desaparece en la edad adulta. Las escamas vertebrales están marcadas por una fina franja amarilla a crema, resaltada por dos franjas pardas, más anchas en las vertebrales y la parte superior de las costales. Esta franja presenta a menudo un dibujo salpicado de pequeñas marcas oscuras. El resto de las costales es en general blanco cremoso o amarillo, pero en algunos individuos la pigmentación clara es reemplazada por manchas oscuras. La cara superior de las marginales es marrón a amarillenta, con manchas más claras. La cara inferior presenta a menudo un punto amarillo en cada una de las marginales. El plastrón es grande y puede cerrar totalmente el caparazón. Carece de muesca anal y los lóbulos plastrales son muy redondeados. El plastrón es pardo oscuro o negro, pero la sutura entre el espaldar y el plastrón está siempre rodeada de amarillo. La cabeza es puntiaguda, amarilla a verde pálido o gris, ligeramente manchada de oscuro en los juveniles. La nariz es bastante corta, y el mentón y la garganta son amarillos a crema. Los miembros y la cola son verdosos a grises. La cara superior de los miembros anteriores luce grandes escamas.

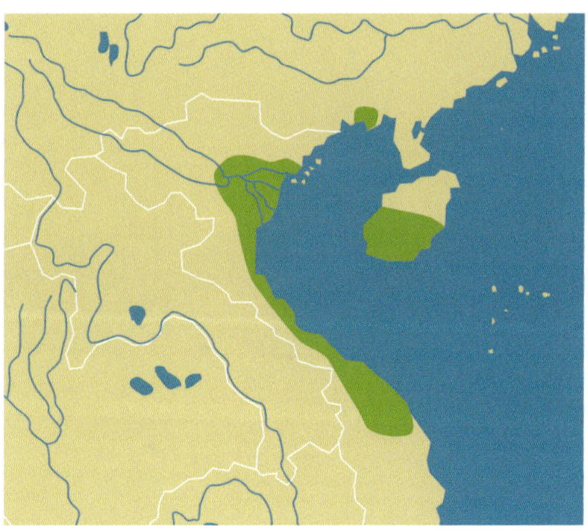

Subespecies. Se reconocen cuatro subespecies. *C. g. galbinifrons*: está presente en el norte de Vietnam y el sur de China. Su caparazón es más plano y más alargado que en las demás subespecies. El plastrón es casi todo negro al igual que la cara inferior de las marginales. No luce gruesas franjas marrón oscuro a los lados del espaldar. *C. g. bourreti* (Obst & Reimann, 1994): se distribuye en el centro de Vietnam y en las regiones adyacentes de Camboya y Laos. Las franjas laterales marrón oscuro del espaldar son muy anchas y se sitúan en medio de las costales. Las marginales anteriores presentan dibujos oscuros. *C. g. hainanensis* (Li, 1958): solo se observa en la isla de Hainan, en China. Su espaldar, muy abombado, puede alcanzar los 186 mm. Es amarillo claro en parte, con una quilla vertebral amarilla. Las vertebrales y las costales son marrones a avellana claro, así como el borde del espaldar. La región amarilla presenta punteados marrones, y la región marrón claro luce algunas líneas amarillas. El plastrón es avellana o marrón, con algunos puntos irregulares amarillo claro. El tímpano es amarillo claro; la mandíbula inferior y la garganta son gris blanquecino. El cuello es amarillento con bandas pardo negruzco a cada lado. La cola es amarilla con manchas marrones a negras. *C. g. picturata* (Lehr, Fritz & Obst, 1998): habita en el sur de Vietnam y en la región colindante de Camboya. La franja lateral marrón oscuro del espaldar se encuentra más abajo que en *C. g. bourreti*, en la parte alta de las marginales. Las primeras marginales son claras y sin dibujos. Las partes blandas del cuerpo lucen un dibujo gris olivo reticulado muy pronunciado.

Hábitos. Esta tortuga caja es más terrestre que acuática, aunque vive en lugares húmedos, en el bosque, y se esconde bajo el sustrato vegetal y detrítico. Está activa a menudo al anochecer y después de las lluvias. Es más bien carnívora y consume invertebrados terrestres, gusanos e insectos varios, así como carroña. Es muy huraña y se encierra en su caparazón cuando se la manipula.

© B. Devaux

Protección. Forma parte, desgraciadamente, de las cuatro especies más recolectadas y exportadas a China donde es consumida y también vendida como animal de jardín. Se le exporta asimismo para los coleccionistas de los países occidentales.

Especie clasificada "en peligro" por el Turtle Conservation Fund.

Ampliamente recolectados en Vietnam para exportarlos a China, los ejemplares recuperados gracias a los decomisos son acogidos en centros de rehabilitación, como éste en Cuc Phuong.

Cistoclemmys serrata (Iverson & McCord, 1992)

Distribución. Solo se encuentra en el centro de la isla de Hainan, China.

Características. Su espaldar es medianamente más angosto en el centro. Como su nombre lo indica, las marginales posteriores son dentadas, lo que es único en el género. Presenta tres quillas, incluso en los adultos. El espaldar es más oscuro que en las otras *Cistoclemmys*, y las costales son casi negras. Los anillos de crecimiento de las escamas del espaldar y del plastrón está muy marcados, incluso en los animales viejos. El plastrón es a menudo claro, nunca totalmente negro, sobre todo en el centro.

Hábitos. Parecidos a los de las demás *Cistoclemmys*. Vive en los sotobosques húmedos.

Protección. Se le recolecta menos que las otras especies del género, pero su particularidad podría motivar su exportación para los coleccionistas. Se necesita estudiar su estatus y censar sus poblaciones.

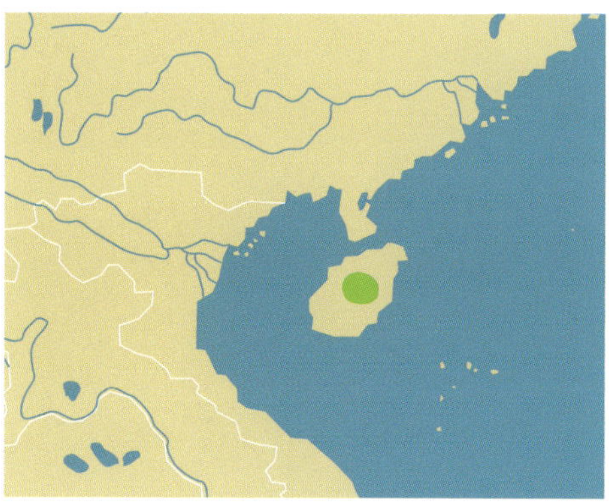

Tortuga de ambientes húmedos

Esp.: *Tortuga caja serrada*

Ingl.: *Hainan's box turtle*

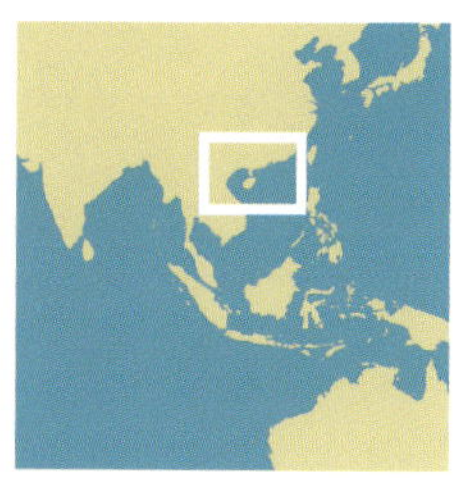

Cuora amboinensis (Daudin, 1801)

La cabeza es fina y triangular, muy marcada por líneas claras y, sobre todo, por una llamativa mancha amarilla desde el hocico hasta la base del cuello. Es una de las tortugas más comunes y más capturadas en Asia.

© J. Maran

Tortuga de agua dulce

Esp.: *Tortuga caja sudasiática*
Ingl.: *East Indian box turtle*
Fr.: *Tortue-boîte d'Asie orientale*

Distribución. Bastante extendida en el Sudeste asiático, muestra sin embargo un área de distribución fragmentada. Se encuentra en Bangladesh e India, sobre todo en las islas Nicobar y en el Parque Nacional Kaziranga, en Assam. También vive en el sur de Myanmar, el norte de Tailandia, el sudoeste de Camboya, el sur de Vietnam, Malasia, Sumatra, Java, Filipinas e Indonesia hasta las Molucas.

Características. El nombre del género, *Cuora*, tiene su origen en el nombre de la tortuga en malayo, *Kura*, mientras que el nombre de la especie remite a Amboina, una de las islas Molucas, en Indonesia. Se le conoce comúnmente como "tortuga caja asiática", por oposición a las "tortugas caja americanas", pues estos dos grupos de tortugas se parecen. Esta tortuga, que no supera los 250 mm, presenta un espaldar muy abombado –aunque menos que el de las tortugas caja americanas– con una quilla vertebral en los individuos jóvenes y un dorso redondo en los individuos más viejos. Las marginales posteriores son ligeramente ensanchadas, nunca dentadas. El color general es gris claro a negro uniforme, y la quilla es a menudo más clara. El plastrón es grande y cierra totalmente la abertura del caparazón. La charnela es central y permite cerrar las partes anteriores y posteriores. Carece de muesca anal y, a menudo, de axilares e inguinales. El plastrón es amarillo a pardo claro, con una gran mancha negra en cada escama, hasta el borde plastral. Las marginales son amarillas por debajo con una mancha negra redonda en el extremo posterior de cada una de las escamas. La cabeza es mediana y puntiaguda, con la nariz prominente y la mandíbula superior ligeramente saliente. En la mandíbula superior se observan dentículos minúsculos. La cabeza es amarillo limón, con bandas negras muy marcadas a cada lado. Estos dibujos le dan a la especie una cara "sonriente" característica. Los miembros son grisáceos en la parte superior, y los anteriores presentan grandes escamas horizontales. Los juveniles son más planos que los adultos y poseen tres quillas muy marcadas, negras por encima. La cabeza es amarilla por debajo, desde el mentón hasta el cuello.

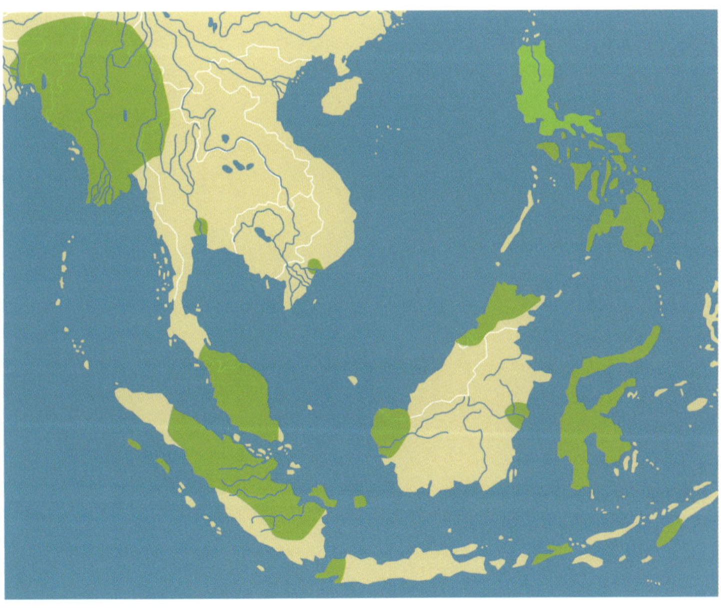

Subespecies. Se distinguen cuatro subespecies. *C. a. amboinensis*: ocupa el este de la distribución, desde Filipinas y las Célebes hasta las Molucas. Naturalmente, es muy frecuente en la isla de Amboina, que le ha dado nombre. Su espaldar es bastante aplanado, ancho y muy ensanchado en los bordes. El dibujo plastral presenta grandes manchas oscuras, más extendidas que en las otras subespecies. *C. a. couro* (Schweigger, 1812) (Tortuga caja indonesia): se distribuye en Sumatra y Java. Su plastrón presenta una marca negra importante en el centro. El dibujo se extiende por todas las escamas plastrales, sin interrupciones en las suturas. Las marginales son uniformemente amarillo apagado por debajo, sin manchas oscuras. *C. a. kamaroma* Rummler & Fritz, 1991 (Tortuga caja abombada): ocupa el centro norte de la distribución, en Tailandia, Camboya, Vietnam y Malasia (península y Borneo). Su espaldar es el más abombado de entre las subespecies, con un caparazón más angosto y un borde marginal poco marcado. *C. a. lineata* (McCord & Philippen, 1998): esta subespecie, denominada recientemente, solo ocupa un pequeño territorio en el norte de Myanmar, en la provincia de Kachin. Su espaldar es rectangular y muy abombado. Carece de quilla vertebral. Las manchas negras del plastrón son simétricas y bien delimitadas en cada escama. Las gulares son casi totalmente negras. Las marginales están marcadas por debajo con una gran mancha negra hacia la parte posterior de la escama.

Hábitos. Viven en pantanos y cursos de aguas lentas, incluso en arrozales. Sin embargo, son capaces de desplazarse frecuentemente en la tierra y pueden comer fuera del agua. Los adultos a menudo pasan la noche en tierra; los juveniles son más acuáticos. Estas tortugas no temen la proximidad del hombre y a menudo se les encuentra en lugares acuáticos cercanos a las viviendas. Son más bien herbívoras y consumen principalmente plantas acuáticas, aunque también les gustan los moluscos y los pequeños crustáceos. En tierra, comen setas, gusanos y algunas plantas. A menudo, las hembras dejan de alimentarse un mes antes de nidificar. El cortejo es frecuentemente violento, ya que los machos muerden con fuerza a las hembras, provocándoles heridas graves. Los machos también intentan copular entre sí, por lo que se producen duros combates. El apareamiento tiene lugar de noviembre a abril, después de los preliminares durante los cuales el macho mueve la cabeza una veintena de veces delante de la hembra. Luego, le muerde el cuello y se sostiene sobre su dorso con sus uñas delanteras. Se observan tres a cuatro puestas entre principios de abril y finales de junio, que contienen dos o tres huevos muy alargados y de cascarón duro, de aproximadamente 32 x 43 mm. La incubación dura en promedio un mes. Al nacer, las crías miden unos 45 mm.

© F. Bonin

Protección. Es una tortuga consumida muy frecuentemente en China, donde es el Quelonio más presente en los restaurantes. Además, se le mantiene a menudo en los estanques de los templos budistas, sobre todo en Malasia. Finalmente, ha sido mucho tiempo recolectada para la exportación y la especie está muy presente en las colecciones occidentales. Todo esto provoca la disminución de sus poblaciones en una parte de su área de distribución. La presión de la recolección es tan importante que puede llevar a la rarefacción de la especie en las décadas futuras.

Su espaldar es ancho, con marginales aplanadas y una quilla casi inexistente. La especie se distingue gracias a esta línea amarilla, ancha y marcada encima de la cabeza.

Cuora aurocapitata Luo & Zong, 1988

Distribución. Esta tortuga endémica de China ocupa un territorio muy restringido en la provincia de Anhui, en el centro este del país, alrededor de Nanling, Yixian, Guangde y Jingxian.

Características. Su nombre es explícito: su cabeza es amarillo vivo por encima. No supera los 120 mm y su espaldar es poco abombado y no es dentado por detrás. Es marrón oscuro uniforme, y el plastrón es amarillo, sin muesca anal. La charnela es muy movible y el plastrón puede cerrar elcaparazón. La cabeza es mediana y puntiaguda, de color negro a grisáceo por

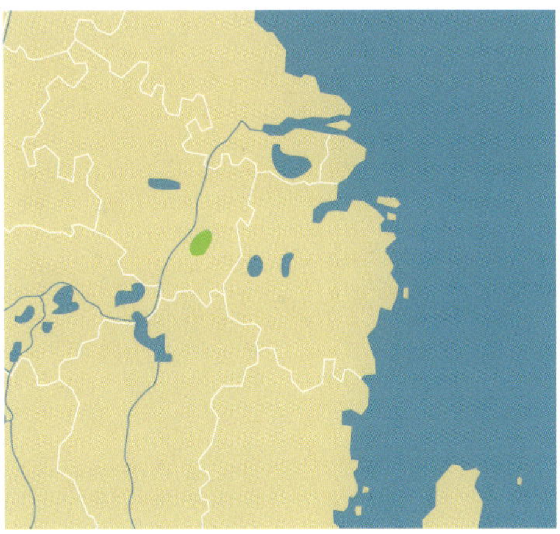

Tortuga de agua dulce

Esp.: *Tortuga caja cabecidorada*

Ingl.: *Yellow-margined box turtle*

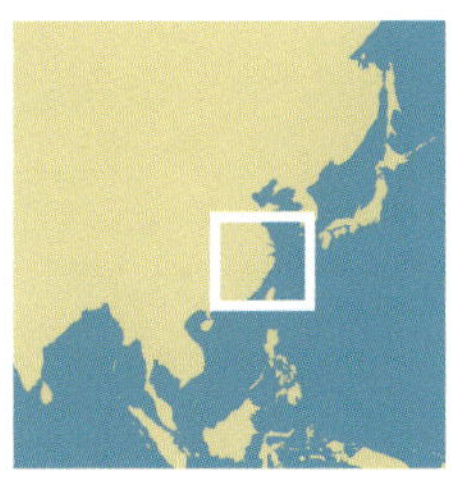

© F. Bonin

Este galápago hace honor a su nombre: la cabeza es dorada y muy luminosa. En los estanques de los templos, donde reside a menudo, se aprecia una infinidad de triángulos dorados que salen del agua verdosa.

debajo y en el cuello, con zonas claras en las mandíbulas y a los lados, y un llamativo casco amarillo, por encima. Los miembros anteriores tienen escamas grandes.

Hábitos. Esta especie vive en charcas y torrentes, en pequeños valles, pero también se le observa en tierra firme, en ambientes húmedos. Es omnívora, pero prefiere las plantas acuáticas.

Protección. Esta tortuga se considera muy rara, incluso "en peligro crítico" en China. Aún se venden algunos ejemplares en los mercados y es muy buscada por los traficantes para coleccionismo. Es indispensable proponer que sea incluida en el Apéndice I de la CITES lo más pronto posible y realizar programas de conservación para preservar a las últimas poblaciones.

Especie catalogada "en peligro" por el Turtle Conservation Fund.

Cuora mccordi Ernst, 1988

Tortuga de ambientes húmedos

Esp.: *Tortuga caja de McCord*
Ingl.: *McCord's box turtle*

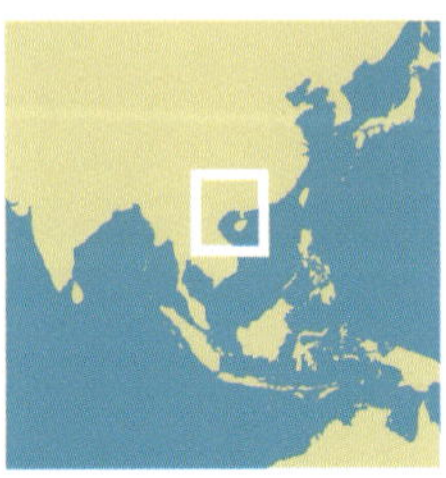

Distribución. Esta tortuga ocupa un territorio limitado en la provincia de Guangxi, en el sur de China.

Características. Esta especie no supera los 135 mm. Es muy abombada, más ancha a la altura de la octava marginal, más alta entre las vertebrales 2ª y 3ª. Las marginales están ensanchadas por delante y por detrás, y son ligeramente dentadas posteriormente. Una pequeña quilla central se marca entre la parte posterior de la segunda vertebral y la cuarta vertebral. La escama cervical es más larga que ancha. El color es marrón rojizo con suturas de color oscuro, y se observa una marca oscura en cada marginal. El espaldar está rodeado de amarillo. El plastrón está muy desarrollado, y es amarillo con una marca negra central grande y dos manchas negras en cada puente. Las marginales son amarillas por debajo. La muesca anal está bien marcada. El lóbulo posterior cubre toda la parte posterior del animal cuando está retraído. La cabeza es angosta y puntiaguda, con una nariz prominente. Encima de la cabeza, la piel es lisa y amarilla. El iris es amarillo a amarillo verdoso. Una banda amarillo claro finamente rodeada de negro comienza en el hocico, pasa por los ojos y llega hasta el cuello. Las mandíbulas, el mentón y el cuello son amarillo claro. Los miembros anteriores están cubiertos en la parte superior de escamas marrón

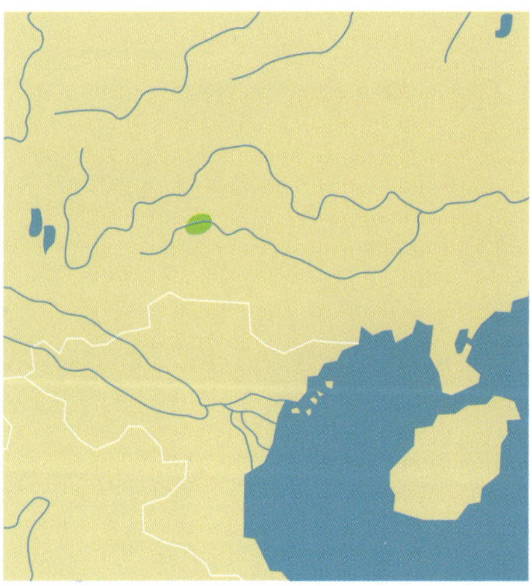

a pardo rojizo. Los miembros posteriores son marrones, pero el resto de las partes blandas es amarillo. La cola es amarilla, adornada con una franja marrón y verdosa en la parte superior.

Hábitos. Es una especie semiacuática, que camina siguiendo los pequeños cursos de agua que frecuenta, bajo la vegetación densa. Se la ve más a menudo en los pantanos y los sotobosques pequeños y húmedos. Es omnívora y consume gusanos, pequeños insectos, plantas diversas, sus flores y frutos.

Protección. Especie clasificada "en peligro" por el Turtle Conservation Fund.

El espaldar es plano y oscuro, sin adornos; mientras que la cabeza y debajo de las patas el color es muy claro, casi blanquecino. Solo algunas líneas negras marcan el hocico y la parte alta del cráneo.

© F. Bonin

Cuora pani Song, 1984

Distribución. Sólo vive en el centro (Shaanxi) y en el sur (Yunnan) de China.

Características. Esta tortuga puede alcanzar los 160 mm. Su espaldar es alargado y ligeramente abombado. Es más ancha a partir de la octava marginal. Las marginales están ensanchadas y se observa una pequeña muesca posterior. Las vertebrales lucen una quilla central, que a menudo desaparece con la edad. La escama cervical es larga y angosta. El espaldar es marrón oscuro, con una coloración clara, a veces rojiza, a lo largo de la quilla y en las costales. El plastrón está bien desarrollado, y es amarillo con dibujos triangulares negros a lo largo de las suturas. Una barra negra atraviesa los puentes, y las marginales son amarillas por debajo. El lóbulo plastral posterior cubre totalmente los miembros retraídos y presenta una muesca anal. Las escamas anales están claramente separadas por una gran sutura. La cabeza es angosta y puntiaguda, y se prolonga por una nariz ligeramente prominente. La región dorsal de la cabeza presenta una piel muy lisa. El iris es amarillo verdoso. La cabeza es amarillo limón, adornada con una fina lista marrón que va de detrás de los ojos hasta el cuello. Las mandíbulas son amarillas. El cuello es largo, marrón con escamas rugosas por encima y a los lados. El mentón y la parte inferior del cuello son amarillos. El color de la parte dorsal de los miembros va del gris verdoso al marrón, mientras que la parte inferior es amarillo anaranjado. Los miembros anteriores están cubiertos por encima de anchas escamas horizontales, y los posteriores lucen pequeñas escamas. La cola es amarilla, con franjas dorsales marrones.

Tortuga de ambientes húmedos

Esp.: *Tortuga caja de Shaanxi*
Ingl.: *Pan's box turtle*

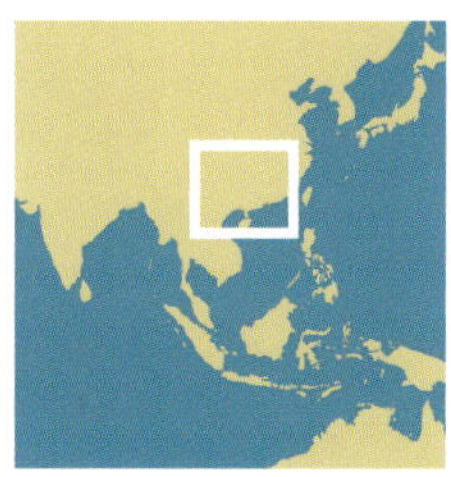

Sus marginales ensanchadas, su espaldar plano y su color pardo o verdoso hacen de ésta una tortuga discreta, aunque su cabeza luce colores más vivos. La primera vertebral presenta la forma de una hoja.

© G. Cydirim

© F. Bonin

Hábitos. Esta tortuga, más bien acuática, vive en zonas pantanosas y en cursos de aguas lentas y poco profundas. Se aventura a veces en tierra para desplazarse en el bosque húmedo. Es omnívora y oportunista, y consume gusanos e insectos, pero también frutos caídos.

Protección. Especie clasificada "en peligro" por el Turtle Conservation Fund.

Cuora trifasciata (Bell, 1825)

Tortuga de agua dulce

Esp.: *Tortuga caja rayada*
Ingl.: *Chinese three-striped turtle*

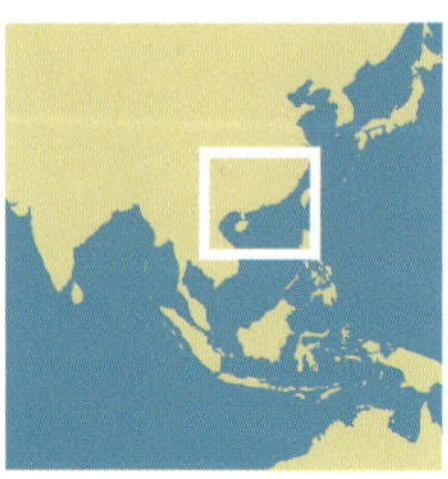

Distribución. Se encuentra esencialmente en el sur de China (Guangxi, Guangdong), la isla de Hainan y Hong Kong, así como en el norte de Vietnam. A veces se le observa en Laos.

Características. Mide un máximo de 200 mm y presenta un espaldar medianamente abombado, más ancho por detrás. Una pequeña muesca separa las dos marginales posteriores extremas. Los adultos poseen una larga quilla vertebral y dos quillas laterales más cortas. El espaldar es pardo, a veces caoba, con franjas negras muy marcadas a lo largo de cada quilla. La franja negra sobre la quilla vertebral es más larga que las otras dos, las que se acaban después de las tres primeras costales. El plastrón está muy desarrollado, pero el lóbulo posterior no es lo bastante largo como para cubrir totalmente los miembros posteriores. La muesca anal está muy marcada. La charnela que permite replegar el plastrón solo aparece cuando los animales alcanzan los 90 a 100 mm de largo. El plastrón es pardo oscuro a negro uniforme y está rodeado de amarillo desde las pectorales hasta las anales. A menudo presenta rayas claras a lo largo de las suturas. Las marginales son anaranjado claro a amarillo rosado o amarillo vivo por debajo; y presentan manchas negras de gran tamaño, sobre todo las anteriores. La cabeza es angosta y puntiaguda, con una nariz ligeramente prominente y una mandíbula superior bastante plana. El color es verde olivo muy vivo por encima, y negro a los lados. Una lista olivo rodeada de negro parte de las narinas, pasa por las órbitas y forma una gran mancha clara detrás de los ojos.

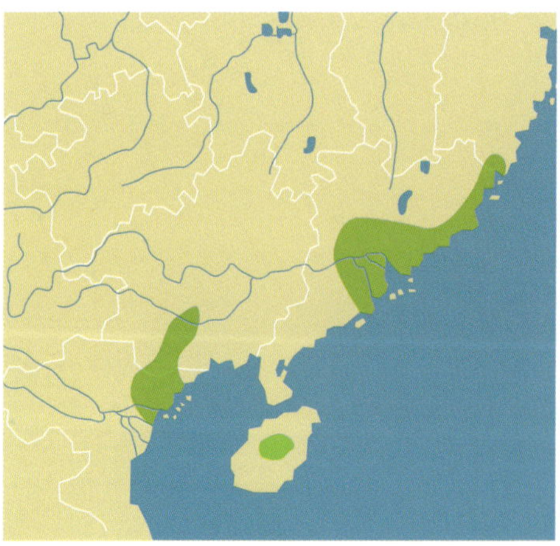

La mandíbula superior es amarilla, y una lista amarilla sale de la comisura de la boca y pasa por los tímpanos para alcanzar el borde del cuello. El mentón y la mandíbula inferior son amarillos. El cuello es olivo por encima y en los lados, y está cubierto de pequeñas escamas. La garganta es amarilla a anaranjada. Los miembros son oliváceos a pardos encima; anaranjado vivo o amarillo rosado, debajo. Los miembros anteriores están cubiertos de anchas escamas horizontales en la parte delantera, mientras que los miembros posteriores están llenos de pequeñas escamas. El extremo de la cola es olivo, con dos franjas negras, mientras que los lados y la base son anaranjados. Los machos son más pequeños que las hembras y presentan colores más persistentes. Es una de las *Cuora* más coloridas.

© F. Bonin

Hábitos. Lleva una vida semiacuática en los cursos de aguas claras en las pequeñas colinas no superiores a los 400 metros de altitud, en el sur de Guangdong. Parecen gustarle los largos periodos de insolación. Es más bien carnívora: consume gusanos, cangrejos y pequeños peces. Los machos están muy activos en el momento de la reproducción y a veces hieren de gravedad a las hembras. Se aparean en la tierra o en el agua, después de un cortejo muy original durante el cual el macho hace vibrar su cabeza y su cuello manteniendo la boca abierta, frente a la hembra. Esta vibración intensa puede durar varios segundos. Durante la cópula, el macho se coge con las uñas de sus cuatro patas bien plantadas en las marginales de su pareja. La puesta se realiza en el mes de mayo y produce, en general, de dos a tres huevos, de 26 x 50 mm.

© F. Bonin

El espaldar está muy marcado por las tres quillas, que son más oscuras. La cabeza es plana y puntiaguda, con la garganta blanca y franjas en las mandíbulas. Esta coloración se encuentra en los juveniles, cuyas marginales son dentadas.

Protección. La originalidad de la especie ha hecho que se le recolecte intensamente para la exportación. Además, ha sido muy recolectada para el consumo en China y se ha vuelto muy rara en la naturaleza. Se proyecta criar esta especie en Asia y Occidente, con el fin de evitar su total desaparición.

Especie clasificada "en peligro" por el Turtle Conservation Fund.

Cuora zhoui Zhao, Zhou & Ye, 1990

Distribución. Esta rara especie fue descrita por Zhao Er-mi en 1990. Fue observada por primera vez en los mercados de Nanning y Pingxiang, en la provincia de Guangxi, en China. Posteriormente, también se le encontró en los mercados de Wuding y Yuanmou, en la provincia de Yunnan.

Características. Mide unos 165 mm. Su espaldar es más bien plano y muy oval, con marginales bastante ensanchadas, incluso lateralmente. Algunos individuos presentan un vestigio de quilla, y solo los juveniles tienen la quilla marcada. La primera vertebral se extiende ampliamente y cubre las primeras margina-

© C. Zhou

Esta tortuga tan rara posee colores discretos, grisáceos a parduscos, y carece de quilla. La cabeza es clara, adornada únicamente por una línea lateral crema.

Tortuga de ambientes húmedos

Esp.: *Tortuga caja de Zhou*
Ingl.: *Zhou's box turtle*

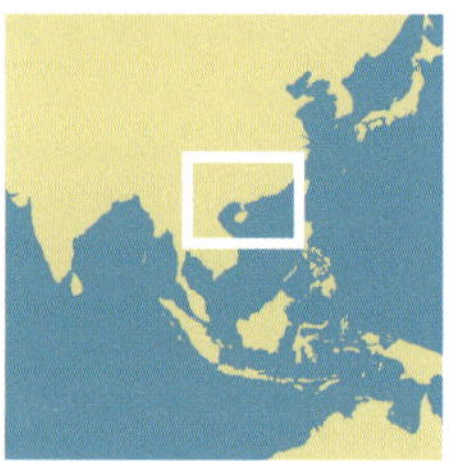

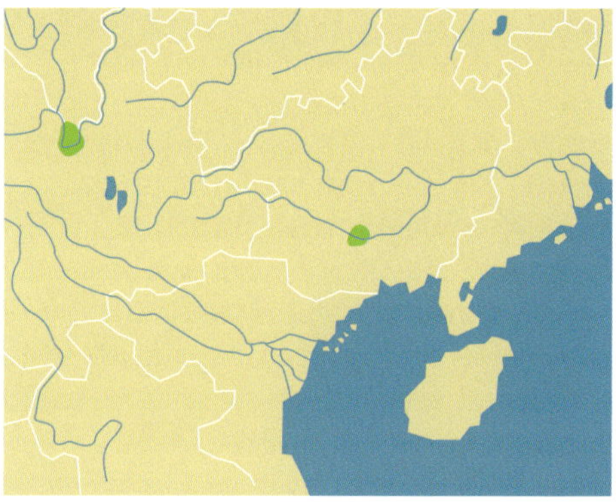

les. Su caparazón es pardo negruzco, con manchas negras difusas e irregulares. El plastrón es negro, con una gran mancha clara en el centro de las pectorales, abdominales y femorales. Es poco movible y no cubre toda la abertura del espaldar. La intergular es seis veces más larga que la interhumeral. La cabeza es más bien pequeña y está dotada de un hocico alargado. Los tímpanos son pardos a oliváceos por encima y en la parte posterior de los lados. Están muy separados de una parte amarilla a crema que comienza en las narinas, pasa bajo los ojos y desciende bajo la garganta, para extenderse por debajo del cuello. Éste es bastante largo y está cubierto de finos tubérculos redondeados y suaves. Los miembros son largos y delgados, con ligeras palmaciones. Son amarillentos a beis, apenas manchados de oscuro.

Hábitos. Vive en los bosques cercanos a torrentes y arroyos de mediana altitud. No parece muy acuática y prefiere los ambientes húmedos donde se esconde bajo el sustrato. Es más bien carnívora.

Protección. La rareza de esta especie hace que su conservación sea delicada. Además, sus hábitats son afectados por la deforestación y la construcción de minicentrales hidroeléctricas. Uno de sus descubridores, M. Zhou, intenta reproducirla en el centro de Nanking, aunque sin éxito de momento. La especie debe ser estudiada y protegida rápidamente. Algunos autores dudan de su validez y de la posibilidad de conservarla.

Especie clasificada "en peligro" por el Turtle Conservation Fund.

Cyclemys atripons Iverson & McCord, 1997

Distribución. Territorio limitado a Tailandia, en las colinas del sudeste del país, y en el sudoeste de Camboya, en la región de los montes Cardamomos.

Características de las *Cyclemys*. El nombre del género evoca la forma redonda (*kyklos*) de los juveniles. Estas especies están ampliamente distribuidas desde el norte de India y Nepal, hasta el oeste de Filipinas y el sur de China. La denominación "galápago hoja" las describe bastante bien, ya que se confunden con su medio detrítico y húmedo, en el borde de los cursos de agua o de los pantanos, semejantes a las hojas por sus colores y su forma plana. Estas tortugas parecen muy adaptables y varían a menudo de color y morfología, según el medio que ocupan, lo que hace difícil reconocerlas. En algunas especies, el plastrón puede moverse anteriormente y cerrar totalmente la parte delantera del animal. Los puentes son bastante estrechos, no están completamente osificados, y están unidos por un ligamento al resto del caparazón.

Características de *C. atripons*. Esta especie a veces es discutida (R. Dalton, ver Fritz, Gaulke & Lehr, 1997) y sería idéntica a *C. pulchristriata*. No supera los 224 mm. Su espaldar es más bien ancho y plano, con tres quillas, la central más desarrollada. Su color va del marrón oliváceo al negro en algunos individuos viejos. Los juveniles presentan dibujos estriados y radiales, que desaparecen con la edad. El borde posterior del espaldar es muy dentado, sobre todo en los juveniles. El plastrón, movible entre las pectorales y las abdominales, es crema a amarillo pardusco, pero sus colores nunca son vivos. Las pequeñas rayas oscuras que aparecen sobre las suturas de las escamas plastrales son frecuentes en los juveniles, pero luego desaparecen. La muesca anal no es muy importante. Los puentes son más oscuros que el plastrón, de allí el nombre *atripons* (*atri*, negro, y *pons*, puente). La mandíbula superior de los adultos, provista de un pico córneo pronunciado, es crema a amarillenta, con manchas ne-

gras irregulares por encima y bandas anchas a los lados, que llegan hasta el cuello. En los juveniles, estas franjas están separadas por una fina orla oscura que se ensancha con la edad, para producir en algunos adultos dos franjas muy nítidas. La cabeza también se oscurece dorsalmente con la edad, y en los jóvenes está salpicada de pequeños puntos o rayas negras. Los juveniles tienen el mentón crema a amarillento y la piel a veces salmón.

Tortuga de agua dulce

Esp.: *Galápago hoja de los Cardamomos*

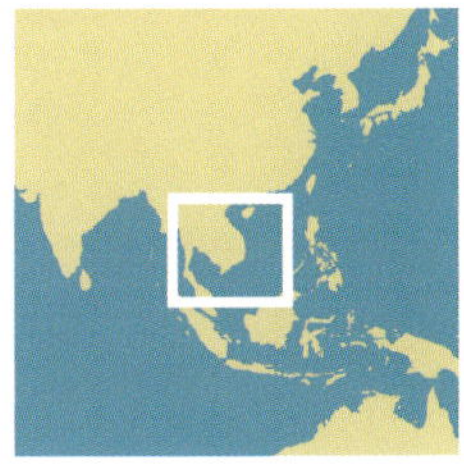

Cyclemys dentata (Gray, 1831)

Tortuga de ambientes húmedos

Esp.: *Galápago hoja serrado*
Ingl.: *Asian leaf turtle*

Distribución. Esta tortuga se encuentra en Tailandia, Malasia, Sumatra y Java. También está presente en Borneo y Filipinas, en islas de la región de Palawan y Sulu.

Características. Esta especie se diferencia de las demás *Cyclemys* por las grandes franjas rojo anaranjado que posee a los lados de la cabeza y por su plastrón todo amarillo, con la sutura entre las femorales corta, y la sutura entre las anales larga. En algunos individuos, a veces se presentan rayas negras en el plastrón, que desaparecen con la edad. El espaldar no supera los 126 mm; es oval y solo presenta una quilla vertebral. Su color es variable, pero tiende a ser pardo oscuro a oliváceo más claro. Algunos individuos son caoba; otros, casi beis claro. Las escamas son muy lisas. El borde posterior del espaldar es aserrado. La piel de la cabeza se divide en dos anchas escamas posteriores, y es pardo uniforme por encima. Los miembros anteriores tienen una cara cubierta de grandes escamas transversales, separadas por bandas de

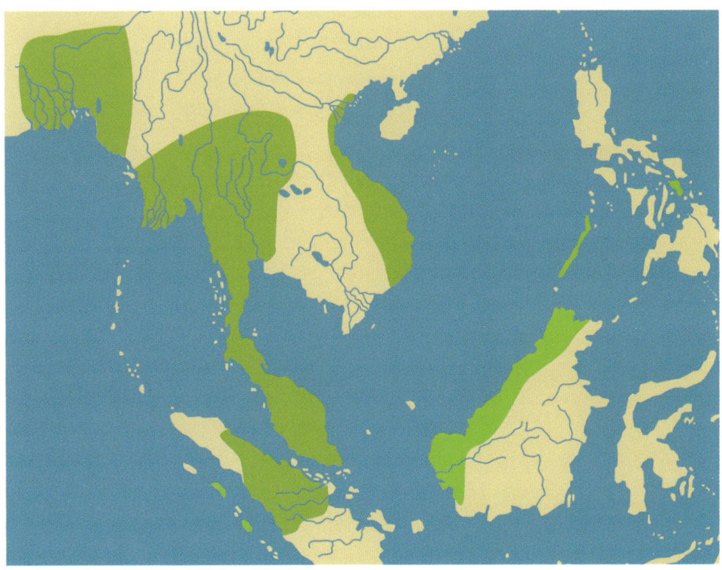

© F. Bonin

El aspecto general de esta especie es robusto, con un espaldar pesado con marginales desarrolladas y colores oscuros. La cabeza y el cuello son fuertes, y la piel es casi siempre negruzca, apenas moteada con puntos claros.

piel angostas. La cola de los juveniles es proporcionalmente mucho más larga que la de los adultos.

Hábitos. Esta tortuga semiacuática ocupa cursos de aguas tranquilas en regiones con colinas verdes, hasta los 1.000 m de altitud. Los juveniles parecen más acuáticos que los adultos, los que pasan gran parte de su vida fuera del agua. Es una especie omnívora y oportunista, que consume plantas acuáticas, frutos, invertebrados y a veces carroña. Cuando es capturada, segrega un líquido abundante y de olor desagradable. La madurez sexual se alcanza hacia los 8 años en los machos, y hacia los 10-12 años en las hembras. El cortejo y el apareamiento ocurren en el agua. Los machos posan sus miembros posteriores en el fondo, luego dan la cara a la hembra y efectúan movimientos graciosos con los miembros anteriores delante de la cabeza de su pareja. Se observan de cuatro a cinco puestas al año, con tres a cuatro huevos alargados (33 x 57 mm). Los recién nacidos son grandes y miden un promedio de 56 mm.

Cyclemys oldhami Gray, 1863

Tortuga de agua dulce

Esp.: *Galápago hoja cuellinegro*

Ingl.: *Dark-throated leaf turtle*

Distribución. Noreste de India, Nepal, Myanmar, Tailandia, Malasia, Indonesia (Borneo, Sumatra y Java) y sur de China.

Características. Es de tamaño moderado (240 mm) y está dotada de un espaldar oblongo y bastante plano, con la parte anterior más levantada en el centro, formando una carena, y la parte posterior dentada. Los jóvenes presentan una quilla dorsal muy desarrollada y son casi redondos, con el borde posterior dentado. El color es muy variable, y va del beis claro finamente estriado de negro a los tonos caoba casi uniformes, apenas manchados de negro. El plastrón es muy alargado y está articulado en la parte central, detrás de las pectorales, lo que permite que el lóbulo anterior se pliegue parcialmente, aunque algunos individuos son menos flexibles que otros. Este plastrón a veces es chocolate a

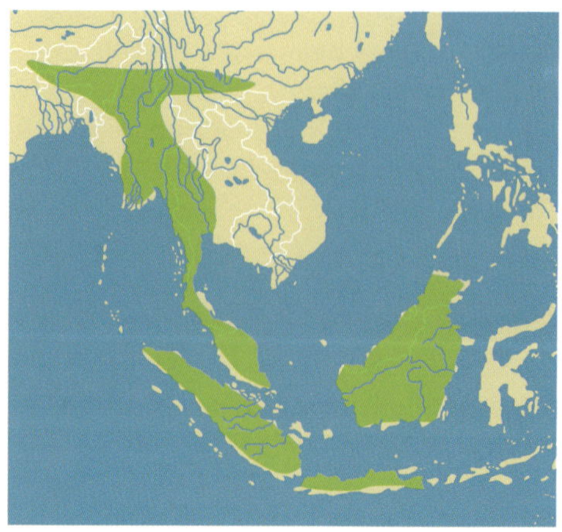

pardo oscuro, con una línea clara en el pliegue, o muy clara, amarillenta, con líneas oscuras concéntricas en cada una de las escamas. Todas las variantes son posibles. La sutura entre las femorales es mucho más larga que en *C. dentata*. La muesca anal es de gran tamaño y forma casi un ángulo recto. Las patas son muy palmeadas; las delanteras poseen cinco dedos, y las posteriores, cuatro. Los miembros anteriores están adornados por encima con grandes escamas transversales. La cabeza es marrón a negra, sin ninguna línea clara. La garganta es oscura, lo que es característico de la especie. En los juveniles, la parte baja del cuello posee pequeños tubérculos más claros. Los jóvenes no tienen charnela plastral, ya que ésta se desarrolla con la edad.

Hábitos. Esta tortuga ocupa pequeños cursos de aguas lentas y de poca profundidad, en regiones de colinas con abundante vegetación. A menudo se esconde bajo las hojas muertas, no lejos de un lugar húmedo. En Tailandia, se le ha observado hasta los 1.300 m de altitud. Es básicamente diurna y a veces puede estar activa al caer la noche. Es omnívora y muy voraz, y come todo lo que encuentra cerca: vegetales, desechos orgánicos y pequeños animales. Es muy tímida y se retrae en su caparazón a la más mínima alerta, emanando a menudo un líquido maloliente. Nidifica de cuatro a cinco veces al año, y pone de dos a cuatro huevos alargados (32 x 57 mm). El tiempo de incubación es de aproximadamente 80 días. Los recién nacidos tienen la garganta oscura y no presentan ninguna línea clara en la cabeza.

Esta especie se confunde a veces con *C. dentata*. En general, es más colorida, con manchas claras sobre fondo verdoso. Se le distingue por la sutura entre las femorales, que es más larga que en *C. dentata*.

Cyclemys pulchristriata

Fritz, Gaulke & Lehr, 1997

Distribución. Área reducida en Vietnam, cerca de Ha Nam.

Características. Es la *Cyclemys* más colorida, con franjas amarillo crema (nunca rojizas) en la cabeza y el cuello. La garganta es muy luminosa, de un blanco amarillento uniforme. Las franjas claras a los lados de la cabeza y la base del cuello son muy anchas, lo que la diferencia de *C. dentata*.

Hábitos. Esta especie vive en cursos de agua de altitud en zonas forestales densas y montañosas.

Protección. Es muy recolectada para el consumo, pero también para la venta a coleccionistas. Los individuos más pequeños se encuentran en casas de particulares que los tienen como animales de jardín.

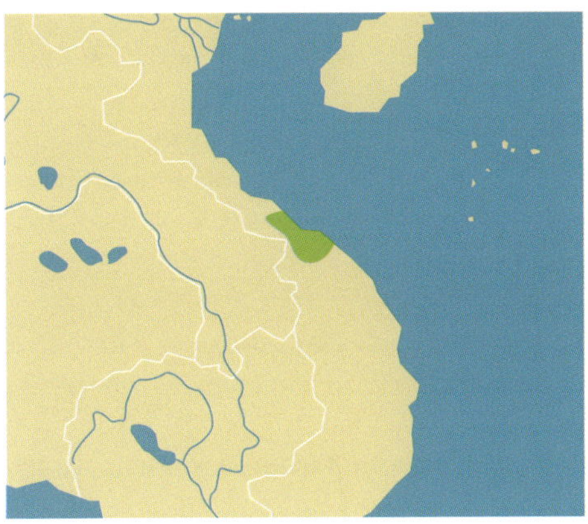

Tortuga de agua dulce

Esp.: *Galápago hoja de bandas amarillas*
Fr.: *Eastern black-bridged leaf turtle*

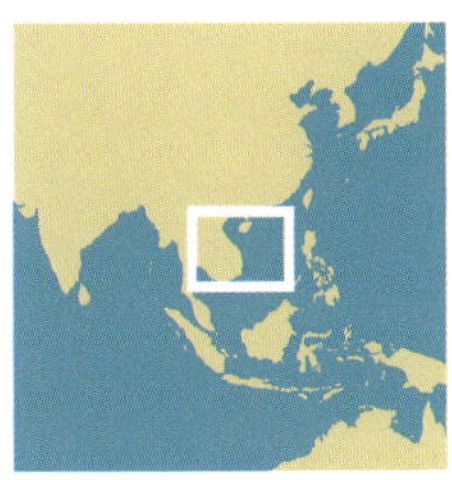

Esta *Cyclemys* es la más vistosa del grupo ya que posee llamativas líneas blancas en la cabeza y el cuello. Sin embargo, su espaldar es bastante ordinario.

© F. Bonin

© F. Bonin

Cyclemys tcheponensis (Bourret, 1939)

© J. Maran

El espaldar está marcado con profundas estrías, pero la cabeza es más oscura en general, con algunas líneas claras en los individuos jóvenes, que desaparecen con la edad.

Hábitos. Esta especie vive en pequeños cursos de agua en colinas forestales y se esconde bajo el sustrato vegetal húmedo. Es omnívora y consume gusanos, pequeños insectos, animales muertos, larvas, hojas y frutos. Se dan varias puestas al año, que contienen de dos a cuatro huevos alargados, de cascarón duro.

Protección. Es una de las cuatro tortugas más comercializadas con destino a China, y sus poblaciones salvajes están en proceso de rarefacción.

Tortuga de agua dulce

Esp.: *Galápago hoja moteado*

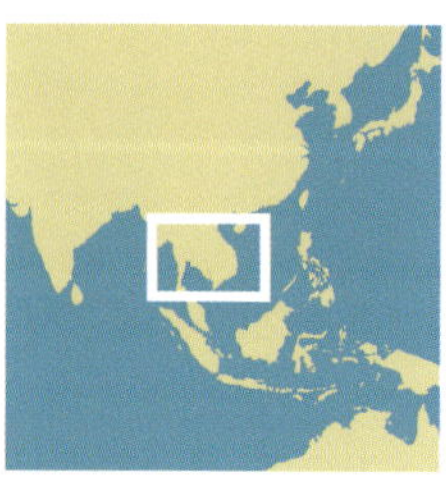

Distribución. Esta tortuga posee una distribución discontínua, limitada al norte de Tailandia, alrededor de Chiang Mai, y a la zona fronteriza entre Laos y Vietnam.

Características. Esta tortuga se parece mucho a *C. oldhami*. Sin embargo, su cabeza está adornada por encima con puntos o jaspeados negros, y su cuello presenta rayas más claras.

Geoemyda splengleri (Gmelin, 1789)

Distribución. Se encuentra en el sur de China (Guangdong, Guangxi), en Vietnam (norte y centro) y posiblemente en Indonesia (Borneo).

Características. Esta tortuga tan atractiva se puede reconocer inmediatamente. Su espaldar es más bien alargado y ligeramente aplanado, con un tamaño máximo de 130 mm. Es más ancho a partir de la mitad posterior del cuerpo. Destaca principalmente por sus tres quillas bien desarrolladas (en especial la central) y su parte posterior dentada. Cada una de las marginales posteriores presenta una punta dirigida hacia fuera. Las líneas de crecimiento le dan un aspecto rugoso al caparazón. El color varía entre el pardo amarillo y el pardo grisáceo o el pardo oscuro. Las quillas son más oscuras que el resto del espaldar, sobre todo la quilla central. El plastrón es grande y alargado, y presenta una muesca anal importante. Carece de charnelas, y sus escamas son rugosas y con estrías de crecimiento muy marcadas. Los puentes son tan largos como el lóbulo posterior. El plastrón es pardo oscuro a negro, con el borde lateral amarillo y los puentes completamente pardo oscuro a negro. Esta especie no presenta escamas inguinales ni axilares. La cabeza es plana, con la mandíbula superior ganchuda en el centro. La piel que cubre la parte alta de la cabeza es lisa y uniforme. Su color es olivo a pardo, con una franja amarilla que va desde las órbitas hasta el cuello, pasando sobre el tímpano. Pueden aparecer otros puntos amarillos a los lados de la cabeza y en las mandíbulas. La cara superior de las patas delanteras está cubierta de grandes escamas puntiagudas imbricadas. También posee escamas grandes en los talones de las patas posteriores. La base de la cola y los muslos están provistos de pequeños tubérculos. Los miembros posteriores no son totalmente palmeados. El color de los miembros y de la cola es uniforme, de marrón a gris.

Tortuga de ambientes húmedos

Esp.: *Galápago forestal pechinegro*
Ingl.: *Black-breasted leaf turtle*

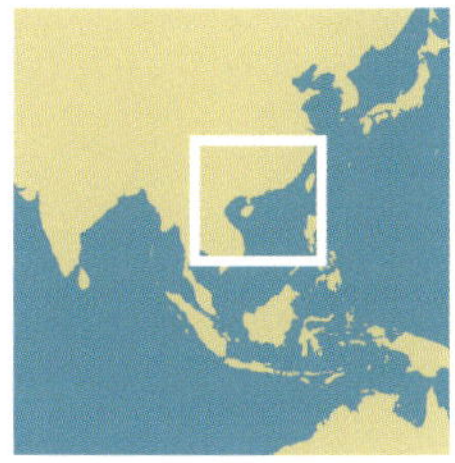

© F. Bonin

© F. Bonin

Esta especie no se puede confundir con ninguna otra. El espaldar es cuadrangular y muy carenado, con marginales posteriores muy dentadas. La cabeza es pequeña, de color pardo a verdoso con líneas claras. La mandíbula superior luce un pico pronunciado. Los ojos son grandes.

Hábitos. Esta especie es muy terrestre y se observa raras veces en el agua. Prefiere las regiones salvajes boscosas y montañosas donde se le encuentra a menudo cerca de pequeños arroyos y de zonas húmedas. Es omnívora y se alimenta de pequeños invertebrados, insectos, gusanos y frutos diversos. Las puestas contienen uno o dos huevos, de 18 x 43 mm, y puede haber varias por temporada (un máximo de tres). La incubación dura unos 66 días, a 28 °C.

Protección. Esta tortuga es muy buscada por los coleccionistas, debido a su particular morfología. Sus efectivos parecen reducidos en su área de distribución.

Especie clasificada "en peligro" por el Turtle Conservation Fund.

Geoemyda japonica Fan, 1931

Distribución. Vive solo en el archipiélago japonés de las Ryukyu, en las islas de Okinawa, Kume y Tokashiki.

© J. Maran

El plastrón de la especie es completamente negro, con dos líneas laterales amarillas. La cabeza es poco vistosa, y solo en su juventud presenta manchas claras, ya que éstas desaparecen con la edad (arriba a la derecha). El hocico está bastante marcado y la mandíbula superior es ganchuda.

Características. Es una tortuga que no supera los 160 mm. Su espaldar es más bien alargado, ligeramente abombado, y su dorso aplanado. El espaldar es más ancho a partir de la octava marginal. Posee tres quillas longitudinales bien desarrolladas, especialmente la central. El borde posterior es muy dentado, así como la parte anterior en los animales jóvenes. Este aspecto espinoso se atenúa con la edad. La superficie de las escamas es más bien rugosa, con líneas de crecimiento bastante marcadas. La areola de las escamas vertebrales y costales 1ª a 3ª se sitúa contra el borde posterior, a lo largo de las quillas. En las demás escamas, se encuentra un poco más allá de su centro, siempre a lo largo de las quillas. El color del animal puede ser anaranjado oscuro, amarillo oscuro, marrón o a veces rojizo. Las quillas siempre son más oscuras. El plastrón es grande, no es móvil, más bien alargado, con una muesca anal importante. El puente es corto, negro o marrón. El plastrón presenta una banda lateral clara, amarilla a gris amarillento, a cada lado. Esta especie se diferencia de *G. splengleri* por sus dos voluminosas escamas axilares. Las inguinales son pequeñas, pero se presentan frecuentemente, mientras que en *G. splengleri* están ausentes. La cabeza es de tamaño moderado y presenta una cara superior muy lisa y un pico superior desarrollado, sin muesca. La lengua es grande y gruesa, en forma de corazón y cubierta de numerosas excrecencias pequeñas. El color del cuello y de la cabeza varía del amarillo anaranjado al marrón rojizo, a veces al negro. La nariz y las regiones laterales de la cabeza y del cuello lucen líneas irregulares rojizas o amarillas y a veces pequeñas manchas del mismo color. La cabeza presenta por encima un dibujo oscuro irregular en la parte delantera. La garganta es del mismo color que las manchas

© F. Bonin

claras de la cabeza, con un moteado más oscuro. La cara superior de las patas delanteras está cubierta de escamas grandes e imbricadas. Los miembros y la cola son siempre oscuros, marrón rojizo o negros, a menudo adornados con líneas o círculos amarillos a rojos. En las tortugas jóvenes, las dos bandas que enmarcan el plastrón son rojas o anaranjado muy vivo.

Hábitos. Vive en bosques densos y húmedos, con el suelo cubierto de hojas y ramas muertas. Es omnívora y consume pequeños brotes vegetales, así como invertebrados, gusanos e insectos. La puesta se observa entre junio y agosto, y contiene de cuatro a seis huevos, de un promedio de 30 x 45 mm.

Protección. Especie clasificada "en peligro" por el Turtle Conservation Fund.

Tortuga de ambientes húmedos

Esp.: *Galápago forestal de las Ryukyu*
Ingl.: *Okinawa black-breasted leaf turtle*

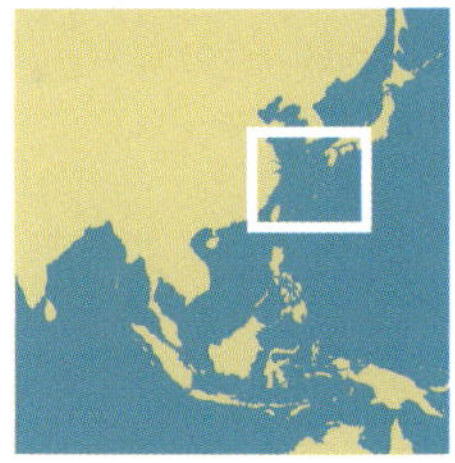

Geoemyda silvatica Henderson, 1912

Distribución. Solo ocupa territorios aislados muy pequeños en el sudoeste de India, en la región de Cochin.

Características. Esta especie, que no supera los 130 mm, posee un espaldar oval, moderadamente levantado. Presenta tres quillas poco pronunciadas. La quilla central es más grande y se extiende a lo largo de las cinco vertebrales, mientras que las dos laterales solo incluyen a las tres primeras costales. Todas las vertebrales son más anchas que largas y el borde posterior es ligeramente dentado. El color es uniformemente bronce, anaranjado o marrón, con partes negras. El plastrón es más bien ancho y está dotado de una muesca anal. El puente es bastante largo. A menudo presenta escamas axilares e inguinales muy pequeñas. El plastrón es uniformemente amarillo a anaranjado, con una mancha negra en las abdominales y pectorales. La cabeza es pequeña, amarilla en su parte anterior así como las mandíbulas. Un punto anaranjado marca el extremo de la nariz. El iris es rojizo y el párpado superior presenta pigmentos rojos o rosados. Estos pigmentos claros pueden extenderse hasta la parte dorsal de la cabeza. La cabeza es marrón a negra por encima. Los miembros y la cola son marrón claro. Los miembros anteriores presentan escamas de gran tamaño por encima. Los miembros posteriores son arqueados. Las patas no son palmeadas, pero las uñas están muy desarrolladas. Los machos poseen espolones en la parte posterior de los miembros traseros y su cabeza adquiere una viva coloración roja durante el periodo de apareamiento. Las hembras son menos coloridas, y su tamaño un poco mayor. Su plastrón es ligeramente móvil a la altura de la sutura entre el plastrón y los puentes.

Hábitos. Esta tortuga vive en bosques oscuros y densos, por encima de los 300 metros de altitud. Ocupa madrigueras y se esconde bajo las hojas muertas y los troncos de árboles en

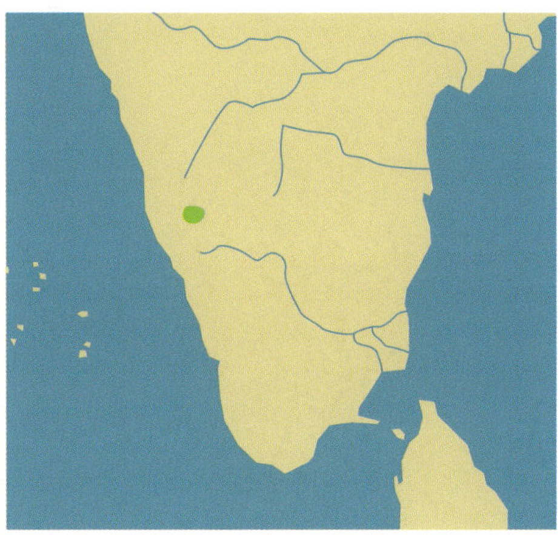

Tortuga de ambientes húmedos

Esp.: *Galápago forestal de Cochin*
Ingl.: *Cochin cane forest turtle*

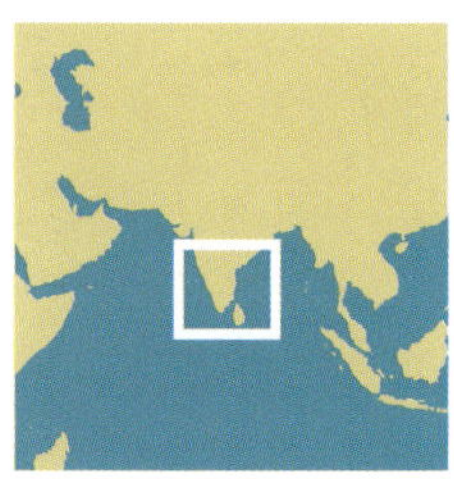

descomposición, así como en cavidades en las rocas. Es crepuscular y difícil de observar y parece escasa en su hábitat. Es omnívora y come frutos, hojas, plantas, invertebrados, ciempiés y moluscos. Se ha constatado que el apareamiento tiene lugar entre octubre y noviembre.

Protección. Solo se conoce un centenar de individuos de esta especie, por lo que es rara y de efectivos muy reducidos. Debería ser estudiada y protegida lo antes posible.

Especie clasificada "en peligro" por el Turtle Conservation Fund.

Heosemys spinosa (Gray, 1831)

Distribución. Vive en el Sudeste asiático, desde el sur de Myanmar, Tailandia, la península Malaya y Singapur, hasta las islas de Sumatra y Borneo, en Indonesia, y de Sulu y Mindanao, en Filipinas.

Características. Esta tortuga tan particular está bien caracterizada por sus nombres científico y común: sus marginales están fuertemente dentadas, en forma de espina. Su espaldar, ancho y oval, está muy aplanado dorsalmente, con una talla máxima de 220 mm. Presenta una quilla vertebral bastante ancha y aplanada, cuyo color claro contrasta con el del espaldar. La quilla está marcada con una excrescencia en el borde posterior de cada una de las vertebrales. Una pequeña espina marca el borde posterior central de las costales. Pero, sobre todo, cada una de las marginales presenta un ángulo agudo dirigido claramente hacia fuera, lo que le da a la especie un aspecto espinoso, especialmente en los individuos jóvenes. Con la edad, se pierde parte de los márgenes dentados. El espaldar es marrón caoba a beis color "pan tostado". El plastrón está muy desarrollado y tiene los puentes anchos. La muesca anal está muy desarrollada. Presenta axilares e inguinales. La cara inferior de las marginales y el plastrón son amarillos, con líneas marrones radiales en cada escama, muy decorativas y fuertemente contrastadas. La cabeza es más bien pequeña, con la nariz poco prominente y la mandíbula superior con una muesca central fina, rodeada de dos dentículos. Su color es gris rojizo a marrón, con una mancha amarilla cerca del tímpano. Los miembros son gris oscuro, con algunos puntos amarillos a rojos; los anteriores poseen grandes escamas imbricadas en la parte superior, y los posteriores están cubiertos de grandes escamas espinosas. Los muslos y la base de la cola también poseen tubérculos espinosos. Las patas son poco palmeadas.

Esta especie es espinosa y dentada desde las vertebrales hasta el contorno del espaldar, quizá para disuadir a los depredadores. Su cabeza es pequeña, triangular y poco colorida.

© F. Bonin

Hábitos. Estas tortugas viven en biotopos muy húmedos y cálidos, cerca de arroyos poco profundos de agua clara, más bien en regiones muy boscosas y montañosas. A menudo se esconden bajo el sustrato, entre la espesura de la vegetación, bajo los residuos de plantas y hierbas. Están activas básicamente a principios de la mañana o al final del día, para evitar el calor diurno. Estas tortugas son semiacuáticas, nadan muy mal y caminan bruscamente en el suelo. Su régimen es más bien herbívoro y se alimentan en el suelo y no en el agua. Consumen plantas, residuos vegetales y frutos caídos, pero también, de tanto en tanto, insectos, carroña y gusanos. Las hembras poseen una cierta plasticidad en el plastrón debajo de las abdominales, lo que facilita la puesta, ya que los huevos son grandes y alargados (alrededor de 32 x 60 mm). Cada puesta contiene de uno a tres huevos blancos, de cascarón duro.

Protección. Esta especie está inscrita como animal "amenazado" en la lista roja de la UICN. Algunas etnias del oeste de Malasia la consumen, pero se le recolecta sobre todo para la venta a coleccionistas occidentales, ya que su morfología es espectacular. También se ve afectada por la deforestación y la alteración de los hábitats, y sus poblaciones se encuentran en declive.

Especie clasificada "en peligro" por el Turtle Conservation Fund.

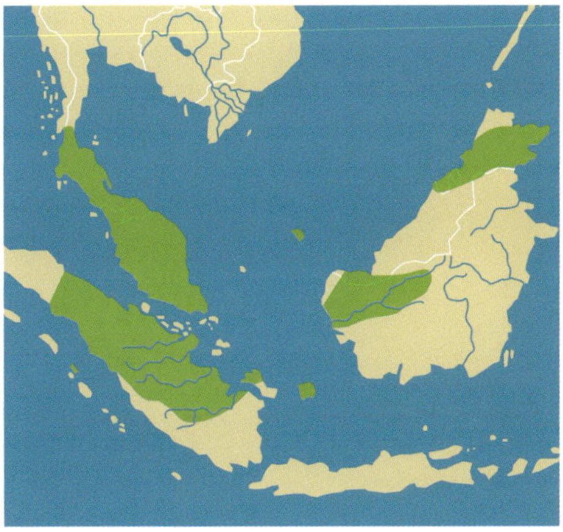

Tortuga de ambientes húmedos

Esp.: *Galápago espinoso sudasiático*
Ingl.: *Spiny turtle*

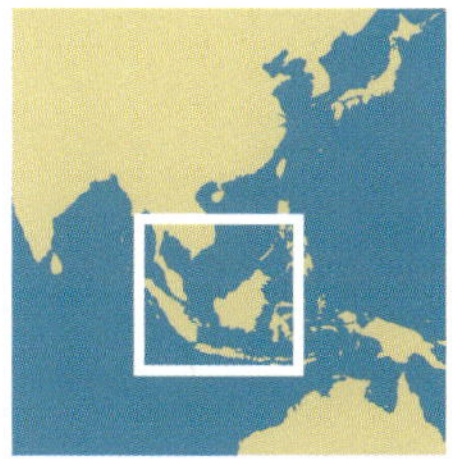

Heosemys depressa (Anderson, 1875)

Tortuga de ambientes húmedos

Esp.: *Galápago espinoso de Arakan*
Ingl.: *Arakan forest turtle*

Distribución. Endémica del oeste de Myanmar, en las colinas forestales de Arakan, en el estado de Rakhine y posiblemente en el de Kayah.

Características. Esta tortuga puede alcanzar los 250 mm, y, como su nombre científico lo indica, su espaldar está deprimido en el medio. La quilla dorsal es estrecha en las primeras vertebrales, hundida en el centro y más ancha en las vertebrales posteriores. El borde posterior del espaldar es muy dentado. El color general es marrón claro, pero algunos individuos presentan manchas negras. El plastrón posee una muesca en el lóbulo posterior, que es más estrecho que la longitud del puente. El plastrón es amarillo a marrón, a veces con rayas marrón oscuro a negras en las escamas. Las axilares y las inguinales se presentan en el puente, que es uniformemente oscuro o negro. La cabeza es grisácea a marrón, de tamaño reducido y con la nariz ligeramente prominente. La cabeza presenta grandes escamas por encima, hacia la parte posterior. El iris es marrón. El cuello, los miembros y la cola son beis y marrón. Los miembros anteriores están provistos de escamas anchas y puntiagudas, a veces cuadradas, en su cara superior. Son parcialmente palmeados y las uñas son fuertes. Los miembros posteriores son más bien aplanados y están cubiertos de pequeñas escamas, salvo en la región que se apoya en el suelo, y también están dotados de una ligera palmación y de grandes uñas. Los machos tienen los miembros posteriores grandes, y su cola es gruesa y ancha.

El espaldar es cuadrangular, con una quilla muy notoria, rodeada por dos depresiones longitudinales. La coloración es oscura y uniforme.

Hábitos. Esta especie es excavadora y se esconde en los depósitos detríticos y húmedos, bajo la vegetación. Es omnívora y come tanto desechos vegetales como invertebrados, frutos caídos o gasterópodos.

Protección. Se le consume localmente y los plastrones son exportados a Taiwan donde se utilizan en la medicina tradicional. Está catalogada como "en peligro" por el Turtle Conservation Fund.

Heosemys grandis (Gray, 1860)

© B. Devaux

Esta especie presenta una cabeza ancha, de color crema jaspeado de negro.

Tortuga de ambientes húmedos

Esp.: *Galápago espinoso gigante*
Ingl.: *Giant asian pond turtle*

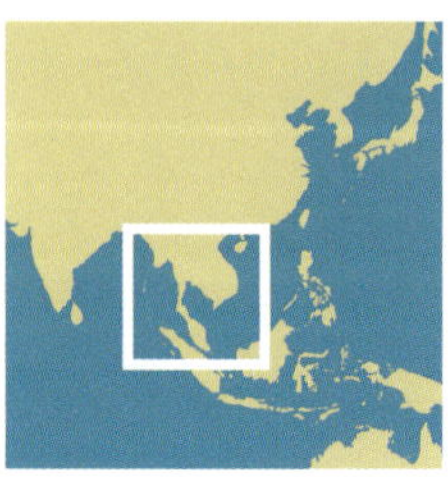

Distribución. En el Sudeste asiático ocupa territorios fragmentados en el sur de Myanmar, Tailandia, el sur de Camboya, el sur de Vietnam y la península Malaya. Podría encontrarse en el sur de Laos.

Características. Es una de las tortugas semiacuáticas más grandes de Asia, con un peso máximo de 12 kg para una talla de 480 mm. Es ovalada, más bien ancha y de aspecto macizo. Su espaldar está medianamente levantado, pero se aplana por detrás y presenta una quilla central muy marcada y bastante ancha de color más claro (amarillo pálido) que el resto del caparazón. Las marginales posteriores son moderadamente dentadas. El espaldar es marrón a pardo negruzco. El plastrón es grande y presenta una muesca anal. Sus lóbulos anterior y posterior son más estrechos que la parte central. Los puentes están muy desarrollados y son más largos que el lóbulo posterior. Presenta inguinales y axilares. Todo el plastrón es amarillo (excepto en los juveniles). La mandíbula superior luce una muesca central poco profunda y dos puntas a los lados. La piel de la parte superior de la cabeza está dividida en escamas irregulares. La cabeza es marrón oscuro a anaranjada, a menudo con un aspecto vermiculado que crea una apariencia jaspeada muy atractiva. Estos dibujos son visibles sobre todo en los jóvenes y se atenúan con la edad. Las mandíbulas, anchas y potentes, son a menudo más claras. Los miembros anteriores son muy desarrollados y presentan escamas grandes en la cara superior. Todas las patas son muy palmeadas. Los juveniles tienen el plastrón amarillo, con un dibujo en cada placa formado por líneas oscuras que salen de la areola. Lucen líneas de crecimiento muy nítidas.

Hábitos. Estas tortugas viven en cursos de aguas diversos o cerca de ellos: ríos, marismas, lagos, arroyos, lagunas en colinas o al nivel del mar. Pero pasan gran parte del día en tierra, escondidas bajo la vegetación, y no es raro verlas cruzando las carreteras o caminos no lejos de los cursos de agua. Es, por tanto, una especie a la vez acuática y terrestre, claramente omnívora, que consume plantas acuáticas, pero también animales muertos, insectos, renacuajos, gusanos y caracoles. Sus puestas cuentan con cuatro a ocho huevos elípticos, que miden aproximadamente 35 x 65 mm. La incubación dura alrededor de 80 a 100 días.

Protección. Su estatus es poco conocido, pero es muy recolectada y consumida, y sus efectivos parecen volverse raros. En China se le importa comúnmente, ya que su gran tamaño la convierte en un plato selecto. En otros países, se le captura para conservarla en templos.

De 1994 a 1999 se le exportó en abundancia desde Vietnam para la terrariofilia.

© B. Devaux

Este animal parece poco asustadizo y alza su cabeza a menudo como por curiosidad. Las mandíbulas son anchas y fuertes, y los ojos son muy expresivos.

Siebenrockiella leytensis

Taylor, 1920 (ant. *Heosemys*)

Nota a la edición española: Debido a cambios taxonómicos recientes *S. leytensis* no aparece agrupada con *S. crassicollis* (p. 304).

Distribución. Especie de distribución muy restringida que solo se encuentra en el sur de Filipinas, sobre todo en la región de Cabalian, en el sur de la isla de Leyte, y en la región de Taytay, en el norte de la isla de Palawan.

Características. Su nombre científico es un topónimo de la isla de Leyte, donde fue descubierta en 1920. Solo se conocen algunos ejemplares. Es una tortuga de 210 mm, bastante aplanada. Generalmente, no presenta quilla, pero, a veces, las últimas vertebrales conservan un vestigio de quilla. Las marginales anteriores son de mayor tamaño que las posteriores y se adelantan sobrepasando a la escama cervical. El borde anterior del espaldar es claramente aserrado, mientras que el borde posterior es poco dentado. El espaldar es marrón a pardo rojizo, sin ningún dibujo. El plastrón es más estrecho en la parte delantera y en la trasera, y es más pequeño que el espaldar. Posee una muesca anal importante. Las escamas gulares sobresalen mucho y están separadas por una gran muesca. El puente es más largo que el lóbulo posterior del plastrón y presenta una axilar y una inguinal. Su color, así como el del plastrón, es amarillo pardusco a pardo rojizo, uniforme.

La cabeza es grande y posee una nariz puntiaguda muy prominente. Los ojos son proporcionalmente muy pequeños. La piel de la cabeza está dividida en escamas en su parte dorsal. El color es marrón con algunas manchas a la altura de las sienes. Una estrecha franja amarilla cruza la cabeza justo detrás del tímpano, pasa debajo de éste y alcanza la parte posterior del cuello. Una pequeña mancha amarilla puede aparecer a cada lado de la mandíbula inferior. El cuello es pardo oscuro en la parte dorsal, y

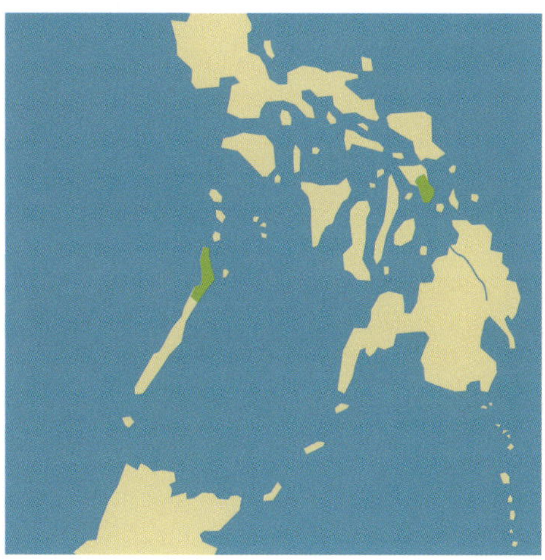

© P. Fidenci

Esta especie es pequeña, con un hocico muy alargado y algunas líneas claras sobre éste y el cuello.

Tortuga de ambientes húmedos

Esp.: *Galápago palustre filipino*

Ingl.: *Philippine pond turtle*

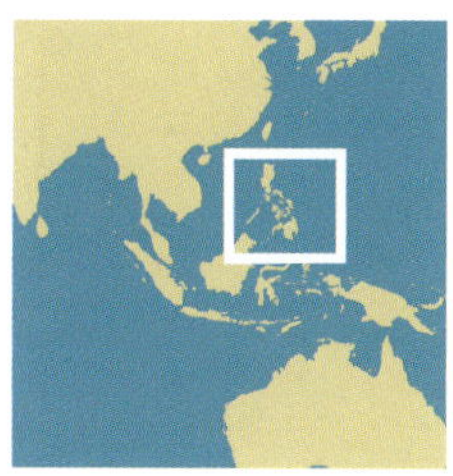

© P. Fidenci

beis a los lados y debajo. Los miembros son pardos, muy oscuros en su parte superior y más claros en la inferior. La piel de los miembros, del cuerpo y del cuello presenta abundantes tubérculos pequeños que le dan un aspecto rugoso. Cada uno de los miembros anteriores posee cuatro escamas transversales voluminosas e irregulares en la cara superior. Una única gran escama transversal existe en las patas posteriores. Todas las patas son palmeadas y están armadas de potentes uñas.

Protección. Especie muy poco conocida que ha sido clasificada "en peligro" por el Turtle Conservation Fund.

El espaldar es muy ovalado, robusto y sin adornos. La mandíbula superior forma un pico pronunciado.

Leucocephalon yuwonoi

(McCord, Iverson & Boeadi, 1995)

Tortuga de ambientes húmedos

Esp.: *Galápago cabeciblanco*
Ingl.: *Sulawesi forest turtle*

Distribución. Esta especie es endémica de las Célebes, del norte y centro de la isla principal, no lejos de Poso y Gorontalo.

Características. Esta especie lleva el nombre de Frank Yuwono, su descubridor indonesio. Fue descrita recientemente y es muy próxima de las *Geoemyda*, pero difiere por los rasgos siguientes: mayor tamaño (alrededor de 300 mm); espaldar bastante plano, con tres quillas, pardo anaranjado a siena; plastrón sin pliegue ni rayas; y puentes muy desarrollados. La gular es corta; y el caparazón, más estrecho en la parte posterior. Las escamas están muy marcadas. La cabeza es mediana y presenta un pico ganchudo en los machos. La coloración de la cabeza varía según el sexo y el periodo de reproducción. En las hembras, la cabeza es pardo negruzco por encima y a los lados, así como la mandíbula superior, con una zona blanco crema que va de los ojos hasta por detrás de los tímpanos. Los machos tienen la cabeza más clara, crema a blanquecina, con la parte superior y a veces los lados salpicados de manchas pardo negruzco. Las patas tienen escamas fuertes y anchas en la parte superior; y finas en la inferior, así como en la cola. Los miembros son pardos, con algunas manchas crema más claras.

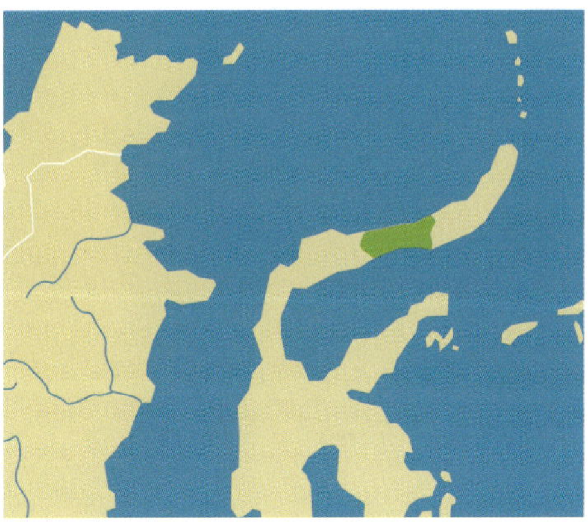

Hábitos. Esta tortuga semiacuática vive en hábitats rocosos con vegetación densa, cerca de cursos de agua o pantanos, en el sustrato detrítico del bosque denso. Es básicamente herbívora y consume hojas y frutos. No es agresiva y huye rápidamente cuando está alarmada, y puede escalar fácilmente las paredes rocosas. Esta especie solo pone un huevo a la vez (raras veces pone dos), duro y bien calcificado, que mide un promedio de 45 x 65 mm.

Protección. Constituye una de las fuentes alimentarias de los pescadores locales, pero también se le recolecta para el comercio animal. A veces se le vende en los mercados, pero se desconocen las cantidades recogidas en la naturaleza. Podría hallarse en densidades importantes en su estrecha área de distribución, pero, debido al endemismo y a la recolección, parece urgente conocer mejor el estado de sus poblaciones y su estatus (Platt *et al.*, 2001), aún más por cuanto su fecundidad es muy baja. Además, sus hábitats están fuertemente degradados por el hombre, siendo especialmente intensa la deforestación en las Célebes.

Especie clasificada "en peligro" por el Turtle Conservation Fund.

© J. Maran

Esta tortuga es cuadrangular y plana. Su cabeza es negruzca, iluminada con grandes manchas blancas o amarillentas.

Mauremys annamensis (Siebenrock, 1903)

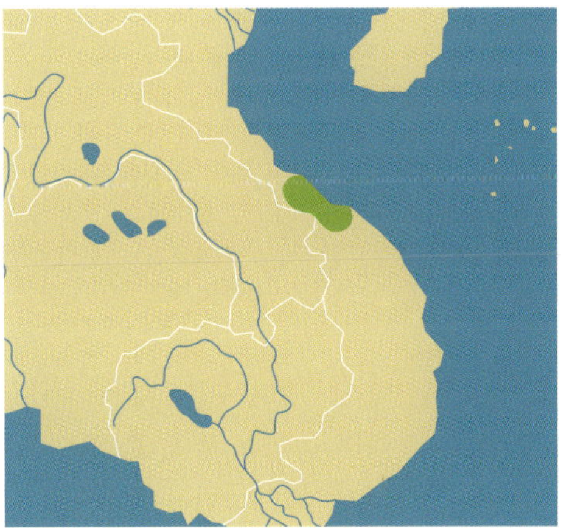

Tortuga de agua dulce

Esp.: *Galápago annamita*
Ingl.: *Annam leaf turtle*

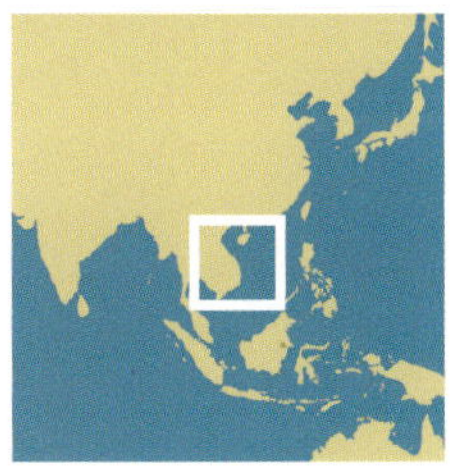

Distribución. Vive solo en Vietnam, en el centro del país (Annam).

Características del género *Mauremys*. Estos pequeños galápagos (180 mm en promedio; 250 mm máximo) ocupan un territorio inmenso, que va desde el oeste de África, el sur de Europa y Oriente Medio hasta Japón. En algunas zonas, su densidad es muy importante, aunque localizada. Las *Mauremys* son a menudo grisáceas, sin muchos adornos, mientras que las *Emys* lucen puntos amarillos en la piel y el espaldar. Sin embargo, en Marruecos hay poblaciones que presentan coloraciones de iris notables, de un bonito azul. Su plastrón siempre monobloque las distingue de las *Emys*. A diferencia de estas últimas, las suturas femorales son más largas que las suturas anales. La nucal es más ancha que larga. La dorsal está deprimida a veces, y los juveniles de este género son muy circulares, con tres ligeras quillas, mientras que los juveniles de *Emys* solo tienen una ligera quilla central y son más bien ovalados.

Características de *M. annamensis*. Denominado antiguamente Annamemys annamensis, este galápago se observa sobre todo en el sustrato vegetal del fondo de lagos y marismas, lo que ha motivado su nombre común en inglés de "leaf turtle" (galápago hoja). No supera los 170 mm. Su espaldar es de un gris azulado uniforme, marcado con tres quillas medianamente desarrolladas, apenas resaltadas de negro. La quilla central es más prominente que las otras dos. El cuerpo es oval y alargado, más ancho por detrás que por delante. La cabeza, de hocico bastante prominente, es negro azulado y está adornada con gruesas franjas amarillas: la primera, en forma de "V", resalta la

El caparazón es mediano, oval, bastante plano y sin colores. La cabeza es puntiaguda y triangular, adornada con líneas laterales claras.

parte delantera de la cabeza y continúa tras las sienes hasta la base del cuello; la segunda, más ancha y luminosa, va de las narinas hasta la base del cuello, atravesando el ojo y la parte alta de los tímpanos; y la tercera parte del centro de la mandíbula superior, y pasa por debajo del ojo y del cuello. La cabeza y el cuello son amarillos por debajo. Los ojos son amarillos, atravesados por una línea horizontal negra, y son más bien grandes y saltones, situados bastante alto en el cráneo. El plastrón está muy desarrollado, con una muesca anal importante y el lóbulo anterior truncado. Es amarillo anaranjado, con grandes manchas negras en cada escama, formando como dos bandas laterales. Estas bandas también aparecen en los puentes –que tienen axilares e inguinales– y debajo de las marginales. Las patas son totalmente palmeadas; las delanteras poseen cinco dedos y las traseras cuatro.

Hábitos. Vive en marismas, lagos, brazos muertos de ríos y zonas pantanosas cubiertas con vegetación abundante. Se esconde a menudo bajo el sustrato, lo que dificulta su observación. En cautividad, es omnívora con tendencias herbívoras. No se sabe nada de su reproducción.

Protección. Su área de distribución es poco extensa y la agricultura está cada vez más presente. Además, se le recolecta para el comercio de exportación hacia China, y sus poblaciones se consideran muy amenazadas. Los animales capturados a menudo se niegan a comer y mueren rápidamente. Hace algunos años se la encontraba en los mercados de Vietnam, pero, desde 1998, es rara en los lotes decomisados, lo que puede significar que también escasea en la naturaleza.

Especie clasificada "en peligro" por el Turtle Conservation Fund.

Mauremys caspica (Gmelin, 1774)

Distribución. Su antigua distribución ha sido reorganizada tras la separación de *Mauremys rivulata*, que ocupa la parte occidental del área. *Mauremys caspica* ha conservado la parte oriental, desde Turquía hasta Azerbaiyán, pasando por Irán, Iraq, Arabia Saudita, Georgia y Turkmenistán.

Características. Es la mayor de las dos especies que constituían la antigua *M. caspica*, con un máximo de 240 mm. Es ovalada y plana, pardo rojizo a negruzco. Algunos individuos presentan una ligera quilla central, marcada en los jóvenes. Las marginales posteriores son muy lisas, apenas levantadas encima de la cola. El plastrón está muy desarrollado, con una muesca anal importante. Es amarillo, marcado con manchas rojizas o pardas. La cabeza es mediana, olivácea a gris negruzco, con finas líneas amarillas o crema a los lados. Una termina en la punta de la nariz pasando por encima del ojo. Las otras parten de la parte posterior del ojo y llegan hasta la base del cuello. Otras marcan la boca y los lados del cuello, pero desaparecen con la edad. El cuello, los miembros y la cola también son negruzcos o gris pardusco, estriados de finas líneas amarillas o crema. Los jóvenes son más coloridos y presentan tres quillas. Las dos quillas laterales son discretas y desaparecen rápidamente.

Subespecies. Actualmente se reconocen tres subespecies. *M. c. caspica*: ya descrita, ocupa toda la parte norte y oeste de la distribución. *M. c. siebenrockii* Fritz & Wischuf, 1997: se encuentra en el sur de la distribución (Iraq). El plastrón tiene grandes manchas negras simétricas. La coloración es la más clara de las tres subespecies. *M. c. ventrimaculata* Wischuf & Fritz, 1996: ocupa un pequeño territorio en el sur de Irán, en los ríos Kor y Maharloo. El plastrón es amarillo con marcas negras irregulares.

Hábitos. Es un galápago bastante común a lo largo de los ríos y marismas litorales. Cuando el agua es abundante, está muy activo; cuando escasea, estiva bajo la capa de lodo endurecida. Le gusta calentarse al sol, pero es huraño y se sumerge al menor ruido. Es más bien carnívoro y come insectos acuáticos, alevines, moluscos y batracios. Los machos son agresivos y territoriales, lo que puede ocasionar violentas luchas y heridas en algunos animales. Las hembras realizan a menudo dos puestas al año, no lejos del agua, y ponen de 3 a 15 huevos alargados, blancos y rígidos (25 x 37 mm). Los recién nacidos, que miden 33 mm, salen después de las lluvias, a principios de otoño.

Protección. Como otras muchas especies, este galápago se ve afectado por la degradación de su hábitat y sobre todo por la desertización de las regiones cálidas o la destrucción de las zonas húmedas. A veces se le consume in situ, o se le vende, y es víctima también de las recolecciones. Ahora bien, sus efectivos son aún abundantes en algunas zonas y está menos expuesto que *M. rivulata* a la presión de la recolección.

Tortuga de agua dulce

Esp.: *Galápago del Caspio*
Ingl.: *Caspian turtle*

© A. Dupré

La forma general es muy ovalada, con marginales bastante ensanchadas en la parte delantera y posterior, y a veces con una orla clara en el contorno del caparazón. La cabeza apenas luce líneas claras. El conjunto del animal es a veces uniforme, pardo a grisáceo.

Mauremys leprosa (Schweigger, 1812)

© A. Hell-Kevorkian

Las crías de estos galápagos son muy coloridas y recuerdan a los galápagos americanos. Las líneas amarillas en el cuello se atenuarán con la edad y el caparazón se tornará uniformemente pardo a grisáceo.

Tortuga de agua dulce

Esp.: *Galápago leproso*
Ingl.: *Mediterranean turtle*

Distribución. Se la encuentra en el Mediterráneo occidental y en el borde noroccidental de África, desde el sur de Francia (Banyuls), España y Portugal, hasta Marruecos, Argelia, Túnez y Libia. No se han confirmado algunos puntos en Níger y Mauritania.

Características. Los primeros ejemplares que examinó Schweigger eran viejos y presentaban suturas infectadas que hacían recordar a una suerte de lepra entre las escamas, de allí el nombre escogido por este investigador. En realidad, aunque estas tortugas estén cubiertas a veces de algas y vivan en aguas a veces turbias e incluso contaminadas, no tienen nada de "leprosas", nombre ignominioso que debería ser modificado. Es una de las *Mauremys* más grandes, con un máximo de 250 mm en las hembras. El caparazón es bastante plano y muy oval. La quilla central desaparece a menudo en los adultos y el animal presenta, en cambio, una depresión en la parte central. Las marginales son muy lisas, no dentadas. El color va del pardo rojizo al oliváceo, y en los jóvenes presentan finas manchas anaranjadas a amarillentas en cada escama. En esta especie existen grandes diversidades cromáticas según la zona ocupada, incluso en el seno de poblaciones aisladas. El plastrón es amarillento, con una mancha central oscura, a veces con una raya central amarilla. Estos colores particulares se observan sobre todo en cautividad, en los individuos jóvenes. En la naturaleza, los animales se vuelven más uniformes y pierden sus colores brillantes. La cabeza de *M. leprosa* puede recordar a la de algunas tortugas americanas. Está estriada con rayas amarillo vivo, que van desde la base del cuello hasta el tímpano, algunas de las cuales alcanzan la parte posterior de la nariz, sobre un fondo pardo a gris azulado. Estas líneas se atenúan notoriamente en muchos individuos. En algunos individuos muy coloridos, se aprecia un círculo amarillo incompleto alrededor de los tímpanos, a veces un punto anaranjado o amarillento entre los tímpanos y los ojos. Pero, el animal adquiere más a menudo un tono pardo uniforme, a veces verdoso, salvo en el cuello y las patas que poseen líneas más claras, crema a amarillentas. Los juveniles son muy redondos, de unos 32 mm de diámetro, con tres quillas dorsales, son muy coloridos y están marcados con una orla amarilla en el contorno del caparazón.

Subespecies. Publicaciones recientes describen ocho subespecies, entre ellas la subespecie nominal *M. l. leprosa*, que ocupa la parte norte de la distribución. Las otras siete se encuentran en Marruecos y algunas son discutidas. Sus diferencias morfológicas son mínimas y se trata a menudo de subespecies vicariantes, donde lo único que cambia es la distribución. *M. l. atlantica* Schleich, 1996: de los ueds Loukos y Makhazan, de plastrón oscuro y uniforme, con líneas oscuras en el espaldar, una fina orla oscura y una mancha timpánica. *M. l. erhardi* Schleich, 1996: cerca de Melilla, de plastrón claro, con líneas oscuras en el espaldar, sin orla oscura y con una mancha timpánica. *M. l. saharica* Schleich, 1996: del ued Noun, en los alrededores de Guelmin, de plastrón claro, con jeroglíficos en el espaldar, sin orla oscura ni mancha timpánica. *M. l. marokkensis* Schleich, 1996: de la llanura de Hazouz en los alrededores de Agadir, de plastrón claro, espaldar uniforme sin orla oscura, pero con una mancha timpánica. *M. l. vanmeerhaeghei* Bour & Maran, 1998: del ued Draa, notables por algunas poblaciones de ojos azules, de plastrón decorado con grandes manchas negras simétricas, con estrías muy marcadas en el cuello, un espaldar más bien colorido y con manchas claras sobre fondo caoba; la mancha timpánica a menudo está presente, pero a veces falta. *M. l. wernerkaestlei* Schleich, 1996: de los ueds Serou y Oum er Rbia, de plastrón claro, con líneas oscuras en el espaldar, sin orla oscura, pero con

© B. Devaux

Este galápago de mayor edad presenta un espaldar muy plano, liso y pardo. Solo el cuello y la cabeza conservan líneas o puntos claros sobre el fondo verdoso o pardo.

una mancha timpánica. *M. l. zizi* Schleich, 1996: del ued Zizi, de plastrón claro, con jeroglíficos en el espaldar, sin orla oscura ni mancha timpánica.

Hábitos. Es un galápago discreto, que prefiere los fondos limosos y los montones de restos vegetales. Vive en aguas estancadas, lagos y lagunas tranquilos, e incluso en aguas salobres. En el sur de su distribución, ocupa oasis y ueds más o menos temporales, o los *gueltas* aislados en las regiones desérticas, y cuesta entender cómo han podido llegar hasta estas pozas de agua. Se caliente discretamente al sol, en la arena o en el tronco de un árbol, pero se sumerge a la más mínima alerta. Tolera muy bien la contaminación de su hábitat, y, en las zonas acuáticas alteradas y contaminadas donde se encuentran al mismo tiempo *Emys* y *Mauremys*, la primera sucumbe y desaparece, mientras que la segunda consigue mantenerse (R. Mascort). En el norte de su distribución, hiberna algunos meses, mientras que, al contrario, en el sur de la distribución (desde el centro de Marruecos) estiva entre montones de hojarasca o en el lodo seco.

Su régimen es netamente carnívoro: come pequeños peces, batracios, renacuajos, gasterópodos e insectos, pero a veces se alimenta de algas y plantas acuáticas, o de restos vegetales. El apareamiento tiene lugar a principios de la primavera, sobre todo en el sur. Las puestas comienzan en mayo y se prolongan hasta junio en el norte de la distribución. Se aparean bajo el agua, bastante rápido, y el ritual es simple. Se resume en algunas evoluciones del macho frente a la hembra: da vueltas alrededor de la cabeza de ésta estirando sus miembros. La puesta se realiza a cierta distancia del medio donde vive, en el borde de algún lago, bien orientado, seco y asoleado. Cada hembra pone de seis a nueve huevos alargados (21 x 35 mm), hasta tres veces por temporada. La incubación es corta y la emergencia se produce 60 días después de la puesta. Los jóvenes miden un promedio de 32 mm, para un peso de 8 g, es decir más que las crías de *Emys*.

Protección. Se le recolecta poco y casi nunca se le consume. No existe ningún comercio o tráfico de esta especie, pero a veces se la encuentra en venta en los zocos. Es poco sensible a la contaminación, y solo se encuentra amenazada por la destrucción de los ambientes acuáticos y el acondicionamiento y limpieza de lagunas o canales. En Francia, la población residual está restringida y cuenta con solo un centenar de individuos (M. Franck), cerca de la frontera española. Un programa de protección implica la modificación de algunas presas locales, el mantenimiento de las orillas, la vigilancia por parte de los agentes de la ONF y el radioseguimiento, a fin de preservar esta población, única en Francia.

Mauremys japonica (Temminck & Schlegel, 1835)

Distribución. Solo se encuentra en Japón (centro y sur), en Honshu, Kyoshu y Shikoku.

Características. Esta especie es bastante ancha y larga, de forma más bien cuadrangular, y su caparazón se eleva formando un ligero "techo" en las vertebrales. Su talla máxima es de 201 mm (hembras). Sus marginales posteriores son algo dentadas y sus escamas presentan anillos de crecimiento muy marcados. Su color general es más bien pardo, con partes más claras (beis) y más oscuras (negruzcas), que forman dibujos medianamente regulares en las placas. Las marginales laterales a veces están un poco levantadas. El plastrón está muy desarrollado y es muy plano, de color oscuro, marrón a negruzco, sin partes claras. La muesca anal es grande. La cabeza es bastante pequeña, marrón claro a gris negruzco. Toda la parte alta forma una especie de casco uniforme, de textura fina, a menudo más claro que el resto de la cabeza. Los ojos son más bien grandes y están situados bastante alto y hacia delante. En el cuello se distinguen líneas discontinuas más o menos claras. Los miembros son marrones, con líneas amarillas a crema en la parte delantera. Las crías son más oliváceas y pardo claro que los adultos, y presentan una línea amarilla en la quilla vertebral. En los juveniles también se aprecian manchas más claras a lo largo de las suturas entre las costales y las marginales.

Hábitos. Esta especie ocupa ríos claros de corriente débil, pero de fondos limosos, los lagos e incluso los prados inundados, al pie de las montañas. Es más bien omnívora: consume batracios y sus huevos, peces jóvenes, larvas e insectos acuáticos, caracoles y cangrejos, pero también algas y frutos caídos al suelo. Aunque es claramente acuática, también toma el sol en las ramas y en las orillas de los lugares donde vive, pero hiberna bajo el agua en los residuos acuáticos o bajo el limo. Cada animal está afincado en un lugar, que frecuenta regularmente cada año. La madurez sexual de este galápago parece precoz y se estima que puede reproducirse a partir de los 5 años. El apareamiento se observa de septiembre a abril, con un pico en enero y febrero. Durante este periodo se nota una mayor actividad en los machos, que se desplazan frecuentemente buscando hembras. Hay que señalar que esta especie está activa incluso en los periodos de temperaturas bajas (13-14 °C). Las temperaturas cloacales recogidas por Takashi Yabe han dado cifras muy bajas: 3 °C para los machos y 5 °C para las hembras. Las puestas se observan de mediados de mayo a principios de julio. Puede haber dos o tres puestas al año, con un promedio de cinco a ocho huevos alargados, rígidos y blancos (22 x 36 mm). La incubación es breve y oscila entre los 70 y los 80 días. Los nacimientos co-

Este animal presenta un vestigio de quilla en las primeras vertebrales. Su espaldar está fuertemente marcado por los años. La cabeza es poco colorida y la especie es, en general, bastante apagada.

mienzan a mediados de agosto, si el sustrato ha recibido las lluvias necesarias. Los recién nacidos miden alrededor de 35 mm y pesan 8 g.

Protección. Está protegida a nivel nacional, pero algunas poblaciones se ven afectadas por la degradación de su hábitat natural. La ampliación de los arrozales y el acondicionamiento de los cursos de agua son nefastos para la especie. También es víctima de los atropellos en las carreteras. Se le recolecta para el comercio de animales o para enseñarla a los niños, lo que ha reducido aún más sus efectivos, que parecen estar disminuyendo de manera importante.

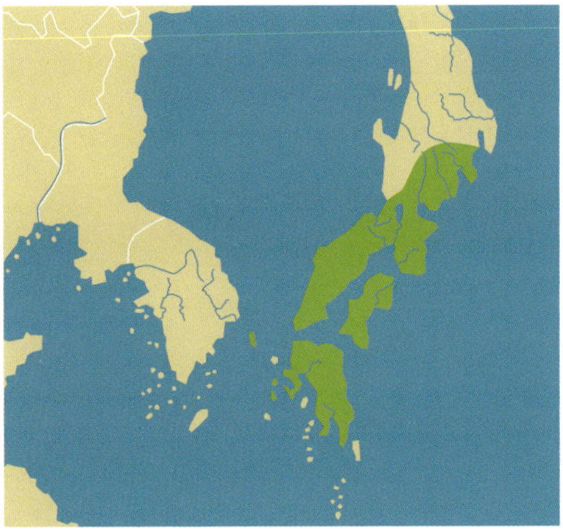

Tortuga de agua dulce

Esp.: *Galápago japonés*
Ingl.: *Japanese pond turtle*

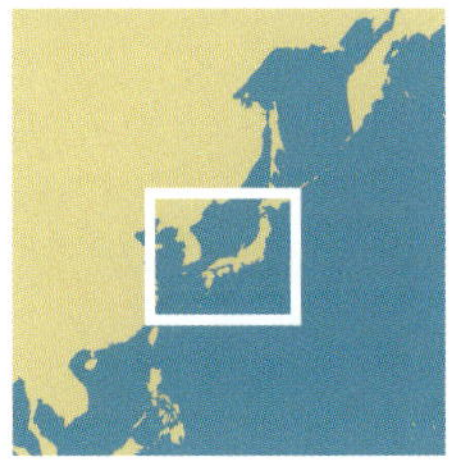

Mauremys mutica (Cantor, 1842)

Distribución. Este galápago asiático se encuentra en una ancha franja costera en el centro y sur de China, en las provincias de Yunnan, Anhui, Jiangsu, Zhejiang, Jiangxi, Hunan, Fujian, Guangdong, Guangxi y Hainan; así como en el norte de Vietnam, el este de Laos y en Taiwan, donde habría sido introducida por el hombre. También habita en las islas japonesas de Yaeyama.

Características. El curioso nombre de *mutica* estaría motivado por su hocico bastante plano y corto. Es una tortuga de un máximo de 170 mm (hembras), ovalada, alargada, plana y más ancha por detrás que por delante. Su quilla central es poco pronunciada, y las dos quillas laterales desaparecen con la edad. Las marginales a veces están levantadas en los individuos viejos y las posteriores pueden ser ligeramente dentadas. El color general es pardo a habano, o grisáceo. El plastrón es amarillo anaranjado apagado, con una mancha negra en el borde de cada escama. Los puentes son anaranjados y presentan dos grandes manchas oscuras. La cabeza es mediana, grisácea a marrón negruzco y se aprecia su hocico corto, casi truncado. Una gruesa franja amarilla parte del hocico, atraviesa los ojos, grandes y pardos, para desvanecerse en la base del cuello. La parte inferior de la mandíbula superior es amarillo sucio, así como debajo de la cabeza y del cuello. Los miembros son grisáceos a oliváceos, amarillo sucio por debajo. La cola de los machos es claramente más larga y gruesa que la de las hembras. Los jóvenes tienen tres quillas y manchas más claras en el espaldar.

Subespecies. Este galápago presenta grandes variaciones según el medio. Se observan algunos ejemplares gris acero, con el espaldar casi negro y el plastrón casi uniformemente oscuro. Otros presentan un espaldar beis, con suturas oscuras entre las escamas, y un plastrón amarillo, marcado con manchas en cada escama. Habría dos subespecies: la subespecie nominal, *M. mutica mutica*, y *M. m. kami* (Yasukawa & Iverson, 1996).

Hábitos. Frecuenta las cuencas y los afluentes de ríos importantes, marismas, lagunas y campos inundados. Su régimen es omnívoro e in-

© B. Devaux

La nariz corta y oblicua motiva el nombre "mutica". Por lo demás, se parece a las otras *Mauremys*. Las líneas claras en su cabeza y su cuello son discretas y poco definidas.

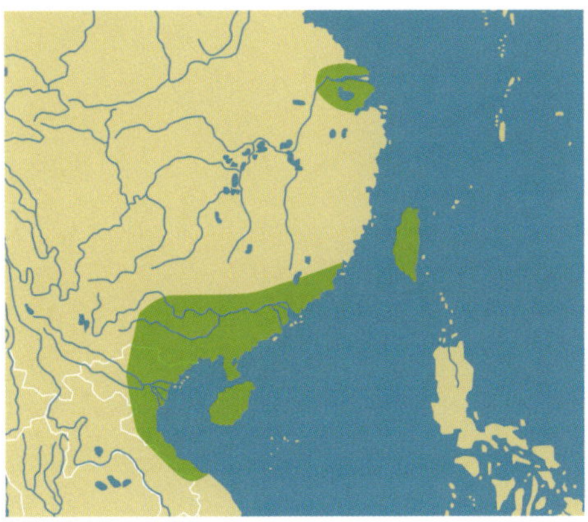

Tortuga de agua dulce

Esp.: *Galápago amarillo*
Ingl.: *Yellow pond turtle*

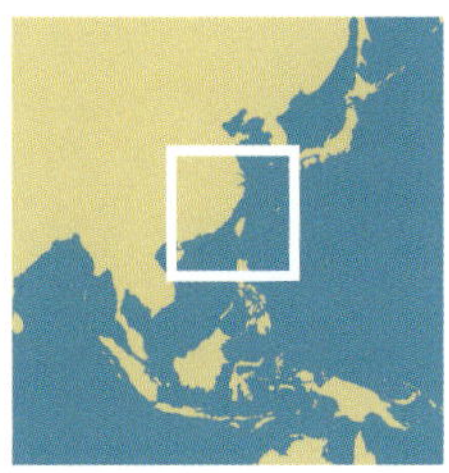

© F. Bonin

Este viejo galápago presenta un espaldar claro y uniforme, bastante abombado. La quilla está marcada principalmente en las vertebrales posteriores. La cabeza también es clara, apenas coloreada por las rayas laterales amarillas.

cluye todas las presas acuáticas habituales, pero también algas, plantas acuáticas y frutos caídos. Al parecer, las hembras maduran a los 6 años (130 mm de largo). Las cópulas se observan en marzo y abril, y las puestas serían bastante tardías, en junio y julio. La puesta contendría un máximo de ocho huevos medianos y alargados (20 x 35 mm), y el tiempo de incubación puede oscilar, según la región, entre los 64 y los 96 días. Las crías son muy redondas y coloridas, y pesan unos 8 g. En cautividad, se ha observado una gran agresividad en los machos.

Protección. Actualmente se le considera "en peligro", incluso en China. Es una de las especies más recolectadas y vendidas en los mercados y, además, sus hábitats están intensamente ocupados por el hombre. El uso de pesticidas también podría ser muy nefasto para este galápago. Así, es probable que se encuentre en regresión en toda su área de distribución.

Mauremys rivulata (Valenciennes, 1833)

Tortuga de agua dulce

Esp.: *Galápago de ribera*

Distribución. Ocupa el oeste del área de distribución de la antigua *M. caspica*: desde el sur de Bosnia-Herzegovina y de Bulgaria, hasta Grecia, Chipre, el oeste de Turquía e Israel.

Características. No supera los 200 mm. Es ovalada, plana y bastante cuadrangular, con un tono general gris antracita a negruzco, a veces azulado. La quilla central subsiste, mientras que las dos quillas laterales de los juveniles desaparecen en la edad adulta. El plastrón está muy

desarrollado y es de color negro a azulado, con partes más claras en el contorno y debajo de las marginales. La cabeza es negruzca a azulada, marcada con líneas amarillas muy finas que forman un triángulo en la cabeza, y presenta reticulaciones a lo largo del cuello. La mandíbula inferior es clara y el cuello luce pequeñas rayas amarillas debajo. Las patas también son negruzcas a azuladas, con finas líneas amarillas.

Subespecies. *M. r. rivulata*: ya descrita. *M. r. cretica*: solo vive en Creta. Presenta una pigmentación más clara en el espaldar, así como iris muy brillantes y claros.

Hábitos. Es un galápago muy extendido que ocupa todos los ambientes acuáticos disponibles, incluso los canales de irrigación o las aguas salobres, como alrededor de Salónica. Los machos son agresivos y territoriales. Lleva una vida similar a la de *Emys orbicularis*: baños de sol, régimen carnívoro y largos periodos escondido en invierno. Se observan dos puestas, en general, con un promedio de una decena de huevos alargados, blancos y rígidos (22 x 35 mm). Las puestas se producen al final de la primavera, y las crías aparecen después de las lluvias del final del verano.

Protección. Es una especie muy amenazada: por un lado, por la recolección, pues se le vende ilegalmente en muchos países europeos (como animal de terrario, e incluso para el consumo) y a veces se le considera como una "especie americana o asiática"; por otro, por el deterioro de sus hábitats a causa de la urbanización, la desecación de las zonas húmedas y la agricultura extensiva. El uso de productos fitosanitarios también es nefasto para este galápago.

Este juvenil luce una llamativa red de líneas coloridas, que hacen pensar en una especie exótica. Pero esta coloración desaparecerá, el espaldar se volverá negruzco, con quillas muy poco pronunciadas.

Melanochelys trijuga (Schweigger, 1812)

Distribución. Las numerosas subespecies comparten un vasto territorio en Asia, a menudo con áreas aisladas: en el sur y sudoeste de India, el norte de Bangladesh, el centro de Myanmar, Sri Lanka, las islas Maldivas y las Chagos, y en el sur de Nepal.

Características. Este galápago es mucho más negro y más grande que *M. tricarinata*, que vive en Bangladesh. Las hembras pueden medir hasta 385 mm de largo. Su espaldar es ligeramente aplanado, con tres quillas, la central muy marcada y las dos laterales solo presentes en las tres primeras costales. El borde posterior es liso y las marginales a veces están levantadas en los individuos viejos. El color del espaldar varía del marrón rojizo al negro. Las quillas son claras, a menudo amarillentas. El plastrón es característico: negro rodeado por una ancha banda amarillo anaranjado. Es grande y posee una muesca anal marcada. La cabeza es de tamaño moderado, con una nariz bastante corta. Es marrón a negra, con manchas anaranjadas o amarillas, y a veces una fina reticulación. Algunos individuos presentan una gran mancha amarilla a crema en la región temporal. Las patas son completamente palmeadas y las anteriores lucen grandes escamas en la cara superior. Son grises a marrón oscuro, a veces negras.

Subespecies. Existe una gran variabilidad morfológica en esta especie, aún más por cuanto su territorio es vasto y forma poblaciones aisladas.

– *M. t. trijuga* (Schweigger, 1812) (Galápago negro indio): se encuentra en India, desde el

Tortuga de agua dulce

Esp.: *Galápago negro*
Ingl.: *Indian black turtle*

norte de Bombay hasta Coorg por el oeste, a Cuddalote por el este y Bezwada por el sur. Mide 220 mm, y su espaldar está ligeramente deprimido dorsalmente. Sus características ya han sido descritas. El iris es blanco a marrón claro. Es muy acuática.

– *M. t. coronata* (Anderson, 1878) (Galápago negro de Malabar): costa sudoccidental de India, desde Calcuta hasta Travancore. Mide 230 mm, y su color es marrón con suturas oscuras. Puede ser toda negra. El plastrón es negro sin bandas amarillas. La cabeza es a menudo negra con dos grandes manchas amarillas en las sienes. El iris es amarillo.

– *M. t. edeniana* (Theobald, 1876) (Galápago negro birmano): vive en Myanmar, (Arakan, colinas de Karenni y Moulmein). Su espaldar puede alcanzar los 280 mm y es ligeramente abombado con quillas amarillentas. El plastrón es negro, rodeado de amarillo. La cabeza es marrón con reticulaciones amarillas a oliváceas.

– *M. t. indopeninsularis* (Annandale, 1913) (Galápago negro bengalí): norte de Bangladesh y sur de Nepal. Espaldar negro y abombado, de 350 mm y quillas blanquecinas. Plastrón marrón con el borde amarillo, o todo crema. Cabeza marrón a olivácea, sin manchas claras, a veces con una banda central negra por encima. Iris de color avellana.

– *M. t. parkeri* (Deraniyagala, 1939) (Galápago negro cingalés): solo se encuentra en Sri Lanka y puede alcanzar los 385 mm (tamaño máximo para la especie). Color pardo rojizo a negro, con el plastrón marrón oscuro rodeado de amarillo. La cabeza es oliváceo a marrón, con finas manchas anaranjadas. El iris es amarillo.

– *M. t. thermalis* (Lesson, 1830) (Galápago negro índico): se encuentra en Sri Lanka, pero también en las Maldivas y posiblemente en el sudeste de India. Su espaldar alcanza los 280 mm. Es un poco aplanado, marrón oscuro, con quillas amarillas, pero a veces carece de ellas. El plastrón es gris a marrón oscuro o negro. La cabeza es negra con puntos amarillos, anaranjados o rojos. El iris es marrón.

– *M. t. wiroti* (Nutaphand, 1979) (Galápago negro tailandés): solo vive en el este de su área de distribución, en Tailandia y Myanmar. Es la menos colorida de las subespecies.

Las tres quillas, resaltadas por una franja clara, aún son visibles en este animal. La cabeza es bastante robusta, con manchas y líneas discontinuas blancas o amarillentas sobre fondo negruzco.

Hábitos. Estas tortugas son esencialmente acuáticas y ocupan ríos tranquilos de aguas claras, marismas y lagos. Pasan largos periodos insolándose (sobre todo *M. t. thermalis*, como su nombre lo indica). Algunas especies son más terrestres que otras, como *M. t. indopeninsularis*, que prefiere los prados inundados y los arrozales. Son tortugas básicamente herbívoras, pero *M. t. thermalis* sería más omnívora e incluso podría alimentarse de animales muertos o despojos. Cuando son molestadas, segregan un almizcle muy nauseabundo. Durante la cópula, el macho es activo y agresivo, y muerde con frecuencia a la hembra en la base del cuello. Estas cópulas se dan casi todo el año, salvo en la zona más al norte, y las puestas también se producen todo el año. Los huevos son blancos, alargados y bastante grandes (35 x 48 mm). La incubación dura un promedio de 60 a 65 días, pero varía según la latitud. Cada hembra pone una decena de huevos. Los juveniles son más coloridos que los adultos y miden alrededor de 43 mm.

Protección. Estos galápagos son buscados por los coleccionistas y, en algunas regiones, se les recolecta para el comercio de animales silvestres. Se les consume raramente y sus efectivos son aún importantes, aunque se ven afectados por la deforestación y la rápida degradación de algunos hábitats en Bangladesh, Tailandia, Sri Lanka y Nepal.

Melanochelys tricarinata (Blyth, 1856)

Distribución. Territorio limitado en Bangladesh, el este de India (Assam) y Nepal.

Características. Esta especie no supera los 163 mm en las hembras. Es más clara que *M. trijuga*, con el espaldar marrón rojizo y quillas amarillentas muy marcadas. La quilla central se extiende a lo largo de todo el animal; y las dos laterales, sobre las cuatro costales. Su plastrón es grande, de color amarillo a amarillo anaranjado, con una muesca anal muy marcada. Su cabeza es pardo rojizo y presenta en los lados una franja estrecha más clara, amarillenta, anaranjada o rojiza, que va de las narinas hasta el cuello pasando por las órbitas y los tímpanos. Una segunda franja comienza en la comisura de la boca y continúa hacia el cuello. Los miembros son pardo rojizo a negros y a veces presentan manchas amarillas. Los anteriores están provistos en su cara superior de escamas de gran tamaño, cuadradas o puntiagudas. Los miembros posteriores a veces lucen escamas grandes en los bordes del pie. Las patas anteriores solo son parcialmente palmeadas, lo que demuestra que esta especie es más terrestre que *Melanochelys trijuga*.

Hábitos. Es una especie del bosque tropical, pero que necesita zonas húmedas y a la que le gusta esconderse bajo el sustrato detrítico. Es más bien omnívora y consume insectos, animales muertos, bayas y frutos caídos. Sus hábitos en la naturaleza son poco conocidos. Pone un mínimo de tres huevos bastante alargados (25 x 44 mm). En las hembras de edad, la parte posterior del plastrón es movible, lo que facilita la puesta (Moll, 1985). Smith (1931) señaló, además, que los machos viejos pierden a menudo las franjas claras a los lados de la cabeza.

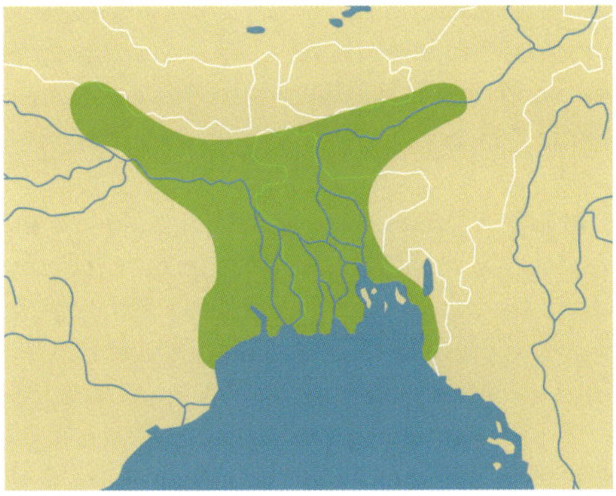

Protección. Está inscrita en el Apéndice I de la CITES. Sus efectivos son bastante escasos y sigue siendo muy buscada por los coleccionistas. Además, sus hábitats están muy antropizados y se degradan rápidamente. Está presente a menudo en los estanques de los templos budistas.

Tortuga de ambientes húmedos

Esp.: *Galápago indio tricarinado*
Ingl.: *Tricarinate hill turtle*

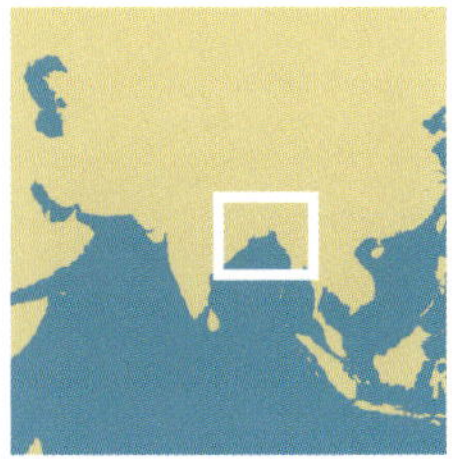

© I. Das

Esta pequeña tortuga es oval y muy abombada. Las quillas están resaltadas por las líneas claras. El espaldar también está contorneado por una orla amarilla. La cabeza es pequeña, con una sola línea clara en cada lado.

Notochelys platynota (Gray, 1834)

Distribución. Esta tortuga es una especie propia del sudeste de Asia. Se encuentra en el sur de Vietnam, Tailandia, la península Malaya, Borneo, Java y Sumatra.

Características. Este galápago puede alcanzar los 360 mm. Su caparazón es muy particular: caso único entre las tortugas acuáticas, a menudo presenta 6 vertebrales (a veces 7). Su espaldar forma una quilla en la primera vertebral; luego se aplana en las vertebrales 2, 3 y 4 (de allí su nombre); y presenta una quilla posterior en las vertebrales 5 y 6. El color general varía entre el gris rojizo y el pardo caoba. Las escamas poseen fuertes estrías y líneas radiales, y todas lucen una mancha o una raya oscura. El plastrón es amarillo a anaranjado, con una mancha negra en cada escama, y está fijado al espaldar por sólidos ligamentos, lo que le da una cierta flexibilidad. El plastrón de los adultos no está reforzado, a pesar de que el puente está muy definido. La cabeza es bastante alargada y presenta una nariz ligeramente prominente, con las narinas muy abiertas. La parte superior de la cabeza está cubierta de pequeñas escamas. La mandíbula superior posee una muesca central y finos dentículos a los lados. La cabeza, el cuello y los miembros son marrones. Grandes escamas transversales recorren la parte superior de los miembros. Las patas son palmeadas y la cola es medianamente larga. Los juveniles tienen el espaldar claro, muy redondo, a menudo amarillo, con pequeñas manchas negras simétricas en las vertebrales centrales y las costales. Su caparazón es muy dentado por detrás y está dotado de una quilla central. Su cabeza luce a menudo una franja amarilla que pasa por los ojos, y una segunda va de la comisura de la boca a la base del cuello. El plastrón de los recién nacidos es anaranjado.

Hábitos. Estos galápagos ocupan cursos de aguas lentas, con fondos limosos y vegetación acuática densa, así como humedales, lagos y zonas inundadas del bosque tropical húmedo. Sin embargo, se desplazan fácilmente por el suelo y su morfología puede recordar a la de las tortugas terrestres. A veces se les mantiene en cautividad en cercados que presentan muy pocas zonas con agua. Cuando se le captura, este galápago defeca a menudo y permanece largo rato escondido en su caparazón. Algunos autores lo consideran agresivo, pero en realidad no lo es. Es una especie principalmente herbívora que se alimenta de plantas acuáticas y frutos caídos, pero también aprecia las larvas, los caracoles e invertebrados. La hembra pone

© I. Das

Esta tortuga es notable por su espaldar aplanado y por la presencia frecuente de 6 o 7 vertebrales. Sus marginales están ensanchadas; la cabeza es bastante ancha, con una nariz puntiaguda, y líneas y manchas muy claras sobre un fondo negro o pardo.

© F. Bonin

de dos a seis huevos, de cascarón duro, de 27 x 56 mm. Las crías miden entre 50 y 60 mm de largo.

Protección. Es una tortuga rara y poco conocida, aún consumida ocasionalmente por las poblaciones locales. Esta especie no goza de ninguna protección, ya que, según la UICN, no está catalogada por "falta de datos". En Malasia, está presente a menudo en los estanques de los templos budistas. Además, es buscada para el comercio de animales y la exportación. Parece necesario examinar rápidamente su estatus y su distribución, para planificar su conservación.

Tortuga de agua dulce

Esp.: *Galápago aplanado malayo*
Ingl.: *Malayan flat-shelled turtle*
Fr.: *Tortue boîte à dos plat*

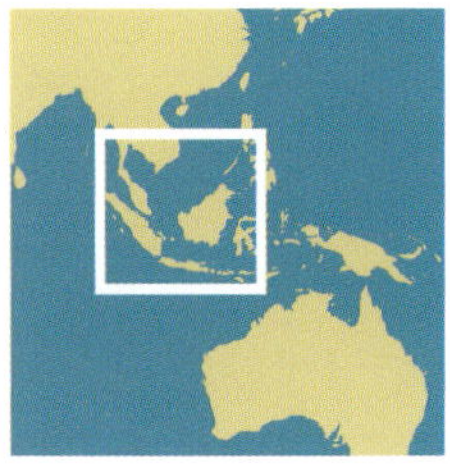

Pyxidea mouhotii (Gray, 1862)

Distribución. Se encuentra en el Sudeste asiático, en India (Arunachal Pradesh, Assam y Meghalaya), el sudeste de Bangladesh, el norte de Tailandia, Myanmar, Laos, el oeste de Vietnam, el sudeste de China y la isla de Hainan.

Características. Su espaldar es alargado y no supera los 180 mm. Es oval y aplanado dorsalmente, con tres quillas muy marcadas. La parte posterior es dentada y muy espinosa; la delantera también es dentada, pero menos marcada. La quilla central se alza ligeramente por encima de las vertebrales aplanadas, mientras que las dos quillas laterales se levantan bastante alto, haciendo que la parte superior del espaldar forme una especie de plano horizontal. El color es uniforme, del pardo claro al pardo rojizo oscuro a caoba, con partes negruzcas que resaltan las quillas. El plastrón es reducido y no cierra totalmente al animal. Su única charnela está situada entre las pectorales y las abdominales; así, este galápago no es completamente "hermético". Presenta una importante muesca anal. El plastrón está unido a los puentes, que son poco desarrollados, mediante ligamentos. A menudo carece de axilar. El puente es amarillo a marrón claro, con partes negras en las escamas. La cabeza es mediana, con la mandíbula superior dotada de un pico córneo bien marcado, sin muesca. La nariz es corta. La piel de la cabeza está dividida en grandes escamas, y es marrón a caoba, con líneas oscuras y puntos claros que le dan al conjunto un aspecto vermiculado. Estos puntos forman a veces bandas rodeadas de negro. Los miembros son robustos, marrón oscuro, grises o negros. La cara superior de las patas delanteras está cubierta de grandes escamas. Las patas traseras tienen una forma inclinada, que recuerda a un palo de golf. Todas las patas son muy palmeadas. La base de la cola de las hembras luce tubérculos puntiagudos, a veces presentes en los muslos. La cabeza de los machos es marrón oscuro, con líneas laterales rojas; la de las hembras es más gris verdosa, con dibujos reticulados amarillentos muy marcados en los lados.

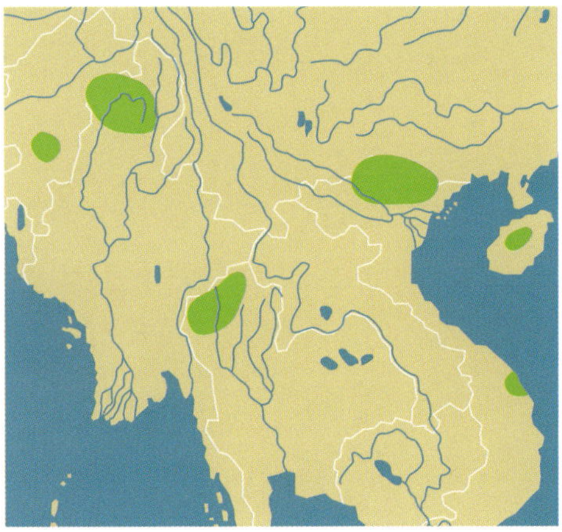

Tortuga de ambientes húmedos

Esp.: *Galápago tricarinado*
Ingl.: *Keeled box turtle*

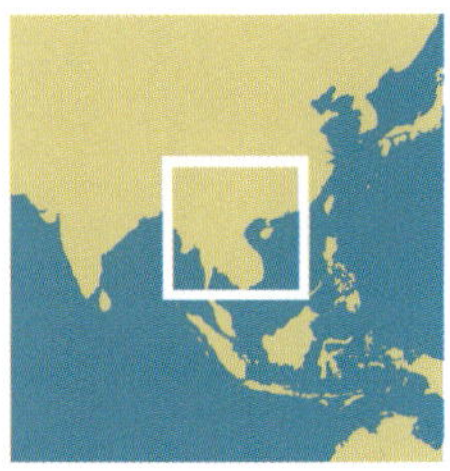

© F. Bonin

El espaldar de esta tortuga es todo beis a caoba. Presenta placas dotadas de protuberancias. Sus marginales son ensanchadas y dentadas en la parte posterior y más moderadas en la delantera. La cabeza es fuerte, con un pico pronunciado.

Subespecies. *P. m. mouhotii*: ya ha sido descrita. El dibujo de su plastrón solo comprende barras negras a lo largo de los bordes plastrales. Ocupa casi toda el área de distribución. *P. m. obsti* Fritz, Andreas & Lehr, 1998 (Galápago tricarinado de Annam): solo se observa en la provincia de Annam, en el centro de Vietnam, en los alrededores de Phu Lôc. En esta subespecie, el dibujo del plastrón forma barras radiales y el caparazón es más redondo.

Hábitos. Es una tortuga más bien terrestre, pero que solo vive en lugares húmedos, en bosques y al pie de las colinas, como en el sur la isla de Hainan. Su hábitat puede compararse al de *Terrapene carolina*. Es básicamente herbívora, pero también puede volverse oportunista. Su puesta contiene de uno a tres huevos alargados, que miden 25 x 40 mm.

Protección. Estas tortugas son recolectadas para venderlas en los países occidentales, ya que poseen una forma atractiva. Sin embargo, soportan mal la cautividad, lo que ha contribuido a reducir su comercio. Actualmente la especie es víctima sobre todo de las recolecciones para el consumo destinado a China, y de la destrucción de sus hábitats.

Especie clasificada "en peligro" por el Turtle Conservation Fund.

Rhinoclemmys punctularia (Daudin, 1801)

Tortuga de ambientes húmedos

Esp.: *Galápago narizón moteado*

Ingl.: *Spot-legged turtle*

Distribución. Vive solo en el norte de Sudamérica, en el este de Venezuela, la isla de la Trinidad, Guyana, Surinam, la Guayana francesa y el noreste de Brasil.

Características. Su espaldar abombado puede alcanzar los 254 mm y está dotado de una quilla vertebral y de un borde posterior dentado, con una muesca en la supracaudal. La altura y el ancho máximos se sitúan justo después del centro del espaldar. La superficie es lisa y a veces puede ser ligeramente rugosa. Es pardo oscuro a negro uniforme en los adultos, mientras que los juveniles están adornados con rayas amarillas o bronce en cada una de las costales. El plastrón es muy desarrollado y muy levantado por delante, y el lóbulo posterior presenta una muesca anal. Es marrón rojizo a negro, pero los bordes y las suturas son amarillos. El puente es amarillo con dos manchas oscuras de gran tamaño. La cabeza es pequeña, con una nariz ligeramente puntiaguda. Es negra, pero presenta por encima un motivo compuesto de dos bandas amarillas o rojas. Estas bandas longitudinales parten de la nuca. Los párpados presentan una barra clara, y otras bandas claras se sitúan entre los ojos y los tímpanos. El iris es verde, a veces bronce. Los miembros anteriores están cubiertos de grandes escamas amarillas o rojas, manchadas de negro. Los miembros posteriores son grises en los bordes, pero son más bien amarillos con manchas negras en la parte interna. Las patas son completamente palmeadas.

© A. Dupré

Subespecies. *R. p. punctularia*: se encuentra en las Guayanas, la isla de la Trinidad y el norte de Brasil, en la cuenca amazónica. Ya ha sido descrita. *R. p. flammigera* Paolillo, 1985: se localiza en el sudeste de Venezuela, especialmente en la región donde confluyen el Orinoco y el Ventuari. El motivo de la parte superior de su cabeza presenta numerosos puntos rojos que adornan a veces los lados y componen un dibujo semicircular en forma de llama.

Hábitos. Esta tortuga ocupa todos los hábitats de agua dulce de su biotopo, como humedales, lagunas, ríos de sabanas o bosques densos, así como algunos lagos, y se la ve a menudo insolándose sobre objetos flotantes. Es omnívora y se alimenta tanto en el agua como en la tierra. El macho persigue a la hembra oliéndole la cloaca, luego se dirige hacia la cabeza de su pareja para "acariciarle" las mejillas. El apareamiento se produce en el agua o en tierra. La puesta, que puede darse en cualquier momento del año, solo cuenta con dos huevos grandes, de 34 x 65 mm en promedio. La incubación dura alrededor de 90 días.

© J. Maran

El espaldar parece un guijarro liso y negruzco. La cabeza es pequeña, puntiaguda y adornada con líneas y puntos claros en los lados.

Rhinoclemmys annulatus (Gray, 1860)

Distribución. Vive en Centroamérica y en el noroeste de Sudamérica, desde el sudeste de Honduras, el este de Nicaragua, Costa Rica y Panamá y el oeste de Colombia, hasta el noroeste de Ecuador.

Características. Es una tortuga pequeña que no supera los 200 mm. Su espaldar es marrón a negro, y está aplanado a la altura de las vertebrales. Todas las escamas lucen anillos de crecimiento y el borde posterior del espaldar es dentado. Los motivos del espaldar son variables y van del negro uniforme al marrón oscuro, con manchas anaranjadas en las vertebrales y las costales. A veces, los dibujos son más pardo claro, con manchas amarillas. Las manchas presentes en las costales a menudo tienen la forma de rayas que parten del ángulo posterior dorsal de las escamas. Generalmente, la quilla vertebral es amarilla. El plastrón está muy desarrollado, con el lóbulo anterior especialmente levantado en la parte delantera y una muesca anal. Su color va del negro al marrón oscuro, con un borde amarillo. En algunos individuos, hay un surco entre las escamas, en medio del plastrón. El puente es negro o pardo oscuro. La cabeza es de talla reducida y presenta una nariz ligeramente prominente. Una franja amari-

Tortuga terrestre

Esp.: *Galápago narizón café*
Ingl.: *Brown wood turtle*

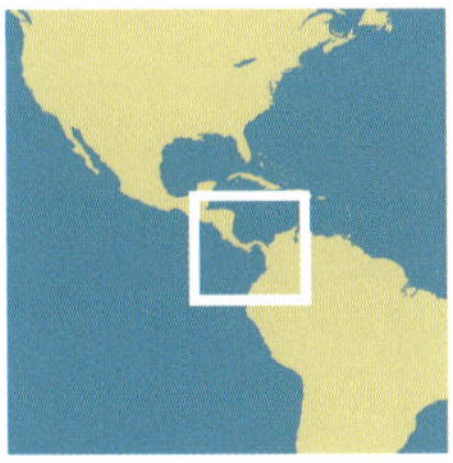

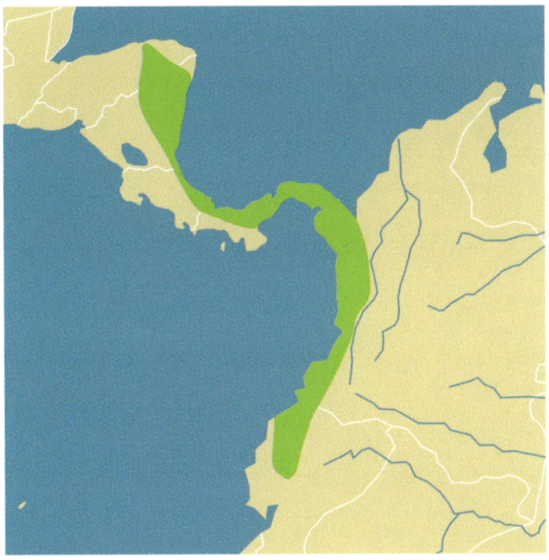

lla o roja, bastante ancha, parte de la órbita para alcanzar la nuca. Otra sale de la parte posterior y baja del globo ocular para juntarse, a la altura del tímpano, con otra raya que llega de la mandíbula superior. Las patas no son palmeadas. Los miembros anteriores lucen grandes escamas amarillentas adornadas con bandas oscuras o manchas negras bastante grandes. Existen grandes variaciones de colores y motivos según los individuos.

Hábitos. Es una tortuga terrestre y diurna, que vive en el bosque tropical y prefiere los sotobosques en la llanura. A veces se la encuentra hasta los 1.500 metros de altitud, ya que sigue el avance del bosque en la montaña. Es herbívora y consume diversos frutos y plantas, como papaya, mango o plátano. Está activa sobre todo de día y después de las lluvias, y se la ve desplazarse en los caminos y carreteras. Durante la cópula, los machos salivan sobre las hembras. Las puestas pueden darse todo el año y cada una contiene uno o dos huevos de gran tamaño (40 x 70 mm en promedio).

Rhinoclemmys areolata

(Duméril & Bibron, 1851)

Distribución. Se observa sobre todo en México, en el sur de Veracruz, Tabasco, este de Chiapas y Yucatán. Podrían existir en el este de Honduras.

Características. Su espaldar, oval y bastante abombado, puede alcanzar los 200 mm. Es siempre más ancho por detrás y presenta una ligera quilla vertebral. Sus marginales están en-

Esta pequeña tortuga posee una ligera quilla que desaparece con la edad. El espaldar presenta dibujos y ocelos claros durante los primeros años; luego se vuelve más apagado y oscuro. La cabeza es muy poco vistosa, pero en los jóvenes el cuello está marcado por líneas rojizas.

sanchadas o levantadas, y las posteriores son dentadas. En los juveniles la superficie es rugosa, mientras que en los individuos viejos es lisa. El color es generalmente olivo, con suturas oscuras y se aprecia una salpicadura amarilla que recuerda a un liquen. Algunos individuos presentan espaldares pardo claro, a veces negros. El plastrón está bien desarrollado, siempre ligeramente levantado en la parte anterior y presenta una muesca anal. Es amarillo y luce una mancha oscura en el centro. Las suturas también son oscuras. Los puentes son amarillos. La cabeza es pequeña, con la nariz prominente. Detrás del ojo, una banda roja o amarilla alcanza los lados del cuello. La nuca luce dos manchas alargadas, rojas o amarillas, y otra banda amarilla se dibuja entre los ojos y los tímpanos. Por último, el mentón y las mandíbulas están adornados con puntos u ocelos negros. Las patas son ligeramente palmeadas y las delanteras están cubiertas de grandes escamas amarillas salpicadas de puntos negros. En los juveniles, cada costal está ornada con una mancha central roja o amarilla, a menudo rodeada de negro. Estos dibujos desaparecen con la edad.

Hábitos. Esta especie es más bien terrestre, pero frecuenta pantanos de aguas poco profundas. También se la encuentra en las sabanas y bosques densos que los rodean. Es omnívora y consume insectos y gusanos, así como frutos. Durante la puesta, el plastrón de las hembras se vuelve flexible, lo que permite el paso de los huevos, que son voluminosos (31 x 60 mm en promedio).

Tortuga de ambientes húmedos

Esp.: *Galápago narizón oliváceo*
Ingl.: *Furrowed wood turtle*

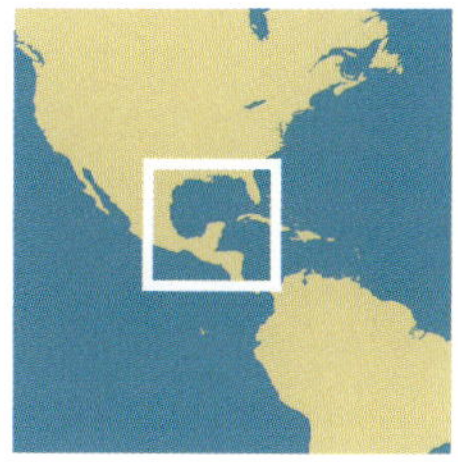

Rhinoclemmys diademata (Mertens, 1954)

Distribución. Área de distribución muy pequeña, en Colombia, en el norte de Santander; y en Venezuela en los estados de Táchira y de Zulia, al sur del lago Maracaibo.

Características. Puede alcanzar los 250 mm. Es muy abombada, con una ligera quilla vertebral y el borde posterior dentado. La quilla central está marcada de negro. El plastrón está muy desarrollado y posee una muesca anal. El puente siempre es robusto. El plastrón es negro, pero tanto las suturas como el contorno están teñidos de amarillo. La cabeza es mediana, con una nariz puntiaguda. La cabeza luce por encima una mancha amarillo vivo en forma de diadema, de allí su nombre científico. El resto de la cabeza es negro uniforme. Los miembros delanteros siempre tienen cinco uñas, mientras que los posteriores solo poseen cuatro. Los juveniles tienen tres quillas y su espaldar es muy plano y rugoso (el de los adultos es liso).

Hábitos. Es una tortuga palustre que vive en pantanos, lagos y lugares húmedos. Sin em-

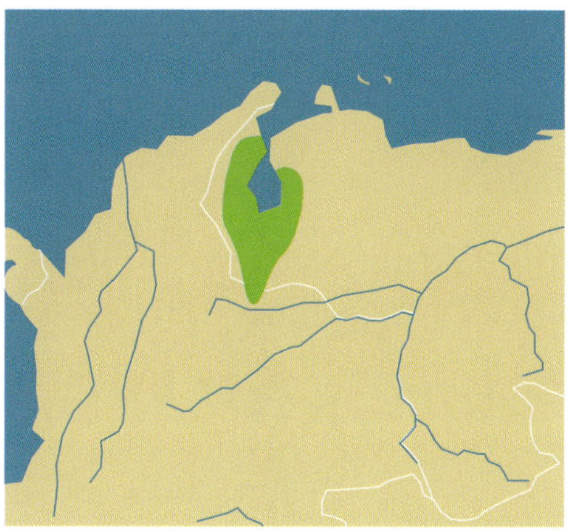

Tortuga palustre

Esp.: *Galápago narizón de Maracaibo*
Ingl.: *Maracaibo wood turtle*

© F. Bonin

bargo, camina mucho fuera del agua y es víctima de atropellos en las carreteras cercanas. Es omnívora y consume tanto pequeños invertebrados, insectos, caracoles de agua y pequeñas carroñas, como plantas acuáticas y algunos vegetales terrestres. La hembra pone sus huevos en huecos naturales o en cavidades pequeñas, y no excava nidos. Los huevos tienen el cascarón blanco y duro, y miden un promedio de 31 x 46 mm.

Esta especie se reconoce fácilmente por la diadema dorada o blanca de su cabeza. El espaldar es grisáceo a negruzco, con una franja negra en la quilla.

Rhinoclemmys funerea (Cope, 1875)

© F. Bonin

El nombre de esta tortuga describe especialmente a los animales viejos, que poseen un color "fúnebre". En su juventud, a veces presenta vivos colores en el cuello y la cabeza. En este joven, se aprecia una quilla aún bien formada y una rejilla de puntos oscuros en el espaldar.

Distribución. Se encuentra únicamente en Centroamérica, desde el río Coco, que marca la frontera entre Honduras y Nicaragua, hasta el canal de Panamá, más al sur.

Características. Su nombre evoca su coloración oscura y "fúnebre". Puede alcanzar los 330 mm. Su espaldar es bastante abombado y dentado por detrás, con una quilla vertebral poco marcada. La altura y la anchura máximas se sitúan justo después del medio del caparazón. El color puede ser marrón oscuro o negro, según el individuo. El plastrón es grande, levantado en la parte delantera, con una muesca anal. El conjunto es marrón a negro, con suturas amarillas y una gruesa banda amarilla en la parte central. La cabeza es muy negra en la parte superior, al igual que el resto del animal, pero por debajo es muy vistosa con pequeños puntos amarillos. Una gruesa banda amarilla lateral pasa encima

© F. Bonin

del tímpano. Otras dos franjas amarillas más finas parten del ojo y de la comisura de la boca, para llegar hasta el tímpano. El mentón y la mandíbula inferior son amarillos, pero están decorados con grandes manchas negras. Los miembros lucen también múltiples puntitos amarillos sobre fondo gris oscuro a negro. Los miembros posteriores son muy palmeados.

Hábitos. Esta tortuga ocupa marismas, lagos y algunos ríos de los bosques húmedos, donde puede insolarse sobre los troncos de árboles emergentes. Es herbívora y consume plantas de hojas anchas, así como diferentes plantas herbáceas y frutos. La hembra alcanza su madurez sexual cuando mide alrededor de 200 mm. En el cortejo, el macho sigue a la hembra bastante rato bajo el agua, ondulando rápidamente la

cabeza, de arriba a abajo. Cada temporada, las hembras nidifican cuatro veces, depositando unos tres huevos de gran tamaño (35 x 70 mm en promedio) por puesta.

Tortuga de agua dulce

Esp.: *Galápago narizón negro*
Ingl.: *Black wood turtle*
Fr.: *Rhinoclemmyde funèbre*

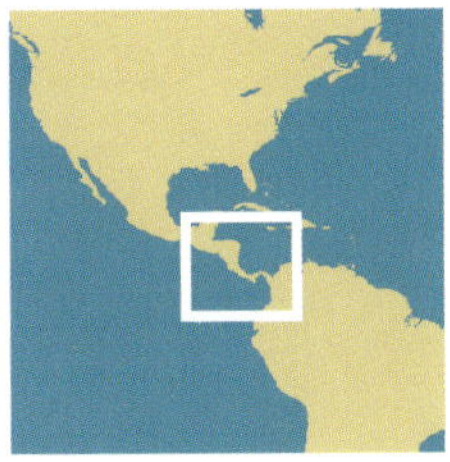

Rhinoclemmys melanosterna (Gray, 1861)

Distribución. Se encuentra en el sudeste de Panamá, en los cursos de agua que desembocan en el mar Caribe, en el norte de Colombia y el noreste de Ecuador.

Características. Otra especie cuyo nombre científico evoca el color negro, esta vez en el plastrón. Esta tortuga alcanza los 290 mm. Su espaldar es oval y muy abombado, más ancho a la altura de las marginales 6ª y 7ª, y más alta por delante de la tercera vertebral. Una muesca marca la supracaudal. La quilla central está poco desarrollada y toda la superficie del espaldar presenta una ligera rugosidad. El color es marrón oscuro a negro, sin dibujos. El plastrón está muy desarrollado, y muy levantado

Esta tortuga es muy negra, sobre todo en el plastrón. Solo la cabeza y el cuello lucen líneas claras, que desaparecen con la edad.

Tortuga palustre

Esp.: *Galápago narizón colombiano*
Ingl.: *Colombian wood turtle*

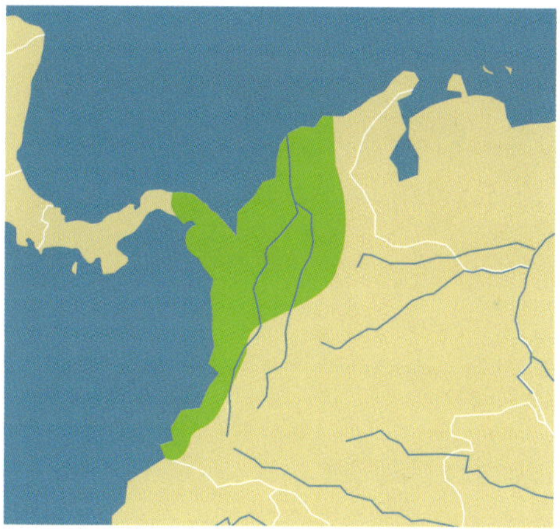

por delante, con una muesca anal. A veces es marrón rojizo, pero más a menudo negro, con suturas y bordes amarillos. La cabeza es pequeña, con la nariz ligeramente puntiaguda. Es oscura o negra, con una franja gris pálido por encima, a veces anaranjada o roja, que comienza delante del ojo, pasa por encima de los tímpanos, desciende detrás de los ojos y recorre el cuello, alargándose. El iris es amarillo o blanco muy claro. Los miembros anteriores están cubiertos de puntos negros; las patas son palmeadas. Los machos son más pequeños que las hembras (250 mm). No se reconoce ninguna subespecie, pero, según Medem, los individuos que viven en el agua dulce presentan franjas rojas en la cabeza, mientras que los que se desenvuelven en ambientes salobres tienen franjas verdes a amarillo verdoso.

Hábitos. Es un galápago que frecuenta marismas, lagos, charcas y grandes ríos en la sabana y los bosques tropicales densos, pero que también se encuentra en aguas salobres y lagunas. Es herbívora. Las hembras ponen huevos todo el año, con un pico entre junio y agosto, así como en noviembre, según la distribución. Cada puesta contiene uno o dos huevos de gran tamaño (33 x 60 mm). No excava ningún hueco y los huevos quedan cubiertos de hojas muertas en descomposición. La incubación dura entre 85 días y, a veces, 141 días.

Rhinoclemmys nasuta (Boulenger, 1902)

Tortuga de agua dulce

Esp.: *Galápago narizón*
Ingl.: *Large-nosed wood turtle*

Distribución. Se encuentra en el noroeste de Sudamérica, desde el oeste de Colombia, en los ríos que desembocan en el Pacífico (ríos Quito, Truando, San Juan, Docampado y Baudó) hasta el noroeste de Ecuador, cerca de Esmeraldas.

Características. Puede alcanzar los 220 mm. Su espaldar aplanado presenta una quilla poco marcada. La parte posterior es ligeramente dentada. La altura máxima se sitúa justo en medio del caparazón. El color es negro o marrón rojizo, con suturas muy oscuras. La superficie es lisa en los adultos, y rugosa en los juveniles. El plastrón está muy desarrollado y se alza ligeramente por la parte delantera. Presenta una muesca anal. Su color es amarillo, con una gran mancha marrón rojizo a negra en cada una de las escamas. El puente es amarillo con dos manchas negras. La cabeza es de tamaño moderado y la prolonga una nariz muy prominente (de allí su nombre). Una línea amarilla a crema comienza en la nariz y alcanza los ojos. Otra línea sale de detrás del ojo y llega hasta la nuca, mientras que una raya más clara alcanza el tímpano a partir del borde inferior de las órbitas. Una última línea va de la comisura de la boca hasta el tímpano. La mandíbula inferior presenta barras verticales oscuras. La piel de la cabeza y de las patas va del marrón rojizo al amarillo. Todas las patas son palmeadas. Los machos no superan los 196 mm.

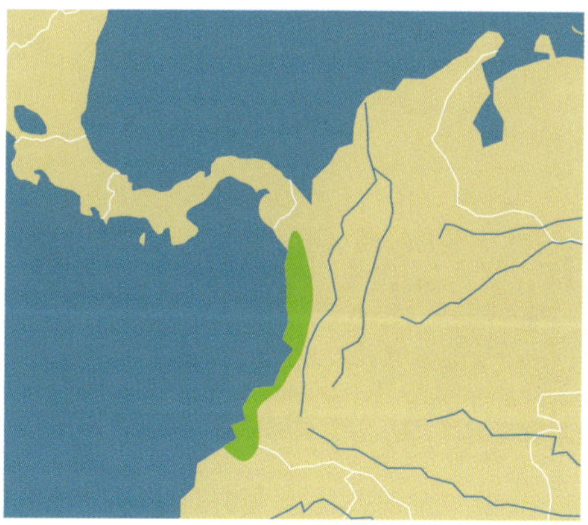

Hábitos. Este galápago frecuenta grandes ríos cuya corriente puede ser rápida, y sale raras veces del medio acuático. Cada temporada se observan dos puestas, de enero a marzo. Pero en el sur de su área de distribución, algunas hembras ponen huevos todo el año. Apenas cubren sus huevos, disimulándolos simplemente bajo las hojas. Cada puesta contiene unos cuatro huevos, de 22 x 55 mm en promedio.

Su nariz es prominente. La piel negra está marcada por líneas claras. El espaldar es bastante plano, sin una quilla desarrollada. Las marginales posteriores a veces son ligeramente dentadas.

© J.-M. Touzet

Rhinoclemmys pulcherrima (Gray, 1855)

Distribución. Las cuatro subespecies ocupan una ancha franja en el oeste de México y de Centroamérica. Ver subespecies.

Características. Es el arquetipo de las *Rhinoclemmys* y la más colorida. Las hembras no superan los 200 mm; y los machos, los 180 mm. Su espaldar rugoso posee líneas de crecimiento muy marcadas. Presenta una quilla vertebral, aunque discreta. El espaldar alcanza su anchura y su altura máximas justo después del medio del animal, y es más plano y más ancho en el norte desu distribución. Los colores varían mucho según las subespecies y los individuos. En conjunto son pardo oscuro a pardo muy luminoso, con dibujos amarillos, rojos y negros en cada una de las escamas. A veces se trata de simples líneas o puntos amarillos a rojos; otras veces de una especie de ocelos o círculos de vivos colores. El plastrón está muy desarrollado y presenta una muesca anal. Es amarillo, con una banda central muy oscura cuyo ancho varía según los individuos. El puente es casi todo pardo. La cabeza es de talla pequeña, con la nariz prominente y la mandíbula superior dotada de una muesca. Es grisácea y está adornada con múltiples rayas y estrías anaranjadas a rojas. Se observan cuatro rayas claras principales: una raya central en forma de "U" parte de la punta de la nariz, pasa por encima de los ojos y se une a las otras líneas detrás de las sienes; una segunda comienza debajo de las narinas y llega hasta los tímpanos recorriendo la mandíbula superior; una tercera parte de las narinas hacia el ojo y continúa después de éste, ensanchándose justo en medio del cuello; y una última pasa debajo de los ojos y se dirige hacia la base del cuello. Las mandíbulas y el mentón son amarillos, a menudo con ocelos, barras o grandes puntos negros. El resto de la piel es olivo a amarillo. Los miembros anteriores están cubiertos de grandes escamas rojas o amarillas, con hileras de puntos negros. Las patas son ligeramente palmeadas.

Subespecies. Se reconocen cuatro subespecies. *R. p. pulcherrima*: solo se encuentra en el estado de Guerrero, en México. Su caparazón es ancho y poco abombado, pardo moteado de oscuro. Cada una de las costales presenta en el

Tortuga de ambientes húmedos

Esp.: *Galápago narizón pintado*
Ingl.: *Wood turtle*

Esta pequeña tortuga es una de las *Rhinoclemmys* más coloridas, con sus llamativos dibujos concéntricos en el espaldar. Su cabeza y sus patas también están surcadas por líneas blancas y negras.

El plastrón está muy marcado por la banda central negra, acompañada por las dos bandas amarillas. Las suturas también están resaltadas de amarillo.

centro un único punto rojo o amarillo, rodeado de negro. Dos o tres barras claras marcan la parte baja de las marginales. La mancha en el centro del plastrón es estrecha y forma a menudo una horquilla a la altura de las gulares y de las anales. El puente presenta dos bandas: una amarilla y otra negra. *R. p. incisa* (Bocourt, 1868): vive en el sur de México (Oaxaca), Honduras, el este de Guatemala y hasta el norte de Nicaragua. Su espaldar es marrón, medianamente abombado en los individuos que viven en el norte, mientras que en el sur los ejemplares son muy abombados. El espaldar presenta manchas oscuras y las escamas costales están marcadas por una banda o un gran ocelo amarillo o rojo rodeado de oscuro. Las marginales están adornadas con una barra clara en su cara inferior. La mancha central del plastrón es estrecha, pero sin parte ahorquillada y el puente es marrón. *R. p. manni* (Dunn, 1930): se observa en el sur de Nicaragua hasta el norte de Costa Rica. Es muy colorida, con el espaldar bien abombado, marrón, y las costales presentan grandes ocelos rojos o amarillos. Por debajo de cada marginal se dibujan dos barras claras. La mancha central del plastrón es oscura y estrecha, y forma a veces una horquilla del lado de las anales y de las gulares. El puente presenta una barra amarilla y una negra transversales. *R. p. rogerbarbouri* (Ernst, 1978): se encuentra en México, en el sur de Sonora hasta el estado de Colima. No tiene ningún dibujo en las costales, aunque unos pocos individuos lucen una simple franja rojiza muy pálida. La parte inferior de las marginales posee una sola barra clara. El plastrón presenta una gran mancha central oscura, a veces difuminada. El puente siempre es marrón.

Hábitos. Esta tortuga más bien terrestre vive en los bosques húmedos y se desplaza cerca de los arroyos. En la estación seca, se la puede ver nadando en la superficie de las charcas o de los lagos. Está muy activa después de la lluvia. Es omnívora y muestra preferencia por los vegetales y frutos, pero también consume gusanos y diferentes insectos, caracoles, babosas, etc. Durante sus encuentros, el macho huele a la hembra moviendo la cabeza de abajo a arriba; luego le toca la nariz y a veces le muerde detrás del cuello o las patas. La puesta se efectúa entre septiembre y diciembre en el norte, y un poco después en el sur. La hembra deposita entre tres y cinco huevos, que miden un promedio de 28 x 45 mm. Puede haber cuatro puestas por temporada.

Protección. Estas tortugas son víctimas sobre todo del deterioro de sus hábitats y de los atropellos en las carreteras.

Rhinoclemmys rubida (Cope, 1870)

Distribución. Ocupa un territorio reducido, solo en la costa oeste de México, principalmente alrededor de Oaxaca (ver subespecies).

Características. Esta tortuga puede alcanzar los 230 mm. Su espaldar aplanado presenta una quilla central, y es más ancho y alto en su mitad posterior. Su caparazón siempre es dentado por detrás. Su superficie es rugosa, debido a las líneas de crecimiento anuales. Su color es pardo amarillento, con suturas oscuras, y manchas oscuras en todas las escamas. A veces, es totalmente marrón. Se aprecia un punto amarillo generalmente en el centro de cada escama vertebral y de cada costal. El plastrón está muy desarrollado y ligeramente levantado en la parte delantera, y presenta una muesca anal. Es amarillo, con una mancha central marrón y el puente marrón. La cabeza es de tamaño moderado y cada individuo presenta una marca roja o amarilla, variable y personal, en el cráneo. Barras claras atraviesan la nariz, mientras que una línea clara pasa entre los ojos y los tímpanos. Por último, otra franja alcanza el tímpano saliendo de la comisura de la boca. El mentón y las mandíbulas son amarillos, y están adornados con puntitos oscuros. Las patas no son palmeadas. Los miembros anteriores están cubiertos de grandes escamas amarillas o rojizas manchadas de negro. Al nacer, las crías miden unos 60 mm de largo.

Subespecies. *R. r. rubida*: se encuentra desde el centro del estado de Oaxaca hasta el sur de Chiapas. Su espaldar es marrón claro con manchitas oscuras. Las gulares son dos veces más grandes que las humerales. Las marginales están ligeramente ensanchadas en los lados y presentan una mancha clara alargada en las sienes. *R. r. perixanthus* (Mosimann & Rabb, 1953): habita más al norte, en las llanuras de Jalisco, pasando por Colima hasta Michoacán. Sus marginales son pardo claro, sin manchas. Sus costales son pardas, más oscuras que las vertebrales y las marginales. Las gulares son apenas más largas que las humerales y las marginales están muy ensanchadas en el borde. La mancha temporal es ovalada.

Hábitos. Esta tortuga aprecia los bosques húmedos en los flancos de las colinas arbustivas. Las puestas producen huevos muy alargados, de 25 x 62 mm en promedio.

Tortuga de ambientes húmedos

Esp.: *Galápago narizón mexicano*

Ingl.: *Oaxaca wood turtle*

Sacalia bealei (Gray, 1831)

Distribución. Se encuentra en el sur de China (Hainan, Guandong y Fujian).

Características. Es una pequeña tortuga que mide unos 150 mm, alargada y lisa, con una quilla central muy reducida. Sus marginales posteriores son lisas. Su color es marrón claro a marrón oscuro, con pequeños puntos negros. El plastrón es de gran tamaño, sin charnela, con una muesca anal mediana. El puente es del mis-

© F. Bonin

El hocico es corto, y la cabeza es bastante oscura, con pocos adornos. Lo más sorprendente en esta especie es la parte dorsal de su cabeza, como se aprecia en la foto de la página siguiente.

© F. Bonin

Las *Sacalia* tienen en la parte superior de la cabeza ocelos muy claros que parecen unos ojos, como las alas de algunas mariposas. Líneas claras y finas descienden hasta la base del cuello. El espaldar conserva una quilla marcada de claro.

Tortuga de agua dulce

Esp.: *Galápago de anteojos de Beale*
Ingl.: *Beale's eyed turtle*
Fr.: *Émyde chinoise à ocelles*

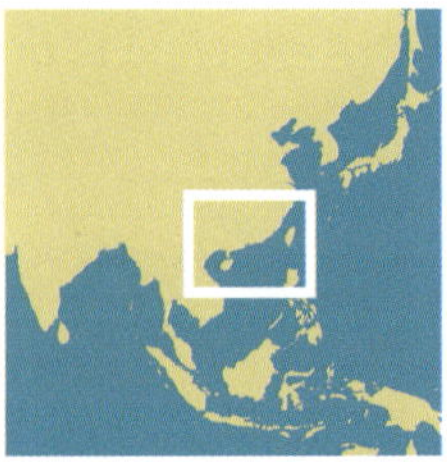

mo tamaño que el lóbulo posterior y posee axilares e inguinales pequeñas. A veces carece de inguinales. El plastrón es amarillento, con vermiculaciones o pequeños puntos oscuros. La cabeza es pequeña, la nariz es corta y la mandíbula superior carece de muesca. La piel de la parte posterior de la cabeza es muy lisa, pero se observan pequeñas escamas granulosas en los lados de la cabeza, entre la órbita y el tímpano. El color es marrón amarillento o marrón oscuro u olivo. Encima de la cabeza se aprecian de dos a cuatro ocelos oscuros a amarillo vivo, que parecen ojos, con un punto negro en el centro. Los dos ocelos posteriores siempre están presentes. Las mandíbulas son marrones a negras y presentan a veces estrías verticales negras. El cuello es marrón oscuro por encima y puede adquirir un tono rojizo por debajo. En la parte alta del cuello se dibujan tres grandes franjas amarillas, rodeadas de negro. Los miembros anteriores están cubiertos en su cara superior de grandes escamas de color variable, a menudo marrón oscuro, pero a veces amarillas, rosadas o rojas. Los machos tienen ocelos más bien verde vivo, ojos color rojo sangre y un plastrón ricamente adornado con un dibujo caoba que ocupa toda la superficie; mientras que las hembras poseen ocelos amarillo claro y un plastrón amarillo que luce pequeñas marcas amarillas radiales.

Hábitos. Ocupa pequeños cursos de agua y zonas acuáticas en regiones boscosas que no superen los 400 metros de altitud. Es muy ágil y trepa fácilmente sobre las rocas. Es omnívora y parece preferir los frutos. Cada puesta contiene de dos a seis huevos alargados y muy blancos.

Protección. Al igual que las otras dos *Sacalia*, este galápago es muy recolectado y exportado para el coleccionismo, pero también se le captura para el consumo. La especie está clasificada "en peligro" por el Turtle Conservation Fund.

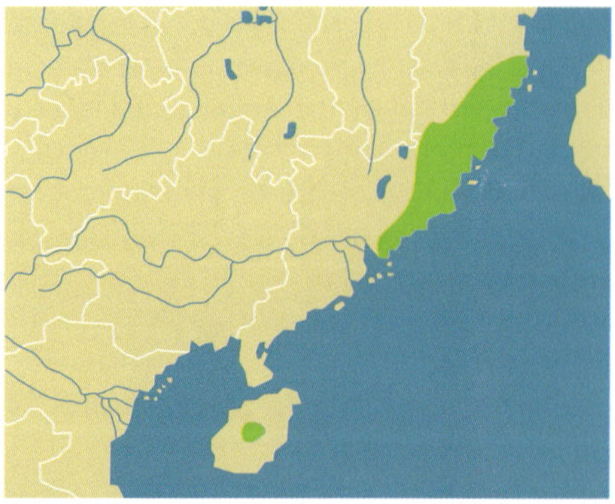

Sacalia pseudocellata Iverson & McCord, 1992

Tortuga de agua dulce

Discutida: podría ser un híbrido entre *S. quadriocellata* y *Cuora trifasciata.*

Esp.: *Galápago de anteojos de Hainan*

Distribución. Solo vive en China, en Hainan.

Características. Este galápago, recientemente descrito, es muy próximo a *S. bealei*, pero puede alcanzar los 180 mm (hembras). Es más ancho que las otras especies del género y presenta tres quillas de pequeño tamaño. Su plastrón es muy pigmentado y es más ancho y más largo que en las demás *Sacalia*. Su gular es estrecha y bastante larga, y la sutura interpectoral es muy larga, mientras que la interfemoral es corta. El lóbulo plastral anterior es más corto que el posterior, que presenta una pequeña muesca anal. El plastrón varía del amarillo al anaranjado, y la superficie está casi totalmente cubierta por una pigmentación negra. Solo el borde de cada escama es amarillo. El puente presenta una banda negra longitudinal. La cabeza es muy estrecha y carece de muesca en la mandíbula superior. Se observan tubérculos muy pequeños detrás de la comisura de la boca y delante del tímpano. La cabeza es toda amarilla a verde olivo por encima, y se dibujan manchas amarillas a verde olivo, bordeadas de negro, bastante largas pero interrumpidas en la parte posterior de la cabeza, de allí el nombre de *pseudocellata*. Una franja amarillenta rodeada de negro comienza detrás de los ocelos y se prolonga a lo largo de todo el cuello y de cada lado. El mentón y la garganta son amarillo uniforme. La cara inferior del cuello varía del amarillo por delante al anaranjado por detrás. Los miembros anteriores están cubiertos por encima de escamas anchas e imbricadas. La parte superior de los miembros y de la cola posee escamas minúsculas muy abundantes. La parte ventral de los miembros es anaranjada a salmón muy intenso, al igual que la cola que es marrón olivo oscuro por encima.

Hábitos. Muy similares a los de *S. bealei*.

Sacalia quadriocellata (Siebenrock, 1903)

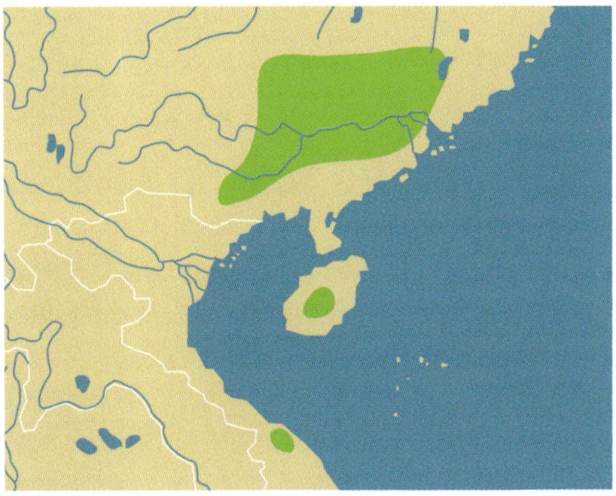

Distribución. Los ejemplares descritos por Siebenrock fueron hallados en Phuc-son, en el norte de Annam, Vietnam. Ha sido observada en zonas aisladas en el centro y sur de China, en las provincias de Guangdong, Hainan, Guangxi, Fujian y Jiangxi.

Características. Esta especie es muy parecida a *Sacalia pseudocellata* y a *S. bealei*, pero presenta cuatro ocelos muy marcados y muy luminosos, que varían según el sexo y a veces según el individuo. El caparazón es ovalado y ensanchado, claramente en forma de techo. La quilla está desarrollada sobre todo en la cuarta y la quinta vertebrales. Es pardo a negruzco o verde oscuro, con partes negras en las suturas o, por el contrario, con manchas claras, dispersas y difuminadas, en el conjunto de las escamas. La cabeza es beis oscuro, pardo chocolate, o negra a azulada, y nunca luce jaspeados o manchas claras. Los cuatro ocelos se sitúan detrás de los ojos y en la parte posterior del cráneo, formando manchas muy luminosas, a menudo amarillas con un punto central negro, o azul claro rodeadas de círculos blancos. Además, el cuello está marcado con líneas amarillas, estrechas pero regularmente espaciadas, que comienzan donde la piel se arruga, detrás de las escamas de la cabeza, para perderse en la base del cuello. Los ocelos de los machos son a menudo más vivos, brillantes y amarillos que los de las hembras. Las patas son muy palmeadas.

Hábitos. Ocupa arroyos y torrentes en regiones montañosas, y consume gusanos, moluscos, crustáceos y pequeños peces.

Protección. Se le considera "en peligro" en China. La pequeña población de Hainan es explotada para la exportación. Está catalogada como "en peligro" por el Turtle Conservation Fund y debería de ser protegida rápidamente.

Tortuga de agua dulce

Esp.: *Galápago de cuatro ocelos*

Ingl.: *Four-eyed turtle*

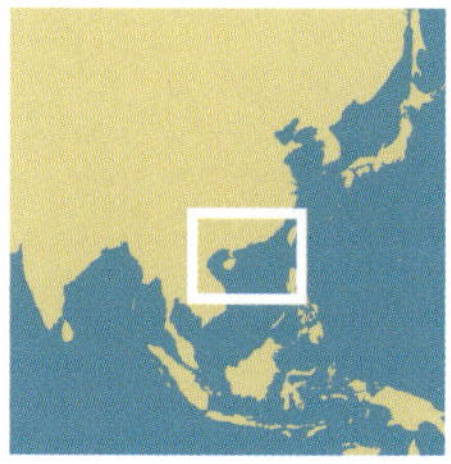

Como su nombre lo indica, esta especie presenta en la parte posterior del cráneo cuatro magníficos ocelos, muy luminosos y únicos en las tortugas, que pueden servir para ahuyentar a los depredadores.

© A. Dupré

EMYDIDAE Rafinesque, 1815

Esta familia es la más reciente en las tortugas (con ancestros de 80 millones de años) y comprende el mayor número de especies. Está constituida por tortugas de agua dulce o de ambientes húmedos, de pequeña talla, esencialmente en el continente americano (excepto Emys orbicularis*). Estas tortugas tienen caparazones más bien aplanados, son rápidas y muy activas, generalmente omnívoras y a menudo muy coloridas. Sus cortejos son a menudo complejos y dan lugar a rituales particulares. En esta familia también se encuentran la mayor cantidad de animales comercializados y en cautividad, sin duda a causa de su origen americano, que ha favorecido las ventas. Existen dos subfamilias, los* Emydinae *Rafinesque, 1815 y los* Deirochelyinae *Agassiz, 1857.*

Subfamilia Emydinae
Rafinesque, 1815

Actinemys marmorata (Baird & Girard, 1852)

Tortuga de agua dulce

Antiguamente denominada *Clemmys* o *Emys.*
Esp.: *Galápago jaspeado*
Ingl.: *Western pond turtle*

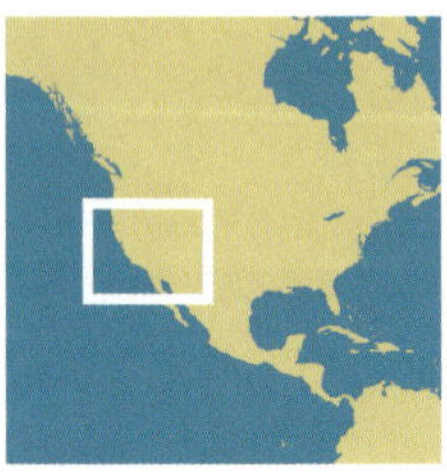

Distribución. Esta especie y *Chrysemys picta bellii* son las únicas tortugas acuáticas de la costa del Pacífico norteamericana. El territorio de *A. marmorata* se extiende de norte a sur, desde Seattle hasta San Diego (con una interrupción entre el sur de Seattle y Portland), así como en el norte de Baja California, en México. Las poblaciones señaladas en los ríos Truchee y Carson, en Nevada, habrían desaparecido.

Características. El nombre *marmorata* se refiere al aspecto "jaspeado" de la piel y del caparazón de esta especie. En realidad, este jaspeado es visible sobre todo en las tortugas del norte de la distribución, pero en conjunto es un animal que recuerda mucho al galápago europeo *Emys orbicularis*. Su plastrón no articulado constituye una diferencia fundamental. Su caparazón es plano y liso, sin quillas ni márgenes dentados, más ancho en la parte posterior que en la delantera (tamaño máximo: 210 mm). Es más a menudo verdoso, oliváceo o a veces pardo, con puntos radiales amarillos. Las partes blandas tienen la misma apariencia, pero los puntos forman retículas y líneas encima y al lado de la cabeza. Ésta no es muy grande y la mandíbula superior es prominente. Con la edad, algunos animales se vuelven uniformes, pardos a oliváceos. El plastrón es rígido, casi todo negro, o crema a amarillento con fuertes manchas en la periferia y a lo largo de las suturas. De hecho, se nota una gran variación cromática, según los ambientes y las poblaciones. El dimorfismo sexual no está muy notorio en esta tortuga. La cola, siempre larga en ambos sexos, es un poco más ancha en la base de los machos. Los jóvenes son mucho más coloridos, con grandes variaciones cromáticas, sobre todo en los plastrones, que a veces lucen ocelos o líneas de color negro muy marcado sobre fondo amarillo. Presentan una quilla pronunciada en el espaldar.

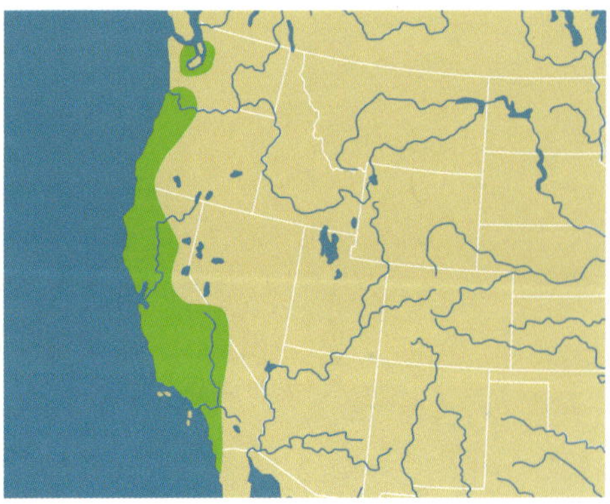

Subespecies. *A. marmorata marmorata*: la subespecie nominal se encuentra en el norte, desde la Columbia Británica hasta la bahía de San Francisco y el oeste de Nevada. Sus ingui-

© F. Bonin

Esta especie recuerda en muchos aspectos al galápago europeo, pero es más grande y su diseño es más bien jaspeado, no moteado.

nales a menudo son triangulares y están bien desarrolladas. Es más oscura que la otra subespecie. *A. marmorata pallida* (Seeliger, 1945): sureña, se encuentra desde la bahía de San Francisco hasta Baja California, en México. Es más clara y el 60% de los individuos carece de inguinal. También es más pequeña que la especie nominal. Su cabeza luce a veces pocos puntos amarillos y tiende hacia el grisáceo uniforme.

Hábitos. Este galápago ocupa marismas, lagos, brazos muertos o ríos de corriente lenta, estanques y todo ambiente acuático, incluso estuarios. Ha sido visto hasta a 1.800 m de altitud. Aunque muy ligada a los medios acuáticos, esta especie también parece desplazarse con frecuencia en el suelo firme. Se ha constatado que algunas poblaciones, como la de Oregón (Buskirk, 2002), estaban muy activas de noche. En algunos lugares, su densidad es elevada y se observan decenas de tortugas calentándose al sol sobre ramas de árboles, en las orillas y las rocas. Las poblaciones del norte hibernan, a veces hasta seis meses seguidos, mientras que las del sur no lo hacen. El régimen de este galápago es oportunista y los adultos son parcialmente herbívoros. En general, la dieta se constituye de crustáceos, insectos y sus larvas, peces o alevines, renacuajos y batracios. Las algas también representan una fuente importante de alimento, sobre todo para las hembras después de poner los huevos. Éstas nidifican en junio y julio en el norte, y antes en el sur. Las puestas, a menudo dos por temporada, pueden contener hasta 13 huevos (20 x 35 mm en promedio), y la incubación dura de 73 a 132 días (80 días en promedio). Las crías miden alrededor de 26 mm y pesan 8 g. Se les observa al final del verano en el sur, pero en el norte solo se les ve en primavera, después de haber pasado el invierno enterradas.

Protección. En los últimos años se ha constatado un declive importante en algunas poblaciones, como la del valle del Willamette, en Oregón. En general, los problemas provienen sobre todo de la presencia humana: urbanización, agricultura, sobrepastoreo, carreteras... Muchas hembras son atropelladas en el momento de las puestas. Las zonas húmedas son cada vez más remodeladas o desecadas y, al igual que las tortugas europeas, estos animales se ven afectados al tener que compartir sus hábitats con el hombre. Los productos fitosanitarios también son una amenaza para la especie. Antiguamente se le recolectaba y consumía (a principios del siglo pasado), pero normalmente ya no lo es. Muchos investigadores se han dedicado a estudiarla y se llevan a cabo programas de conservación, como el del valle de San Joaquín. El interés por este galápago puede ser una esperanza para mejorar su protección en las próximas décadas.

Las crías están marcadas con dibujos regulares en las escamas y con líneas claras rodeadas de negro a los lados de la cabeza y del cuello.

© F. Bonin

Clemmys guttata (Schneider, 1792)

© J. Béhier

Esta pequeña tortuga se identifica inmediatamente. Su cuerpo negruzco a pardo verdoso está salpicado de puntos amarillos muy luminosos, cuya función debe ser, sin duda, "romper" la forma del animal y hacer que se distinga menos.

Tortuga de agua dulce

Esp.: *Galápago moteado norteamericano*

Ingl.: *Spotted turtle*

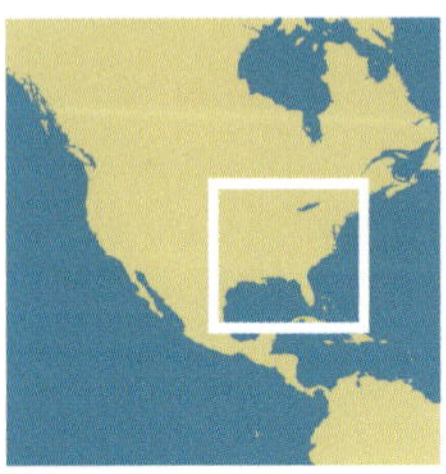

Distribución. Es la única de las ex *Clemmys* que ha conservado el nombre del género. Ocupa un amplio territorio desde el sur de Ontario y de Maine, hasta el norte de Florida. También se encuentra en las tierras del interior, en el sur de los Grandes Lagos, en el oeste de Ontario, el estado de Nueva York, Pensilvania, el centro de Ohio, el norte de Indiana y de Michigan, y el sur de Illinois. También se la encuentra más al sur, hasta Georgia y en medio de Florida.

Características. Se le reconoce inmediatamente por su diseño azul negruzco manchado de puntos amarillos bastante grandes e irregulares en todo el espaldar, la cabeza, el cuello y las patas. En los animales de mayor edad, el moteado desaparece a veces, pero ningún individuo es completamente oscuro. Su longitud no supera los 125 mm. Su espaldar es perfectamente liso, sin quilla ni márgenes dentados, ni siquiera en los individuos jóvenes. La cara inferior de las marginales es amarillenta, a veces con manchas negras, sobre todo en los juveniles. Los puentes lucen una marca característica, alargada y negra sobre fondo amarillo. El plastrón es amarillo o tiende a veces al anaranjado, con grandes manchas negras en los bordes. En los individuos de edad, estas manchas se extienden a veces invadiendo el plastrón. La cabeza es mediana, con la mandíbula superior ligeramente avanzada, en forma de pico de loro. A lo largo del cuello, las finas manchas amarillas forman a veces líneas que pasan por debajo del ojo hasta la base del cuello. El mentón de la hembra es a menudo amarillento, y pardo en el macho. Los ojos son amarillo anaranjado en la hembra; pardos, en el macho. Los juveniles también son azul negruzco, con un solo punto amarillo en cada una de las escamas del espaldar, excepto en la cervical.

Hábitos. Esta especie es moderadamente acuática. Vive en humedales y cursos de agua tranquilos, pero también le gustan los prados húmedos y los suelos blandos, no lejos de los ríos, en medio de los bosques. Soporta temperaturas bastante frías. Ernst observó cópulas a temperaturas de 8-10 °C. Este galápago hiberna varios meses en el norte de su territorio; y en el sur, estiva utilizando los huecos excavados por otros animales, o escondiéndose en el lodo de los cursos de agua secos. Su dieta es omnívora y los individuos viejos aprecian las algas y las plantas acuáticas; pero, en general, le gustan los insectos, los moluscos, los pequeños batracios y crustáceos de agua dulce. El apareamiento es bastante animado y se desarrolla entre mayo y junio en el norte, y entre marzo y abril en el sur, al borde de las zonas pantanosas. El macho persigue a la hembra en la orilla y luego la alcanza en el agua para copular. Se dan frecuentemente dos puestas, las cuales se producen entre mayo y julio. Contienen un máximo de 8 huevos bastante pequeños, que miden 17 x 32 mm. El tiempo de incubación oscila alrededor de los 80 días. Las crías miden 30 mm y pesan entre 5 y 8 g. Hibernan en el nido en el norte de su área de distribución y esperan hasta la primavera para salir.

© J.H. Harding

Las crías presentan menos puntos, estos a veces son francamente anaranjados. Luego, el espaldar se vuelve más apagado y pierde algunas de estas manchas claras.

Protección. Sus efectivos escasean en toda su distribución y la especie parece estar en vías de rarefacción. Behler considera que algunas poblaciones están muy amenazadas por la agricultura intensiva y la modificación de los sistemas hídricos.

Emydoidea blandingii (Holbrook, 1838)

Distribución. Esta tortuga –una de las más nórdicas del Nuevo Mundo– se encuentra hasta el sur de Canadá, desde el sur de Ontario hasta la región de los Grandes Lagos; por el oeste hasta Nebraska, Iowa y el norte de Missouri. También ocupa el este del estado de Nueva York, Massachusetts y el sur de Nueva Hampshire y Maine.

Características. Este galápago se parece superficialmente a *Emys orbicularis*, al menos por su caparazón salpicado de amarillo sobre fondo marrón u oliváceo. Ahora bien, su hocico es más puntiagudo y su tamaño muy superior (260 mm en las hembras). Su espaldar es muy plano, muy liso, sin quillas ni márgenes dentados. Sus vertebrales son más anchas que largas. La primera vertebral toca la cervical y cuatro marginales. Su diseño es azul negruzco a habano, con abundantes puntos amarillos, a menudo dispuestos radialmente. Con la edad, este dibujo tiende a desaparecer. Las marginales lucen puntos amarillos mucho más abundantes, formando a veces manchas amarillas. Los puentes comprenden una zona ligamentosa flexible bastante desarrollada. El plastrón es muy amplio, amarillo anaranjado, y posee manchas negras en la parte externa, formando un dibujo regular que, a veces, lo cubre todo en los individuos viejos. Una charnela movible separa las pectorales de las abdominales. La muesca anal está poco marcada. La cabeza es pequeña y plana, con un hocico triangular. Es de color pardo a gris azulado,

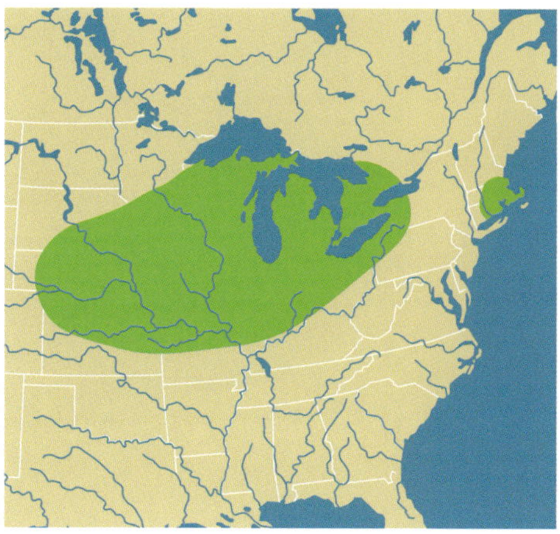

Tortuga de agua dulce

Esp.: *Galápago de Blanding*
Ingl.: *Blanding's turtle*

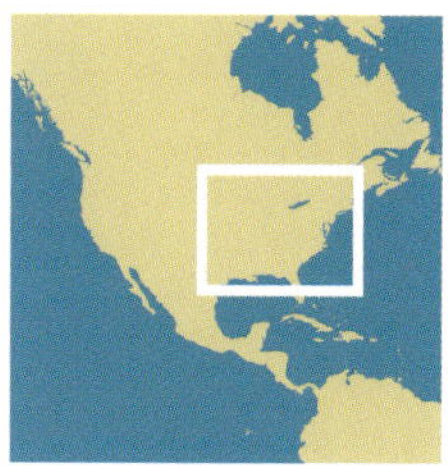

a veces con finas marcas amarillas. El mentón y la garganta son amarillo claro. El cuello es muy largo. Las patas y la cola son gris azulado, con manchas amarillas dispersas. El dimorfismo sexual está poco marcado. El plastrón de los machos es medianamente cóncavo.

© F. Bonin

Hábitos. Esta tortuga tan acuática ocupa lagos, charcas y marismas de fondos lodosos. A veces se la ve calentándose al sol sobre las orillas o los troncos de los árboles. Es sobre todo carnívora (batracios, caracoles, babosas e insectos), pero a veces no desprecia algunas plantas acuáticas. Las cópulas se dan bajo el agua, al final de la primavera y a principios del verano, y el cortejo es breve. Se dan hasta tres puestas de mediados de junio a fines de julio, y cada una contiene un máximo de 17 huevos, de cascarón apergaminado (25 x 35 mm). La incubación es bastante corta, con un promedio de 70 días, pero, casi siempre, los jóvenes se quedarán en tierra para emerger en primavera.

Esta especie se parece mucho un gran galápago europeo, pero su moteado es muy denso, como un jaspeado, y a menudo los animales viejos son más apagados. El plastrón es básicamente amarillo anaranjado, con manchas negras hacia los márgenes.

© F. Bonin

Emys orbicularis (Linnaeus, 1758)

Tortuga de agua dulce

Esp.: *Galápago europeo*
Ingl.: *Common European pond turtle*

Distribución. El único representante de los *Emydidae* del Viejo Mundo tiene una distribución muy amplia, que va del norte de Alemania y de Polonia hasta Marruecos; y, por el este, hasta Irán. Se le encuentra en Lituania, Francia, Portugal, España, Baleares, Marruecos, Túnez, Italia, Cerdeña y Córcega, todos los países de la ex Yugoslavia, Albania, Grecia, Turquía, to-

dos los países al norte del mar Negro y del Caspio, y en el norte de Irán.

Características. El nombre *Emys* proviene de una curiosa observación de Aristóteles, que comparaba a esta especie con un ratón (*mus*) (!). En francés, se le llama "cistude", denominación que viene del latín *cistula*, cesta, pequeño recipiente cuya forma se asemeja a la del caparazón de una tortuga. Este galápago no supera los 210 mm, pero sus dimensiones varían mucho según la localidad, con una tendencia a las tallas pequeñas en el sudoeste y a las grandes en el noreste.Su caparazón es plano y muy redondeado, en forma de guijarro. Es oliváceo, pardo, a veces azulado, o negruzco, adornado con pequeños puntos amarillos, abundantes y bien esparcidos sobre la piel y las partes duras, a veces con formas estrelladas y dibujos radiales. Con la edad, los individuos a veces se tornan uniformemente pardos, grisáceos a verdosos, pero su piel siempre está marcada con algunos puntos amarillos. El ojo también es muy amarillo y luminoso. El plastrón presenta variaciones cromáticas, del amarillo uniforme al negro oscuro marcado con algunas manchas o estrías amarillas, según el ambiente y el origen. Es moderadamente móvil entre las pectorales y las abdominales (con una movilidad mayor en las hembras). A la altura de los puentes, existe una gran flexibilidad gracias a una amplia conexión ligamentosa. En algunos animales, el plastrón puede moverse de manera importante con relación a los puentes. La cabeza es mediana, más bien alargada, con el hocico triangular, la boca grande y los ojos bastante grandes, situados muy adelante. La piel del cuello y de los miembros es muy fina, con escamas muy pequeñas. Las patas posteriores son palmeadas y la cola es a menudo larga y muy fina, un poco más corta en las hembras. Los machos tienen la concavidad del plastrón reducida. El dimorfismo sexual se manifiesta sobre todo por el color de los ojos, rojo a ladrillo en los machos y amarillo en las hembras. En los juveniles, los colores son más vivos y se observan una ligera quilla y marginales moderadamente dentadas. Son oliváceos, con una orla amarilla en las marginales. Los puntos amarillos aparecen a partir de los dos o tres años. La cola del recién nacido es muy larga y fina, a menudo truncada por los animales que se muerden y se mutilan. Se debe recalcar la gran variabilidad de esta especie, que justifica la existencia de numerosas subespecies con las coloraciones más diversas.

© B. Devaux

Este galápago luce un espaldar con líneas radiales claras y puntos muy pequeños en la piel. Pero existen grandes variaciones según la subespecie, el biotopo que ocupa, el país y la zona climática.

Subespecies. Los trabajos recientes de Uwe Fritz (1990-1997), basados en la genética y en la morfología, han permitido diferenciar un gran número de subespecies, pero algunas aún son discutidas. Existe tal variabilidad en *Emys orbicularis* que es difícil diferenciar con seguridad un animal si se ignora su origen. En general, las tortugas del norte y del este son más grandes que las del sur y del oeste (210 y 140 mm, respectivamente, en las hembras). En el sur, los plastrones serían más bien amarillo claro, mientras que en el norte están frecuentemente manchados de oscuro. Hacia el este, las coloraciones tenderían al pardo rojizo, mientras que en el sudoeste dominarían el verdoso o el beis. El moteado amarillo sería más nítido en el oeste y el sudoeste, mientras que hacia el este estaría más difuminado. Actualmente se reconocen las subespecies siguientes: *E. o. capolongoi* Fritz, 1995; *E. o. colchica* Fritz, 1994; *E. o. eiselti* Fritz, Baran, Budak & Amthauer, 1996; *E. o. fritzjuergenobsti* Fritz, 1993; *E. o. galloitalica* Fritz, 1995, de talla pequeña y presente en la Provenza francesa e Italia; *E. o. hellenica* (Valenciennes, 1832), que vive, por supuesto, en Grecia, pero también en una parte del sur de la Europa central; *E. o. hispanica* Fritz, Keller & Budde, 1996, confinada a la península Ibérica; *E. o. iberica* Eichwald, 1831; *E. o. lanzai* Fritz, 1995; *E. o. luteofusca* Fritz, 1993, que vive solo en Turquía central, de coloración bastante difusa, con un fondo amarillento marcado con manchas pardas desteñidas, dispuestas al azar; *E. o. occidentalis* Fritz, 1993 se encuentra en el norte de África; *E. o. orbicularis*, la subespecie nominal, una de las tortugas denominadas más antiguamente por Linneo (1758), y sin duda la más extendida de las subespecies de galápago europeo, se encuentra principalmente en el norte de Europa; y *E. o. persica* Eichwald, 1831, que ocupa el extremo este de la distribución.

Hábitos. Esta especie frecuenta los fondos limosos de los ríos de corriente lenta, los pantanos con agua corriente, los estanques y canales cargados de detritos. Es muy acuática, aunque pasa parte del día, en los periodos cálidos, termorregulándose sobre troncos de árboles, rocas u orillas. Puede permanecer inmóvil varias horas, tan estática como un leño. Pero, al menor ruido y la menor vibración del suelo o del aire, se sumerge y solo saca su cabeza minutos más tarde, con mucha prudencia. Este galápago pasa gran parte de los meses invernales en hibernación, cuando la temperatura del agua desciende por debajo de los 14 °C. Entonces se oculta en escondites húmedos al borde del río, o a veces bajo montones de hojas, incluso en el lodo y los detritos en el fondo de algún río. En este caso, sube a la superficie a intervalos muy largos (varios días o semanas) para respirar aire fresco, y luego se vuelve a esconder en el fondo del agua. Su forma plana y su caparazón cubierto de lodo hacen que parezca un guijarro, lo que le permite pasar desapercibida en los medios que frecuenta. Es una especie gregaria, que vive siempre en grupos de unos diez a veinte individuos. Caza al acecho en el fondo del agua pequeñas presas acuáticas: alevines, renacuajos e insectos acuáticos. Es carnívora en su juventud; luego se vuelve más omnívora con el paso del tiempo y consume plantas acuáticas y algas, en poca cantidad. En algunas lagunas, vive en los carrizales, mientras que en el norte de África prefiere los ueds pedregosos. La contaminación le afecta mucho más que a las *Mauremys*, sus vecinas del sur. Cuando un curso de agua está contaminado, desparece muy rápido, mientras que las *Mauremys* permanecen. Para disimularse, puede proyectar con sus patas posteriores el lodo o la arena circundantes sobre su cuerpo (Bonin, 1995). Cuando llega el periodo de apareamiento (entre mayo y junio, aunque un poco antes en el sur), los ojos del macho se vuelven de color rojo ladrillo. El macho muerde a la hembra en la patas y en el cuello, y gira al-

Este galápago se calienta bajo el sol de la Provenza. Su moteado hace pensar en las finas manchas luminosas del sol sobre el agua, y debe contribuir con el camuflaje.

© B. Devaux

rededor de ella haciendo una especie de baile que corresponde más al comportamiento de las tortugas terrestres que al de los *Emydidae* del Nuevo Mundo. La cópula se desarrolla siempre debajo del agua, y dos o tres machos pueden unirse a la pareja, lo que puede provocar a veces que la hembra, sobrecargada por los machos, se ahogue. La puesta se produce desde principios de mayo (en el sur) a principios de julio (en el norte). A veces se desarrolla muy lejos del medio acuático (a varios cientos de metros) y entonces se hacen frecuentes los atropellos en las carreteras. La puesta comienza a menudo al final del día, incluso al principio de la noche. Contiene de 3 a 16 huevos, aunque más a menudo de 5 a 6, elípticos, blancos y rígidos (22 x 35 mm). La incubación varía según la latitud, pero es más bien corta y dura de 60 a 70 días. En la Provenza la eclosión ha sido constatada desde mediados de agosto hasta octubre, pero algunas tortugas (en el norte) permanecen en tierra y emergen en primavera. Los recién nacidos –que se encuentran entre los más pequeños de los Quelonios– pesan un promedio de 5 g, pero a veces no superan los 2 g. Con esta especie, los estudios C. Pieau (1974) demostraron que existía una relación entre el sexo y la temperatura de incubación. En las primeras semanas de incubación, si se mantienen los huevos por debajo de los 26 °C, solo se obtienen machos; y por encima de los 32 °C, solo hembras. Ahora bien, en la naturaleza, la variabilidad térmica de las noches y de los días garantiza un sex ratio equilibrado. Al igual que en muchos Quelonios, la mortalidad de los juveniles es muy importante. Las crías deben de encontrar un medio húmedo al salir del nido (situado a veces lejos de un curso de agua), ya que en tierra firme pueden ser devoradas por urracas, cornejas, ratas, erizos o culebras. Hasta la edad de 5-6 años resultan casi invisibles, ya que se esconden en las algas flotantes o bajo los islotes herbáceos.

Protección. Esta especie está completamente protegida en toda su área de distribución, aunque a mediados del siglo pasado aún se le vendía y consumía. Ahora bien, sus hábitats se degradan muy rápidamente ya que sus territorios europeos están intensamente urbanizados. Las zonas húmedas están a menudo desecadas o alteradas y, en casi todos los países, se ha constatado su regresión. Este galápago se ha visto afectado también por la introducción de galápagos americanos, escapados o liberados, que rivalizan con él por su tamaño y su dinamismo alimentario. Desde hace diez años, se organizan congresos específicos sobre esta especie, a fin de conocerla mejor y, sobre todo, de contribuir a su conservación. Existen cada vez más programas de conservación dedicados a ella: se crean reservas y zonas protegidas, y los gobiernos de la mayoría de los países implicados intentan evitar su rarefacción. Desde hace años se realizan varios programas de refuerzo o de reintroducción (Suiza fue pionera en este campo), con resultados actualmente esperanzadores, como el del lago de Bourget, en Francia. Gracias a la movilización de los especialistas, esta tortuga se ha vuelto una de las especies más estudiadas y protegidas.

Glyptemys insculpta (LeConte, 1830)

Distribución. Amplia distribución en el sudeste de Canadá y el noreste de Estados Unidos. Se encuentra desde Nueva Escocia hasta Virginia; por el oeste, en Iowa, Minnesota, Wisconsin, Michigan, Ohio y el sur de Ontario hasta el estado de Nueva York, por el este.

Características. Su caparazón (máximo 230 mm) presenta una superficie gruesa y esculpida, con surcos y radios muy marcados, que le han valido el nombre de *insculpta*. El espaldar es bastante plano, pero con una ligera quilla, más ancho por delante que por detrás. Las escamas vertebrales y costales son grandes y se alzan formando una ligera pirámide marcada por las líneas de crecimiento y los gruesos surcos. El color general de esta tortuga es marrón a grisáceo, con líneas negras a amarillentas en las costales, irradiadas desde la areola. Pero estos contrastes coloridos están marcados sobre todo en los jóvenes, mientras que los individuos viejos tienden a colores más uniformemente

© B. Devaux

En el espaldar se aprecian las profundas estrías que motivan el nombre de la especie. La cabeza y el cuello son robustos. La cabeza es oscura; pero encima del cuello y de las patas el color es de un crema muy luminoso.

Tortuga de ambientes húmedos

Antiguamente *Clemmys insculpta.*
Esp.: *Galápago grabado*
Ingl.: *North American wood turtle*

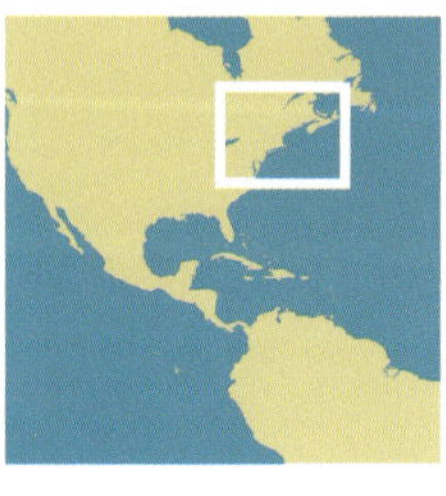

pardos. El plastrón es amarillo, con manchas oscuras regulares en todas las escamas. Las partes blandas son anaranjadas a beis. Los miembros son pardos y lucen grandes escamas aplanadas. Se notan cinco uñas grandes en las patas delanteras y cuatro en las traseras. La cabeza es mediana y el pico presenta una muesca importante. El ojo es amarillo y negro. La cabeza es completamente pardo negruzco. Los machos tienen escamas prominentes en la parte delantera de las patas anteriores, un plastrón cóncavo y una muesca anal muy marcada. Las crías se parecen a los adultos y son pardas a grisáceas, sin la coloración anaranjada ni en el cuello ni en los miembros. Carecen de quilla y su espaldar es tan ancho como largo (30 mm).

Hábitos. Son tortugas forestales (de allí su nombre inglés, *wood turtle*) semiacuáticas, pero a las que les gusta calentarse al sol por la mañana, en medio de un claro. Durante los veranos muy cálidos y secos, se esconden en charcos de lodo, y en invierno hibernan. Son principalmente herbívoras, comen plantas, frutos caídos (arándanos, fresas), hojas de sauce, acederas y algas filamentosas. También consumen insectos muertos, gusanos, gasterópodos, así como cadáveres de aves o de pequeños mamíferos. El cortejo parece una danza y se observa de fines de mayo a fines de septiembre. El macho y la hembra se acercan el uno al otro muy lentamente, con el cuello extendido y la cabeza levantada, en posiciones estáticas. Ambos inclinan la cabeza, de derecha a izquierda, durante largos minutos. A veces, los machos son más agresivos y muerden a las hembras. Se han observado hembras tomar la iniciativa en los preliminares, lo que es excepcional en las tortugas. La cópula se desarrolla más a menudo en el agua o en el lodo de un pantano. El macho inmoviliza muy firmemente a la hembra con sus cuatro miembros. Las puestas pueden observarse de fines de mayo a junio. Ponen de 4 a 18 huevos, según la hembra, y son bastante grandes (26 x 40 mm). La incubación dura aproximadamente 80 días. Las crías permanecen a menudo enterradas hasta que salen en la primavera siguiente.

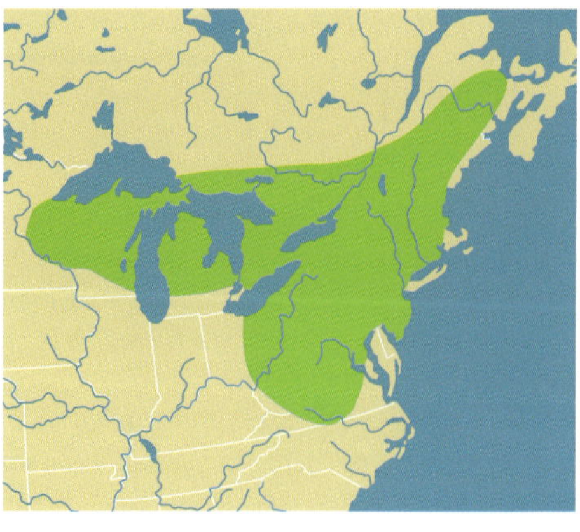

Protección. Esta tortuga se ve afectada por la destrucción de sus hábitats y la recolección para la venta. Figura en el Apéndice II de la CITES y se le considera vulnerable en algunos de sus hábitats. En Quebec está totalmente protegida y su posesión está prohibida.

Glyptemys muhlenbergii (Schoepff, 1801)

Distribución. Ocupa espacios disjuntos, en el noreste de Estados Unidos: una primera zona en el oeste de Massachussets, el oeste de Connecticut y el este del estado de Nueva York; y una segunda zona más al sudoeste, en Pensilvania, Nueva Jersey, Delaware, Maryland y Carolina del Norte, pero también se le señala en el sur de Virginia y en el norte de Georgia.

Características. Con 115 mm, esta tortuga es la más pequeña de las ex *Clemmys*. Es bastante redondeada y rugosa, con escamas muy surcadas y una ligera quilla vertebral. A veces, sus marginales son ligeramente dentadas. Su color general va del pardo claro al negro rojizo, con areolas ligeramente más claras (beis a rojizas). La quilla está marcada por una línea fina y regular, beis a anaranjada. La cara inferior de las marginales y de los puentes es del mismo color que el espaldar. El plastrón es pardo oscuro, a veces casi negro, iluminado con manchas claras e irregulares, que se oscurecen con la edad. Las vertebrales son más anchas que largas, y la quinta es la más larga de todas. Las costales son muy grandes y las marginales son estrechas. La cabeza es pequeña o mediana, también de color pardo oscuro a rojizo, con un hocico triangular inclinado y manchas anaranjadas detrás de los ojos. La parte posterior de la cabeza, los lados y una parte del cuello se iluminan con una gran mancha beis a anaranjada. La mandíbula superior presenta una muesca central. Las partes blandas a veces están adornadas con manchitas más claras, amarillentas a anaranjadas. Las patas son pardas a rojizas, sin partes claras. Los machos tienen en las patas delanteras uñas más largas, más fuertes y gruesas que las hembras. Éstas poseen un espaldar a menudo más abombado y más ancho. Los juveniles son diferentes de los adultos: el espaldar es pardo y el plastrón amarillo está adornado con un dibujo oscuro de gran tamaño, en el centro. Su cabeza presenta manchas claras muy marcadas.

Hábitos. Esta tortuga no es acuática, pero frecuenta las zonas inundadas, las aguas estancadas y fangosas y los pequeños lagos invadidos por la vegetación. Se la encuentra hasta los 1.200 m de altitud en los Apalaches, en Carolina del Norte. Esta especie está activa principalmente en las horas cálidas del día y parece necesitar más calor que las demás tortugas del género. Así, descansa largo tiempo al sol, en los troncos de árboles o en islotes de vegetación, antes de alimentarse. Hiberna bastante tiempo, de octubre a marzo, en cavidades húmedas a lo largo de las orillas. A veces ocupa agujeros excavados por otros animales, como la rata almizclera. Estiva en julio y agosto, es más bien omnívora y se alimenta tanto en el agua como en tierra, lo que refleja su ambivalencia. Consume insectos, batracios, alevines, así como bulbos de plantas acuáticas, bayas caídas al agua y algas. La cópula ha sido apenas obser-

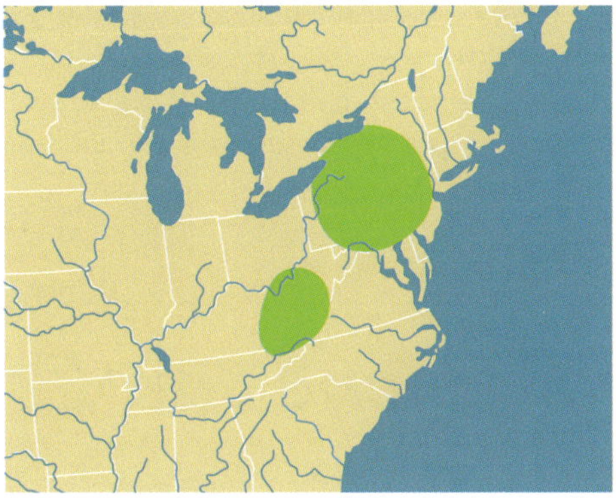

Tortuga de ambientes húmedos

Antiguamente
Clemmys muhlenbergii
Esp.: *Galápago de Muhlenberg*
Ingl.: *Bog turtle*

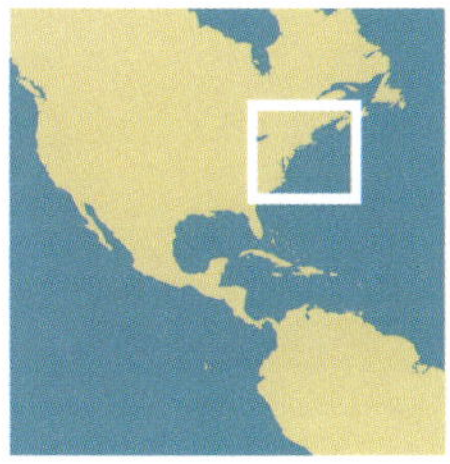

© F. Bonin

El espaldar es muy redondo, con un vestigio de quilla y algunas manchas claras sobre el fondo negruzco. Pero esta especie se reconoce sobre todo gracias a sus manchas anaranjadas detrás de los ojos.

vada, pues las hembras se esconden debajo de las hojas y a los machos les toma tiempo encontrarlas. La cópula se realiza solo en el agua, en mayo y junio. Las puestas –a menudo solo una por hembra– tienen lugar de mediados de junio hasta fines de julio. Las hembras ponen de 3 a 6 huevos flexibles y bastante pequeños (16 x 30 mm). A veces, éstos son depositados bajo el musgo, sin excavar ningún nido. La eclosión comienza a fines de agosto o a principios de septiembre. Las crías se quedan a menudo enterradas, sobre todo en el norte del área de distribución, y aparecen en primavera.

Protección. Aunque está situada en el Apéndice I de la CITES debido a su rareza, esta especie es poco conocida: su estatus y el estado de sus poblaciones merecen ser mejor evaluados. La especie está clasificada como "en peligro" por el Turtle Conservation Fund.

Tortuga de ambientes húmedos

Terrapene carolina (Linnaeus, 1758)

Esp.: *Tortuga caja norteamericana*
Ingl.: *Box turtle*

Esta especie presenta coloraciones muy variadas. La cabeza a menudo es muy colorida, con manchas rojizas, anaranjadas o amarillas. Los animales viejos se vuelven uniformemente beis, crema o parduscos.

Distribución. Su inmenso territorio, el más vasto de las Terrapene, ocupa todo el este de Estados Unidos. En México subsisten dos poblaciones aisladas (ver la distribución de las subespecies).

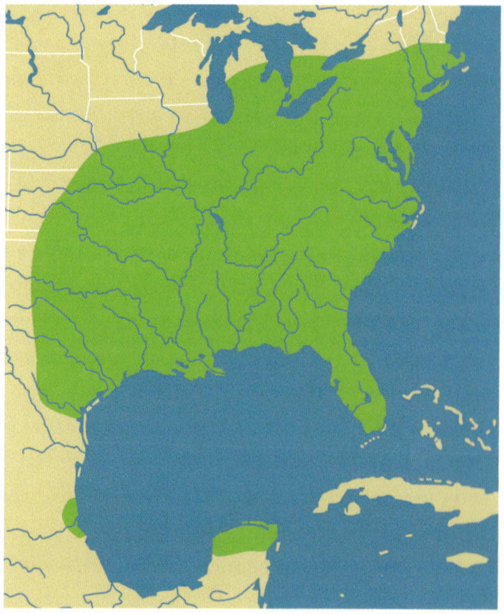

Características del género *Terrapene*. El nombre "terrapin" proviene de los algonquinos, indios que poblaban el noreste de Estados Unidos, y, en 1820, Merrem lo transformó en "Terrapene". Este género solo se encuentra en el Nuevo Mundo y comprende cuatro especies, todas denominadas "tortugas caja", debido a su configuración que les permite encerrarse totalmente en sí mismas. Ninguna de estas especies supera los 200 mm. Su morfología es próxima a la de las tortugas terrestres, pero dependen mucho de los ambientes húmedos, y a veces son semiacuáticas, como *T. coahuila*. Cierran totalmente su plastrón por medio de una charnela ligamentosa muy movible entre las pectorales y las abdominales, lo que les permite esconderse completamente en caso de peligro. Su forma general es muy redonda, formando una bóveda muy marcada, sobre todo en *T. carolina* y *T. ornata*. Colocan a menudo su largo cuello verticalmente, con la cabeza horizontal, en una postura característica. Poseen vivos colores, al menos en su juventud. Sus cabezas están adornadas con manchas llamativas, sus ojos son muy expresivos y sus "gestos" muy particulares. Por ello se han ganado la simpatía del público, aunque, desgraciadamente, esto también ha provocado su recolección y su comercialización a ultranza. Son omnívoras y aprecian los insectos,

© F. Bonin

© J. Maran

Este galápago tan bonito podría ser el arquetipo del género: espaldar muy abombado y muy manchado de amarillo; y cabeza robusta e iluminada por manchas y jaspeados muy claros.

gusanos, caracoles, pequeños batracios y animales muertos, pero también consumen frutos y varios vegetales. Están activas principalmente después de las lluvias y necesitan contactos frecuentes con el medio húmedo. Estas pequeñas tortugas serían capaces de vivir más de cien años y existen pruebas de una longevidad de 120 años, aunque esto no sea más que anecdótico. En cautividad, a menudo desarrollan enfermedades respiratorios y oculares.

Características de *T. carolina*. Fue denominada "carolina" para referirse a Carolina del Norte y del Sur, en Estados Unidos, territorios que fueron bautizados en honor al rey de Inglaterra Carlos II. A partir del siglo XVII, la especie fue ampliamente importada a Europa; por ello muchas tortugas en cautividad se llamaban Carolina. Arquetipo del género, es corta y redonda, muy abombada, con bordes casi verticales. Su cabeza presenta una nariz muy redonda y una mandíbula superior en forma de pico pronunciado. Sus colores varían según la región, el individuo y el sexo; pero en general el diseño es pardo, más o menos oscuro, manchado de amarillo o de amarillo anaranjado, con dibujos como "pinceladas" que parten de la areola, o con manchas irregulares. Los miembros anteriores poseen grandes escamas planas y están coloreados de beis, pardo, anaranjado, amarillo y a veces de rojo. El plastrón es amarillo uniforme, a veces con manchas oscuras más o menos radiadas. Con la edad, algunos animales se vuelven uniformemente beis o habano. La cabeza a menudo es muy llamativa, con manchas amarillas a rojas sobre fondo pardo a negruzco. Los ojos son rojos a beis. La mandíbula inferior y la parte inferior del cuello son a menudo más claros, amarillentos a rojizos, con manchas oscuras. El dimorfismo sexual es poco pronunciado, ya que en los machos no se observa prácticamente ninguna concavidad en el plastrón. Sin embargo, este último presenta una cola más ancha y fuerte, y sus ojos a menudo son rojizos durante el celo (mientras que los ojos de las hembras siguen siendo pardo grisáceo o negruzcos). Según la región, la hembra es más grande que el macho, o a la inversa.

Subespecies. *T. c. carolina*: su caparazón es corto y ancho, con dibujos muy nítidos. Las marginales son casi verticales. Posee cuatro dedos en las patas traseras. Distribuida sobre todo en el este: sur de Maine, Georgia, Michigan, Illinois y oeste de Tennessee. *T. c. bauri* Taylor, 1895: coloración menos viva y menos variable

A menudo esta especie levanta la cabeza, con un aire curioso e inquisidor. Esto explica porqué se le vendió tanto tiempo –y erróneamente– como "animal de compañía".

© B. Devaux

que la anterior, con dibujos como "pinceladas" radiales. Cabeza oscura con dos bandas claras a cada lado. Tres dedos en las patas posteriores. Se encuentra esencialmente en Florida, hasta los Cayos. *T. c. major* (Agassiz, 1857): la mayor de las tortugas caja. Su caparazón es más alargado, bastante oscuro y a veces sin dibujos. Pero algunos machos poseen colores muy llamativos, con tonos muy vivos sobre fondo negro. Las marginales posteriores pueden ser más ensanchadas. Cuatro dedos en las patas traseras. Se encuentra en el sur, desde el este de Texas hasta Florida. *T. c. mexicana* (Gray, 1849): caparazón largo y abombado, beis a pardo, a veces amarillo pálido, con suturas oscuras en las escamas. Tres dedos en las patas traseras. Confinada a una pequeña región de México, en el sudeste de Tamaulipas, el noreste de San Luis Potosí y el norte de Veracruz. *T. c. triunguis* (Agassiz, 1857): caparazón angosto y bastante levantado, con tendencia a formar una quilla. Color bastante claro con dibujos oscuros. La cabeza y las patas lucen a menudo manchas anaranjadas o amarillas. El plastrón es uniformemente amarillo. La cabeza de algunos machos a veces está fuertemente marcada de rojo. Tres dedos en las patas posteriores. Ocupa el centro oeste de la distribución (Missouri, sur de Texas hasta Alabama). *T. c. yucatana* (Boulenger, 1895): caparazón largo, muy abombado. La tercera vertebral forma una pequeña joroba. Las marginales posteriores están ligeramente curvadas. Color beis a pardo, con rayas oscuras o escamas rodeadas de negro. La cabeza puede ser muy clara, incluso blanquecina, con grandes ojos de iris anaranjado. Cuatro dedos en las patas traseras. Pequeño territorio en Yucatán, en México, en los estados de Campeche, Quintana Roo y Yucatán.

Este individuo es menos abombado que el de la página anterior, pero su coloración es la habitual: líneas radiales amarillas y crema en las escamas, y manchas vivas en la cabeza, el cuello y las patas.

Hábitos. Estas tortugas viven en zonas húmedas, en selvas o bosques próximos a cursos de agua, pero han sabido adaptarse a las zonas secas del sur, limitando su actividad a los meses lluviosos. Nadan perfectamente y se bañan con frecuencia, aunque son terrestres y pueden vivir largos meses sin estar en contacto directo con el agua. También soportan las zonas de influencia marina, como en Egmont Key, Florida. En el norte de la distribución, estas tortugas hibernan durante 4 a 5 meses, mientras que en el sur, se esconden en el lodo o bajo las hojas húmedas, u ocupan madrigueras de otros animales. Están activas sobre todo después de las lluvias. Los jóvenes son más bien carnívoros y los individuos de edad son más frugívoros y herbívoros. En todas las edades aprecian las setas. Sus alimentos preferidos son los insectos, los pequeños animales muertos, los gusanos, las babosas y los caracoles pequeños. En Egmont Key, K. Dodd observó que *T. c. bauri* consumía muchas cucarachas, las que, sin ella, proliferarían. En el momento de las cópulas, los machos recorren largas distancias para encontrar a las hembras. El macho tiene el iris rojo y uñas curvadas en las patas posteriores, que le permiten cogerse mejor al espaldar de la hembra. Ésta posee un iris pardo amarillento. El ritual de apareamiento es bastante violento y se produce en primavera, aunque también en otoño y sobre todo después de las lluvias. El macho gira alrededor de la hembra, moviendo la cabeza vigorosamente, y luego la mordisquea. Después, monta sobre ella, bajando varias veces y cogiéndose firmemente con sus uñas curvadas. Durante la cópula, puede seguir mordisqueando a la hembra. Como el espaldar de la hembra es muy esférico, el macho debe colocarse verticalmente, alzándose sobre sus patas traseras. Pero a veces cae hacia atrás, sin dejar de penetrarla. Las puestas se dan entre mayo y junio. Cada nido contiene de 1 a 8 huevos pequeños y alargados, que miden 21 x 30 mm. La incubación dura entre 70 y 110 días, pero el promedio es de 80 días. Los nacimientos se observan de agosto a fines de octubre. Los recién nacidos son de un color más apagado y su plastrón no es móvil. El espaldar es grisáceo, bastante plano, con solo un punto amarillo en cada escama. Se aprecia una ligera quilla vertebral. El plastrón es crema a amarillento. La articulación del plastrón se hará funcional a partir de los 5 o 6 años.

Protección. Esta especie es recolectada desde hace tres siglos, pero en la actualidad su exportación está reglamentada, ya que en algunas regiones está en declive. Ya no se la ve tanto en las tiendas de animales occidentales. La mortalidad en las casas de los particulares era importante, ya que criar a este animal es bastante difícil. Actualmente, le afectan sobre todo las actividades humanas, la desecación de las zonas húmedas, la urbanización, la ampliación de la agricultura y el sobrepastoreo.

Terrapene coahuila Schmidt & Owens, 1944

Distribución. Su territorio conocido se restringe al valle de Cuatrociénegas, en el noreste de México, en el estado de Coahuila. No se le ha observado en ningún otro lugar.

Características. Esta especie es la más rara y la menos conocida de las *Terrapene*. Se creía que era esencialmente acuática, pero finalmente pasa tanto tiempo en las pozas de agua como entre la vegetación circundante. En las pozas, que constituyen su biotopo preferente, camina en el fondo como una tortuga terrestre y nada raras veces. Es la menos colorida de las *Terrapene*, con un diseño pardusco, beis a negruzco. Algunas tienden al caoba y al rojizo. Solo se aprecian salpicaduras más oscuras en la cabeza de algunos individuos. El tamaño máximo para la especie es de 165 mm. Es bastante alargada, relativamente aplanada a la altura de la segunda, la tercera y la cuarta vertebrales, y presenta vestigios de una quilla central. Las marginales y las vertebrales son muy estrechas, mientras que las costales son muy altas. La cabeza es bastante fuerte, con el hocico corto y redondo; la mandíbula superior carece de pico. El plastrón es ancho, muy desarrollado, sin muesca en la escama anal. Los puentes presentan una escama axilar ancha. El plastrón puede plegarse hasta 45°. En la mayoría de los machos, se aprecia una importante depresión en la unión entre las abdominales y las femorales. Las patas traseras poseen cuatro dedos, mientras que las delanteras tienen cinco. Los juveniles lucen colores más vivos, con rayas amarillas o puntos claros difuminados sobre un fondo marrón oscuro. Su cabeza presenta una franja amarilla lateral. Esta especie posee una bolsa cloacal que utiliza para humedecer su lugar de puesta. El dimorfismo sexual está bastante marcado. En el macho, el plastrón es medianamente cóncavo, el espaldar más abombado y el iris pardusco, manchado de amarillo. La hembra presenta un plastrón a veces convexo y un iris amarillento con manchas pardas.

Hábitos. El hábitat de esta especie es muy particular. En el valle de Cuatrociénegas, las pozas (grandes charcas redondas) son alimentadas todo el año por surgencias de agua dulce o salobre. Además, en este valle el cloruro de sodio es omnipresente. Las tortugas ocupan biotopos muy contrastados, de agua muy pura o con un gran contenido de sal, de sabana húmeda o de sabana seca, de charcas más o menos frías o tibias. Cada grupo de tortugas se ha adaptado a un medio específico. Además, una parte de ellas se desplaza de poza en poza (sobre todo los machos), realizando migraciones en las cuales los animales recorren kilómetros. En el lago principal del valle, las tortugas están cubiertas de un manto blanco de cloruro de sodio, que no parece molestarlas. La densidad de la especie, alrededor de estos hábitats, puede alcanzar las veinte tortugas por hectárea. En torno a un sola

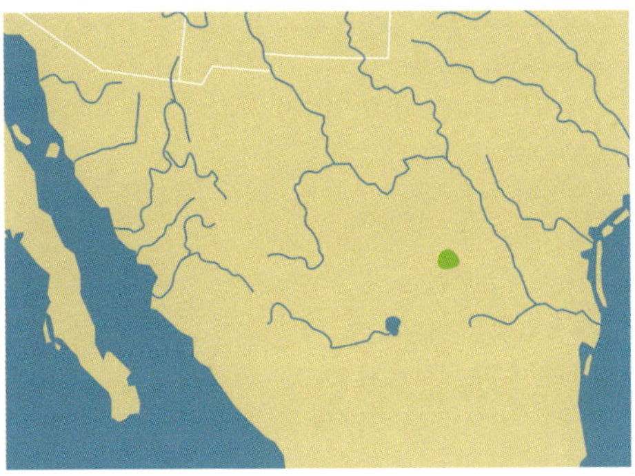

Tortuga de ambientes húmedos

Esp.: *Tortuga caja de Cuatrociénegas*
Ingl.: *Coahuila box turtle*

© F. Bonin

Ésta es la menos colorida y la más acuática de las *Terrapene*. Solo vive en las pozas y charcas de Cuatrociénegas, y ha adquirido el color oscuro del fango y de los fondos limosos de las pozas. La hembra (en primer término) tiene el plastrón muy plano, mientras que el macho presenta una depresión importante en la sutura entre las abdominales y las femorales.

© B. Devaux

poza, se han marcado más de 400 individuos, solo fuera del agua. Según la época del año, el grado de humedad del aire y el calor ambiental, las tortugas se localizan en el agua o en el sustrato terrestre. Esta especie parece apreciar muchos alimentos cárnicos o vegetales, talos como insectos, larvas y pequeños alevines, o algas, bulbos y plantas acuáticas. Las tortugas se alimentan más bien en el agua. Cuando se alarman, tienen tendencia a huir hacia el agua y a esconderse rápidamente en el fondo de la poza, cavando con sus patas delanteras. Pueden permanecer una media hora bajo el agua sin remontar a la superficie. Han sido filmadas caminando rápidamente, dando grandes zancadas, en el sustrato detrítico de las pozas, a una profundidad de hasta tres o cuatro metros (Bonin, 2002). Las cópulas se producen principalmente de marzo a mayo y de septiembre a noviembre, sobre todo fuera del agua. Las puestas se observan de mayo a septiembre. Los huevos son rígidos, finamente granulados y elípticos (17 x 33 mm). Las puestas son múltiples, pero solo contienen de dos a cuatro huevos. El nido es poco profundo y está excavado en las pequeñas dunas que rodean las pozas. El tiempo de incubación es de 60 días en promedio.

Protección. Es la única *Terrapene* situada en el Apéndice I de la CITES. Sin embargo, los guardas de Cuatrociénegas han señalado algunas recolecciones. Sería necesario proteger íntegramente este valle tan particular y poseedor de una fauna original. Existen pocas especies de Quelonios tan arraigadas a un territorio tan limitado, y todo atentado contra este biotopo, toda degradación de este minúsculo valle, podría afectar gravemente a esta especie. Cada vez se llevan a cabo más estudios sobre este animal, a fin de comprender mejor su ecología y de protegerlo mejor. La especie está clasificada como "en peligro" por el Turtle Conservation Fund.

Terrapene nelsoni Stejneger, 1925

Distribución. Estrecho territorio en el oeste de México, entre la costa y la Sierra Madre, en los estados de Sonora, Sinaloa y Nayarit.

Características. Esta extraña tortuga de diseño tan particular ha sido vista raras veces por los naturalistas desde que se le descubriera hace dos siglos. En la naturaleza, es extremadamente raro observar a esta especie. Sale justo después de las lluvias, pero se esconde enseguida durante meses y se conocen poco los hábitats donde vive y sus costumbres. Los pocos animales conocidos fueron encontrados por casualidad, o fueron entregados a los zoológicos o a los naturalistas por los pobladores, pero las observaciones en la naturaleza son casi inexistentes. Los mexicanos de la región la llaman "tortuga de chispitas", ya que está salpicada de vivos puntos amarillos, sobre un caparazón pardo, caoba o casi negruzco. Su talla máxima es de 159 mm. Su espaldar es muy abombado, alargado, ligeramente aplanado a partir de la tercera vertebral. La coloración difiere mucho según los individuos y las regiones, pudiendo ir del verdoso al marrón rojizo y, la mayor parte del tiempo, los puntos amarillos desaparecen, sobre todo en los machos. Las hembras son más pequeñas y tienen el caparazón más ancho y marginales más ensanchadas, sobre todo en la parte posterior. La cabeza es bastante robusta, con un hocico redondo, y sin pico en la mandíbula superior. De color beis a marrón o verdoso, también está adornada con algunos puntos amarillos que forman manchas más grandes a los lados, debajo de los ojos y en la base del cuello. El plastrón es grande y carece de muesca anal. Es amarillo a beis con marcas oscuras en el borde, o casi todo negro con una orla amarilla (ver subespecies). Las patas tienen cuatro dedos y no son palmeadas. Los machos poseen una cabeza más maciza que las hembras, un iris rojo, una mandíbula superior más pronunciada, un caparazón más alargado y más alto, marginales menos ensanchadas y menos manchas amarillas en el caparazón.

Subespecies. *T. n. nelsoni*: ocupa el sur de la distribución, en el estado de Nayarit. Los puntos amarillos sobre el espaldar son más voluminosos, pero menos abundantes. La primera vertebral es cóncava. El plastrón es negro con el borde más claro, a veces manchado con puntos amarillos difuminados. *T. n. klauberi* Bogert, 1943: su territorio es más amplio y comprende el sudoeste de Sonora y el noroeste de Sinaloa. Los puntos amarillos son más pequeños y más abundantes, sobre un fondo oliváceo. La primera vertebral es plana.

Hábitos. Es la única especie del género verdaderamente terrestre. Ocupa hábitats variados, desde desiertos con maleza hasta robledales a medianas altitudes. Pero solo se la ve durante la estación lluviosa (finales de junio, principios de julio y septiembre-octubre). La localidad principal de observación es Guirocoba (a 410 m de altitud), a tres horas de camino de Álamos (Sonora), donde el animal ocupa biotopos variados, semidesérticos a húmedos. Los habitantes han encontrado algunos ejemplares, pero se desconocen completamente sus hábitos. Las tortugas cautivas han vivido poco tiempo, salvo las del Centro Ecológico de Hermosillo. Sin embrago, las tres tortugas criadas en una cubeta de cemento en este centro, junto con otros animales, no han podido aportar informaciones útiles. Esta especie es omnívora y consume insectos, gusanos, animales muertos, desechos orgánicos, frutos y detritos de todo tipo. Los machos parecen especialmente agresivos y se acoplan vivamente. No se dispone de ninguna información sobre los huevos, las puestas o la incubación.

Protección. Es el prototipo de tortuga rara cuya distribución y estatus no se conocen con exactitud, y que es prioritario estudiar para poder protegerla. Sus hábitats no están destruidos ni alterados, y no se la recolecta ya que es "invisible". Ahora bien, su rareza y su peculiaridad la convierten en un animal notable.

El espaldar y la piel de esta *Terrapene* están completamente cubiertos de puntos amarillos, sobre un fondo marrón o negruzco. El pico es bastante pronunciado y le permite tener una alimentación carnívora.

© F. Bonin

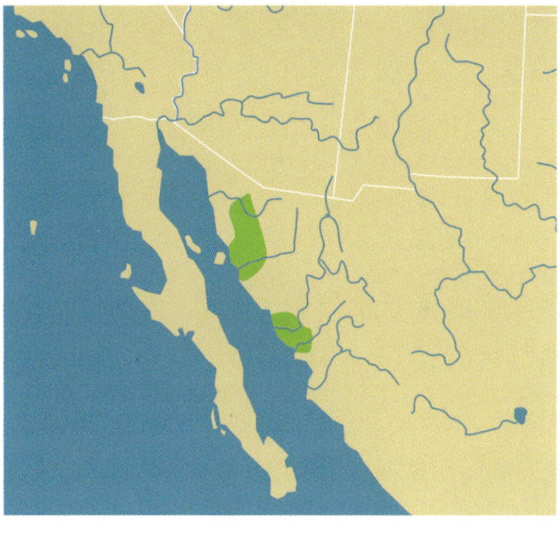

Tortuga terrestre

Esp.: *Tortuga caja de chispitas*
Ingl.: *Southern spotted box turtle*
Fr. *Tortue-boîte de Nelson*

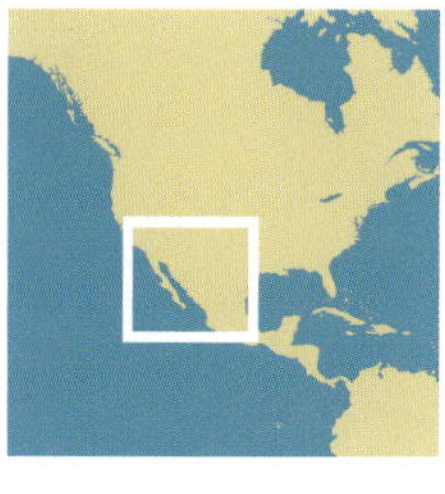

Terrapene ornata (Agassiz, 1857)

Distribución. Habita en el centro de Estados Unidos y en el noreste de México, al oeste de la distribución de *T. carolina*. Su territorio llega hasta los Grandes Lagos. Está presente en Illinois, Iowa, Dakota del Sur, el este de Wyoming, el sudoeste de Luisiana, Texas, Nuevo México, el sudeste de Arizona; y en México, en el noreste de Sonora y en el norte de Chihuahua.

Características. Esta especie es pequeña (140 mm) y presenta un caparazón bastante plano, sin quilla, y con dibujos radiales y lineales sobre un fondo casi negro. La parte alta del espaldar está marcada a menudo por una banda vertebral. El plastrón es más largo que el espaldar y ambos presentan el mismo diseño: amplias pinceladas amarillas sobre un fondo marrón a negro. Carece de puente y de escama axilar. Las marginales laterales son verticales, y las posteriores, ensanchadas. La cabeza es de talla reducida; la nariz no es prominente y la mandíbula superior sobresale. Las partes blandas son beis, gris claro a amarillentas, y la cabeza es parda con manchas claras más o menos agrupadas. La cola presenta a menudo una raya dorsal amarilla. Las patas posteriores tienen cuatro dedos.

Líneas y "pinceladas" radiales marcan las placas del espaldar. Por lo demás, se le puede confundir con *T. carolina*. Es más plana que ésta y su plastrón presenta el mismo diseño que el espaldar.

Subespecies. *T. o. ornata*: la subespecie nominal es claramente aplanada. Su diseño es oscuro y posee de 5 a 8 líneas amarillas en la segunda costal. Está presente en el norte de la distribución, desde Indiana y el este de Wyoming, hasta Nuevo México y Luisiana. *T. o. luteola* Smith & Ramsay, 1952: es más clara que la anterior, a veces incluso beis y descolorida. Se aprecian 14 líneas radiales en la segunda costal. Se la encuentra en el sur de la distribución, en

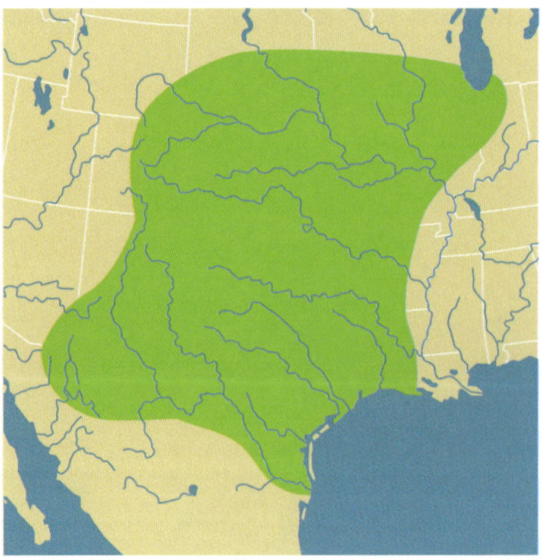

© B. Devaux

Texas y el sudeste de Arizona. En México, llega hasta Álamos, en el sur del estado de Sonora.

Hábitos. Esta tortuga vive cerca de las zonas húmedas, pero no entra voluntariamente en el agua. Se la encuentra hasta los 2.000 m de altitud. Parece preferir las zonas arenosas y semiáridas, y no huye del calor excesivo. En el norte de su área de distribución, excava en invierno pequeñas madrigueras de unos sesenta centímetros de profundidad y se entierra de octubre a mayo. En el sur, ralentiza su metabolismo en verano y se oculta bajo las hojas. Es después de las tormentas y de las lluvias cuando está más activa. Entonces, sale a cazar para devorar ciempiés, escarabajos, escarabajos peloteros y saltamontes. También se le ha visto atrapar ratas y sapos, y les gustan las bayas y las setas. Algunas poblaciones presentan densidades muy importantes, que serían las máximas entre las *Terrapene*. El apareamiento tiene lugar principalmente después de las lluvias de primavera. El macho se diferencia por su iris rojo y la concavidad moderada de su plastrón. El primer dedo de su pata delantera es grueso y está ensanchado y dirigido hacia el interior, lo que facilita la prensión de la hembra. La cópula parece muy larga y puede durar media hora. Las puestas se observan de mayo a julio, en una o dos veces. Se depositan de dos a seis huevos de gran tamaño (23 x 31 mm) y la incubación dura aproximadamente 70 días. En los juveniles, la

Tortuga de ambientes húmedos

Esp.: *Tortuga caja ornada*
Ingl.: *Ornate box turtle*

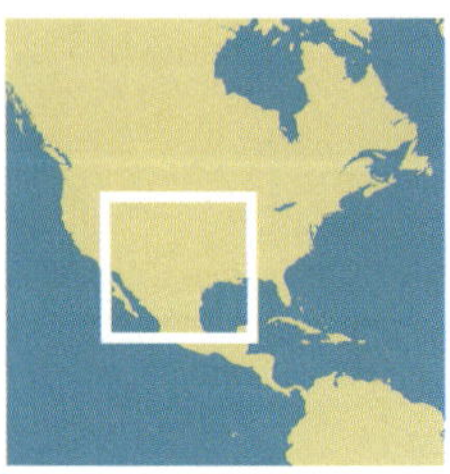

© F. Bonin

Esta bonita *T. o. luteola* posee un cuello y una cabeza luminosos y muy coloridos. El espaldar presenta las "pinceladas" habituales.

Esta *T. o. ornata* luce líneas diagonales y una quilla resaltada de amarillo.

© F. Bonin

charnela aún no está presente, sino que aparecerá a partir del tercer o cuarto año de vida.

Protección. Especie antiguamente muy exportada, hoy su recolección está sometida a cuotas.

Subfamilia Deirochelyinae
Agassiz, 1857

Chrysemys picta (Schneider, 1783)

Distribución. Esta especie ocupa un área de distribución muy amplia en Estados Unidos, así como en el sur de Canadá. Cuatro subespecies comparten este territorio.

Características. Son tortugas de pequeño tamaño, que no superan los 250 mm. Sus colores son muy vivos, como su nombre lo indica, pero con tendencia a atenuarse con la edad. El espaldar es muy oval, más bien aplanado y muy liso, sin quilla vertebral. Su color varía del verde oliváceo al negro, con líneas rojas a amarillas a lo largo de las suturas. Las marginales presentan medialunas o barras rojas. Las escamas vertebrales son más anchas que largas. El plastrón carece de charnela. Es amarillo, al igual que los puentes. La piel es negra a olivácea, con múltiples rayas amarillas o rojas, en especial en

© F. Bonin

El espaldar es ancho, oval y muy plano, con solo una línea clara en la quilla y una orla en el contorno. La cabeza y el cuello están moderadamente estriados de blanco.

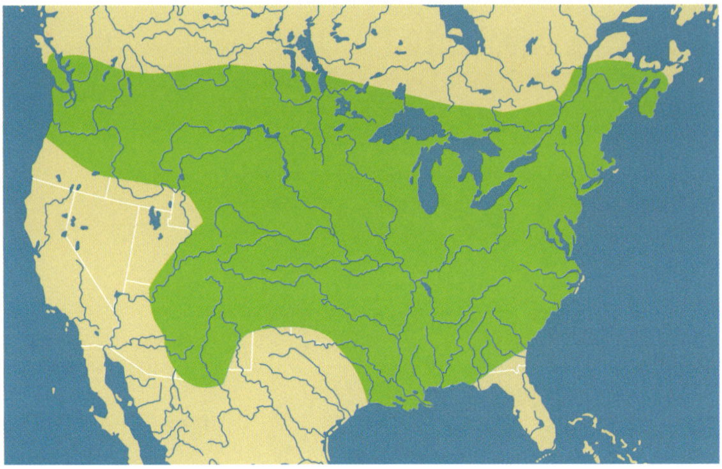

Tortuga de agua dulce

Esp.: *Galápago pintado norteamericano*

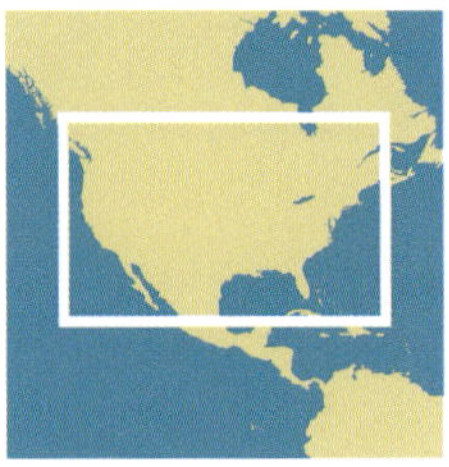

En esta foto se aprecia la llamativa coloración de la cabeza y de las marginales, también manchadas de claro.

© B. Devaux

el cuello, los miembros y la cola. La cabeza es mediana y está adornada con rayas amarillas. Un rasgo particular es la línea amarilla que parte de debajo del ojo y continúa hacia atrás. A cada lado de la cabeza, una gran mancha amarilla se extiende detrás de los ojos. El mentón está marcado con dos gruesas líneas amarillas que se juntan.

Subespecies.
– *C. picta picta* (Schneider, 1783) (Galápago pintado oriental): presente desde el sudeste de Canadá hasta el estado de Georgia, así como en el este de Alabama, en toda la parte este de Estados Unidos. Se la reconoce fácilmente por su plastrón totalmente amarillo y por sus suturas claras en el espaldar. Las suturas entre las costales y las vertebrales están alineadas.
– *C. picta marginata* Agassiz, 1857 (Galápago pintado norteño): presente en Canadá (sur de Quebec) y en el centro de Estados Unidos hasta Tennessee, el norte de Alabama, Pensilvania y Virginia. Las suturas entre las vertebrales y las costales son alternas. Las líneas oscuras a lo largo de estas suturas están muy marcadas. Un dibujo oscuro, de tamaño variable, se extiende sobre el plastrón, centrado en medio de éste y más disperso en sus extremidades.
– *C. picta bellii* (Gray, 1831) (Galápago pintado occidental): se encuentra en el sur de Canadá (en el oeste de Ontario hasta la Columbia Británica) y en Estados Unidos (Missouri, el norte de Oklahoma, el este de Colorado, Wyoming, Idaho y el norte de Oregón). Es la Chrysemys picta de mayor tamaño. Su espaldar es verde, con abundantes rayas amarillas. El plastrón está marcado por un dibujo oscuro en casi toda su superficie. Los puentes, la cara inferior de las marginales y los bordes del plastrón, tienen a menudo un llamativo color rojo anaranjado.
– *C. picta dorsalis* Agassiz, 1857 (Galápago pintado sureño): se distribuye desde el extremo sur de Illinois y de Missouri, hasta el noroeste de Alabama y a lo largo del Mississippi hasta el golfo de México, Luisiana y Alabama. Presenta un espaldar muy oscuro a negro, con una banda anaranjada estrecha sobre la columna vertebral. El plastrón es amarillo uniforme. Los individuos más grandes no superan los 160 mm.

Hábitos. Estas especies frecuentan aguas y cursos de agua tranquilos de fondos arenosos o limosos, ricos en plantas acuáticas. A lo largo de la costa atlántica, estas tortugas se observan a menudo en aguas salobres. Son diurnas y pasan la noche durmiendo en el fondo del agua. Su periodo de actividad se extiende de marzo a octubre, pero varía según la latitud. Con el buen tiempo, se insolan gran parte del día y comparten un mismo tronco con especies vecinas. La hibernación se desarrolla debajo del agua. Las tortugas se entierran en el limo y a veces el agua no supera los 3 °C. También pueden permanecer largo tiempo fuera del agua, para buscar, por ejemplo, lugares de puesta, y desplazarse largas distancias para encontrar otro lugar de residencia. Los cortejos se observan de marzo a mediados de junio. El macho se coloca delante de la hembra, bajo el agua, y la acaricia con sus largas uñas delanteras. Las puestas tienen lugar de fines de mayo a mediados de julio (un promedio de 13 huevos, de 28 x 35 mm). La incubación dura entre 70 y 80 días, y las eclosiones se producen a partir del 15 de agosto. En el norte de la distribución, los recién nacidos se quedan enterrados después de haber eclosionado y esperarán hasta la primavera siguiente para emerger. Estas tortugas son omnívoras y consumen varias especies de plantas y de animales vivos o muertos. Los insectos o gusanos, que se mueven bastante, atraen especialmente a esta especie. Los juveniles son más bien carnívoros, y se vuelven más herbívoros al envejecer.

Protección. Uno de los principales depredadores de esta especie es el mapache, que huele las puestas y las desentierra inmediatamente. Muchas tortugas son atropelladas en las carreteras y algunos de sus hábitats se degradan rápidamente.

Deirochelys reticularia (Latreille, 1801)

Distribución. Este galápago se encuentra en el sur y el sudeste de Estados Unidos: este de Texas, toda Luisiana, la mitad sur de Mississippi, de Alabama, de Georgia y de Carolina del Sur, así como en toda Florida, gran parte del sudeste de Carolina del Norte y de Missouri. También habita en el sudeste de Oklahoma y la punta sudeste de Virginia, así como en numerosas pequeñas islas de la costa atlántica.

Características. Su curioso nombre inglés, "chicken turtle", proviene del hecho de que los colonos la consumían comúnmente como carne. No supera los 260 mm. Su espaldar es largo, estrecho y oval y carece de quilla. Sus bordes son muy lisos, sin muescas. Una banda amarilla rodea todo el espaldar. Las escamas son rugosas, marrón oliváceo oscuro. Las vertebrales son anchas y la primera está en contacto con cuatro marginales. En la mayoría de los individuos, las escamas está recorridas por finas bandas amarillas, que forman un damero irregular. El plastrón es muy ancho y macizo, amarillo uniforme, con finos surcos negros en las suturas. La cara inferior de las marginales es amarilla, a menudo con una mancha o un círculo negro. El puente es grande, amarillo, a menudo marcado con una o dos manchas grandes negras. La cabeza es estrecha y larga, y el cuello es verdaderamente muy largo. La nariz es puntiaguda; la mandíbula superior es lisa, cortante y uniforme. La piel es pardusca más o menos oscura, con bandas claras amarillentas muy luminosas sobre el cuello y la cabeza. La cara superior de las patas delanteras luce una gruesa franja vertical amarilla, sobre un fondo marrón muy oscuro a negro. Las patas son palmeadas y poseen uñas finas y muy aceradas.

Subespecies. Se reconocen tres subespecies. *D. reticularia reticularia* (Latreille, 1801) (Galápago reticulado oriental): se encuentra desde el sudeste de Virginia hasta el río Mississippi. Se le distingue por presentar finas franjas amarillas, en forma de redes de mallas anchas sobre las escamas del espaldar; una fina orla amarilla alrededor del espaldar y, a menudo, una mancha oscura situada en la sutura entre la escama anal y la femoral. *D. reticularia chrysea*, Schwartz, 1956 (Galápago reticulado floridano): esta subespecie solo se encuentra en Florida. La orla que rodea el espaldar es más ancha y su color tira al anaranjado. Las franjas en el espaldar también son más anchas y su color amarillo anaranjado es más vivo. *D. reticularia miaria*, Schwartz, 1956 (Galápago reticulado occidental): ocupa todo el resto de la distribución. Su caparazón es más aplanado y el plastrón luce un conjunto de franjas oscuras sobre

Este galápago bastante macizo posee un plastrón amarillo y líneas claras en las suturas.

© B. Devaux

© F. Bonin

En este individuo, los grabados de las placas del espaldar están muy marcados. La cabeza está adornada con una gran línea lateral blanca y con una red más fina en las sienes.

Tortuga de agua dulce

Esp.: *Galápago reticulado*
Ingl.: *Chicken turtle*

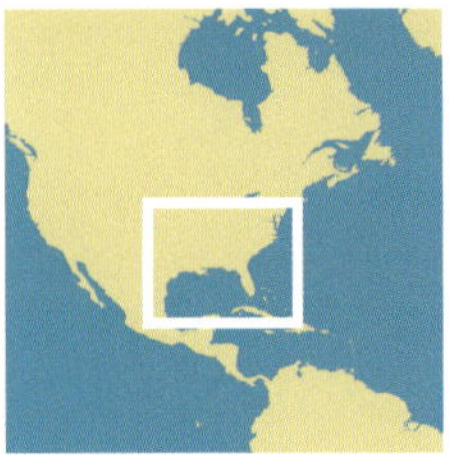

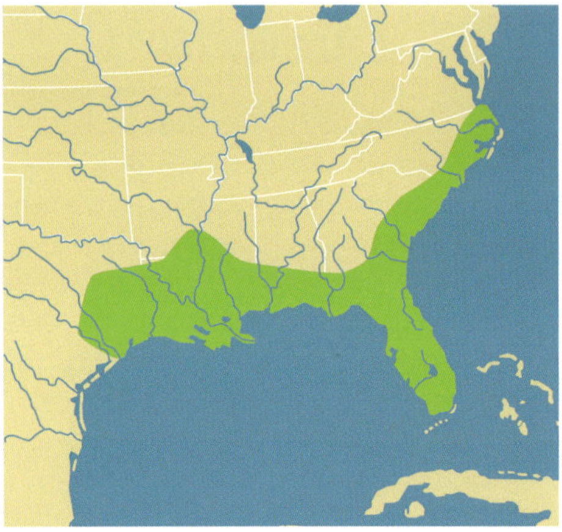

las suturas. El mentón y la garganta no presentan franjas.

Hábitos. Es una tortuga discreta que frecuenta aguas tranquilas: pantanos, lagos, pozas de agua y lagunas. Prefiere los lugares con vegetación densa, sobre las orillas y en el agua. Pasa muchas horas fuera del agua, insolándose. Camina mucho en la tierra firme, sobre todo cuando la sequedad evapora los humedales: entonces busca nuevos lugares donde instalarse. En el norte de la distribución, hiberna desde noviembre hasta principios de marzo. El macho alcanza su madurez sexual bastante pronto (3-4 años). Durante el cortejo, hace vibrar de modo febril sus uñas delanteras delante de la cabeza de la hembra. El periodo de puesta depende de la latitud. En Florida, se produce desde mediados de septiembre hasta el principio de marzo. Se depositan de 5 a 12 huevos aproximadamente, blancos, de cascarón blando (20 x 36 mm). La incubación dura de 84 a 150 días, según la latitud. Las crías pesan un promedio de 8 g. Los juveniles son básicamente carnívoros, mientras que los adultos consumen tanto plantas acuáticas como renacuajos, cangrejos de río y diversos invertebrados acuáticos.

Protección. Los mapaches y caimanes son los grandes depredadores de los juveniles, además esta especie fue largo tiempo consumida por el hombre. Según Gibbons (1987), menos del 1% supera la edad de 15 años en la naturaleza.

Graptemys geographica (LeSueur, 1817)

Tortuga de agua dulce

Esp.: *Galápago mapa común*
Ingl.: *Common map turtle*

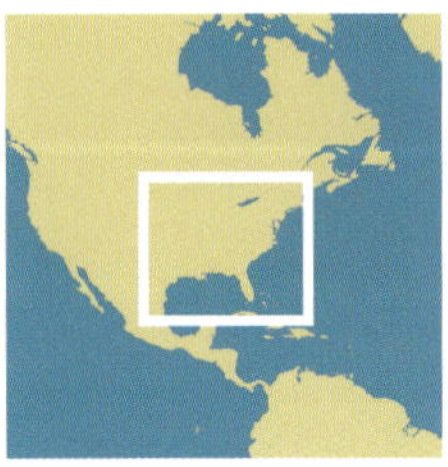

Distribución. Se la encuentra en el sur de Quebec hasta el centro este de Estados Unidos, en el norte de Alabama, el este de Minnesota, el sur de Wisconsin, el noreste de Oklahoma, Tennessee, Arkansas y el noreste de Georgia.

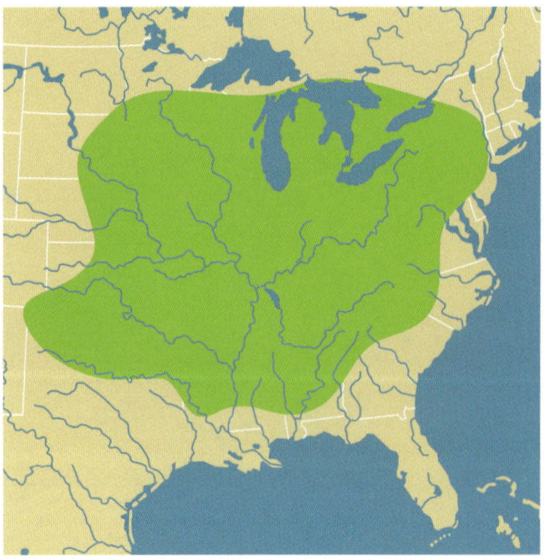

Características del género *Graptemys*. Estos galápagos son denominados comúnmente "mapa", pues muy a menudo su plastrón está adornado con dibujos regulares. Son tortugas medianas (con un máximo de 150 mm en los machos y 300 mm en las hembras) que carecen de marcas rojas a los lados de la cabeza, sino que poseen puntos o líneas amarillas sobre un fondo habano. Tienen una quilla dorsal, muy pronunciada en algunos juveniles, que puede desaparecer en los adultos. Algunas especies presentan puntas muy marcadas entre la segunda y la cuarta vertebrales. Son especies más acuáticas que las *Chrysemys*. Viven permanentemente en el agua y consumen preferentemente moluscos.

Características de *G. geographica*. Es una tortuga de tamaño mediano (270 mm en las hembras) que carece de puntas dorsales y cuya quilla es muy poco marcada. Las marginales posteriores son dentadas. El espaldar es marrón oliváceo, con dibujos poco marcados compuestos de finas líneas marrones rodeadas de negro. El plastrón es blanco a amarillo en los adultos. La cara inferior de las marginales es amarilla con dibujos circulares oscuros que se extienden también sobre el puente. La cabeza es de gran tamaño, más grande que la de *G. pseudogeographica*, con una mandíbula superior sin muesca. Las líneas amarillas y negras que recorren la cabeza son muy llamativas. Los machos son más pequeños que las hembras y no superan los 160 mm. Las hembras tienen la cabeza más grande y el espaldar mucho más redondeado. Los juveniles presentan puntas dorsales que se atenúan con la edad en los machos, y desaparecen por completo en las hembras. Su plastrón luce un dibujo gris negruzco sobre las suturas.

El estado de este caparazón indica que se trata de una tortuga vieja, que ha podido sufrir micosis, quemaduras o afecciones bacterianas. La cabeza es negra, con líneas irregulares muy finas.

Hábitos. Este galápago frecuenta los cursos de agua importantes, los ríos y los grandes lagos. Se le ve insolándose largamente al borde del agua, formando grandes grupos. En la parte norte de su distribución, hiberna de noviembre a marzo. Las poblaciones son bastante numerosas en los lugares donde los caracoles de agua son abundantes y, curiosamente, se cuentan muchas más hembras que machos en la naturaleza (aproximadamente, un tercio más). Es una especie discreta, que se sumerge a la más mínima alerta. Cuando se le coge, puede morder con violencia. Los cortejos se dan en primavera y otoño. El macho nada alrededor de la hembra y coloca su nariz contra el hocico de su pareja, moviendo al mismo tiempo su cabeza de arriba a abajo, con el cuello extendido. Las puestas se producen de junio a mediados de julio, según la latitud, y contienen de 9 a 20 huevos blancos y blandos, que miden aproximadamente 22 x 33 mm. A menudo se dan dos puestas al año. La incubación dura un mínimo de 75 días. Los recién nacidos salen desde finales de agosto hasta finales de septiembre, pero a veces pasan el primer invierno en el nido, y solo aparecen en marzo-abril. Las crías miden 30 mm de largo por 24 mm de ancho y son proporcionalmente más anchos que los adultos. El régimen alimentario de la especie incluye moluscos acuáticos, pero también larvas de insectos acuáticos, cangrejos de río, alevines, gusanos y, en poca cantidad, plantas y algas.

Protección. Los huevos y los juveniles son destruidos por diversos depredadores, como mapaches, zarigüeyas y a veces coyotes. Las principales amenazas son la contaminación, que destruye los moluscos acuáticos, y las obras de acondicionamiento de los cursos de agua. Estos galápagos son atropellados a menudo por coches.

Graptemys barbouri Carr & Marchand, 1942

Distribución. Su distribución se limita a tres estados del sudeste de Estados Unios, Alabama, Georgia y Florida, en cuatro ríos principales: Apalachicola, Chipola, Chattahoochee y Flint.

Características. El dimorfismo sexual es importante en esta especie, con una longitud máxima de 330 mm en las hembras y una talla máxima de 130 mm en los machos. Las hembras tienen la cabeza mucho más ancha y su espaldar presenta marcadas puntas dorsales. Las marginales posteriores son dentadas. El espaldar varía del marrón oscuro al oliváceo, con dibujos anaranjados en forma de "C" sobre las costales. Una barra amarillo anaranjado muy

© R. Bour

Ésta debe ser una de las *Graptemys* más atractivas. Su espaldar está adornado con ocelos luminosos. Una gran mancha clara y muy notable se extiende detrás del ojo.

nítida marca la cara superior de cada marginal. El plastrón es de color blanco a amarillo, y presenta a menudo bandas oscuras en las suturas transversales. En la cara inferior de las marginales muestran manchas redondas, grises a negras. La piel es marrón oscuro a negra, con franjas amarillentas en los miembros y dibujos amarillos y negros en la cabeza. La mancha amarilla detrás de los ojos, grande y muy nítida en los machos, rodea la parte posterior de la órbita. Esta mancha se une de un modo simétrico a una ancha banda amarilla situada entre los ojos. El mentón presenta una gran franja amarilla transversal. Las patas son muy palmeadas.

Tortuga de agua dulce

Esp.: *Galápago mapa de Barbour*

Ingl.: *Barbour's map turtle*

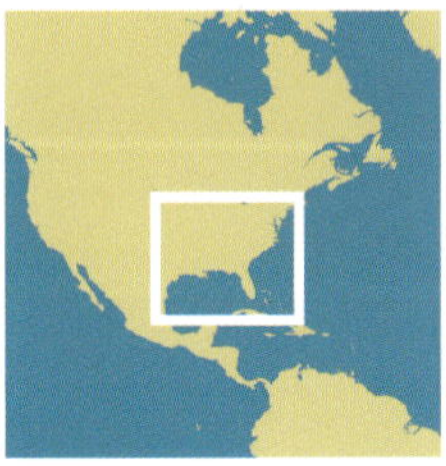

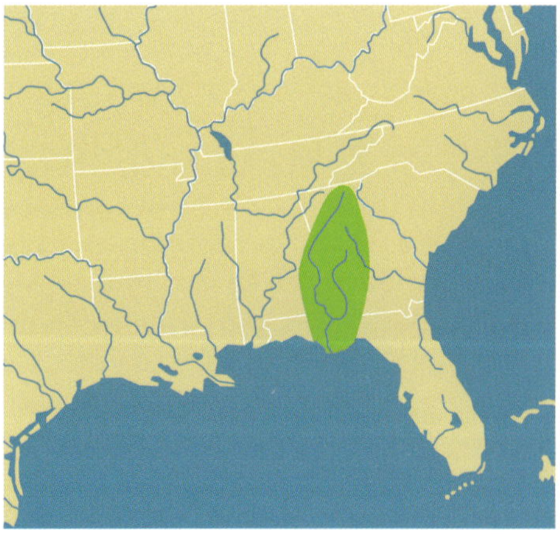

Hábitos. Frecuenta las aguas claras de fondos limosos y corriente lenta, y los grandes ríos tranquilos. Prefiere las orillas poco invadidas por la vegetación para insolarse. Estos galápagos se agrupan sobre los troncos de los árboles para sus largas sesiones de termorregulación. Se desplazan durante el día para aprovechar al máximo las zonas soleadas, pero son animales sedentarios, que no salen de un perímetro reducido. Los machos maduran cuando alcanzan un tamaño de 70 mm, mientras que las hembras deben esperan al menos a llegar a los 180 mm. El cortejo es clásico: el macho extiende su cuello hacia la hembra, y se ponen "nariz contra nariz". Pueden producirse dos puestas al año, de junio a finales de julio, y cada una contiene de 7 a 10 huevos blandos, que miden un promedio de 25 x 35 mm. Las crías miden 35 mm y pesan alrededor de 11 g. El régimen alimentario se diferencia según el sexo: las hembras comen sobre todo moluscos acuáticos (su gran mandíbula y su potente pico reflejan sus preferencias), mientras que la dieta de los machos es más variada e incluye larvas de insectos, mariposas caídas al agua y plantas acuáticas.

Protección. Los huevos y los juveniles son fuertemente depredados por los mapaches, pero las serpientes también se alimentan de las puestas en los márgenes del río Chipola. Antiguamente, los indígenas consumían esta especie. Aunque aún es abundante en el río Chipola (60 % de machos, 40 % de hembras), las amenazas en su medio natural son cada vez mayores debido a la contaminación y a los expolios con fines comerciales. Esta especie debería estar protegida mediante leyes federales, para evitar su recolección y su rarefacción.

Graptemys caglei Haynes & McKown, 1974

Distribución. Solo vive en los ríos Guadalupe y San Antonio (y los cursos de agua vecinos) en el centro de Texas.

© B. Devaux

Esta pequeña especie es muy asustadiza. Nótense las puntas dorsales y las líneas en forma de "S" en la cabeza.

Características. Este galápago no supera los 210 mm. Es bastante plano, más ancho por detrás, con marginales posteriores aserradas. Su quilla central está dotada de puntas bastante prominentes. El color general va del olivo al marrón claro. Cada escama está adornada con marcas amarillas de contornos muy nítidos. La parte posterior de las vertebrales es oscura. El plastrón es muy desarrollado, crema uniforme con un dibujo oscuro sobre las suturas. El puente y la cara inferior de las marginales son crema, marcados con cuatro barras longitudinales claras. La cabeza es más bien angosta y está prolongada por un hocico ligeramente puntiagudo. Es negra, con siete franjas crema encima. La franja central es la más ancha. A los lados de la cabeza, las franjas forman una medialuna alrededor de los ojos. Se aprecia una marca amarilla en forma de "V" en la parte dorsal de la cabeza. El mentón está adornado con una barra transversal crema y la cara inferior del cuello está atravesada por anchas bandas crema, separadas por finas líneas oscuras. Todas estas líneas forman "horquillas" con las partes redondeadas a la altura del mentón. El cuello, los miembros y la cola lucen líneas amarillas y negras muy nítidas. El macho no supera los 110 mm y presenta puntas vertebrales más largas que la hembra. El espaldar de las hembras es más redondeado que el de los machos.

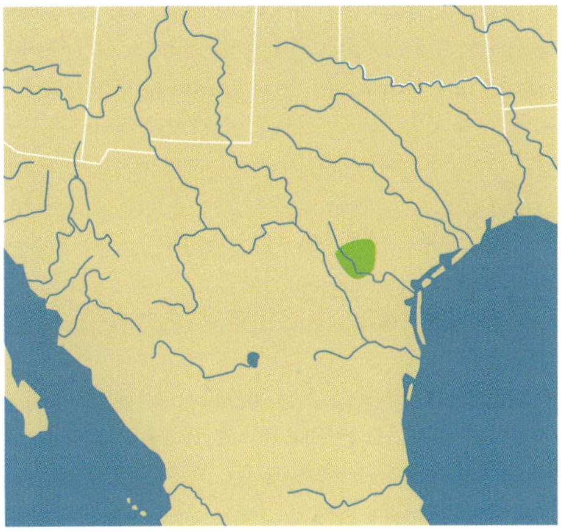

Hábitos. Esta especie habita ríos de corriente lenta y lagunas con una profundidad no superior a tres metros, sustratos lodosos y calcáreos. Se insola largo tiempo, de preferencia sobre piedras o troncos, y se encuentra raras veces en tierra firme, aparte de la puesta. Es muy asustadiza y se sumerge a la más mínima alerta. La hembra pone de uno a seis huevos, de abril a julio, y dos puestas son frecuentes. La temperatura de diferenciación sexual se sitúa alrededor de los 29 °C (100 % de machos alrededor de los 28 °C; 100 % de hembras por encima de los 30,5 °C). La dieta es ecléctica e incluye desde plantas acuáticas hasta insectos, larvas y caracoles de agua (sobre todo en las hembras).

Tortuga de agua dulce

Esp.: *Galápago mapa de Cagle*

Ingl.: *Cagle's map turtle*

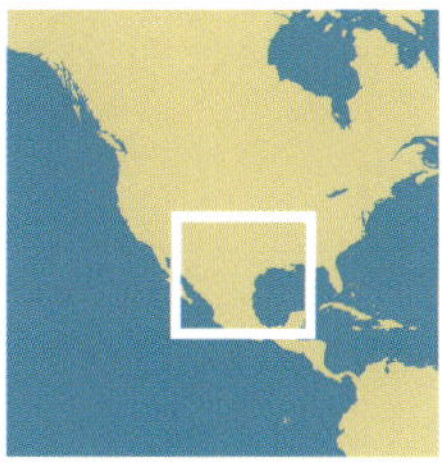

Graptemys ernsti Lovich & McCoy, 1992

Distribución. Se encuentra en Alabama y Florida, en los ríos Yellow, Escambia, Conecuh y Shoal, que desembocan en la bahía de Pensacola, en el golfo de México.

Características. Era antiguamente una subespecie de *G. pulchra*. Las hembras pueden alcanzar los 280 mm. El espaldar es bastante abombado, con una quilla central importante, pero en los adultos solo la primera vertebral presenta una ligera punta en el borde posterior. Las escamas marginales son marrón oliváceo con una sola barra amarilla central. Se aprecia una muesca profunda en la nucal y las primeras marginales, por encima de la cabeza. La parte posterior del espaldar es dentada. Las costales son grandes, de color olivo con una o dos largas rayas claras, rodeadas de una orla oscura, que se extienden verticalmente entre las vertebrales y las marginales. El plastrón es crema con manchas oscuras difusas que se extienden sobre las humerales y las femorales, pero esta coloración se atenúa con la edad. La cabeza luce una gran mancha amarillo oliváceo entre las órbitas, separada siempre por dos marcas del mismo color que adornan la parte posterior de las órbitas. Las franjas del cuello son bastante anchas, especialmente en la cara superior. La cabeza de la hembra es muy ancha, con potentes mandíbulas y una superficie masticatoria importante. Los plastrones son planos en ambos sexos, y los machos alcanzan su talla máxima hacia los 9 años.

Esta cría tiene un espaldar dentado muy atractivo, con puntas dorsales muy desarrolladas y adornadas de negro. La cabeza también está surcada por líneas claras.

© M. Rogner

Tortuga de agua dulce

Esp.: *Galápago mapa de Ernst*
Ingl.: *Ernst map turtle, Escambia map turtle*

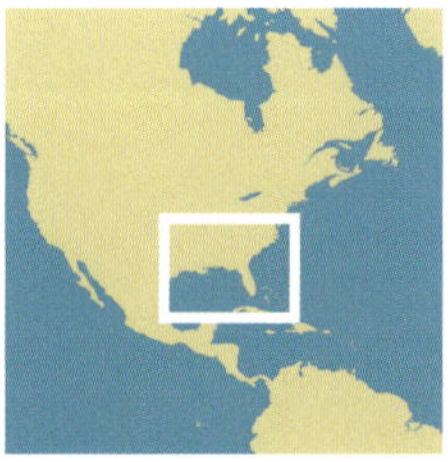

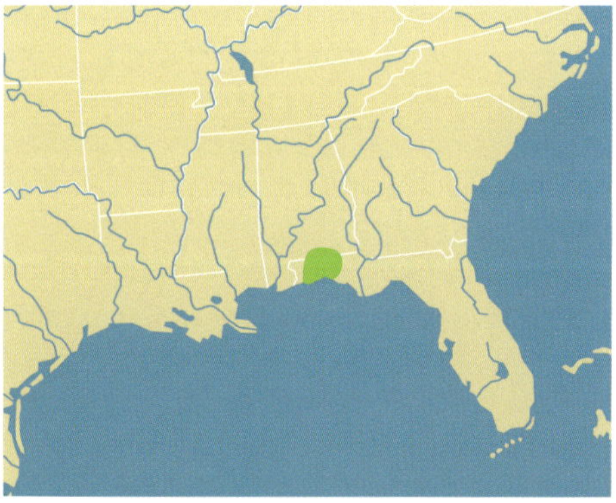

Hábitos. Estos galápagos ocupan grandes ríos de fondos arenosos o cubiertos de gravilla. Prefieren los lugares donde abundan las rocas, los troncos de árboles o las matas de vegetales que les permiten insolarse. Se les ve tomando el sol todo el año, en sitios donde el agua es muy profunda. Las hembras pueden nidificar hasta seis veces al año, sobre todo cuando envejecen. Las puestas se dan desde finales de abril hasta finales de julio. Se ha observado que los nidos pueden permanecer debajo del agua varios días si se inunda la zona de puesta, sin que los huevos se estropeen. Las crías nunca se quedan en el nido en invierno y entran inmediatamente al agua. Miden unos 40 mm al nacer. Esta especie es principalmente insectívora, aunque las hembras también se alimentan de moluscos (gasterópodos y mejillones de agua dulce).

Graptemys flavimaculata Cagle, 1954

Distribución. Esta tortuga es una especie de distribución muy localizada que solo vive en el sudeste del estado de Mississippi, en el río Pascagoula y los cursos de agua próximos.

Características. Las hembras no superan los 180 mm. El borde posterior de las vertebrales está muy levantado, formando en los machos puntas desarrolladas en las tres primeras vertebrales. El borde posterior del espaldar es dentado. Las vertebrales son más anchas que largas, con la punta negra. El espaldar es olivo a pardo, con una gran mancha amarilla en el centro de cada costal (de allí su nombre). Una franja amarilla semicircular destaca nítidamente en todas las marginales. El plastrón es blanco crema, con bandas negras bastante anchas en las suturas, que se atenúan con la edad. La cabeza es estrecha y luce una nariz plana y una mandíbula superior poco desarrollada. Es olivácea, con rayas amarillas que forman un dibujo rectangular detrás de los ojos, unido a una farnja longitudinal que se dirige hacia el cuello y que es dos veces más ancha que las otras líneas. Se cuentan unas veinte líneas amarillas a lo largo de la cabeza y del cuello, separadas por franjas oscuras bastante anchas. Los miembros presentan un dibujo idéntico. Los machos no superan los 110 mm y poseen uñas más alargadas en la patas delanteras.

Hábitos. Este galápago vive en cursos de agua importantes de corriente moderada, pero a veces rápida. Los fondos son limosos o arenosos y los lugares de insolación están constituidos por desechos vegetales. Muchos galápagos se reúnen para insolarse sobre las raíces y los vegetales flotantes. Salen incluso cuando llueve y a bajas temperaturas, y trepan a veces hasta 3,5 m por encima del nivel del agua. Comen principalmente larvas de insectos y moluscos acuáticos. El cortejo tiene lugar en primavera: el macho estira su cuello al máximo hacia la cabeza de la hembra, luego agita sus miembros anteriores a cada lado de la cabeza de su pareja, acariciándola con las uñas. La hembra tiende el cuello y repite los gestos del macho. La madurez sexual es aparentemente muy precoz en los machos y puede comenzar a los tres años.

© F. Bonin

Este joven animal luce las llamativas manchas amarillas de las escamas del espaldar.

Protección. Los efectivos de esta especie disminuyen por tres motivos: la contaminación agrícola, ligada a la industria maderera y a la química; la recolección, pues es muy apreciada por los coleccionistas; y la caza "deportiva" con carabina. Figura en la lista de las especies amenazadas de Mississippi.

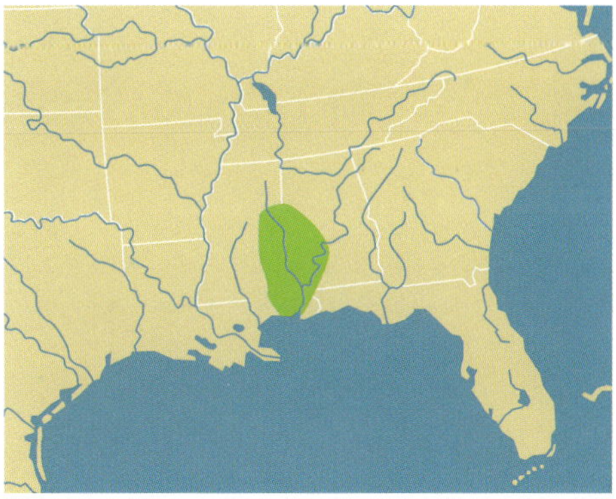

Tortuga de agua dulce

Esp.: *Galápago mapa de manchas amarillas*
Ingl.: *Yellow blotched map turtle*

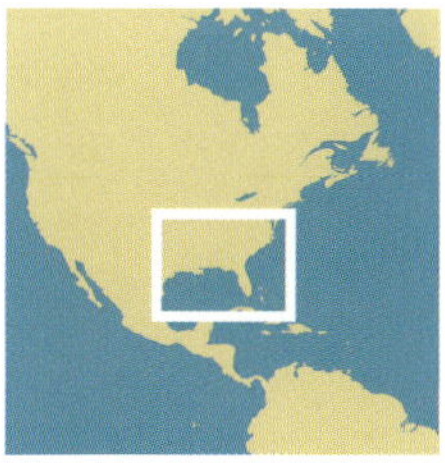

Graptemys gibbonsi Lovich & McCoy, 1992

Distribución. Localizada en el sudeste de Estados Unidos, se la encuentra en Luisiana y Mississippi, en los ríos Pascagoula, Pearl, Chickasawhay, Leaf y Boge Chitto.

Características. Las hembras alcanzan los 290 mm. El espaldar es muy abombado, con una quilla muy desarrollada, resaltada por una banda negra, y las puntas están muy desarrolla-

La quilla está muy marcada y a menudo resaltada de negro. Pero, como sucede en todas las *Graptemys*, en los individuos viejos la coloración se apaga y puede desaparecer.

Tortuga de agua dulce

Esp.: *Galápago mapa del Pascagoula*
Ingl.: *Pascagoula map turtle*

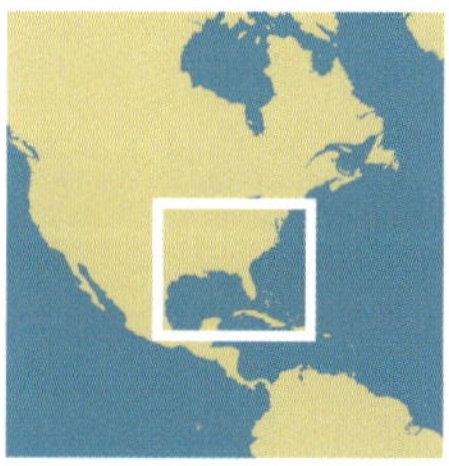

das en las tres primeras vertebrales. El espaldar es marrón a oliváceo, con anillos amarillos rodeados de negro en las costales. Las marginales presentan una sola franja amarilla, resaltada de negro, que recuerda a una "Y" invertida. La cara inferior de las marginales es crema, con una franja oscura y delgada en las suturas. El plastrón es amarillo pálido, con finas líneas oscuras sobre las suturas. La piel es marrón u olivo, con líneas amarillas a amarillo verdoso. La cabeza luce entre las órbitas una gran mancha olivácea que se une con dos grandes manchas del mismo color detrás de las órbitas. Las hembras tienen la cabeza más grande que la de los machos, y superficies masticatorias desarrolladas.

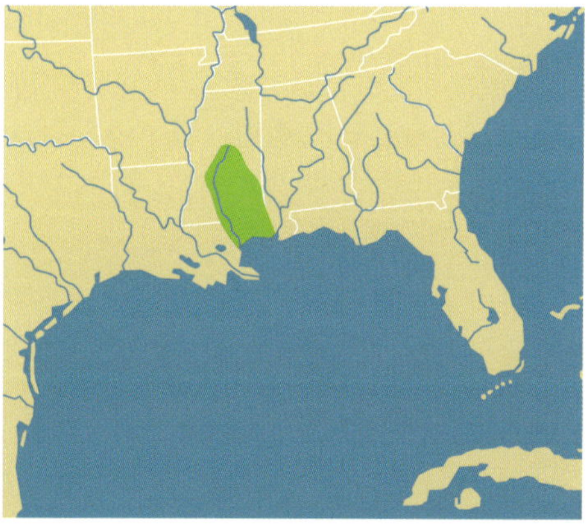

Hábitos. Estos galápagos ocupan las partes más anchas de los ríos y no temen las fuertes corrientes. Aprecian las zonas que disponen de muchos lugares donde insolarse, con fondos arenosos o de grava. De noche, muchos individuos duermen sobre las ramas, a algunos centímetros por encima del agua. La madurez de los machos es bastante precoz (4 años). Estas tortugas consumen principalmente insectos y las hembras prefieren los caracoles.

Graptemys nigrinoda Cagle, 1954

Distribución. Se encuentra en Alabama y Mississippi, en los ríos Alabama, Tombigbee, Black Warrior, Coosa, Tallapoosa y Cahaba.

Características. Es un pequeño galápago (220 mm en las hembras, 120 mm en los machos). Presenta puntas dorsales negras muy desarrolladas, que forman tubérculos redondeados. La parte posterior del espaldar es muy dentada y las escamas vertebrales son más anchas que largas. El espaldar es olivo a pardo oscuro. Un dibujo circular o semicircular estrecho, amarillo o anaranjado, adorna cada una de las costales y de las marginales. El plastrón es amarillo, a menudo con tonos rojizos. Luce un dibujo negro que rodea las suturas. La cabeza es estrecha y fina, y presenta una mandíbula superior plana, y la nariz no es prominente. El color del conjunto es negro con franjas amarillas. Detrás de los ojos, una medialuna amarilla forma un dibujo semejante a una "Y". De dos a cuatro franjas amarillas salen del cuello llegan hasta las órbitas. Los juveniles ya presentan puntas muy desarrolladas.

Subespecies. *G. nigrinoda nigrinoda* Cagle, 1954 (Galápago mapa de puntos negros norteño): se le distingue por el dibujo del plastrón poco desarrollado, que ocupa menos del tercio de la superficie plastral. La marca postocular forma una medialuna muy curvada. Las rayas amarillo claro que alcanzan los ojos están raras veces interrumpidas. Este galápago ocupa los ríos Alabama y Tombigbee. *G. nigrinoda delticola* Folkerts & Mount, 1969 (Galápago mapa de puntos negros sureño): presenta un dibujo que ocupa más de dos tercios del plastrón. Las zonas blandas de la cabeza son negras, y la marca postorbital está poco curvada lateralmente. En muchos individuos se nota una interrupción en las líneas amarillas que llegan hasta los ojos. Esta subespecie solo vive en Alabama, en los cursos de agua de la bahía de Mobile, al borde del golfo de México, especialmente en el río Tensaw.

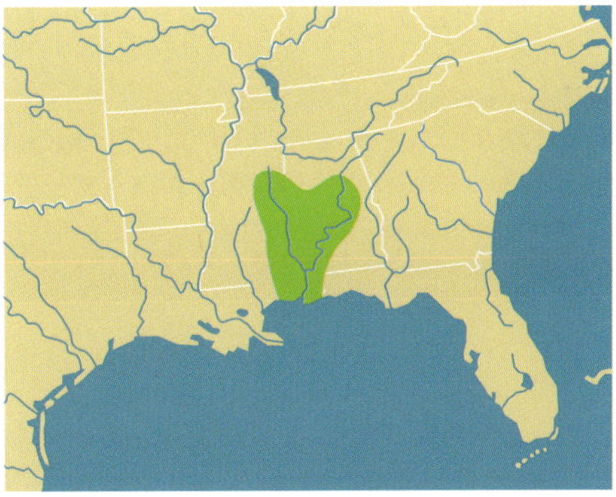

Tortuga de agua dulce

Esp.: *Galápago mapa de puntas negras*
Ingl.: *Black-knobbed map turtle*

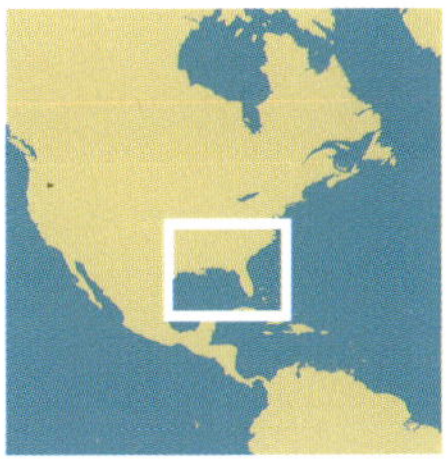

Hábitos. Ocupa cursos de agua de fondos limosos o arenosos, de corriente débil, y dotados de muchos sitios de insolación. Se insola gran parte del año y está activa incluso cuando el agua solo está a 10 °C. Los machos alcanzan la madurez sexual a partir de los 3 años de edad. La puesta se produce entre las 21:00 horas y la medianoche, a veces bastante lejos del agua (hasta a 50 metros). Las hembras ponen, hasta tres veces por temporada, un promedio de cinco huevos por nido. Estas tortugas comen sobre todo insectos (libélulas o cucarachas caídas al agua), pero también esponjas, moluscos y diferentes plantas acuáticas.

Protección. Este galápago figura en la lista de las especies amenazadas en Mississippi. Aún es abundante en los ríos Tombigbee y Alabama. Las cornejas y los mapaches destruyen sus nidos y los caimanes se comen a los juveniles.

© F. Bonin

La cría de esta especie es una verdadera joya. Los finos ocelos de su espaldar combinan muy bien con las puntas dorsales negras y con las líneas blancas del cuello y de la cabeza.

Graptemys oculifera (Baur, 1890)

Distribución. Pequeña área de distribución en el sur y centro de Mississippi, y en el este de Luisiana, a lo largo del río Pearl y de los cursos de agua vecinos.

Características. Este galápago no supera los 220 mm y presenta puntas vertebrales muy desarrolladas, sobre todo en la segunda y la tercera escama. El borde posterior del espaldar es dentado. El espaldar es verde a olivo, y cada costal presenta un gran ocelo circular amarillo a anaranjado. Las marginales están adornadas con un dibujo amarillo semicircular. El plastrón es amarillo a anaranjado, con un motivo pardo que recorre las suturas y desaparece con la edad. El borde inferior de las marginales presenta a menudo un motivo amarillo en forma de "L", rodeado de negro, y los puentes están marcados con dos manchas amarillas, ovales o redondas. La cabeza es pequeña, negra, al igual que el cuello y los miembros, con abundantes rayas amarillas. La nariz es plana. Las marcas claras postoculares son ovales, rectangulares o redondas, pero, a diferencia de *G. flavimaculata*, no están unidas a la franja longitudinal que parte del cuello. Dos franjas amarillas muy nítidas llegan hasta las órbitas. Se aprecia una raya amarilla importante entre las órbitas. El iris es amarillo, atravesado por una raya negra que llega hasta la cima de la cabeza. Los machos no superan los 110 mm.

Tortuga de agua dulce

Esp.: *Galápago mapa ocelado*

Ingl.: *Ringed map turtle*

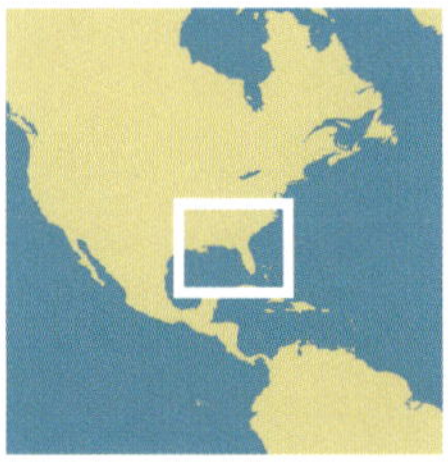

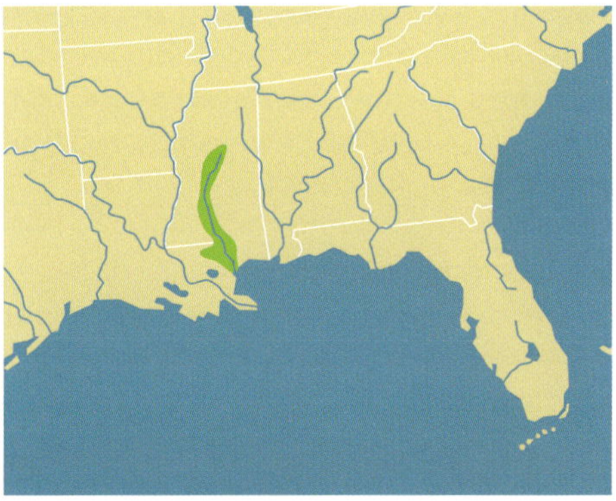

Hábitos. Prefiere los ríos de corriente rápida, de fondos lodosos o limosos. Se insola sobre los troncos de árboles o en la maleza al borde del agua. Son muy tímidas y es difícil acercarse a ellas en la naturaleza. A veces permanecen sobre las ramas para pasar la noche. Las hembras ponen de dos a tres huevos, de unos 10 g (24 x 39 mm) y la incubación dura 63 días, a 30 °C. La dieta es sobre todo carnívora: insectos, moluscos y pocos vegetales.

Protección. Las actividades humanas (pesca, barcas a motor) son las principales causas de mortalidad de la especie, catalogada desde 1986 como "amenazada a escala federal". La degradación de su hábitat y de la calidad del agua hace que se vuelva aún más escasa.

Las puntas dorsales de esta cría están especialmente desarrolladas y deben protegerla de los depredadores. Los ocelos son grandes y muy luminosos.

© F. Bonin

Graptemys ouachitensis Cagle, 1953

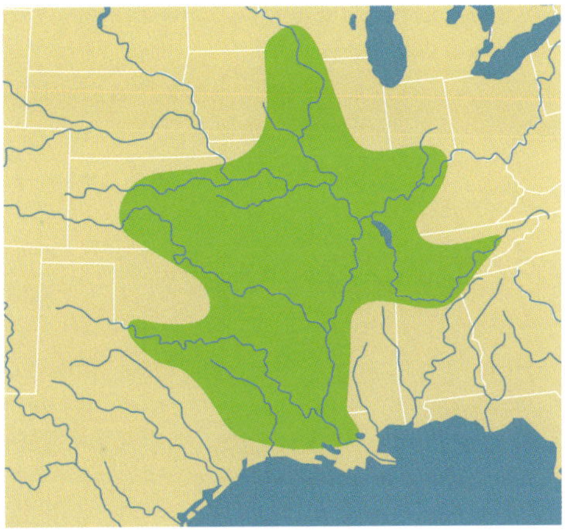

Distribución. Cagle bautizó muchas *Graptemys* en los años 1950, y esta especie fue descubierta en el río Ouachita. Su distribución, en el centro de Estados Unidos, se extiende desde Luisiana, por el sur; hasta Illinois, por el norte, en los estados de Alabama (norte), Tennessee, Kentucky, Kansas (este), Iowa, Minnesota y Wisconsin.

Características. Como en la mayoría de las *Graptemys*, el dimorfismo sexual es muy marcado: los machos no superan los 140 mm, mientras que las hembras alcanzan los 240 mm. La quilla del espaldar está muy desarrollada en los machos, y las puntas dorsales, detrás de las vertebrales, son negras. El color general es marrón oliváceo, con manchas negras en las costales (a menudo una por escama) y dibujos anaranjados tenues, que recorren cada una de las escamas. El plastrón es blanco amarillento, adornado en los adultos con un dibujo negro sobre las suturas. Este dibujo está muy marcado en los juveniles, pero se atenúa con la edad. La cabeza es mediana. La piel es marrón a olivácea, con líneas amarillas más o menos anaranjadas sobre los miembros, la cola y el cuello. Detrás de los ojos, la subespecie nominal luce una mancha amarilla que forma un pequeño cuadrado. Las uñas de los machos están muy desarrolladas, especialmente la tercera, en el centro de la pata.

Subespecies. *G. o. ouachitensis* Cagle, 1953: se encuentra en el río Ouachita, en el norte de Luisiana, por el oeste hasta Oklahoma; y por el norte, hasta Kansas, Minnesota, Wisconsin, Indiana, Ohio y el oeste de Virginia. Presenta una gran marca rectangular detrás de las órbitas, con dos o tres franjas en el cuello, hasta el ojo. Asimismo, se observan dos manchas claras a cada lado de la cabeza, una debajo de los ojos y la otra en la mandíbula inferior. *G. o. sabinensis*, Cagle, 1953: se encuentra más al sur, en Texas y Luisiana, en el río Sabine y sus afluentes. Lamarca amarilla detrás de los ojos es más bien oval y el cuello luce cinco o más líneas claras que alcanzan la órbita. Las dos manchas claras a cada lado de la cabeza son muy pequeñas.

Hábitos. Se encuentra en ríos de corriente rápida, pero también en los lagos y marismas, donde prefiere los suelos arenosos o limosos, con una densa vegetación acuática. Pasa gran parte del día insolándose. Es una especie muy asustadiza, difícil de observar en su medio natural, ya que se esconde al menor ruido. La madurez sexual de los machos es precoz (a veces a los 3 años). Las cópulas se producen en abril, octubre o incluso noviembre, según la latitud. El cortejo es similar al de las demás *Graptemys*, y los machos "danzan con las uñas" delante de la cabeza de las hembras. Los mordisqueos en el cuello, las patas delanteras y la cola son fre-

Tortuga de agua dulce

Esp.: *Galápago mapa del Ouachita*

Ingl.: *Ouachita map turtle*

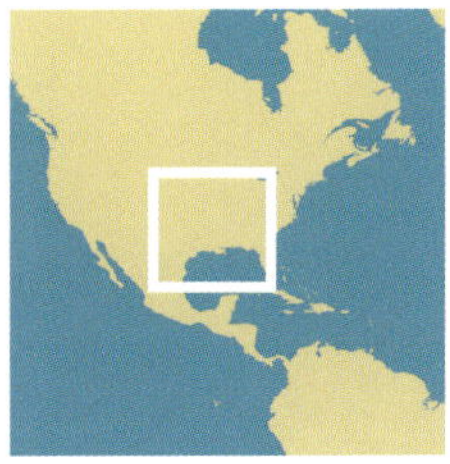

Este viejo individuo ha perdido los colores de su espaldar e incluso sus puntas dorsales. Solo la coloración de su cabeza y de su cuello ha conservado su brillo.

© F. Bonin

cuentes. En Wisconsin, las puestas se dan de mediados de mayo a finales de julio. Se observan de dos a tres puestas al año, con un promedio de 12 huevos, de aproximadamente 25 x 32 mm. La incubación es corta (máximo 60 a 75 días). Es un galápago omnívoro, que puede comer fuera del agua y aprecia tanto los insectos como los vegetales (moluscos, plantas acuáticas, larvas de insectos, peces muertos, cangrejos de río...).

Graptemys pseudogeographica

(Gray, 1831)

© F. Bonin

El iris es muy blanco y el hocico, puntiagudo. Las líneas encima de la cabeza son muy llamativas.

Tortuga de agua dulce

Esp.: *Falso galápago mapa*

Ingl.: *False map turtle*

Distribución. Ocupa los grandes ríos y sus afluentes, en el centro y el sur de Estados Unidos (Texas, Mississippi, Ohio, Wisconsin, Indiana, Illinois, Minnesota, Luisiana y Missouri).

Características. Es un galápago mediano (150 mm para el macho; 270 mm para la hembra). La quilla está poco desarrollada y la parte posterior del espaldar es dentada. Las puntas vertebrales son reducidas, pero son más grandes en los juveniles. El color general es marrón oliváceo, con dibujos ovales anaranjados en cada costal. Estos dibujos se atenúan con la edad. El plastrón es completamente blanco cremoso a amarillo. La cabeza es mediana y del mismo diámetro que el cuello. La piel es marrón oscuro a negra, con abundantes líneas amarillas bastante finas en los miembros y el cuello, más marcadas en las sienes. La mancha amarilla en forma de bumerán, presente detrás de los ojos, permite diferenciar a las dos subespecies. La cabeza de las hembras es más ancha que la de los machos.

Subespecies. *G. p. pseudogeographica* (Gray, 1831): el falso galápago mapa norteño, ya descrito. Presenta dos llamativas bandas amarillas simétricas encima de la cabeza y detrás de los ojos. Estas bandas tienen la forma de un bumerán que se estrecha hacia el cuello. La tercera uña del macho, en el miembro anterior, es notoriamente larga. *G. p. kohnii* (Baur, 1890): es más sureña y en Estados Unidos se le llama "Mississippi map turtle". Presenta una ancha banda curvada detrás de los ojos, prolongada por una banda encima de la cabeza hacia la parte posterior del cuello. Su iris es completamente blanco con la pupila muy redonda, sin una banda central negra. No supera los 250 mm. Su quilla presenta puntas más pronunciadas en la segunda y tercera vertebrales.

Hábitos. A veces se le encuentra en pantanos, pero es más frecuente en los grandes ríos, los lagos y los bosques inundados. Se mueve en aguas invadidas por una vegetación abundante y de corriente lenta. Es muy discreta y está permanentemente en estado de alerta cuando se insola. Según la latitud, hiberna o pasa algunas semanas en letargo. En el norte (Wisconsin) se activa justo después del invierno en aguas que no superan los 7 °C. No intenta morder cuando se le captura. En mayo, las hembras buscan sitios de puesta y se agrupan alrededor de las pequeñas islas en medio de los grandes ríos. Durante el verano, los machos se alimentan en cursos de aguas más tranquilas donde las hembras los alcanzan después de las puestas. Éstas pueden agruparse en los bancos de arena muy lejos del agua, formando grupos muy ordenados, sin agredirse, las unas colocadas sobre las otras regularmente, durante bastante tiempo (hasta 1 h 30). El apareamiento tiene lugar en abril y en octubre, según la latitud. El ritual comprende vivos movimientos de las patas delanteras del macho, con las uñas adelante, frente a la cabeza de la hembra. A veces, el macho sacude enérgicamente la cabeza de abajo a arriba. *G. p. kohnii* realiza sus puestas en junio. Dos o tres puestas son corrientes. *G. p. kohnii* deposita un promedio de 14 huevos por nido, mientras que la subespecie nominal pone solo 5 o 6 huevos. Los huevos miden alrededor de 22 x 35 mm y los de *G. p. kohnii* son más grandes. La incubación dura unos 70 días. Las crías miden 35 mm, para un peso medio de 7 a 8 g, según la subespecie. Estos galápagos son más bien omnívoros y consumen a menudo moluscos, larvas de insectos e insectos caídos al agua, y también pueden comer plantas acuáticas.

Protección. Los huevos y los juveniles son depredados abundantemente (a menudo hasta en un 90 %) por zorros, nutrias y mapaches, pero a veces también por aves y peces gato. Estos galápagos también son pescados. En Missouri, las poblaciones disminuyen notablemente debido a obras de todo tipo para el acondicionamiento de las orillas y a la contaminación. Su uso como animal de compañía ha contribuido al expolio masivo. Junto con *Trachemys scripta elegans* y *Pseudemys concinna*, es una de las tres especies que se exportaron masivamente en los años 1980 a 2000.

Este adulto ha conservado sus marginales posteriores dentadas y su quilla resaltada de negro. La línea en forma de "S" encima de la cabeza es distintiva.

Graptemys pulchra Baur, 1893

Distribución. A pesar de su nombre, ocupa una distribución extendida más allá de Alabama, en el noroeste de Georgia, y quizá en el río Pearl, en el este de Mississippi. En Alabama, frecuenta los cursos de agua que desembocan en el golfo de México, los ríos Pascagoula, Black Warrior, Coosa, Cahaba, Alabama y Tombigbee.

Características. Las hembras pueden alcanzar los 270 mm, y las puntas dorsales están muy desarrolladas, sobre todo en la segunda y tercera escamas vertebrales. La primera vertebral es la más pequeña, y todas las vertebrales son más anchas que largas. El borde posterior del espaldar es ligeramente dentado. El color es olivo claro y todas las costales lucen un dibujo compuesto de círculos o cuadrados amarillos a anaranjados, rodeados de líneas negras. Una banda negra resalta las puntas vertebrales. Las marginales presentan una banda blanca o amarilla semicircular, rodeada de negro. El plastrón es amarillo con un fina orla negra en el borde posterior de cada escama, a lo largo de las suturas. La cabeza es bastante maciza, con la nariz bastante prominente y la mandíbula superior plana. El motivo que adorna la región interorbital es muy característico: una volumi-

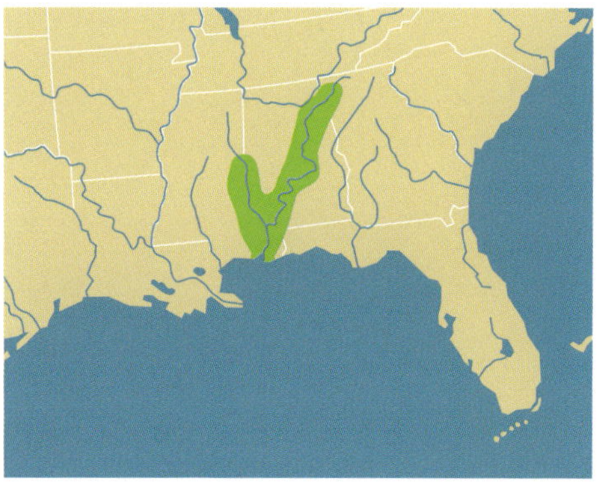

Tortuga de agua dulce

Esp.: *Galápago mapa de Alabama*

Ingl.: *Alabama map turtle*

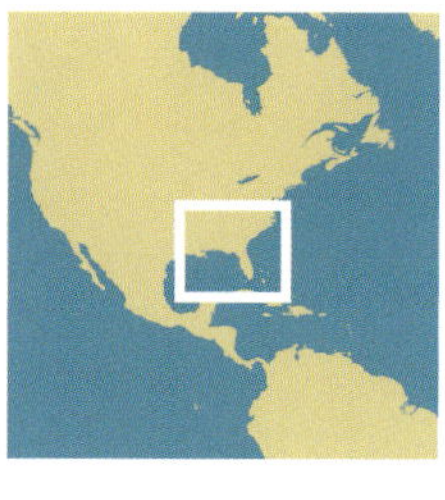

© F. Bonin

Las marginales están rodeadas de claro y marcadas por medialunas. La mancha postocular triangular es grande y muy blanca, mientras que el ojo es oscuro.

nosa mancha amarillo verdosa que contornea y se extiende detrás de los ojos, llega hasta la mandíbula por delante y toca la piel del cuello por detrás, donde adquiere una coloración anaranjada. Una ancha banda amarilla se extiende desde la punta del mentón hacia atrás. El resto de la piel es pardo oscuro con rayas amarillas. Los machos no superan los 140 mm. Las hembras presentan a menudo una cabeza más ancha y una mandíbula más desarrollada.

Hábitos. Esta tortuga ocupa ríos importantes, de aguas profundas y corriente moderada. El fondo puede ser arenoso o estar cubierto de guijarros. Está activa principalmente de día, de finales de marzo a finales de noviembre. Es muy asustadiza y se sumerge a la menor señal sospechosa. Las hembras se alimentan de insectos, caracoles y mejillones de agua dulce, y sus grandes superficies masticatorias les permiten triturar la concha de los moluscos. Los juveniles y los machos prefieren los insectos y las larvas acuáticas. Las puestas comienzan a finales de abril y se prolongan hasta agosto. A veces se observan más de cinco puestas por temporada, cada una con cuatro a seis huevos alargados (32 x 42 mm), de cascarón más bien blando. La incubación dura de 70 a 80 días.

Graptemys versa Stejneger, 1925

Tortuga de agua dulce

Esp.: *Galápago mapa texano*
Ingl.: *Texas map turtle*

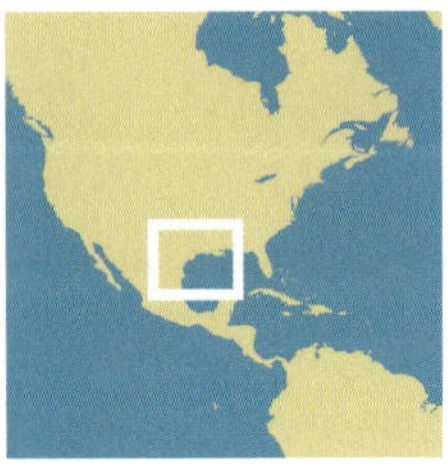

Distribución. Vive solo en el centro de Texas, en la meseta Edwards, a lo largo del río Colorado y en los cursos de agua cercanos.

Características. El espaldar de esta especie no supera los 210 mm y es más ancho por detrás. El borde posterior es dentado, pero no aserrado. Las puntas de la quilla central están poco desarrolladas; son generalmente negras,

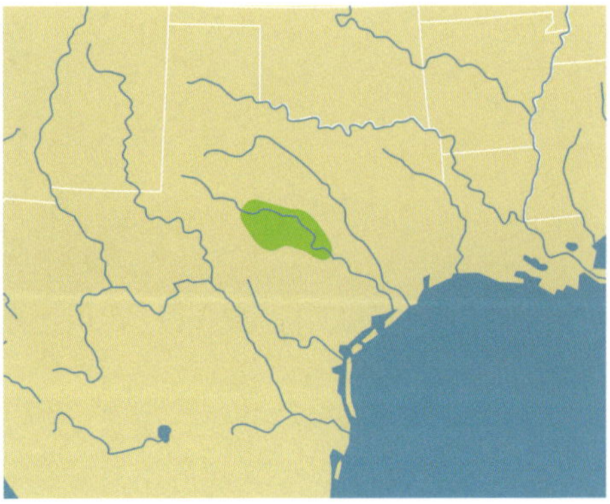

y están precedidas por una mancha amarillo pálido. Todas las escamas del espaldar son ligeramente convexas, de color olivo, con líneas amarillas. Las marginales presentan líneas amarillas finamente reticuladas en la parte superior, y manchas amarillas irregulares rodeadas de líneas oscuras muy finas en la parte inferior. El plastrón está muy desarrollado y es amarillo con una línea oscura sobre las suturas. El puente está atravesado por finas franjas longitudinales oscuras. La cabeza es bastante estrecha en ambos sexos, con una nariz ligeramente prominente. Es olivo, con un dibujo en forma de "J", anaranjado o amarillo, detrás de los ojos. Finas líneas amarillas y negras van del cuello a los lados de la cabeza y llegan hasta las órbitas. A menudo el mentón luce puntos anaranjados o amarillos, rodeados de negro. Los machos adultos miden un máximo de 110 mm.

Hábitos. Ocupa cursos de agua tranquilos y poco profundos; come insectos y moluscos.

© B. Devaux

La coloración de este adulto es discreta, con vestigios de ocelos en las escamas. Las líneas claras en la cabeza son bastante pequeñas, pero luminosas.

Malaclemys terrapin (Schoepff, 1793)

Distribución. Solo vive en Estados Unidos, en una estrecha franja costera del lado atlántico, desde el cabo Cod, por el norte, hasta Texas, pasando por los Cayos, en Florida.

Características. Es un galápago pequeño, muy bonito y de diseño original, que no supera los 230 mm en las hembras y 150 mm en los machos. Se distingue por los relieves marcados en cada escama de su espaldar, de allí el nombre de "diamantino". Su espaldar se ensancha detrás de los puentes, antes de estrecharse posteriormente. Está dotado de una fuerte quilla en las escamas vertebrales, que siempre son más anchas que largas. El color general varía según las subespecies y va del gris al pardo claro y al negro. El plastrón carece de charnela, y es amarillo a verdoso, con manchas oscuras irregulares más o menos marcadas. Los puentes sonanchos y fuertes. La cabeza es más bien corta y estrecha en los machos y más ancha en las hembras. Los ojos son negros, grandes y siempre saltones. La piel de la cabeza, del cuello y de las patas es característica: grisácea a blanquecina, adornada con manchas como puntos negruzcos oscuros (nunca rayas ni bandas). Las mandíbulas son muy claras, a menudo amarillentas, a veces con el extremo del mentón negro. Pero existen grandes variaciones cromáticas en esta especie y los juveniles son más claros que los adultos.

Subespecies. Existen siete subespecies. *M. t. terrapin* (Galápago diamantino norteño): se encuentra desde el cabo Cod hasta el cabo Hatteras. Su espaldar puede ser pardo claro a negro

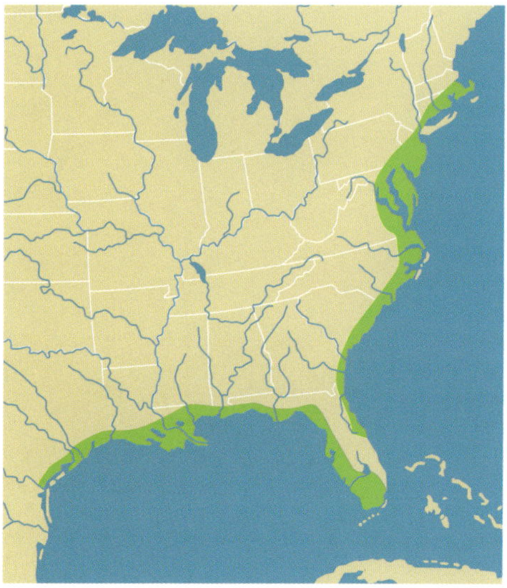

Tortuga palustre

Esp.: *Galápago diamantino*
Ingl.: *Diamondback terrapin*

uniforme. Su plastrón a veces es gris verdoso, pero a menudo casi anaranjado. La quilla vertebral no presenta ningún tubérculo. *M. t. centrata* (Latreille, 1801) (Galápago diamantino carolinense): se encuentra entre el cabo Hatteras y el norte de Florida. Los lados de su espaldar son paralelos y carece de tubérculos en la quilla vertebral. Las marginales posteriores están curvadas hacia arriba. *M. t. littoralis* Hay, 1904 (Galápago diamantino texano): habita desde el oeste de Luisiana hasta el oeste de Texas. Su espaldar bastante levantado presenta tubérculos prominentes. Las escamas no tienen el centro más claro. El plastrón es generalmente blanquecino. La parte alta de la cabeza es blanca, mientras que el cuello y los miembros son gris verdoso, siempre con abundantes puntos negros. *M. t. macrospilota* Hay, 1904 (Galápago diamantino ornado): se encuentra desde la bahía de Florida hasta la bahía de Mobile, en Alabama. Su quilla presenta tubérculos voluminosos en la tercera y la cuarta vertebrales. El centro de las escamas siempre es más claro, con tonos amarillos a anaranjados. Entre dos y cuatro manchitas negras sobresalen generalmente en los centros claros. *M. t. pileata* (Wied, 1865) (Galápago diamantino del Mississippi): se le localiza desde la bahía de Mobile hasta el oeste de Luisiana. La quilla presenta tubérculos solo en las tres últimas vertebrales. Estas excrescencias son más estrechas y alargadas que en *M. t. macrospilota*. Las escamas son de color uniforme, sin centro claro. Todas las marginales están curvadas hacia arriba en los lados, y la parte inferior, amarilla a anaranjada, es muy visible. La cara superior de los miembros, de la cabeza y del cuello es marrón oscuro o negra. El plastrón siempre es amarillo. *M. t. rhizophorarum* Fowler, 1906 (Galápago diamantino de los Cayos): solo vive en los Cayos de Florida. Su quilla presenta grandes tubérculos. Las escamas son negras a marrones y su centro nunca es claro. Una coloración negruzca marca las suturas entre las escamas del plastrón. Los miembros posteriores son grises, a veces con estrías negras, mientras que los miembros anteriores y el cuello son siempre uniformemente grises. *M. t. tequesta* (Schwartz, 1955) (Galápago diamantino floridano oriental): se encuentra en la costa este de Florida. Su quilla presenta tubérculos protuberantes orientados hacia atrás. El espaldar es pardo o bronce. Las costales son grandes y el centro es a menudo más claro que la periferia.

Hábitos. Estos galápagos se encuentran en aguas salobres, marismas costeras, estuarios y lagunas. Su ciclo de actividad varía según el área de distribución. En el norte, la hibernación puede ir de noviembre a principios de mayo. Los galápagos se entierran en el fango y se pueden encontrar varios individuos escondidos en el mismo lugar. En el sur, están activos todo

Esta extraordinaria especie posee una cabeza robusta, muy blanca y apenas salpicadas de manchas negras, como una pantera. Antiguamente consumida por los indios y los primeros colonos norteamericanos, hoy es muy codiciada por los coleccionistas.

el año. Son diurnos y pasan el día alimentándose e insolándose en el borde del agua. Parecen adaptados a las diferencias de salinidad existentes en los biotopos que ocupan. Cuando la salinidad supera el 27 ‰, dejan de beber. Si permanecen mucho tiempo en el agua de mar, su tiempo de rehidratación es muy corto. Cuando llueve, se colocan en la superficie del agua y beben la capa de agua dulce, que no supera los 2 mm. Si llueve mucho, estiran el cuello fuera del agua y abren bastante la boca para beber. Sus glándulas lacrimales les permiten eliminar una parte de la sal acumulada en estos medios tan concentrados. Todos los tejidos y líquidos corporales de esta especie tienen una presión osmótica más alta que la de las demás tortugas, con importantes concentraciones de urea y aminoácidos. Otros estudios han demostrado que esta especie es muy sedentaria y que se desplaza poco fuera de la zona que ocupa normalmente. Los machos maduran cuando alcanzan un tamaño aproximado de 90 mm (3-5 años); las hembras, los 150 mm (6-8 años). En Florida, los cortejos se producen entre marzo y abril, y en algunos canales y brazos de agua tranquilos se observa hasta una tortuga por m2. El macho agita su cabeza frente a la de la hembra y la cópula dura unos dos minutos. Las hembras nidifican de abril a julio, muy a menudo justo después de la marea alta. Los nidos contienen de 4 a 18 huevos (en el sur son menos abundantes, pero más grandes, que en el norte). Los huevos son blanco rosáceo y su textura recuerda al cuero. Miden alrededor de 22 x 35 mm. La incubación dura un promedio de 75 a 80 días, pero en el norte los huevos

eclosionan tardíamente y las crías pueden permanecer bajo tierra hasta la primavera. Estas tortugas tienen la mandíbula potente, adaptada al consumo de crustáceos y moluscos. También comen cangrejos, bivalvos, gusanos de mar y diversas plantas acuáticas.

Protección. Los mapaches y los zorros depredan los nidos, pero también los cangrejos, las ratas almizcleras y las aves. Esta especie fue mucho tiempo consumida por el hombre, pues su carne se consideraba delicada. En algunas regiones, desaparecieron las poblaciones, y por ello se dejó de consumirlas. Actualmente, la urbanización de las costas o la transformación de los ambientes acuáticos, así como las nasas para cangrejos, son las causas de la fuerte disminución de las poblaciones. Esta especie se ha vuelto muy rara en muchas regiones.

El espaldar de este joven individuo aún luce anillos claros, pero su cabeza y sus patas ya tienen el brillo característico de la especie.

Debajo: se aprecian la nariz puntiaguda, las líneas claras muy marcadas y la "Y" que forma este diseño detrás de la boca.

Pseudemys concinna (LeConte, 1830)

Distribución. Este bonito galápago se encuentra en toda la parte sudeste de Estados Unidos.

Características del género *Pseudemys*. Estos galápagos forman parte del grupo mal llamado "tortugas de Florida", y poseen efectos muy coloridos en su caparazón, aunque menos regulares que los de los galápagos mapa *Graptemys*. Su tamaño es mayor que el de estas últimas, y *P. concinna* puede alcanzar los 430 mm. Todas presentan gruesas franjas amarillas en el cuello, y las patas y el plastrón están adornados con dibujos que recuerdan a las grafías antiguas. La cabeza es más bien pequeña, con la nariz plana. Los juveniles son redondos, con una quilla importante y márgenes posteriores dentados, que desaparecen con la edad. Las *Pseudemys* son menos acuáticas que las *Graptemys* y pasan mucho tiempo termorregulán-

dose sobre los troncos o en islotes en medio de los ríos. Los adultos son netamente herbívoros.

Características de *P. concinna*. Esta especie puede alcanzar los 430 mm. La segunda costal del espaldar presenta una marca en forma de "C" invertida característica. El espaldar es oval, más alto en el medio y ligeramente dentado en la parte posterior. El color general es marrón negruzco, con franjas amarillas. La cara inferior de las marginales presenta un dibujo redondo negro, centrado en la sutura y que crea una mancha clara en el medio. Los animales viejos pierden sus colores y pueden volverse melánicos. El plastrón es amarillo a anaranjado y presenta un dibujo oscuro a lo largo de las suturas y a veces limitado a la mitad anterior. La piel es marrón a olivácea y luce barras amarillentas claras. Dos rayas amarillas muy finas y paralelas salen de la órbita y llegan hasta el cuello. En la cara inferior del cuello, gruesas listas amarillas van del mentón a la base del cuello. La parte externa de la mandíbula inferior está finamente dentada. Los machos tienen siempre uñas alargadas en las patas delanteras. Las hembras siempre son más grandes y más abombadas que los machos.

Subespecies. Se distinguen cuatro subespecies. *P. c. concinna* (LeConte, 1830) (Escurridiza jeroglífica oriental): se localiza desde el este de Alabama hasta Virginia. Descrita arriba, posee dos finas bandas paralelas detrás de los ojos. La pequeña raya que se dibuja en el centro del mentón se extiende hacia atrás y se divide en dos ramas que forman una "Y". La piel de los ejemplares viejos es a menudo completamente negra, sin bandas claras. *P. c. hieroglyphica* (Holbrook, 1836) (Escurridiza jeroglífica del Mississippi): ocupa toda la parte alta del valle del Mississippi, desde el sur de Illinois y de Missouri, hasta Tennessee y el sur de Alabama. Por el oeste se la encuentra en Kansas, Oklahoma y Texas. Su espaldar presenta un dibujo muy pronunciado en forma de "C" invertida en la segunda costal. El dibujo del plastrón no es extendido. *P. c. metteri Ward*, 1984 (Escurridiza jeroglífica de Missouri): se distribuye desde el este de Texas hasta el sudoeste de Missouri, pasando por Kansas y Oklahoma. El dibujo en forma de "C" que marca la segunda costal falta a veces, y el conjunto no posee el efecto reticulado de *P. c. hieroglyphica*. El plastrón es más bien oscuro y especialmente grande. Esta subespecie es a veces controvertida y sería próxima a *P. c. hieroglyphica*. *P. c. suwanniensis* Carr, 1937 (Escurridiza jeroglífica del Suwannee): esta subespecie se encuentra en el oeste de Florida, entre el norte de Tampa y el oeste de Tallahassee. Sus miembros posteriores no poseen bandas encima. Su color general es negro, con cinco bandas claras amarillo verdoso entre los ojos. Las otras rayas de la cabeza son amarillo claro. El plastrón es amarillo anaranjado y presenta un dibujo muy definido. La escama cervical es pequeña y representa menos del 2 % de la longitud del espaldar.

Tortuga de agua dulce

Esp.: *Escurridiza jeroglífica*

Ingl.: *River cooter*

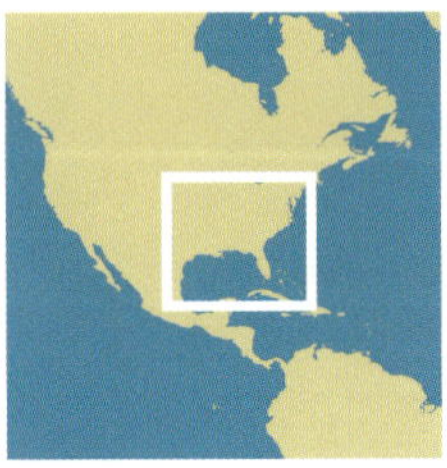

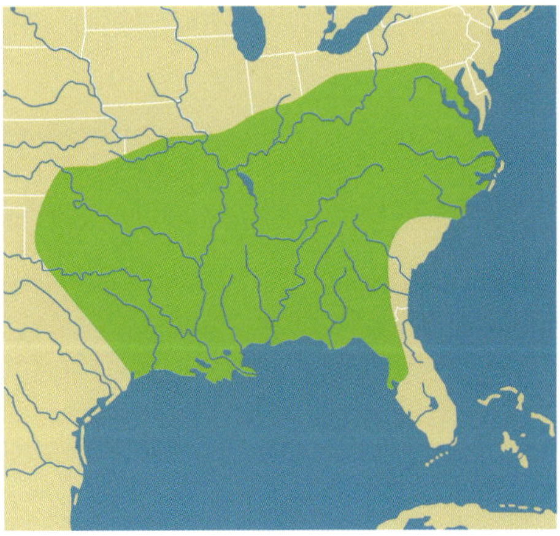

Hábitos. Estos galápagos habitan en los ríos de corriente moderada, con abundante vegetación acuática y, a veces, dotados de fondos rocosos. También se les encuentra en algunos lagos, marismas o pozas de agua donde bebe el ganado. Pueden moverse en aguas salobres. Se insolan constantemente y les gustan los troncos de los árboles emergentes o los acúmulos de rocas de las orillas. Son muy despiertos y se sumergen rápidamente ante el menor peligro. Están especialmente activos entre abril y octubre, pero en el sur pueden estarlo todo el año. Son diurnos, pero algunas hembras ponen sus huevos cuando cae la noche. Se alimentan sobre todo temprano por la mañana o al final del día, y pasan el resto del tiempo insolándose. Estas tortugas son muy acuáticas y salen raras veces a tierra. Pueden respirar sin sacar la cabeza del agua, ya que el borde de sus narinas es hidrófobo y, cuando están al nivel de la superficie, éstas forman un pequeño "tubo de aire" que les permite respirar. En tierra, son bastante torpes, lentas y vacilantes. Las cópulas se observan en primavera. El cortejo es más bien largo, y el comportamiento de ambos sexos se parece al de los demás Emídidos americanos. Las puestas tienen lugar de mayo a junio, y en el norte hasta finales de julio. Los huevos son blanco rosáceo y miden 26 x 35 mm. Ponen un promedio de 20 huevos por puesta, pero se dan varias puestas por temporada. Las eclosiones se producen desde finales de agosto hasta finales de septiembre. Los recién nacidos son muy coloridos y presentan dibujos especialmente atractivos. Estos galápagos son principalmente herbívoros, aunque no desprecian las larvas de insectos ni algunos moluscos acuáticos. Consumen muchos vegetales, como sagitarias, hojas de nenúfares o algas filamentosas.

Protección. Las *Pseudemys* eran antiguamente las tortugas más abundantes de toda su área de distribución y cientos de *P. c. suwanniensis* se insolaban en los bordes de algunos cursos de agua. En la actualidad, su número se ha reducido considerablemente y este galápago ha sido incluido en la lista de las especies amenazadas de Florida. Los mapaches y las zarigüeyas depredan de forma importante los huevos, mientras que los juveniles son diezmados por los caimanes, algunas aves y diversos mamíferos. Sin embargo, la rarefacción se debe a la destrucción de su hábitat, a los atropellos en las carreteras y a las abundantes recolecciones en el cursos de las últimas décadas.

Este individuo presenta los "jeroglíficos" de todas las *Pseudemys*. Remitimos al texto para diferenciarlas.

Pseudemys alabamensis Baur, 1893

Distribución. Solo se encuentra en el sur de Alabama, en los condados de Mobile y Baldwin.

Características. No supera los 330 mm de longitud y su espaldar es rugoso, alargado y bastante levantado en el centro, con los márgenes posteriores dentados. Sus escamas vertebrales son más anchas que largas. Es oliváceo a negro, con rayas amarillas, a veces rojas, en las costales y las marginales. La segunda costal luce en el centro una gruesa raya clara, a menudo en forma de "Y". El plastrón es amarillo a rojo y puede presentar un motivo manchado de oscuro extendido hasta los puentes y la cara inferior de las marginales. La cabeza es pequeña, con la mandíbula superior tricúspide y cortante, y la nariz plana. La piel de la cabeza es negra a olivácea, con rayas amarillas. Las bandas supratemporales están muy marcadas, así como las que salen hacia la parte posterior de las órbitas, pero no se tocan. Encima de la cabeza, una banda central se une a las dos bandas supratemporales, creando un dibujo en forma de flecha. Los juveniles son muy redondos, con el espaldar muy dentado por detrás. Son

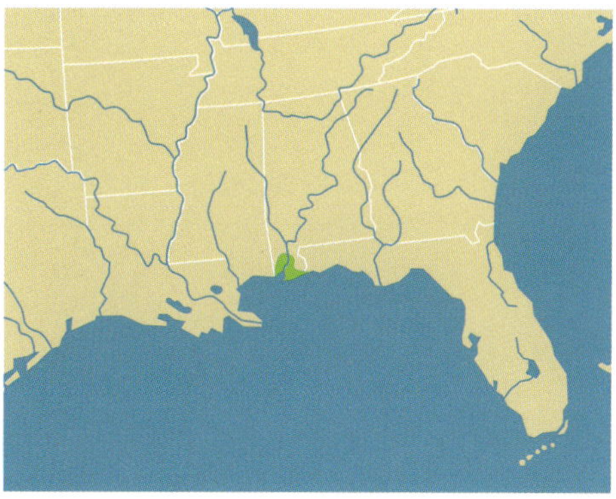

Tortuga de agua dulce

Esp.: *Escurridiza de Alabama*
Ingl.: *Alabama red-bellied turtle*

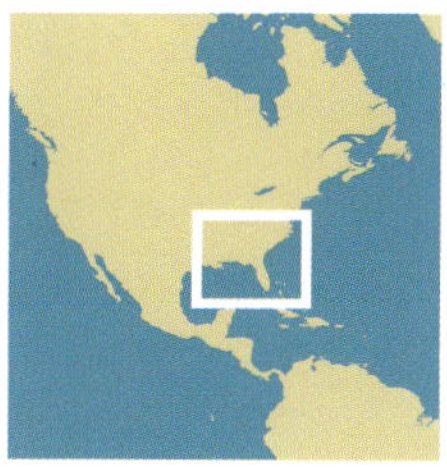

© F. Bonin

La línea clara en forma de diapasón al lado de la cabeza permite identificar a esta especie. Las otras líneas son discretas.

verdes, con motivos compuestos de líneas amarillas rodeadas de negro en cada una de las escamas. Todas sus costales presentan un círculo amarillo con el centro negro.

Hábitos. Estos galápagos aprecian los cursos de aguas tranquilas y poco profundas, con sustratos limosos y abundante vegetación acuática. Esta especie hiberna en el limo cuando la temperatura es muy baja, pero cuando el año es cálido se mantiene activa. Es diurna y pasa el día merodeando en su entorno para buscar alimento o insolándose al borde del agua. Es muy viva y desaparece en el agua a la menor alerta. Las hembras son más grandes que los machos, con el espaldar más abombado. Las uñas anteriores de los machos están muy desarrolladas. Se observan varias puestas al año, y cada una contiene un promedio de veinte huevos. En algunos sitios, como la isla Gravine, las puestas se dan de forma agrupada. La incubación dura aproximadamente dos meses. Esta tortuga es principalmente herbívora y el examen de los contenidos digestivos no muestra elementos cárnicos. Sin embargo, si se dan gusanos o peces a los juveniles, los comen.

Protección. Numerosos animales como los cuervos, los cerdos domésticos (en la isla Gravine) y los mapaches son grandes depredadores de esta especie. Era consumida antiguamente por el hombre, pero hoy esta práctica se ha perdido. Está clasificada "en peligro" por el Turtle Conservation Fund.

Pseudemys floridana (Le Conte, 1830)

Tortuga de agua dulce

Esp: *Escurridiza floridana*

Ingl.: *Common cooter*

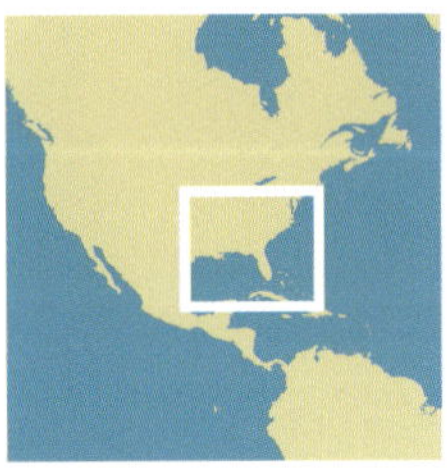

Distribución. Solo vive en el sudeste de Estados Unidos, en la llanura costera del océano Atlántico, desde Virginia, por el norte, hasta Florida, por el sur. Se distribuye por el oeste hasta la bahía de Mobile, en Alabama. Se observan buenas poblaciones en Carolina del Sur y en Georgia.

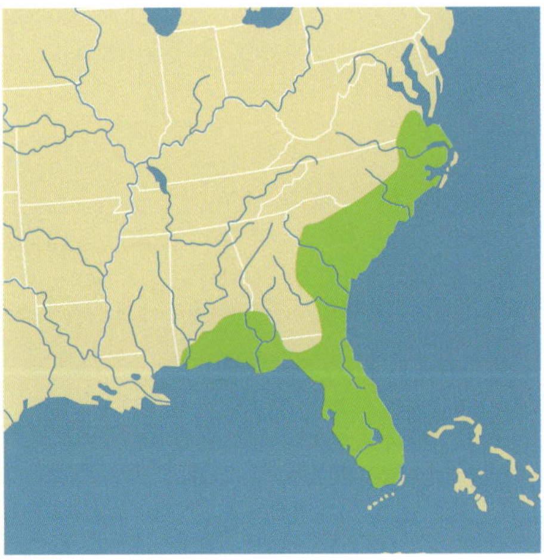

Características. Puede alcanzar una longitud de 400 mm. Es alargada y relativamente estrecha en el centro, pero su espaldar se ensancha de nuevo en la parte trasera. Siempre se observa una ancha franja clara que atraviesa la segunda costal en todo su ancho. Estos galápagos son pardos, marcados con varios dibujos amarillos bastante irregulares. Cada marginal presenta una raya central amarilla en la cara superior. En algunos casos, la cara inferior de las marginales está adornada con una mancha oscura de centro claro situado sobre las suturas.

El plastrón es amarillo uniforme. La escama inguinal presenta a menudo una pigmentación negra. La cabeza es bastante pequeña y la nariz es prominente. La mandíbula superior es plana, sin dentículos. La piel de la cabeza es negra, con líneas amarillas muy nítidas. Las rayas paramedias y supratemporales se juntan detrás de los ojos. La cara inferior del cuello luce gruesas rayas amarillas y una franja desde el centro hasta el mentón, que forma una "Y" dividida en la parte posterior. Los juveniles son más claros que los adultos, y su espaldar es bastante redondo con una quilla muy desarrollada, sobre todo en la segunda y la tercera vertebrales.

Hábitos. Estas tortugas se encuentran en los cursos de agua de corriente lenta, de sustrato arenoso o limoso. Ocupan lugares con muchos sitios para insolarse y también prefieren la vegetación acuática densa. Son más bien gregarias y aprecian la presencia de sus congéneres. Así, se pueden ver de veinte a treinta tortugas insolándose en un mismo tronco. Según su distribución, hibernan en el fondo del agua. En el norte, están activas de abril a octubre, sobre todo por la mañana y al final de la tarde. El resto del tiempo, toman el sol. Al parecer, soportan temperaturas hasta 41 °C. Esta especie es la más terrestre del género *Pseudemys*. Tanto los machos como las hembras se pasean a menudo en tierra firme para llegar a otros puntos de agua. Por ello muchas son atropelladas en las carreteras. Las hembras alcanzan su madurez sexual a los 5-7 años y los machos a los 4 años. La puesta comienza por la tarde y a menudo acaba durante la noche. Se dan aproximadamente tres puestas por temporada, cada una con un promedio de 20 huevos (25 x 34 mm). La incubación puede variar según la latitud, y dura de 80 a 150 días. En el norte, los juveniles se quedan en el nido hasta la primavera. Los adultos de esta especie son exclusivamente herbívoros y consumen las plantas y las algas de los cursos de agua donde viven. Los juveniles son más omnívoros y no desprecian las larvas de insectos ni los caracoles de agua.

Protección. Aunque esta especie esté muy extendida, es víctima de la depredación por parte de mapaches, zarigüeyas, algunos peces carnívoros, otras especies de tortugas, caimanes y aves. Es una de las primeras especies en las que se observó una fuerte rarefacción debido a la contaminación (abonos y fábricas químicas).

Éste es un animal muy colorido, cuya cabeza y cuello poseen llamativas franjas anchas y claras. El espaldar conserva dibujos complejos sobre un fondo oliváceo a negruzco.

Pseudemys gorzugi Ward, 1984

Distribución. En Texas, se la encuentra en el río Grande y sus afluentes. También vive en los cursos de agua ligados al río Pecos, en el oeste de Texas y el sudeste de Nuevo México. En este estado se la ha observado a más de 1.000 metros de altitud. También habita en el noreste del estado de Coahuila, en México, pero estas poblaciones son dispersas.

Características. Es bastante pequeña, con un máximo de 235 mm. Su espaldar es oval y bastante aplanado, más ancho por detrás que en el centro. El borde posterior de las marginales es muy dentado. Es oliváceo a marrón, con abundantes anillos concéntricos negros y amarillos. La segunda costal luce un dibujo compuesto de cuatro anillos diferentes, negros y

© J. Maran

Este animal, observado cerca del río Grande, luce una mancha postocular anaranjada. Sus poblaciones son reducidas.

Tortuga de agua dulce

Esp.: *Escurridiza del río Grande*
Ingl.: *Rio Grande cooter*

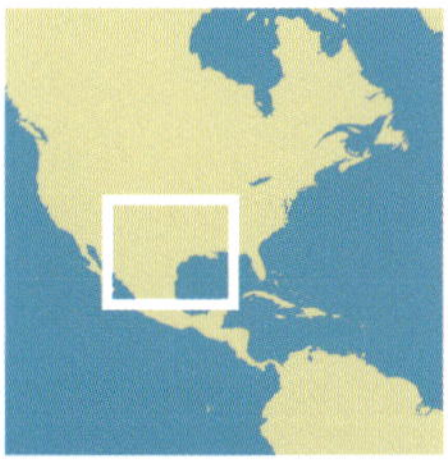

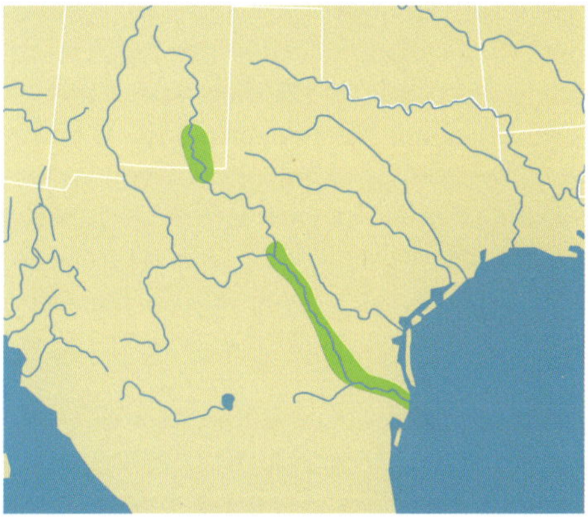

amarillos alternados. El puente presenta dos bandas negras paralelas en la escama axilar. El plastrón es uniformemente amarillo, con un dibujo negro alrededor de las suturas. Este dibujo está muy marcado en los juveniles, pero se atenúa con la edad, salvo en las suturas entre las gulares y las humerales, y entre las humerales y las pectorales. La cabeza es bastante ancha, con una boca característica que luce, en el pico y donde comienza el paladar, una especie de "dientes" muy finos de queratina. Su color general es verde oscuro y siempre se observa un punto redondo amarillo detrás de los ojos. Una franja amarilla más grande adorna los lados de la cabeza, a partir de los ojos. Una sola raya amarilla parte de la nariz encima de la cabeza, y acaba en la base del cuello. El mentón posee una doble banda amarilla en forma de "Y", muy ancha.

Hábitos. Este galápago se encuentra en los lagos o los lugares con aguas límpidas, así como que en pequeños ríos con fondos más bien arenosos o rocosos. Al parecer, es sobre todo herbívora, ya que en los contenidos estomacales solo se encontraron vegetales finamente cortados. Se le consideraba antiguamente una subespecie de *P. concinna* y se dispone de poca información sobre ella.

© F. Bonin

Esta cría parece una joya pintada, con su espaldar adornado con volutas y ocelos complejos.

Pseudemys nelsoni Carr, 1938

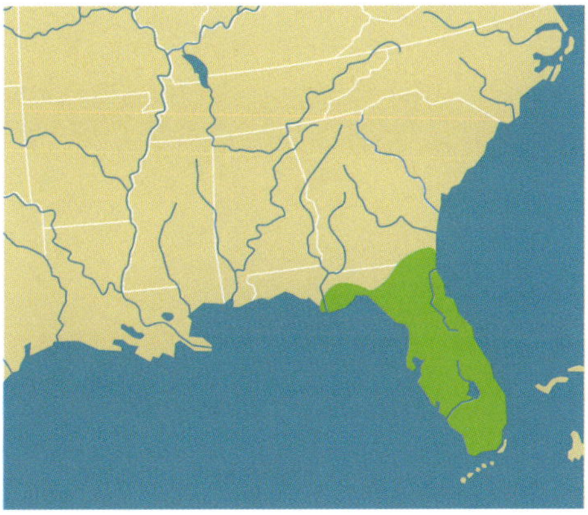

Tortuga de agua dulce

Esp.: *Escurridiza roja*
Ingl.: *Florida red-bellied turtle*

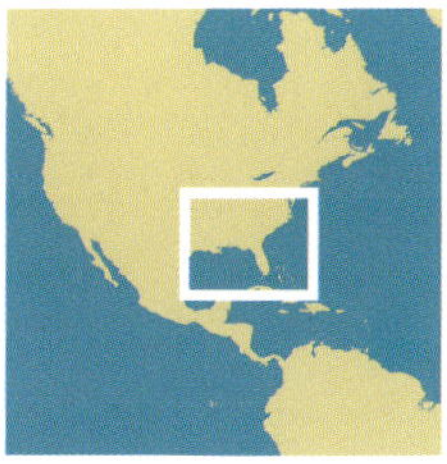

Distribución. Se la encuentra casi exclusivamente en Florida, pero no se localiza en los Cayos, en el extremo sur. También ocupa los pantanos de Okefenokee, en el sur de Georgia.

Características. El espaldar de este galápago no supera los 380 mm. Es más bien abombado en su parte anterior y carece prácticamente de márgenes posteriores dentados. Es negro con dibujos rojos o amarillos en las costales y las marginales. Estos dibujos desaparecen con la edad. La segunda costal presenta una franja clara central que forman una "Y" invertida y dividida en medio de la escama. Todas las marginales están adornadas con una barra central rojiza en la cara superior. La cara inferior presenta manchas oscuras imbricadas sobre las suturas. Los individuos de edad son a menudo melánicos. Los puentes son uniformemente amarillos y el plastrón puede ser rojo anaranjado con un motivo central que siempre se borra con el tiempo. Algunos individuos tienen el plastrón muy claro, casi blanco uniforme. La cabeza es mediana y presenta una nariz más bien plana. La punta de la mandíbula superior luce una muesca importante, y es dentada en los lados. La cabeza es negra, con múltiples listas amarillas y una flecha que se dibuja en la parte delantera de la frente. Los juveniles son más claros que los adultos, con el espaldar muy redondo y el plastrón anaranjado a rojo fuerte.

Hábitos. Estos galápagos frecuentan lagos, marismas, zanjas inundadas, manglares y ríos de poco caudal. La vegetación acuática de su biotopo siempre es abundante. Son animales diurnos cuya actividad es continua a lo largo del año, sobre todo en el sur de la distribución. Pasan parte del día tomando el sol sobre troncos de árboles o sobre pilas de vegetales, cerca de otras especies, como *P. concinna* y *P. floridana*, y se ha demostrado que estas especies no se hibridan. Cuando buscan un sitio para insolarse, pueden ser muy agresivas con sus congéneres. Son poco asustadizas y es posible acercarse bastante a ellas cuando se insolan.

La madurez sexual comienza a los 3-4 años en los machos y a los 6 en las hembras. Durante el cortejo los machos nadan por encima de las hembras, luego se desplazan hacia la parte posterior de su pareja para oler su región cloacal. Si la hembra no deja de nadar, el macho la sigue, con el cuello bien estirado, para colocar su cabeza a lo largo de la de su pareja y tocarla con su nariz. En esta especie se observa a menudo un comportamiento particular: el cuello se retrae y las patas delanteras se aferran con firmeza a los lados de la cabeza de la hembra. El cortejo prosigue con una serie de caricias muy rápidas y de vibraciones de las patas delanteras, que duran apenas un segundo.

La puesta tiene lugar en mayo-junio, pero se dan tres o cuatro por temporada. Esta especie puede poner sus huevos en los nidos de los caimanes. Incluso se han visto caimanes

El plastrón es todo amarillo. En este macho se aprecian las largas uñas de sus patas delanteras.

El espaldar es más bien abombado, oscuro y poco colorido. Pero la cabeza y el cuello poseen manchas grandes y muy luminosas.

hembra vigilando huevos depositados por *P. nelsoni* en el caso de que ambas puestas se hagan al mismo tiempo. En estos nidos, cuya temperatura puede alcanzar los 50 °C, la incubación solo dura 50 días. Cada puesta contiene de 8 a 30 huevos elípticos, que miden 24 x 35 mm. Los adultos son sobre todo herbívoros, pero los juveniles se alimentan también de insectos acuáticos y de pequeños invertebrados de agua dulce.

Protección. Son muchos los depredadores habituales de esta especie: el hombre, los mapaches, las nutrias, las zarigüeyas, algunas especies de aves y las grandes *Chelydra serpentina*, pero al parecer son los caimanes los que devoran más jóvenes de *P. nelsoni*. Algunos autores creen que la forma y el grosor del caparazón de esta especie están directamente relacionados con la necesidad de defenderse de esta depredación.

Pseudemys peninsularis Carr, 1938

Tortuga de agua dulce

Esp.: *Escurridiza peninsular*

Ingl.: *Peninsula cooter*

Distribución. Solo se encuentra en la parte peninsular de Florida.

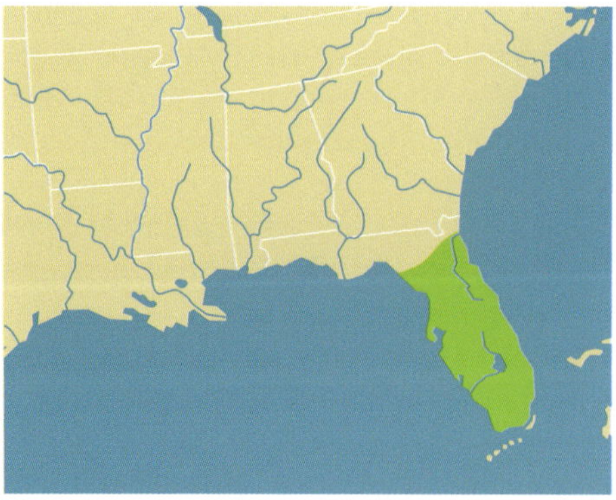

Características. Antiguamente considerada subespecie de *P. floridana*, ha sido elevada actualmente a la categoría de especie. Se parece mucho a *P. floridana*, pero difiere por los dibujos en forma de "horquilla" o de "diapasón" a cada lado de la parte superior de la cabeza. Estos dibujos a veces están incompletos o interrumpidos. Su escama inguinal no posee un pigmento oscuro.

Hábitos. Aparentemente, esta especie de distribución sureña nidifica durante todo el año. Sin embargo, se ha observado que existen picos de puestas al final del otoño y al principio de la primavera.

© F. Bonin

La hembra (a la izquierda) es claramente más grande que el macho. El espaldar es poco colorido, pero las líneas en forma de "Y" del cuello son muy notorias.

© B. Devaux

Pseudemys rubriventris (LeConte, 1830)

Distribución. Esta especie ocupa la llanura costera norteamericana del lado atlántico, desde el centro de Nueva Jersey hasta el noreste de Carolina del Norte. Más al oeste, puebla los cursos de agua hasta el río Potomac; por el este, se la encuentra hasta Virginia.

Características. Puede alcanzar los 400 mm. Es muy alargada y bastante abombada, con un punto culminante justo en el medio y con márgenes posteriores muy poco dentados. Es parda a negra, marcada con grandes manchas rojas o amarillas en las costales y las marginales. La segunda costal presenta una franja clara centrada, ahorquillada en uno o en ambos extremos. Cada marginal luce una franja roja en la cara superior, y una mancha oscura con un punto claro en el centro en la cara inferior. Los individuos viejos son completamente negros y pierden progresivamente sus franjas rojas. Como lo indica el nombre de la especie, el plastrón es naturalmente rojo a anaranjado, con un dibujo oscuro sobre las suturas, que se atenúa con la edad. La cabeza es mediana, con la nariz bastante prominente. El pico luce una muesca importante en la mandíbula superior. La cabeza es negra a olivácea, con múltiples rayas amarillas (de seis a ocho salen de la parte posterior de los ojos). La flecha en la frente es característica y su punta se sitúa en el extremo de la nariz. Al nacer, las crías poseen colores brillantes. Su plastrón rojo a rosa está adornado con un motivo negro a lo largo de las suturas. Presenta una pequeña quilla central que desaparece durante el crecimiento. El dimorfismo sexual es el habitual: el espaldar de los machos es más estrecho y más plano que el de las hembras.

Hábitos. Vive principalmente en los grandes cursos de aguas profundas, pero lentas. Tam-

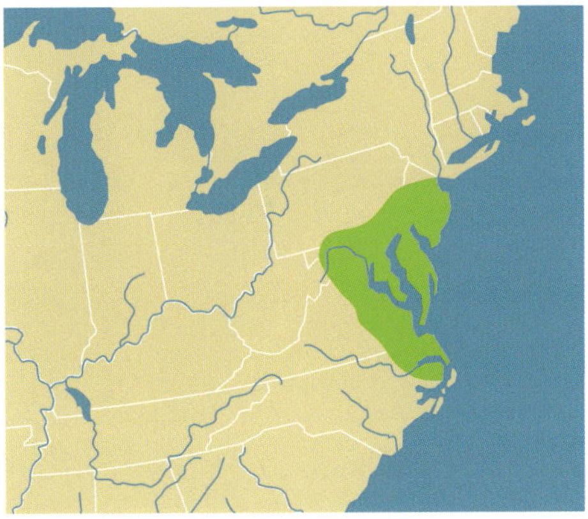

Tortuga de agua dulce

Esp.: *Escurridiza pechirroja*

Ingl.: *American red-bellied turtle*

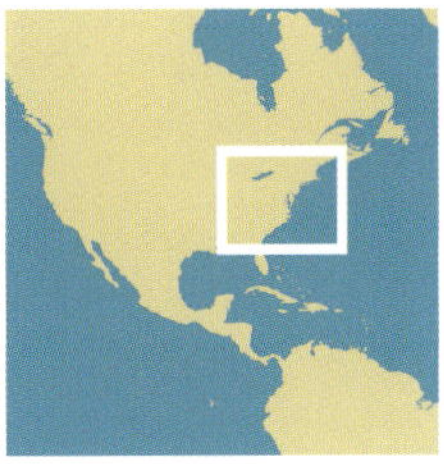

© B. Devaux

Este animal es oscuro, con muy pocas líneas o manchas claras y una cabeza robusta. Pero su plastrón es de un rojo muy vivo y llamativo, sobre todo en los juveniles.

bién ocupa las llanuras inundables así como las marismas y los lagos cercanos. Soporta el agua salobre, en la desembocadura de los grandes ríos, por lo que se pueden observar grandes individuos con el espaldar decorado con bálanos (!). Le gustan los fondos limosos y lodosos con abundantes lugares para insolarse. En cambio, los juveniles viven en refugios acuáticos entre las algas flotantes y se insolan muy poco. Son tortugas diurnas, activas de marzo a noviembre, pero que, en el norte, hibernan en el limo en el fondo del agua. Pasan gran parte del día tomando el sol y sumergiéndose a la menor alerta. Los machos maduran hacia los 9 años. Las puestas se realizan desde finales de mayo a julio, y contienen de 6 a 25 huevos, que miden un promedio de 24 x 37 mm. Son blancos y muy lisos. La incubación dura de 70 a 80 días, pero a menudo los juveniles pasan el primer invierno bajo tierra. Son galápagos omnívoros en su juventud, y luego se vuelven exclusivamente herbívoros. Los jóvenes consumen pequeños peces, renacuajos, cangrejos de agua dulce, caracoles de agua y algunas plantas acuáticas.

Protección. Los mapaches depredan constantemente a esta especie, pero sus principales amenazas son la urbanización y la industrialización. En el norte de su distribución, su hábitat disminuye a causa de la extensión de las industrias alrededor del río Delaware. La contaminación del agua (pesticidas), el drenado y la construcción de viviendas ejercen una presión cada vez más fuerte sobre estas tortugas, en vías de desaparición en Pensilvania.

Pseudemys texana Baur, 1893

Tortuga de agua dulce

Esp.: *Escurridiza texana*

Ingl.: *Texas cooter*

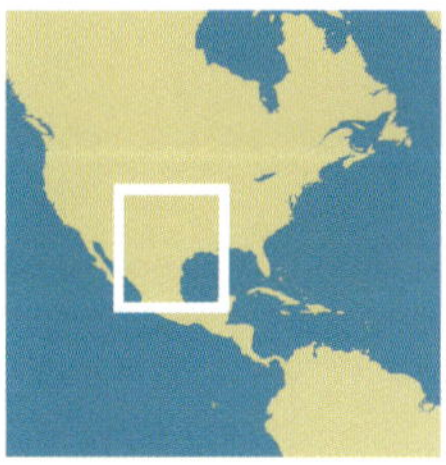

Distribución. Solo vive en Texas, en el centro del estado y en los afluentes de los ríos Brazos, Guadalupe, San Antonio y Colorado.

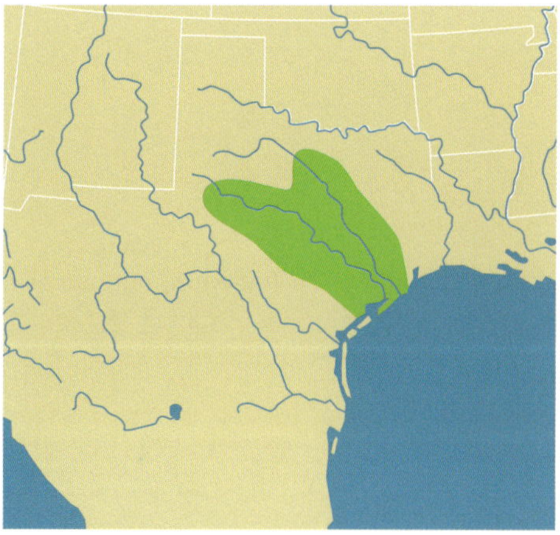

Características. Este galápago puede alcanzar los 330 mm. Su espaldar es bastante plano; su parte más alta se sitúa justo en medio, mientras que la más ancha se encuentra justo después. La parte posterior es dentada. Sobre las costales se dibujan pequeños relieves longitudinales, más o menos rugosos. El color general es marrón a oliváceo, con un dibujo formado de pequeñas manchas, rayas y reticulaciones de un amarillo vivo. Cada marginal luce una lista amarilla vertical a menudo en el centro, mientras que la parte inferior de las marginales es amarilla y presenta abundantes ocelos oscuros. Se aprecia un melanismo frecuente en los machos viejos. El plastrón es amarillo, con suturas oscuras. El ancho del plastrón siempre es uniforme. La piel de la especie es más bien negra, con listas blancas a amarillas. La cabeza es

© F. Bonin

Ésta es una especie muy colorida. Su espaldar luce jeroglíficos muy marcados y su cabeza, como pintada a mano, recuerda a un "fuego artificial".

muy negra, con múltiples dibujos amarillos muy visibles cuya forma varía según los individuos. Se trata sobre todo de puntos, rayas pequeñas y franjas. Dos líneas de mayor tamaño están presentes con mayor frecuencia a cada lado de la cabeza. La mandíbula superior luce una muesca central y a menudo se observan dentículos de queratina bastante acerados en las mandíbulas o donde comienza el paladar, parecidos a los de *P. gorzugi*. Los machos son más planos que las hembras y no superan los 250 mm. Cuando estos galápagos son capturados, segregan un líquido por la cloaca y se retraen completamente. Los juveniles son mucho más coloridos que los adultos, al igual que en todas las Pseudemys, y poseen una pequeña quilla vertebral, que desaparece rápidamente.

© B. Devaux

Hábitos. Ocupan ríos y cualquier lugar acuático de su área de distribución (canales, lagos, charcas, abrevaderos, etc.). Es una de las *Pseudemys* que pasan más tiempo insolándose. Las hembras maduran sexualmente a los seis años y los machos a los tres o cuatro. El periodo de puesta va de mayo a junio. Los huevos son blanco apagado, con el cascarón finamente granulado. Una puesta promedio contiene de 10 a 12 huevos (26 x 35 mm). Las eclosiones comienzan en agosto y duran hasta finales de septiembre. Estos galápagos comen principalmente moluscos acuáticos, pero también insectos, cangrejos de agua dulce, etc.

Protección. Aunque tiene muchos depredadores habituales (mapaches, zarigüeyas...), la especie no parece muy amenazada.

Trachemys scripta (Schoepff, 1792)

Distribución. Esta tortuga solo se encuentra en la naturaleza en Estados Unidos, desde el sudeste de Virginia hasta el norte de Florida (ver las subespecies).

Características del género *Trachemys*. Este género se compara a menudo con *Pseudemys*, *Graptemys* y *Chrysemys*, que también son dulceacuícolas. Las *Trachemys* son más grandes, bien abombadas, con la cabeza puntiaguda (sobre todo en los machos) y colores muy llamativos. Son más agresivas y carnívoras que las *Pseudemys*, que presentan un espaldar más plano. En este género se encuentra *T. s. ele-*

© F. Bonin

© F. Bonin

En esta especie existen grandes variaciones cromáticas. Las crías tienen manchas muy amarillas en el centro de los ocelos y líneas diagonales claras que parten del hocico y los ojos.

Tortuga de agua dulce

Esp.: *Jicotea norteamericana*

Ingl.: *Common slider*

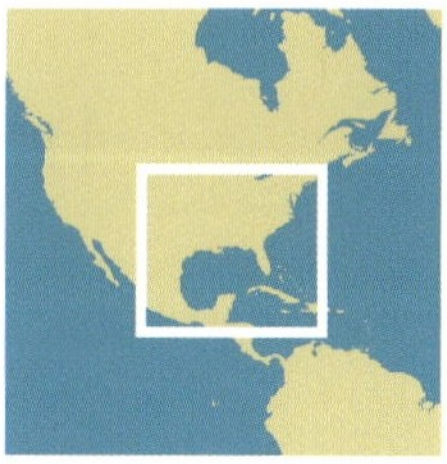

gans, el más conocido de los galápagos erróneamente denominados "tortugas de Florida".

Características de *T. scripta*. Esta especie alcanza los 280 mm en las hembras (250 mm en los machos). Tiene el espaldar oval, medianamente abombado y dentado por detrás, de color marrón a oliváceo con pinceladas verticales amarillo anaranjado en las costales. La cara superior de las marginales presentan manchas negras y redondas. El puente también posee barras o manchas oscuras. Es de color amarillo, a veces con un solo círculo negro en cada escama. La cabeza es negra, con una gran franja amarilla, anaranjada o rojo vivo que sale de la parte posterior del ojo, baja a la mejilla y se une a las gruesas franjas amarillas o anaranjadas que hay bajo el mentón. Otras líneas finas parten radialmente del hocico y bajan hacia la boca. Varias otras líneas, más discretas pero gruesas, marcan el cuello. El resto de la piel es marrón a olivo oscuro o casi negro, con líneas longitudinales, amarillas y finas, en los miembros. Los machos adultos son mucho más oscuros que las hembras y pueden volverse casi negros cuando envejecen. Algunos son tan diferentes de los juveniles y de las hembras que se llegó a pensar que se trataba de otra especie. Los machos poseen uñas muy desarrolladas en las patas delanteras.

Subespecies. Actualmente se reconecen tres subespecies. *T. s. scripta* (Jicotea de sienes amarillas): mide 270 mm y vive desde el sudeste de Virginia hasta el norte de Florida. Presenta una gruesa banda amarilla en las costales. Una gran mancha postocular muy amarilla se une a una raya amarilla muy ancha bajo el mentón, hacia el cuello. El plastrón es amarillo vivo y presenta un círculo negro en la parte delantera de cada gular. *T. s. elegans* (Wied, 1839) (Jicotea de sienes rojas): mide 280 mm y es mundialmente conocida, ya que se reproduce y exporta intensamente. Se distingue por la gruesa banda roja detrás del ojo. Las rayas del mentón son finas y cada costal posee una banda amarilla transversal. El plastrón amarillo presenta los dibujos más marcados de las tres subespecies, bajo la forma de manchas y círculos negros, que se extienden a veces de una escama a otra. Ocupa el valle del Mississippi, desde Illinois, por el norte, hasta Luisiana, por el sur. *T. s. troostii* (Holbrook, 1836) (Jicotea del Cumberland): mide 210 mm y habita desde el sudeste de Kentucky hasta el noreste de Alabama. Vive en las regiones atravesadas por los ríos Cumberland y Tennessee. La franja postocular es amarilla a anaranjada. Las rayas del mentón son más anchas que en la subespecie precedente. Cada costal luce una banda amarilla transversal. Las escamas del plastrón presentan un dibujo oscuro casi circular, con un centro claro, mientras que en *T. s. elegans* las manchas son totalmente oscuras.

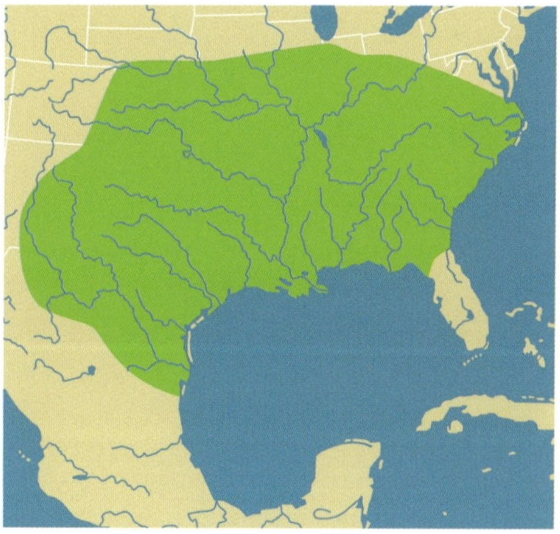

En las regiones donde todas estas subespecies viven juntas, se producen hibridaciones que dan lugar a individuos morfológicamente complejos y difíciles de diferenciar. Por otro lado, algunos genetistas consideran que esta especie presenta una de las mayores diversidades genéticas que existen entre los vertebrados.

Hábitos. Estos galápagos son muy oportunistas y están adaptados a muchos ambientes acuáticos. Ahora bien, prefieren las aguas tranquilas de fondos limosos, con abundante vegetación y lugares donde insolarse. Pueden estar activos cuando la temperatura del agua supera los 10 °C. Los que residen en el sur siempre permanecen activos, pero pueden esconderse en verano para estivar durante los meses más cálidos. Estos galápagos son diurnos y duermen de noche en el fondo o en la superficie. Una de sus principales ocupaciones consiste en insolarse largamente, formando grandes grupos. Esta especie tolera temperaturas elevadas. Su costumbre de deslizarse sobre su plastrón desde los troncos o las piedras sobre los que toman el sol ha motivado su nombre inglés (*slider turtle*). Puede efectuar largos recorridos terrestres y, por ello, los atropellos son frecuentes. Los machos se desplazan a mayores distancias que las hembras (hasta 5 km de una fuente de agua). Es omnívora y se alimenta de caracoles, cangrejos de río, larvas de insectos, renacuajos, pequeños peces y vegetales diversos. Los juveniles son más carnívoros, mientras que los adultos comen principalmente plantas. Para una correcta alimentación, la temperatura del agua debe superar los 18 °C. La madurez sexual en los machos comienza cuando miden entre 90 y 120 mm, y en las hembras cuando alcanzan los 200 mm. Los cortejos tienen lugar en primavera y verano, y se producen siempre en el agua. El macho le huele la cloaca a la hembra; luego se pone delante de ella, estirando sus patas delanteras y sacudiendo y haciendo vibrar sus uñas delante de la cabeza de la hembra. Cuando la hembra se retrae, el macho se dirige hacia la parte posterior de su pareja y copulan. La puesta se da de abril a julio, según la latitud, y cuenta de 2 a 23 huevos, con un promedio de 10. Puede haber cinco puestas al año y la incubación dura entre 60 y 80 días.

© F. Bonin

Debajo del agua se distinguen en este macho el plastrón amarillo con sus manchas oscuras, las marginales muy coloridas (debajo) y las inmensas uñas.

Protección. Esta especie no está verdaderamente amenazada, ya que en la naturaleza es aún abundante. Por el contrario, constituye una amenaza indirecta para muchas especies en el mundo. Es producida a gran escala en criaderos especializados (sobre todo en Luisiana) y luego exportada. Los ejemplares escapados o liberados en la naturaleza invaden biotopos que no les son propios, en detrimento de las especies locales. En su medio, este galápago se ve afectado por la urbanización y los atropellos. Alrededor de los criaderos, la recolección de animales reproductores ha provocado la erradicación de la especie en amplias zonas.

Trachemys adiutrix Vanzolini, 1995

Distribución. Vive en un pequeño territorio en el estado de Maranhão (Brasil), en los límites del Parque Nacional Dos Lençóis Maranhenses.

Características. Es una tortuga recientemente descrita. Su espaldar rugoso presenta una quilla vertebral visible solo en la parte posterior. Las marginales posteriores no son dentadas ni escotadas. El color general es marrón, con ocelos que lucen un punto irregular rojo anaranjado en los jóvenes, que se torna más tenue y menos visible en los adultos. Las vertebrales poseen rayas paralelas anaranjadas, marrones y negras. Las marginales llevan marcas rojizas encima, y ocelos irregulares marrón oscuro sobre un fondo anaranjado pálido debajo. Todos estos dibujos se atenúan con la edad. El plastrón es amarillo, con rayas simétricas gris oliváceo rodeadas de negro. Las gulares son grandes y se extienden a cada lado del plastrón. Éste es dos veces más largo que ancho y los dos lóbulos son igual del anchos. La cabeza carece de bandas claras encima. Es negra encima y se vuelve gris oscuro en medio del cuello. A cada lado, se extiende sobre las sienes una gruesa franja amarilla a anaranjada, que comienza detrás las órbitas y dibuja una forma si-

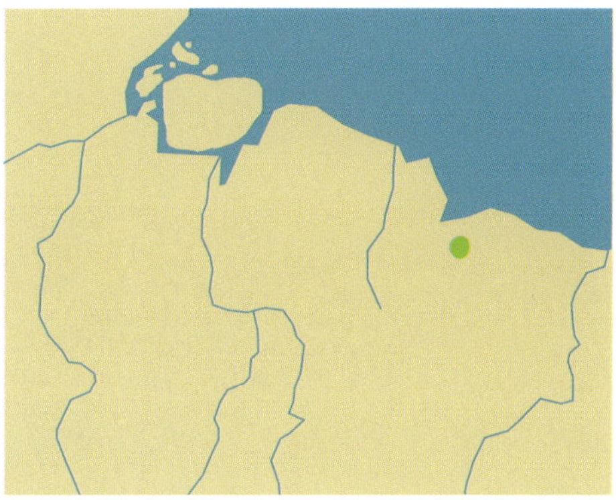

Tortuga de agua dulce

Esp.: *Jicotea de Maranhão*
Ingl.: *Brazilian slider*

© J. Maran

Esta rara especie ha sido poco fotografiada. Esta toma fue realizada en un pozo en Brasil, en casa de unos agricultores. El animal es poco colorido y las líneas claras del cuello y de la cabeza no son luminosas.

nuosa. El labio superior está decorado con dos marcas claras. En el mentón, una mancha amarillenta rodeada de negro se extiende hacia atrás y se divide en una "Y" invertida. La garganta presenta ocelos y rayas amarillas a anaranjado claro con una "Y" en el centro. Las patas son muy palmeadas y cada dedo está cubierto por una hilera de escamas, más bien anchas, que tocan la uña. Grandes ocelos luminosos adornan el espaldar de los juveniles.

Hábitos. Esta especie ocupa lagunas más o menos permanentes, rodeadas de dunas, donde la vegetación acuática es a menudo rara. La temperatura siempre es elevada, con un promedio de 26 °C todo el año. En la estación húmeda, estos galápagos se desplazan de laguna en laguna, pero en la estación seca se entierran en la arena y solo vuelven a salir con las primeras lluvias. Sus estivaciones son bastante largas y características de la especie. Pueden darse dos puestas por temporada y cada una contiene de 10 a 12 huevos pequeños. Esta especie vive en simpatría con tortugas del género *Phrynops*.

Protección. Especie clasificada "en peligro" por el Turtle Conservation Fund.

Trachemys decorata (Barbour & Carr, 1940)

Tortuga de agua dulce

Esp.: *Jicotea de La Española*
Ingl.: *Hispaniolan slider*

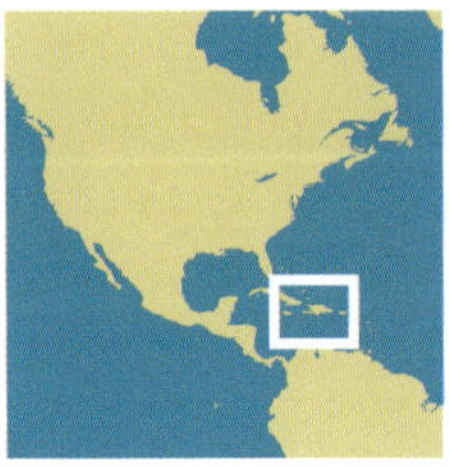

Distribución. Esta especie insular solo se encuentra en la isla La Española (República Dominicana y Haití). Es abundante sobre todo en la península del Tiburón, en Haití.

Características. Este galápago mide un máximo de 300 mm. Es ligeramente abombado, con una fina quilla central, y dentado en la parte posterior. Sus escamas son lisas en general, pero pueden estar surcadas de líneas longitudinales más o menos marcadas. El color es gris a pardo, con ocelos sobre las costales y en las suturas entre las escamas marginales. El plastrón está muy desarrollado y presenta un fondo de color amarillo a crema, con pequeños círculos oscuros con el centro del mismo color que el resto del plastrón. Estos pequeños círculos también aparecen en los puentes. La cabeza es de tamaño moderado y está prolongada por una nariz relativamente prominente y cónica. La mandíbula superior carece de muesca. La cabeza es grisácea a parda, con varias franjas amarillas rodeadas de negro a los lados, así como con una gruesa banda supratemporal amarillo verdoso. Las rayas son más discretas encima de la cabeza, más visibles a los lados. La cola y los miembros son verde grisáceo o marrones, adornados con las mismas bandas amarillas rodeadas de negro. Los machos son más pequeños que las hembras, con la nariz más puntiaguda, y con uñas fuertes y largas en las patas delanteras. Al nacer, las cría poseen colores muy vivos que se luego se atenúan.

Hábitos. Esta tortuga ocupa lagos y lagunas de agua dulce o salobre poco profundos, con vegetación abundante y fondos limosos. Los juveniles son omnívoros y no desprecian los insectos acuáticos ni tampoco los pequeños peces. Los adultos son más bien herbívoros y consumen plantas acuáticas y algunas algas. Durante el cortejo, el macho hace vibrar sus uñas delanteras por encima de la cabeza de la hembra. Este cortejo puede observarse casi todo el año y la cópula tiene lugar en el agua. La puesta se da de abril a julio: ponen de 6 a 18 huevos alargados, de unos 40 mm de largo, que son depositados en el suelo. Pueden darse cuatro puestas y la incubación dura de 60 a 80 días.

A pesar de su nombre científico, no es la más "decorada" de las *Trachemys*. Su nariz es bastante puntiaguda, y las líneas claras de su cuello y de su cabeza no son muy abundantes.

Trachemys decussata (Gray, 1831)

Distribución. Vive en Cuba (isla del Pinar) y en las islas Caimán. Presenta dos subespecies.

Características. Su espaldar oval y bastante alargado puede alcanzar los 390 mm. Está ligeramente levantado y presenta una quilla central y un borde posterior dentado. La primera vertebral está ligeramente más levantada y es tan larga como ancha. Las vertebrales 2ª a 4ª son un poco más largas que anchas, mientras que la 5ª es más ancha que larga. El color general puede ser marrón a verde olivo, sin dibujos en los adultos. En los juveniles, los colores son más vivos y la quilla central está más pronunciada. El plastrón presenta una muesca anal. Su color amarillocontrasta con el motivo negro de gran tamaño que recorre las suturas. El puente es amarillo, con series de bandas negras longitudinales o de ocelos. La cabeza es mediana y la nariz es poco prominente. La mandíbula superior posee una muesca central. El color es pardo oliváceo a verde, con líneas amarillas. Dos de éstas parten de los ojos y se dirigen hacia la parte posterior de la cabeza. Las mandíbulas son amarillas a marrón claro. Los miembros son verde oscuro con franjas amarillas. Al envejecer, los machos pueden volverse muy oscuros, e incluso melánicos. El espaldar de las hembras está más levantado que el de los machos.

Subespecies. *T. d. decussata*: vive en el extremo este de Cuba. Su espaldar es ancho, oval y alargado. La piel de sus partes blandas es verdosa a olivo. La nariz es redondeada y el motivo plastral recorre las suturas. *T. d. angusta* (Barbour & Carr, 1940): vive en el oeste de Cuba, en la isla del Pinar, y en las islas Caimán. Su piel es gris a pardusca.

Hábitos. Este galápago frecuenta ríos, lagos, pantanos y zonas de llanuras inundadas. Prefiere los suelos limosos con abundante vegetación acuática. Se le ve calentándose al sol en el transcurso del día y, a menudo, está fuera del agua, bajo las plantas altas o la hojarasca. Los adultos son herbívoros y consumen plantas acuáticas y frutos caídos al agua. Durante el cortejo el macho hace vibrar sus uñas contra la cabeza de la hembra. Las puestas se observan de abril a julio. Los huevos miden aproximadamente 25,5 x 40,5 mm y la incubación dura unos 90 días.

Tortuga de agua dulce

Esp.: *Jicotea cubana*
Ingl.: *North Antillean slider*
Fr.: *Trachémyde de Cuba*

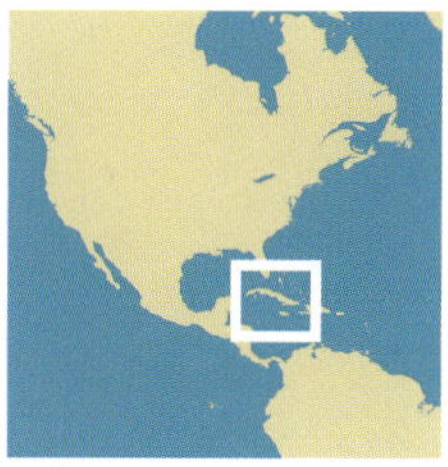

© P. Fidenci

Este atractivo ejemplar presenta manchas y puntos blancos, desde la cabeza hasta la punta de las patas, e incluso en el espaldar. Pero, a menudo, los animales son más apagados, casi negruzcos.

Trachemys dorbigni (Duméril & Bibron, 1835)

Distribución. Las dos subespecies ocupan la parte atlántica de Sudamérica, en el sudeste de Brasil (Rio Grande do Sul), Uruguay y Argentina.

Características. Es un galápago de 260 mm de largo, de espaldar bastante levantado en las hembras. Los juveniles poseen una quilla central muy marcada. La parte posterior es dentada. El color general varía del marrón al olivo, con marcas intensas rojas, anaranjadas o amarillas. Estas marcas están delineadas de negro y destacan bastante en cada escama. Sus formas difieren mucho según los individuos. Cada marginal presenta una barra vertical clara. El plastrón es anaranjado o amarillo, con un gran dibujo oscuro que recorre las suturas entre las escamas. En los juveniles, estos dibujos presentan abundantes zonas claras deprimidas, que desaparecen con la edad. La superficie plastral puede oscurecerse completamente en los animales de mayor edad. La cabeza es de tamaño mediano y presenta una nariz bastante puntiaguda y una ligera muesca en la mandíbula superior. La piel de la cabeza es verde a marrón, con diversas rayas anaranjadas o amarillas, rodeadas de negro. La franja postocular es bastante ancha y no toca las órbitas. A los lados de la cabeza, se cuentan en general tres listas más finas, que comienzan en las órbitas y acaban en el cuello. Otra franja parte de debajo de la órbita y llega hasta la parte posterior del cuello. La nariz luce abundantes rayas angostas a cada lado. En el mentón se extienden varias bandas longitudinales. Una mancha alargada delineada de negro va de un lado a otro de la boca. Los miembros y el cuello son verdes a pardos, con franjas amarillas. Cuando envejecen, los machos se vuelven a menudo muy oscuros, casi negros.

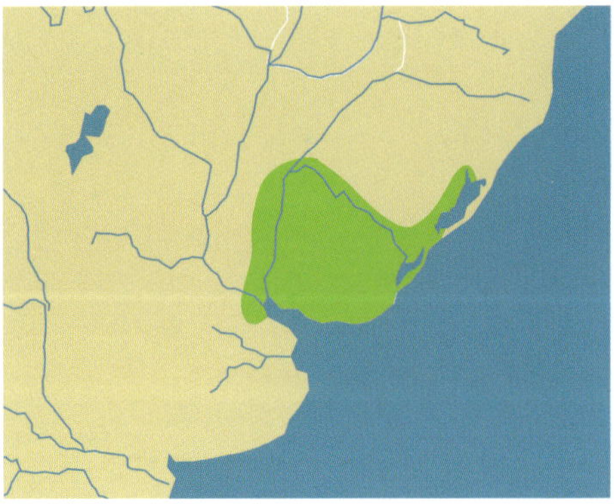

Tortuga de agua dulce

Esp.: *Jicotea de d'Orbigny*

Ingl.: *Orbigny's slider*

Subespecies. *T. dorbigni dorbigni*: se encuentra en Argentina y Uruguay. Su espaldar es marrón, con bandas anaranjadas; la franja postocular es fina. El plastrón es anaranjado. *T. dorbigni brasiliensis* (Freiberg, 1969): vive en Brasil, desde el río Guaíba, en Rio Grande do

Sul. Su espaldar es más bien verde, con franjas amarillas o rojo rosáceo y una gruesa franja postocular. El plastrón es amarillo a verde, y los machos carecen de marca plastral.

Hábitos. Este galápago prefiere las aguas de corriente lenta, con suelos limosos y abundante vegetación acuática, y que dispongan también de muchos lugares donde insolarse. Ocupa lagos, marismas y ríos tranquilos, a menudo formando pequeños grupos que se insolan parte del día. Esta especie es omnívora y oportunista, y se pasa la mañana hurgando por todas partes para alimentarse. Se observan varias puestas al año, principalmente en diciembre, con un máximo de 17 huevos de cascarón blando, que miden 27 x 40 mm.

© B. Devaux

El espaldar de esta especie es muy redondo y robusto, poco colorido. Las líneas que salen del ojo son muy vistosas y de anchura variable.

Trachemys callirostris (Gray, 1855)

Distribución. Vive en Colombia y en Venezuela.

Características. Mide un máximo de 250 mm. Su espaldar es más bien abombado y alcanza su altura máxima en la tercera vertebral. La quilla vertebral no está completa, solo cubre de la segunda a la cuarta vertebrales, y se atenúa con la edad. El borde posterior del espaldar es liso, a veces ligeramente ondulado. El espaldar es moderadamente rugoso en los adultos, con estrías longitudinales muy diferenciadas en las costales. Los adultos tienen el espaldar verdoso, con rayas amarillas en las marginales y puntos negros en las vertebrales y las costales. El plastrón es grande y está dotado de una muesca anal. Las gulares son bastante gruesas y los bordes del lóbulo posterior gruesos y ligeramente curvados hacia abajo. La cabeza es voluminosa y redonda, con una nariz cónica poco acentuada. Está cubierta por una piel lisa y sin escamas. Las mandíbulas son finamente dentadas y la superior posee una muesca central. Los dibujos de la cabeza son muy complejos, pero detrás de los ojos siempre se presenta una gran franja rojiza a ocre, recta en el medio y redondeada en ambos extremos. Varias líneas amarillas se dibujan también en la cabeza, la más ancha de las cuales comienza debajo del ojo, pasa junto a la comisura de la boca y llega hasta el cuello. Los ojos son verdes a amarillo claro, marcados con una barra central horizontal negra. Los miembros son muy palmeados y muy anchos; los delanteros poseen cinco uñas y los posteriores, cuatro. Están cubiertos de pequeñas escamas muy lisas y ligeramente en relieve. Son de color verdoso, con líneas amarillas encima de los miembros anteriores. Las hembras son mucho más grandes que los machos, con una cabeza muy ancha y una nariz más redondeada. Su espaldar es más alto y más abombado. La longitud de las uñas no varía con el sexo, a diferencia de las otras *Trachemys*, y los plastrones son planos en ambos sexos. Los juveniles tienen el espaldar muy llamativo, con el fondo verde bri-

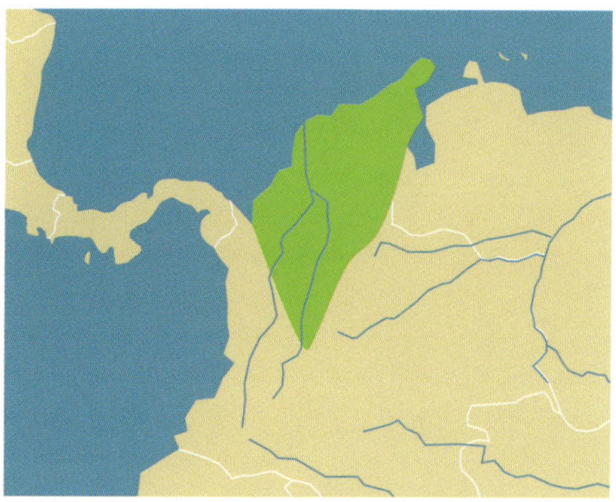

Tortuga de agua dulce

Esp.: *Jicotea colombiana*
Ingl.: *Colombian slider*

© F. Bonin

Esta *T. c. chichiriviche* fue observada en la región de Chichiriviche, en Venezuela. Bastante apagada en su conjunto, presenta muchas líneas claras, discretas aunque muy bonitas, que parten de las mandíbulas y de los ojos.

llante y un gran punto negro en la parte posterior de todas las vertebrales y costales. Las marginales también lucen este punto negro, pero hacia el ángulo posterior inferior. Asimismo, se observan numerosas bandas amarillas, negras o verdes alrededor de los dibujos amarillos de las escamas. Su plastrón amarillo está cubierto de líneas oscuras, que se atenúan en la madurez.

Subespecies. *T. c. callirostris*: vive en Colombia y en el noroeste de Venezuela, en los cursos de agua que desembocan en el mar Caribe. Los ocelos bajo la nariz y en el mentón son muy notorios. La franja postocular es rojiza y está muy separada de la órbita. El plastrón de los juveniles y de los adultos jóvenes está cubierto casi completamente por un dibujo de líneas oscuras. *T. c. chichiriviche* (Pritchard & Trebbau, 1984): se encuentra solo en el norte de Venezuela, en los pequeños cursos de agua litorales, entre Morón y el río Tocuyo. Es mayor que la subespecie nominal y puede alcanzar los 320 mm. Luce ocelos en el mentón, y en la mandíbula superior éstos están sustituidos por franjas amarillas, cortas y delineadas de negro. La franja postocular es rojo oscuro, y sus extremos son a menudo muy finos y a veces tocan las órbitas. El dibujo del plastrón es fino y oscuro, centrado en la sutura central. El espaldar es más bien marrón oliváceo a marrón oscuro.

Hábitos. Este galápago ocupa todos los ambientes acuáticos: lagunas, lagos, pequeñas marismas, abrevaderos para el ganado, y, más raramente, ríos. Prefiere las aguas de corriente débil con vegetación acuática densa. Con frecuencia, se le ve insolándose en grupo. Es omnívoro y se alimenta de vegetales diversos, insectos y sus larvas, moluscos, pequeños invertebrados e incluso de pequeños peces. El apareamiento se realiza en aguas tranquilas y profundas, de septiembre a diciembre, y solo dura 2 o 3 minutos. Las hembras a veces son agresivas y muerden a los machos muy insistentes (Medem, 1975). El periodo de puestas se extiende de finales de diciembre a finales de abril, durante la estación seca, para evitar que los nidos sean invadidos por la vegetación. Los nidos cuentan de 9 a 25 huevos, de 24 x 35 mm en promedio. Se observan dos puestas por temporada y el tiempo de incubación varía de 70 a 90 días.

Protección. Este galápago es ampliamente explotado, tanto por su carne como por sus huevos. Aunque esté protegida por las leyes colombianas, cada vez se vuelve más escasa.

Trachemys emolli (Legler, 1990)

Tortuga de agua dulce

Esp.: *Jicotea nicaragüense*
Ingl.: *Nicaraguan slider*

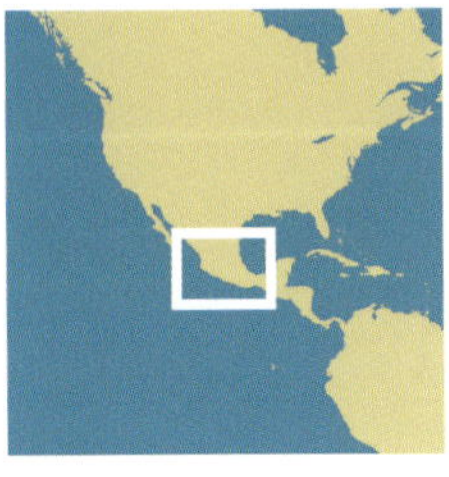

Distribución. Ocupa un área reducida en Nicaragua (Granada, San Juan y Rivas) y en Costa Rica (Guanacaste).

Características. Es muy próxima a *Trachemys venusta* y presenta una gran mancha postocular amarillo anaranjado o rosa claro. El espaldar está decorado con ocelos pardos en el centro y anaranjados en la periferia, en las costales y en las marginales. Las hembras miden hasta unos 372 mm.

© F. Bonin

Detrás del ojo se extiende una mancha anaranjada a rosa, que permite diferenciar a esta especie. El espaldar es plano, oscuro y con "jeroglíficos" apenas visibles.

Hábitos. Ver *T. scripta* y *T. venusta*.

Protección. La población local la consume con frecuencia, ya que su carne es deliciosa. También, se pintan los caparazones y se venden a los turistas.

Trachemys nebulosa (Van Denburgh, 1895)

Distribución. Territorio fragmentado en el norte de México y en el centro sur de Estados Unidos: sur de Baja California, y los ríos Nazas, Fuerte, Conchos y Grande.

Características. Antigua subespecie de *T. scripta*, se diferencia por una banda supratemporal anaranjada o amarilla que acaba formando una mancha ovalada detrás de los ojos. Ver subespecies.

Subespecies. Actualmente se reconocen cuatro subespecies. *T. n. nebulosa*: es la de mayor tamaño de las cuatro, con 370 mm en las hembras. Se encuentra en el sur de Baja California, y se describe arriba. El espaldar presenta manchas negras, raras veces de gran tamaño, así como marcas irregulares claras. El plastrón está adornado en el medio con una serie de círculos oscuros. *T. n. gaigeae* (Hartweg, 1939): se encuentra en los cursos de agua que desembocan en los ríos Grande y Conchos, en los estados de Texas y Nuevo México, en Estados Unidos, y de Chihuahua y Coahuila, en México. No supera los 240 mm y presenta un dibujo reticulado en el espaldar, muy frecuentemente con un pequeño ocelo en cada escama. La mancha postocular anaranjada es grande, rodeada de negro y nunca toca las órbitas. En medio del mentón se observan varias estrías negras. En especial, la cavidad bucal presenta dentículos de queratina puntiagudos y ace-

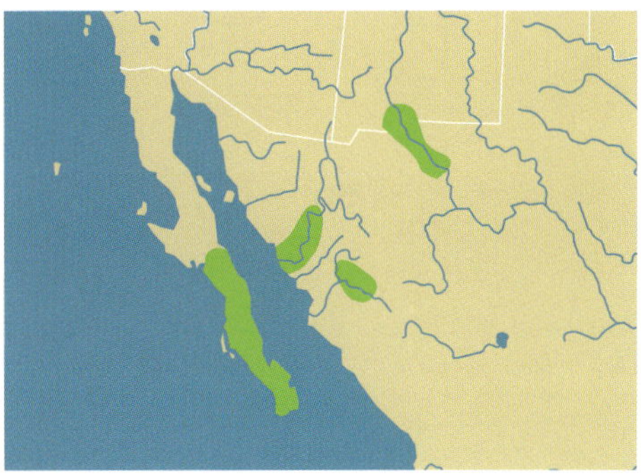

Tortuga de agua dulce

Esp.: *Jicotea de Baja California*
Ingl.: *Baja California slider*

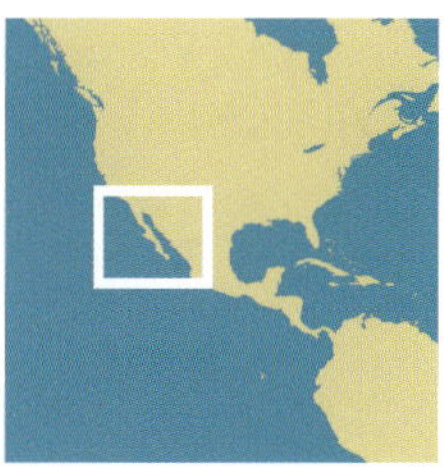

© F. Bonin

Esta tortuga, fotografiada en México, presenta abundantes líneas claras en el cuello y una mancha anaranjada muy grande detrás de la cabeza.

rados en las dos mandíbulas, que parecen dientes afilados. *T. n. hartwegi* (Legler, 1990): habita en el río Nazas, en México, y se diferencia poco de la subespecie nominal. *T. n. hiltoni* (Carr, 1942): solo se observa en la región del río Fuerte, en los estados de Sonora y de Sinaloa, en México. Su espaldar puede alcanzar los 280 mm y presenta círculos negros en la cara superior e inferior de cada marginal. El plastrón luce un círculo central oscuro que rodea una zona más clara.

Hábitos. Ver *T. scripta*.

Protección. Algunas subespecies son buscadas por los coleccionistas, como *T. n. gaigeae*. Algunas poblaciones se han reducido y, al igual que todas las *Trachemys*, se ven afectadas por la degradación de sus hábitats, el atropello en las carreteras y el expolio. En México se ha registrado el consumo habitual de algunas subespecies (Carr, 1952).

Trachemys ornata (Gray, 1831)

La fina red de líneas que salen de la mandíbula y la franja postocular más ancha son notables. El hocico es bastante puntiagudo.

Distribución. Ocupa un territorio bastante amplio, en la llanura mexicana de la costa del Pacífico, desde el norte de Sinaloa hasta el centro de Oaxaca.

Características. Antigua subespecie de *T. scripta* elevada al rango de especie. Su espaldar puede alcanzar los 380 mm y presenta ocelos negros en el centro de las costales. El plastrón luce cuatro líneas centrales que no tocan la muesca anal. La cabeza es bastante maciza y está decorada con una banda anaranjada que comienza en los ojos, se extiende por las sienes y acaba en la base del cuello.

Hábitos. Idénticos a *T. scripta*.

Tortuga de agua dulce

Esp.: *Jicotea ornada*
Ingl.: *Ornate slider*

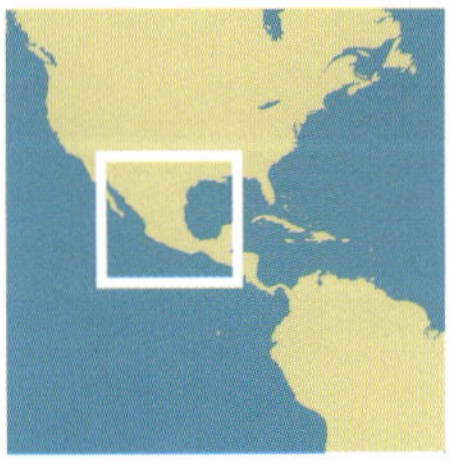

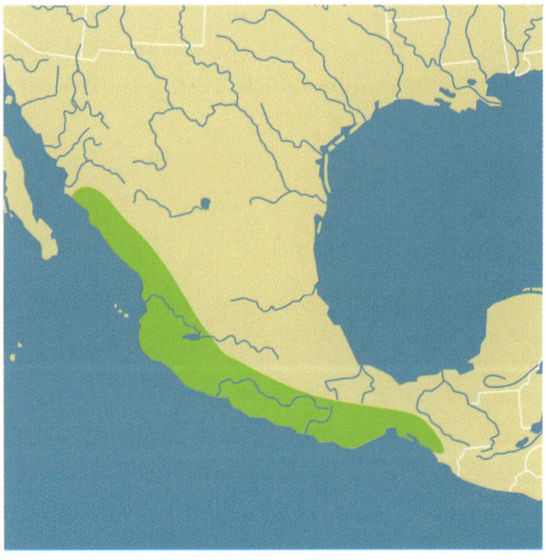

© F. Bonin

Trachemys taylori (Legler, 1960)

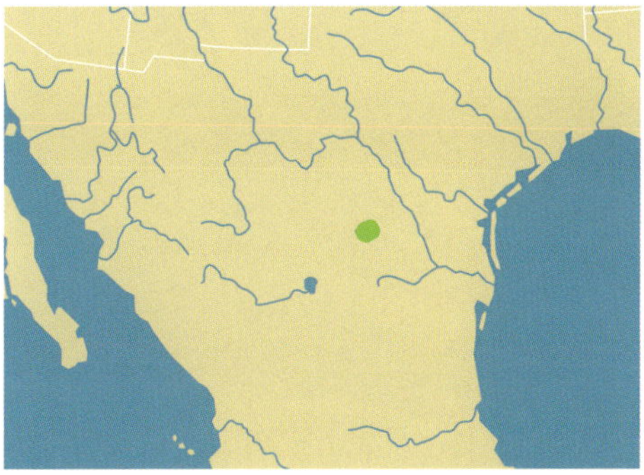

Tortuga de agua dulce

Esp.: *Jicotea de Cuatrociénegas*
Ingl.: *Cuatrocienegas slider*

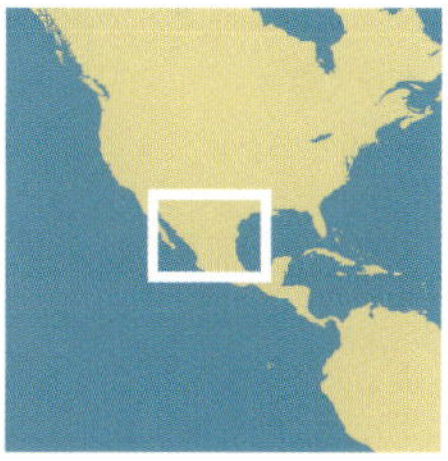

Distribución. Solo se encuentra en el estrecho valle de Cuatrociénegas, en el estado de Coahuila, México.

Características. Este galápago, antiguamente considerado subespecie de *T. scripta*, es pequeño y no supera los 220 mm. Su espaldar es muy verde, a menudo claro, con abundantes manchas oscuras alargadas u ovoides. El plastrón es crema, con un dibujo negro bastante extendido. La cabeza presenta una banda roja que comienza detrás de las órbitas y se dirige hacia la base del cuello.

Hábitos. En el valle salino de Cuatrociénegas ocupa el biotopo particular de las pozas. Vive en simpatría con *Terrapene coahuila*, especie menos acuática, y ocupa las pozas cuyas aguas surgentes pueden ser dulces o salobres.

Protección. Su distribución tan limitada exige una vigilancia de la especie. El valle goza de medidas de protección, complementadas por el seguimiento permanente realizado por los equipos de la Estación Biológica de Cuatrociénegas. *Trachemys taylori* no está realmente amenazada y la gente se baña en las pozas en compañía de este galápago. En cambio, se ha observado que se liberan otras especies de *Trachemys*, lo que puede ser un problema para las especies locales.

El espaldar de este juvenil es bastante claro, con dibujos muy vivos y ocelos oscuros. La cabeza presenta estrías discretas.

Trachemys venusta (Gray, 1855)

Tortuga de agua dulce

Esp.: *Jicotea centroamericana*
Ingl.: *Meso-American slider*
Fr.: *Trachémyde d'Amérique*

Distribución. Se encuentra desde Veracruz, en México, hasta Panamá, por la vertiente del Atlántico; y desde Tehuantepec hasta el noroeste de Colombia.

Características. Antigua subespecie de *T. scripta*, sin duda la mayor de estas especies, ya que las hembras pueden alcanzar los 600 mm. Ver subespecies.

Subespecies. Se reconocen tres subespecies. *T. v. venusta*: puede alcanzar los 480 mm. Se encuentra desde Veracruz, en México, hasta

© B. Devaux

Los ocelos del espaldar son regulares y están perfectamente dibujados, pero son poco luminosos. En cambio, debajo del ojo y de la mandíbula inferior resaltan dos anchas franjas amarillas.

Panamá, pasando por Costa Rica y Honduras, hasta Colombia. Ocelos oscuros y muy grandes marcan el centro de las costales. La cabeza presenta una gran franja postocular amarillo anaranjado que siempre llega hasta los ojos. *T. v. cataspila* (Günther, 1885): vive en las costas mexicanas del golfo de México, desde Tamaulipas hasta Punta del Morro, en el estado de Veracruz. Es la más pequeña del género, con 220 mm para las hembras. El espaldar luce ocelos oscuros en el centro de las costales y las marginales. La franja postocular amarilla es muy ancha. *T. v. grayi* (Bocourt, 1868): se encuentra desde Tehuantepec, en la llanura de la costa del Pacífico, hasta La Libertad, en Guatemala. Es la mayor de todas, con 600 mm en las hembras. El espaldar también presenta ocelos oscuros en las costales y en las marginales, pero el dibujo del plastrón es difuso, a menudo fragmentado y muy poco marcado en los adultos. Las bandas presentes en la cabeza son finas, y la franja supratemporal siempre toca los ojos.

Hábitos. En Costa Rica estos galápagos son de gran tamaño y a menudo nidifican en las playas de arena, llegando por el mar. Por su parte, los machos siempre permanecen en las zonas más interiores y viven en el agua dulce. Las hembras son arrastradas por las corrientes y, sin duda, encuentran en el borde del mar buenas zonas de puesta. Este comportamiento se observa especialmente cerca de Tortugero, donde también nidifican las tortugas marinas. La cantidad de huevos oscila entre los 12 y los 32, con una media de 20.

Trachemys stejnegeri (Schmidt, 1928)

Tortuga de agua dulce

Esp.: *Jicotea antillana*

Ingl.: *Central Antillean slider*

Distribución. Solo vive en el Caribe, en La Española, Puerto Rico y Bahamas. En Guadalupe habría sido introducida por el hombre.

Características. El espaldar oval y ligeramente abombado puede alcanzar los 240 mm. Cada escama puede presentar estrías longitudinales. Las vertebrales son más anchas que largas. El caparazón puede ser gris o marrón, pero a veces es olivo o negro. Algunos machos viejos presentan un melanismo a menudo acentuado. El plastrón está bien desarrollado y presenta una muesca anal pequeña. Normalmente, es completamente amarillo, pero a veces luce un dibujo negruzco que recorre las suturas. La cara inferior de las marginales puede presentar ocelos olivo bastante tenues. La cabeza es bastante corta y la prolonga una nariz puntiaguda. Es gris a olivo, con franjas amarillas a crema, y una franja postocular pardo rojizo. La mandíbula superior presenta una muesca central. El cuello y los miembros son olivo a grisáceos, con franjas amarillas o crema. En los juveniles, se distribuyen rayas amarillas en la mayoría de las escamas del espaldar.

Subespecies. Se reconocen tres subespecies. *T. s. stejnegeri*: vive en Puerto Rico, y en la isla María Galante (Guadalupe) donde fue introducida. Su piel es parda a pardo olivo. Su hocico es puntiagudo y muy alargado. Un dibujo plastral se extiende por todo lo ancho de las escamas hasta las suturas; está muy marcado en las gulares y es menos nítido en la parte posterior del plastrón. *T. s. malonei* (Barbour & Carr, 1938): es originaria de las Bahamas (isla Great Inagua). Su piel es gris a olivo y su nariz más bien redondeada y un poco puntiaguda. El plastrón es a menudo amarillo, sin ningún dibujo. Cuando aparece un dibujo negro, recorre las suturas y es discreto. A veces, solo luce algunas marcas oscuras en las gulares. *T. s. vicina* (Barbour & Carr, 1940): solo vive en la isla de La Española. Su piel es gris oliváceo, y su nariz es bastante alargada y puntiaguda. El dibujo del plastrón, especialmente nítido y marcado en la parte posterior, sigue las suturas. Con frecuencia, aparecen ocelos en las escamas.

Hábitos. Viven en lagos, ríos de fondos limosos y humedales provistos de abundante vegetación. El agua salobre no les conviene. Los adultos son herbívoros, mientras que los juveniles son omnívoros. Durante el cortejo, el macho hace vibrar sus largas uñas delanteras delante de la cabeza de la hembra. Las puestas se desarrollan de abril a julio y cada nido contiene de 3 a 14 huevos, que miden un promedio de 26 x 43 mm. Se pueden dar tres puestas por temporada y la incubación dura de 60 a 80 días.

© F. Bonin

Ésta es una especie de color apagado, macizo, casi negruzco. La cabeza está jaspeada de claro.

Trachemys terrapen (Lacepède, 1788)

Distribución. Esta especie vive en el Caribe, principalmente en Jamaica, y ha sido introducida en las Bahamas, en las islas Cat, Eleuthera y en el sur de Andros.

Características. Es un galápago bastante grande, que puede medir hasta 320 mm. Su espaldar es oval, ligeramente abombado y más ancho por detrás que por delante. Su quilla central está bien desarrollada y la parte posterior del espaldar es dentada. Las escamas no son lisas, sino que poseen abundantes rugosidades, que se irradian desde el centro hacia la periferia. El color general varía del gris oscuro al beis oliváceo. En los juveniles, una banda amarilla marca cada costal y cada marginal. Es-

Tortuga de agua dulce

Esp.: *Jicotea jamaiquina*
Ingl.: *Jamaican slider*

© F. Bonin

Ésta es la menos colorida de las *Trachemys*. Su espaldar es fuerte y estriado con finas retículas. La cabeza es gruesa y está dotada de un casco muy liso, que posee estrías imperceptibles o un jaspeado apenas visible.

tas rayas desaparecen con la edad. El plastrón es más ancho a partir del lóbulo posterior y presenta una fina muesca anal. El plastrón es amarillo a crema y carece de dibujos. A veces se notan ligeras manchas oscuras a lo largo de las suturas, en especial en las gulares y las humerales. La cabeza es de tamaño moderado, con una nariz redondeada no muy notoria. Una ligera muesca marca la mandíbula superior. La cabeza es gris a verdosa, y todas las franjas claras que la recorren son poco pronunciadas y a menudo difíciles de distinguir. Varias rayas blancas a crema se distribuyen en el mentón, mientras que otra franja ancha parte de las narinas y forma una bigotera blanca en la mandíbula superior. Los juveniles tienen rayas amarillas delineadas de negro en la cabeza, el cuello, los miembros y la cola. En los adultos, los miembros y la cola son grises a verdes, y los anteriores lucen rayas mucho más claras.

Hábitos. Este galápago ocupa las marismas pequeñas y las charcas de su biotopo, con fondos limosos provistos de una abundante vegetación acuática. Es muy despierto y, cuando es molestado, es agresivo. Es omnívoro y come todo lo que puede atrapar. El cortejo es idéntico al de las demás *Trachemys*. Las puestas se realizan de mayo a junio.

Trachemys yaquia (Legler & Webb, 1970)

Tortuga de agua dulce

Esp.: *Jicotea de Sonora*
Ingl.: *Yaqui slider*

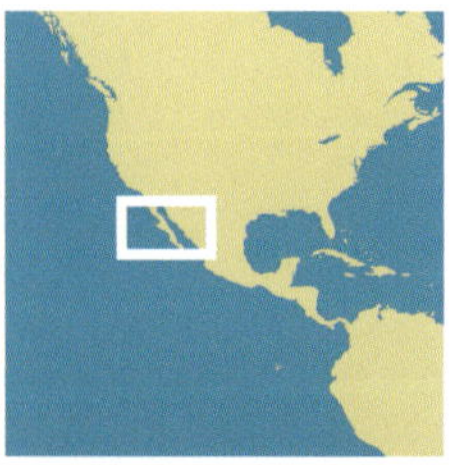

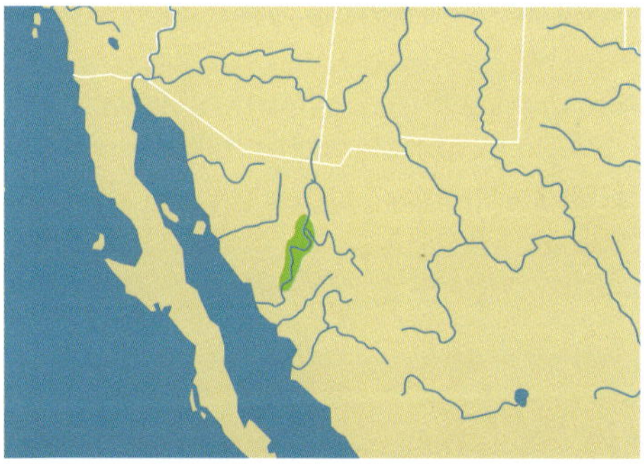

Distribución. Este galápago solo se encuentra en el estado de Sonora, en el noroeste de México, en los ríos Yaqui, Mayo, Sonora y Matape.

Características. Muy próxima a *T. scripta* de la que era antiguamente subespecie. Las hembras pueden alcanzar los 320 mm. Las costales están adornadas con ocelos muy poco marcados. La cabeza presenta una franja amarillo anaranjado que comienza detrás del ojo y no se extiende mucho sobre el cuello. Los lados de la cabeza están marcados por abundantes líneas muy finas, blancas o crema.

Hábitos. Similares a los de las demás *Trachemys*.

Protección. Este galápago se ve afectado principalmente por el ganado que invade los puntos de agua que ocupa, y por la degradación de las zonas húmedas. Sin embargo, sus efectivos son aún abundantes en los pequeños ríos del estado de Sonora.

© F. Bonin

Este individuo, observado en el río Yaqui, posee abundantes líneas finas en el cuello y una mancha anaranjada, aunque poco luminosa, detrás de la cabeza.

Legislación

Muchas especies de tortugas están protegidas en todo el mundo mediante leyes de aplicación internacional y nacional. En el caso de Europa existe una legislación específica comunitaria que regula el comercio de estas especies y que cada país debe aplicar. En España, rigen, además de la reglamentación internacional y europea, leyes nacionales y autonómicas que regulan la captura, el comercio y la posesión de especies.

El marco legal más amplio de la legislación medioambiental española es la Ley 4/89, que en su título IV trata de la fauna y flora silvestres. Esta ley crea el Catálogo Nacional de las Especies Amenazadas (aprobado en 1990), pero fija también que las Comunidades Autónomas pueden establecer sus propios catálogos regionales. Estas leyes protegen con carácter prioritario a dos especies de tortugas terrestres (*T. hermanni* y *T. graeca*) y a cuatro especies marinas (*C. caretta*, *C. mydas*, *E. imbricata* y *D. coriacea*).

En los años 1970, se puso en marcha una cooperación internacional a fin de regular el comercio de animales y, al mismo tiempo, de garantizar la protección de las especies más raras. El 3 marzo de 1973 nació la Convención de Washington, o CITES, que define tres categorías de animales por apéndices a los que se aplican diferentes grados de reglamentación comercial. La convención CITES es actualmente reconocida y, desde el 15 julio de 2004, la aplican 166 países en todo el mundo (incluida España).

El Apéndice I agrupa todas las especies amenazadas de extinción o cuya supervivencia a corto plazo puede verse afectada por el comercio. Ejemplo: la tortuga malgache *Astrochelys yniphora*, de la que solo quedan unos centenares de ejemplares, está clasificada en el Apéndice I (y en el Anexo A europeo). De ningún modo puede recolectarse, exportarse, venderse, criarse o poseerse. Solo una institución en el mundo, en Ampijoroa, cerca de Majunga, en el mismo lugar donde viven estos individuos residuales, posee las autorizaciones internacionales y nacionales que permiten garantizar su estudio, su cría *in situ* y su conservación.

El Apéndice II reúne todas las especies que, aunque no están necesariamente amenazadas actualmente de extinción, podrían estarlo si el comercio de ejemplares de estas especies no se somete a una reglamentación estricta, con el objeto de evitar una sobreexplotación incompatible con su supervivencia. Ejemplo: aunque la tortuga de Aldabra *Dipsochelys elephantina* sea rara en las Seychelles, su país de origen, y aunque su recolección esté estrictamente prohibida en la isla de Aldabra, aún está muy expandida en cautividad, un poco por todo el mundo, debido a las recolecciones y a los comercios operados en siglos pasados. Por ello, no puede ser recolectada en Aldabra, pero el gobierno de las Seychelles se concede el derecho de exportar cada año un cierto número de animales, respetando las cuotas. Además, los animales en cautividad pueden ser reproducidos e intercambiados, después de obtener un permiso de importación y de exportación, siempre respetando las estrictas cuotas.

El Apéndice III agrupa las especies que un Estado signatario declara haber sometido a una reglamentación con el fin de impedir o restringir su explotación, y que requieren la cooperación de las otras partes para controlar su comercio. Ejemplo: el galápago conchiblando del Nilo *Trionyx triunguis*, está sin duda muy extendido, pero se le explota intensamente, por lo que se puede temer la rarefacción de algunas de sus poblaciones. De allí que el legislador lo haya incluido en el Apéndice III, a fin de limitar su comercio y vigilar sus efectivos.

Europa ha retomado una clasificación progresiva por Anexos, de la A a la D, reglamentos que a veces son más exhaustivos que los de cada nación, en particular, y que los de la

CITES, en general. Desde el 3 de diciembre de 1982 (Reglamento 3626/82) y desde el 1° de noviembre de 1997 (Reglamentos 338/97 y 939/97), se aplican los siguientes criterios:

Anexo A. Recoge todas las especies del Apéndice I y algunas especies de tortugas del Apéndice II, como la mayoría de las *Testudo* (entre ellas, *Testudo hermanni*). La importación y la posesión de una especie del Anexo A solo pueden autorizarse en condiciones muy excepcionales, mediante una derogación del ministerio de Medio Ambiente, y por razones científicas o conservacionistas. La circulación intracomunitaria de estos animales con fines comerciales solo es permitida si el ministerio de Medio Ambiente lo autoriza. Desgraciadamente, "es libre si carece de fines comerciales y si quien la posee puede probar el origen lícito de su animal", lo que abre las puertas a todas las manipulaciones posibles y debilita considerablemente el alcance de esta reglamentación europea. Sin embargo, el reglamento CITES siempre se aplica internacionalmente, como complemento a los reglamentos europeos.

Anexo B. Comprende las especies del Apéndice II que no están incluidas en el Anexo A. Solo se pueden importar estos reptiles presentando un permiso de exportación del tercer país y un permiso de importación. En la Comunidad Europea se prohíbe la importación de especies que podrían constituir amenazas ecológicas en caso de ser introducidas en el medio natural, como es el caso de *Trachemys scripta elegans*.

Anexo C. Recoge las especies del Apéndice III. Basta con un permiso de exportación para autorizar su importación, lo que, una vez más, disminuye la eficacia del dispositivo, ya que a menudo los países están interesados financieramente en la venta de su propia fauna.

Anexo D. Comprende las especies no protegidas por la CITES, pero cuyo volumen de importación en Europa puede justificar que se controle su tránsito.

Además, todos los reptiles de los Apéndice I y del Anexo A, que están sometidos a una legislación estricta, deben estar marcados mediante un microchip electrónico inalterable que posea un número específico que responda a las normas ISO 11784: 1996 y 11785: 1996; o por cualquier otro medio adecuado (último Reglamento CE 939/97).

Por suerte, esta reglamentación existe y es cada vez más estricta y rigurosa en el curso de los años, debido a la misma rarefacción de varias especies y a la creciente presión del comercio legal y del tráfico. Pero solo rige los intercambios comerciales y no representa una verdadera reglamentación ecológica ni biológica, considerada desde el punto de vista de la conservación de los recursos naturales, que podría aplicarse a largo plazo con la voluntad internacional de preservar la biodiversidad mundial. En un combate interminable de ataque y defensa, el endurecimiento de las leyes solo sigue de muy lejos la evolución exponencial de los intercambios, tanto legales como ilegales, del comercio animal y de la explotación generalizada de la flora y la fauna. Las tortugas se encuentran entre las especies más comercializadas, más explotadas y más detenidas en cautividad, y sus efectivos mundiales en el siglo XXI están en una situación de rarefacción generalizada.

En esta enciclopedia, remitimos al apartado *Protección* donde se señalan todas las especies incluidas en el Apéndice I de la CITES y, a veces, las del Apéndice II.

ÍNDICE

Los números en negrita remiten a la ficha de descripción de la especie; los otros, a las páginas donde la especie aparece citada.

Referencias principales

Acuña Mesen, R.A. 1993. *Las tortugas continentales de Costa Rica*. San José: Universidad de Costa Rica.
Alderton, D. 1988. *Turtles and tortoises of the world*. Nueva York: Facts on File Publications.
Arvy, C, & Fertard, B. 2001. Pathologie des tortues, étude synthétique. *Bulletin de la Société Herpétologique de France* nº spécial 100.
Bonin, F., Devaux, B. & Dupré, A. 1995. *Toutes les tortues du monde*. París: Delachaux et Niestlé.
Bour, R. 1986. L'identité des tortues terrestres européennes: spécimens-types et localités-types. *Revue française d'aquariologie* 13(4): 111-122.
Bour, R. 1994. *Recherches sur des animaux doublement disparus: les tortues géantes subfossiles de Madagascar*. Mémoires et Travaux de l'Institut de Montpellier 19. Montpellier: EPHE.
Boycott, R.C. & Bourquin, O. 1988. *The south african tortoise book. A Guide to south African tortoises, terrapins and turtles*. Johannesburg: Southern Book Publishers.
Branch, B. 1988. *Field guide to the snakes and other reptiles of Southern Africa*. Londres: New Holland Ltd.
Breuil, M. 2002. *Histoire naturelle des amphibiens et reptiles terrestres de l'archipel guadeloupéen*. París: Muséum National d'Histoire Naturelle.
Burbidge, A.A. Kirsch, J.A.W. & Main, A.R. 1974. Relationships within the Chelidae (Testudines: Pleurodira) of Australia and New Guinea. *Copeia* 1974: 392-409.
Cabrera, M.R. 1998. *Las tortugas continentales de Sudamérica austral*. Córdoba: editado por el autor.
Cann, J. 1998. *Australian freshwater turtles*. Singapur: Beaumont.
Capula, M. 1989. *Reptiles and amphibians of the world*. Nueva York: Simon & Schuster.
Carmichael, P. & Williams, W. 1991. *Florida's fabulous reptiles and amphibians*. Tampa: World Publications.
Carr, A. 1952. *Handbook of turtles: The turtles of the United States, Canada and Baja California*. Ithaca, NY: Comstock Publishing Associates, Cornell University Press
Cobb, J. 1987. *A complete introduction to turtles and terrapins*. Neptune: TFH.
Cheylan, M. 1981. *Biologie et écologie de la tortue d'Hermann*. Mémoires et Travaux de l'Institut de Montpellier 13. Montpellier: EPHE.
Das, I. 2002. *An introduction to the amphibians and reptiles of tropical Asia*. Borneo: Natural History Publications.
David, P. 1994. Liste des reptiles actuels du monde. I Chelonii. *Dumerilia* 1:7-127.
Devaux, B. 1988. *La tortue sauvage des Maures ou tortue d'Hermann*. París: Sang de la Terre.
Devaux, B. 2000. *La tortue qui pleure-The crying tortoise* Geochelone sulcata *(Miller, 1779)*. Gonfaron: SOPTOM.
Dodd, C.K. Jr. 2001. *North American box turtles. A natural history*. Knoxville: University of Oklahoma Press.
Duméril, A.M.C. & Bibron, G. 1835. *Erpétologie générale, ou histoire naturelle complète des reptiles*. Vol. 2. París: Librairie Roret.
Ernst, C. & Barbour, R. 1989. *Turtles of the World*. Washington: Smithsonian Institution Press.
Ernst, C., Lovich, J. & Barbour, R. 1994. *Turtles of the United States and Canada*. Washington: Smithsonian Institution Press.
Ferri, V. 2000. *Guide des tortues*. París: Delachaux et Niestlé.
Fitzinger, L. 1826. *Neue Classification der Reptilien*. Viena: J.G. Heubner.
Franke, J. & Telecky, T.M. 2001. *Reptiles as pets. An examination of the trade in live reptiles in the United States*. Washington: The Humane Society.
Fretey, J. 2001. *Biogéographie et conservation des tortues marines de la côte atlantique de l'Afrique*. Bonn: UNEP/CMS.
Fretey, J. 2005. *Les tortues marines de Guyane*. Cayenne: Plume Verte.
Fritz, U., Joger, U., Podloucky, R. & Servan, J. (eds.). 1998. Proceedings of the Emys Symposium Dresden 96. *Mertensiella* 10.
Frye, F. 1991. *Biomedical and surgical aspects of captive reptile husbandry*. Malaba, Fl: Krieger Publishing.
Gerlach, J. 2004. *Giant tortoises of the Indian ocean*. Frankfurt: Edition Chimaira.
Goris, R.C. & Maeda, N. 2004. *Guide to the amphibians and reptiles of Japan*. Malabar, Fl: Krieger Publishing.
Groombridge, B. (ed.). 1982. *The IUCN Amphibia-Reptilia red data book*. Part 1. Testudines, Crocodylia, Rhyncocephalia. Gland: IUCN.
Höld, W. & Rössler, M. (eds.). 2000. Die Europäische Sumpfschildkröte. *Stapfia* 69.
Holbrook, J.E. 1842. *North American herpetology*. Facsimile Reprints in Herpetology, 1976. Athens: Society for the Study of Amphibians and Reptiles.
Iverson, J. 1992. *A revised checklist with distribution maps of the turtles of the world*. Richmond: editado por el autor.
Kuchling, G. 1999. *The reproductive biology of the Chelonia*. Berlín: Springer-Verlag.
Kuzmin, S.L. 2002. *The turtles of Russia and other ex-Soviet Republics*. Frankfurt: Edition Chimaira.
Lee, J.C. 1996. *The amphibians and reptiles of the Yucatán Peninsula*. Ithaca, NY: Cornell University Press.
Lehrer, J. 1990. *Turtles and tortoises*. Nueva York: Mallard Press.
Loveridge, A. & Williams, E. 1957. Revision of the african tortoises and turtles of the Suborder Cryptodira. *Bulletin of the Museum Comparative Zoology* 115: 163-557
Lutz, P. & Musick, J.A. (eds.). 1997. *The biology of sea turtles*. Boca Raton: CRC Press.
Mao, S.H. 1971. *Turtles of Taiwan*. Taipei: Commercial Press.
Merchán Fornelino, M. & Martínez Silvestre, A. 1999. *Tortugas de España*. Madrid: Antiqvaria.
Obst, F. 1986. *Turtles, tortoises and terrapins*. Nueva York: St. Martin's Press.
Orenstein, R. 2001. *Turtles, tortoises and terrapins, survivors in armor*. Buffalo: Firefly Books.
Pritchard, P.C.H. 1979. *Encyclopedia of turtles*. Neptune: TFH.
Pritchard, P.C.H. 1996. The Galápagos tortoises, nomenclatural and survival status. *Chelonian Reserach Monographs* 1.
Rogner, M. 1995. *Schildkröten 1*. Hürtgenwald: Heiro.
Rogner, M. 1996. *Schildkröten 2*. Hürtgenwald: Heiro.
Schaefer, I. 2005. *Zacken-Erdschildkröten, Die Gattung* Geoemyda. Münster: Natur und Tier.
Schleich, H.H. 2001. *Das Andere Nepal*. Wuppertal: Fuhlrott Museum.
Schleich, H.H. & Kästle, W. 2002. *Amphibians and reptiles of Nepal*. Koenigstein: Koeltz Scientific Books.
Sobolik, K.D. & Steele D.G. 1996. *A turtle atlas to facilitate archaeological identifications*. Rapid City: Fenske Companies.
Stafford, P.J. & Meyer, J.R. 1999. *A guide to the reptiles of Belize*. San Diego: Academic Press
Tyning, T. (ed.). 1997. *Status and conservation of turtles of the Northeastern United States*. A symposium. Lanesboro: Serpent's Tale.
Van Denburgh, J. 1914. *The gigantic land tortoises of the Galápagos archipelago*. Facsimile Reprints in Herpetology, 1998. Ithaca: Society for the Study of Amphibians and Reptiles.
Van Dijk, P.P., Stuart, B.L. & Rhodin, A.G.J. (eds.). 2000. Asian turtle trade. Proceedings of a workshop on conservation and trade of freshwater turtles and tortoises in Asia. *Chelonian Research Monographs* 2.
Vetter, H. 2002. *Terralog, 1,2,3, Turtles of the World*. Frankfurt: Chimaira.
Vetter, H. 2005. *Tortue-léopard et Tortue sillonnée*, Chélonia Librairie, Chimaira, Francfort.
Villiers, A. 1958. *Tortues et crocodiles de l'Afrique noire française*. Dakar: IFAN.
Wegehaupt, W. 2005. *Sardinien, die Insel der europäischen Schildkröten*. Kressbronn: Wegehaupt-Verlag.
Xiangkui, Y. 1994. *Fossil and recent turtles of China*. Beijín: Science Press.

Principales publicaciones periódicas

Catalogue of American amphibians and reptiles. Society for the Study of Amphibians and Reptiles.
Turtle and tortoise newsletter. Chelonian Research Foundation.
Manouria. A Cupulatta.
Chelonian conservation and biology. Chelonian Research Foundation.